Bernd Birgmeier (Hrsg.)

Coachingwissen

Bernd Birgmeier (Hrsg.)

Coachingwissen

2., aktualisierte und erweiterte Auflage

VS VERLAG

Bibliografische Information der Deutschen Nationalbibliothek
Die Deutsche Nationalbibliothek verzeichnet diese Publikation in der Deutschen Nationalbibliografie; detaillierte bibliografische Daten sind im Internet über <http://dnb.d-nb.de> abrufbar.

1. Auflage 2009
2., aktualisierte und erweiterte Auflage 2011

Lektorat: Kea S. Brahms

VS Verlag für Sozialwissenschaften ist eine Marke von Springer Fachmedien.
Springer Fachmedien ist Teil der Fachverlagsgruppe Springer Science+Business Media.
www.vs-verlag.de

Umschlaggestaltung: KünkelLopka Medienentwicklung, Heidelberg
Druck und buchbinderische Verarbeitung: Ten Brink, Meppel
Gedruckt auf säurefreiem und chlorfrei gebleichtem Papier
Printed in the Netherlands

ISBN 978-3-531-17974-2

Inhalt

Vorwort zur Neuauflage

Der vorliegende Band befasst sich mit der Frage nach den theoretischen und wissenschaftlichen Grundlagen von Coaching und dementsprechend auch mit der Suche nach verlässlichen Koordinaten für eine genuine *Coachingforschung*. Dass ein solcherart ausgewähltes Erkenntnisinteresse für ein Publikationsprojekt nicht unbedingt alle, die sich heutzutage hierzulande mit dem Titel *Coach* schmücken, in Verzückung versetzt, liegt möglicherweise am sorgsam gepflegten Vorurteil, Wissenschaft und Forschung seien die „Spielverderber" für die Praxis. All diesen Zweiflern und Skeptikern sei – spätestens nach dem Erfolg der ersten Auflage des vorliegenden Buches – versichert: das Gegenteil ist der Fall! Wissenschaft und Forschung helfen, unterstützen und strukturieren die *Coachingpraxis* und sie bereiten den sicheren Boden und die vielschichtige Basis vor, auf dem das professionelle und vor allem verantwortungsgeleitete Handeln in der Praxis erfolgsorientiert und sinnvoll gedeihen kann.

Spätestens jetzt, mit dem Erscheinen der zweiten Auflage des vorliegenden Buches, ist es aber auch gar nicht mehr nötig, irgendwelchen Zweiflern oder Skeptikern Gründe zu nennen, warum es so wichtig ist, ein genuines *Coachingwissen* zu schaffen. Wie es die Autorinnen und Autoren in diesem Band eindrucksvoll belegen, ist die Verbindung zwischen Wissenschaft und Praxis im Coaching bereits Fakt. Mehr noch: Coaching ist bereits im Zentrum einer interdisziplinär agierenden Forschergemeinschaft angekommen und zum Gegenstand vieler Wissenschaftsdisziplinen geworden, die sich um eine Erhellung noch ausstehender Fragen und um eine Weiterentwicklung einer künftigen *coaching science* bemühen.

Dass sich das *Coachingwissen* demzufolge auch nicht nur aus einer Disziplin schöpfen lässt, sondern dass eine ganze Bandbreite unterschiedlicher disziplinärer Zugänge für so ein komplexes Thema wie das Coaching notwendig erscheint, zeigt schon der Blick auf die akademischen Heimatdisziplinen der in diesem Band vertretenen Experten. Dementsprechend ist das *Coachingwissen* ein kanonisiertes Wissen, das unter anderem aus (wirtschafts-, sozial-) philosophischen, betriebswirtschaftlichen, soziologischen, theologischen, managementwissenschaftlichen, (berufs-, betriebs-, organisations-, erwachsenen-, sozial-, gesundheits-) pädagogischen, (persönlichkeits-, motivations-, ziel-, neuro-, entwicklungs-, kognitions-, arbeits-/organisations-, klinisch-, wirtschafts-, emotions-, kommunikations-) psychologischen, psychotherapeutischen, psychoanalytischen, organisationsberaterischen, supervisorischen, medizinischen, juristischen, kommunikationswissenschaftlichen und linguistischen Frage- und Forschungszugängen resultiert, um daraus sowohl ein Grundlagenwissen als auch ein angewandtes Wissen zum Coaching zu sammeln und zu justieren.

Als Herausgeber bin ich mir darüber bewusst, dass der Erfolg des Sammelbandes nicht nur auf die Themenstellung und die Konzeption des Buches zurückzuführen ist, sondern vor allem auf die Qualität der Beiträge der Autorinnen und Autoren, die für die erste Auflage gewonnen werden konnten. Daher sei an dieser Stelle allen Autorinnen und Autoren für die angenehme, reibungslose und produktive Zusammenarbeit mein aufrichtiger Dank übermittelt; und vor allem dafür, dass sie sich trotz vielfältiger Belastungen, die ihre Berufsrollen mit sich bringen, zur Mitarbeit an diesem Werk bereit erklärt und ihr Expertenwissen einer breiten Leserschaft zur Verfügung gestellt haben. Ein ganz besonderer und herzlicher Dank gilt Kea Brahms und Anke Vogel.

Vor dem Hintergrund, dass die in diesem Band gesammelten Beiträge aus dem Jahre 2009 den – nach wie vor – aktuellsten Stand zum *Coachingwissen* darstellen, wurden für die jetzt vorliegende zweite Auflage die Beiträge noch einmal durchgesehen, überarbeitet und etwaige orthographische bzw. formale Ungereimtheiten korrigiert. Wegen der großen Akzeptanz der ersten Auflage bestand daher kein Anlass, am Aufbau, an der Struktur, der Gliederung und dem Zuschnitt des Sammelbandes wesentliches zu verändern. Neu hinzugefügt wurden lediglich einige Überlegungen des Herausgebers über die Möglichkeiten einer handlungswissenschaftlichen Fundierung von Coaching und über die Entwicklungstendenzen einer auf Forschung beruhenden *Beratungs-* bzw. *Coachingwissenschaft* im Spagat zwischen Grundlagenforschung und angewandter Forschung – diesmal (was so manchen Leser und so manche Rezensentin glücklich stimmen dürfte) gänzlich ohne Fußnoten.

Nicht nur diese wissenschaftliche „Option" für ein *Coachingwissen*, sondern alle anderen, in diesem Band versammelten Themen und Standpunkte stehen der weiteren Entwicklung im Diskurs um ein *Coachingwissen* offen. So gesehen stellt dieses Buch zwar ein Kompendium an unterschiedlichen Positionen und Grundlagen, möglicherweise auch die Standards für wichtige und zentrale wissenschaftlichen Bezüge von Coaching dar, doch das hier gesammelte *Coachingwissen* untersteht gleichsam den Entwicklungen und Veränderungen, denen auch die entsprechenden Disziplinen unterworfen sind. Daher – und im Vorausblick auf weitere Neuauflagen – wäre ich für weitere Ideen, Positionen, Perspektiven und Visionen zur Weiterentwicklung und Spezifikation des *Coachingwissens* und der *Coachingforschung*, aber auch für kritische und positive Rückmeldungen aus dem theoretischen und praktischen Bereich sehr dankbar.

Die positive Resonanz auf die Erstauflage dieses Buches interpretiere ich hoffnungsvoll in der Weise, dass die Beschäftigung mit den theoretischen und wissenschaftlichen Grundlagen zu einem mittlerweile selbstverständlichen, wenn nicht sogar unverzichtbaren Bestandteil im Diskurs um das Coaching geworden ist. Auch dann, wenn der in diesem Buch behandelte Themenkomplex einen Arbeitsbereich darstellt, der in der akademischen Lehre und Forschung (noch) nicht als eigenständiger Bereich exakt definiert ist. Genau hier liegen jedoch auch die besonderen Chancen, aber auch Herausforderungen, die mit diesem Buch verbunden sind, also vor allem jene, Coaching wissenschaftlich weiter zu entwickeln und, wenn möglich, in den unterschiedlichsten Wissenschaftsdisziplinen als spezifisches Teilgebiet – eben – „wissenschaftlich" zu etablieren. Und so sei auch abschließend der Wunsch zur Sprache gebracht, dass es auf diesem Wege weitergeht und noch viele neue und innovative Ideen und Zugänge für eine eigene *Coachingforschung* entdeckt werden.

Bernd Birgmeier

Vorwort zur 1. Auflage 2009

Im Blick auf die noch relativ kurze, doch äußerst erfolgreiche Entwicklungsgeschichte befindet sich Coaching in der Folge seines rasanten Aufstiegs im Dienstleistungssektor in den letzten Jahren aktuell an den Schwellen einer Professionalisierungsstufe, auf der es nun dezidiert um Fragen nach der Notwendigkeit und Möglichkeit einer explizierten Coachingforschung, einer wissenschaftlichen Fundierung, Begründung und Theoriebildung dieser innovativen Begleitungs-, Betreuungs- und Unterstützungsform geht. Die Tür an dieser Schwelle, die den Eingang zu den „Gebäuden der Wissenschaft(lichkeit)" markiert, steht weit offen; doch die Flure, die zu den unterschiedlichen disziplinären Departements, Forschungszentren und theoriegefüllten Schatzkammern führen, bleiben für das Coaching im Verborgenen – so lange der Schritt über diese Schwelle nicht gewagt und die Erfahrung gemacht wird, dass bei der ersten Bewegung ohnehin schon der Bewegungsmelder für die notwendig Be- (und vielleicht auch Er-)leuchtung in diesem Gebäude sorgte.

Und dabei geht es gar nicht so sehr darum, wer den ersten Schritt tut: die Wissenschaftler oder die Coachs. In vielen Fällen handelt es sich glücklicher- und idealerweise dabei ohnehin um eine symbiotische Verschmelzung beider Funktionsbereiche bzw. Lebensformen – eben um wissenschaftlich ausgebildete Coachs oder um Coachs, die auf die Wissenschaften und um Wissenschaftler, die auf das Coaching zugehen. Wichtig ist nur die einhellige Überzeugung, dass Coaching und Wissenschaft (irgendwie) zusammen gehören – vor allem dann, wenn die nächsthöhere Stufe der Professionsbildung im Coaching erreicht werden will.

Die Autorinnen und Autoren des vorliegenden Sammelbandes haben Pionierarbeit geleistet und mit der Beleuchtung der Frage nach dem Coachingwissen eine Bewegung eingeläutet, die – betrachten wir nur die seit jeher zu beobachtenden popularistischen Missbräuche und Ausbeutungen des Coachingbegriffs auf diversen Coachingmärkten – längst überfällig war. Sie haben sich gemeinsam in die wissenschaftlichen (Denk-)Gebäude begeben, um aus verschiedenen Perspektiven heraus vor allem die Relevanz und den Nutzen eines theoretisch fundierten und durch Forschung gewonnenen Wissens im Coaching zu diskutieren. Denn im Kontext anderer Wissensformen kann ein theoretisches und wissenschaftlich fundiertes Wissen wichtige Auskünfte darüber geben, *warum* wir im Coaching *so* (und nicht anders) handeln; darüber hinaus begründet und legitimiert es die beraterische Praxis und es hilft beim Verstehen, Erklären, Interpretieren und Beschreiben unterschiedlicher Situationen, in denen der Klient befangen ist. Vor allem aber trennt es die „Spreu vom Weizen" auf dem Feld derjeniger, die sich „Coach" nennen, in jene, die wissen, was sie tun und andere, die eben nicht wissen, was sie tun.

Im Hinblick auf die Tatsache, dass wir es jedoch in der Coachingpraxis mit einer in der Regel sehr komplexen Vielfalt unterschiedlicher sozialer Phänomene und Situationen zu tun haben, greift der Bezug auf eine Theorie häufig zu kurz; daher ist ein umfassendes Coachingwissen auch nur über eine Vielzahl von Theorien und Forschungen aus unterschiedlichen Wissensgebieten gewährleistet. Dementsprechend müssen wir uns heute, wenn wir nach den zentralen theoretischen Wissensbezügen und -grundlagen von Coaching suchen, an unterschiedlichen Disziplinen orientieren, wie beispielsweise an der Psychologie (samt ihrer Teil- und Regionaldisziplinen; der Psychotherapie etc.), den Erziehungswissenschaften, der Philosophie, den Wirtschafts- und Managementwissenschaften und vielen anderen Disziplinen. Jede dieser Disziplinen liefert ein gesichertes, spezifisches, methodologisch und gegenstandsbezogen erforschtes und auf unterschiedlichen anthropologischen Vorannahmen basierendes Wissensspektrum, das auch als Grundlage für die Entwicklung von professionellen, seriösen Coaching-Ansätzen und -Konzeptionen und als Fundament für eine konkrete Coachingforschung dient, mit der theoriebasierte Identitäts- und Professionsbildungsprozesse im Coaching vorangetrieben werden können.

Da ein solch heterogener „Gegenstand" wie das theoretische Coachingwissen dementsprechend eben nur durch ein ebenso vielfältiges und differenziertes Betrachten aus unterschiedlichen Perspektiven erschlossen werden kann, lag das erkenntnisleitende Interesse im Rahmen der Konzeptionierung dieses Forschungs- und Publikationsprojekts zunächst einmal darin, die einzelnen Betrachtungs-, Argumentations-, Zugangs- und Herangehensweisen aller Autorinnen und Autoren zum Themenkomplex „Coachingwissen" einzuholen und zu sammeln, um hierüber Konturen und Strukturen einer oder mehrerer wissenschaftlicher Forschungstendenzen *im* und *für* Coaching zu identifizieren.

Die Fülle, Vielfalt und Qualität der konkreten Ideen, Konzepte, Ansätze und Konturierungen der einzelnen Experten zum Bestand und zur Funktion von Coachingwissen ist – betrachtet man nun die Ergebnisse der Diskussion – überwältigend und belegt eindrucksvoll, wie wichtig und notwendig eine explizite Coachingforschung zur Schaffung eines genuinen Coachingwissens für die Zukunft von Coaching sein wird. Erstmals konnten hierdurch zentrale und wesentliche Grundlegungen und Strömungen für eine wissenschaftliche (Neu-) Orientierung im Coaching kenntlich gemacht werden, die für weiterführende Diskurse zwingend vorausgesetzt und fruchtbar gemacht werden können (ja: müssen).

Alle Beiträge der Autorinnen und Autoren in diesem Sammelband lohnen, sehr intensiv studiert zu werden. Sie bieten – mit jeweils unterschiedlichen Themen, Aspekten und Gegenständen – vielfältige Basen für eine Intensivierung der Forschung im jeweiligen Themenkontext, aus dem heraus die Experten ihre jeweils spezifische Perspektive auf das Coachingwissen darstellen. Aus diesem Grund ist allen, die das weite Feld des Coachingwissens systematisch erkunden wollen, empfohlen, das Buch von der ersten bis zur letzten Zeile zu lesen.

Nichtsdestotrotz gehen – wie es auch die Gliederung in diesem Band offenbart – die meisten Beiträge der Autorinnen und Autoren zum Coachingwissen in gleiche oder zumindest in ähnliche Richtungen, mit denen einerseits allgemeine Überlegungen, Grundlegungen und Positionierungen zum wissenschaftlichen Wissen und Erkennen sowie zu interdisziplinären Theorien und Grundannahmen im Coaching dargelegt werden; andererseits werden konkrete Tendenzen deutlich, die sich insbesondere auf die Fülle psychologischen Wissens beziehen und eine genuine Coachingforschung, eng angelehnt an der Psychotherapieforschung, favorisieren. Darüber hinaus enthält das vorliegende Buch Spezifikationen im Hinblick auf die Frage nach einem Coachingwissen, das einmal aus der Perspektive spezifischer psychologisch-therapeutischer Schulen mit dem Fokus auf die Ausbildung, zum zweiten im Kontext spezieller Coaching-Konzeptionen und -Ansätze und schließlich anhand eines interdisziplinären Coaching-Blicks auf die Implementationsmöglichkeiten und Funktionsverortungen von Coaching in den unternehmerischen, managerialen Alltag vorgestellt wird.

Eine Aufteilung in diese drei Hauptsektoren bzw. -kategorien ist der für eine Systematisierung notwendigen Grundüberlegung geschuldet, von einem allgemeinen zu den vielfältigen Facetten spezifischen Coachingwissens überzuleiten. Dementsprechend wird – als Einführung in den Gesamtkontext der Zentralfrage, die dieses Publikationsprojekt überdeckt – zuallererst die heikle Frage nach der Rolle der Wissenschafts- und Erkenntnistheorie im Allgemeinen, deren Funktion für eine „Verwissenschaftlichung" und Theoriebildung im Coaching im Speziellen gestellt (Bernd Birgmeier). Der Standpunkt, mit dem diese Hauptfrage nach dem Coachingwissen sozusagen aus einer Metaperspektive fokussiert wird, wird von mehreren Autorinnen und Autoren aufgenommen, um – im Teil I dieses Buches – grundlegende Annahmen und Konturen zu einer Rahmentheorie sowie deren Rolle und Funktion im Coaching darzulegen (Peter Heintel & Martina Ukowitz) und allgemeine metamodelltheoretische Grundlegungen zu einer Strukturierung diverser, aufeinander bezogener Wissensstrukturen im Coaching und in den Coaching-Konzeptionen vorzustellen (Astrid Schreyögg). Ebenso werden in diesem Teil wichtige Wissensressourcen skizziert, die im Coachingdialog – mit besonderer Betonung auf implizitem Wissen und Beziehungswissen – zur Förderung der Selbstreflexion generiert werden können (Karin Martens-Schmid) und anthropologische (Eric Mührel) sowie sozialpsychologische (Gisela Steins) Verortungen von Coaching vorgenommen. Last not least wird – auf der Basis einer empirisch gesicherten inhaltsanalytischen „Vermessung" von Coachingprozessen – Licht in das Dunkel eines mittlerweile beinahe unüberschaubar gewordenen Praxisdschungels gebracht und es werden Kategorien sowie Dimensionen entwickelt, mit denen die unzähligen Coachingpraxen klar und eindeutig systematisiert werden können (Harald Geißler).

Mit dieser inhaltsanalytischen Vermessung von Coachingprozessen wird die Brücke geschlagen zu Überlegungen, die – in einem zweiten großen Hauptteil dieses Bandes – explizit in das weite Feld eines psychologisch fundierten Coachingwissens hineinreichen und die die Möglichkeiten, Potentiale und Grenzen einer stark an der – vorwiegend an Grawe orientierten – Psychotherapieforschung diskutieren. Dabei wird zunächst eine Vielzahl wissenschaftlicher Grundlagentheorien aus verschiedenen und therapieschulenübergreifenden Forschungs- und Praxisfeldern herangezogen, um zentrale Wirkfaktoren und -prinzipien zu extrahieren und zu bestimmen, die dann in eine integrative Theorie zum ergebnisorientierten Coaching münden und in dieser – empirisch gestützt – konkretisiert und für eine zukunftsfähige Coachingforschung fruchtbar gemacht werden können (Siegfried Greif). Im Anschluss daran werden im Rahmen einer integrativen Theorie über die grundlegenden Wirkzusammenhänge im Coaching diese, auf Ergebnisorientierung und Selbstreflexion basierenden, psychologischen Grundlegungen spezifiziert und in die Klienten-Perspektive sowie in strategische, prozessuale Umsetzungsmodularitäten eines Coachings, das sich an vielerlei Grundbedingungen zu halten hat, übertragen (Christopher Rauen, Alexandra Strehlau & Marc Ubben). Die Frage nach der – auch für die Evaluationsforschung notwendige – Wirkung und Wirksamkeit von Coaching wird in der Regel jedoch von Wissenschaftlern und Praktikern unterschiedlich gewertet und beantwortet; während die einen an der generellen Wirksamkeit von Interventionen, die anderen eher am Einzelfall interessiert sind, deutet sich durch eine in den Anfängen stehende, aus der Psychotherapieforschung abgeleitete individuumsorientierte Coaching-Forschung eine interessante und zukunftsweisende Möglichkeit zur Überbrückung dieses Dilemmas und zur Integration unterschiedlichster Perspektivitäten an (Hansjörg Künzli & Niklaus Stulz). Im Zeichen der Integration steht auch die auf der Basis handlungspsychologischer Grundlegungen und Erkenntnisse entwickelte, äußerst fundierte Theorie der

Persönlichkeits-System-Interaktionen (PSI), mit der verschiedenartige Persönlichkeitstheorien, empirische Befunde und neurobiologische Grundlagen zu einer Theorie der willentlichen Handlungssteuerung verbunden werden und mit der besonders die Prozesse der Selbststeuerung und Selbstregulation von Klienten theoretisch erklärt und praktisch angeleitet werden können (Julius Kuhl & Alexandra Strehlau). Ausgehend von diesen handlungspsychologischen Theoriekonzepten für ein grundlegendes Coachingwissen können weitere Forschungsbereiche und -themen abgeleitet werden, die vor allem persönlichkeits-, motivations- und volitionsorientierte Erkenntnisse aufgreifen und konkretisieren. Beispiele hierfür sind einerseits Forschungen zur Typologisierung von Zieltheorien und Überlegungen zur Entwicklung neuer Zieltypen, wie beispielsweise den Motto-Zielen, mit denen die engen Grenzen bekannter und bewährter Zielkonzeptionen im Coaching, wie die S.M.A.R.T.-Ziele, überwunden werden können (Maja Storch); andererseits wird das motivationspsychologische Forschungsprogramm der sog. Wenn-Dann Pläne als äußerst effektive und ebenso vorrangig an Zielen orientierte Selbstregulationsstrategie im Coachingkontext vorgestellt (Tanya Faude-Koivisto & Peter Gollwitzer). Ein weiterer theoretischer Ansatz, der sich auf motivationale, emotionale und persönlichkeitsspezifische Erkenntnisinteressen stützt und sowohl klinisch-psychologische, entwicklungs- als auch sozialpsychologische Befunde mit denen der modernen Hirnforschung integriert, ist die Störungs- und Interventionstheorie des Strategischen Coachings, mit der einerseits die besondere Funktion kognitiv-affektiver Schemata im Erleben und Verhalten des Klienten erklärt und für die praktische Arbeit mit dem Klienten fruchtbar gemacht werden kann (Gernot Hauke), andererseits können mit dieser Theorie auch die psychischen Systeme in ihrer Vernetzung mit sozialen und biologischen Systemen expliziert werden (Serge Sulz). Im Kontext dieses Reigens psychologischer und psychotherapeutischer Forschung zur Generierung von Theorien für ein Coachingwissen ist die Rolle und Funktion einer wissenschaftlichen Begründung von Coaching durch Theorien jedoch nicht unbestritten. Eine Theorie der Theorielosigkeit, die auf Annahmen des lösungsorientierten Ansatzes im Coaching verweist (Peter Szabó), zeigt alternative Zugänge zu einem spezifischen Coachingwissen auf.

Ein dritter Themenkomplex ist all jenen Spezifikationen des Coachingwissens gewidmet, mit denen – eben – spezifische Fragestellungen und Positionierungen von Wissensstrukturen aus mehreren Kontexten heraus vorgestellt werden. Solche Spezifikationen beziehen sich einerseits auf die Vielfalt eines Wissens, das aus unterschiedlichen psychologisch-therapeutischen Richtungen, wie z.B. aus psychoanalytischen, humanistisch-psychologischen und kybernetisch-linguistischen Schulen stammt und das vor allem in der Coaching-Ausbildung zum Tragen kommt – so, wie wir es beispielsweise am integrativen curricularen Ausbildungskonzept des Coaching-Masterlehrgangs am IAP Zürich ersehen können, das sich unter anderem aus dem Fundus der Ansätze aus der Gruppendynamik und aus gestalt- und hypnosystemischen Beratungsansätzen speist (Eric Lippmann & Gisela Ullmann-Jungfer) oder am Ausbildungsprogramm des ISB Wiesloch, das auf einer Reihe pragmatischer Ansätze basiert (Bernd Schmid). Darüber hinaus haben aber auch transaktionsanalytische Konzepte (Ulrich Dehner) für die Theorie, Praxis und Ausbildung im Coaching eine wichtige, auf ein spezifisches Coachingwissen hinweisende Funktion.

Auf der anderen Seite stellen ausgereifte Coachingkonzepte und -Ansätze jeweils eine eigene, eine kontextübergreifende „Familie" des Wissens im Coaching dar, das gleichermaßen für die Ausbildung, vor allem aber für die praktische Anwendung von Coaching relevant ist und das hier an den Beispielen der Ansätze eines LehrerCoachings (Rolf Arnold), eines

Life-Coachings (Christoph Schmidt-Lellek) und eines Komplementär-Coachings (Heidrun Strikker & Frank Strikker) zur Diskussion gestellt wird.

Last but not least kann ein weiterer, ein dritter Teilbereich, mit dem ein spezifischer Wissensrahmen im und für das Coaching gesteckt werden kann, extrahiert werden, der sich explizit auf den unternehmerischen Alltag bezieht und darin vor allem die Rollen und Funktionen des Coachings im Kontext von Führung, Organisation und Management festlegt. Hierzu werden einerseits konkrete wissenschaftliche Objekt- und Gegenstandsbereiche, hier am Beispiel der Resilienzforschung, als wichtige Wissenslieferanten für eine „Führung in Krisenzeiten" erschlossen (Susanne Klein) und es werden interessante sozialpsychologische, Individualcoaching mit Gruppenworkshops kombinierende Forschungsprojekte vorgestellt, mit denen – empirisch nachgewiesen – eine Förderung von Führungskompetenzen und eine Steigerung der Effizienz in der Führungsaufgabe erzielt werden können (Claudia Peus, Dieter Frey & Susanne Braun). Weitere interessante Möglichkeiten einer Implementation und Funktionsverortung von Coaching in den unternehmerischen und organisationalen Alltag bieten Konzepte, mit denen – auf der Basis systemisch-konstruktivistischen Denkens – Coaching als Instrument für ein Management 2. Ordnung begriffen werden kann, wodurch sowohl für die einzelne Führungskraft als auch für das Unternehmen sinnvolle Veränderungs- und Gestaltungsspielräume eröffnet und genutzt werden können (Jean-Paul Thommen). Gleichermaßen aus einer systemischen Perspektive rekrutiert lässt sich Coaching – im Kontext zu Supervision und Organisationsentwicklung – in seiner vorrangigen Funktion der Begleitung von lern-, entwicklungs- und veränderungsbedingten Transformationsprozessen in die unterschiedlichsten Strukturebenen der Organisation optimal einbinden – mit dem Ziel, auf allen Ebenen all diejenigen Potentiale und Wissensressourcen zu offenbaren und zu nutzen, mit denen auch der Komplexität der Beratungsanliegen hinreichend Rechnung getragen wird (Gerhard Fatzer & Sabina Schoefer).

Sämtliche drei Hauptkategorien des in diesem Publikationsprojekt systematisierten Coachingwissens sollten jedoch nicht als voneinander eindeutig abgrenzbare Wissensbereiche für das Coaching (miss)verstanden werden; sie befinden sich alle „unter einem Dach" des Wissensgebäudes für Coaching und stellen lediglich Bereiche, Sektoren und Konturen spezifischer Richtungen zur Strukturierung unterschiedlicher Wissensbereiche in der Coachingforschung dar, die den jeweils akademischen und disziplinären Herkünften, den methodologischen Zugängen sowie den Interessensschwerpunkten der Experten geschuldet sind. Demnach ist der Übergang zwischen den hier aufgeführten drei Kategorisierungen fließend; denn: ein Grundlagentext, eine Rahmentheorie oder ein Beitrag zur Psychotherapieforschung ist auch wichtig für Ausbildungskonzeptionen – und umgekehrt; ebenso enthalten die meisten speziellen Coaching-Ansätze und -konzepte Erkenntnisse aus der Coaching-/Psychotherapieforschung oder sie beziehen sich auf wissensstrukturelle Metamodelle, die wiederum in der Ausbildung vermittelt werden – gleichgültig, ob sie sich nun auf wissenschaftliche Objektbereiche, organisationale Sachverhalte oder auf Fragen zur Führung und zum Management beziehen.

Dass das gesamte und auch hier gesammelte Wissen zum Coaching vorrangig ein interdisziplinäres und multiperspektivisches Wissen darstellt, das jeweils eigene Wissensbereiche und Themen umfasst, die wiederum nur mit Hilfe unterschiedlicher, methodologischer Zugänge überhaupt „sichtbar" gemacht werden können, liegt freilich am derzeit noch sehr heterogenen und vielgesichtigen Wesen des Phänomens Coaching. Dennoch verführen die Beiträge in diesem Band dazu, mit Hilfe handlungswissenschaftlicher Überlegungen eine Skizze zu entwerfen, mit denen ein gemeinsamer wissensbezogener Nenner deutlich wird und mit dem metamodelltheoretische Konturen zur Systematisierung allgemeinen und spezifischen Coachingwissens abschließend zur Diskussion gestellt werden können (Bernd Birgmeier).

Es sei an dieser Stelle allen Autorinnen und Autoren für ihre Mitwirkung an diesem Projekt und für ihr großes Engagement sehr herzlich gedankt. Dank ihrer hervorragenden Arbeit ist dieses erste Haus am *Platz des Coachingwissens* – wie es die Beiträge eindrucksvoll zeigen – sehr groß und stabil gebaut worden, sehr vielfältig und vielstöckig, bunt, lebendig und von „guten Geistern" bewohnt und – selbstredend – nach allen Seiten offen für alle, die sich für ein fundiertes Coachingwissen interessieren und den Fortschritt dieser Beratungsform vorantreiben und in eine gesicherte Zukunft führen wollen. Es bleibt zu hoffen, dass noch viele Häuser dieser Art entstehen mögen …

Bernd Birgmeier

Coaching in Fußnoten![1] – Ein Essay zum Coaching, zum Wissen und zum Coachingwissen

Bernd Birgmeier

Coaching ahoi! – oder: die (Un-)Möglichkeit einer Insel des Wissens[2]

Ein Blick aus den Fenstern des Elfenbeinturms hinab in die unerschöpflichen Gewässer menschlicher (Beratungs-)Praxen offenbart bisweilen ein höchst chaotisches Bild. Nicht nur, dass – aus diesen distanzierten Höhen – vieles etwas unscharf und verschwommen erscheint, und dadurch mit bloßem Auge nur äußerst schwer eindeutig zu *erkennen* ist, sondern auch die hektische Dynamik, die dort unten herrscht, wird wohl so manchem, der mit einer gewissen Distanz die Evolutionssprünge einzelner Gattungen personenbezogener (Beratungs-)Dienstleistungen beobachtet, schon etwas Kopfzerbrechen bereiten (vgl. dazu auch Birgmeier 2008b). Denn alles dort unten *fließt* (Heraklit) … und alles dort unten *coacht*![3] Wie, so mag sich der Wissenschaftler all diesen beratungsbezogenen *Verwässerungen* und heuristisch-semantischen *Verschwommenheiten* gegenüber fragen, kann er ob solcher „Un(be)greifbarkeiten" seinem eigentlichen Auftrag gerecht werden, ein exaktes *Wissen* – auch über die Vielfalt und die Wirklichkeit menschlicher *Praxen* – zu schaffen, zu sammeln und zu systematisieren, wenn der Untersuchungsgegenstand aufgrund seines *flüssigen* Aggregationszustandes einfach nicht stillhalten will? Vorbei scheint ihm die Zeit, als die Untersuchungsgegenstände[4] noch „Objekte" waren, die unbeweglich, erstarrt und numerisch relativiert deskriptiv und präskriptiv verankert werden konnten und mit Hilfe der Erkenntnistheorie[5] zu Tatsachen gebündelt auf vielen Inseln in diesem uferlosen Meer der

---

1 Mit der Titelei *Coaching in Fußnoten* soll v.a. auf die Dialektik zwischen „Kopf" und „Fuß" im Coaching und den darin enthaltenen, stark an Hegel und Karl Marx erinnernden Streit über die Aufgabe der Philosophie verwiesen werden. Wenn es – wie es K. Marx vorschlug – darauf „ankömmt", die Welt zu verändern, dadurch etwas vom *Kopf* auf die *Füße* zu stellen, also in die Praxis umzusetzen, stellt sich (mit etwas Phantasie) – auch für Coaching – (erneut) die Frage, welche Rolle dabei der Kopf (und darin: die Theorie) einnimmt. Wie „kopflos" ver*läuft* die Coaching-Praxis wirklich, v.a. dann, wenn (auch im Coaching) davon auszugehen ist, dass „nicht Hegel auf dem Kopf steht, sondern Marx und Engels, die den Kopf abtrennten und sich dann einbildeten, dass der enthauptete Torso der Dialektik noch lebens- und bewegungsfähig wäre" (Harris 1993, 11)?

2 In Anlehnung an: Michel Houellebecq: *Die Möglichkeit einer Insel*. DuMont, Köln, 2005.

3 So scheint es jedenfalls, wenn wir die öffentlich-mediale Hysterie, die der Begriff des Coachings mittlerweile für beinahe alle Lebenslagen (z.B. beim Reisen, Auswandern oder beim Kochen) in nahezu allen Bevölkerungskreisen (z.B. bei Weltenbummlern, Abenteurern oder bei Kulinariern) unlängst beschworen hat, zum Anlass nehmen wollen, zumindest – in klassischer philosophischer Tradition – darüber zu *staunen*, was da alles vor sich geht. Gewiss: der Mensch in der modernen Gesellschaft reist gerne und er isst auch gerne, und ohne den Tourismus und die Gastronomie würde unser Land – besonders in Zeiten wirtschaftlicher Krisen – sicherlich noch tiefer in die Rezension schlittern. Doch was hat das mit „Coaching" zu tun, wenn der Reisewütige und Geschmacksdeprivierte unbedingt an die Hand eines erfahrenen *Praktikers* genommen werden muss, um sein persönliches Glück zu finden? Gibt es denn da nicht einen anderen Begriff, der im Blick auf diese „Praxen" möglicherweise viel besser passte als *Coaching*? „Sie merken es schon: Coaching ist in, keine Frage" (Böning/Fritschle 2005, 18). Doch merken Sie auch, dass der Begriff *Coaching* allmählich auszubluten droht, wenn jede x-beliebige (Beratungs-)Praxis von jedem x-beliebigen (Beratungs-)„Praktiker" wie auch immer „praktiziert" wird?

4 Streng wissenschaftlich formuliert: ihre Material- und Formalgegenstände.

5 (ihres Zeichens einst *die* philosophische Disziplin, die der *Sicherung von Wissen* diente!)

Wirklichkeit(en) „abgelegt" und beherbergt wurden; Inseln, die ihrer Funktion gemäß den Auftrag zu erfüllen vermochten, auch schiffbrüchig gewordenen Rat- und Kopflosen einen Platz[6] im uferlosen Meer der Praxis anzubieten, der ihnen auf mannigfaltige Weise Halt, Orientierung, Gewissheit, Bestand und einen festen Boden unter den *Füßen* versprach.

Es liegt ebenso in der (situations*abhängigen*) Natur der Dinge, dass diese dunklen Gewässer der Praxen stets dann, wenn ein weiterer „Akteur" in die Fluten hüpft, auf's Neue ihre Erscheinungsformen, Wellengrößen und Wellenlängen verändern, wie es gleichermaßen in der (situations*unabhängigen*) Natur der in den Türmen lebenden Insulaner liegt, eben – dem Kant'schen Postulat: „Gedanken *ohne Inhalt sind leer, Anschauungen ohne Begriffe sind blind*" (Kant 1787 (B), 75) folgend – nur das beobachten, beschreiben, erklären, verstehen und vorhersagen zu können, was – zumindest inhaltlich und begrifflich – fix[7] *ist*. Ergo darf man davon ausgehen, dass das Meer, die Praxis und die Akteure darin nicht immer auf gleicher „Wellenlänge" liegen wie die Insulaner, deren Leuchtturmwärter und deren Theorien zur Wirklichkeit. Kein Wunder: denn während die einen vielfach dem Postulat der *Möglichkeiten des Wissens ohne Bedingungen* bzw. dem der *Bedingungen der Möglichkeiten ohne Wissen* frönen, verpflichten sich die anderen – wie es sich erkenntnistheoretisch nun mal gehört – den *Bedingungen der Möglichkeiten des Wissens.*

Jenseits all dieser Statuten zu den menschlichen *Möglichkeiten*, dem *Wissen* und seinen *Bedingungen* passiert es gelegentlich jedoch auch, dass aufgrund heftiger Erschütterungen am Meeresboden einzelakteurs-unabhängige Naturkatastrophen entstehen, die zu Monsterwellen führen, mit denen die bis dato auf den Inseln verstreuten und vertäuten „Wissensspeicher" in die unendlichen Tiefen des Meeres gerissen werden, dort am Boden allmählich versickern und in Vergessenheit geraten. Für die einen mag dies (bloß!) eine Naturkatastrophe sein, für die anderen ist dies jedoch eine *Kultur*katastrophe.[8] Für solcherart Kulturkatastrophen sind jedoch nicht einzig und allein Tsunamis verantwortlich zu machen;[9] vielmehr stammen die Sprengsätze, die zu solchen Detonationen und Eruptionen am Meeresboden führen, von so manchem Leuchtturmwächter selbst, der sich – dem bodenlosen Geist der Postmoderne und der „wissenschaftlichen Revolte" anheim gefallen – diverse Pirateriestrategien ausdenkt, wie die ach so stabile und unerschütterliche Wissenschafts- und Erkenntnistheorie aus ihren steinernen, (besonders von der „*Praxis*" geschützten) hermetisch abgeriegelten Bauten ins Exil vertrieben werden und ihrer Illusion beraubt werden könnte, *Standards* für das Wissen und die Wissenschaftlichkeit zu normieren. Wehte auf den Inseln des Wissens einst noch die Flagge mit dem Schriftzug *Rien ne va plus*[10], so herrscht heute wohl eher eine Mentalität des *anything goes*[11] (Feyerabend), mit der Folge, dass die Wissenschaftstheorie (als Teilbereich der Wissenschafts-Wissenschaften) nun vor die Wahl zu stellen sei, wie es uns der Wissenschaftstheoretiker Klaus Fischer[12] beizubrin-

6 In Anlehnung an Schneider (1998), Carrier (2006), Poser (2006), Chalmers (2007) entweder empiristisch, rationalistisch, logisch-empiristisch, kritisch-rational, historisch, phänomenologisch, positivistisch, relativistisch, pragmatisch, metaphysisch-realistisch, strukturalistisch, naturalistisch, konstruktivistisch, kritisch-theoretisch und/oder hermeneutisch „bepflastert".

7 „fix" = alltagssprachlich für „unabhängige Variablen".

8 … oder spezieller gefasst: für solcherart katastrophale Entwicklungen, die (auch) die Beratung als „kulturelles" Teilgebiet betreffen … (vgl. dazu Schilling 2000).

9 … wohl auch nicht (mit Verlaub) der versehentlich explodierte Schnellkochtopf eines Koch-Coachs

10 Eine Formel, die aus der Welt des Glücksspiels entnommen ist und bedeutet: *Nichts geht mehr!*

11 Eine Formel aus Zeiten der „wissenschaftlichen Revolution" mit der Kernaussage: *Alles geht*!

12 Es liegt schon eine gewisse Ironie in der Tatsache, dass auch ernsthaft geführte Debatten um Professionalisierungsbemühungen „methodischen Handelns" oder um disziplinäre Identitätsstiftungsversuche von Ar-

gen versucht, „entweder eine *ganz normale Wissenschaft* zu werden, die wie jede andere ihren eigenen Gegenstand, ihre eigenen Ziele und ihre eigenen Probleme und Methoden hat, oder zu verschwinden" (1995, 254). Demnach wäre die Wissenschaftstheorie (nur!) eine „ganz normale" Wissenschaft, die zurück zu treten hat in die Reihe anderer Realwissenschaften und von dort aus ihren Gegenstand, konkret: andere Wissenschaften, untersucht.

Die „Überschwemmungen" wissenschaftstheoretischer Domänen durch andere als bisher gekannte Mächte, führt uns unweigerlich in den (post-)postmodernen Diskurs zur „Gouvernementalität" (Foucault 2004) und die damit verbundene Frage nach dem, *wer* nun *was* (auf den Gewässern *und* den Inseln) regiert – oder zumindest: den Anspruch erhebt zu regieren! Geht es – diesbezüglich – um die „Regierung des Subjekts" (vgl. Garbers 2008) oder um die durch eine Re-Politisierung von Wissensbeständen unterlegbare Regierung von „Objekten" oder um Prinzipien und Phänomenologien zum allgegenwärtigen „unternehmerischen Selbst" (Bröckling 2007), das längst schon alle human-kulturellen „Biosphären" – theoretische wie praktische – infiziert zu haben scheint?

Von den neuzeitlichen, höchst fragwürdigen Erschütterungen der Macht von Wissenschaft

Nun: sämtliche *Regierungs*ansprüche, die zugleich immer auch *Macht*ansprüche zeitigen, resultieren freilich aus der dynamischen Entwicklung der postmodernen Welt und führen zu Fragwürdigkeiten und Skeptizismen gegenüber dem Wissen der Realwissenschaften[13]; Fragen, die lange Zeit nicht zu stellen gewagt wurden, denn der *homo oeconomicus*, dem alternative Antworten auf diese Fragen eigentlich immer schon wichtig waren, war nur eines von vielen anthropologischen „Modellen", die sich in der Welt der Wissenschaft (und v.a. der Praxis) herumtrieben. Heute jedoch, nachdem – überspitzt formuliert – auf dem Dienstleistungssektor jedoch besonders eine Spezies[14] das Szepter der Macht zu ergreifen scheint, dessen Regierungsprogramm in „Unternehmungen" mündet, eine „Genealogie des Subjekts" und Projekte des „Ich" – notfalls mit aller Gewalt – durch zu drücken, dürfen wir durchaus davon

beits- und Handlungsfeldern immer wieder gewisse, zugegeben: nicht immer ganz wörtlich zu nehmende Analogien mit der – wie es an obigem Statement von Klaus *Fischer* deutlich wird – *Fischer*-ei ans Tageslicht bringen. So werden in Fachkreisen nur allzu gerne Anleihen aus der natürlichen Wasserwelt inklusive ihren Bewohnern zur Erklärung wissenschaftlichen Vorgehens genommen. Auch der berühmte Wissenschaftstheoretiker Sir K.R. Popper ist im tiefsten Kern seiner Seele wohl ein Fischer gewesen, der in der Theorie das „Netz" sah, „das wir auswerfen, um ‚die Welt' einzufangen" (1971, 31). Doch auch von so manchem Praktiker werden allzu oft diverse Fischerei-Strategien angewandt, bspw. ein „Fischen in fremden Gewässern" – vor allem, wenn es um Methoden und Techniken geht (die andere Professionen nutzen; man denke hier nur an die Vielfalt psychotherapeutischer und supervisorischer Methoden, die auch im Coaching angewendet werden). Diese „Fischerei-Techniken" mögen wohl auch Auskunft über die Bauart der Schiffe geben, was uns zur Frage führt, wer die „dickeren Fische" fängt, wenn sich Coaching – im Vergleich zur Supervision etwa – „wie eine wendige Yacht zu einem zwar komfortableren, aber etwas schwerfälligeren Luxusliner" (Fallner/Pohl 2001, 38) verhält! Und wenn dann noch eine andere Koryphäe aus der Wissenschaftstheorie behauptet, dass in den meisten sozial- und verhaltenswissenschaftlichen Disziplinen „Theoriennetze" (vgl. Schurz 2006) bestehen, mit denen ein hoher Grad an Interdisziplinarität (= Fischereiverband) und damit auch ein Import und/oder Export von Begriffen (oder: Fischen) in benachbarte Disziplinen (oder: Fischteiche) ermöglicht wird, dann sei es erlaubt auszurufen: „*Coaching ahoi*"!

13 Und darin vor allem: die Sozial-, Wirtschafts- und Verhaltenswissenschaften.

14 Gemeint sind damit solche Personen, die – ohne spezifisches Hintergrundwissen – als Auswanderer-, Koch-, Astro-Coach etc. Coaching in die Nähe pseudoprofessioneller Heilslehren rücken.

sprechen, dass wir uns derzeit in einem *theoriefernen* und – diesen „Mangel" kompensatorisch ausgleichend – *technologiefreundlichen* Zeitalter der Selbstinszenierung befinden, in dem „Bauanleitungen für die Ich-AG" (Bröckling 2007, 65 ff.) quasi-juristisch rein für das eigene Wohl „verordnet" werden. Freilich sind solche Bewegungen einzig und allein *politischer* Natur![15] Und wie es der (ethisch-moralische?) Verhaltenscodex des „Politikers"[16] nun mal vorsieht, ist man bestrebt, nach Wegen und Möglichkeiten der „Verbesserung" des „Gemeinwohls" – hier: die *Gemeinschaft* der „Subjekte"[17], der Ich-AGs, (Selbst-)Unternehmer und der Selbsttechnologen – zu suchen. Solcherart Suchbewegungen führen im Anschluss an Selbst-Inszenierungen i.d.R. zunächst[18] in die Kritik[19] des Bestehenden – auch und eben in eine Kritik, die insbesondere an die Wissenschaftstheorie (der „Mutter" aller Theorien!) adressiert ist. Beispiele für Fragen, die die unternehmerischen *Selbst*-ler an die Statuten der Wissenschaft im Allgemeinen richten, sind vor allem die Frage, inwiefern es überhaupt möglich und sinnvoll ist, streng objektives Wissen im Rahmen noetischer und mimetischer Evolutionsentwicklungen generieren zu können; oder die Frage nach dem Primat der Nützlichkeit – *nicht* der Wahrheit – von Wissen; oder die Frage nach subjektiven Bedürfnissen der Wissenschaftler selbst und – damit verbunden – die phänomenologische Frage nach intrapersonalen Bedingtheiten des „Wissen schaffens". Die wissenschaftshistorischen Ursprünge dieser Fragen führen uns dabei zu folgenden Quellen:

- *Die Frage nach dem objektiven Wissen – Welt I, II oder III:* Nach Popper (1971) ist zwischen drei kognitiven Strukturebenen zu unterscheiden, die für das Schaffen von Wissen von Relevanz sind. In der Physis liegt die *Welt I*, die wissenschaftlich objektiv beschrieben werden kann. Teilweise objektiv erschließbar ist der mentale Bereich der subjektiven *Welt II*. Objektiv nicht zu erklären[20] ist dagegen der noetische Bereich der *Welt III* (vgl. Hering 2007).[21]
- *Die Frage nach der Nützlichkeit von Wissen – Modus 2:* Während die Grundlagenforschung nach dem Verstehen von Naturzusammenhängen strebt (= Wahrheit), zielt die angewandte Forschung auf die Befriedigung spezifischer Bedürfnisse oder auf Nützlichkeit/Anwendbarkeit von Wissen für die Praxis.[22] Indem Wissenschaft damit zum

15 Ein Gegenpol zur politischen Seite ist die theoretische Seite (der Wissenschaft und auch der Praxis). So ist zu fragen, in welchem Verhältnis Wissenschafts*politik* und Wissenschafts*theorie* zueinander stehen. Eine Antwort auf diese Frage führt uns zur ernüchternden Erkenntnis, dass es bei der Entwicklung neuer Professionen stets vorrangig erst einmal um politische Dimensionen geht, mit denen versucht wird, auf dem Beratungs- und Dienstleistungsfeld eigene Territorien oder „Claims" abzustecken, auf denen dann auch die Theorie „eingeführt" werden kann. Theorie muss sich deshalb auch immer wieder den Vorwurf gefallen lassen, der Praxis hinter her zu hinken …

16 Der Politiker – im klassischen Sinne – als „Volks"-Vertreter verstehbar.

17 Und das, obwohl das Subjekt als solches selbst ein „Schlachtfeld" ist (vgl. Virno 2005)!

18 … durchaus nach dem Modus der Philosophie, die zunächst einmal mit dem Staunen und dem Zweifeln beginnt.

19 Eine Kritik, die wieder auf eine Dialektik verweist; hier aber auf eine durch Personen initiierte sozusagen rein *Marx*-istische Dialektik, in dem sich zu Fragen nach dem (auch: gesellschaftlichen) „Kapital" Marx (Reinhard) und Marx (Karl) als These und Antithese gegenübertreten.

20 … und für die strengen Wissenschaften daher ungreifbar.

21 Der Mensch in der von Dawkins als *Meme* bezeichneten *Welt III* des „kulturellen Überbaus" ist allenfalls verstehbar und somit Teil *geisteswissenschaftlicher* und *philosophischer* Bemühungen.

22 Die Praxisnähe von Wissenschaft ruft jedoch Bedenken hervor, dass der Anwendungsdruck auf die Wissenschaft deren Erkenntnisorientierung in Frage stellen könnte. Kritiker des Anwendungsdogmas befürchten deshalb, dass die Wissenschaft durch Zwänge praktischer Nützlichkeit unglaubwürdig und methodologisch

unverzichtbaren Teil des Marktgeschehens (und der Marketingstrategien) geworden ist, unterwirft sie sich, ergo, immer stärker den wirtschaftlichen Kräften, wodurch ihr heute[23] der Übertritt in den sog. *Modus 2* bescheinigt werden kann.[24]

- *Die Frage nach den Bedingungen des Wissen Schaffens:* Mit Blick auf die in der Wissenschaftstheorie gestellte Frage, wie Theorien falsifiziert oder wie sie bestätigt werden können, hat Feyerabend Implikationen vorgestellt, die in eine „anarchistische Wissenschaftstheorie" mündeten und einem *anything goes* in der Wissenschaft huldigten – mit dem Hintergrund: es gibt keine wissenschaftliche Methode mehr; Wissenschaftler folgen ihren subjektiven Bedürfnissen![25]

Es bedarf wohl keiner besonders hoch ausgeprägten Vorstellungskraft, dass die Reaktionen auf solcherart wissenschaftstheoretische In-Frage-Stellungen wohl ziemlich unterschiedlich ausfallen. Was für den *Einen* „wahr" ist, nämlich – um an oben genannte Fragehorizonte anzuknüpfen – eine *Welt I* und (teilweise) eine *Welt II*[26] sowie der *Modus 1* und die *Objektivität* in/der Forschung, ist für manch *Anderen* (z.B. den Auswanderer-, Koch- oder Astro-Coach![27]), aus der Brille der (eigenen?) „Nützlichkeit" einzig anhand des Kriteriums der (eigenen?) „Wirksamkeit" zu checken; demnach zählt hier wohl ausschließlich die Befriedigung von – spezifischen, menschlichen, unternehmerischen – (eigenen?) Bedürfnissen; vollkommen unerheblich, wie „allgemein gültig" das Wissen daher kommt! Grund genug, die auch für die Weiterentwicklung von Coaching notwendige Frage nach den unterschiedlichen *Lebensformen* zu stellen und Nuancen des *Verhaltens* und der *Verhältnisse* zwischen Theoretikern, Praktikern und den vollkommen *Andersartigen*[28] auszuloten, um – hierüber – Annäherungen zur Bestimmung des Theorie-Praxis-Verhältnisses in beratungswissenschaftlichen Kontexten herzuleiten.

Theoretische, praktische und andere „Lebensformen" im Coaching

Viele der Fragwürdigkeiten, die der Begriff *Coaching* mit sich bringt, basieren – streng wissenschaftssoziologisch und -psychologisch betrachtet – auf den Erwartungen, den unter-

geschädigt wird und dass eine von materiellen/kommerziellen Zielen getriebene Wissenschaft in Parteilichkeit und forschungsethisches Versagen abgleite (vgl. Carrier 2006).

23 … im Anschluss an einen rein erkenntnisorientierten, galileischen *Modus 1*.

24 Merkmale des *Modus 2* sind u.a.: a) ein Anwendungszwang des Wissens (der auf diversen „Entfaltungslogiken" bestimmen Politiker, Laien, Unternehmensführungen beruht); b) zunehmend Forschung außerhalb von Hochschulen; c) wirtschaftlich begründete Verfahren der Qualitätskontrolle treten an die Stelle herkömmlicher Beurteilungskriterien etc. (vgl. Carrier 2006, 155 f.).

25 Feyerabend spricht sich also gegen den Anspruch aus, dass es eine universelle (von allen Disziplinen angewendete), ahistorische (zeitlose) Methode der Wissenschaft gebe, die Regeln aufstellt, die alle wissenschaftlichen Disziplinen zu erfüllen haben (vgl. Chalmers 2007).

26 … und zumindest die Akzeptanz dessen, dass es eine *Welt III* gibt, diese jedoch streng wissenschaftlich nicht zu erschließen ist.

27 Um nur drei von vielen degenerierten und mutierten Coaching-Versionen zu nennen. Degenerationen und Mutationen im weiten Feld des Coachings entstehen vor allen Dingen dort, wo Praxis durch eine – rein auf das (technische) *Herstellen* (u.a. von Marktpräsenz) und (bisweilen kopf- und gedankenlose) *Machen* reduzierte, theoretisch, wissenschaftlich und ethisch-moralisch unreflektierte – Poiesis ersetzt wird, mit der eine wie auch immer geartete „technische Kunstfertigkeit" begriffen wird. Ein wirksames Gegenmittel zum Schutz der Praxis vor solchen technisch-poietischen Entartungen ist u.a. der Bezug zur Wissenschaft und zur Philosophie (und darin insbesondere zur Ethik)!

28 … eben z.B. der Auswanderer-, der Koch- oder der Astro-Coach!

schiedlichen Interessenslagen und damit: auf dem *Verhalten* der einzelnen Personen zu einer Sache[29]. Wichtig ist es daher zu erkennen, dass man sich „Sachen" gegenüber theoretisch *oder* praktisch[30] verhalten kann und dass – dementsprechend unterschiedlich – nicht nur die Person die Sache prägt, sondern – umgekehrt – auch die Sache die Person. Je nach dem also, über welche Zugangsformen sich „Personen" und „Sachen" begegnen: es wird dabei immer auch eine *Struktur* (zwischen diesen beiden Variablen; also Person und Sache) deutlich, in der sich – aus strukturanthropologischer Sichtweise – beide Variablen selbst schöpfen und selbst ermöglichen können (vgl. Rombach 1987, 102). Vereinfacht ausgedrückt: Die Person (als ein zweckgeleitetes *Bios*) sucht über ihr bevorzugtes *Verhalten* zur Sache[31] sich selbst und provoziert hierdurch eine „größere Struktur", in der sie sich eben entweder als Theoretiker oder als Praktiker[32] schöpft. Das Motiv, das die jeweilige Person dabei in der Sache „sucht", ist dabei freilich abhängig auch von der Rolle und Funktion, mit der sie an die Sache herangeht und diese für ihre Zwecke[33] (aus)schöpft. *Verhalte* ich mich demnach der Sache gegenüber theoretisch *oder* praktisch suchend gegenüber, werde ich mich und die Sache eben auch theoretisch *oder* praktisch wieder finden: als entweder Bios theoreticus *oder* als Bios praktikos *oder* – wie später noch zu zeigen sein wird – als Bios poieticus![34]

Solcherart selbstschöpferische Suchbewegungen von Personen und (besser: durch/ in) Sachen provozieren jedoch Dilemmastrukturen, die uns auf das von Marquard (1971; 1983; 2001a) so trefflich explizierte Menschenbild des *homo compensator* zurückführen und die in jedem der *Bios*-Formen existieren. Nehmen wir den Begriff des *Dilemmas* wörtlich, so drückt dies ja einen Zustand aus, mit dem die Person (z.B. als Theoretiker oder Praktiker) in die „unangenehme Lage" gezwängt wird, „zwischen (mindestens) zwei Übeln wählen zu müssen" (Duden). So ist die unangenehme Lage, in der der Theoretiker und *seine* Theorie gleichermaßen stecken, meist jene, sich – begründet – in/ neben/ über/ unter/ außerhalb … der *Praxis*[35] (auch des Coachings) verorten zu sollen und Stellung zu nehmen, wie sich denn seine jeweilige Theorie zur Praxis *verhält*. Bisher geleistete Versuche einer Bestimmung des Verhältnisses zwischen Theorie und Praxis im Coaching geben so – beabsichtigt oder unbeabsichtigt – Auskunft darüber, welches *Verhältnis* der Theoretiker (resp.: der

29 Hier: Coaching!

30 … oder auch – wie bereits in den Fußnote 27 und 28 kurz kommentiert – „vollkommen anders", d.h. einzig und allein – mit dem Verzicht auf ein wissenschaftlich-theoretisches Wissen einerseits, auf eine moralisch-praktische Ethik andererseits – technisch und (irgendwie) „künstlerisch". Wenn wir damit – in Anlehnung an Kant – insgesamt drei menschliche Aktivitäten unterscheiden können: ein Kognitives (Wissen), ein Moralisch-Praktisches (Verantwortung) und ein Technisch-Praktisches (Können), so wird deutlich, dass die Praxis innerhalb dieser Trias eine zentrale, jedoch auch ambivalente und januskӧpfige Schlüsselposition einnimmt. Einerseits – und das entspräche der Idealvorstellung eines wahrhaft professionellen Coachs – basierte sie auf wissenschaftlich-theoretischem Wissen und einem verantwortlichem Handeln (auch in der *Anwendung* von Techniken) *in* der Praxis; andererseits – und damit sei auf das Wesen der „Andersartigen" hingedeutet – obliegt sie der Gefahr radikaler Entmoralisierung und Technokratisierung im Kontext zwischenmenschlicher Beziehungen. Besonders diese zweite Lesart einer vorwiegend technisch angeleiteten Praxis soll im nachfolgenden Vergleich zwischen Theorie und Praxis (bzw. zwischen dem Theoretiker und dem Praktiker) kritisch interpretiert werden.

31 z.B. Coaching

32 … oder auch als sog. Andersartiger; vgl. hierzu die Fußnoten 14, 27, 28 und 30.

33 – frei nach den Statuten der o.g. Modi von Nützlichkeit –

34 „Bios poieticus" = eigene, anthropologisch-wissenschaftlich nicht verbürgte Wortschöpfung des Verfassers, mit dem der Techniker bzw. der (Überlebens-)Künstler beschrieben sein soll; zu den beiden anderen Begriffen, siehe (wissenschaftlich gesichert) Tschamler (1998).

35 … und – selbstredend auch – der Poiesis, d.h. in ihrer rein technik-orientierten Seite der Praxis.

Praktiker) mit dem jeweils ihm (alter ego) gegenüberstehenden „Übel“: entweder der Praxis (oder der Theorie) hat! Mit anderen Worten: So, wie sich der Theoretiker zur Praxis (denkend und argumentierend) *verhält*, so drückt sich auch sein *Verhältnis* zur Praxis aus. Ergo schafft das (menschliche) Verhalten die Verhältnisse! Und – ergo – schafft dann auch so manches (menschliche) Verhalten mancher sog. „Coachs“[36] die Verhältnisse und Missverhältnisse im Diskurs um den Begriff und das eigentliche Wesen des Coachings!

Niemanden darf es daher auch wirklich wundern, wenn so mancher Theoretiker (oder Praktiker) ein eher schlechtes, fast zölibatäres Verhältnis zur Praxis (oder Theorie) hat und er sich darüber hinaus auch noch – wohl wissend darüber, mit einer Entscheidung *für* das Eine (z.B. die Theorie) *gegen* das Andere (z.B. die Praxis) zu votieren – als kompensationsgetriebenes *Mängelwesen* des Einen *oder* des Anderen outen muss. Dadurch erhalten Coaching-Theoretiker und Coaching-Praktiker selbst einen Platz im Reigen anthropologischer Bestimmungen und Erkenntnisse, denn: auch sie zählen zu Menschen, die Mängel so zu kompensieren haben, dass sie ihnen (zumindest in ihrer beruflichen Funktion) lebensdienlich werden. Auch für sie gilt das Grundgesetz einer dialektischen Phänomenologie der Kompensation, das da lautet: Der Aufwand an einer Stelle ermöglicht/erzwingt die Sparsamkeit an einer anderen – und umgekehrt: Sparsamkeit *hier* ermöglicht/erzwingt Aufwand *dort*. Mit Szilasi (1954) ließe sich auch sagen: so macht die Natur (des Theoretikers) ein (praxisbezogenes) Bein kurz, das (theoriebezogene) andere dafür umso länger. Und so treffen wir gerade auf den Feldern, auf denen sich Coaching (theoretisch wie auch praktisch) auszudehnen trachtet, auf „Bewegungen“, die (bei näherem Hinsehen) *so* geschmeidig nicht sind – solange die Theorie der Praxis hinterher *hinkt* und die Praxis[37] der Theorie in großen Sprüngen eilig voraus *hüpft*. Es läuft sozusagen im Coaching „noch nicht rund“! – besonders was die Vorstellungen über die Strukturen betrifft, mit denen ein *setting* zwischen Theorie und Praxis organisiert werden soll.

Nun darf (und sollte) man jedoch nicht von der Erwartung ausgehen, eine wissenschaftliche Theorie wäre dann für die Praxis „nützlich“, wenn sie Aussagen über die situative Angemessenheit von beruflichem Handeln anbietet. Vielmehr sagen wissenschaftliche Theorien etwas über mögliche (In-)Varianzen und Teildynamiken des Handelns aus (vgl. Alisch 2000) – nicht mehr und nicht weniger! Denn: „Wer Wissenschaft betreibt“, so gilt es für Brezinka, *verhält* sich *theoretisch* und nicht *praktisch*; der Wissenschaftler „will Erkenntnisse gewinnen, nicht die Welt gestalten oder Menschen beeinflussen“ (1972, 21). Richtig gefährlich wird es jedoch dann, wenn auf *Technologien* zurück gegriffen wird, die auf der einfachen mathematischen Formel der – salvo errore calculi![38] – Addition von Theorie und Praxis fußen und so zu einem Ergebnis führen (müssen), das als „Praxistheorie“ verspricht, bestehende (und notwendige) Gräben zwischen beiden Erkenntnis-, Wissens- und Erfahrungsformen künstlich (und zweckgebunden[39]) aufzufüllen. Der Begriff *Praxistheorie*, mit dem ein Anwendungs- und Handlungsfeld gewissermaßen seinen wissenschaftlichen „Schliff“ erhalten soll, gerät somit in vielfältige wissenschaftstheoretische Paradoxien. Denn: zielte eine Praxistheorie ausschließlich darauf ab zu klären, wie die Praxis des Coachings aussehen soll bzw. *wie* es ein Coach machen muss, um ein bestimmtes Ereignis

36 Mit diesen sog. „Coachs“ sind – selbstredend – ausschließlich diejenigen Akteure gemeint, die bereits in Fußnote 14, 27, 38 und 30 vorgestellt wurden.

37 … hier in erster Linie in ihrer vornehmlich poietisch durchdrungenen Version gemeint.

38 Zu Deutsch: mit der Möglichkeit/Wahrscheinlichkeit eines Rechenfehlers.

39 Ein zweckgebundenes Handeln wird – im Kontrast zum theoretischen und praktischen Handeln – mit dem (aristotelischen) Begriff der Poiesis bezeichnet.

zu erzielen, und *was* er dafür braucht, zeigt sich das *praxistheoretische* Programm als Technologien vermittelnd rein methodenorientiert[40]. Praxistheorien entsprechen damit höchstens einer Methodenlehre, einem Handwerk oder einer „Formelsammlung" für Techniken und Künste, die der Coach – nach dem Motto: theoretisch *wahr* ist, was praktisch (irgendwie) *wirkt*! – anwendet[41]. Praxis darf daher nicht weder mit Theorie, und schon gar nicht mit „Poiesis"[42] gleichgesetzt werden. Denn: wer Theorie mit Praxis und Praxis mit Poiesis verwechselt oder gar identisch setzt, verheizt die Qualitäten wichtiger, doch voneinander unabhängiger struktureller Dimensionen unterschiedlicher Wissensbestände, -formen und Wissensschöpfungsprozesse im/für Coaching[43] und führte die Suche nach dem *Coachingwissen* damit in Sphären einer Verbalakrobatik, die stark an Wittgensteins berühmte Ofen-Metapher erinnert – will heißen: ähnlich, wie es bei einem Ofen müßig wäre zu fragen, wo denn nun die Kälte aufhöre und die Hitze beginne, wäre es im Kontext der Suche und Sicherung nach dem *Coachingwissen* ebenso naiv danach zu fragen, wo Theorie, Praxis und Poiesis beginnt … und endet!

Ein Plädoyer für handlungstheoretische Wissensstrukturen im Coaching

Sämtliche, wahrlich ernsthaft[44] geführte Diskussionen zum *Wissen*, zum *Coaching* und zum *Coachingwissen* zwingen unmittelbar auch zur Klärung des Verhältnisses von Praxis und Theorie[45], und damit – auf institutioneller Ebene – von Profession und Disziplin und – auf der Ebene der Erkenntnistheorie(n) – von Ideologie und Wissenschaft. Die Wissenschaft hatte – so scheint es jedenfalls – im Kontext der äußerst erfolgreichen Coaching-Praxis bis dato aber nur äußerst wenig zu melden, da es für so manchen „Praktiker" wohl zu den „Reinheitsgeboten" zählt, *seine* Praxis klar zu scheiden von den Resultaten harter, biswei-

40 Auf die institutionelle Ebene des Wissen Schaffens für Coaching herunter gebrochen würde dies bedeuten, dass disziplinäre *und* professionelle Verfasstheiten im Coaching strukturell identisch seien und sich eine Coaching-Forschung darin begnügen würde, einzig die Praxis und damit das methodisch(-technologische) Tun jedes Coachs in den theoriebezogenen Wissensspeicher zu integrieren.

41 Eine solche *Logik* über die Zweckrelevanz eigenen Tuns (was immer auch als Zweck im Coaching verstanden werden will) zum alleinigen Gütekriterium praxistheoretischer Erkenntnisse zu verabsolutieren, führte nicht nur zu einer gefährlichen Inflationierung wissenschaftlicher Produkte im „materiellen Verwertungsprozess" (Mittelstraß 1992, 260), sondern auch zu einer Mutation der Theorie zu Praxis, die wiederum zu einer Kunstlehre (*techné*) mutiert, die sich aber allenfalls als ein System technologisch anwendbarer Sätze darstellt, will heißen: als ein Kompendium von Beratungstechniken, das der Praktiker anlegt und aus dem er sich in der Praxis nach Bedarf Anweisungen holt.

42 Nach aristotelischer Wissenschaftsaufteilung liegt die Aufgabe einer theoretischen Wissenschaft im erkennenden Betrachten der letzten Ursachen und Zusammenhänge im Kosmos, die der praktischen Wissenschaft im verantwortlichen, selbst bestimmten und ideengeleiteten Handeln des Menschen (und nicht – ausschließlich – in der Praxis!) und die der poietischen Wissenschaft im Werkschaffen/herstellenden Machen. Wenn Theorie demzufolge als eine Erkenntnissuche um der Wahrheit willen definiert werden kann, darf sie sich keinesfalls auf die Praxis als alleinigen Wissenslieferanten verlassen; und schon gar nicht auf die Poiesis.

43 Wissensformen wie Erfahrungs-, theoretisches, wissenschaftliches, methodisches, technologisches Wissen etc.

44 Die Kritik an der Praxis bisher war – um etwaige Missverständnisse auszuschließen – ausschließlich an der sog. Praxis – wie es Buer so treffend zu bezeichnen weiß und deren Existenz Kühl in seiner berühmten Studie von 2005 nachgewiesen hatte – von Gurus, Hochstaplern und Scharlatanen, wozu m.E. auch Auswanderer-, Koch- und Astro-Coachs zählen; also von – hier durchaus despektierlich gemeint – „Subjekten", die das kostbare Blut des Begriffs Coaching hemmungslos aussaugen, um so ihr (unternehmerisches, eigenes) Überleben ohne jegliches wissenschaftliches und/oder theoretisches Hintergrundwissen sowie ohne akademische Ausbildung zu sichern.

45 … ein – wie Heintel & Ukowitz (in diesem Band) zu Recht feststellen – überaus „leidiges" Thema.

len „trockener“ Wissenschaft. Eigentlich auch kein Wunder, denn: die „Lebensformen“ des Wissenschaftlers und des Praktikers[46] im Coaching scheinen von einer fundamentalen Differenz beseelt zu sein, wodurch beide – allzu logisch – aus *unterschiedlichen* Handlungssphären heraus agieren, *unterschiedliche* Ziele verfolgen, *unterschiedliche* Methoden verwenden und *unterschiedliche* Kompetenzen verkörpern (müssen!) (vgl. Birgmeier 2008a).

So ist nach wie vor zu klären, ob nun eher *technologische* oder *theoretische* Aussagen (= durch Forschung generiertes Wissen) als Wissens-Grundlage für ein „seriöses“ Coaching herangezogen werden sollen. Während den Technologen eine wie auch immer als „effektiv“ bezeichnete Ziel-Mittel-Relation in ihrem Tun ausreicht, kritisieren Theoretiker einen blinden technologischen Eklektizismus und fordern die Klärung der Frage nach dem *Warum* ein. Solche Warum-Fragen können bekanntermaßen ausschließlich durch Erklärungen erfolgen, in denen theoretische Aussagen enthalten sind. Für einen wissenschaftlichen Standpunkt ist deshalb eine theoretische Orientierung für das Coaching unumgänglich (vgl. Reinecker 1994).

Trotz dieser vielfältigen, offensichtlich unüberwindbaren Differenzen zählt es heute wohl zu den Hauptaufgaben derjenigen, die vermeiden wollen, dass Coaching mehr und mehr von einer unseriösen, hoch kommerzialisierten „Pop“-Psychologie (vgl. Spence/Grant 2007, 185) infiziert wird, sämtliche Bi-Polaritäten nach der Vorgabe eines inhaltlichen und *sach*geleiteten Interesses zu integrieren und Lösungen und Wege zu suchen, wie Theorien an Praxisphänomene angeschlossen werden können, um wahrhaft professionelles Handeln (auch wissenschaftlich) *begründen* zu können (vgl. Heß/Roth 2001; Wissemann 2006). Im Fokus einer solchen „Vision“ steht das (Ideal-)Bild eines *wissenschaftlich ausgebildeten Praktikers (Coachs)*, der *weiß*, *was*, *wie* und *warum* er etwas tut. Hierzu ist es einerseits wichtig und notwendig, die inhaltliche Qualität von Coaching über genuin das Arbeits-/Handlungsfeld betreffende Forschung einzufordern (vgl. Spence/Grant 2007); dies führte nicht nur dazu, eine fachlich und wissenschaftlich motivierte Identität von Coaching zu forcieren, sondern es verhinderte auch die Invasion vor unseriösen, ideologischen und pseudoprofessionellen Coaching-Etikettierungen. Andererseits müssen sich auch die Praxis-Profis vermehrt der Wissenschaft[47] zuwenden, denn die Wissenschaft bringt Leistungen für die professionelle Praxis zustande, die allem wissenschaftlichen Denken eigen sind: Wissenschaftliches Denken sorgt für eine Systematik der Kenntnisse, es bleibt skeptisch in Beziehung auf Trends und Moden und es ist reflexiv, indem es die eigene Praxis überdenkt und anschlussfähig macht für neue Forschungsbefunde, die zum *Menschen* (Klienten) entwickelt wurden (vgl. Birgmeier 2008a)!

Und eben dieser (theoretische wie praxisbezogene) Rückbezug auf den *Menschen* führt uns (falls wir nach – eben – einem Wissen zu diesem suchen wollen) konzeptuativ und wissensstrukturell stets zunächst einmal in die *Anthropologie*[48], deren Hauptaufgabe ja einzig und allein darin besteht, (interdisziplinäres) *Wissen*[49] zum „*Wesen*“ des Menschen zu schaffen und zu systematisieren, aus dem dann diejenigen Ansätze und Theorien herauszufiltern sind, die insbesondere dem Klienten (als Menschen) hinreichend Rechnung tragen.

Nun zählt es zu den – uns allen wohl sehr bekannten – Tatsachen, dass, wenn wir schon vom ureigensten Wesen des Menschen sprechen wollen, dieser zuvörderst als *Han-*

46 … auch in seiner Erscheinungsform als Bios poieticus …
47 … und den Sphären, in denen sich diese bewegt.
48 (konkret: in die Allgemeine bzw. Philosophische Anthropologie).
49 (in Form von Erklärungen, Verstehensmustern, Beschreibungen, Deutungen, Interpretationen etc.).

delnder zu kennzeichnen ist und – dementsprechend – *Handlung* als *das* Anthropikum schlechthin für unsere Spezies und sämtliche dazu gemachten *homo*-Formeln[50] gilt (vgl. Lenk 1989, Birgmeier 2006; 2007; 2008a). Jeder Mensch *muss* handeln, um seine natur- und evolutionsbedingte „(Instinkt-)Mangelhaftigkeit", seine „Halbheit, Gleichgewichtslosigkeit, Nacktheit", um seine „Hälftenhaftigkeit der eigenen Lebensform" (Plessner 1981, 385 u. 395) auszugleichen bzw. zu kompensieren. Kompensation ist damit Funktion, Motiv und Aufgabe des handelnden Wesens zugleich, um – wie es Marquard (2001b) formuliert – sich im Kontext der Bedingungen des Lebens zu *entlasten*! Es liegt jedoch in der Natur (bzw. Kulturalität) des Lebens, dass so manche, auf Handlung und Kompensation hin orientierte „Entlastungsstrategie" ihre Wirkung bzw. ihren Sinn verfehlt, sodass es zu Situationen kommen muss, in denen – trotz aller Mündigkeit, Selbsttätigkeit und Selbstregulationsfähigkeit von Menschen (vgl. dazu Kanfer et al. 2000) – bisherige, bewährte und durch Routinen gestützte Handlungs- und Verhaltensrepertoires nicht mehr greifen und der davon Betroffene mit dem Erkennen eigener Handlungsinkompetenz und -unfähigkeit „belastet" wird und hierdurch in eine zeitweilige (Sinn- und) Handlungskrise gerät, die schließlich zum Hilferuf nach (auch) Coaching führt.

Letztlich dreht sich also in jeglichem professionellen Coaching – auch und vor allem als Maßnahme zur „Förderung der Selbstreflexion" (Greif 2008; vgl. auch Rauen 2003) – direkt (d.h. praktisch) und indirekt (d.h. theoretisch) *alles* um die menschliche Handlung, um Handlungsprobleme und um Strategien zur Sicherung und Wiedergewinnung alltäglicher Handlungskompetenz und -sicherheit. Und daher ist in Bezug auf die Frage nach dem Wissen im/für/über Coaching stets auf diejenigen Disziplinen zurück zu greifen, die als *Handlungswissenschaften* – eben – zur Handlung des Menschen *Wissen schaffen* und auf der Ebene der Handlung (als eine der Theorie und der Technologie übergeordnete Ebene) denken und forschen (vgl. Reinecker 1994).

Handlungswissenschaften[51] sind solche Wissenschaften, die das zentrale anthropologische Bestimmungsmerkmal des Menschen, nämlich sein Handeln zum Gegenstand haben und sich „um die sich um die Beschreibung und das Verstehen, die Erklärung und Vorhersage des spezifisch menschlichen Verhaltens bemühen" (Straub/Werbik 1999, 7; Lenk 1977-1984; 1989). All diesen Disziplinen gemein ist die Verständigung auf Handlung als Grundbegriff, da das gemeinsame Ziel dieser Wissenschaften in der Analyse von Handlungen aus unterschiedlichen Gesichtspunkten besteht, d.h. dass sich jedes einzelwissenschaftliche Interesse auf bestimmte Handlungen und auf bestimmte Handlungszusammenhänge richtet und somit jede dieser Wissenschaften jeweils spezifische Handlungen oder bestimmte spezifische Aspekte von Handlungen zu erforschen versucht. Aufgrund dieser interdisziplinären Vielfalt an Handlungswissenschaften, die sich aus einem je eigenen disziplinären Blickwinkel dem Gegenstand des Handelns und der Handlung widmen, ist es natürlich schwierig, die für das Coaching relevanten Disziplinen herauszulösen und deren Erkenntnisse in einem wissensstrukturellen „Theorienetz" (vgl. Schurz 2006) für das Coaching „einzufangen".[52] Im Blick auf diese Vielfalt theoretischer Zugänge zum Objektbereich der

50 (gemeint sind damit die in den (Human-)Wissenschaften übliche lateinischen Begriffsverwendungsformeln wie z.B. der homo sociologicus, homo faber, homo performans, homo agens, homo …)

51 Dazu zählen v.a. normative Wissenschaften, Sozialwissenschaften, Verhaltenswissenschaften, die Philosophie und neuerdings auch die Neurowissenschaften; vgl. dazu auch die Beiträge von Greif, Kuhl & Strehlau sowie von Storch, Sulz und Hauke in diesem Band.

52 Denn: „Das Handeln bzw. Bedingungen, Faktoren, Teilprobleme menschlicher Handlungen werden analysiert von Psychologen – besonders Tiefen- und Entwicklungspsychologen, Gruppendynamikern, Sozialpsy-

„Handlung" wäre es daher absurd, von einer Theorie einer einzigen Fachrichtung erwarten zu wollen, dass sie alleine die sämtlichen Probleme des Handelns angemessen erfassen und für ein hinreichendes *Coachingwissen* zur Verfügung stellen könnte. Dies ist deshalb schon unmöglich, da sich „diese als typisch interdisziplinär erweisen und die Grenzen jeder methodologisch abgrenzbaren Einzelwissenschaft" (Lenk 1989, 121 f.) überschreiten würden.

Dieser Befund fordert demzufolge zuerst einmal eine Verständigung über die – metamodelltheoretisch motivierte – Frage, welche Disziplinen nun welche konkreten Zielsetzungen mit ihrem Fokus auf Handlung verfolgen und ob diese Zielsetzungen auch (v.a. im Blick auf die anthropologischen Bestimmungen darin) kompatibel sind mit der wissenschaftlichen Fundierung von Coaching. Meines Erachtens sind folgende handlungswissenschaftliche Grundlagendisziplinen für ein grundlegendes *Coachingwissen*[53] von Relevanz:

- die *Handlungsphilosophie*, die der Frage nachgeht, „wie ‚Handlungen' angemessen zu interpretieren, zu verstehen und zu erklären seien" (Straub/Werbik 1999, 9; Lenk 1989), wie das Handeln zu denken ist und ob Erkennen auch Handeln ist;
- die *Ethik*, die sich als normative Wissenschaft seit jeher um die Rechtfertigung der Handlung vor dem Hintergrund allgemeiner Maßstäbe des „Guten" – wie immer diese auch bestimmt werden – bemüht;
- die *Sozialwissenschaften*, darin insbesondere die phänomenologische Soziologie, der symbolische Interaktionismus, Sozialtheorien, Systemtheorien und Rational-Choice-Theorien, mit denen der Mensch in sämtlichen sozialen und systemischen Kontexten hinreichend beschrieben wird;
- die *Ökonomik* (im Konzert ihrer Bezugs- und Nachbarwissenschaften), die auch von solchen Situationen ausgeht, die aufgrund eingeschränkter oder mangelnder Ressourcen ein Handeln provozieren und daher erst dann von Handlungen gesprochen werden kann, wenn Beschränkungen vorhanden sind (Situationen der Knappheit an Ressourcen);
- die *Pädagogik/Erziehungswissenschaften*, die wichtige Erkenntnisse, Didaktiken und Handlungskonzeptionen zu Fragen nach Bildung und Lernen sowie nach den Beziehungsmustern im individualen und sozialen Kontext für Coaching zur Verfügung stellt, und
- die *Psychologie* (im Konzert aller ihrer Regionaldisziplinen und v.a. der Psychotherapieforschung), die die motivationalen, intentionalen, volitionalen, kognitiven Innenstrukturen von (zielorientierten) Handlungen und die sozialen Kontexte der Bedingungen (und Folgen) von Handlungen analysiert (vgl. Kuhl 2001; Storch/Krause 2005; Achtziger/Gollwitzer 2008).

---

chologen und Verhaltenspsychologen sowie Lerntheoretikern, Soziologen, Kulturanthropologen und Ethnologen, Ethologen ..., von Juristen, Moral-, Sozial-, Handlungsphilosophen, Handlungslogikern im engeren Sinne, Wert- und Normenlogikern, System- und Planungswissenschaftlern, ... Ökonomen, Politologen, Historikern, auch von Humanbiologen, Genetikern, naturwissenschaftlichen Anthropologen, Molekularbiologen, Neurologen, Neurophysiologen, Biokybernetikern, ... Psychiatern, Arbeitswissenschaftlern, Sportwissenschaftlern, Verkehrswissenschaftlern, Stadtplanern usw. usw" (Lenk 1989, 121).

53 ... neben grundlegenden erkenntnis-, wissenschaftstheoretischen und philosophischen (und hier v.a. in Bezug auf die reichhaltige Methodologie von/in Forschungsprozessen bezogen) Wissensbeständen.

Coaching: von den Füßen auf den Kopf stellen? – Fazit und Ausblick

Ein „Modell" – auch ein Metamodell zu den handlungstheoretischen Disziplinen zur Begründung von Coaching – ist zunächst zu verstehen als Versuch, mit Hilfe bestehender Theorien oder empirischer Befunde, Abbilder (von Ausschnitten) der Realität zu schaffen (vgl. Petermann et al. 2004). Metamodelle[54] im Coaching übernehmen deshalb i.e.L. die Funktion einer Orientierung darüber, welche (theoretischen) Aussagen zu unterschiedlichen Bereichen menschlicher Funktionsweisen oder zum „ganzen Menschen" gemacht werden können. Theorien sind dementsprechend wissenschaftliche Erklärungsversuche, die sich zwar in den Rahmen eines Modells einfügen, die (vorerst) aber noch keine Angaben darüber liefern, wie sich daraus auch eine Praxis (z.B. eine Praxeologie der Beratung; vgl. dazu Schmidt-Lellek/Schreyögg 2008) ableiten ließe, denn: eine direkte Anleitung der Theorie *für* die Praxis ist nicht möglich, da – betrachte man das Verhältnis zwischen beiden – die Praxis als solche autonom ist. Damit gibt es mindestens zwei Perspektiven, aus denen das Coaching betrachtet werden kann: eine technologisch-anwendungsbezogene, vorwiegend aus der Praxis gewonnene und eine erkenntnisbezogene, vorwiegend aus der Theorie und den Wissenschaften angelehnte, disziplinäre Sichtweise. Beide Standpunkte entspringen unterschiedlichen Tätigkeitsanforderungen und Zielvorstellungen der Praktiker einerseits, der Theoretiker und Wissenschaftler andererseits und spiegeln – ungeachtet der Frage, welche „Logik" nun die bessere oder schlechtere sei: eine Denk- *oder* eine Handlungslogik – unterschiedliche Interessensbasen und Funktionsbeschreibungen von Experten zum Coaching wider. Die Ebene der *Handlung* kann als Brückenschlag zwischen Theorie *und* Praxis[55] angesehen werden, denn diese Ebene orientiert sich gleichermaßen an theoretischen, praktischen *und* technologischen Aussagen und legitimiert die Forderung, dass ein „professioneller" Coach sowohl ein handlungs*theoretisch* und handlungs*wissenschaftlich* ausgebildetes Erkenntnisrepertoire als auch ein handlungs*praktisches*, durch Erfahrung im Arbeitsfeld gewonnenes Wissen miteinander sinnvoll – vor allem in der Anwendung von Techniken – in Verbindung bringen kann[56].

---

54 Auch solche: wie sie mit der Referenz auf die o.g. sechs handlungswissenschaftlichen Disziplinen (Disziplinengruppen) hergeleitet wurden und soz. als wissensstrukturelle Matrix dienen.

55 Praxis in ihrer moralisch-praktischen *und* ihrer technisch-praktischen Ausprägung.

56 Mit ihren erkenntnis- *und* handlungsleitenden Funktionen entsprechen Theorien – insbesondere auf Ebenen der Handlung – Instrumenten zur Vermittlung relevanten Faktenwissens mit Handlungswissen und fordern das Coaching dazu heraus, die – nicht einfache – Aufgabe zu bewältigen, Meinung (*doxa*) von Wissen (*episteme*) zu unterscheiden und ein aus vielen Disziplinen zu adaptierendes Theoriennetz zu spannen, mit dem auch Coaching-Konzepte dem Anspruch näher kommen können, eben wissenschaftsorientiert auf unterschiedlichen (erkenntnis-) theoretischen Grundlagen zu basieren. Wenn *Theorie* demzufolge als eine Erkenntnissuche um der Wahrheit willen definiert werden kann, *Praxis* als verantwortliches, selbst bestimmtes und ideengeleitetes Handeln von Menschen sowie als eine „besondere Sicht, eine kontemplative Vision der Struktur dessen, was in seiner Unabhängigkeit beinahe sakrosankt ist" (Tosel 1999, 1310), *Poiesis* als sachgerechtes Bewältigen von Aufgaben, als ein Machen, ein Herstellen, dann lassen sich alle drei Bereiche deutlich unterscheiden. Die in der praxiswissenschaftlichen Version der Diskussion um eine Wissenschaftsorientierung von Beratung (hier: Coaching) deutlich erkennbare Identitätssetzung dieser drei Bereiche beruht auf einer missverständlichen Bedeutungsverschiebung des Verhältnisses zwischen Theorie und Praxis, v.a. aber zwischen Praxis und Poiesis. In den Dienst technischer Nutzanwendung gestellt, zeigt sich in der Neuzeit daher die Theorie selbst als pragmatisch-technisch, d.h. auf optimale Anwendbarkeit im Sinne herstellenden Machens hin entworfen, wohingegen nun Praxis genannt wird, was eigentlich Poiesis heißen müsste. Handlung aber *als* (poietisch versuchte) Praxis zu verkaufen ist ein semantischer, szientistischer und epidemologischer Schuss in den Ofen und darf als Ursache der Verwirrung zwischen den Handlungs- und den Praxistheoretikern vermutet werden.

Es steht vollkommen außer Frage, dass für ein seriöses Coaching unterschiedliche Wissensansprüche ganzheitlich verknüpft (vgl. Schreyögg 2004) und den erkenntnistheoretischen Nihilismen[57] in der Sache „Coaching" Einhalt geboten werden müssen. Sinnvoll erscheint es hierzu[58], Coaching in Zukunft stärker von den Füßen auf den Kopf zu stellen, d.h.: die Erkenntnisse aus einer Reihe unterschiedlicher handlungswissenschaftlicher Disziplinen für Coaching fruchtbar zu machen und daraus ein Theorienetz zu spannen, mit dem ein erkenntnisleitendes praktisches und methodisches Handeln auch *begründet* werden kann. Jede dieser Disziplinen liefert ein spezifisches, methodologisch und gegenstandsbezogen erforschtes, erkenntnistheoretisches und auf anthropologischen Vorannahmen basierendes, kodifiziertes und abgesichertes Wissensspektrum, das als Grundlage für die Entwicklung von Konzepten dient (vgl. Möller 2006a, b). Dass sich daraus in der Zukunft eventuell eine eigene, angewandte und akademische, interdisziplinär angelegte Subdisziplin entwickeln lässt, wie es uns australische Coaching-Experten im Hinblick auf das Programm einer Ausformulierung einer spezifischen *coaching psychology* vormachen (vgl. Grant 2006), ist sicherlich ein legitimes und auch wünschenswertes Anliegen. Etwas mag es hierfür schon nützen, den vielfältigen Praxen (die von so manchem Bios Poieticus[59] auf pure Techniken herunter gekürzt werden) einen von den (Handlungs-)Wissenschaften organisierten *metaphysischen*[60] *Schrecken* einzujagen – damit sie und künftige Generationen von Coachs den Schrecken vor der Metaphysik, die Angst vor den Wahrheiten und den tatsächlichen Nützlichkeiten von Wissen verlieren mögen. Ob dies auch den Klienten und Adressaten von Coaching nützt, das ist eine andere Frage … eine Frage, die weder von *der* Theorie alleine, noch von *der* Praxis und/oder *der* Poiesis beantwortet werden kann[61], sondern nur im Konzert aller ernsthaft an Coaching interessierten Akteure und Experten. Verabsolutierungen von Positionen oder das Schaffen von Dogmatismen sind hierfür sicherlich nicht hilfreich – zumal es weder *das* Coaching noch *das* Wissen und dementsprechend auch nicht *das* Coachingwissen oder *die* Coachingpraxis zu geben scheint, sondern nur eine große Vielfalt unterschiedlicher Zugänge, Präferenzen, Heuristiken und Semantiken in all diesen Dimensionen, oder besser: Welten! Doch wo es Welten gibt, da gibt es notwendigerweise auch Gegenwelten, die so lange fremd, unverstehbar und bisweilen auch bedrohlich wirken mögen, solange man sich diesen gegenüber verschließt. Zur *Mit*-Welt werden diese Gegenwelten dann, wenn wir die Grenzen unserer je eigenen Welt öffnen und behutsam aufeinander zugehen, miteinander kommunizieren und nach den Gemeinsamkeiten, Schnittmengen, Synthesen und Konvergenzen, nach den „Orten des Guten" (Hegel) *in* und *zwischen* allen Welten suchen[62]. In diesen *Zwischenwelten* geht es dann auch nicht mehr um das *Entweder-oder*, sondern einzig und allein um ein *Sowohl-als auch* bzw. um ein *und*. Wir benötigen daher – um an die eingangs eingeführte Metaphorik anzuschließen – *sowohl*

57 „Nihilismus" (lat. *nihil* = nichts): eine Bezeichnung für eine Orientierung, die auf der Verneinung jeglicher Seins-, Erkenntnis-, Wert- und Gesellschaftsordnung basiert.

58 Im Blick auf künftige Coachs: neben der Verpflichtung auf ein akademisches Studium in einem humanwissenschaftlichen Fachgebiet.

59 vgl. dazu: Fußnoten 14, 27, 28, 30, 34 und 44.

60 Metaphysik – im Kontext von Coaching – ist hier (abgewandelt) auch zu verstehen als: eine Grunddisziplin der Philosophie und eine Haltung, die sich um die Durchdringung der Fundamente, Voraussetzungen, Ursachen, Strukturen und Prinzipien der (Coaching-)Wirklichkeit bemüht und nach der Beschaffenheit (hier: des Coachings) nach und jenseits (= meta) des Populismus fragt.

61 … und schon gar nicht durch ein Essay zum Coaching, zum Wissen und zum Coachingwissen …

62 Dieses Suchen ist als Vorschlag zu verstehen, wie ein – im Absatz „Theoretische, praktische und andere ‚Lebensformen' im Coaching" erläuterten – „Verhalten einer Person zu einer Sache" idealerweise aussehen könnte.

die Inseln (des Wissens) *als auch* die tiefen und brodelnden Gewässer der Praxis, um die erhitzten Köpfe der Insulaner zu kühlen *und* die kalten, nassen Füße so mancher schiffbrüchig gewordener Akteure zu trocknen. Erst durch diese Form der (auch: *zwischen*menschlichen) Zusammenarbeit wird sich wohl *eine* wichtige Erkenntnis für alle „Bios"-Varianten einstellen: nämlich dass es gut tut, sinnvoll und äußerst hilfreich ist, sich auch anderen „Lebensformen" zuzuwenden und mit ihnen gemeinsam[63] nach Wegen und Möglichkeiten zu suchen, den Coaching-Klienten bestmöglichst zu helfen …

Literatur

Achtziger, A./Gollwitzer, P.M. (2008): Motivation and volition during the course of action. In: Heckhausen, J./Heckhausen, H. (eds.): Motivation an action. London. 272-295
Alisch, L.M. (2000): Welche Theorie benötigt der Praktiker? In: Dewe, B./Kurtz, Th. (Hg.): Reflexionsbedarf und Forschungsperspektiven moderner Pädagogik. Opladen
Birgmeier, B. (2006): Coaching und Soziale Arbeit. Weinheim
Birgmeier, B. (2007): Handlung und Widerfahrnis. Frankfurt/M.
Birgmeier, B. (2008a): Coaching im Spagat zwischen Praxis und Wissenschaft. In: OSC 2/2008. 119-137
Birgmeier, B. (2008b): „Da werden Sie geholfen?" – Eine Kritik beraterischer Vernunft. In: supervision 1/2008. 36-45
Bröckling, U. (2007): Das unternehmerische Selbst. Frankfurt/M.
Buer, F. (2005): Coaching, Supervision und die vielen anderen Formate. In: OSC 3/2005, 278-297
Brenzinka, W. (1972): Von der Pädagogik zur Erziehungswissenschaft. Weinheim
Carrier, M. (2006): Wissenschaftstheorie. Hamburg
Chalmers, A. (2007): Wege der Wissenschaft. Berlin
Fallner, H. / Pohl, M. (2001): Coaching mit System. Opladen
Fischer, K. (1995): Braucht die Wissenschaft eine Theorie? In: Journal for general Philosophy of science. 2/1995. 227-257
Foucault, M. (2004): Geschichte der Gouvernementalität. Frankfurt/M.
Garbers, S. (2008): Sozialpädagogik als Regierung des Subjekts. In: ZfSp 2/2008. 158-165
Grant, A.M. (2006): A personal perspective on professional coaching and the development of coaching psychology. International Coaching Psychology Review 1/2006, 12-22.
Greif, S. (2008): Coaching und ergebnisorientierte Selbstreflexion. Göttingen
Harris, E. (1993): Spirit of Hegel. New Jersey
Heckhausen, H. (1989): Motivation und Handeln. Berlin
Hering, W. (2007): Wie Wissenschaft ihr Wissen schafft. Reinbek
Heß, T./Roth, W.L. (2001): Professionelles Coaching. Heidelberg: Asanger
Kanfer, F.H./Reinecker, H./Schmelzer, D. (2000): Selbstmanagement-Therapie. Berlin
Kant, I.: (1787/1984) Gesammelte Schriften. Berlin
Kühl, S. (2005): Das Scharlatanerieproblem. Köln
Kuhl, J. (2001): Motivation und Persönlichkeit. Göttingen
Lenk, H. (1977-1984): Handlungstheorien – interdisziplinär. München
Lenk, H. (1989): „Handlung"(stheorie)". In: Seiffert, H./Radnitzky, G. (Hg.) (1989): Handlexikon zur Wissenschaftstheorie. München. 119-127
Marquard, O. (1971): Anthropologie. In: Ritter, J. / Gründer, K. (Hg.): Historisches Wörterbuch der Philosophie. Band 1: A-C. Basel/Stuttgart. 362-374
Marquard, O. (1983): Homo compensator. In: Frey, G./Zelger, J. (Hg.): Der Mensch und die Wissenschaft vom Menschen. Innsbruck. 55-66

63 … trockenen Fußes *und* mit kühlem Kopf …

Marquard, O. (2001a): Homo compensator. Zur anthropologischen Karriere eines metaphysischen Beriffs. In: Philosophie des Stattdessen. Studien. Stuttgart. 11-29
Marquard, O. (2001b): Entlastung vom Absoluten. In memoriam Hans Blumenberg. In: Philosophie des Stattdessen. Studien. Stuttgart. 108-120
Marx, K./Engels, F. (1883/1989): Das Kapitel. Kritik der Politischen Ökonomie. Berlin
Marx, R. (2008): Das Kapital. Ein Plädoyer für den Menschen. München
Mittelstraß, J. (1992): Leonardo-Welt. Frankfurt/M.
Möller, M. (2006a): Hauptsache Supervision. In: DGSV (Hg.): Konzepte für Supervision. Köln. 7
Möller, H. (2006b): Der integrative Supervisionsansatz. In: DGSV (Hg.): Konzepte für Supervision. Köln. 29-32
Petermann, F./Niebank, K./Scheithauer, H. (2004): Entwicklungswissenschaft. Berlin
Plessner, H. (1981): Gesammelte Schriften; hrsg. v. Dux, G./Marquard, O./Ströker, E. Frankfurt/M.
Popper, K. (1971): Logik der Forschung. Tübingen
Poser, H. (2006): Wissenschaftstheorie. Stuttgart
Rauen, Chr. (2003): Coaching. Göttingen
Reinecker, H. (1994): Grundlagen der Verhaltenstherapie. Weinheim
Rombach, H. (1987): Strukturanthropologie. Freiburg/Br.
Schmidt-Lellek, Chr./Schreyögg, A. (2008) (Hg.): Praxeologie des Coaching. Wiesbaden
Schneider, N. (1998): Erkenntnistheorie im 20. Jahrhundert. Stuttgart
Schurz, G. (2006): Einführung in die Wissenschaftstheorie. Darmstadt
Schreyögg, A. (2004): Coaching. In: Nestmann, F./Engel, F./Sickendiek, U. (Hg.): Das Handbuch der Beratung. Band II. Tübingen. 947-958
Spence, G.B./Grant, A.M. (2007): Professional an peer life coaching and the enhancement of goal striving and well-being. In: The Journal of Positive Psychology 2 (3), 185-194
Straub, J./Werbik, H. (1999) (Hg.): Handlungstheorie. Frankfurt/M.
Storch, M./Krause, F. (2005): Selbstmanagement – ressourcenorientiert. Bern
Szilasi, W. (1954): Wissenschaft als Philosophie. Zürich
Tosel, A. (1999): Praxis. In: Sandkühler, H.J. (Hg.): Enzyklopädie Philosophie. Hamburg. 1310-1312
Tschamler, H. (1998): Theoria – Praxis – Techne – Poiesis. In: Köppel, G. (Hg.): Lehrerbildung im Wandel. Augsburg. 84-101
Wissemann, M. (2006): Wirksames Coaching. Bern
Virno, P. (2005): Grammatik der Multitude. Untersuchungen zu gegenwärtigen Lebensformen. Berlin

Teil I: Allgemeine Grundlagen, Rahmentheorien und Metamodelle zum Coachingwissen

Vielfalt ermöglichen. Eine reflexive Annäherung an Rolle und Funktion einer Rahmentheorie im Coaching

Peter Heintel & Martina Ukowitz

Immer wieder sieht man sich in der letzten Zeit im Zusammenhang mit Prozessberatung mit Überlegungen zum Verhältnis zwischen Beratungspraxis und wissenschaftlicher Auseinandersetzung mit Beratung konfrontiert. Dass dies innerhalb des akademischen Diskurses der Fall ist, versteht sich von selbst, wenngleich der „richtige Ort" noch nicht gefunden zu sein scheint, eine „Beratungswissenschaft" sich auch nicht so recht in die klassische Disziplinenordnung von Wissenschaft einzufügen scheint. Auffallend ist allerdings, dass der Diskurs auch in die Praxis ausgreift, etwa prominent in Zeitschriften aufgenommen wird, die sich auch an Praktikerinnen und Praktiker wenden (z. B. Zeitschrift Supervision 1/2007, Zeitschrift Organisationsberatung. Supervision. Coaching 2/2008), oder bei Fachtagungen, die als Orte der Weiterbildung genutzt werden. Solche Beobachtungen – und nicht zuletzt die Initiative des Herausgebers dieses Bandes – regen an, darüber nachzudenken, warum dies so ist, inwiefern die Wissenschaft Nützliches zu Verfügung stellen kann und wie ein für Coaching bzw. prozessorientierte Beratung adäquater Umgang mit theoretischem Wissen aussehen könnte.

Wissenschaft und Beratung

Beraterinnen und Berater sind zweifellos daran interessiert, ihre Arbeit so gut als möglich zu machen, sie wollen deshalb in der Aus- und Weiterbildung praktikable Methoden und Theorien kennen lernen, die es ihnen leichter machen, gemeinsam mit den Klientinnen und Klienten an deren Fragen zu arbeiten. Es geht in dieser Hinsicht um ein Lernen von der Wissenschaft, genauer gesagt, von den verschiedenen Disziplinen, die sich mit den jeweils relevanten Themenbereichen beschäftigen. Das mag die Psychologie, die Gruppendynamik, die Organisationsforschung, die Soziologie oder die Philosophie sein. Es geht einerseits um das Erwerben von Wissen und Kompetenzen für das unmittelbare beraterische Tun, aber auch darum, auskunftsfähig zu sein, die eigene Arbeit beschreiben zu können und mit dieser Beschreibung auch verstanden zu werden, anschlussfähig zu sein. Wissenschaftliches Wissen dient in dieser Sicht als Medium der Kommunikation. Man erreicht mit ihr eine überindividuelle sprachliche Ebene jenseits der Alltagssprache, wodurch wechselseitiges Verständnis erleichtert wird (zumindest im Kreis derer, die diese Sprache sprechen). Wissenschaftliches Wissen kann auch der Qualitätssicherung dienen und manches Mal mag es durchaus auch eine Art spezielles „Asset" sein, wodurch Beratung besser verkauft werden kann.

BeraterInnen haben auch Interesse daran, sich mit ihrer eigenen Rolle auseinander zu setzen, Beziehungsdynamiken in Beratungsprozessen, die gesellschaftliche Einbettung von Beratung oder Ähnliches zu reflektieren. Wissenschaft ist in dieser Perspektive als eine Art Reflexionsebene für beraterische Praxis zu verstehen. Dies bedeutet eine andere Form des Lernens und in dieser Hinsicht ist freilich zu überlegen, ob „klassische" wissenschaftliche

Arbeit in ihrer methodischen Ausprägung und ihren Diskursformen dieser Anforderung gerecht werden kann oder ob es nicht die Institutionalisierung neuer Settings, neuer und anderer Rollenverteilung zwischen Vertreterinnen und Vertretern der Praxissysteme und des Wissenschaftssystems braucht.

Bedeutung in der Annäherung zwischen Beratungspraxis und Wissenschaft haben Vereinigungen und Berufsverbände, in welchen sich PraktikerInnen der unterschiedlichen Beratungsformen organisieren. Im Interesse der Vereinigungen spiegeln sich die Anliegen der einzelnen BeraterInnen wider und darüber hinaus geht es beispielsweise auch um Fragen der Professionalisierung von Beratung, um Community-Building, durchaus aber auch um das Abstecken von „Claims".

Betrachtet man die Akteure im Feld der Beratungswissenschaft, fällt auf, dass die Grenzen zwischen den Systemen Wissenschaft und Praxis diffus sind. Viele Autorinnen und Autoren in wissenschaftlichen Publikationen führen ein „Doppelleben" zwischen Beratungstätigkeit und wissenschaftlicher Arbeit. Die beruflichen Biografien sind unterschiedlich, manche interessieren sich aus der Wissenschaft kommend für Beratung (vielleicht auch, weil Wissenschaft nach neuen Formen der Vermittlung sucht), andere kommen aus der praktischen Arbeit im Trainings- oder Beratungsbereich und streben eine theoretische und reflexive Vertiefung an.

Ein anderer Grund für das Interesse der Wissenschaft an der Beratung mag auch dem Umstand geschuldet sein, *dass* sich verschiedene Formen von Prozessberatung in der Gesellschaft etabliert haben. In dieser Hinsicht kommen gesellschaftliche Entwicklungen und ihre Zusammenhänge mit verschiedenen Formen von Prozessberatung in den Blick, etwa die zunehmende funktionale Ausdifferenzierung der Gesellschaft, die Krise der Hierarchie mit der gegenläufigen Tendenz einer Re-Hierarchisierung, eine zunehmende Individualisierung oder ein damit einhergehender Wertepluralismus.

Eine wesentliche Akteursgruppe sind die Klientinnen und Klienten. Wenn bisher für die BeraterInnen, für Berufsverbände und für die WissenschafterInnen angenommen wurde, dass Wissenschaft sehr wohl für Beratung relevant ist, so stellt sich dies aus ihrer Perspektive möglicherweise etwas anders dar. Primäres Interesse der KlientInnen ist es, in der Bearbeitung ihrer Themen bestmöglich begleitet zu werden, und sie sind üblicherweise gerade an so viel Theorie interessiert, wie es braucht, um eben ihre Fragen zu klären. Wissenschaftliches Wissen kann dabei eine Rolle spielen, muss es aber nicht zwingend. Was hier freilich auch zum Tragen kommt, ist der Aspekt der Qualitätssicherung, der in spezieller Ausprägung vor allem in der Phase vor Beginn von Beratungsprozessen bedeutsam sein mag, denn in dieser Phase kann es Vertrauen in die Kompetenzen verstärken, wenn wissenschaftliches Wissen im Spiel ist. Nicht selten scheint der langfristige Erfolg von BeraterInnen aber weniger auf die Nähe zu wissenschaftlichem Wissen zurückzuführen sein als auf erfolgreiche Beratungsprozesse und Weiterempfehlungen durch zufriedene Klientinnen und Klienten. Für KlientInnen spielen Theorien und Ansätze auch deshalb eine schwierige Rolle, weil es für Laien nicht leicht ist, sich angesichts der verschiedenen Ansätze zu orientieren, geschweige denn sie zu verstehen. Die Folge ist dann, dass es Beratung braucht, um die richtige Beratung zu finden. Und es gibt auch Institutionen, die diese Art von erster Auftragsklärung anbieten.

Theorien in ihrer sozial-dynamischen und inhaltlichen Dimension

Die Überlegungen, welche Akteure welche Interessen an Wissenschaft und wissenschaftlicher Theoriebildung in der Beratung haben, sind u.E. wichtig für die in diesem Buch verhandelte Frage, wie *im* Coaching, oder etwas weiter gefasst: *in* prozessorientierter Beratung, mit den verschiedenen zur Verfügung stehenden wissenschaftlichen Theorien, Modellen, Methoden-Sets umgegangen werden soll, und wie ein eventuell verbindendes Element, eine Art Meta-Theorie aussehen könnte. Wichtig erscheint uns dies deshalb, weil sich in der Auseinandersetzung mit diesem Thema leicht unterschiedliche Dimensionen vermischen und damit eine Beantwortung der Frage erschwert wird. In der oben skizzierten Darstellung der Interessenlagen lassen sich zumindest zwei Kommunikationsebenen ausmachen: einmal eine sozial-dynamische Ebene, auf der sich WissenschafterInnen, BeraterInnen, KlientInnen über und mithilfe von Theorie(en) in ihren Rollen- und Beziehungsgefügen einrichten. Hier geht es in der Beziehung zwischen BeraterInnen und KlientInnen beispielsweise um das Bedürfnis nach Sicherheit (Expertendenken, Vertrauensfragen etc.). In der Beziehung innerhalb und zwischen den VertreterInnen von Beratung und Wissenschaft geht es auf dieser Ebene etwa um Fragen der Mitgliedschaft und Zugehörigkeit, um Einschluss und Ausschluss. Über Theorien und „Beratungsschulen" werden professionelle Identitäten entwickelt, Claims abgesteckt und über die Lehre für Nachwuchs gesorgt. So bilden sich, im Sinne Ludwik Flecks, Denkkollektive, für die theoretische Fundierungen ein wesentliches Bindeglied darstellen können (vgl. Fleck 1980).

In der zweiten Dimension geht es um den Umgang mit den Inhalten der Tätigkeit. Um Kommunikation und Gestaltung des „Sich-in-Beziehung-Setzens" zwischen den BeraterInnen, den WissenschafterInnen (und auch den KlientInnen, im Sinne des Anspruchs, sie in ihrer Autonomie zu unterstützen) auf der einen und den Beratungs-Themen und dem Beratungs-Prozess auf der anderen Seite. Theorien haben in dieser Hinsicht die Funktion, die Fragestellungen, die in die Beratung eingebracht werden, fassbar und bearbeitbar zu machen, und sie dienen der Gestaltung der dazu notwendigen Nachdenk-, Aushandlungs- und Entscheidungsfindungsprozesse. Auf einer Meta-Ebene lassen sich dann auch die Beratungsformen, ihre innere Gestalt und ihre Beziehungen zueinander theoretisch betrachten und diese Art der Auseinandersetzung, Theorie über Beratung, steht freilich wieder in enger Verbindung mit der zuerst genannten Ebene, einer Theorie in der Beratung und für die Beratungsarbeit.

Wenn man von einer sozial-dynamischen und einer inhaltlich-thematischen Funktion von Theorien ausgeht, setzen Überlegungen zu einer möglichen Meta-Theorie auf ganz unterschiedlichen Voraussetzungen auf. Im Weiteren soll besonders die inhaltlich-thematische Dimension in den Blick genommen werden, wissend, dass Erstere mit all ihren positiven und negativen Aspekten zwar immer mitzudenken ist, dass sie aber Theorie-Diskurse nicht überdecken sollte.

In der beraterischen Arbeit kommen Theorien bzw. Theorie-Elemente in unterschiedlicher Funktion vor. Zunächst sind Theorien Wahrnehmungsfilter. Manchmal spricht man davon, eine „theoretische Brille" aufzusetzen, um eine Situation, ein Thema zu betrachten. Es folgen daraus unterschiedliche Wahrnehmungsmuster, die bedingen, was im Schütz'schen Sinn „relevant" ist, das heißt, *was* gesehen (und damit auch was ausgeschlossen) und *wie* es gesehen wird (vgl. Schütz 1971). Mithilfe von Theorien, könnte man sagen, werden dann in sprachlicher Umsetzung Beschreibungen, Abbildungen von Beratungssituationen bzw. Themenstellungen vor einem bestimmten Wahrnehmungshorizont geschaffen. In dieser Sicht ist Theorie immer etwas, das jeder weiteren beraterischen Aktivität vorausgeht.

Die (oftmals implizite) Entscheidung darüber, was relevant ist, und was nicht, also die Art des Wahrnehmens, hat dann einerseits Konsequenzen für das Verstehen und das Erklären einer Situation oder eines thematischen Aspektes und andererseits für das Setzen von Interventionen. Theorie kommt in der Beratung also in der Form eines distanzierten Betrachtens (theoria) vor, aber auch mit Elementen, die auf Handlungen abzielen (techne, poiesis), wenn es um das Gestalten von Prozessen, das Setzen von Interventionen geht. Zu überlegen ist allerdings, ob es möglich ist, die Vielfalt an sozialen Situationen und Dynamiken, in die Menschen eingebettet sind und die in Coachings eingebracht werden, jemals zu fassen. Theorie ist in dem Sinn dann zwar denkbar als Vorgang des Betrachtens (Theorie wäre als Prozessbegriff zu denken), nicht aber im Sinne eines von der unmittelbar gegebenen Situation abgehobenen Beschreibungs- und vor allem Erklärungsmusters.

Das Gestalten von multiperspektivischen Denk- und Entscheidungsprozessen ermöglichen

Eine Rahmentheorie für Coaching (auch für Prozessberatung und interventionsorientierte inter- und transdisziplinäre Forschung) könnte nicht nur ein Nebeneinander von unterschiedlichen theoretischen Ansätzen erklären, sondern auch die *Notwendigkeit* eines solchen Netzwerks von Theorien und Theorie-Elementen argumentieren. Darüber hinaus und dem vorgelagert, und dies geht über den Legitimations- und Vermittlungsaspekt hinaus, beinhaltet eine solche Rahmentheorie die Vorentscheidung, zur Betrachtung, Beschreibung, Erklärung und zum Gestalten einer zu verhandelnden Themenstellung verschiedene, jeweils adäquat erscheinende Ansätze heranzuziehen. In ihrer Charakteristik wird diese Rahmentheorie primär auf der Prozessdimension aufsetzen, sie ist in diesem Sinn mehr als formale denn als inhaltliche Theorie zu verstehen (vgl. dazu weiter unten die Bemerkungen zur 8. Theoriefunktion in ihrer dialogisch-dialektischen Dimension).

Letztlich entspricht dies auch dem Anliegen von Prozessberatung selbst (wenn man davon ausgehen kann, dass dies für größere BeraterInnen-Kreise so ist). Es vermittelt sich in einer solchen Rahmentheorie das, was Prozessberatung eigentlich ausmacht: Coaching, Supervision, Mediation, Organisationsberatung eröffnen Denkräume, in welchen KlientInnen begleitet von BeraterInnen die ihnen wichtigen Themen reflektieren und wenn nötig über (neue) Handlungsoptionen entscheiden. Das Beratungssetting bietet einen Rahmen, innerhalb dessen Vielfalt möglich ist und bearbeitet wird. Zur Gestaltung solcher Settings ist ein theoretischer Rahmen hilfreich, der imstande ist, nicht nur die Vielfalt der Praxis, sondern auch die Vielfalt der theoretischen Zugänge zu fassen.

Von der Theorie *in* der Beratung zu einer Theorie *über* Beratung

In den bisherigen Überlegungen haben wir Funktion und Rolle von Theorien im Coaching bzw. in prozessorientierter Beratung fokussiert und einen Ausblick auf den Sinn, die Funktion und die mögliche Beschaffenheit einer Rahmentheorie gegeben. Nun soll eine weitere Ebene in den Blick gerückt werden und Funktionen von Theorien *über* Coaching bzw. prozessorientierte Beratung skizziert werden – wiederum mit Überlegungen, was in dieser Perspektive eine Rahmentheorie bedeuten könnte.

Die oben angesprochene Vielfalt an theoretischen Zugängen könnte in der Theoriebildung über Coaching zum Problem werden. Dieser Vielfalt zu entsprechen war traditionell gerade nicht Aufgabe von Theoriebildung. Eher ging ihr Bestreben in Richtung Verallgemeinerung, Repräsentativität, der Suche nach einem „Subsumtionsallgemeinen", das es ermöglichte, vieles unter einen Ordnungsbegriff zu bringen. Was ist dem Vielen gemeinsam, was sein „überindividueller" Charakter? Es war also geradezu die Absicht einer Theorie- und Modellbildung vom Besonderen und seiner Vielfalt abzusehen, es in seiner „Eigengeltung" aufzuheben. Dafür bot bereits die Sprache vorbildhaftes Vorgehen.

Ihre Begriffe sind ebenso immer zusammenfassende Verallgemeinerungen, denen keine individuelle Realität entspricht (*den* Baum gibt es ebenso wenig wie *den* Menschen). Begriffe, nach Nietzsche das „Raubtiergebiss" der Menschen, die allesamt Zwecke und Interessen der Menschen in sich verbergen, haben aber immer schon in eine Identitätsillusion verführt. Wir bewegen uns in der Sprache und ihren Begriffen so, als würden wir uns in der von ihnen bezeichneten Wirklichkeit bewegen. Das hat praktischen Sinn: Würden wir in jeder unserer sprachlichen Verständigungen die Nichtentsprechung von Begriff und Wirklichkeit reflektieren, würde das zwar zu einem intellektuellen Florettfechten führen können, dem Handeln und Entscheiden aber wenig förderlich sein. Dennoch hat die Identitätsillusion ihre Tücken und ist der Ort diverser Missverständnisse. Wenn ein Landwirt vom „Holz" spricht und damit den Wald meint, wird er den Dichter mit seinem Waldbegriff schwer in sein Repertoire übersetzen können. So war daher die Vieldeutigkeit der Begriffe immer schon ein Problem, vor allem für die „exakte" Wissenschaft. Letztere war daher immer um Definitionen (Ein- und Ausgrenzungen) bemüht, um eine möglichst klare Eindeutigkeit (in Teilen einer Theorie der Wissenschaften vertrat man einen derartigen „Sprachpurismus", genannt Ein-Eindeutigkeit, der alle Mehrdeutigkeiten ausschließen wollte. Er endete, wie wir wissen, in einer Formalisierung von Begriffen und Operationen, die nun zwar für sich genommen eindeutig waren, mit der Wirklichkeit aber keine Verbindung mehr aufwiesen. Die Wissenschaftler in Swifts „Gullivers Reisen" wählten den entgegengesetzten Weg, um das gleiche Problem zu lösen: Sie ließen die Sprache überhaupt weg und wenn sie miteinander verhandelten und disputierten, hielten sie sich die Gegenstände vor die Nase; vgl. Swift 2006).

Die in der Sprache und den Begriffen vorhandene unausrottbare Mehrdeutigkeit ist gleichsam die Rache der Realität an ihren Vergewaltigern. Denn nicht nur die Wirklichkeit ist von uneinholbarer Vielfältigkeit und Individualität, es sind auch die menschlichen Interessen, Zugänge, Beobachtungsweisen, Perspektiven zu dieser Wirklichkeit höchst unterschiedlich und verlangen Berücksichtigung. Die Mehrdeutigkeit öffnet die Sprache dafür und lässt sie nicht in vermeintlicher Klarheit erstarren.

Im Alltäglichen gelingt uns der Umgang mit diesen Mehrdeutigkeiten bei einigem Verständigungswillen meist problemlos; wir können Sprache und Begriffe an gemeinsame Absichten und Handlungen anpassen (dabei hilft uns natürlich auch viel Außersprachliches). Es ist also nachvollziehbar, dass einiges an Sprachkritik schließlich bei den Sprachspielen der „ordinary language" landete. Was ist aber demgegenüber *Wissenschaft,* die nur in einem bestimmten Verständigungsrahmen bereit ist, Mehrdeutigkeiten zuzulassen; deren Wahrheitsanspruch die Akzeptanz desselben zur Voraussetzung hat (die Einwilligung in die so genannte „methodische Abstraktion")? Was bedeutet in unserem Bereich der zunehmend lauter werdende Ruf nach mehr „Wissenschaftlichkeit und Professionalität"? Zumal, wenn klar sein muss, dass die Praxis im Coaching sich keineswegs an wissenschaftliche Disziplinen hält, nach denen man Frage für Frage, Problem für Problem der Reihe nach abhandeln könnte. Will man endgültig den immer wieder geäußerten Verdacht loswerden, *nicht* wissenschaftlich zu sein, will man endlich aufgenommen werden in das „Reich“ jener Wissenschaften, die anscheinend von sich behaupten können, Wissenschaft zu sein und dafür „unbezweifelbare“ Kriterien angeben? Oder geht es um Überlegungen einer Main-stream-Wissenschaft, eine andere zur Seite zu stellen, die nicht weniger Wissenschaft ist, aber besser ihrem „Gegenstand“ entspricht?

Um wiederum daran zu erinnern: Theoriebildung ist, selbst wenn sie l'art pour l'art, Glasperlenspiel ist, nie ohne Absicht. Will man also in unserem Beratungsfeld wissenschaftliche Theorien schaffen, tut man gut daran, wie wir bereits angeregt haben, die im Hintergrund liegenden Motive und Interessen genau zu beobachten. Erkenntnisse und die auf ihnen fußenden Theorien sind niemals so wie uns zeitweise der Empirismus weismachen wollte, Wiedergabe der äußeren Wirklichkeit, nicht einmal eine Annäherung (adaequatio) an diese. Es wäre auch völlig sinnlos, die Wirklichkeit in uns verdoppeln zu wollen. Erkenntnis besteht immer in der Herstellung von Relationen, die an ihr und an uns etwas verändern. Daher lautet die zentrale erkenntnis- und wissenschaftstheoretische Frage: Welche *bestimmte* Relation soll hergestellt werden und was verändert sie zu welchem Zweck.

Theoriefunktionen

Die Beantwortung dieser Frage gibt uns auch Auskunft über die verschiedenen Funktionen von Theorie. Um hier nur einige ohne nähere Erläuterungen zu nennen:

(1) Die Instrument-, Herrschafts- und Kontrollfunktion. Die Wirklichkeit (äußere und innere) soll nach unseren Modellen und Theorien ausgerichtet und dementsprechend umgeformt werden; es werden ihr Teilbereiche entnommen (Analyse, Elementarisierung) und in neuer Form zusammengesetzt. Bewährt sich diese Zusammensetzung im Experiment, wird die Wirklichkeit nach ihm umgestaltet (technische Anwendung).

(2) Mit ihr hängt die Feststellungs- und Ordnungsfunktion zusammen. Im unendlichen Fluss der Wirklichkeit sollen stabile Inseln aufgebaut werden (Theorie-„Gebäude“), die uns und unsere Welt verstehen, erklären, Zusammenhänge im vorerst Disparaten herstellen lassen (Kosmologien, Weltanschauungen, Ideologien gehören hierher). Es kann beobachtet werden, dass anscheinend jeder Mensch, auch wenn er über noch so wenige „gesicherte“ Daten verfügt, versucht, für sich plausible Zusammenhänge herzustellen, die ihm als orientierende Wegweiser Identität geben. Es mag das auch ein Grund dafür sein, dass in der Geschichte Wissenschaften von hohem Ansehen immer dazu neigten, Weltinterpretationen zu versuchen („partikularer Universalismus“). Diese Theoriefunktion dient vorzüglich auch der Stabilisierung von Gesellschaften, Staaten, Nationen etc.

(3) Da es in ihr immer wieder zu notwendigen Einbrüchen kommt, die Gesamtwirklichkeit ist immer universeller als jede Universaltheorie, treffen wir auf eine von der zuletzt genannten abgeleitete Theoriefunktion, die Rechtfertigungs- und Begründungsfunktion. Diese ist zwar auch Element der beiden vorhergehenden, erreicht aber gleichsam eine selbstreflexive „Metaebene“. Wenn Begründungen gelingen, werden sie in die Theoriegebäude (auch der noch weiter aufgezählten) eingebaut, wenn nicht, kann es zu Veränderungen des Theoriegebäudes kommen, oder es tritt ein Neues an seine Stelle. Dass dieser Prozess nicht so einfach und harmonisch verläuft, bezeugen viele historische Beispiele; gerade jetzt wissen wir, dass das Gebäude des Marktuniversalismus ins Wanken geraten ist, Begründungsversuche stiller geworden sind, dennoch fährt man im alten Fahrwasser, wenn nicht alles täuscht

weiter (Verursacher werden zu Lösungsexperten der Krise gemacht). Interessant ist auch zu beobachten, wann und wo Begründung in Rechtfertigung übergeht, mit welchen oft abstrusen „Zusatzhypothesen“ Theorien gerettet werden sollen. Die Spitzfindigkeiten scholastischer „Philosophie“ finden sich abgewandelt durchaus und immer wieder in wissenschaftlicher Theorienbegründung. Oft aber ist das Unternehmen als aussichtslos einzustufen, was aber vorerst einmal zu erhöhter Aktivität führt. Die Folge: eine „Selbstverkomplizierung“ der Theorie, die nur mehr in ihr selbst nachvollzogen werden kann.

(4) Wichtig ist die Distanzierungsfunktion der Theorie. Sie ist schon in der Sprache vorgebildet und beginnt bereits bei der Benennung von Phänomenen. Natürlich hängt diese Funktion mit der ersten zusammen, da in Distanzierungsvorhaben immer auch versteckte Beeinflussungs- und Kontrollwünsche schlummern, sie geht aber vor allem in unserem Bereich über sie hinaus. Eine medizinisch-wissenschaftlich „abgesicherte“ Diagnose ist nicht nur für nachfolgende Therapien (instrumentell) wichtig und notwendig, sie „beruhigt“ in gewissem Sinn auch den Patienten, wenn er in ihr die Sicherheit bekommt, „im Allgemeinen“ aufgehoben, kein Sonderfall außer der Reihe zu sein. Auch im Coaching oder in Beratungen kann es hilfreich sein, in Theorieelementen vom unmittelbaren Problemdruck zeitweise befreit zu sein (Distanz zu emotioneller Fixierung der „Überschwemmung“ kann manchmal überhaupt erst neue Zugänge zu ihr schaffen; insofern sind „Rationalisierungen“ nicht, wie manchmal behauptet und diskriminiert wird, ein bloßer Abwehrmechanismus, sondern sie bieten auch die Möglichkeit, sich neu zu „verfassen“).

(5) Damit wird eine weitere Theoriefunktion sichtbar. Sie ist für Kommunikation unverzichtbar. Man mag einwenden, dass hier ein allzu „niederer“ Theoriebegriff vorgeschlagen wird, der mit wissenschaftlicher Theoriebildung wenig gemeinsam hat. Wir sehen das nicht so, weil bereits jede Verständigung auf eine gemeinsame Sichtweise bei unterschiedlichen Individuen und ihren Lebensgeschichten notwendigerweise sich ins Abstraktere bewegen muss. Damit ist ein Grundcharakteristikum der Theorie erreicht. Dies mag bei Einzelcoachings und Einzelberatungen nicht so deutlich werden, weil der Einzelne gleichsam in einem durch Fragen angeregten Selbstgespräch seine eigene Theorie schafft, wenn es aber um Teams, Gruppen oder gar Organisationen geht, die, um handlungsfähig zu sein und Umsetzungsenergie zu entwickeln, gemeinsame Sichtweisen und ihnen entsprechende Vereinbarungen schaffen müssen, sind diese Kollektive genötigt, sich über sich eine gemeinsame Theorie zu verschaffen, ein Verständnis, das erst ein „kollektives Selbst“ konstituiert. Dieses ist aber nicht von unbegrenzter Dauerhaftigkeit, es muss sich ständig selbstvergewissern und erneuern. Wir wissen, wie wenig es nützt, wenn Theorien über sich selbst in Leitbilder gegossen werden, meist auf einer Abstraktionshöhe, die sie aus dem Gedächtnis der Betroffenen entschwinden lässt, auf der anderen Seite aber wie nützlich sie sein können – gleichsam als „regulative Ideen“, wenn man sie immer wieder auf ihre „Alltagstauglichkeit“ überprüft. Von allem Bisherigen unterscheidet sich diese Theoriefunktion durch prozessberücksichtigenden Charakter; Feststellungen sind notwendig, aber nicht auf Dauer zu stellen; sie ermöglichen durch Abstraktion die Herstellung „sich-wissender“ Kollektive, verlangen aber praktische Konkretisierungen, die sie sowohl bestätigen, wie verändern können.

(6) In vielen Facetten wurde dieser prozessbezogene Charakter von Theorie wissenschaftlich unter dem Namen „Hermeneutik“ reflektiert. Wiederum bemerken wir hier Theorie auf zwei Ebenen: Einmal auf jener der Interpretation, Auslegung. Kaum wird etwas, das Menschen tun, veranstalten oder getan haben, einfach so hingenommen, wie es ist. Man macht sich so seine Gedanken, versucht zu verstehen oder Gründe für Nicht-Verstehen zu

finden. Wir interpretieren, um uns mit allen möglichen Phänomenen „bekannt" zu machen, ihnen Fremdheit zu nehmen, sie uns anzueignen, eine Verbindung zu ihnen herzustellen; schließlich auch zum Zweck, sich in ihnen wiederzufinden, sich zu erkennen. Die zweite und wissenschaftliche Ebene reflektiert und verfolgt diesen Prozess und weist dieses Geschehen auch für die interpretierenden Wissenschaften nach. Verstehende, interpretierende Theorie spricht nicht bloß *über* ihren Gegenstand, sondern über sich selbst. Das tut als „Geistesprodukt" zwar jede Theorie, zumindest indirekt, die „Objektwissenschaften" (im naturwissenschaftlichen Paradigma) stellen diese Seite in den Hintergrund, weil es ihnen in erster Linie um Objektverfügung geht, weniger um deren Verursachung und Rückwirkung. Wenn man es aber mit der Geschichte und der Literatur zu tun hat, begegnet man auf Schritt und Tritt unweigerlich sich selbst, wird auch emotionell „angerührt", muss seine „Distanz" anders organisieren. Die innere Verbindung ist schon von vornherein gegeben, man befindet sich bekanntermaßen im „hermeneutischen Zirkel". Die hermeneutische Theorie reflektiert die daraus folgenden Konsequenzen, besonders auch für jene Geistes-, Kultur- und Gesellschaftswissenschaften, die oft noch meinen, über „objektive Tatsachen" zu berichten. Für unsere Zusammenhänge eignet sich diese Theorieansicht recht gut, weist sie doch Auslegung, Verstehen und theoretische Erfassung als verankert in einem Beziehungsprozess aus, der die Unterscheidung von theoriebildendem Subjekt und interpretiertem Objekt obsolet macht.

(7) In Theorien findet sich meist auch ein Methodenarsenal aufbewahrt. Hier geht es weniger um Theorie *„über"* etwas, sondern um Auskünfte darüber, *„wie"* man zu Erkenntnissen, Aussagen über „Objektbereiche" kommt. Methoden, Instrumente, „Tools", Verfahren, haben hier ihren Ort. Theoriebildung geht nicht willkürlich, so irgendwie vonstatten. Sie wählt einen bestimmten Weg (Methodos), der Zugänge eröffnet, Herangehensformen bestimmt, Wegweiser aufgerichtet hat. Dieser wird angewiesen, er kann auch von anderen betreten werden. Wege machen unwegsames Gelände begehbar; zugleich verändern sie aber seinen Charakter; die „Wildnis" wird sozusagen „kultiviert". Methoden können nun ausgewiesener oder eher (implizit) verborgener sein. Allen aber ist gemeinsam, dass sie an ihrem „Gegenstand", an der Wirklichkeit etwas verändern. Es wäre erkenntnistheoretisch naiv zu meinen, sie würden uns einen direkten Zugang zu einer Wirklichkeit eröffnen, auf dem wir erfahren könnten, wie sie „wirklich" ist. Methoden können nun eng oder weit sein, Instrumente stärker oder schwächer eingreifend. Weil von ihnen aber viel abhängt, hat man immer schon über ihren spezifischen Charakter nachgedacht. Insbesondere ist es wichtig zu erkennen, was durch sie möglich ist, was nicht. Gibt man sich hier keine Rechenschaft, kann es leicht passieren, dass man sie für Bereiche verwendet, für die sie keine Zuständigkeit haben; wo dann Ergebnisse zustande kommen, die Auskünfte vortäuschen über „Gegenstandsfelder", die über den besonderen eingeschlagenen Weg gar nicht in Sichtweite kommen können (eine experimentell-naturwissenschaftlich orientierte Psychologie wäre mit ihren Methoden gänzlich ungeeignet, das Gesamtphänomen Coaching oder Beratung zu erfassen; ebenso wie der „Physikalismus" in der Gehirnforschung ungeeignet ist, dem Freiheitsthema näherzutreten und wenn er es dennoch tut, gezwungen ist, Freiheit zu leugnen, als „Illusion" zu bezeichnen).

Zu einer wissenschaftlichen Theorie über Coaching und Beratung scheint uns dieses Theorieelement, das überhaupt erst Theoriebildung ermöglicht, von besonderer Bedeutung. Woher gewinnen wir unsere Erkenntnisse über ihre Prozesse, ihre Erfolge und Schwierigkeiten? Methoden- und Instrumentengebrauch verändern die von ihnen „behandelte" Wirklichkeit, so sagten wir bereits. Es ist aber ein großer Unterschied, ob die Veränderung und ihre spezifische Form schon implizit in dem Instrument „steckt", seine Anwendung durch seinen Gebrauch vorhersehbar ist, oder ob Methoden so verwendet werden, dass sie die Wirklichkeit, um die es geht, erst *aufschließen;* ob man *im* Vorhandenen Festlegungen treffen, oder dieses in Bewegung bringen will (eine medizinische Diagnostik dient Ersterem und kann aus ihm Therapien deduzieren, ein Coachingprozess ist „offen" angelegt, Feststellung sowohl Resultat *gemeinsamer* Tätigkeit, als sie sich auch im Laufe des Prozesses verändern können). Natürlich sind Beratungsprozesse auch auf Veränderung des status quo aus; die Bestimmung und das Ergebnis dieser Veränderung finden sich aber nicht in ihrer Methode, ihrem Instrument. Was „herauskommen" soll, kann man nur in sehr allgemeinen, abstrakten Wendungen beschreiben (z. B.: „liebes- und arbeitsfähig"); Prognosen sind daher unsicher, Ergebnisversprechungen oder gar -kontrollen gewagt. Dennoch gibt es Methoden, Instrumente, ihr Charakter ist aber von anderer „Natur" als der uns sonst gebräuchliche. Offene Fragen, das Vermitteln von Anteilnahme und Interesse, ohne in Identifikationsfallen zu tappen, das *Anbieten* von Bildern und Deutungen, das Erzählen von Beispielen und anderen Erfahrungen, das *Vorschlagen* von (reflexiven) „Hausaufgaben", „strenge" Zeitvereinbarungen usw. Oder, wenn es um Teams, Gruppen, Organisationseinheiten geht, wird das Aufrichten von Settings, Sozialarchitekturen, Prozessgestalten wichtig, auch das sind Instrumente, Methoden. Alles zusammen dient dem Aufbau spezifischer sozialer und kommunikativer Konstellationen, in denen Veränderungsprozesse erst möglich werden. Geläufigerweise dienen Methoden einer perspektivischen Einschränkung (Fragebogen intendieren meist etwas anderes als offenes Fragen im Klientenzusammenhang). Hier geht es eher um ein Aufschließen, um Möglichkeitserweiterung von Motiven und Optionen, von denen man vorher gar nichts weiß; und – was wohl das Entscheidendste ist, wenn Instrumente im Sinne von Ermöglichungen wirken sollen – sie müssen die Freiheit und Selbstbestimmung der Klienten nicht nur akzeptieren und respektieren, die Methoden müssen geradezu ihrer Entwicklung und Förderung dienen. Wenn sie das aber tun, haben sie sich einen „unberechenbaren" Partner eingehandelt, von dem man nicht wissen kann, was gerade zu erwarten ist. Daher ist auch situative Sensibilität für die Wahl der jeweiligen Methode vonnöten. Letztlich läuft alles darauf hinaus, dass wir als Berater und Beraterinnen selbst und als „ganze" Person „Instrument" sind, das Voraussetzung für jeglichen Methodengebrauch ist. Letzteres ist konsequenzenreich: nicht nur, dass diese Spezifikation unser Tätigkeitsfeld entscheidend vom sonst üblichen wissenschaftlichen Umgang mit Methoden unterscheidet (so spielen z. B. Emotionen, subjektive Prägungen und Verhaltensformen eine prozesskonstitutive Rolle), sie stellt auch an die Person besondere Ansprüche, zumindest sollte sie sich gut kennen.

(8) Ein letztes Theoriefeld klingt hier an. Wir wollen es als jenes bezeichnen, das Hintergründe für Situationen und deren Interpretation zur Verfügung stellt (Hintergrundtheorien). Dazu gehören z. B. im Anschluss an vorhin Auskünfte über Vorentscheidungen in Fragen eines Menschenbildes. Das kurz beschriebene methodische Beratungskonzept geht von selbstbestimmten, selbstreflexiven Personen und auch sozialen Konstellation aus. D. h. nicht, dass die Freiheit, die man dazu braucht, von vornherein in aller Ausgriffsweite vorhanden sein muss. Der Prozess soll ja gerade ihrer Entfaltung dienen, aus hemmenden Fixierungen befreien. Dennoch ist der Zweck klar, die Entscheidung für ein bestimmtes Menschenbild getroffen. Damit in Verbindung postuliert man die Kraft von arrangierten Prozessen, die einer „Selbstaufklärung" aller Beteiligten dienen. In Hintergrundtheorien gehören also ebenso anthropologische Grundbefunde wie prozessethische Modellbildung. Die Bedeutung eben dieser Prozesse schreibt ein weiteres Theoriekapitel. Hier wird ein dialogisch-dialektisches Element sichtbar. Prozesse „prozessieren" Unterschiede, Wider-

sprüche, Gegensätze; gäbe es diese nicht, würde sich nichts bewegen. Unser Umgang mit Widersprüchen ist aber unbeholfen, durch die Dominanz logischer Verfahren unterentwickelt. Eine dialektisch-dialogische Hintergrundtheorie kann eine Basis für die Erfassung anderer Umgangsformen und deren Sinn legen. Auch Wahrheitstheorien bekommen eine zusätzliche Facette. Im sozialen Bereich sind Wahrheiten immer Resultat von Entscheidungen, auch wenn sie sich dessen nicht bewusst sind. Damit bekommen Wahrheiten ebenso „Prozesscharakter"; es wird interessant, wie sie zustande kommen, worauf man sich einigt, wie sie verbindlich gemacht werden, welche Sanktionen sie stützen, warum und wann ihre Zeit „abgelaufen" ist. Hintergrundtheorien über Entscheidungsvorgänge unterstützen die Beantwortung dieser Fragen. Auf unsere wichtigen existenziellen Probleme gibt es meist bereits vorhandene Antworten, die insgesamt die „Kultur" einer Gesellschaft ausmachen. Auch wenn hier gegenwärtig einiges „ins Rutschen" gekommen ist (siehe Werterelativismus, -pluralismus), es gibt immer noch ein unsichtbares Geflecht an Orientierungen, Selbstverständlichkeiten, Gewohnheiten, ethischen Appellen, ideologischen Restbeständen usw., von dessen Einfluss wir nicht frei sind. Es gibt auch ein lange nachwirkendes kollektives Gedächtnis, aus dem heraus gehandelt wird, ohne dass seine Motive klar sind. In Coaching- und Beratungsprozessen werden wir mit all dem konfrontiert und es schadet nicht, sich darüber ein Bild gemacht zu haben. Hintergrundtheorien beschreiben solche eben im Hintergrund wirkenden Zusammenhänge, schaffen uns ein Verständnis für aufhebbare und unaufhebbare Abhängigkeiten; damit auch ein geschärftes Bewusstsein für die Möglichkeiten und die Grenzen von konkreten Coachings und Beratungen.

Überlegungen zu einer Rahmentheorie

Wenn im Bereich Coaching und Beratung über eine Rahmentheorie diskutiert werden soll, kann es wahrscheinlich nicht schaden, die eben aufgezählten Funktionen von Theorie im Auge zu behalten. Jedenfalls sich immer wieder Klarheit darüber zu verschaffen, was man eigentlich bezweckt, wenn man theoriebildend zu Gange ist. Eine Rahmentheorie als Metatheorie hätte dann wohl die Aufgabe zu untersuchen, welche Funktion sich für Coaching überhaupt am besten eignet. Wahrscheinlich wird sich ergeben, dass keine ausgeschlossen werden kann, wenngleich die instrumentelle jenen besonderen Charakter bekommt, den wir geschildert haben. In erster Linie wird diese Rahmentheorie der Verständigung untereinander dienen; einer kollektiv organisierten selbstreflexiven Aufarbeitung seiner Beratungspraxis. Letztere macht natürlich auch gegenüber Klienten und Klientinnen auskunftsfähiger. U. E. sind ja auch schon bisher die besten Bücher über Coaching von Praktikern, Praktikerinnen geschrieben worden, die über ihre Tätigkeit nachgedacht haben, Gelingendes und Schwieriges transparent, öffentlich gemacht haben und sich so kollegialer Auseinandersetzung gestellt haben. Auch in Ausbildungszusammenhängen kann auf diese Art Rahmentheorie kaum verzichtet werden, auch wenn oft die „Kunst" der Praktiker im Vordergrund steht. Was nun das Verhältnis dieser Theorie zum etablierten und institutionalisierten System der Wissenschaften ist, lässt sich allein daraus erkennen, dass es nur wenige praktische Ausbildungen an Universitäten und Fachhochschulen gibt. Dies ist kein Zufall. In unseren „höheren" Bildungsinstitutionen dominieren nach wie vor Einzeldisziplinen, Spezialisierungen und auch unsere Studien sind nach ihrem Muster organisiert. Dies bedeutet einerseits, dass die „interdisziplinäre Komplexität der Alltäglichkeit" – wir wollen sie bewusst so bezeichnen – in ihrer inneren Verschränkung und Bezüglichkeit dort keinen Platz hat.

Andererseits ist es gerade das die Disziplinen Auszeichnende, dass sie sich besonders *einer* Funktion verschrieben haben. Will Coaching aber sowohl dieser in Personen und Systemen integrierten Vielfalt gerecht werden, auch der Bewegung des Prozesses entsprechen, wird sie nicht eine Theoriefunktion dominieren lassen. Was dabei herauskommt, wird wohl ein begründbarer Eklektizismus sein, der Theorieversatzstücke aufnimmt, wie er sie gerade braucht. Diese theoretische „Charakterlosigkeit“ bedeutet keineswegs Beliebigkeit. Bedacht sollte vielmehr werden, dass in der Praxis von Coaching und Beratung Theorie nicht um ihrer selbst betrieben wird, sozusagen als intellektuelles Vergnügen. In ihrer spezifischen Funktion hat sie Interventionscharakter und wie wir wissen, ändern auch Interventionen im Laufe des Prozesses ihre Gestalt.

Für eine Rahmentheorie wird damit ein weiteres Thema interessant: Der Interventionscharakter von Theorie. Im Main-stream unserer nicht-technisch-naturwissenschaftlichen „Fächer“ wird diese Frage kaum gestellt („Wie wird Theorie, Wissen wirksam“?), man begnügt sich nur allzu oft mit theoretischer Differenzierung, die sich von den so genannten Praktikern immer weiter entfernt. Wenn Letzteren die Fachterminologie überhaupt noch zugänglich ist, müssen sie daher in ihrer Praxis eine ständige Übersetzungs- und Vermittlungsarbeit leisten. Tun sie das nämlich nicht, bleiben sie in einem elitären Wissenschaftsjargon, kann es ihnen nur allzu leicht passieren – wenn nicht gleich der Auftrag gekündigt wird – dass ihr Klient ehrfurchtsvoll den Jargon des ohnehin erwünschten Experten nachbetet; sich selbst in einer Sprache zu beschreiben beginnt, die mit seiner Lebenswirklichkeit nur mehr wenig Verbindung hat („Intervenieren mit Luhmann“). Was aber sehr wohl eine Funktion von Wissen und Theorie sein kann, ist Mithilfe bei Begriffs- und Sprachbildung. Oft fehlen uns nämlich die Worte über uns selbst, unser Tun und Handeln; oder wir haben zwar welche, stoßen aber bei anderen auf Unverständnis. „Privatsprachliche“ Schicksalsbewältigung ist aber ein relativ aussichtsloses Unterfangen. Wir wissen aus unserer Praxis hingegen sehr wohl, dass es schwierige Situationen oft leichter meistern lässt, wenn man für sie die richtigen Worte oder Bilder findet.

Wenn es uns also um eine bestimmte Form der Wissenschaftlichkeit geht, nicht bloß um die Funktion, ihrer Theorie zuzugehören (und damit immer in der Gefahr zu sein, „einvernommen“, „geschluckt“ zu werden), muss u. E. die Annäherung mit Vorsicht geschehen. Es ist zu vermuten, dass gegenüber den traditionellen Disziplinen eine Form eklektisch interdisziplinärer *„Praxeologie“* entwickelt werden muss, die ihrem „Gegenstand“ entspricht. Hier ist in der Psychoanalyse mit ihren verwandten Gebieten, auch in der Coachingliteratur, in Veröffentlichungen aus Gruppendynamik und Organisationsentwicklung etc. schon einiges auf den Weg gebracht worden. In der letzten Zeit haben wir uns an unserem Institut intensiver der „Interventionsforschung“ gewidmet und ein interdisziplinäres DoktorandInnenkolleg auf die Beine gebracht (vgl. Klagenfurter Beiträge zur Interventionsforschung; zum DoktorandInnenkolleg: http://www.uni-klu.ac.at/iff/ikn/inhalt/16.htm). Wir glauben, dass man all diese Versuche nicht zu minder bewerten soll, eher genauer untersuchen, um *welche andere* Form von Wissenschaft es sich handelt. Auch diese Recherchen würden zu einer Rahmentheorie passen.

Abschließend noch einige Bemerkungen zum leidigen Theorie-Praxis-Thema, das anscheinend unausrottbar immer wieder auftaucht, und gegenseitige Abwertungen repetiert. Nimmt man es als ernsten Hinweis auf, deutet es auf eine „Systementfremdung“ hin. In manchen Bereichen, vor allem da, wo es um den Menschen geht, hat sich das Wissenschaftssystem so weit von der Alltagspraxis der Menschen entfernt, dass ein Zusammenhang nicht mehr auffindbar ist. Umgekehrt steckt hinter der Kontroverse die Behauptung von der anderen Seite, dass die „Praktiker" theorie- und reflexionsblind so vor sich hinarbeiten. Für beide Seiten kann man viele Argumente angeben und sich Phänomene erklären, der Kern des Theorie-Praxis-Themas ist damit aber nicht getroffen; es ist eher eine Defizienz beschrieben; gegenseitige Verständnisverweigerung, schon aus dem Grund „angeheizt", weil es kaum „intermediäre" Organisationseinrichtungen gibt, die für ausreichende Kommunikation sorgen. Erinnern wir uns an dieser Stelle an die verschiedenen Theoriefunktionen; sie jedenfalls „oszillieren" immer zwischen Theorie und Praxis. Insofern muss festgestellt werden, dass Menschen *nie* bloße blind handelnde Praktiker sind, auch wenn sie *ihre* Theorie nicht explizieren. Ebenso informiert uns der Wissenschaftsbetrieb darüber, dass es keine „reinen" Theoretiker gibt, so manches an „versäumter" Lebenspraxis an Kongressen und Schulstreitigkeiten nachgeholt wird. Hier handelt es sich keineswegs um psychologische Banalitäten. Es gehört zum „Differenzwesen" Mensch (vgl. Heintel 1998), dass er immer auch theoretisch existieren *muss*. Bereits die Sprache wird als „Probehandeln" beschrieben, was nichts anderes heißt, als sich in „Möglichkeits-" und Distanzräume zu begeben, die mit der unmittelbaren Praxis und vorgegebenen Wirklichkeit nichts zu tun haben. Wir könnten als „Mängelwesen" (vgl. Gehlen 2004), als „Erster Freigelassener der Natur" gar nicht überleben, wären wir nicht zur Theoriebildung fähig. Sie ist Voraussetzung für Kulturleistungen, historische Entwicklungen usw. Wir finden uns und unsere Aufgaben nicht in der Natur vor; als uns selbst immer „Aufgegebene", „Zukunftsoffene" schöpfen wir aus diesem „Noch-Nicht" Lebensentwürfe, Geschichtsmodelle, Utopien; wir sind selbst immer auch aus unserer unmittelbaren Gegenwart „abgezogen", also eine teilweise abstrakte, theoretische Existenz.

Dieser anthropologische Grundbefund erleichtert die Rückkehr zu unserem Thema, auch wenn dies von vornherein nicht so klar ist. Coaching, Beratung sind nämlich immer in dieser Zwischenwelt zwischen Praxis (Handeln, Lebensvollzug) und Theorie (Entwürfe, Pläne, Absichten, Theorien) angesiedelt; eigentlich geht es doch um „Selbstverständigungsprozesse". Deren Resultat ist zwar nie die unmittelbare Praxis selbst, insofern eine Theorie „über" sie, nie aber eine solche, die „von außen" kommt. Insofern ist das Wort „über" problematisch. Zumindest müsste man es dialektisch verstehen: Einerseits bezeichnet es richtigerweise Distanz, gleichsam eine neue „Über-Sicht"; andererseits kommt es aus der (reflektierten) Praxis, gehört ihr an, ist sie selbst auf ihren Begriff gebracht. Dieser Begriff aber repräsentiert nicht eine „reine" Theorie, er bereichert gleichsam die Praxis selbst; weshalb aus besserem Selbstverständnis auch Änderungen bisheriger Gepflogenheiten möglich werden. Coaching als „organisierte" Ermöglichung selbstreflexiver Praxis (Optionenerweiterung) und neuer Entscheidungen ist nichts anderes als eine prozessuale Vermittlung von Theorie und Praxis. Es so zu begreifen, schafft einen neuen Theoriezugang. Eine Rahmentheorie hätte in der Beobachtung dieser Vermittlung, im gemeinsamen Austausch über dieses Geschehen u. E. genug „Stoff". Dann wäre auch diese Rahmentheorie eine Selbstverständigung in seiner Coaching- und Beratungspraxis.

Literatur

Birgmeier, B.R. (2008): Coaching im Spagat zwischen Praxis und Wissenschaft. Von den Gefahren einer praxiswissenschaftlichen Begründung von Coaching-Konzeptionen. In: Organisationsberatung. Supervision. Coaching 15 (2), S. 119-136

Fleck, L. (1980): Entstehung und Entwicklung einer wissenschaftlichen Tatsache. Einführung in die Lehre vom Denkstil und Denkkollektiv. Frankfurt/M.: Suhrkamp

Gehlen, A. (2004): Urmensch und Spätkultur. Philosophische Ergebnisse und Aussagen. Frankfurt/M.: Klostermann

Heintel, P./Krainer, L./Paul-Horn, I. (Hg.): Klagenfurter Beiträge zur Interventionsforschung. 6 Bände. Klagenfurt (erhältlich am Institut für Interventionsforschung und Kulturelle Nachhaltigkeit; www.uni-klu.ac.at/iff/ikn; zu beziehen unter ingrid.ringhofer@uni-klu.ac.at)

Heintel, P. (1998): Abendländische Rationalität – Welche Ethik für die Wissenschaften? Unveröff. Manuskript. Klagenfurt. (Veröffentlicht unter Heintel, Peter: Wissenschaftsethik als rationaler Prozeß. In: Liessmann/Weinberger (Hg.): Perspektive Europa. Modelle für das 21. Jahrhundert. Wien: Sonderzahl 1999, S. 57-81)

Heintel, P. (2003): Supervision und ihr ethischer Auftrag. In: Supervision. Mensch, Arbeit, Organisation. Heft 1/2003, S. 32-39

Heintel, P. (2005): Zur Grundaxiomatik der Interventionsforschung. In: Heintel/Krainer/Paul-Horn (Hg.): Klagenfurter Beiträge zur Interventionsforschung. Band 1. Klagenfurt

Heintel, P./Krainer, L./Ukowitz, M. (Hg.) (2006): Beratung und Ethik. Praxis, Modelle, Dimensionen. Berlin: Leutner

Schütz, A. (1971): Das Problem der Relevanz. Frankfurt/M.: Suhrkamp

Supervision. Mensch, Arbeit, Organisation. Themenheft Forschung und Praxis. 1/2007

Swift, J. (2006): Gullivers Reisen. Frankfurt/M.: Insel Verlag, 16. Aufl.

Die Wissensstruktur von Coaching

Astrid Schreyögg

Bei Coaching als Beratungsform handelt es sich wie bei Psychotherapie, Supervision oder Organisationsberatung um eine Form angewandter Sozialwissenschaft. Wenn Praktiker und/oder Theoretiker das Wissen von bzw. über Coaching sichten oder sammeln wollen, tun sie gut daran, dies im Sinne einer Wissensstruktur zu ordnen (Schreyögg 2009). Das ist schon deshalb sinnvoll, weil die Themen, die im Coaching verhandelt werden, eine kaum zu überschauende Vielfalt aufweisen. Selbst wenn das Coaching als „Executive Coaching" nur auf die unmittelbaren Themen von Führungskräften in Organisationen begrenzt ist, geht es einmal um individuelle, einmal um interaktive und wieder ein anderes Mal um Fragestellungen, die soziale Systeme berühren. Alle diese Themen müssen mit entsprechenden theoretischen Konzepten oder mit alltagsweltlich gewonnenen Erfahrungsmustern strukturiert, d.h. diagnostisch erfasst werden (Schütz 1981). Daraus folgt, dass Coaching immer multiparadigmatisch zu denken ist. Daraus folgt außerdem, dass Coaching grundsätzlich multidisziplinär orientiert sein muss. Das heißt, dass psychologische, soziologische, betriebs- und volkswirtschaftliche Konzepte einzubeziehen sind.

Und alle diese Themen sind dann mit genau den methodischen Maßnahmen zu bearbeiten, die zu einer jeweiligen Thematik passen. Das bedeutet, dass der Coach über eine Vielzahl an methodischen Mustern verfügen muss, die den multiparadigmatischen und multidisziplinären Strukturmustern gerecht werden.

Wie lässt sich aber nun eine solche Vielfalt von strukturellen Mustern und methodischen Möglichkeiten ordnen? Das heißt, wie ist theorie- und methodenplurales Arbeiten im Coaching zu modellieren?

Im psychotherapeutischen Bereich, in dem schon seit den 1970er Jahren Theorie- und Methodenkombinationen üblich sind, zeigte sich bei unreflektiertem Methodenmix, dass Patienten widersprüchliche Botschaften erhalten. Denn den unterschiedlichen Methoden sind oft völlig gegensätzliche Zielsetzungen und gegensätzliche Menschenmodelle unterlegt. Während beispielsweise humanistisch-psychologische Arbeitsformen das Vertrauen des Klienten zum Therapeuten besonders stark akzentuieren, würde dies durch paradoxe Interventionen aus der strategischen Familientherapie wahrscheinlich eher in eine Misstrauenshaltung umschlagen. Mit den ersten Ansätzen spricht der Professionelle die Klienten nämlich dialogisch als Subjekte an, mit den zweiten Arbeitsformen sollen sie dagegen „raffiniert" als Objekte zu einem bestimmten Ziel hin gebracht werden. Ein solcher Methodenmix führt zur Irritation der Klienten in ihrer Beziehung zum Therapeuten (Dittmer 1982, Textor 1988).

Aus diesem Grund versucht man seit Anfang der 1980er Jahre Modellkonstruktionen zu entwerfen, die trotz angemessen großer Theorie- und Methodenvielfalt diese Probleme zu vermeiden helfen. Es handelt sich dann um spezielle Modellkonstruktionen, die als „Integrationsmodelle" bezeichnet werden, weil sie eine konzeptionell fundierte Konklusion vielfältiger Theorien und vielfältiger Methoden erlauben (Herzog 1982, 1984; Hagehülsmann 1984; Petzold 1993, 1998; Schreyögg 1991, 1995).

1 Die Struktur von Handlungsmodellen

Modelle, so auch Handlungsmodelle, dienen als strukturierender Rahmen, ursprünglich vage Vorstellungen zu präzisieren und gedankliche Muster theoretisch zu transformieren. Sie haben zudem die Funktion, zwischen wichtigen und weniger wichtigen Phänomenen und Phänomenkonstellationen zu differenzieren (Herzog 1984). Die Konstruktion von Handlungsmodellen muss prinzipiell bei normativen Grundentscheidungen starten, also bei anthropologischen und erkenntnistheoretischen Setzungen. Eine solche Vorgehensweise hat zudem den Vorteil, dass diese Prämissen dem Verwender des Modells transparent werden. Solche Prämissen müssen aber nach Meinung einschlägiger Autoren in eine so genannte Wissensstruktur eingebettet werden. Diese umfasst folgende Ebenen:

- Auf einer übergeordneten, einer *Meta-Ebene*, muss das Modell grundlegende anthropologische und erkenntnistheoretische Setzungen enthalten. Das ist die Basis eines jeden Handlungsmodells. Zwar wird bei den meisten Handlungsmodellen im Bereich von Psychotherapie, Supervision und Coaching das Meta-Modell nicht expliziert, ihnen ist aber prinzipiell eines unterlegt, dann eben nur implizit. Bei einer fortgeschrittenen Modellkonstruktion sollte dieses Meta-Modell aber expliziert werden.
- Auf einer zweiten Ebene, der *Theorie-Ebene*, sind Theorien anzugeben, mit deren Hilfe sich Ist- und Soll-Zustände der für das Handlungsmodell relevanten Phänomene und Phänomenkonstellationen erfassen lassen.
- Eine dritte Ebene sollte *grundlegende methodische Anweisungen* enthalten. (1) Das sind die Ziele des Modells, (2) die Art und Weise, wie Themen von Klienten in der Praxissituation rekonstruiert werden, (3) welche Wirkungsfaktoren dem Modell unterstellt werden, (4) der zu empfehlende Interaktionsstil und (5) Anweisungen, wie unterschiedliche Settings in der Praxis gehandhabt werden sollen.
- Auf einer vierten Ebene ist die *Praxeologie* des Modells zu konzipieren, d.h. seine einzelnen methodischen Maßnahmen und die prozessualen Anweisungen zur methodischen Applizierung.
- Das alles mündet schließlich auf einer fünften Ebene in *konkretes praktisches Handeln* von professionellen Akteuren.

Daraus ergibt sich folgende Grundstruktur:

Meta-Modell
I
Theorie-Ebene
I
Grundlegende methodische Anweisungen
I
Praxeologie
I
Konkretes Handeln des Coachs

2 Die Wissensstruktur eines Intergrationsmodells

Wie ist nun die Grundstruktur eines integrativen Modells, das vielfältige Theorien und vielfältige Methoden enthält, zu konzipieren?

- Hier wird mit einem expliziten *Meta-Modell* gestartet, das anthropologische und erkenntnistheoretische Prämissen enthält.
- Wenn dann auf der zweiten *Ebene vielfältige Theorien* im Sinne eines Theorie-Universums in das Modell integriert werden sollen, ist jeweils zu prüfen, ob diese mit den Prämissen des Meta-Modells kompatibel sind, d.h., ob das ihnen unterlegte Menschenmodell zu den anthropologischen und erkenntnistheoretischen Positionen des Meta-Modells passt.
- Die *grundlegenden methodischen Anweisungen* wie etwa der Interaktionsstil oder die Wirkungsfaktoren sind dann so zu wählen, dass sie zu dem Meta-Modell, aber auch zu der Theorie-Ebene passen.
- Und für die Wahl der einzelnen methodischen Elemente (Tools, Interventionen usw.) und die Wahl der prozessualen Muster, also der *Praxeologie* gilt, dass sie mit allen vorhergehenden Ebenen kompatibel sein müssen. Erst dann ist konzeptionell sinnvolles Handeln zu erwarten.

3 Die Wissensstruktur eines Integrationsmodells für das Coaching

Nach welchen Gesichtspunkten ist nun die „Wissensstruktur“ eines Integrationsmodells für das Coaching zu konzipieren, und wie ist die Integration von unterschiedlichen Theorie- und Methodenansätzen zu denken?

3.1 Die Ebene des Meta-Modells

Für Coaching als Beratungsform für Führungskräfte ist bei der Auswahl von anthropologischen und erkenntnistheoretischen Prämissen zu bedenken, dass sie die Erscheinungsformen menschlichen Daseins, menschlicher Beziehungen und beruflichen Handelns möglichst vielfältig einzufangen vermögen. Solche Anforderungen lösen bislang besonders Ansätze aus der phänomenologischen Psychologie (Strasser 1964, Graumann & Metraux 1977 u.a.) und der phänomenologischen Soziologie (Berger & Luckmann 2007; Bourdieu 1987; Coenen 1985 u.a.). Dabei handelt es sich um Konzepte, die zu je unterschiedlichen Phänomenbereichen einen je eigenen Beitrag geleistet haben. Sie decken sich aber in ihren Grundpositionen. Nachfolgend beschreibe ich je vier anthropologische und erkenntnistheoretische Prämissen, die sich für ein Coachingmodell eignen.

Anthropologische Setzungen

Inhaltlich müssen die anthropologischen Setzungen eines Handlungsmodells fürs Coaching folgende Bereiche abdecken: (1) Das Verhältnis des Menschen zu Individualität und Sozialität, (2) zu seiner Subjekthaftigkeit und seiner Determiniertheit, (3) zu seinem Lebensganzen und zu seinen Entfaltungsmöglichkeiten und zu (4) seinem Verhältnis gegenüber Institutionalisierungen und gegenüber Arbeit. Dabei müssen sie aber immer Antinomien beinhalten, also jeweils zwei Seiten eines Phänomens erfassen.

(1) Der Mensch ist gleichermaßen ein individuelles und ein soziales Wesen.
Phänomenologische Konzepte gründen sich auf die Überzeugung, dass jeder Mensch als je einmaliges, unverwechselbares Wesen zu betrachten ist und Handlungsfreiheit hat (Apel et al. 1984). Gleichzeitig gehen sie davon aus, dass sein individuelles Sosein von Anbeginn aus gelebten Interaktionen mit anderen Menschen resultiert. Sie gehen außerdem davon aus, dass der Mensch, besonders der berufstätige Mensch, Teil von sozialen Systemen ist. So muss der Coach seinen Klienten immer multiparadigmatisch erfassen als je einmaliges Individuum, als Interaktionspartner anderer Menschen und als Teil von sozialen Systemen. In der konkreten Arbeit ist dann einmal der eine, ein anderes Mal der andere Aspekt von Mensch-Sein zu akzentuieren.

(2) Der Mensch ist gleichermaßen Subjekt und determiniertes Wesen.
Jeder Mensch lässt sich als Wesen begreifen, das unabhängig von anderen Menschen eigene Ziele bestimmen kann und sich für oder gegen das eine oder das andere Ziel zu entscheiden vermag. Als Subjekt kann der Mensch auch prinzipiell eine exzentrische Position einnehmen (Plessner 1982), die es ihm erlaubt, seine eigene Lage und die Zusammenhänge, in denen er steht, zu durchschauen. So reflektiert und selbstbestimmt das eigene Handeln eines jeweiligen Menschen erscheinen mag, ist aber doch der Tatsache Rechnung zu tragen, dass es auf der Folie seines jeweiligen aktuellen und historischen Erfahrungshintergrundes steht. So kann das Geplante durch die individuelle Lebenserfahrung immer verunmöglicht werden. Ein Coach muss also immer damit rechnen, dass vom Klienten geplante Erfahrungen von ihm selbst durchkreuzt werden können.

(3) Der Mensch ist ein sich potentiell lebenslang entfaltendes Wesen.
Die Phänomenologie unterstellt dem Menschen umfassende Potentiale, die er sein Leben lang immer umfassender entfalten kann (Merleau-Ponty 1976). Das bestätigt sogar neuerdings die Neurologie, wonach der Mensch bis zu seinem Lebensende neue Nervenzellen bilden kann (Bauer 2006). Für das Coaching hat das seine Bedeutung darin, dass auch ältere Menschen, selbst wenn sie schon lange führende Positionen in Organisationen eingenommen haben, immer noch in der Lage sind, Neues zu lernen.

(4) Der Mensch ist gleichermaßen gesichert und bedrängt durch Arbeit und durch Institutionalisierungen.
Jede Berufstätigkeit, selbst die „Freie Praxis“, steht in unterschiedlicher Weise in institutionalisierten Kontexten. Aus phänomenologischer Sicht bilden sich im Prozess sozialen Lebens Institutionen heraus, d.h. regelgeleitete Formen menschlichen Zusammenlebens. In diesen entfalten Menschen unterschiedliche Rollenkonstellationen Dadurch schaffen sie sich einen berechenbaren Rahmen ihres Zusammenlebens, der Sicherheit garantiert. Dem Einzelnen fordern sie aber die Einhaltung von Regulativen ab. Dann muss er Bedürfnisbefriedigung zu Gunsten dieser Regulative aufschieben oder unterlassen. So wird der Mensch durch Institutionalisierungen gleichermaßen gesichert und bedrängt (Berger & Luckmann 2007). Das gilt auch für Arbeit. Sie fordert dem Menschen Disziplin ab, dass er elementare Bedürfnisse aufschiebt. Arbeit sichert aber gleichzeitig sein Überleben. Auch diese Anti-

nomie muss ein Coach immer mit bedenken. Führungskräfte werden beispielsweise durch hierarchische Strukturen eingeengt, gleichzeitig aber auch in ihrer Identität gesichert.

Erkenntnistheoretische Setzungen

Auch die erkenntnistheoretischen Setzungen des Meta-Modells resultieren aus phänomenologischen Positionen. Fürs Coaching sind hier folgende relevant: (1) Erkenntnis ist ein intersubjektiver Deutungs- und Strukturierungsprozess, (2) ein mehrperspektivisches Phänomen, (3) ein szenisches Phänomen eines Leib-Seele-Geist-Subjektes und (4) ein Vorgang, bei dem gegenständliche und nicht-gegenständliche Erscheinungen erfasst werden können.

(1) Erkenntnis ist ein intersubjektiver Deutungs- und Strukturierungsprozess.
In der phänomenologischen Literatur (Schütz 1981; Forster 1981 u.a.) wird betont, dass Menschen die ihnen begegnende Welt nie objektiv im Sinne von fotographisch erfassen, sondern sie auf dem Hintergrund ihrer bisherigen Welterfahrung subjektiv ausdeuten. Sie neigen dabei zu Strukturierungen, d.h. sie nehmen auf den ersten Blick nicht einzelne Elemente war, sondern sie fügen sie kognitiv und wahrnehmungsmäßig zu gestalthaften Konfigurationen zusammen. Diese dienen dann als „kognitive Schemata" (Piaget 2003) zur Handlungsorientierung. Im Verlauf ihres Lebens entwickeln Menschen eine große Fülle solcher Schemata. Sie stellen dann einen personenspezifischen „Wissensvorrat" (Berger & Luckmann 2007) dar, der sich allerdings für manche Lebenssituationen als untauglich erweist. Dann können die neuen Erfahrungen nicht in vorhandene Muster assimiliert werden. Jetzt müssen neue Muster im Sinne von „Akkomodation" gebildet werden. Und das geschieht besonders durch Interaktion mit anderen Menschen. Idealerweise findet ein fließender Wechsel zwischen Assimilation und Akkommodation statt, was Piaget als „Äquilibrierungsprozess" beschrieben hat. In vielen Fällen ist es die Aufgabe des Coachs, Klienten zu unterstützen, den Äquilibrierungsprozess wieder zu verflüssigen.

(2) Erkenntnis ist ein mehrperspektivisches Phänomen.
Flexibles, treffsicheres und umfassendes Erkennen ist an die Verfügbarkeit vieler unterschiedlicher kognitiver Schemata geknüpft. So sind komplexe Phänomengestalten nur mit einer großen Zahl kognitiver Schemata zu erfassen. Eine Anreicherung von solchen kognitiven Mustern kann entweder durch einen Wechsel des Standortes vorgenommen werden, damit ein Phänomen aus einer neuen Perspektive sichtbar wird. Anreicherung kann aber auch durch Dialoge mit anderen Menschen geschehen, wenn diese neue Sichtweisen an den Erkennenden herantragen. So ist es eine wichtige Aufgabe des Coachs, das Erkenntnisrepertoire des Klienten durch neue Muster anzureichern, damit dieser zunehmend mehrperspektivisch wahrnehmen und erkennen kann.

(3) Erkenntnis ist ein „szenisches" Phänomen von Leib-Seele-Geist-Subjekten.
Erkennen ist allerdings nie als rein kognitiver Akt zu begreifen. Menschliches Erkennen ist immer an den ganzen Menschen als ein Leib-Seele-Geist-Subjekt gekoppelt. Der Mensch nimmt seine Welt wahr und wird von ihr auch erfasst. Wie wir aus psychotherapeutischen Zusammenhängen wissen, wird Erlebtes, auch beruflich Erlebtes vom jeweiligen Menschen als Leib-Subjekt in erlebnishaften Konfigurationen, in „Szenen" gespeichert (Lorenzer 2000; Petzold 1993). Diese höchst individuellen und dadurch emotional eingefärbten Szenen stellen

eine spezifische Art der Ausdeutung von Situationen dar. Wenn diese Szenen von Schmerz oder gar von Panik begleitet sind, bilden sich starre kognitive Schemata, die das Erkennen in vergleichbaren Situationen erschweren oder sogar unmöglich machen. In solchen Fällen ist es Aufgabe des Coachs, die zugrunde liegenden blockierenden Erfahrungen dem Bewusstsein zugänglich zu machen, so dass der Klient wieder frei wird für neue Erfahrungen.

(4) Erkenntnis kann sich auch auf nicht-gegenständliche Phänomene beziehen.
Menschliches Erkennen ist allerdings keineswegs auf Auseinandersetzungen mit gegenständlichen Phänomenen beschränkt. Vielfach berichten Menschen über kaum zuordenbare Erfahrungen, die sie als „kühle" oder „aggressive" Atmosphären (Schmitz 1978) beschreiben. Solche Erscheinungen stellen oft sogar einen sehr relevanten „Schlüssel" zum Verständnis von Situationen dar. So sollte auch der Coach solche Phänomene ernst nehmen.

3.2 Die Theorie-Ebene

Theorien kommt in sozialwissenschaftlichen Handlungsmodellen eine ganz zentrale Bedeutung zu, denn durch sie wird Handeln erst professionell. In einem integrativen Handlungsmodell sollten ihre Funktion, die Art ihrer Anwendung und vor allem ihre Auswahl expliziert werden.

(1) Die Funktion von Theorien
Menschen nutzen für ihre Erkenntnisprozesse viele Theorien, d.h. kognitive Schemata. Schütz (1981) differenziert Theorien erster und zweiter Ordnung. Im Verlauf der frühen Sozialisation in Elternhaus und Schule erwerben wir wie selbstverständlich einen „Wissensbestand" (Berger & Luckmann 2007), den Bourdieu (1987) als „Habitus" bezeichnet hat. Dieser ermöglicht uns spontanes Handeln im Alltagsleben. Das sind dann Alltagstheorien. Im weiteren Leben benötigen wir aber in Konfrontation mit komplexen beruflichen Anforderungen eben auch als Coach abstraktere Strukturierungsmuster, d.h. Schemata, die sich nicht mehr aus der handelnden Auseinandersetzung mit der Welt ergeben – das sind dann Theorien zweiter Ordnung. Ihre Funktion besteht darin, den ursprünglichen Erkenntnishorizont von Menschen zu erweitern. Über Theorien als kognitive Schemata, die wir nicht mehr selbst entwickeln, sondern die andere kreiert haben, lässt sich das, was uns ursprünglich „verborgen" war, doch noch strukturieren und erkennen. Als öffentliche kognitive Schemata sind diese Theorien zweiter Ordnung einer großen Anzahl von Menschen zugänglich, so dass auf ihrer Basis flüssige Verständigung mit vielen Menschen ermöglicht wird. Wenn berufliche Phänomene im Coaching thematisiert werden, gelingt es durch die Strukturierung mit Hilfe von theoretischen Mustern oft überhaupt erst zu verstehen, um was es dem Klienten geht.

(2) Die Anwendung von Theorien
Die Anwendung theoretischer Konstrukte kann das Erkennen aber auch behindern. Dies geschieht, wenn Theorie voreilig oder einseitig angewandt wird. Theorie schafft dann einen „Tunnelblick". Aus diesem Grund hatte Husserl, der Vater der Phänomenologie, gefordert, dass der erkennende Mensch sich mit einer möglichst offenen, unvoreingenommenen Haltung der phänomenalen Welt nähert. Wie aber viele Nachfolgende gezeigt haben, ist die von Husserl geforderte Einstellung nur ein Ideal. In der Realität werden Menschen das

ihnen Begegnende immer auf dem Hintergrund von lebensweltlich erworbenen Mustern strukturieren. Verwender von Theorie, in unserem Fall der Coach, sollten in Annäherung an dieses Ideal vor jeder theoretischen Strukturierung die wahrzunehmenden Phänomene so unvoreingenommen wie möglich auf sich wirken lassen. Die Auswahl und Anwendung von Theorie ist dann auch immer im Hinblick auf die unmittelbare phänomenale Erfahrung zu überprüfen. Wie ich im Weiteren noch zeigen werde, entspricht das auch der Haltung bei der „Prozessberatung", wie sie im Anschluss an Schein von vielen Coaches propagiert wird. Vor jeder expliziten Theorieanwendung sollte der Coach die Aussagen von Klienten so unvoreingenommen wie möglich auf sich wirken lassen und erst dann theoretisch strukturieren. Er sollte aber auch dem Klienten Unterstützung geben, dass dieser gleichfalls möglichst offen und theoriefrei seine Themen vorbringt.

(3) Kriterien zur Auswahl von Theorien

Eine Modellkonstruktion fürs Coaching, die beansprucht möglichst alle denkbaren Fragestellungen von Klienten abzudecken, muss unter pragmatischen Gesichtspunkten ein breit angelegtes Theorieuniversum zugrunde legen. Unter modelltheoretischen Gesichtspunkten ist dieses Theorieuniversum aber an den Prämissen des Meta-Modells auszurichten. Das heißt zunächst, die Auswahl hat multiparadigmatisch zu sein. Je nach der zu beratenden Fragestellung geht es ja einmal um individuelle Phänomene aktueller oder historischer Art, ein nächstes Mal um Interaktionen, also Beziehungsphänomene, auch wieder aktueller und historischer Art, und mindestens ebenso oft geht es im Coaching um Systemphänomene. Für alle diese Erscheinungen sollte das Handlungsmodell theoretische Konstrukte vorsehen. Das sind in einem Modell fürs Coaching theoretische Positionen aus der allgemeinen Psychologie, um individuelle Phänomene zu strukturieren, es sind Theorien aus der Psychoanalyse und der Sozialpsychologie, um Beziehungsphänomene zu fassen. Man benötigt aber auch Konzepte aus der Organisationssoziologie, um organisatorische Erscheinungen zu strukturieren. Außerdem sind Konzepte aus der Managementlehre einzubeziehen, um Führungskräfte bei ihrer besonderen Aufgabenstellung zu unterstützen. Darüber hinaus benötigt der Coach auch gesellschaftstheoretische Konzepte. Diese Ansätze sind aber nun alle auf ihre anthropologischen Implikationen hin zu überprüfen, ob sie z.B. den Menschen als Subjekt erfassen oder nur als Objekt, ob sie ihm die Möglichkeit lebenslangen Lernens unterstellen oder nicht, ob sie den Menschen schwerpunktmäßig als Herr seines Lebens sehen oder ob sie ihn primär als determiniert durch soziale Systeme begreifen usw. So erweisen sich beispielsweise klassische Übertragungs-Gegenübertragungsmodelle nur als begrenzt kompatibel, weil sie menschliche Beziehungserfahrungen auf frühkindliche Muster reduzieren. Im Gegensatz dazu unterstellt etwa das Konzept von Mead (1973) lebenslange Entwicklung von Beziehungen. Bei den Organisationskonzepten unterstellt z.B. das Mikropolitik-Konzept, dass Menschen grundsätzlich auf ihren eigenen Vorteil bedacht sind (Neuberger 1994), während der Organisationskultur-Ansatz (Schein 1995) eine weitaus konstruktivere Sicht von Sozialität transportiert. Dementsprechend sind manche Theorien nicht oder nur gelegentlich in hervorstechenden Situationen anzuwenden.

Bei der Anwendung von Theorie in einem konkreten Anwendungsfall geht es zunächst immer um die Frage, ob die Theorie zum Thema passt, das verhandelt werden soll. Die Anwendung der „richtigen" Theorie stellt sich manchmal gar nicht so einfach dar, denn die Klienten bringen ja im Coaching oft schon eigene Erklärungsmuster vor, die durch ihre bisherigen Erfahrungen verengt sind. Welche Theorie zur Anwendung kommt, klärt sich erst im Rahmen eines Dialoges von Coach und Klient.

3.3 Die Ebene grundlegender methodischer Anweisungen

Diese Ebene der Modellkonstruktion ist auf die

- Bestimmung von Zielen des Modells gerichtet, auf die
- Rekonstruktion eines Coaching-Themas,
- die Wirkungsfaktoren,
- den zu wählenden Interaktionsstil und schließlich auf
- Anweisungen zur Handhabung unterschiedlicher Settings.

Die methodischen Anweisungen müssen in einem Integrationsmodell mit den Prämissen des Meta-Modells, aber auch mit der Theorie-Ebene kompatibel sein.

(1) Die Zielstruktur

Im Coaching werden von den Auftraggebern, den Klienten und auch von den Coaches viele unterschiedliche Ziele formuliert. In einer expliziten Modellkonstruktion sind sie zu systematisieren und entsprechend dem Meta-Modell in eine Zielstruktur zu integrieren. Diese Zielstruktur lässt sich zunächst entsprechend dem multiparadigmatischen Theorie-Universum nach drei Prinzipien ordnen, einem individuellen, einem interaktionistischen und einem systemischen. Dabei geht es dann einerseits um die Beseitigung von Defiziten, andererseits in einem proaktiven Sinn um die Förderung von Potentialen. Außerdem sind neben der Steigerung von Effizienz auch immer Ziele zu verfolgen, die positives Mensch-Sein ermöglichen. Und das sind dann Humanisierungsziele (siehe genauer Schreyögg 2009: 23).

(2) Die Rekonstruktion des Kliententhemas

„Rekonstruktion des Kliententhemas" ist eine vertiefte Darstellungsform, während derer Klienten ihre Anliegen in Coaching-Situationen mit Unterstützung des Coachs ausbreiten. Die Rekonstruktion dient als Grundlage für den weiteren Dialog zwischen Coach und Klient. Die Bedeutung von Rekonstruktionen ergibt sich aus erkenntnistheoretischen Positionen des Meta-Modells. Coaching-Klienten treten ja meistens deswegen in einen Coaching-Prozess ein, weil ihr „Wissensvorrat" (Berger & Luckmann 2007), d.h. ihre Deutungs- und Handlungsmuster für eine aktuelle Anforderung nicht mehr ausreichen oder nicht mehr passend sind. Das erlebte Unbehagen oder Unvermögen artikulieren die Klienten dann aber auch nur auf dem Hintergrund ihres bisherigen Wissensvorrates. Das sind dann Muster, die sich gerade als untauglich erwiesen haben. Viele Führungskräfte sind z.B. irritiert, wenn ihre Mitarbeiter auf eine etwas schärfere Kritik völlig verstummen. Die Führungskräfte suchen dann laufend nach sachlichen Begründungen für diesen Umstand. Erst wenn sie der Coach darauf aufmerksam macht, dass jede soziale Situation unterhalb der offensichtlichen Kommunikation noch eine untergründige, emotional oft hoch aufgeladene Ebene als Subtext enthält, können sie ihr eigenes Handeln noch einmal neu erfassen und dementsprechend neu ausdeuten. Im Verlauf einer Rekonstruktion wird also eine vom Klienten berichtete Situation im Dialog noch einmal auf möglichst viele ihrer Implikationen hin abgetastet. Das Ziel von Rekonstruktionen besteht in der Entwicklung einer bündigen Problemdefinition, an der dann weiter gearbeitet wird. Im Anschluss an das Meta-Modell sollte die Rekonstruktion aber mehrperspektivisch und „szenisch" sein, d.h. auch emotionale und leibliche Aspekte mit erfassen.

(3) Die Wirkungsfaktoren

Im Rahmen eines expliziten Handlungsmodells, das Veränderungen anstrebt, ist auch anzugeben, wie diese Veränderungen erreicht werden sollen. Das heißt, wie soll Coaching in diesem integrativen Modell wirken? Als grundsätzliche Veränderungsmechanismen, die mit den anthropologischen und erkenntnistheoretischen Prämissen kompatibel sind, lassen sich Veränderungen der Deutungs- und Handlungsmuster von Klienten begreifen.

- Dabei geht es in manchen Situationen, in denen der Wissensvorrat von Klienten zur Bewältigung einer neuen Situation nicht ausreicht, um eine *Erweiterung von Deutungs- und Handlungsmustern*. Schon bei einer eingehenden Rekonstruktion eines beruflichen Ereignisses ergibt es sich oft, dass der Klient das bislang Erlebte in einem völlig neuen Licht sehen kann und damit seine Deutungsmuster erweitert. In vielen anderen Fällen wird der Coach vorschlagen, eine neu zu bewältigende Situation, etwa das Führen eines Kritikgesprächs, im Schonraum des Coachings zu üben. Dann erweitert der Klient seine Handlungsmuster.
- Andere Wirkungen sind *Umstrukturierungen von Deutungs- und Handlungsmustern.* In vielen Fällen „kleben" Klienten an bestimmten Sichtweisen oder an bestimmten Handlungsstrategien, obwohl sich diese aktuell nicht bewähren und die Klienten auch andere zur Verfügung hätten. Dann ist es die Aufgabe des Coachs, Klienten zu gewinnen, diese Muster zu verlassen zu Gunsten anderer, die sich in der jeweiligen Situation wahrscheinlich als effizienter oder als ethisch angemessener erweisen.

(4) Der Interaktionsstil

Der Interaktionsstil eines Handlungsmodells ist die spezifische Form, in der Professionelle im Verlauf ihrer professionellen Arbeit ihren Klienten begegnen sollen. Der Interaktionsstil eines integrativen Handlungsmodells hat sich auch wieder an den Prämissen des Meta-Modells zu orientieren.

In diesem Sinn besteht das anthropologische Ideal, an dem der Dialog im Coaching gemessen wird, in einer Subjekt-Subjekt-Beziehung zwischen Coach und Klient. Auf dem Hintergrund einer phänomenologischen Erkenntnishaltung nimmt der Coach gegenüber jedem Anliegen des Klienten eine „natürliche Einstellung" im Sinne von Husserl ein. Er begegnet dem Klienten maximal offen, möglichst theoriefrei und primär non-direktiv. Im weiteren Verlauf des Coaching-Dialogs muss der Coach aber im Verständnis des hier unterlegten Rekonstruktionsansatzes sowie der postulierten Wirkungsfaktoren eine sehr variable Haltung einnehmen zwischen unterschiedlichen Dimensionen. Diese Flexibilität ist nämlich ein wesentlicher Gradmesser für seine Professionalität. Der Interaktionsstil realisiert sich durch die Person des Coachs, weshalb er das „entscheidende Instrument" im Coaching darstellt.

Im Verlauf der gemeinsamen Arbeit – etwa bei Rollenspielsequenzen – muss der Interaktionsstil phasen- und inhaltsspezifisch stark variieren zwischen den *Dimensionen Direktivität versus Non-Direktivität*, *Symmetrie versus Asymmetrie* sowie *Authentizität versus Zurückhaltung*. Im Verlauf der Rekonstruktion, wenn der Klient seine Fragestellung überhaupt erst entfaltet, wird der Coach weitgehend non-direktiv, zuerst passiv, danach aktiv zuhören. Da er die Fragestellung des Klienten anfangs erst langsam erschließen muss, besteht in diesem Stadium immer Asymmetrie zu Gunsten des Klienten. Denn auch bei ausgeprägter Feldkompetenz des Coachs muss sich dieser belehren lassen, um was es sich bei dem Klientenanliegen genau handelt. Am Ende der Rekonstruktion, wenn die „richtige" Problemformulierung gefunden ist, stehen sich Coach und Klient symmetrisch gegenüber, denn nun gilt es im Dialog festzulegen, was im Weiteren genau bearbeitet werden soll. Bei der nun folgenden Arbeit muss der Interaktionsstil des Coachs je nach der angestrebten Wirkung zwischen den genannten Dimensionen variieren. Wenn es um eine Erweiterung von Deutungs- und Handlungsmustern geht, der Klient beispielsweise bestimmte Ressourcen von seinem Vorgesetzten zu erlangen sucht, wird der Coach zunächst wesentliche Parameter der Situation erfragen. Jetzt besteht wieder Asymmetrie zu Gunsten des Klienten. Wenn dann der Coach ein imaginatives Rollenspiel vorschlägt und mit dem Klienten durchführt, muss er wieder sehr variabel zwischen Direktivität und Non-Direktivität agieren. Das heißt, er schlägt direktiv eine bestimmte methodische Maßnahme vor und leitet den Klienten dann an. Im Verlauf einer solchen Sequenz muss der Coach aber immer wieder über große Strecken nur zuhören, d.h. nur den Ausführungen des Klienten folgen. Bei Übungszentrierten Sequenzen, wenn sich der Klient auf bestimmte Situationen vorbereiten möchte, wird der Coach prinzipiell direktiver agieren als wenn im gemeinsamen Dialog neue Deutungsmuster entwickelt werden. Bei der Umstrukturierung von Deutungs- und Handlungsmustern, wenn der Klient eine Verengung seiner Perspektiven oder Handlungsweisen überwinden will, ist der Coach allerdings meistens gefordert, relativ direktiv zu kommunizieren, denn gerade hier ist er ja als Feedback-Geber gefragt. Auch im Hinblick auf seine Authentizität sollte der Coach sehr variabel handeln. Denn das Postulat grenzenloser Ehrlichkeit kann im Coaching wie im sonstigen Leben zu Unhöflichkeit oder zu Verletzungen führen, die sich später nicht mehr auffangen lassen.

(5) Die Handhabung unterschiedlicher Coaching-Situationen

Seit einigen Jahren wird Coaching nicht nur mit einzelnen praktiziert, sondern auch in funktions- und hierarchiegleichen Gruppen und gelegentlich sogar mit Teams.

In allen Coaching-Situationen muss der Coach *diagnostizieren und handeln.* Dabei wird er den zu diagnostizierenden Parametern, dem Kontext, den Beziehungen und dem Thema mit einer phänomenologischen Grundhaltung begegnen und sich von diesen Phänomenen auch erlebnishaft berühren lassen. Er wird einerseits auf dem Hintergrund theoretischer Muster, andererseits auf dem Hintergrund seiner Alltagserfahrung deutend zu erschließen suchen, welche subjektive Bedeutung diesen situativen Parametern aus der Sicht des einzelnen Klienten zukommt. Er muss allerdings auch jeweils eine exzentrische Position gegenüber der Gesamtsituation einnehmen, um seine Rolle in der aktuellen Situation ebenfalls zu erfassen. Die Handlungen des Coachs zielen grundsätzlich auf einen intersubjektiven Dialog mit den Klienten sowie der Klienten untereinander. Der Coach sollte besonders sorgsam Kontextfaktoren zu erfassen suchen, denn sie färben nicht nur die Thematik im Coaching ein, sondern auch die Beziehung zum Coach sowie bei Mehrpersonen-Settings noch die Beziehungen der Klienten untereinander.

Coaching-Situationen lassen sich nach dem *Grad ihrer Institutionalisierung* und der *Anzahl der Personen*, die am Coaching teilnehmen, unterscheiden in Situationen mit geringer, mittlerer und hoher Institutionalisierung. Einen sehr niedrigen Institutionalisierungsgrad haben Situationen, in denen sich eine einzelne Führungskraft einen Coach aussucht und ihn auch bezahlt. Das ist eine grundsätzlich komfortable Situation (Kühl 2008). Den höchsten Grad an institutioneller Anbindung weisen demgegenüber Team-Coachings auf, bei denen der gesamte Kader eines Unternehmens etwa zum Zwecke der Strategieberatung (Wolff 2005) von einem einzigen Coach gleichzeitig beraten wird und die Firma das Coaching auch finanziert. In Coaching-Situationen mit einer geringen institutionellen Anbindung besteht auf Seiten von Coach und Klient die größte Freiheit im Hinblick auf die Gestaltung der Situation, der Wahl des Themas, der Preisgestaltung usw. Hier besteht auch die größte Nähe zwischen Coach und Klient. Solche Coachings sind oft eher „Personal"- oder „Life-Coachings" (Buer & Schmidt-Lellek 2008), denn alle Elemente des Kontrakts werden hier nur zwischen Coach und Klient ausgehandelt. Bereits ein Einzel-Coaching, das vom Arbeitgeber des Klienten finanziert wird, impliziert einen höheren Institutionalisierungsgrad. Als „Dreiecks-Kontrakt" ist es immer durch Ziele der Organisation des Klienten mitbestimmt, denen der Coach Rechnung zu tragen hat. In diesem Setting ist Coaching als „Executive-Coaching" schon deutlich eine Maßnahme der Personalentwicklung, bei der schwerpunktmäßig die Funktionsfähigkeit des Klienten gefördert werden soll. „Personen-Entwicklung" (Neuberger 1994) im Sinne der Entwicklung individueller Potentiale ist im Kontrakt zwischen dem Coach und der jeweiligen Organisation dann eher nicht vorgesehen.

3.4 Die Praxeologie

Entsprechend der Komplexität von Coaching, seinen möglichen Settings und besonders seinen potentiellen Themen muss ein Handlungsmodell fürs Coaching über ein breites Methoden-Universum verfügen. Bei einem Integrationsmodell sind aber alle *methodischen Maßnahmen* und alle *prozessualen Anweisungen* auch wieder an seinen anthropologischen und erkenntnistheoretischen Setzungen zu messen.

(1) Die Methodik
Die Methodik eines Coachingmodells sollte drei Gruppen von Maßnahmen enthalten: Gesprächsführung, erlebnis- und handlungsorientierte Arbeitsformen, Medien.

Jede Beratungsform startet mit Formen *professioneller Gesprächsführung*. Im Coaching beziehen sich etliche Autoren (DBVC 2007) auf Gesprächsformen wie sie als „Prozessberatung" von Edgar Schein (2003) schon seit etlichen Jahren propagiert werden. Dieser Autor knüpft an Formen der Gesprächsführung an, wie sie ursprünglich von *Rogers* angestoßen und dann im deutschen Sprachraum von *Tausch & Tausch* (1990) ausgearbeitet wurden. In diesen Gesprächen wird der Klient immer als Subjekt angesprochen, dessen Deutungsmuster der Professionelle zunächst konzentriert anhören soll und im Weiteren durch „aktives Zuhören" zu präzisieren hat. Das Meta-Modell dieser Form der Gesprächsführung ist kompatibel mit den Prämissen des oben beschriebenen Meta-Modells.

Zur vertieften Auseinandersetzung mit dem beruflich Erlebten und besonders zur Auseinandersetzung mit unterschiedlichen Handlungsmustern ist es dann aber sinnvoll, *erlebnis- und handlungsorientierte Arbeitsformen* aus dramatherapeutischen Verfahren wie der Gestalttherapie, dem Psychodrama usw. einzusetzen. Diese Verfahren sind in ihren anthropologischen und erkenntnistheoretischen Prämissen kompatibel mit der Gesprächsführung, die bei *Rogers* ihren Ausgang nahm. Sie sind aber auch untereinander kompatibel. Auch in diesen Verfahren wird der Mensch grundsätzlich als Subjekt begriffen, und auch in diesen Verfahren wird ihm lebenslanges Lernen unterstellt. Manipulative Strategien, die den Menschen objektivieren, sind auch hier nicht vorgesehen (Schreyögg 2004). Ansätze aus der „Selbstmanagement-Therapie" von Kanfer et al. (1996) sind allerdings durchaus selektiv zu integrieren. Im Gegensatz zur reinen Gesprächsführung werden erlebnis- und handlungsorientierte Ansätze dem Menschen auch als Leib-Subjekt gerecht, denn hier geht es immer um Arbeitsformen, die den Menschen nicht nur mit seinen Emotionen ansprechen, sondern auch in seinen leiblichen Möglichkeiten. So gelingt es durch imaginative Verfahren das im

Beruf Erlebte gegenwärtig zu setzen und im Coaching noch einmal neu auszudeuten. Mit diesen Arbeitsformen gelingt es nicht nur Vergangenes, sondern auch Zukünftiges gegenwärtig zu setzen. Das ist beispielsweise wichtig, wenn eine Führungskraft im Coaching neue Handlungsmuster einüben will. Dann kann sie der Coach animieren, aus ihrem vorhandenen Repertoire das aktuell passendste für eine neue Situation zu kultivieren. Oder er kann mit Klienten ganz neue Handlungsmuster erarbeiten.

Viele Fragestellungen im Coaching weisen einen so hohen Grad an Komplexität auf, dass ein Coach, der auf rein sprachlichen Arbeitsformen besteht, schnell überfordert ist. Aus diesem Grund ist es sinnvoll *unterschiedliche Medien* wie Magnetplättchen, Bausteine, Stifte, Flipcharts usw. zu nutzen, um eine aktuelle Fragestellung transparent, d.h. verstehbar zu machen. Über diese pragmatische Bedeutung hinaus wohnt manchen dieser Medien wie etwa Kasperfiguren, Stofftieren, selbst gebauten Masken usw. die Aufforderung zur kreativen Gestaltung inne, so dass sie vielfach bei den Klienten neue Impulse zu wecken vermögen (Schreyögg 2003). Daneben sind auch immer wieder technische Medien wie Audio- und Videogeräte in einer allerdings menschlich sorgsamen Weise für die Förderung der Klienten zu nutzen.

(2) Prozessuale Anweisungen zur Methodenanwendung

Einzelne methodische Maßnahmen sollten allerdings nicht ohne einen prozessualen Leitfaden angewandt werden. Zu ihrer Einordnung bietet sich das psychodramatische Prozessmodell an mit seinen drei Phasen:

Das erste Stadium, die „*Anwärmphase*" dient dazu, den Klienten für eine Methodenanwendung überhaupt erst bereit zu machen. Das ist die erste Phase von Coaching-Sitzungen, in denen Klienten ihr Anliegen erstmalig vorstellen. Der Coach gibt mit Hilfe von Formen professioneller Gesprächsführung im Dialog Unterstützung, eine bündige Problemformulierung zu finden, die dann die weitere Methodenwahl bestimmt. Wenn der Klient beispielsweise in der ersten Phase zu der Problemformulierung kommt: „Ich möchte mit dem Mitarbeiter X ein ernstes Kritikgespräch führen, ich weiß aber noch nicht, wie das gehen kann", wird der Coach ein imaginatives Rollenspiel vorschlagen, um dieses Gespräch vorzubereiten. Wenn sich im ersten Gespräch allerdings als Problemformulierung herausschält, dass der Klient etwa als Newcomer in einer Abteilung ein Kritikgespräch notwendig findet, sich aber noch scheut, eines zu starten, wird der Coach vielleicht lieber mit Bausteinen oder mit dem Flipchart die Gesamtsituation, in der die Führungskraft steht, erkunden und dann dessen Gefühle, Einstellungen, Wahrnehmungen usw. in dieser Situation ausführlich thematisieren.

Wenn der Coach eine methodische Maßnahme vorschlägt und der Klient mit der Wahl einverstanden ist, beginnt die *Aktionsphase*. Wenn der Klient üben möchte, wie er mit seinem Mitarbeiter am besten ein Kritikgespräch machen kann, das einer aktuellen Situation angemessen ist und auch ihm selbst entspricht, wird der Coach den Klienten anleiten, den Mitarbeiter auf einem leeren Stuhl zu imaginieren, sodann zu der imaginierten Person zu sprechen. Danach ist es sinnvoll, den Klienten zu einem Rollentausch zu animieren, bei dem er nun als Mitarbeiter auf dem vormals leeren Stuhl versuchen kann wahrzunehmen, wie es dem Mitarbeiter in dieser Sequenz geht. Diese Rollentausch-Sequenz dauert so lange, bis der Klient eine für sich befriedigende Form der Gesprächsführung gefunden hat.

Nach einer solchen Aktion ist es dann die Aufgabe des Coachs, in einer so genannten *Integrationsphase* die vom Klienten neu entwickelten Deutungs- und/oder Handlungsmuster in dessen gesamtes Repertoire integrieren zu helfen. Zu diesem Zweck kann der Coach in unserem Beispiel fragen, wie der Klient bislang mit seiner Kritik umgegangen ist, wie er früher anderen Mitarbeitern gegenüber seinen Unmut geäußert hat usw.

Literatur

Apel, K.O., Böhler, D., Rebel, K.H. (Hg.) (1984): Praktische Philosophie/Ethik. Studientexte 1-32, Funkkolleg, Weinheim, Basel: Beltz.

Bauer, J. (2006): Warum ich fühle, was du fühlst. Intuitive Kommunikation und das Geheimnis der Spiegelneurone. Hamburg: Hoffmann und Campe.

Berger, P., Luckmann, T. (2007) (Orig. 1969): Die gesellschaftliche Konstruktion der Wirklichkeit. Frankfurt/M.: Fischer.

Bourdieu, P. (1987) (Orig. 1973): Die feinen Unterschiede. Kritik der gesellschaftlichen Urteilskraft. Frankfurt/M.: Suhrkamp.

Buer, F., Schmidt-Lellek, C. (2008): Life-Coaching für Fach- und Führungskräfte. Göttingen: Vandenhoeck & Ruprecht.

Coenen, H. (1985): Diesseits von subjektivem Sinn und kollektivem Zwang. München: Wilhelm Fink Verlag.

DBVC (2007): Leitlinien und Empfehlungen für die Entwicklung von Coaching als Profession. Kompendium mit den Professionsstandards des DBVC. Osnabrück.

Dittmer, W. (1982): Theoretische Aspekte der Methodenintegration in der Psychotherapie. In: Petzold, H. (Hg.): Methodenintegration in der Psychotherapie. Paderborn: Junfermann.

Forster, J. (1981): Teamarbeit. Sachliche, personelle und strukturelle Aspekte einer Kooperationsform. In.: Grundwald, W., Lilge, W.(Hg.): Kooperation und Konkurrenz in Organisationen. Bern, Stuttgart: Poeschl.

Graumann, O.F., Metreau, A. (1977): Die phänomenologische Orientierung in der Psychologie. In: Schneewind, K.A. (Hg.): Wissenschaftstheoretische Grundlagen in der Psychologie. München, Basel: Reinhardt.

Hagehülsmann, H. (1984): Begriff und Funktion von Menschenbildern in Psychologie und Psychotherapie. In: Petzold, H. (Hg.): Wege zum Menschen , Bd. I., Paderborn: Junfermann.

Herzog, W. (1982): Die wissenschaftstheoretische Problematik der Integration psychotherapeutischer Methoden. In.: Petzold, H. (Hg.): Methodenintegration in der Psychotherapie. Paderborn: Junfermann.

Herzog, W. (1984): Modell und Theorie in der Psychologie. Göttingen. Hogrefe.

Kanfer, F.H., Reinecker, H., Schmelzer, D.(1996): Selbstmanagement-Therapie (2. Aufl.): Berlin, Heidelberg, New York usw.: Springer.

Kühl, S. (2007): Coaching und Supervision. Zur personenorientierten Beratung in Organisationen. Wiesbaden: VS Verlag.

Lorenzer, A. (2000) (Orig. 1970): Sprachzerstörung und Rekonstruktion. Frankfurt/M.: Suhrkamp.

Mead, G.H. (2005) (Orig. 1932): Geist, Identität und Gesellschaft. Frankfurt/M.: Suhrkamp.

Merleau-Ponty, M. (1976): Die Struktur der Wahrnehmung. Berlin: De Gruyter.

Neuberger, O. (1994): Mikropolitik. Stuttgart: Enke.

Petzold, H. (1993): Integrative Therapie. Paderborn: Junfermann.

Petzold, H. (1998): Integrative Supervision, Meta-Consulting & Organisationsentwicklung. Paderborn: Junfermann.

Piaget, J. (2003) (1946): Das Erwachen der Intelligenz. Zürich: Rascher.

Plessner, H.(1982) (1953): Mit anderen Augen: Reclam.

Schein, E. (1995): Organisationskultur. Frankfurt/M., New York: Campus.

Schein, E. (2003): Prozessberatung für die Organisation der Zukunft. Der Aufbau einer helfenden Beziehung. Köln: EHP.

Schmitz, H. (1978): System der Philosophie, Bd. V. Die Wahrnehmung. Bonn: Bouvier.

Schreyögg, A. (2004, 4. Aufl.) (Orig. 1991): Supervision. Ein integratives Modell. Lehrbuch zu Theorie und Praxis. Wiesbaden: VS Verlag.

Schreyögg, A. (2003, 6. Aufl.) (Orig 1995): Coaching. Einführung für Praxis und Ausbildung. Frankfurt/M., New York: Campus.

Schreyögg, A. (2004): Imaginativer Rollentausch. In: Rauen, C. (Hg.): Coaching-Tools. Bonn: ManagerSeminare.

Schreyögg, A. (2009): Die konzeptionelle Einbettung der Coaching-Praxeologie am Beispiel eines integrativen Handlungsmodells fürs Coaching. In: Schmidt-Lellek, C., Schreyögg, A. (Hg.): Praxeologie des Coaching. Wiesbaden: VS Verlag.

Schütz, A. (1932)(1977): Der sinnhafte Aufbau der sozialen Welt. Frankfurt/M.: Suhrkamp.

Strasser, S. (1964): Phänomenologie und die Erfahrungswissenschaft vom Menschen. Berlin: De Gruyter.

Tausch, R., Tausch, A. (1990): Gesprächspsychotherapie. Göttingen: Hogrefe.

Textor, M.R. (1988): Psychotherapie – Charakteristika und neue Entwicklungen. Integrative Therapie 14, 4/1988, S. 269-280.

Wolff, U. (2005): Strategie-Coaching. In: Rauen, C. (Hg.): Handbuch Coaching (3. Aufl.). Göttingen, Bern, Wien usw.: Hogrefe.

Wissensressourcen im Coachingdialog

Karin Martens-Schmid

Im Professionalisierungsprozess des Beratungsformats Coaching kommen neben der eher instrumentellen Auseinandersetzung um Definitionen, Methoden und Interventionskonzepte, zunehmend komplexere Dimensionen des Beratens, insbesondere der dialogische Charakter des Beratungsprozesses selbst und die Reflexivität personbezogener Veränderungsprozesse, in den Blick. Selbstreflexion und Selbsterkenntnis werden als zentrale personale Veränderungsmomente häufig in neueren Veröffentlichungen thematisiert. Coaching stellt, wie es z. B. Fischer (2006: 101) formuliert, eine kommunikative Umwelt für methodisch geführte Reflexion bereit mit dem Ziel, den Klienten „zu neuen Einsichten über sich selbst, seine Rolle in der Organisation, seine Fähigkeiten, Ressourcen und Kompetenzen, seine Kommunikations- und Interaktionsmuster zu bringen“. Die Forschungsarbeit von Trager (2007) zu Selbstreflexionsprozessen im Coaching geht davon aus, dass „die Aktivierung und Förderung von Selbstreflexionsprozessen zentrale Größen im Coaching sind“ (Trager 2007: 3) – und ist dafür mit dem wissenschaftlichen Forschungspreis des Deutschen Bundesverbandes Coaching (DBVC) 2008 geehrt worden. Greif (2008) rückt den Begriff der „ergebnisorientierten Selbstreflexion“ in den Mittelpunkt seiner Coachingkonzeption. Coaching ist damit, wie es schon Lauterbach (2003: 94) formuliert hat, „eine der Möglichkeiten zur Erzeugung und Vernetzung von Erkenntnis und Wissen über sich selbst“. Einen dialogischen Raum für die Vermehrung von Wissen über sich selbst zu schaffen, ist die professionelle Aufgabe des Coach.

Auf diesem Hintergrund möchte ich zeigen, welche möglichen Wissensressourcen ein Coach bei der Gestaltung von Gesprächen mit (selbst-)reflexiver Wirkung nutzt. Ziel ist, den Rückgriff auf wissenschaftliche Konzepte und Methoden und damit ihren Stellenwert für professionelles beraterisches Handeln exemplarisch zu verdeutlichen. Natürlich spielen dabei unterschiedliche Wissensebenen, wie die häufig unterschiedenen Ebenen des persönlichen und professionellen Erfahrungswissens, methodisches Wissen und Theorie- bzw. konzeptuelles wissenschaftliches Wissen, eine Rolle. Auf diese Unterschiede soll hier jedoch nicht systematisch eingegangen werden. Diese Ebenen übergreifend verstehe ich Wissen im Kontext von Anregung zur Selbstreflexion und zur Erweiterung des Wissens über sich selbst vor allem als person-, beziehungs- und interaktionsbezogenes Wissen.

Anhand einer Fallvignette gehe ich besonders auf drei Aspekte ein, die in der Prozessgestaltung eines Coachinggesprächs basale Dimensionen darstellen.

Zunächst geht es um die Ebene der *Musterwahrnehmung*, in der die Unmittelbarkeit des Kontakts zwischen Klient und Coach zum Tragen kommt und für den Prozess nutzbar wird. *Reflexionsfördernde Dialoggestaltung* ist dann das Medium, in dem wahrgenommene Muster thematisiert und zugänglich gemacht werden. Schließlich möchte ich die Aufmerksamkeit auf besondere interaktive Ereignisse lenken, die als *Veränderungsmomente* beschrieben werden können. Das Wissen darum kann die Wahrnehmung für solche Momente auf Seiten des Coach schärfen und damit die Chancen für die „Erzeugung von Wissen über sich selbst“ auf Seiten des Klienten erhöhen.

4 Musterwahrnehmung

Herr B, Leiter der Entwicklungsabteilung eines internationalen Maschinenbauunternehmens, kommt zu einem ersten Coaching-Gespräch. Vorab berichtete er in einem Telefonat, dass er nach einer extrem belastenden Arbeitsphase mit mehrfachen Umorganisationen innerhalb des Gesamtunternehmens sowie seines Bereiches in den letzten Monaten an seine Belastungsgrenze gekommen sei. Im Einvernehmen mit dem Vorstand möchte er zusätzlich zu den Entlastungen, die für ihn im Unternehmen mittlerweile geschaffen wurden (Verstärkung seines Teams, Verlagerung eines Aufgabenbereichs), im Coaching herausfinden, was er selbst verändern muss, um wieder mehr Kraft und Energie zu bekommen. Zum Zeitpunkt des Erstgesprächs ist mir sein Anliegen an mich also bereits bekannt.

Herr B begrüßt mich freundlich und mit offenem, erwartungsvollem Blick. Nachdem wir Platz genommen haben, legt er eine Mappe mit Notizen und Papier bereit und möchte sofort erzählen. Meine ersten Fragen und Hinweise, die ihm ein gutes Ankommen ermöglichen sollen, „überspringt" er fast, äußert, dass ich ja erst einmal seine Situation kennen lernen müsse, und startet mit einer sehr lebendig erzählten Schilderung seines beruflichen Alltags, wichtiger Mitarbeiter, von Konflikten in seinem Bereich, der augenblicklich ihn beschäftigenden Lebenssituation etc. Bei Zwischenfragen führt er zunächst das Erzählte weiter fort. Ich merke, dass ich mich einerseits von der Anschaulichkeit seiner Erzählung forttragen lassen könnte und dem auch bereits ein Stück weit nachgebe, andererseits bekomme ich bald das Gefühl, ihn bremsen zu müssen, damit er sich nicht so verausgabt. Schließlich bitte ich ihn, für mich mit seiner Schilderung inne zu halten, damit ich zu meinem besseren Verständnis etwas nachfragen kann. Ich wolle mir ein Bild machen, was von dem Erzählten ihn im Moment besonders beschäftigt. Diesen Hinweis auf die Grenzen meiner Aufnahmekapazität kann er aufnehmen, er lehnt sich zurück, schiebt seine Mappe ein Stück beiseite und schaut mich erwartungsvoll an.

In dieser Anfangssituation eines Erstinterviews habe ich bereits erste Hypothesen entwickelt, was – noch ganz unabhängig von den konkreten Anliegen des Klienten – Muster sein könnten, die ihn als Person charakterisieren.

In den ersten Minuten des Gesprächs entwickelt sich zwischen uns ein Beziehungsmuster, das zunächst vom Druck des Klienten geprägt ist, alle Elemente seiner Situation umfassend darzustellen und sich damit sehr stark einzubringen. Mir als Gesprächspartnerin lässt dies wenig Raum selbst für eine minimale aktive Beteiligung am Dialog. Erst als ich mich selbst als „unterstützungsbedürftig" zeige, kann er sich für den Dialog öffnen. Auf der nonverbalen Ebene zeigt sich dies z. B. durch einen Wechsel von vorgebeugter, angespannter Haltung zum Zurücklehnen und durch das stärkere Blickkontakt-Aufnehmen. Später beschreibt der Klient, dass er dieses Muster bei sich kenne, Situationen mit Aufgabenbezug – und auch ein Coachingerstgespräch ist für ihn zunächst eine entsprechende Aufgabe – zu lesen als solche, die er allein zu steuern, zu gestalten und zu kontrollieren habe. Bereits im Verlauf des Erstgesprächs wird deutlich, wie viel Energie ihn das kostet, und wir können dieses Muster als eines des Sich-Verausgaben-Müssens beschreiben.

An dieser Stelle möchte ich zunächst das Coachinggespräch verlassen und erläutern, was mit Musteranalyse als einer Wissensressource im Coaching gemeint ist.

Es ist evident, dass wir innere und äußere Prozesse nicht in einem unorganisierten Dahin-strömen erleben. Musterbildung ist ein elementarer Prozess des menschlichen Gehirns. Es ist darauf ausgerichtet, Informationen gleich welcher Art zu strukturieren und in Mustern, d. h. erwartbaren Regelmäßigkeiten, wahrzunehmen und zu speichern, um Ereignissen und Erleben Ordnung und Sinn zuordnen zu können.

Musterbildung in Beziehungssystemen findet statt über die Teilhabe an bzw. Wahrnehmung und Verarbeitung von Interaktionen. Beziehungserfahrung wird internalisiert und geht als Erwartung in weitere Interaktionen ein, die unsere Erfahrung modifizieren oder bestätigen können.

Musterbildung findet insbesondere auf der Mikroebene der Feinabstimmung affektiver (sensorischer, mimischer, gestischer u. a. m.) Signale statt. Diese affektive Kommunikation ist eingebunden in spezifische biografisch erworbene Verhaltensmuster auf der Makroebene, die im Laufe der individuellen Entwicklung unser inneres Bild von uns selbst in Beziehung zu relevanten Anderen formen.

Insbesondere Forschungen aus der neueren Entwicklungspsychologie, Säuglingsforschung und Affektforschung belegen eindrücklich diese Prozesse.[1] Ergänzt werden sie auf der Ebene lebensgeschichtlicher Erfahrungsmuster durch die Ergebnisse der Bindungsforschung.[2]

Diese Konzepte beschreiben grundsätzliche Aspekte von Beziehungsverhalten zwischen Menschen und die damit zusammenhängenden intra- und interpersonellen Muster. Auch in beruflichen Beziehungen geht es gerade in kritischen Situationen und unter Veränderungsdruck häufig um die Wahrnehmung und Modifikation je individueller Muster der Regulation von intra- und interpersonalen Spannungszuständen, damit verbundener spezifischer affektiv-kommunikativer Qualitäten und ihrem lebensgeschichtlichen Hintergrund.

Fokussierung auf affektiv-kommunikative Muster im Coaching richtet die Aufmerksamkeit darauf, welche Muster des Denkens, Handelns und Fühlens Klienten bei sich selbst und im Kontakt mit Anderen erleben, wie sie Situationen auch auf affektiver Ebene auswerten und welche Optionen für Problemlösung und Handlungserweiterung in Richtung auf eine gewünschte Veränderung darin stecken.[3]

5 Reflexionsfördernde Dialoggestaltung

Zu einem späteren Zeitpunkt des Gesprächs berichtet Herr B von einer Sitzung mit Projektleitern aus unterschiedlichen Bereichen, denen er gegen Widerstände Einzelner und Misstrauen untereinander eine vom Vorstand entschiedene vorübergehende Kooperation für eine besondere Aufgabe „beibringen“ musste. Er habe schließlich alle „auf Linie“ bekommen, aber im Nachhinein hätte er gemerkt, wie sehr ihn das angestrengt hätte. Er denke, dass er in solchen Situationen zu viel Energie verliere. Im weiteren Dialog frage ich ihn, wie Außenstehende ihn in dieser Situation beschreiben würden, ob ihm ein Bild für sich einfiele, in welchen Situationen er sich energetisch ausgeglichener erlebt. Im Verlauf fällt ihm ein Bild aus einer Zeit ein, in der er intensiv Fußball gespielt hat: Seine Rolle sei die eines Zerstörers, der unermüdlich rackere und die Spielzüge des Gegners zerstöre. Der Widerstand habe ihn gepuscht, immer wieder über seine körperlichen Grenzen zu gehen. Ihm fällt auf, dass dieses Bild des Zerstörers trotz der damit verbundenen übermäßigen Verausgabung durchaus positiv besetzt ist und ihm fallen wenig Situationen ein, die er auch positiv erlebt, in

1 Siehe dazu die Beiträge in Welter-Enderlin/Hildenbrand 1998.
2 Siehe dazu z. B. Grossmann/Grossmann 2004, Gloger-Tippelt 2001.
3 Vgl. dazu auch Martens-Schmid 2003.

denen er sich aber ruhiger und ausgeglichener fühlt, – „vielleicht wenn ich mit meiner Tochter spiele …“.

Unter dem Gesichtspunkt der Dialoggestaltung möchte ich auf der Folie dieser Szene wieder einige Wissensressourcen beschreiben, die die Gestaltung eines öffnenden Dialogs mit reflexiver Wirkung unterstützen.

Als allen Coaches vertrautes Repertoire methodischen Wissens können zunächst öffnende *Fragetechniken* in all ihren Formen gelten: „Fragen sind die Seele des Denkens, sie sind das Hand- bzw. Denkwerkzeug des Coachs“ (Fischer 2006: 115).

Insbesondere zirkuläres Fragen, wie es der systemische Beratungsansatz entwickelt hat, ermöglicht den reflexiven Blick auf sich selbst, die Kontextualisierung des eigenen Handelns, den Einbezug der Perspektiven Anderer, den Wechsel auf Zukunftsperspektiven u. a. m.[4] Wirksam wird solche Fragetechnik als Ressource jedoch erst, wenn sie im Dialog „passt“, d. h. z. B., wenn sich der Klient, der sich von einer Problembeschreibung zunächst nicht löst, im „richtigen“ Moment durch das Aufgreifen der Frage zu einer reflexiven Fokuserweiterung anregen lassen kann. Ob der Moment der richtige war, wissen Berater und Klient erst im Nachhinein. Solche dialogische Passung ist nicht durch die Anwendung der Methode des zirkulären Fragens schon gegeben, sondern beruht auf Seiten des Coach auf implizitem Erfahrungswissen, wie z. B. seiner Wahrnehmungsfähigkeit für die Aufnahmebereitschaft des Klienten und/oder seinem in der Situation intuitiv prozessierten Wissen darum, dass eine solche Aufnahmebereitschaft durch die Regulation der Affektlage des Gegenüber gefördert werden kann. So stellt sich wache Aufmerksamkeit und Offenheit für Neues – in der Säuglingsforschung die ‚alertness‘ – dann her, wenn sich eine Person in einer Situation sicher und angenommen erlebt und die Affektlage weder allzu heftig noch zu sehr abgesenkt ist.

Eine weitere zentrale Ressource für die Gestaltung eines das Selbst-Wissen erweiternden Dialogs ist die Arbeit mit *Metaphern*. Vor allem Michael Buchholz (z. B. Buchholz 1999, 2003 und Buchholz/Gödde 2005) hat die Metaphernanalyse als theoretisches Konzept zu einem Instrument des Gesprächs in Therapie und Beratung entwickelt: Wenn eine Therapie erfolgreich verlaufe, entwerfe sich ein Patient in metaphorischer Selbstkonstruktion anders. Therapie – und dies gilt ebenso für andere prozessorientierte Beratungssettings – öffne die Chance, mit einer Vielzahl von solchen Metaphern spielen zu beginnen. Eine Interaktionstheorie der Metapher mit Blick auf die operative Funktion der Metapher erweitert, wie Buchholz zeigen kann, den Rahmen des Prozessverständnisses von Therapie und Beratung beträchtlich. Metaphern reduzieren nicht nur die Komplexität des Erlebens, sondern steuern darüber hinaus Handlungen und Interaktionen.

Buchholz’ grundlegende Idee ist also die, dass die Interaktion durch die Verwendung von Metaphern Elemente der Erfahrung hervorbringt, deren Bedeutung nicht ein für allemal festliegt, sondern die in und durch die Relationalität ihre Bedeutung erlangen. Das Eine sei, Elemente der Erfahrung zu haben, das Andere sei, diese Elemente zu organisieren. Interaktion würde so zum „Erfahrungsorganisator“. So sei es möglich, dass sich durch Beziehung seelisch-mentale Strukturen verändern ließen, dass Interaktion Kognition beeinflusse.

Metaphernanalyse, wie Buchholz sie versteht, ist eine Beobachtung zweiter Ordnung. Sie beobachtet nicht direkt Manifestationen inneren Erlebens, sondern sie beobachtet im dialogischen Prozess, wie andere Beobachter – hier der Klient als Beobachter seiner selbst oder der Coach als Beobachter des Klienten – über solche Manifestationen gedacht, welche

4 Vgl. z. B. Simon/Rech-Simon 1999.

Metaphern sie als Darstellungsmittel genutzt haben und welche Rückwirkungen die je gewählten metaphorischen Konzeptualisierungen auf die Art und Weise des Denkens, Fühlens und Handelns hatten und haben könnten.

Metaphern sind also komplexitätsreduzierende sprachliche Ausdrucksformen für subjektives Erleben. Sie bringen innere Sinnstrukturen zum Ausdruck, in denen Personen sich erleben und die nicht direkt wahrgenommen werden können. In den Dialog eingebrachte Metaphern machen diese Sinnstrukturen damit im weiteren Gesprächsverlauf zugänglich und anschlussfähig. Sprachliche Interaktion ist in hohem Maße mit Metaphern durchsetzt. Wenn sie im Beratungsgespräch aufgegriffen und von den Gesprächspartnern relevant gesetzt werden, können sie zu einem besonders wirksamen selbstreflexiven und Perspektiven erweiternden Instrument werden.

So war die Metapher des Zerstörers im Coachinggespräch zunächst ein Anlass, über Eigenschaften von Zerstörern zu sprechen, über den Gewinn eines entsprechenden Handelns für die geschilderte Situation und für das Kompetenzerleben des Klienten selbst nachzudenken, aber auch die (seelischen) Kosten zu erkennen, die damit verbunden sind. Daran könnten sich Gedanken zu alternativen Metaphern mit weniger verlustreichen Handlungsfolgen anschließen u. a. m. Im obigen Beispiel ergab sich später auch ein Bezug zu Aufträgen aus der Herkunftsfamilie: Der bewunderte Großvater des Klienten war im 2. Weltkrieg Pilot und wurde wegen seiner Abschusserfolge als Kriegsheld gefeiert. Ein solches kurzfristiges Rückbinden an die Sinngeschichte der Metapher konnte den Klienten unterstützen, zwischen dem Weg des Großvaters und seinem zu unterscheiden und sich für die Veränderung von Handlungsmustern zu öffnen. Metaphern sind von daher auch mögliche Türöffner für die Hereinnahme biografischer Themen in den Coachingdialog.[5]

Ein weiteres wesentliches Gestaltungselement im (selbst-)reflexionsfördernden Coachingdialog ist das *Feedback* des Coach zu seiner Wahrnehmung des Klienten. Es gilt als Kernelement eines jeden Coachings. Auch hier ist für seine reflexive Wirksamkeit entscheidend, dass nicht das methodische Repertoire des Feedback-Gebens im engeren Sinne, also z.B. Formen des Feedbacks, Feedbackregeln etc., an sich wirkungsvoll ist. Dieses Wissen muss als Methodenwissen beim Coach vorausgesetzt werden. Entscheidend für den Gewinn an Selbstreflexion ist die „passende" Platzierung im Dialog, wobei über die Passung wiederum das affektive Erleben des bisherigen Dialogs und das gemeinsame Prozessieren im Fortgang der Interaktion entscheiden.

So war es Herrn B eine Zeit lang im Coachingdialog nicht zugänglich, neben den positiven Aspekten seines Selbstbildes als allgegenwärtiger Beseitiger von Widerständen auch die Aspekte wahrzunehmen, die ihm schaden könnten. Der Einsicht, sich häufig zu sehr zu verausgaben, stand sein Gefühl gegenüber, nicht nachlassen zu dürfen, weil „sonst der Laden auseinanderfliegen könnte".

Im Verlauf des Dialogs wurde deutlich, dass auch mit seiner ständigen Präsenz in verschiedenen Projektbereichen oder bei akuten Problemen nicht immer der gewünschte Erfolg eintrat. Zu dieser Zeit konnte Herr B mein direktes Feedback hören, aufnehmen und schließlich für sich annehmen, dass er aus meiner Sicht an manchen Stellen aus der Perspektive der Allgegenwärtigkeit wichtige von unwichtigen Kontextbedingungen nicht mehr unterscheide und Prioritäten nicht mehr setzen könne, vielleicht auch den Überblick verliere, wo sein Einsatz gebraucht werde und wo er sich ohne Schaden zurücknehmen könne. Es gelang ihm, sich selbst mit anderen Augen zu sehen und er war bereit, darüber nachzuden-

5 Zum biografischen Arbeiten im Coaching vgl. auch Martens-Schmid, Karin 2007.

ken, wie er sich in Zukunft anders auf druckvolle Situationen einstellen möchte und welche anderen Steuerungsmöglichkeiten er als Führungskraft nutzen könnte.

Feedback als Element des reflexionsfördernden Dialogs gelingt auf der Basis des impliziten Beziehungswissens beim Coach, wann eine dosierte, aber erkennbare Irritation zumutbar ist. Der beraterische Dialog erfordert eine Balance von beziehungssichernden, unterstützenden Anteilen und der Einführung von Neuem und Irritierendem. In der Psychotherapie ist dieser Prozess auch als Rapport, hypnotherapeutisch als „pacing und leading" beschrieben.[6] In der Säuglingsforschung verweist das Konzept der Herstellung einer sicheren Rahmung als Voraussetzung dafür, dass sich ein Einzelner oder ein Team Veränderungen öffnen kann, auf die Notwendigkeit einer entsprechenden Dialoggestaltung.[7] Letztlich geht es immer wieder darum, dem Gegenüber auf Basis einer vertrauensvollen und verlässlichen Beziehung eine Möglichkeit zu geben, sich im Anderen neu wahrzunehmen.

Die hier skizzierten Aspekte der Dialoggestaltung machen deutlich, dass es vor allem die *Begegnungsorientierung* als Konzept einer professionellen Haltung im Beratungsprozess ist, die die reflexive Wirksamkeit methodischer Konzepte und Instrumente befördert.

Begegnungsorientierung meint hier ein Therapie- bzw. Beratungskonzept, das der Wissensdimension im beraterischen Handeln die Teilhabe am Dialog im Sinne „prozeduralen Könnens" (Buchholz 1999) an die Seite stellt. In der Professionstheorie von Welter-Enderlin und Hildenbrand (1996) und in Hildenbrand/Welter-Enderlin (1998) wird diese Begegnungsorientierung für systemische Beratungsansätze ausgeführt. Eine Verbindung dieses Konzepts besteht zu Ansätzen von Coaching als dialogischer Praxis, wie sie von Schmidt-Lellek (2006, 2007) entwickelt werden: „Einerseits benötigen wir unsere kategorialen Einordnungen, diagnostischen Konstrukte und Interventionstechniken, um mit den uns begegnenden Problemen umzugehen … Andererseits gilt es jedoch, eben diese Kategorisierungen hinter sich zu lassen, um dem Anderen in seinem Personsein wahrhaft begegnen zu können" (Schmidt-Lellek 2006: 259).

6 Veränderungsmomente

Die genannten Dialog gestaltenden Mittel leisten wie oben beschrieben auf je unterschiedliche Weise im Prozess des Coachens einen interaktiven Beitrag zur reflexiven Erweiterung von Perspektiven: Fragen unterscheiden neu oder stellen neue Bezüge her, Metaphern bündeln oder vernetzen, bringen innere Konstrukte in die Gegenwart des Gesprächs, verweisen auf Handlungsimplikationen, Feedbacks öffnen einen Raum dafür, sich selbst mit den Augen des Anderen zu sehen und Wahrnehmungsunterschiede auf ihre Handlungsrelevanz zu befragen. Dass sie in der Gesprächssituation tatsächlich zu einer veränderten Selbstwahrnehmung führen, lässt sich mit der Anwendung dieser Instrumente noch nicht hinreichend beschreiben. Veränderungsprozesse brauchen, wie oben erwähnt, den „richtigen Moment", in dem eine Intervention das Gegenüber erreicht. Zu diesem Aspekt einer stimmigen interaktiven Einbettung von Interventionen im beraterischen Dialog, die Wandel ermöglicht, möchte ich auf Konzepte verweisen, die diesen Zusammenhang zu erhellen versuchen und deshalb durch das Wissen um die darin beschriebenen Prozesse die Aufmerksamkeit des Coach darauf im Coaching schärfen können.

---

6 Vgl. z. B. Revenstorf/Peter 2001.

7 Vgl. die Beiträge in Welter-Enderlin/Hildenbrand 1998.

Zunächst noch einmal zu Herrn B: im Verlauf des Coachings schildert er eine Szene, in der er sich von einer Projektleiterin eines anderen Bereichs angegriffen und falsch gesehen fühlte, weil sie nebenbei bemerkt hätte, dass er ja manchmal seinen Mitarbeitern gegenüber so „lieb“ sei. Herr B ist in dieser Sequenz unseres Gesprächs immer noch darüber betroffen und damit beschäftigt, warum er sich so sehr über diese Äußerung geärgert hätte und sie ihm viel zu lange nachgegangen sei. Während wir darüber sprechen, werde ich innerlich gespannt, empfinde neben seiner Verärgerung etwas Leidvolles in den Worten von Herrn B und sage, dass dies vielleicht genau der Punkt sei, dass er so ein besonders sensibler und einfühlsamer Mensch sei. Es entsteht eine Pause, Herr B schaut aus dem Fenster und äußert etwas mürrisch „wofür soll das gut sein“. Ich bin für einen Moment fast erschrocken und frage mich, ob ich zu weit gegangen bin, – wir sind beide etwas irritiert. Dann fällt ihm Friedrich der Große ein, den er ja gerade deshalb bewundern würde, weil er für beides, Härte und Sensibilität, stehe. Wir amüsieren uns über sein großes Vorbild und sind jetzt wieder auf sicherem Gleis, gehen neugierig den Verknüpfungen nach, auf die uns das Thema Sensibilität bei ihm bringt. In der Folge erweist sich die Szene, auf die Herr B mehrmals zurückkommt, als eine Art „Schlüsselmoment“ für eine veränderte Selbstwahrnehmung, die er am Ende des Coachings als eines der für ihn zentralen Ergebnisse benennt.

Im Nachhinein lässt sich diese Phase des Gesprächs als ein besonderer Moment beschreiben, in dem das interaktive Geschehen eine Verdichtung der Selbstreflexion und eine „Wende“ in der Selbstwahrnehmung ermöglicht hat.

Daniel Stern hat ausgehend von den schon erwähnten Ergebnissen der Säuglingsforschung für Therapieprozesse die interaktive Logik solcher Momente anhand von Videoaufzeichnungen erforscht. Er hat umfangreiche entwicklungspsychologische Untersuchungen (Stern 1992) an Müttern mit deren Babys durchgeführt und beschreibt in Bezug auf die Entwicklung des „Kern-Selbst“ (ca. 3.–7. Monat) das Erleben von Selbstkohärenz und Selbstaffektivität. Interaktionsspezifische typische Episoden werden im Gedächtnis behalten („schemas-of-being-with“). Bei den Babys sind die Entwicklung von Durchschnittserwartungen und präverbalen Repräsentationen (RIG´s: „representations of interactions that have been generalized“) zu beobachten. Stern unterscheidet zwischen explizitem, bewusstem und verbalisierbarem Wissen und dem impliziten, prozeduralen Beziehungswissen („implicit relational knowledge“). Letzteres ist nicht-sprachlich und auch nicht symbolisch repräsentiert. Das implizite Beziehungswissen ist nicht im psychoanalytischen Sinne unbewusst (z.B. verdrängt), sondern operiert außerhalb der bewussten Wahrnehmungsebene. Mit diesem impliziten Beziehungswissen operieren schon Babys auf affektiver, mimischer und gestischer Ebene. Es ist auch die Basis für die eingangs beschriebene Möglichkeit der Musterwahrnehmung im Beratungsdialog. Vor dem Hintergrund dieser Mutter-Kind-Forschung und der erforschten entwicklungspsychologischen Perspektiven geht es Stern nun auf der Ebene der therapeutischen Interaktion um Veränderungsprozesse des „impliziten Beziehungswissens“ bzw. des „intersubjektiven Beziehungskontextes“. Veränderungsprozesse vor dem Hintergrund der beschriebenen entwicklungspsychologischen Perspektive sieht er in der wechselseitigen Regulation von Zuständen („mutual regulation of state“) zwischen dem Therapeuten und dem Patienten, wobei er den Begriff „Zustand“ als systemtheoretischen Begriff im Sinne der Organisation des Organismus und der Organisation des Beziehungsgeschehens benutzt. Den Verlauf der wechselseitigen Regulation im therapeutischen Geschehen nennt er „moving along“. Dieses „moving along“ orientiert sich an zwei Zielen: physisch und intersubjektiv im Anerkennen des anderen in seinen Absichten, Wünschen und Motiven. Während der Therapie wissen beide Gesprächspartner implizit, was in einer bestimmten Situation (auf einem „local level“, vgl. Bruschweiler-Stern et al. 2002) zu tun ist. In einem so genannten „moment of meeting“ fließt etwas Besonderes in den Prozess ein und es wird ein höheres Level gegenseitiger Bezogenheit erreicht.

Therapeuten – und man kann davon ausgehen, dass dies ebenso sehr auch für Coaches gilt – operieren also im Gespräch fortlaufend auf der Basis ihres impliziten Beziehungswissens, das die Regulation von Spannungszuständen, die gegenseitige affektive Abstimmung, das Erfassen und das Sich-Gegenseitig-Kenntlich-Machen der Motive und Wünsche des Anderen beinhaltet. Dies geschieht auf der Ebene des *„moving along“,* in der Klient und Coach auf ein gemeinsames Ziel hin ein Thema entfalten, im Fallbeispiel die Erzählung Herrn Bs über die ihn beschäftigende Äußerung einer Kollegin. In diesem Prozess kann es zu einem *„moment of meeting“* kommen, wie in der Sequenz zwischen Herrn B und mir geschehen, in dem durch etwas Gesagtes der vertraute Beziehungskontext auf dem Spiel steht. Beide Partner sind ganz aufmerksam und gegenwärtig. Dieser Moment kann in der Interaktion wieder untergehen oder sich zuspitzen zu einem *„now moment“*, in dem sich die Affektintensität verdichtet: Herr B und ich sind irritiert, angerührt, konsterniert. Stern (2001) spricht von einem „Moment der Wahrheit“, in dem sich ein Raum öffnet, weil der vertraute Beziehungskontext über die besondere Hereingabe von etwas Authentischem, Persönlichen bei beiden Interaktionspartnern überschritten bzw. irritiert wird. Damit er zu einem verändernden Moment werden kann, muss dieser Moment von Beiden erkannt und anerkannt werden.

Stern stellt den nahe liegenden Bezug dieser „now moments“ zum griechischen Kairos-Begriff her. Kairos ist in der griechischen Mythologie der Gott der besonderen Chance, der günstigen Gelegenheit und des richtigen Augenblicks. Gott Kairos wurde als schöner Jüngling verehrt, um zu zeigen, dass Rechtzeitigkeit und Schönheit zusammen gehören. Chronos ist in der griechischen Mythologie der Gott der Zeit. Er versinnbildlicht die Lebenszeit, damit auch den Ablauf der Zeit. Chronos, auf Gemälden oft mit einem Stundenglas (Sanduhr) zu sehen, steht für ein Ordnungsprinzip, das alle Erscheinungen in eine Reihenfolge bringt und somit deren Endlichkeit darstellt. Kairos hat seinen richtigen Moment in dieser ablaufenden Zeit, er teilt die Zeit, dieser Moment ist also ein Einschnitt im Fließen des Chronos.

Kairotische Momente (oder „now moments“ nach Stern) sind flüchtig und labil. Sie enthalten – im Gegensatz zur chronologischen Ordnung – Elemente der Unordnung und Abweichung. Sie sind weder vom Coach noch vom Gegenüber zu planen oder gar herbeizuführen. Zu diesen Momenten gehören zum Beispiel Pausen und Unterbrechungen im Gespräch, Blicke, auch das Nichteintreffen selbst gebildeter Prophezeiungen, das Fehlen einer Antwort auf eine Frage oder ähnliche interaktive „Kleinigkeiten“. Diese Momente verstören und können als eine Gefahr für vorhandene Wirklichkeitsbilder oder eben auch als Quelle der Chance zu ihrer Veränderung angesehen werden. Kairotische Momente im Gespräch sind offensichtlich Kristallisationspunkte für Lernen, Kreativität und Veränderung im beraterischen Dialog (Wolff 2008).

Veränderungsmomente haben etwas von einer Improvisation. Systemtheoretisch formuliert werden die Regulationsprozesse nicht-linear. Sie haben auch eine stark physische Komponente (Lachen, Schmerz, Atmung etc.). Ein gelungener Handlungsdialog zeichnet sich nach Ansicht Daniel Sterns dadurch aus, dass in einem Moment der Begegnung affektive Erregung körperlich besonders empfunden werden kann, z. B. wenn ein „Stich“ des Erschreckens und dann ein entspanntes Aufatmen durch den Körper gehen oder sich der Herzschlag freudig intensiviert. Im beraterischen Gespräch wird so für einen Moment eine sehr frühe Erfahrung des „attunement" zwischen Mutter und Kind, etwas zusammen zu tun, zusammen zu sein und miteinander an einem Punkt zu sein, erfahrbar. Dies intensiviert den „sense of being real" und öffnet für Veränderung.

Das Konzept der „now moments" belegt aus meiner Sicht die Wirksamkeit der Haltung der Begegnungsorientierung. Es zeigt, wie neben allen anderen notwendigen Wissensebenen das Wissen um die Gestaltung der beraterischen Beziehung auf affektiv-kommunikativer Ebene und die Bereitschaft zum Einbringen der ganzen Person des Coach wie des Klienten als veränderungsrelevant ins Spiel kommen. Dies ist es, was nach Schmidt-Lellek (2006) in einer dialogisch gestalteten „helfenden Beziehung" als einer professionell strukturierten, aufgabenorientierten und zeitlich begrenzten dennoch zentral ist: „Jedenfalls ist die Erfahrung des Erscheinens der Person in einer dialogischen Beziehung ... die eigentliche Antriebskraft zu wirklicher Veränderung, indem der Mensch über sein bisheriges Gewordensein hinausstreben und hinauswachsen kann, jenseits seines mehr oder weniger guten Funktionierens" (Schmidt-Lellek 2006: 260).

In anderer Weise thematisiert auch Looss (2008) Konstellationen, die ein Bereitschaftspotential für Veränderung schaffen, wenn er von „teachable moments" als Situationen der Unsicherheit und des Nicht-Wissens auf Seiten von Klienten im Coaching spricht. Solche „teachable moments" können als besonders wirkungsvolle Kontexte für Selbstreflexion verstanden werden. Insbesondere für Coachingklienten, die sich eher als Macher erleben – wie auch Herr B – sind diese Momente besonders irritierend und häufig zunächst abgewehrt. Looss nennt in diesem Zusammenhang Themen des Zweifelns, der Ambivalenz, des Scheiterns, der Ratlosigkeit, die zu einer „aufgeklärten Auseinandersetzung mit der eigenen Begrenztheit", zu einem nicht mehr kontrollierten Sich-Einlassen auf den Dialog, zum „Nullpunkt des Staunens", führen können. Auf Seiten des Coach ist hier von entscheidender Bedeutung, dass die schon erwähnte affektive Rahmung des Beratungsprozesses, also die Sicherheit auf der Beziehungsebene, gegeben ist, damit es im Dialog möglich wird, mit Unsicherheit und Nicht-Wissen umzugehen. Kritische und emotional verunsichernde Situationen im Umfeld des Klienten können so durch gemeinsame Gesprächsarbeit auf veränderte Weise für den Klienten wieder verfügbar gemacht werden.

Zusammenfassung

In meinem Beitrag habe ich auf der Folie einer Fallvignette auf verschiedene Wissensressourcen im Coachingdialog verwiesen, die in besonderer Weise Selbstreflexion bei Coach und Klient befördern können.

Abschließend ist mir wichtig, noch einmal hervorzuheben, dass mit der Schwerpunktsetzung auf die beraterische Beziehung als dialogische keinesfalls schon die Beratungsbeziehung insgesamt beschrieben ist. Die Nähe der Begegnung im Dialog braucht an ihrer Seite die Distanz des Coach zu eben dem Prozess, an dem er gerade beteiligt ist. In der Unmittelbarkeit der Gesprächssituation spielt das in diesem Beitrag beschriebene implizite Beziehungswissen eine große Rolle, während deklarative Wissensebenen, wie Konzepte, Techniken und Analysemethoden, der distanzierenden Strukturierung, der diagnostischen Zuschreibung und wissensbasiertem Fallverstehen dienen.

Dies entspricht dem Zusammenwirken der Achse der Begegnung und der Wissensachse im therapeutisch-beraterischen Handeln und Fallverstehen, wie es Welter-Enderlin und Hildenbrand (1996) in ihrer schon genannten Professionstheorie zugrunde legen. Beraterisches Handeln und Verstehen ist auf diesem Hintergrund als professionelles Handeln durch eine Habitualität gekennzeichnet, „die es dem Professionellen erlaubt, selbst in Situationen von Handlungsdruck Sinnstrukturen zu erkennen und entsprechend diesen Strukturen zu handeln, und zwar im Vertrauen darauf, im Nachhinein dieses Handeln begründen zu können" (Welter-Enderlin/Hildenbrand 1996: 25). Auf diese Weise sind Professionelle in der Lage, „im Problemlösungsprozess ständig und flexibel zwischen Begegnungsachse und Wissensachse zu wechseln" (Welter-Enderlin/Hildenbrand 1996: 26).

Für den Coachingdialog – und den professionellen Dialog über Coaching – ging es mir hier vor allem darum, den Blick besonders auf die Dimension des Dialogs, der Begegnung, zu richten. Sie erfordert, dass der Coach und sein Gegenüber aus ihrer jeweiligen Rollenhaftigkeit heraustreten und als ganze Person sich öffnen, um so modellhaft aus der Differenz von Ich und Du in ein Wir hinein treten zu können, welches von Vertrauen getragen ist. Der von Begegnung geprägte Interaktionsprozess befördert so die Selbstreflexion von Coach und Klienten und kann zu einem Veränderungsprozess werden.

Meines Erachtens wäre ein Verständnis von Coaching als Handeln und Verstehen allein auf Basis von wissenschaftlichem Wissen so etwas wie „erfolgreiches Scheitern der Profession" (Buchholz 1999).

Nach Buchholz hilft hier eine begründete Unterscheidung zwischen Profession und Wissenschaft. Wir arbeiten im Gespräch eben nicht als Wissenschaftler, sondern als Professionelle. Professionelle sind in einem Gespräch persönlich engagiert, ihre Fähigkeiten zur Distanzierung und Reflexion ihres Engagements sind persönlich variabel. Ich möchte mit meinem Beitrag deutlich machen, dass wir für jeden Klienten andere, auf ihn höchst individuell zugeschnittene Vorgehensweisen und Ziele entwickeln. Dabei verfolgen wir in jeder Sitzung meist kleine Ziele. Nur wer sich als Person in die Interaktion einbringt und nicht als Wissender dieser oder jener abstrakten Theorie vor- und darstellt, kann gute Leistung im Sinne eines professionellen Coachingdialogs erbringen, oder, wie es Buchholz (1999: 83) formuliert:

> „Es geht nicht um Wissen, sondern um den Vollzug des Könnens."

Literatur

Bruschweiler-Stern, N./Harrison, A.M./Lyons-Ruth, K./Morgan, A.C./Nahum, J.P./Sander, L.W./Stern, D.N./Tronick, E.Z. (2002): Explicating the implicit: the local level and the microprocess of change in the analytic situation. In: International Journal Psychoanalysis 10.2002, 83. 1051-1062

Buchholz, M.B. (1999): Psychotherapie als Profession. Gießen: Psychosozial Verlag

Buchholz, M.B. (2003): Metaphern und ihre Analyse im therapeutischen Dialog. In: Familiendynamik 01.2003, 28. 9-46

Buchholz, M.B./Gödde, G. (Hrsg.) (2005): Macht und Dynamik des Unbewussten. Auseinandersetzungen in Philosophie, Medizin und Psychoanalyse. Bd. 1. Gießen: Psychosozial Verlag

Fischer, H.R. (2006): Sehen mit anderen Augen. Coaching als Kunst des entfremdeten Umweges. In: Tomaschek, N. (2006): 98-125

Gloger-Tippelt, G. (Hrsg.) (2001): Bindung im Erwachsenenalter. Bern: Hans Huber

Greif, S. (2008): Coaching und ergebnisorientierte Selbstreflexion. Göttingen: Hogrefe Verlag

Grossmann, K./Grossmann, K.E. (2004): Bindungen – das Gefüge psychischer Sicherheit. Stuttgart: Klett-Cotta

Hildenbrand, B./Welter-Enderlin, R. (1998): Einleitung: Die emotionale Rahmung beraterischer und therapeutischer Prozesse im Kontext der Entwicklung der systemischen Theorie. In: Welter-Enderlin, R./Hildenbrand, B. (Hrsg.) (1998)

Kalthoff, H./Hirschauer, S./Lindemann, G. (Hrsg.) (2008): Theoretische Empirie. Zur Relevanz qualitativer Forschung. Frankfurt am Main: Suhrkamp

Lauterbach, M. (2003): Coaching: Eine Dienstleistung zwischen Modeerscheinung und professioneller Kunst – Zur Qualität im Coaching. In: Martens-Schmid, K. (2003): 91-122

Looss, W. (2008): Coaching und die „Teachable Moments" im Leben eines Managers. Vortrag DBVC Coaching-Kongress 2008

Martens-Schmid, K. (Hrsg.) (2003): Coaching als Beratungssystem. Grundlagen, Konzepte, Methoden. Heidelberg: Economica

Martens-Schmid, K. (2003): Alte Muster – neue Lösungen. Musteranalyse als Instrument der Veränderung im Coaching. In: Martens-Schmid, K. (2003): 177-199

Martens-Schmid, K. (2007): Die „ganze Person" im Coaching – Ambivalenzen und Optionen. In: OSC 03.2007, 1. 17-28

Revenstorf, D./Peter B. (Hrsg.) (2001): Hypnose in Psychotherapie, Psychosomatik und Medizin. Heidelberg: Springer

Schmidt-Lellek, C.J. (2006): Ressourcen der helfenden Beziehung. Bergisch Gladbach: EHP (Edition Humanistische Psychologie)

Schmidt-Lellek, C.J. (2007): Zwischen Intimität und Institution: Psychotherapie, Coaching und Organisationsberatung. In: Psychotherapie im Dialog 09.2007, 3. 207-212

Simon, F.B./Rech-Simon, C. (1999): Zirkuläres Fragen. Systemische Therapie in Fallbeispielen: Ein Lernbuch. Heidelberg: Carl-Auer-Systeme Verlag

Stern, D.N. (1992): Die Lebenserfahrung des Säuglings. Stuttgart: Klett-Cotta

Stern, D.N. et al. (2001): Die Rolle des impliziten Wissens bei der therapeutischen Veränderung – Einige Auswirkungen entwicklungspsychologischer Beobachtungen für die psychotherapeutische Behandlung Erwachsener. In: PPmP – Psychother., Psychosom., med. Psychol. 2001, 51. 147-152

Tomaschek, N. (Hrsg.) (2006): Systemische Organisationsentwicklung und Beratung bei Veränderungsprozessen. Ein Handbuch. Heidelberg: Carl-Auer-Systeme Verlag

Trager, B. (2007): Selbstreflexionsprozesse im Coaching. Auswirkungen auf den Klienten und sein Umfeld. Diplomarbeit im Studiengang Wirtschaftspädagogik an der Wirtschafts- und Sozialwissenschaftlichen Fakultät der Friedrich-Alexander-Universität Erlangen-Nürnberg

Welter-Enderlin, R./Hildenbrand, B. (1996): Systemische Therapie als Begegnung. Stuttgart: Klett-Cotta

Welter-Enderlin, R./Hildenbrand, B. (Hrsg.) (1998): Gefühle und Systeme. Die emotionale Rahmung beraterischer und therapeutischer Prozesse. Heidelberg: Carl-Auer-Systeme Verlag

Wolff, S. (2008): Wie kommt die Praxis zu ihrer Theorie? Über einige Merkmale praxissensibler Sozialforschung. In: Kalthoff, H./Hirschauer, S./Lindemann, G. (Hrsg.) (2008): 234-259

Coaching als Dialog: Eine anthropologische Grundlegung des Coachings

Eric Mührel

Coaching kann grundlegend als eine personenzentrierte Beratungs-, Begleitungs- und Betreuungsmethode verstanden werden. Im Rahmen einer möglichen Einbindung in sozialpädagogische Konzepte zwecks einer disziplinären und professionellen Verortung wird dabei das Verständnis des Coachings als Dialog zwischen Personen akzentuiert. Coaching zielt dann, vornehmlich – aber nicht ausschließlich – in der Ausübung als Einzelcoaching, über alle möglichen Anlässe, Inhalte und Themen hinausgehend auf Aspekte der Lebensführung und der Lebensweise der Adressaten (vgl. Birgmeier 2006, 11, 17, 72-73); und als dialogisches Geschehen auch auf die Aspekte der Lebensführung des professionellen Coachs[1]. Diese Wechselseitigkeit ergibt sich aus dem Wesen des Dialogs. Denn dieser ist grundsätzlich „ein Gespräch, das durch wechselseitige Mitteilung jeder Art zu einem interpersonalem Zwischen, d.h. zu einem den Partnern gemeinsamen Sinnbestand führt" (Heinrichs, 1972, 226). Im Dialog, der Begriff geht auf das griechische *dialegesthai*, sich unterreden, zurück, offenbart sich der sinnstiftende, vernünftige Grund (als ein Verständnis von *logos*) im Zwischen (als ein Verständnis von *dia*) und nicht *mono-logisch* im Sinne einer Offenbarung in Einem aus sich selbst heraus.

Diese philosophischen Vorüberlegungen haben eine weit reichende Bedeutung für das Handeln der am Coaching beteiligten Personen. Dies wird im Folgenden konkretisiert. Dabei wird zuerst die maßgebende Bestimmung eines Verständnisses von *Person* dargelegt und damit auch – im Sinne der im Titel angeführten *anthropologischen Grundlegung* – das Verhältnis von *Person* und *Mensch*. Anschließend werden die Paradigmen *Verstehen* und *Achten* in ihrem Spannungsgefüge einer am dialogischen Verständnis des Coachings orientierenden, professionellen Haltung erörtert. Hieraus ergeben sich dann abschließende Perspektiven eines dialogisch fundierten, personenzentrierten Coachings.

1 Person

Einleitend wurde *Dialog* als ein „interpersonales Zwischen" beschrieben. Coaching als Dialog verstanden bezieht sich daher auf dieses *Zwischen* von Personen. An dieser Stelle wird nun der Frage nachgegangen, was unter *Person* verstanden werden kann.

Der Begriff Person geht mit hoher Wahrscheinlichkeit auf das etruskische Wort *persu* zurück, „das Maske und Schauspieler zu bedeuten scheint" (Fuhrmann 1989, 269). Die Bedeutungsgeschichte des Begriffs ist mehrdimensional und vielschichtig (dazu Hundeck 2009 u. Mührel 2009 u. 2010).[2] Im Folgenden handelt es sich daher um den Versuch *einer*

---

1 Ich verwende die männliche Form der Bezeichnung, die weibliche ist gleichwohl mitgemeint.

2 Robert Spaemann weist bezüglich des Begriffs Person darauf hin, dass dieser in der vorchristlichen Antike die Rolle im Theater oder der Gesellschaft bestimmte. Über die Theologie des frühen Christentums bis in

Annäherung an den Begriff. Bernhard Welte fragt in *Zum Begriff der Person* danach, was den Menschen als solchen auszeichnet, dass wir ihn Person nennen können. Einen Weg zur Findung einer Antwort auf diese Frage sieht er in allerlei Bestimmungen und Beschreibungen, die den Menschen *von außen her* betrachten und charakterisieren. Dazu zählt er unter anderem psychologische, metaphysische, charakterologische, biologische und physiologische Aussagen (vgl. Welte 1966, 11-12). Doch alle diese Aussagen als Anthropologien greifen seiner Meinung nach immer zu kurz, indem sie die dem Menschen innewohnende Würde des Personseins nicht erfassen. „In diesem Punkte gleiten alle möglichen Begriffe ab wie an einem kristallenen Fels, der jedem Zugriff ins Unangreifbare enthoben ist" (Ebenda, 12). Doch nicht nur die objektiven Beschreibungen des Menschseins treffen nicht den Kern der Frage des Personseins, auch alle Versuche jedes einzelnen Menschen, sich selbst abschließend zu beschreiben, laufen diesbezüglich ins Leere. Person bleibt daher *negativ* jemand Unbegreifbares. Welte versteht Person jedoch *positiv* als einen sich selbst gehörenden Anfang. So beschreibt er den Menschen als dadurch zur Person werdenden, indem diesem die Kraft des Ursprungs zukommt. Jeder Mensch ist deswegen Person, weil er ein sich selbst entwerfender Jemand ist und in diesem Entwerfen einzigartig. Welte betrachtet weitergehend den positiven Zugang wie den negativen zur Person als unzureichend. In beiden erscheint ihm Person als eine zugangslose kristallene Kugel. Mit Bezug auf Martin Buber fährt Welte fort: „Und doch kann man der Person als Person ansichtig werden, man kann das Du, das personale, zwar nicht formal begreifen, aber man kann seiner in der Begegnung von Ich und Du inne werden. In der Begegnung von Anfang zu Anfang, Ursprung zu Ursprung, von Freiheit zu Freiheit, quer durch die Weltmedien hindurch ist die Möglichkeit verborgen, des Du inne zu werden, ohne es zu begreifen" (Ebenda, 18). Das Personsein findet und verwirklicht sich also nicht in der Abstraktion, sondern indem *ich* mich von Anfang zu Anfang, Ursprung zu Ursprung dialogisch entfalte. Eine der entscheidenden Passagen des *Dialogischen Prinzips* sei in diesem Zusammenhang angeführt:

> „Das Du begegnet mir von Gnaden – durch Suchen wird es nicht gefunden. Aber daß ich zu ihm das Grundwort spreche, ist Tat meines Wesens, meine Wesenstat. Das Du begegnet mir. Aber ich trete in die unmittelbare Beziehung zu ihm. So ist die Beziehung Erwähltwerden und Erwählen, Passion und Aktion in einem. Wie denn eine Aktion des ganzen Wesens, als die Aufhebung aller Teilhandlungen und somit aller – nur in deren Grenzhaftigkeit gegründeter – Handlungsempfindungen, der Passion ähnlich werden muß. Das Grundwort Ich-Du kann nur mit dem ganzen Wesen gesprochen werden. Die Einsammlung und Verschmelzung zum ganzen Wesen kann nie durch mich, kann nie ohne mich geschehen. Ich werde am Du; Ich werdend spreche ich Du. Alles wirkliche Leben ist Begegnung."[3]

Was ist damit gesagt? Zunächst verweist Buber auf den Aspekt des Erwähltwerdens durch das Du. Es begegnet von Gnaden und kann nicht gesucht werden. Das meint dann aber auch, dass wirkliche Begegnung nicht geplant und konstruiert werden kann. Sie ist ein

---

die heutige Zeit veränderte sich das Verständnis von Person. Die Trinitätslehre der Beschreibung der Person Jesu als Träger zweier Naturen, der göttlichen und der menschlichen, war Ausgangspunkt der Beschreibung des Menschen als Person in der von Boethius gegeben Form als *persona est individua rationalis naturae susbstantia*, als *individuelles Dasein einer vernünftigen Natur*. Person ist also grundsätzlich nicht ein Etwas, sondern Jemand, der mich aus einem menschlichen Antlitz ansieht und über den nicht wie über eine Sache verfügt werden kann. Vgl. hierzu Spaemann 2001, S. 418-419.

3 Buber, Martin: Das Dialogische Prinzip (erstmalig *Ich und Du* 1923), 1992, S. 15. Buber betrachtet dabei explizit das menschliche Sich-kundgeben als eine Antwort auf die Begegnung mit dem Du. Vgl. ebenda, S. 41.

Widerfahrnis, eine Passion. Romano Guardini beschreibt diesen Aspekt der Begegnung mit folgenden Worten: „So erweckt denn auch jede echte Begegnung das Gefühl der Unverdientheit, des Dankes, zum mindesten der Verwunderung, wie sie sich so merkwürdig gefügt habe“ (Guardini 1969, 17). Begegnung wird daher geschenkt und ist unverdient. Erst in einer nachträglichen Reflexion kann die Einsicht gewonnen werden, ob Begegnung in ihrer Fülle mehr oder weniger geschehen ist. Das von Buber beschriebene Erwählen und die Aktion des ganzen Wesens in seiner Hinwendung zum Du vermitteln zunächst den Eindruck eines Machens und Gestaltens der Begegnung und damit der Beziehung zum Du. Doch liegt dieses Erwählen nicht gerade mehr in dem Verschenken seiner selbst an den Anderen? In diesem Zusammenhang sei zur Verdeutlichung noch einmal Guardini in seiner Interpretation der folgenden Bibelstelle (Mt 16,25) angeführt. „Jeder, der sein Leben retten will, wird es verlieren; wer aber sein Leben verliert um meinetwillen, der wird es finden.“ Guardini löst diese Passage aus dem unmittelbaren religiösen Zusammenhang des Verhältnisses vom Menschen zu Christus heraus und erkennt hierin eine Schlüsselpassage zum Verstehen des menschlichen Daseins überhaupt. Dabei bezieht er sich auf den Begriff des Lebens, der im griechischen Ausdruck *psyche* auch *Seele* bedeuten kann. In dem Bedeutungsbogen zwischen Leben und Seele benennt er *psyche* als *lebendiges Selbst*. So *übersetzt* er die zitierte Bibelstelle wie folgt: „Wer sein lebendiges Selbst festhält, der wird es verlieren; wer es aber weggibt, wird es finden“ (Guardini 1969, 20). Wirkliche Begegnung geschieht also im Erwähltsein durch das Du und das Weggeben, Verschenken an das Du. Die Begegnung tritt somit heraus aus dem funktionalen Ablauf jedes Zwischenmenschlichen, beispielsweise der Routine der Abläufe im Rahmen der Dienste sozialer Berufe wie des Coachings. Sie kann, muss aber nie geschehen. In dieser Hinsicht ist sie Gabe und Geschenk. Zudem beschreibt Buber im oben angeführten Zitat das Wirkliche des Lebens als das *Ich werdend spreche ich Du*. Doch was bestimmt in diesem Zusammenhang die Wirklichkeit? Wirklichkeit beschreibt zuallererst einen Wirkzusammenhang, in dem das Leben sich in seiner wesenhaften Bestimmung auszusagen anschickt. Jochanan Bloch beschreibt die Intention Bubers bezüglich dieses Ausweises an Wirklichkeit außerhalb jeglicher empirischen Befragbarkeit und auch außerhalb jeglichen philosophischen Fragehorizontes (vgl. Bloch 1977, 17). Wirklichkeit ist dabei wesentlich geheimnishaft, das heißt, sie entzieht sich der Konstruierbarkeit und kann auch reflexiv nie gänzlich eingeholt werden. Darin akzentuiert sich das Leben in seiner Wirklichkeit als Geschenk und Gabe der Begegnung mit dem Du. Die *wirkliche Person* als wirkliches lebendiges Selbst lebt in der Begegnung in einer inneren Verbundenheit mit dem und den Menschen. Diese Begegnung als wirkliches Leben gibt das *Ich* und *Du* frei für ihre einzigartige Selbstwerdung in einer immer bleibenden Andersheit vor dem Geheimnis der Begegnung als rückhaltlose Annahme des jeweils anderen Du (dazu Hundeck 2006).

Welche Schlussfolgerungen ergeben sich nun aus dieser Annäherung an den Begriff Person? Es ist deutlich geworden, dass diese Annäherung auf dem dialogischen Menschenbild gründet. Damit ist schon eine anthropologische Grundlegung des Coachings als Dialog erfolgt. Menschen sind Personen, da sie in ihrem Sich-entwerfen in ihrer Lebensweise und -führung einzigartig sind. Über ihre leibliche Ausdrucksform sind sie dabei auf andere Menschen bezogen. Ihre Selbstwerdung als Person entfaltet sich dialogisch und verdankt sich schon immer der Gabe des anderen Menschen. Im Dialog geben sich Menschen daher als Personen wechselseitig frei. Dabei nehmen sie auf einer Ebene verstehend aufeinander Bezug. Auf einer anderen achten sie die unauslotbare Geheimnishaftigkeit und Andersheit des jeweils Anderen. Verstehen und Achten sind daher Paradigmen einer Haltung im Dialog, die nun näher beschrieben wird.

2 Verstehen

In der Nikomachischen Ethik[4] des Aristoteles finden wir das grundlegende Verständnis einer Ethik als Haltung. Dieses ist auf die Bestimmung von *ethos* als Gewohnheit, Sitte und Brauch zurückzuführen. Eine Haltung, auf der ein wertvolles und gutes Handeln aufbaut, entwickelt sich demnach aus der Gewöhnung und Übung. Bezogen auf sozialpädagogisches und professionell angrenzendes Handeln wäre damit ein berufsmäßiges, routiniertes Handeln, welches auf Einübung spezifischer Fertigkeiten basiert, eine Grundlage professioneller Haltung. Hinzu kommt aber ein zweites: die Vergewisserung darüber, dass dieses Handeln klug und damit richtig und gut ist. Routine und Gewöhnung allein machen keine gute professionelle Haltung aus. Die professionell Handelnden sind immer wieder gehalten, die Ziele und Methoden ihres Handelns kritisch zu hinterfragen und sich dabei am jeweiligen Stand des Fach- wie Allgemeinwissens zu orientieren. Das Verständnis einer Ethik als Haltung gründet somit im Streben des Menschen nach einem guten Handeln, welches sich in der Verbindung von Gewohnheit und Übung mit der Einsicht in das Richtige des Handelns herausbildet (vgl. Mührel 2008 Kap. 2.1.).

Worauf bezieht sich nun im professionellen Handeln im Coaching als einem *guten* Handeln das Verstehen? Verstehen ist nach Hans-Georg Gadamer immer grundsätzlich Verstehen von Ausdruck (vgl. Gadamer 1990, 228). Im Kontext des Coachings als Dialog bezieht sich dieser Ausdruck neben dem Verstehen von Texten, beispielsweise der Fachliteratur, vornehmlich auf das Verstehen der Persönlichkeit der Adressaten des Coachings. Denn die Persönlichkeit eines Menschen ist der Ausdruck der Lebensweise dieses Menschen, das heißt der Art und Weise, wie sich ein Mensch in seinen Lebensumständen gestaltet. Dieses Verstehen der Lebensweise ermöglicht überhaupt erst ein sinnvolles professionelles Handeln. Dabei gilt es zweierlei zu berücksichtigen. Einerseits zielt das Verstehen auf die objektive Sicht der Lebensumstände des Adressaten. Dazu gehören unter anderem die Fragen nach dem physischen und psychischen Zustand (Gesundheit) eines Menschen, seinen sozialen Beziehungen in der personalen Mitwelt wie beispielsweise in der Familie, des Freundeskreises oder der Schule und dem Umfeld seines Alltags im Stadtteil samt den ökologischen Umständen. Andererseits ist es von Bedeutung, die persönliche Sicht des Adressaten auf seine Lebensumstände zu verstehen, wie er diese also subjektiv erfährt und sich in ihnen gestaltet. Dies ist beispielsweise mitunter ausschlaggebend für seine Gestaltung in seinen beruflichen Umständen. Eine solche verstehende Haltung fußt auf einer symmetrischen und wechselseitigen Beziehung des Coachs mit dem Adressaten, da in dieser Beziehung der andere als ein *alter ego,* ein anderes Ich, erkannt wird, was die Wechselseitigkeit erst ermöglicht. So ist das Verstehen der Lebensweise des Adressaten auch gebunden an das Selbstverstehen des Coachs hinsichtlich seiner Lebensweise. Eine solche Selbstvergewisserung ist beispielsweise Grundlage für das Einhalten einer professionellen Distanz bezüglich möglicher *Abgründe* seitens der Lebensweise der Adressaten. Nur wer um seine eigenen *Abgründe* weiß und diese vor sich zulassen kann, der wird im professio-

4 Siehe bezüglich der anschließenden Ausführungen die folgenden *Bücher* und Kapitel der Nikomachischen Ethik: I, II 1-4, VI 3-9 u. 13, X 8-9.

nellen Handeln auch diejenigen der Adressaten zulassen und sich gleichzeitig von ihnen distanzieren können. Damit wird verständlich, dass auf der zwischenmenschlichen Ebene des Verstehens der Grundsatz einer Gegenseitigkeit zwischen Coach und Adressat gegeben ist. Doch wie *weit* darf das Verstehen des Adressaten gehen? In wie fern ist es ein durchdringender Akt in die Person des Adressaten? Und kann ein Verstehen als *totales* Verstehen nicht dazu führen, dass der Adressat als Fall und Mensch *abgehakt* wird, weil man mit ihm angeblich *fertig* ist?

3 Achten

In diesen Fragestellungen kündigt sich die zweite Positionierung innerhalb der professionellen Haltung des Coachs an, das Achten des Adressaten. Dieses geht von dem an sich selbstverständlichen Faktum aus, dass der Coach von dem Adressaten angesprochen und in ein Gespräch *verwickelt* wird. In diesem Ansprechen steht ein Anspruch des Adressaten, der den Coach in eine Verantwortung für den Adressaten beruft. Der Begriff Verantwortung bezeichnet schon den antwortenden Charakter auf den Anspruch des Adressaten. Emmanuel Lévinas (1906-1995) beschreibt in seiner Fundamentalethik diese Verantwortung als eine unendliche, maßlose Verantwortung im Sinne einer bedingungslosen Achtung des anderen Menschen (vgl. hierzu grundlegend Lévinas 2003, 2005 u. 2007). Was ist damit gemeint? Der Anspruch des anderen Menschen darf ganz gleich wie stark und intensiv *ich* ihn verstehe und erkenne nicht erlöschen. Dies meint mehr als nur eine Relativierung des Verstehensprozesses, sondern formuliert die Aufforderung, dem anderen Menschen gegenüber nie in eine Art Gleichgültigkeit zu verfallen. Lévinas drückt dies prägnant in dem folgenden Satz aus: „Einem Menschen begegnen heißt, von einem Rätsel wachgehalten werden“ (Lévinas 2007, 120). Im Anspruch des anderen Menschen ergeht gleichsam ein Aufruf einer bedingungslosen Achtung, ihm und seinem Schicksal Gehör zu schenken und sich hierfür verantwortlich zu zeigen. Dies aber entbehrt jeglicher Gegenseitigkeit. In dieser asymmetrischen Beziehung zum anderen Menschen stehe *ich* unter seinem Anspruch, bin Bürge seines Schicksals. *Meine* Verantwortung gegenüber ihm ist in keiner Art und Weise zu relativieren. Lévinas stellt somit grundsätzlich die Behauptung auf, dass die soziale Konstitution des Menschen nicht in der symmetrischen, reziproken Beziehung zum anderen Menschen fundiert ist (dazu Honneth 1992), sondern in der asymmetrischen, einseitigen der bedingungslosen Achtung des Anderen. Was bedeutet dies für die professionelle Haltung des Coachs und seine Beziehung zum Adressaten? In einer Transformation des oben genannten Paradigmas Lévinas' wäre dieses im professionellen Kontext des Coachings so zu formulieren: Einem Adressaten zu begegnen heißt, von einem Rätsel wachgehalten werden. Das professionelle Handeln steht in seinem verantwortenden Charakter unter dem Anspruch der bedingungslosen Achtung des Adressaten, und dies trotz aller Notwendigkeit eines weitestgehenden Verstehens der Lebensweise desselben und trotz aller pragmatischen Erfordernisse der Praxis hinsichtlich Effizienz und Effektivität. Damit wird die Spannung innerhalb der Haltung des Coachs ersichtlich, die sich zwischen den Polen des Verstehens und des Achtens des Adressaten auftut. Diese Spannung lässt sich anhand einer weiteren Beschreibung veranschaulichen. Das Verstehen bezieht sich auf das *wahre Gesicht* des Adressaten, denn in ihm wird der Adressat in einer gewissen Art und Weise demaskiert. Nur so lassen sich die Ressourcen seiner Person und seiner Lebensumstände erfassen. Das Achten steht aber im Anspruch der *Wahrung des Gesichtes* des Adressaten, dass er eben trotz aller Demaskierung eine einmalige, unverwechselbare Person bleibt, die sich dadurch auszeichnet, dass sie stets ein neuer Anfang eines Lebensentwurfs ist und daher stets neu anzufangen vermag (vgl. Mührel 2008, 147-149).

4 Zum Spannungsverhältnis von Verstehen und Achten

Im professionellen Handeln des Coachings werden die Coachs in Geschichten der Adressaten *verstrickt* (vgl. zur Verstrickung in Geschichten, Schapp 2004). Diese Geschichten als Ausdruck der Persönlichkeit der Adressaten und damit ihrer Lebensweise gilt es in der professionellen Haltung einerseits zu verstehen. Verstehen ist dabei auch immer Selbstverstehen. Andererseits ist die professionelle Haltung dem unbedingten Anspruch des Adressaten auf Achtung verpflichtet. Verstehen und Achten bilden somit die Pole der professionellen Haltung im Kontext eines Coachings im Verständnis eines Dialogs, deren ambivalente Spannung es auszuhalten gilt. Diese Spannung macht deutlich, dass die soziale Konstitution des Menschen nicht nur im Prinzip der Gegenseitigkeit zu finden ist, sondern auch in der einseitigen, asymmetrischen Achtung des anderen und der anderen Menschen.

5 Perspektiven eines dialogisch fundierten, personenzentrierten Coachings

Das hier vorgestellte Verständnis des Coachings als Dialog im Rahmen einer anthropologischen Grundlegung des dialogischen Menschenbildes bewahrt das professionelle Handeln vor einer Reduzierung auf eine *Sozialtechnik*. Eine solche basiert auf eventuell diffusen Vorgaben von Leitungen von Unternehmen und Institutionen und bedient sich Tools von diversen Methoden und Techniken zur Umsetzung von Aufträgen zur Steigerung von Effizienz und Effektivität im Rahmen der Optimierung von Handlungs- und Prozessabläufen, in die die Adressaten des Coachings involviert sind (dazu Mührel 2010). Coaching als Dialog ist dagegen ein professionelles, *personen*zentriertes Handeln, das auf der Einsicht begründet ist, dass Coaching es mit Menschen in der Berufs- und Arbeitswelt zu tun hat, die in ihrem Personsein zu achten und zu verstehen sind. Damit leistet Coaching einen professionell anspruchsvollen und selbstbestimmten, gar nicht hoch genug zu schätzenden Beitrag für die Kultur in Unternehmen und Institutionen. Dies ist die beste Vorraussetzung dafür, dass Coaching sich als Instrument einer solchen *Kultur der Aufmerksamkeit* (dazu Waldenfels 2004) – gerade in der jetzigen Zeit einer umfassenden Gesellschaftskrise – zu etablieren vermag.

Literatur

Aristoteles (1995): Philosophische Schriften, Hamburg

Birgmeier, B. (2006): Coaching und Soziale Arbeit, Grundlagen einer Theorie sozialpädagogischen Coachings, Weinheim

Bloch, J. (1977): Die Aporie des Du. Probleme der Dialogik Martin Bubers, Heidelberg

Buber, M. (1992): Das dialogische Prinzip, sechste Auflage, Gerlingen

Fuhrmann, M. (1989): Person, in: Historisches Wörterbuch der Philosophie (HWPh), Bd. 7, 269-283

Gadamer, H.-G. (1990): Wahrheit und Methode. Grundzüge einer philosophischen Hermeneutik, sechste Auflage, Tübingen

Guardini, R. (1969): Die Begegnung, in: Messerschmid, F./Waltmann, H. (Hrsg.): Romano Guardini – Otto Fr. Bollnow. Begegnung und Bildung, sechste Auflage, Würzburg, S. 9-24

Heinrichs, J. (1972): Dialog, dialogisch, in: Historisches Wörterbuch der Philosophie (HWPh), Bd. 2, 226-229

Honneth, A. (1992): Kampf um Anerkennung. Zur moralischen Grammatik sozialer Konflikte, Frankfurt a.M.

Hundeck, M. (2009): Verstrickt-sein in Geschichten: Biographie und Person als Grundkategorien Sozialer Arbeit, in Mührel, E. (Hrsg.): Zum Personenverständnis in der Sozialen Arbeit und der Pädagogik, Essen, S. 77 – 96

Hundeck, M. (2006): Alles wirkliche Leben ist Begegnung. Aspekte dialogischer Philosophie in der Sozialen Arbeit, in: Mührel, E. (Hrsg.): Quo vadis Soziale Arbeit? Auf dem Wege zu grundlegenden Orientierungen, Essen, S. 105-115

Lévinas, E. (2003): Die Zeit und der Andere, Hamburg

Lévinas, E. (2005): Humanismus des anderen Menschen, Hamburg

Lévinas, E. (2007): Die Spur des Anderen. Untersuchungen zur Phänomenologie und Sozialphilosophie, vierte Auflage, Freiburg i.Br

Mührel, E. (2008): Verstehen und Achten. Philosophische Reflexionen zur professionellen Haltung in der Sozialen Arbeit, zweite Auflage, Essen

Mührel, E. (2009): Individuum – Person – Mensch. Die zweite Schöpfung des Menschen in Schillers ästhetischen Briefen über die Erziehung des Menschen, in: ders. (Hrsg.): Zum Personenverständnis in der Sozialen Arbeit und der Pädagogik, Essen, S. 97-106

Mührel, E. (2010): Maske und Existenz. Philosophische und sozialpädagogische Betrachtungen zu Person und Biographie, in: Griese, Birgit: Subjekt – Identität – Person? Reflexionen zur Biographieforschung, Wiesbaden, S. 103-114

Schapp, W. (2004): In Geschichten verstrickt. Zum Sein von Mensch und Ding, vierte Auflage, Frankfurt a.M.

Spaemann, R. (2001): Sind alle Menschen Personen? Über neue philosophische Rechtfertigungen der Lebensvernichtung, in: ders.: Grenzen. Zur ethischen Dimension des Handelns, Stuttgart, S. 417-428

Waldenfels, B. (2004): Phänomenologie der Aufmerksamkeit, Frankfurt a. M.

Welte, B. (1966): Zum Begriff der Person, in: Rombach, H. (Hrsg.): Die Frage nach dem Menschen. Aufriß einer philosophischen Anthropologie, München, S. 11-22

Coaching als soziale Situation: Eine sozialpsychologische Perspektive

Gisela Steins

„Es gibt nichts, was so praktisch wäre wie eine gute Theorie."
Kurt Lewin (in Marrow, 1977)

1 Coaching und Sozialpsychologie

Um erfolgreiches Coaching zu betreiben, bedient sich eine Person in diesem Tätigkeitsbereich aus einem Sammelsurium unterschiedlicher Techniken, welche aus divergierenden Traditionen stammen. Dieser Umstand ähnelt vielen anderen Berufen in Unterstützungssettings, so den Casemanagern, Beratern und Therapeuten. Allen diesen Tätigkeiten, so unterschiedlich sie in Bezug auf formale und ausbildungsbezogene Aspekte ausfallen, ist gemeinsam, dass die Ausführenden unterstützender Tätigkeiten direkt mit Individuen variantenreicher Problemstellungen und heterogener Herkunft sowie multipler Altersgruppen in Beziehung treten mit dem Ziel, eine Verbesserung für die Lebenslage der Klienten herbeizuführen. Die Arbeitssituation ist als soziale Situation zu bezeichnen.

Die Sozialpsychologie als diejenige Disziplin der Psychologie, die sich mit den Prozessen, Bedingungen und Folgen von Interaktionen beschäftigt, enthält ein fundiertes empirisch abgesichertes Allgemeinwissen über die Basis dieser Tätigkeiten in Unterstützungssettings. Meiner Meinung nach ist dieses Wissen so wichtig und derart nützlich, dass es mit in den Pflichtkanon aufgenommen werden sollte, wenn ein solcher für die Ausbildung von Professionen, die in Unterstützungssettings tätig werden und in direkter Interaktion mit Individuen in problematischen Lebensphasen treten, existieren würde. An einigen Beispielen möchte ich ausführen, wie sozialpsychologisches Grundlagenwissen Coaching bereichern kann.

2 Ausgewählte sozialpsychologische Forschungsbereiche: Skizzierung und Nutzen für Coaching

2.1 Sozialpsychologisches Grundlagenwissen zu Hilfeverhalten

Eine relevante Erkenntnis aus der sozialpsychologischen Forschung zu den Prozessen und Folgen von Hilfeverhalten entstammt den sogenannten attributionalen Theorien, die wiederum aus den Attributionstheorien hervorgegangen sind.

2.1.1 Skizzierung des attributionstheoretischen Hintergrunds

Eine Attributionstheorie ist eine Theorie darüber, wie Ursachenzuschreibungen vor sich gehen. Der Mensch wird hier als Wissenschaftler betrachtet, als eine Person, die nach den

Ursachen von Ereignissen fragt. Besonders nach Ereignissen mit gravierenden Konsequenzen fragen sich Menschen, warum dieses Ereignis eingetreten ist und begeben sich auf eine Suche nach Informationen über mögliche Ursachen. Diese Informationssuche ist funktional, denn sind wir mit Ereignissen konfrontiert, die für uns negative Konsequenzen nach sich ziehen, können wir deren erneutes Auftreten verhindern, wenn wir Einfluss auf die kausal wirksamen Variablen des Ereignisses nehmen können. Genießen wir hingegen die positiven Konsequenzen von Ereignissen, dann können wir diese vielleicht erneut herbeiführen, wenn wir wissen, warum sie geschehen sind. Eine Informationssuche gibt uns ein gewisses Ausmaß an Kontrolle über unsere Umwelt. Menschen fragen sich deshalb nach dem *Warum* von Ereignissen. Eine bedeutsame Attributionstheorie stellt diejenige von Kelley dar (1967), der annahm, dass sich Menschen bei der Suche nach Ursachen für wichtige Ereignisse des sogenannten Kovariationsprinzips bedienen. Demnach wird ein Effekt derjenigen seiner möglichen Ursachen zugeschrieben, mit der er über die Zeit hinweg kovariiert. Wenn eine Person bemerkt, dass sie immer dann, wenn sie gut gelaunt in eine Besprechung geht, die Zeit viel schneller umgeht und die Resultate besser ausfallen, dann lernt sie die gute Laune mit den guten Resultaten zu assoziieren und die Schlussfolgerung einer Ursache-Wirkungskette erscheint plausibel. Um aber sicher zu gehen, dass das parallele Auftreten beider Ereignisse auch wirklich ursächlich miteinander zusammenhängt und nicht rein zufällig auftritt, muss sie sich weiterer Informationen bedienen, die Kelley in Entität (Gegenstandsbereich), Zeit und andere Personen unterteilt. Diese drei unterschiedlichen Informationen liefern nun je nach Kombination unterschiedliche Informationstypen. Wir können einen Effekt über verschiedene Personen hinweg beobachten – erhalten also eine sogenannte Konsensusinformation. Eine Person kann hohen Konsensus wahrnehmen, das heißt alle anderen Personen erzielen ein ähnliches Ergebnis, oder niedrigen Konsensus, sie bildet eine Minderheit. Mehr Sicherheit in ihrer Ursachenanalyse kann sie erlangen, wenn sie einen weiteren Informationstypus heranzieht, Konsistenz, sich also die Frage stellt, inwieweit ein Effekt über verschiedene Zeitpunkte hinweg bei einer Person und Entität zu beobachten ist. Liefert ihre Beobachtung über Zeit einen Hinweis auf hohe Konsistenz, so bedeutet dies, dass sie nahezu immer dann, wenn sie gut gelaunt ist, bessere Resultate erzielt und der erste Ursachen-Wirkungs-Zusammenhang würde gestärkt. Die Beobachtung niedriger Konsistenz jedoch würde sie veranlassen, über andere mögliche Ursachen für ihre guten Leistungen nachzudenken. Durch die Hinzunahme einer dritten Informationsart kann sie ihre Sicherheit steigern, nämlich durch die Beantwortung der Frage, inwiefern ein Effekt über verschiedene Entitäten bei einer Person zu beobachten ist, der sogenannten Distinktheitsinformation. Ist Distinktheit hoch, dann zeigt sich der beobachtete Zusammenhang nur bei Besprechungen, nicht aber im privaten Bereich. Bei niedriger Distinktheit hätte sie eine weitere Bestätigung für ihre Annahme. Denn sie würde in allen Bereichen, in denen sie gute Laune hat auch bessere Resultate erzielen. Menschen verhalten sich allerdings nicht wie Wissenschaftler, sondern steuern ihre Ursachensuche häufig nach selbstwertdienlichen Maximen. Sie präferieren Ursachen, die ihren Selbstwert nicht schmälern und orientieren sich hierbei besonders am sozialen Vergleich. Eine wichtige Anwendung, die aus der Attributionstheorie hervorgegangen ist, ist das Reattributionstraining, mit Hilfe dessen die unvoreingenommene wissenschaftliche Ursachenanalyse trainiert wird mit dem Ziel eine realitätsnahe Ursachen-Wirkungskette zu erstellen.

Die Relevanz von Attributionstheorien wird meistens erst richtig deutlich, wenn auch die attributionale Komponente berücksichtigt wird. Das Menschenbild attributionaler Theorien bezieht einen weiteren Aspekt von Menschsein ein: Der Mensch ist nicht nur Wissenschaftler und Philosoph, sondern aus einer attributionalen Perspektive heraus vor allem Richter über sich selbst und über andere (Weiner, 2000). Attributionale Theorien beziehen sich im Gegensatz zu Attributionstheorien also nicht auf die Ursachen von Ereignissen, sondern auf deren Folgen und zwar auf die Folgen für unsere Gefühle, unsere Gedanken und unser Verhalten. Dabei machen diese Theorien Aussagen über die Bedeutung der Folgen für das einzelne Individuum selbst (also für die intraindividuelle Ebene) und für die Beziehungen zwischen den Individuen (interindividuelle Ebene). Der Ausgangspunkt attributionaler Theorien sind die Informationen Konsensus, Distinktheit und Konsistenz. Diese Informationen werden nicht nur neutral zur Kenntnis genommen, sondern entlang bestimmter Kausaldimensionen bewertet. Der Lokus der Information ist wichtig, ob Ursachen eines Ereignisses an der eigenen Person festgemacht werden (internal) oder an der Umwelt (external). Die Stabilität differenziert diese Analyse: Sind die Ursachen des Ereignisses stabil (also nicht veränderbar) oder sind sie variabel? Und die Globalität ist eine wichtige Größe: Sind die Ursachen bereichsübergreifend, oder nur für einen spezifischen Lebensbereich gültig? Hiervon hängt die Wahrnehmung von Kontrollierbarkeit ab. Eine Person, die ein Missgeschick an externalen, stabilen und globalen Ursachen festmacht, wird nicht das Gefühl der Kontrolle über ein Ereignis gewinnen können. Ihre Erwartungen an die Zukunft werden also durch diese Selbsttheorie gesteuert und damit ihre Emotionen und ihr weiteres Verhalten auf diesem Gebiet.

2.1.2 Nutzen für Coachingwissen

Die Anwendung der Befunde aus diesem schon jahrzehntealten und auch gegenwärtig aktiven Forschungsbereich ist in mehrfacher Hinsicht für Coaching interessant:

- Die Forschung zeigt, dass ein nachhaltiges Coaching, in dem Sinne, dass der Klient selbstverantwortlich tätig wird, dann am wahrscheinlichsten erreicht werden kann, wenn die individuellen Ursachen geklärt sind, die ein Coaching notwendig machen, und zwar auf kognitiver Ebene. Die Aspekte der Selbsttheorie einer Person müssen identifiziert werden, welche zu einer geringen Selbstwirksamkeit auf einem Gebiet geführt haben und weiterhin aktiv bleiben werden, wenn sie nicht durch bewusste Umstrukturierung in Kombination mit neuen Erfahrungen auf der Verhaltensebene verändert werden. So gehen aus diesem Forschungszweig interessante Techniken hervor, welche direkt auf die Änderung dysfunktionaler Selbsttheorien einwirken, wie beispielsweise das oben erwähnte Reattributionsverfahren (Försterling, 2001), aber auch verwandte kognitive therapeutische Ansätze wie die rational-emotive Verhaltenstherapie (Ellis, 1994) sollten hier Erwähnung finden. Beide Stränge der Anwendung sogenannter kognitiver Theorien innerhalb der Sozialpsychologie enthalten viele interessante praxisnahe Aspekte für eine Person, die coacht. Wichtig ist die Erkenntnis, (1) dass die individuellen Ursachenerklärungen und grundlegenden Philosophien des Klienten über sein Problem nicht außer Acht gelassen werden dürfen für die Gestaltung eines Unterstützungssettings und (2) mit den hier beschriebenen Methoden systematisch erfasst werden können. Dazu kommt, dass diese Methoden auch leicht von den Klienten selbst anzuwenden sind, so dass die Selbsthilfekompetenz erhöht wird.
- Eine zweite wichtige Erkenntnis dieses Forschungsgebietes betrifft die Reflexion des Coachs selbst: Verteilt er seine unterstützenden Ressourcen angemessen zum Unter-

stützungsbedarf des Klienten? Wie Weiners empirisch gestütztes Modell verdeutlicht, machen Menschen in bedeutsamem Ausmaß ihr Hilfeverhalten – Ausmaß und Qualität – von der Emotion abhängig, welche die wahrgenommene Verantwortlichkeit des Klienten für seine Lage bei ihnen selbst begleitet (siehe Abbildung 1). Dabei zeigt sich das stabil replizierbare Muster, dass die Wahrnehmung geringer Verantwortlichkeit für eine problematische Lage eines Menschen Mitleid beim Beobachter wahrscheinlich macht und damit die Wahrscheinlichkeit seiner Unterstützung relevant erhöht ist (Weiner, 2000, 2006). Hingegen löst die Wahrnehmung hoher Verantwortlichkeit für eine Problemlage Ärgeremotionen beim Betrachter aus, die zur Blockade oder Reduzierung von Hilfeverhalten und Unterstützungsmaßnahmen führen können. Viele empirische Beispiele zeigen, dass auch professionelle Helfer hiervon nicht ausgenommen sind. So werden beispielsweise Übergewichtige von Ärzten weniger unterstützt (Hebl & Xu, 2000) basierend auf dem Vorurteil, dass Personen für ihr Übergewicht in hohem Maß selbst verantwortlich sind (Steins, 2007).

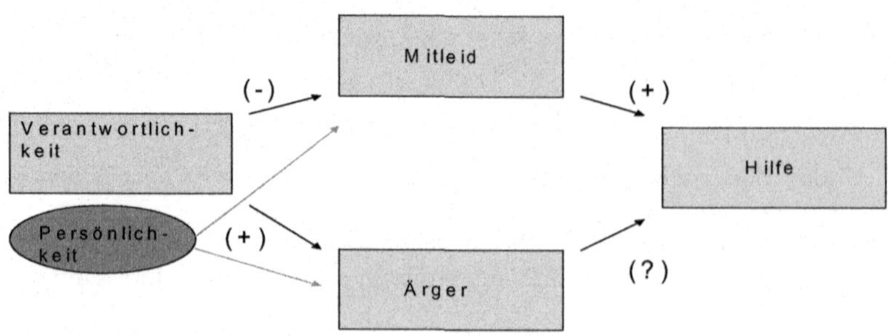

Abbildung 1: Modell wahrgenommener Verantwortlichkeit und Persönlichkeit (Steins & Weiner, 1999)

- Aber auch eine Unterstützung aus Mitleid wird in der Literatur in diesem Forschungsgebiet als zweischneidiges Schwert bezeichnet, transportiert diese Emotion doch eine spezifische Rückmeldung an den Klienten, nämlich, dass man ihn für hilfebedürftig hält und er bemitleidenswert ist. Hilfe für ein leichtes Problem ist daher kontraindiziert, was die Selbstwirksamkeit eines Klienten angeht. Für ein wirklich seriöses Problem sieht das schon anders aus. Umgekehrt kann jedoch nicht der Schluss gezogen werden, dass Ärger eine angemessene Reaktion auf unangemessenes Verhalten des Klienten wäre. Zwar kann Ärger implizit die Meinung transportieren, dass man eine Person eigentlich für befähigter hält, als sie sich verhält, jedoch minimiert der Transport einer Botschaft verpackt in Ärger die Wahrscheinlichkeit, dass der Sachgehalt der Botschaft wirklich verstanden wird (Steins, 2005).
- Ebenfalls haben die Erkenntnisse aus diesem Forschungsbereich Implikationen für das Erkennen der Perspektive des Klienten in Bezug auf den Coaching-Kontext. Menschen haben grundlegende intuitive Kenntnisse über die Auswirkungen der Darstellung eigener Verantwortlichkeit. Sie wissen, dass die Wahrnehmung hoher Verantwortlichkeit für eine missliche Problemlage beim Betrachter Unwillen, wenn nicht sogar Ärger

auslösen und seinen Input an Unterstützung reduzieren kann und sind deshalb oft bestrebt, die eigene Verantwortlichkeit minimaler darzustellen als sie es in Wirklichkeit wahrnehmen. Juvonen (2000) hat hierzu im schulischen Kontext geforscht und kann eindeutig feststellen, dass ein und der selbe Schüler sich vor den Peers damit brüstet, dass er nichts für eine Klausur getan hat und deshalb schlecht abgeschnitten hat, während er vor der entsprechenden Lehrkraft seine mangelnde Fähigkeit trotz großer Anstrengung hervorhebt. Wie verantwortlich ein Klient wirklich für seine eigene Problemlage ist, kann nur durch genaue sachliche Nachfragen geklärt werden und durch eine Diskussion darüber, dass Schuld als moralische Kategorie versus Verantwortlichkeit und das Erkennen derselben als erster Schritt zur Verantwortungsübernahme für das eigene Leben zu trennen sind.
- Schließlich wurden die Befunde von Weiner mit einem weiteren Forschungsgebiet der Sozialpsychologie verknüpft, auf das anschließend auch noch näher eingegangen werden wird, mit der Wahrnehmung von Personvariablen. Wie Steins und Weiner (1999) zeigen konnten, wird Unterstützung gestaltet durch die Wechselwirkung zwischen der Wahrnehmung der Verantwortlichkeit einer Person für eine Problemlage und der Wahrnehmung von Personeigenschaften. Unsympathische Personen werden automatischer als verantwortlicher für das gleiche Problem wahrgenommen als sympathische Personen.

Dieser letzte Punkt führt zu einem weiteren Forschungsgebiet der Sozialpsychologie, dessen Kenntnis notwendig und nutzbringend für den Coach ist: Der Personenwahrnehmung.

2.2 Sozialpsychologisches Grundlagenwissen zur Personenwahrnehmung

Dieses Gebiet setzt sich aus einer Fülle von Einzelbefunden zusammen. Es geht hier um unterschiedliche Fragen wie zum Beispiel der Wirkung äußerer Eigenschaften anderer Personen auf die eigene Urteilsbildung und das eigene Verhalten, aber auch die Prozesse, die überhaupt zur Wahrnehmung anderer Personen führen (zum Beispiel Perspektivenübernahme und Empathie, siehe für einen Überblick Steins, 2005, 2006).

Wie im Modell wahrgenommener Verantwortlichkeit von Weiner gezeigt wurde, spielt die Wahrnehmung von bestimmten Persönlichkeitseigenschaften eine wichtige Rolle bei der Zuteilung von Ressourcen in Bezug auf verschiedene Formen der Unterstützung. Im weiteren Sinn bindet die sozialpsychologische Personenwahrnehmungsforschung philosophische Fragen mit ein wie *Wer ist die andere Person?* Eine Reflexion des eigenen Menschenbildes wird angestoßen, die für Menschen in Unterstützungssettings relevant ist, da sie sonst irrige Erwartungen an ihre Klienten herantragen und falsche Einschätzungen der Situation des Klienten vornehmen.

2.2.1 Urteilsverzerrungen

Ebenfalls wird aus den Ergebnissen der Forschung sehr deutlich, wie stark sich Urteilsverzerrungen in der Personwahrnehmung niederschlagen und unser Verhalten bestimmen. Ziemlich schnell schreiben wir ihnen Eigenschaften zu, die die Person bestimmten Kategorien zuordnet. Diese Kategorisierung besteht zunächst darin, dass wir nur einen kleinen Teil aller gegebenen und zugänglichen Reize verarbeiten, also aus der beträchtlichen Menge eigentlich beobachtbarer Merkmale nur eine Auswahl selegieren, wahrscheinlich die Reize, die in dem jeweiligen Kontext am meisten ins Auge fallen. Dabei belassen wir es aber nicht. Wir ziehen aus diesen selegierten Informationen unbewusst Schlüsse auf weitere noch nicht beobachtete oder nicht beobachtbare Eigenschaften des Wahrnehmungsobjektes. Diese Abfolge von Selektion und Inferenz, also Auswahl einiger Reize und daraus resultierender Schlussfolgerungen, führen zu impliziten Persönlichkeitstheorien. Hier ist die Zentralität der beobachteten Merkmale entscheidend. Manche Persönlichkeitscharakteristika scheinen für unsere Wahrnehmung entscheidender zu sein als andere. Geschlecht, Zugehörigkeit zu einer Ethnie, Attraktivität einer Person sind zentrale Merkmale und determinieren die Zuschreibung anderer Merkmale.

Die Personenwahrnehmungsforschung hat auch andere Grundprinzipien zutage gefördert, die relevantes Coachingwissen darstellen, beispielsweise die Beobachter-Handelnden-Diskrepanz. Wenn wir uns selbst beschreiben, dann stellen wir uns als ein differenziertes komplexes Wesen dar mit einer Reihe von Widersprüchen. Da wir uns selbst als handelnde Personen erleben, richten wir unsere Aufmerksamkeit mehr auf den Kontext, in dem wir uns verhalten als auf uns selbst. Eine andere Person, die uns nicht kennt und uns beobachtet wie wir beispielsweise mit einem Kind schimpfen, hält uns möglicherweise für sozial inkompetent, wir aber wissen, dass unser Verhalten gerechtfertigt und nicht typisch ist.

Diese Handelnden-Beobachter-Divergenz ist gut bestätigt und kann nur durchbrochen werden, wenn eine beobachtende Person sich in die beobachtete Person einfühlt und deren Perspektive übernimmt. Wenn wir uns vorstellen, wie es für uns wäre, an Stelle der anderen Person zu sein, können wir uns aus unserer Beobachterperspektive lösen und uns in die handelnde Person hineinversetzen. Diese Fähigkeit wird von manchen Autoren auch als Perspektivenübernahme bezeichnet (siehe Steins, 1998). Wir sind also prinzipiell der Beobachter-Handelnden-Divergenz nicht verhaftet, sondern können diese auch überschreiten. Allerdings werden wir dies während einer automatisierten Wahrnehmung kaum jemals tun.

2.2.2 Nutzen für Coachingwissen

Menschen, die in Unterstützungssettings tätig sind, sollten hier insofern die „besseren" Menschen sein, als dass sie die Objektivität ihrer Wahrnehmung und die Kontrolle über ihre automatischen Verarbeitungsprozesse erhöhen. Grundlagenwissen um diese Prozesse ist deshalb notwendiges Wissen.

Eigene verinnerlichte Theorien über andere Personen müssen also in besonderem Ausmaß von Menschen in Unterstützungssettings überprüft werden, wenn sie sich eine objektivere Wahrnehmung antrainieren möchten. Dafür können folgende Überprüfungsregeln beherzigt werden:

- Die verinnerlichten Stereotype über zentrale Merkmale von Personen müssen zunächst identifiziert werden. Was denken wir beispielsweise über das biologische Geschlecht und seine Zusammenhänge zu anderen Variablen? Was ist mit anderen zentralen Merkmalen wie: Nationalität, Alter, Intelligenz?
- Diese Annahmen werden an der Realität getestet: Auf welcher empirischen Basis (außerhalb unserer eigenen störungsanfälligen Erfahrungen) beruhen unsere Annahmen? Gibt es bedeutsame Beweise dafür, dass unsere Annahmen zutreffen?

- Die dann gegebenenfalls revidierten Annahmen sollten dahin führen, dass ein Individuum losgelöst von einem zentralen Merkmal wahrgenommen werden kann, dessen Zusammenhänge zu anderen Eigenschaften sich als Täuschung herausgestellt haben.

Weiterbildung alleine nützt hier oft nichts. Um die eigene Wahrnehmung objektiver zu gestalten, die eigenen Stereotype zu identifizieren und zu verändern, muss man in der Lage sein, sich selber, aber auch die Denkmodelle anderer Personen und Institutionen kritisch zu reflektieren. Nicht jede Weiterbildung ist gut, nicht jedes Modell. Hellhörigkeit ist angesagt, wenn es beispielsweise um die Eigentümlichkeiten von bestimmten „Gruppen" geht. Oftmals werden hinter Worthülsen wie beispielsweise „Beratungsresistenz" Stereotype transportiert, die die menschliche Wahrnehmung systematisch verzerren und Handlungen in die falsche Richtung lenken können. Wenn man jede Person als ein einzigartiges Individuum betrachten will, ist es wichtig, sich von zentralen Merkmalen als Leitfaden für die eigene Wahrnehmung zu verabschieden.

2.3 Sozialpsychologisches Grundlagenwissen zur Kommunikation

Es klang bereits an, dass ein Coach in direkte Interaktion mit seinen Klienten tritt und sowohl die Beziehungsaufnahme als auch die weitere Gestaltung des Vorgehens über direkte Kommunikation läuft. Personen, die coachen, sollten auf jeden Fall über die Grundlagen der Kommunikation fundierte Kenntnisse besitzen, die über gängige Kommunikationsmodelle hinausgehen. Die Sozialpsychologie hält nicht nur bekannte Theorien bereit, die teilweise aus der Linguistik stammen und längst interdisziplinär verwendet werden, sondern auch – und darin liegt ihre besondere Stärke – grundlegendere Theorien, die detailreiche Befunde nach sich gezogen haben und deren Erkenntnisse sehr anregend für die Prozesse der Überzeugung und Überredung sind. Ein gutes Beispiel stellt die Reaktanztheorie dar.

2.3.1 Skizzierung der Reaktanztheorie

In der Reaktanztheorie geht es um Freiheit und Widerstand gegen deren Einschränkung (Brehm, 1966). Es ist keine abstrakte Freiheit gemeint, sondern ganz konkrete Freiheiten wie Entscheidungen zwischen unterschiedlichen Alternativen, Verhaltensalternativen, Wahlfreiheit zwischen unterschiedlichen Objekten usw. sind zentral. Die Grundannahme der Theorie besagt, dass Menschen grundsätzlich motiviert sind, ihre Freiheiten zu erhalten. Wenn also bisher verfügbare oder als verfügbar angenommene Verhaltens- oder Ergebnisalternativen blockiert werden, dann entsteht Reaktanz. Reaktanz ist als ein Erregungs- und Motivationszustand definiert, der darauf abzielt, die bedrohte, eingeengte oder blockierte Freiheit wieder herzustellen und wirkt auf mehreren Ebenen. Auf der Verhaltensebene ist der beharrliche Versuch zu beobachten, das bedrohte Verhalten dennoch auszuführen. Ist dies nicht möglich, wird dies indirekt versucht. Wird auch das unterbunden, dann wird auf der kognitiven Ebene mit großer Wahrscheinlichkeit die blockierte Alternative aufgewertet. Auf der emotionalen Ebene kann sich dies als Aggression oder Wut bemerkbar machen. Nach der Theorie schwankt die Stärke der Reaktanz in Abhängigkeit von verschiedenen Bedingungen: Die *Wichtigkeit* der bedrohten Freiheit spielt eine entscheidende Rolle. Je wichtiger die bedrohte Freiheit ist, desto stärker die Reaktanz, desto größer wird der Widerstand sein, diese Freiheit zurückzuerobern. Eine Verhaltensalternative ist natürlich umso wichtiger, wenn es vergleichsweise wenige von ihnen gibt. Auch beeinflusst die *Gewissheit,* eine Freiheit ausüben zu können, die Stärke der Reaktanz. Die *Stärke der Bedrohung* ist eine weitere Determinante der Reaktanzstärke. Die Reaktanzstärke wird schließlich auch durch das *Ausmaß* der Freiheitseinschränkung bestimmt. Welche Implikationen hat beispielsweise ein Verbot für die Zukunft? Es ist ein Unterschied, ob ein absolutes oder ein relatives Verbot ausgesprochen wird, von einer Richtlinie oder einer Forderung die Rede ist. Nach Wortman und Brehm (1975) bleibt Reaktanz so lange erhalten, wie wir erwarten, die Ausübung der Freiheit kontrollieren zu können. Sie wird sich aber dann in Hilflosigkeit wandeln, wenn wir diese Erwartung aufgegeben haben. Unser Widerstand schlägt dann um in Passivität.

2.3.2 Nutzen für Coachingwissen

Aus der Reaktanztheorie geht hervor, dass eine gute überzeugende Argumentation nicht nur von den Inhalten der Argumente abhängt, sondern ebenfalls von der Art und Weise wie sie vermittelt werden und dies in Interaktion mit den Rahmendingungen, die der Klient mitbringt und denen der Gesamtsituation. Reaktanztheoretische Erkenntnisse helfen, die soziale Situation angemessen in Hinblick auf Strukturiertheit und Vorgehen einzuschätzen. Eine Kenntnis der Theorie schärft das Auge für die oft unbewußt in einen professionellen Kontext eingebrachten Auslöser von Widerstand des Klienten. Das Konzept des Widerstands bekommt reaktanztheoretisch betrachtet eine andere Bedeutung und der Blick des Coachs wird nicht auf die Persönlichkeit des Klienten bei der Ursachenanalyse, sondern auf das Bedingungsgefüge des Klienten gelenkt, in dem dieser sich verhält.

2.4 Gruppendynamische Erkenntnisse

Eines der ältesten und traditionellsten Forschungsgebiete der Sozialpsychologie ist die gruppendynamische Forschung. Ihr haben wir die Erkenntnisse darüber zu verdanken, wie Gruppen funktionieren, was sie vorantreibt und was ihre Leistung schmälert oder erhöht (siehe für einen Überblick, Forsyth, 2005). Da Coach und Klient nicht im isolierten Raum arbeiten, sondern beide Personen in einem komplexen Geflecht aus Beziehungen stecken, stellen die Erkenntnisse aus diesem Forschungsgebiet ein wertvolles Analyseinstrument dar, um dieses Beziehungsgeflecht und seine Einflüsse auf das Verhalten des Klienten, aber auch auf das der eigenen Person, zu verstehen und gegebenenfalls Änderungen oder Gegenmaßnahmen in Gang zu setzen. So kann die Methode des Soziogramms eingesetzt werden, um die Sozialstruktur des Klienten zu reflektieren. Dabei können einem Klienten bereits durch die Durchführung dieser Methode Aspekte bewusst werden, die ihm bislang noch nicht aufgefallen sind, die aber dennoch mit seiner Problematik assoziiert sind. Es kann einem Klienten hierdurch beispielsweise bewußt werden, dass er bestimmte Verantwortlichkeiten für sein eigenes Leben nicht übernimmt, oder seine Leistung auf einem Gebiet geringer ausfällt, als möglich und wünschenswert wäre. Ebenfalls schärfen die Kenntnisse aus diesem Bereich das Auge für die Zusammenarbeit unterschiedlicher Gruppenmitglieder – die sogenannte Schnittstellenproblematik wird vielen Coachs aus der Praxis bekannt sein. Mit Hilfe gruppendynamischer

Kenntnisse kann man solche energiebindenden Umstände nicht nur erkennen, sondern auch Maßnahmen zur Gegensteuerung entwickeln.

2.5 Emotionstheorien

In allen bisherigen Ausführungen wurde implizit die Rolle der Emotionen erwähnt. Die Emotionsforschung macht die Emotionen einer Person zu ihrem zentralen Forschungsgebiet und auch hier finden sich weiterführende Kenntnisse zum Coachingwissen. Emotionen sind ein grundlegender, notwendiger Bestandteil unseres Erlebens und unserer Identität. Ein Leben ohne Emotionen ist undenkbar. Kinder und Jugendliche, auch erwachsene Menschen, nehmen ihre Gefühle als sichere Zeichen dessen wahr, wie sie sich zu verhalten haben, was richtig und was falsch ist, ohne sich Gedanken darüber zu machen, dass Gefühle möglicherweise nicht ganz so natürliche Ausdrucksformen sind. Emotionstheorien helfen unsere kulturellen Auffassungen von Gefühlen und deren Auswirkungen zu reflektieren. So treffen wir in unserer Gesellschaft häufig auf die Auffassung, ausgehend von Vorstellungen aus der Romantik, dass Gefühle als Ausdruck unseres wahren Selbsts, einer tieferen Wahrheit, empfunden werden und erst dann richtige Gefühle sind, wenn sie leidenschaftlich, also intensiv, sind. Gefühle werden als Gegensatz zum Verstand konzeptualisiert und da sie Teil unseres wahren Selbsts sind, sollten wir ihnen gehorchen, nicht dem Verstand, so die öffentliche Meinung: Die Macht der Träume und Gefühle wird in unserem kulturellen Kontext der Profanität des Verstandes gegenübergestellt (McCrone, 1994).

In der Sozialpsychologie gibt es eine Reihe interessanter Theorien zu entdecken, welche uns zu dem Schluss führen, dass das Zustandekommen von Emotionen differenziert zu betrachten ist. Die Theorien widersprechen sich. Manche kommen zu dem Schluss, dass unsere Gefühle unser Verhalten und unsere Gedanken lenken (bspw. Zajonc, 1984). Es ist jedoch schwierig mit einer solchen Auffassung komplexere Gefühle zu erklären. Andere Theorien postulieren, dass ohne Gedanken bestimmte Gefühle undenkbar wären und Gefühle mit bestimmten Kognitionen notwendigerweise zusammenhängen sollten (Ellis, 1994). Oder aber sie nehmen an, dass unsere Gedanken, unsere Gefühle oder unser Verhalten oder aber alles untrennbar miteinander zusammenhängt wie Ellis es in seiner Reformulierung verdeutlicht (Ellis & Hoellen, 1999).

2.5.1 Nutzen für Coachingwissen

Auf diese wissenschaftliche Debatte soll hier nicht näher eingegangen werden. Wichtig für den vorliegenden Anwendungsbezug ist die Erkenntnis, dass Gefühle nicht einfach aus dem Bauch heraus entstehen, sondern dass sie mit anderen Komponenten unserer Person verbunden sind, nämlich mit unseren Gedanken und unseren Verhaltensweisen, dem kulturellen Hintergrund. In den vorgestellten attributionalen Ansätzen ist dieses Konzept von Emotionen bereits enthalten.

Dass es insbesondere für Personen in Unterstützungssettings wichtig ist, ihre Konzeptionen von Emotionen zu überprüfen, ist naheliegend, denn sie arbeiten mit und an den Gefühlen ihrer Klienten und werden ebenfalls von ihren eigenen Gefühlen geleitet (siehe Anschnitt 2.1.2). Ein Wissen über die Zusammenhänge zwischen Denken, Fühlen und Verhalten kann Alltagstheorien hierzu revidieren und den Lösungsraum für Probleme erhöhen und zwar auf Seite des Coachs wie auf Seite des Klienten.

3 Coaching als soziale Situation: Relevanz einer sozialpsychologischen Perspektive für Coachingwissen

Sozialpsychologische Forschung hat verschiedene Wissensstränge über Interaktionen zwischen Menschen und deren Folgen geschaffen. Dieses Wissen bezieht immer die Wechselwirkungen zwischen Kontexten (Situation, Kultur) und Interaktion mit ein, so dass wir hier einen Wissensfundus vorfinden, der aus zahlreichen differenzierten Erkenntnissen besteht. Wie jede Forschung, die nicht einfaches, sondern komplexes Denken voranbringt, kann sozialpsychologisches Wissen in Bezug auf Coaching nicht in einfacher Form angewendet werden, sondern seine Anwendung bedarf einer differenzierten Analyse und setzt voraus, dass eine Person, die auf dieser Wissensbasis handeln möchte, sich nicht auf Routinen – ein festes Programm – verlässt, sondern vielmehr theoriegeleitet und evidenzbasiert an die Zusammenarbeit mit einem Klienten herangeht. Völlig verfehlt wäre es aufgrund von Erfahrungen, die man mit Klienten hat, sozialpsychologisches Wissen in Form von Entscheidungsbäumen oder Flußdiagrammen anzuwenden. Angemessen dem Wissenstand in der Sozialpsychologie wäre es in der Einzelarbeit so vorzugehen, wie es von Reid und Fortune (2006) als task-centered practice bezeichnet wird, allerdings theoriegesteuert. Es ist wichtig in der Arbeit als Coach immer wieder von den eigenen Erfahrungen zu abstrahieren und unvoreingenommen bestimmte Hypothesen über die Effizienz des weiteren Vorgehens einzunehmen. Die hier aufgeführten sozialpsychologischen Forschungsbereiche geben nur einen sehr kleinen Einblick in die Fülle der Grundlagen und Anwendungsmöglichkeiten, welche die Sozialpsychologie bietet, um sowohl die soziale Situation des Coachings realitätsnah zu analysieren und kritisch zu reflektieren als auch den Klienten zu unterstützen sich seinem Ziel anzunähern.

Vor allem bieten viele der Theorien Anregungen, um die Verantwortungsübernahme der in das Coaching involvierten Personen zu erhöhen. Ein sozialpsychologisch geschulter Blick sucht die Ursachen von problematischen Prozessverläufen nicht in den Persönlichkeiten der involvierten Personen, sondern bezieht das gesamte Bedingungsgefüge mit ein. Eine Analyse eines solchen Bedingungsgefüges legt die Veränderung mancher „Stellschrauben" nahe, so dass diese Art der Problemlösung eine hohe Selbstwirksamkeit impliziert.

3.1 Aktuelle Forschungsprojekte zum Coaching und Sozialpsychologie

Sozialpsychologisches Wissen bringen wir aktuell in zwei Forschungsprojekte ein, die relevante Elemente des Coachings aufweisen. In einem Patenschaftsprojekt, dem Schülerhilfeprojekt Essen, begleiten Studierende ein Jahr lang ein Kind im Grundschulalter, das aufgrund benachteiligter Verhältnisse soziale, emotionale oder kognitive Defizite aufweist (Kuck et al., 2007). Hier werden die Studierenden in kleineren Gruppen gecoacht, um die mitunter schwierigen Situationen bewältigen zu können, sie lernen aber auch wiederum Coachingwissen, das sie an die Schüler weitergeben (siehe für einen Überblick del Monte, 2007). Ein anderes Projekt dient der Reintegration von Jugendlichen mit Schulverweigerungsproblematik in die Schule (Weber et al., 2008). Rein klientenzentriert wird diese schwierige Schnittstelle zwischen Jugendpsychiatrie, Elternhaus, Jugendamt und Schule behandelt, wobei je nach Fall unterschiedliche Modelle für die Interaktionsgestaltung hinzugezogen werden. Für das Schülerhilfeprojekt liegen mittlerweile genug Evaluationsdaten vor, um sagen zu können, dass sich die Arbeit für die Kinder auszahlt: Sie werden fröhlicher, selbstbewußter, explorationsfreudiger und oft auch leistungsstärker in der Schule (Maas & Steins, 2008). Momentan untersuchen wir gezielt, wie sich die Einbindung von Emotionstheorien in das Coaching der Studierenden auf diese selber und auf die Kinder auswirkt. Die Ergebnisse liegen jedoch frühestens in einem Jahr vor. Aussagekräftige Ergebnisse zum zweiten Projekt liegen noch nicht vor. Beide Projekte sind sich insofern ähnlich, als dass sie von Überlegungen gesteuert werden, welche auf sozialpsychologischem Wissen beruhen und dieses in die Verbesserung des Unterstützungssettings einfließt.

3.2 Benutzerfreundlichkeit sozialpsychologischen Wissens

Es gab in der Vergangenheit einige Versuche, sozialpsychologisches Wissen stärker mit der therapeutischen Praxis zu verknüpfen. So hat Brehm 1976 versucht, sehr detailliert und untermauert durch empirische Studien und Experimente die Bedeutsamkeit sozialpsychologischer Grundlagenforschung für die therapeutische Situation und klientenzentriertes Vorgehen herauszuarbeiten. Dieses Werk gehört bestimmt zu einigen der lesenwertesten Bücher angewandter Sozialpsychologie, doch hat es niemals die Bedeutung eines Standardwerks für die Ausbildung von Personen in Unterstützungssettings bekommen. Ebenfalls erleiden andere Werke in dieser Richtung ein ähnliches Schicksal, wie beispielsweise das Werk über den Zusammenhang zwischen Attributionstheorien und kognitiver Therapie von Försterling 2001. Eine Erklärung hierfür könnte sein, dass sozialpsychologisches Wissen deshalb oft nur zufällig und nicht systematisch in die Ausbildung von Professionen in Unterstützungssettings eingebracht wird, weil dieses Wissen durch seine Komplexität nicht klare und eindeutige Handlungsrichtlinien vorgibt. Aus der Sozialpsychologie gehen keine Rezepte hervor, auch keine einfache Grundregeln, die man unterschiedslos auf alle Individuen anwenden könnte. Sozialpsychologisches Wissen beinhaltet die komplexen Wechselwirkungen zwischen Umwelt und Person und die Erkenntnis, dass Verhalten von einem komplexen Bedingungsgefüge abhängt. Die notwendige Unklarheit in der konkreten Anwendung ist der Komplexität sozialer Situationen angemessen und reduziert die Wahrscheinlichkeit voreiliger Schlüsse und Handlungen, wird aber von außen nicht gerade als „benutzerfreundlich“ wahrgenommen.

Ich hoffe, dass ich mit diesem Beitrag verdeutlichen konnte, welcher Nutzen in dieser Disziplin für Coachingwissen steckt und vor allem, dass klare Richtlinien nicht unbedingt wahre Richtlinien sind.

Literatur

Brehm, J. (1966): A theory of psychological reactance. New York: Academic Press.

Brehm, S. (1976): The application of social psychology to clinical practice. New York: John Wiley & Sons.

Del Monte, M. (2007): Systemisches Coaching im Schülerhilfeprojekt. In: Kuck, E. et al. (2007): 88-113.

Ellis, A. (1994): Reason and emotion in psychotherapy, A comprehensive method of treating human disturbances. New York: Birch Lane Press.

Ellis, A., & Hoellen, B. (2005): Die rational-emotive Verhaltenstherapie – Reflexionen und Neubestimmungen. München: pfeiffer.
Försterling, F. (2001): Attribution. An introduction to theories, research, and applications. Hove: Psychology Press.
Forysth, D.R. (2005): Group dynamics. Bonn: Brooks/Cole, Wadsworth.
Juvonen, J. (2000): The social functions of attributional face-saving tactics among early adolescents. In: Educational Psychology Review, 12.2000. 15-32
Kelley, H.H. (1967): Attribution theory in social psychology. In: Levine, D. (1967): 192-238.
Kuck, E., Maas, M., del Monte, M., Parker, B., & Steins, G. (2007): Pädagogische Arbeit als Beziehungsarbeit. Entwicklungsförderung benachteiligter Grundschulkinder in einem Essener Patenschaftsprojekt. Berlin: Pabst Science Publishers.
Maas, M. & Steins, G. (2008): Zur Förderung sozialer Kompetenzen – eine bindungstheoretische Refexion des Essener Schülerhilfeprojekts. In Rohlfs, C., Harring, M. & Palentien, C. (2008): (34-352). Wiesbaden: VS Verlag für Sozialwissenschaften.
Marrow, A.J. (1977): Kurt Lewin – Leben und Werk. Stuttgart: Klett-Cotta.
McCrone, J. (1994): The myth of irrationality. New York: Carrol & Graf.
Reid, W.J., & Fortune, A.E. (2006). Task-centered practice. An exemplar of evidence-based practice. In Roberts, A.R., & Yeager, K.R. (2006): 194-203.
Steins, G. (2005): Sozialpsychologie des Schulalltags. Stuttgart: Kohlhammer.
Steins, G. (2005): Empathie. In H. Weber & T. Rammsayer: (467-475). Göttingen: Hogrefe.
Steins, G. (2006): Perspektivenübernahme. In H.-W. Bierhoff & D. Frey: (471-476). Göttingen: Hogrefe.
Steins, G. (2007): Sozialpsychologie des Körpers. Stuttgart: Kohlhammer.
Steins, G. (2008): Schule trotz Krankheit. Eine Evaluation von Unterricht mit kranken Kindern und Jugendlichen und ihre Implikationen für die allgemeinbildenden Schulen. Berlin: Pabst Science Publishers.
Steins, G. & Weiner, B. (1999): The influence of perceived responsibility and personality characteristics on the emotional and behavioral reactions to persons with AIDS. In: Journal of Social Psychology, 139.1999. 487-495
Weber, P.A., Steins, G., Haep, A., & Brendgen, A. (2008): Entwicklung weiterführender Maßnahmen. In Steins, G. (2008): 318-356.
Weiner, B. (2000): Intrapersonal and interpersonal theories of motivation from an attributional perspective. In: Educational Psychology Review, 12.2000. 1-14
Weiner, B. (2006): Social motivation, justice, and the moral emotions. An attributional approach. New Jersey: Lawrence Erlbaum Associates.
Zajonc, R.B. (1984): On the primacy of affect. American Psychologist, 39.1984. 117-123.

Die inhaltsanalytische „Vermessung“ von Coachingprozessen

Harald Geißler

1 Ausgangslage und Anliegen

Die bisherige Geschichte von Coaching ist zweifellos eine Erfolgsgeschichte. Das ist für viele ein Anlass, auch weiterhin auf eine positive Zukunft zu setzen. Aber es gibt auch kritische Stimmen. Sie weisen darauf hin, dass Coaching – gerade wegen seines Erfolgs – zu einem Catch-all- bzw. Containerbegriff geworden ist und in Gefahr steht auszubrennen (Geißler 2007). Diese Sorge erscheint berechtigt und führt zu der Frage, welche Konsequenzen mit Blick auf eine positive Zukunft zu ziehen sind. Um sie begründet zu beantworten, ist es notwendig, zunächst einmal auf die historischen Anfänge zu schauen und die bisherige Entwicklungsdynamik zu rekonstruieren.

Wirft man einen Blick auf die „Frühgeschichte“, also sozusagen auf die „Geburt“, „Kindheit“ und „Jugend“ von Coaching, fällt auf, dass Coaching seine Existenz nicht der „Elternschaft“ einer Theorie-Praxis-Verbindung verdankt, sondern ganz und gar ein Kind der Praxis ist. Für seine Entstehung waren die spezifischen sozio-ökonomischen Kontextveränderungen der 80er und 90er Jahre des letzten Jahrhunderts entscheidend. Sie lassen sich mit Verweis auf den globalisierungsbedingten Flexibilisierungs-, Innovations-, Kosten- und Qualitätsdruck privatwirtschaftlicher und öffentlicher Organisationen, auf die Individualisierung der Gesellschaft sowie auf die Resubjektivierung der Arbeit umreißen. Es waren Veränderungen, die neue Bedarfe personenorientierter Beratung generierten und damit den Boden für eine Neuentwicklung ermöglichten: Coaching. Dass sich diese Innovation am Markt schnell prächtig entwickelte, lag nicht nur an der veränderten Bedarfslage, sondern gleichermaßen auch daran, dass Coaching sich – zumindest in seinen Anfängen – nicht als eine spezifische *Methode*, sondern als ein bestimmtes *Setting* definierte. Seine zwei zentralen Merkmale waren ein von der Organisation bezahltes Vier-Augen-Gespräch für Führungskräfte über berufliche Themen in Verbindung mit strikter Verschwiegenheit des Coachs (vgl. Looss 1991).

Dieser Ansatz, d.h. der Verzicht auf ein methodisch begründetes Selbstverständnis stieß von Anfang an auf Kritik vor allem von Seiten wissenschaftlicher Reflexion. Es wurde darauf hingewiesen, dass es nicht ausreicht, sich deklamatorisch gegen Psychotherapie, Einzeltraining und Expertenberatung abzugrenzen, sondern dass es notwendig ist, diese Abgrenzung mit Hinweis auf die Methoden, die für Coaching konstitutiv sind, substantiell zu konkretisieren. Ökologisch, d.h. mit Blick auf die sozio-kulturelle und vor allem wirtschaftliche Entwicklung hingegen erwies sich die Entscheidung, zumindest in der Frühentwicklung Coaching als Setting und nicht als Methode zu definieren, aber als goldrichtig: Denn mit dieser Entscheidung bot sich Coaching als ein *Container-Begriff* für unterschiedlichste methodische Füllungen an mit der Folge, verschiedensten Personengruppen – d. h. Trainern, Beratern und Psychotherapeuten mit unterschiedlichsten berufsbiographischen Hintergründen und konzeptionellen Vorstellungen – eine attraktive Marktnische anzubieten.

In dem so entstehenden und sich bald verschärfenden Verdrängungswettbewerb spielte Selbstmarketing durch Publikationen eine zentrale Rolle. Das dabei verfolgte strategische Ziel war, wie ein Pionier beim Betreten eines neuen Kontinents, möglichst viel Gelände mit eigenen „Flaggen“ zu markieren. Es erschien deshalb wichtig, mit Rückgriff auf wissenschaftliche Theorien, die oft wie ein Steinbruch genutzt wurden, konzeptionelles Eigentum anzumelden. Auf diese Weise entstand eine evolutionäre Dynamik, die sich dadurch auszeichnete, dass einerseits versucht wurde, innerhalb des ursprünglichen Settings Coaching mit Bezug auf – möglichst vermarktungsattraktive – Methoden zu spezifizieren, und andererseits die Grenzen dieses Settings zu sprengen, indem man nicht mehr nur Einzelcoaching, sondern auch Gruppen- bzw. Teamcoaching anbot, indem man neben freiwilligem Coaching auch verordnetes Coaching zuließ, indem man Führungskräften empfahl, ihre Mitarbeiter zu coachen, was nur möglich ist, wenn die Verschwiegenheitsverpflichtung des Coachs aufgeweicht wird, und indem man die Begrenzung auf die Zielgruppe der Führungskräfte und auf berufliche Thematiken als obsolet erklärte (vgl. Greif 2008, Lippmann 2006, Migge 2005, Rauen 2005).

Diese Entwicklung lässt sich nicht zurückdrehen. Und das wäre auch nicht sinnvoll, denn es war eine positive Entwicklung, weil es in einer grandiosen Erfolgsgeschichte gelungen ist, Coaching zu einer Realität zu machen, die man sich nicht mehr wegdenken kann. Aber mindestens genauso sinnvoll ist es, sie nicht – nach dem Motto „mehr-desselben“ – einfach fortschreiben zu wollen. Denn das würde zu einem gefährlichen Wildwuchs führen. Bildlich ausgedrückt: Coaching hat die Entwicklungsphase seiner Kindheit und Jugend hervorragend gemeistert und steht nun an der Schwelle des „Erwachsen-werdens“ mit der Entwicklungsaufgabe einer diversifizierten professionellen Profilbildung. Ein erster Schritt in diese Richtung müsste sein, gegenüber der dschungelhaft unübersichtlich-wildwüchsigen Pluralität der vorliegenden Theorien bzw. Konzepte und Praktiken – quasi wie aus der Adlerperspektive – einen klärenden und wegweisenden *Meta-Standpunkt* (vgl. Birgmeier 2006, 185ff.) einzunehmen und zu kultivieren.

Es bietet sich an, bei der Begründung eines solchen Meta-Standpunkts für die „Vermessung“ des aktuellen Praxisdschungels, d. h. der komplexen Gemengelage von Coaching und coachingverwandten Praxen, die doppelte Polarität von *Nondirektivität/Prozessberatung versus Direktivität/Expertenberatung* (Schein 2000) und *Selbstthematisierung versus Kontextthematisierung* (Greif 2008) zu wählen.

Der Anspruch des vorliegenden Artikels ist es, auf diesen Praxisdschungel ein strukturierend-klärendes Licht zu werfen und kritisch bilanzierend diejenigen Ergebnisse der kraftvoll-expansiven, aber auch wildwüchsig verlaufenden Entwicklungsgeschichte zu ermitteln, die Aussichten auf eine positive Weiterentwicklung versprechen. Dabei wird auf eine spezielle Quelle zurückgegriffen, nämlich auf die Audioaufnahmen von Coachingprozessen, die Coaches der Forschungsstelle Coaching-Gutachten (www.coaching-gutachten.de) eingereicht haben. Ihr besonderer Wert besteht nicht nur darin, in einem anspruchsvollen Prüfverfahren als gut oder sehr gut bewertet worden zu sein, sondern auch, dass sie die konzeptionelle Breite und Pluralität der aktuellen Coachingpraxis abdecken.

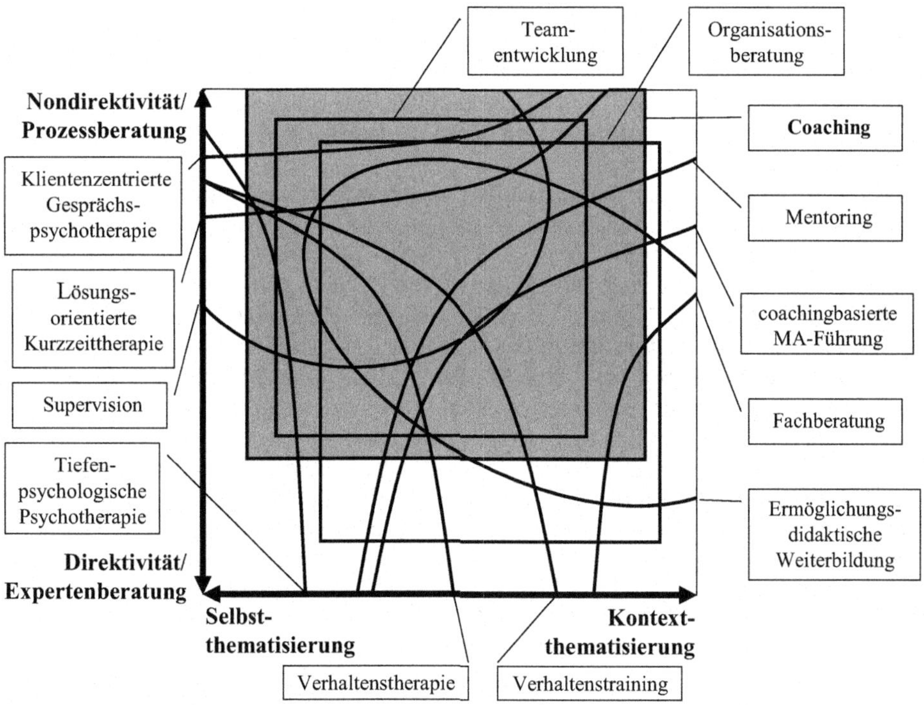

Abbildung 1: Coaching und seine Nachbarpraxen

Methodologische Vorüberlegungen

Mit Blick auf die oben umrissene Ausgangslage soll im Folgenden versucht werden, ein Kategoriensystem zu entwickeln, mit dem Coachingprozesse und coachingverwandte Prozesse angemessen erfasst und analysiert werden können. Angesichts des mangelnden konzeptionellen Konsenses im Diskurs über Coaching kann ein solches Kategoriensystem nur partiell aus den vorliegenden Theorien abgeleitet werden, d. h. es muss in wesentlichen Teilen *inhaltsanalytisch* in Auseinandersetzung mit der – nicht minder pluralen und unübersichtlichen – Praxis induktiv entwickelt werden.

Bei diesem Vorhaben werden im Folgenden zwei Vorannahmen bezüglich des *Verhältnisses von Theorie und Praxis* zugrunde gelegt. Die erste ist, dass die Erzeugung von Coaching als spezifischer Sozialpraxis immer theoriegeleitet ist in dem Sinne, dass vor allem das Handeln des Coachs durch explizite Theorien geprägt ist, d. h. durch Bücher und Aufsätze, die er gelesen hat und die ihn überzeugt haben, und durch Aus- und Fortbildungen, in denen ihm erklärt und vor allem gezeigt wurde, wie man coacht. Zu diesen expliziten kommen implizite Theorien hinzu, nämlich die durch Erfahrung gewonnenen und vielfach überarbeiteten Überzeugungen, Vorlieben und Abneigungen sowie Verhaltensregeln und -routinen, die nicht immer leicht bewusst gemacht werden können, aber trotzdem und gerade deshalb das Handeln des Coachs um so tiefgreifender prägen. Die zweite Vorannahme bezüglich des Verhältnisses von Theorie und Praxis bezieht sich auf die empirische

Beobachtung und Analyse von Coaching durch Wissenschaftler oder Supervisoren, z. B. bei der Fortbildung von Coaches. Denn zu der Coach-Klient-Dyade kommt hier eine dritte Person hinzu: der distanziert reflektierende Beobachter. Genauso wie das Handeln des Coachs sind auch seine Aktivitäten durch explizite und implizite Theorien geprägt. Sie beeinflussen die Wahl der Kategorien, mit denen der Coachingprozess erfasst wird, und das so entstehende Bild von Coaching.

Diese Erkenntnis ist für die qualitative Sozialforschung im Allgemeinen und insbesondere für die qualitative Inhaltsanalyse grundlegend (vgl. Bilanzic/Koschel/Scheufele 2001, Lamnek 2005, 478-546). Ihr Anspruch ist es, den Besonderheiten der zu untersuchenden Sozialpraxis hinreichend Rechnung zu tragen und sie nicht dadurch einzuebnen, dass ausschließlich aus der Theorie – *deduktiv* – Untersuchungskategorien entwickelt werden, die dann anschließend an die Praxis herangetragen werden. Stattdessen werden die Untersuchungskategorien auf der Grundlage des expliziten und impliziten Vorwissens des Untersuchenden in engster Auseinandersetzung mit dem vorliegenden Praxismaterial – *induktiv* – rekonstruiert.

Angesichts der eingangs angesprochenen Tatsache, dass momentan konzeptionell strittig ist, was Coaching eigentlich ist, d. h. welche Merkmale für Coaching konstitutiv sind, erscheint für die Erfassung und Analyse von Coachingprozessen ein solches vorwiegend induktives Vorgehen geboten. Mit anderen Worten: Es erscheint verfrüht bzw. nicht unproblematisch, ähnlich wie z. B. Schiepek u. a. (1997) vorzugehen, die ein Codierinstrument für ressourcenorientierte Gesprächsführung in der Psychotherapie entwickelt haben und deren Untersuchungsmethode darin besteht, von einer speziellen psychotherapeutischen Richtung bzw. Schule, nämlich der sogenannten „lösungs- und ressourcenorientierten Kurzzeittherapie“, ausgehend Kategorien (Items) zu entwickeln, die anschließend für die Beobachtung und Kodierung von Therapiegesprächen eingesetzt werden. Bei der Entwicklung der Kategorien ist dabei der methodische Gedanke leitend, dass sie für Ratings genutzt werden sollen. Konkret: Es wurden 23 Items entwickelt, die mit Blick auf die Rater im 60-Sekunden-Takt bestimmen sollten, wie intensiv jedes dieser 23 Items – auf einer fünfstufigen Skala – ausgeprägt war. Solange kein hinreichend breiter Konsens darüber vorliegt, was Coaching charakterisiert und mit welchen Kategorien es angemessen erfasst werden kann, ist ein solches Vorgehen für die Evaluation von Coachingprozessen problematisch.

Wenn alternativ hierzu im Folgenden auf die Methode einer *hermeneutischen Inhaltsanalyse* gesetzt wird, korrespondiert diese Entscheidung mit der Präferenz für das Paradigma des *gemäßigten Konstruktivismus*. Es charakterisiert sich durch die erkenntnistheoretische Vorannahme, dass die Wirklichkeit in unserem Bewusstsein individuell rekonstruiert werden muss, und zwar auf der Grundlage unserer biologischen Ausstattung, individuellen Lebensgeschichte und kulturellen Prägungen. Im Gegensatz zum radikalen Konstruktivismus wird dabei allerdings davon ausgegangen, dass diese Rekonstruktionen nicht gänzlich an die jeweiligen Bedingungen des rekonstruierenden Subjekts gebunden sind, sondern dass ihm die Widerständigkeit einer Wirklichkeit gegenübersteht, die mit geeigneten „semantischen Netzen“ zumindest in Ansätzen intersubjektiv allgemeingültig und in diesem Sinne „objektiv“ eingefangen werden kann (Petzold 2007, 48 ff.). Denn nur so besteht Hoffnung, ein allgemeingültiges Kategoriensystem für die Erfassung von Coachingprozessen und coachingverwandten Prozessen rekonstruieren zu können.

Die auf dem gemäßigten Konstruktivismus fußende Vorannahme einer wechselseitigen Begründung von Praxis durch Theorie und Theorie durch Praxis bindet die Wissenschaft und insbesondere Evaluationsforschung im Sinne von *Handlungsforschung* (vgl.

Kordes 1995) an die Verpflichtung, sich auch an den vorliegenden Interessen und Bedarfen der Praxis zu orientieren (siehe Abschn. 4). Eine so selbstverpflichtete inhaltsanalytische Rekonstruktion eines Kategoriensystems für die Erfassung und Analyse von Coachingprozessen und coachingverwandten Prozessen kommt den Ansprüchen nahe, die Stober/Grant (2006) mit dem Konzept des „*evidence based coaching*“ formuliert haben, nämlich eine Forschung zu betreiben, die – trotz großer forschungsmethodischer Strenge – sich letztlich den ethisch reflektierten Bedarfen der Praxis verpflichtet fühlt.

2 Inhaltsanalytische Rekonstruktion eines Kategoriensystems für die Erfassung und Analyse von Coachingprozessen und coachingverwandten Prozessen

Der Erkenntnis eines wechselseitigen Begründungszusammenhangs von Theorie und Praxis folgend muss davon ausgegangen werden, dass jede inhaltsanalytische Rekonstruktion theoriegeleitet ist und dass es ein Gebot wissenschaftlicher Redlichkeit ist, die dabei zugrunde gelegten Theorien aufzudecken. In diesem Sinne ist es für das hier vorzustellende Vorhaben erkenntnisleitend, Theorien zugrunde zu legen, die mit Blick auf die Pluralität der vorliegenden Coachingtheorien den Status allgemein konsentierter oder konsensfähiger Theoreme haben.

Ein erstes solches Theorem kann in der Handlungs- bzw. Kommunikationstheorie von Jürgen Habermas (1981) und der Erkenntnis gefunden werden, dass Kommunikations- und damit auch Coachingprozesse eine bestimmte Grundstruktur haben, nämlich aus *illokutionären* und *propositionalen Kommunikationsakten* bestehen. Propositionale Akte bestimmen dabei den Inhalt der Kommunikation und illokutionäre Akte regulieren die Beziehung des Aktors einerseits zu seinem Ko-Aktor und andererseits zu dem Inhalt der Kommunikation.

Ein zweites ebenfalls konsensfähiges Theorem kann der Systemtheorie Luhmanns (2000) entnommen werden, nämlich die Erkenntnis, dass Coaching wie jeder organisational bedingte Prozess aus *Entscheidungen* besteht, d. h. dass Aktoren in Organisationen und ihrem Umfeld ständig, ob sie wollen oder nicht, in bestimmten logisch – nicht psychologisch – vorgegebenen Dimensionen Entscheidungen fällen müssen.

Verbindet man das erste mit dem zweiten Theorem, wird erkennbar, dass Coaches in zwei Hauptdimensionen, nämlich bezüglich ihrer illokutionären und propositionalen Akte ständig Entscheidungen treffen müssen. Wie im Folgenden zu zeigen sein wird, bedürfen diese beiden Hauptdimensionen noch weiter gehender Aufschlüsselung, die aufgrund der Besonderheiten, die für Coaching konstitutiv sind, notwendig sind.

Eine erste Besonderheit besteht darin, dass für die illokutionären Akte von Coaches eine bestimmte *Intentionalität* konstitutiv ist, nämlich dem Klienten bei der Bewältigung seiner Problematik bzw. Herausforderung zu helfen, und zwar so, dass diese Hilfe möglichst weitgehend eine „Hilfe zur Selbsthilfe“ (vgl. Schein 2000, S. 24ff.) ist. Konkret heißt das: Die illokutionären Akte des Coaches müssen intentional auf Aktivitäten des Klienten ausgerichtet sein, mit denen dieser seine vorliegende Herausforderung bzw. Problematik, auf die der Coach mittels seiner propositionalen Akte Bezug nehmen muss, möglichst eigenständig und erfolgversprechend bearbeiten kann. In diesem Sinne muss der Coach hinsichtlich seiner illokutionären Akte Entscheidungen in zwei Dimensionen fällen: Er muss entscheiden,

- mit welchem illokutionären Akt er den Klienten anspricht (siehe Abb. 2: A-Dimension),
- und welche mentale Aktivität er auf diese Weise beim Klienten anregen will (siehe Abb. 2: B-Dimension).

Aber auch bei den propositionalen Akten weist Coaching Besonderheiten auf, bezüglich derer in der vorliegenden Coachingliteratur Konsens besteht. Sie bestehen darin, dass es für Coaching wichtig ist, den Blick des Klienten, mit dem er seine Herausforderung bzw. Problematik thematisiert,

- in eine bestimmte zeitliche Richtung (d.h. auf die Gegenwart, Vergangenheit oder Zukunft) (siehe Abb. 2: D-Dimension),
- und auf einen bestimmten Realitätsmodus (Faktizität versus Kontingenz) (siehe Abb. 2: G-Dimension) zu lenken.
- Nicht minder wichtig ist der Standpunkt, von dem aus der Klienten auf seine vorliegende Herausforderung bzw. Problematik schauen soll. Hier sind in zwei Dimensionen Entscheidungen zu fällen, nämlich
  - bezüglich des sozialen Standpunkts (siehe Abb. 2: E-Dimension)
  - und bezüglich des zeitlichen Standpunkts (siehe Abb. 2: F-Dimension).
- Und schließlich stellt sich immer auch die Frage einer wertenden Stellungnahme (siehe Abb. 2: H-Dimension).

Zusammenfassend lässt sich feststellen, dass Coaches also in acht Dimensionen Entscheidungen fällen müssen. D. h. in jedem Moment muss der Coach entscheiden,

A) welche Aktivität er wählt, um seine Beziehung zum Klienten zu gestalten,
B) welche mentalen Aktivitäten er beim Klienten hinsichtlich der Reflexion seiner Problematik bzw. Herausforderung anregen will,
C) welche Anregungen er dem Klienten geben will hinsichtlich der Frage, welche Aspekte bzw. Segmente seiner Coachingthematik er momentan in den Vordergrund rücken soll,
D) welche Anregungen er dem Klienten geben will hinsichtlich der Frage, wie er das, was er als Coachingthematik reflektieren will, zeitlich positionieren soll,
E) welche Anregungen er dem Klienten geben will hinsichtlich der Frage, welchen sozialen Betrachtungsstandpunkt er bei der Reflexion seiner Coachingthematik wählen soll,
F) welche Anregungen er dem Klienten geben will hinsichtlich der Frage, welchen zeitlichen Betrachtungsstandpunkt er bei der Reflexion seiner Coachingthematik wählen soll,
G) welche Anregungen er dem Klienten geben will hinsichtlich der Frage, welchen Realitätsstatus (Faktizität versus Kontingenz) er für seine Thematik wählen soll,
H) und welche wertende Rahmung er dem Klienten für das nahelegen soll, was zur Reflexion ansteht.

Korrespondierend dazu muss der Klient in jedem Moment des Coachingprozesses entscheiden,

A') wie er die Beziehung zum Coach gestaltet und welche Aktivitäten er dabei wählt,
B') mit welchen mentalen Aktivitäten er seine Problematik bzw. Herausforderung bearbeiten will,
C') welche Aspekte bzw. Segmente seiner Coachingthematik er momentan in den Vordergrund rückt,
D') wie er das, was er betrachtet, zeitlich positioniert,
E') von welchem sozialen Standpunkt aus er seine Reflexion durchführt,
F') von welchem zeitlichen Standpunkt aus er seine Reflexion durchführt,

G’) welchen Realitätsmodus er seiner Reflexion zugrunde legt,
H’) welche Bewertung er vornimmt.

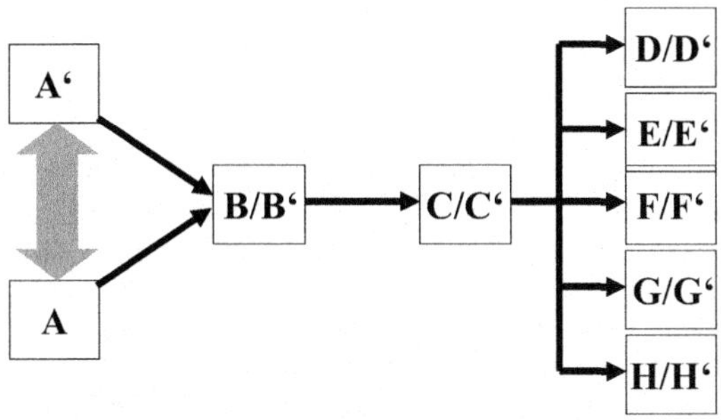

Abbildung 2: Die Struktur der acht Dimensionen, in denen Coaches und Klienten Entscheidungen fällen müssen

Für jede dieser acht Dimensionen ist es wesentlich, dass sich mehrere Entscheidungsmöglichkeiten anbieten. Ein Teil von ihnen (Dimension D, F, G, H) lässt sich *logisch deduzieren*. Ein anderer Teil (Dimension A/A’, B/B’ und C/C’) zeichnet sich dadurch aus, dass er inhaltsanalytisch in Auseinandersetzung mit dem vorliegenden empirischen Material und der Coachingtheorie rekonstruiert werden muss. Auf diese Weise konnten folgende 56 inhaltsanalytische Kategorien rekonstruiert werden. (Die in eckigen Klammern stehenden Zeilen dienen dem besseren Verständnis und sind keine Kategorien.)

A Aktivitäten des Coachs, mit denen er die Beziehung zum Klienten gestaltet

- A1 – C. signalisiert Aufmerksamkeit bzw. Wertschätzung
- A2 – C. fragt
- A3 – C. spiegelt
- A4 – C. gibt sich selbst zu erkennen (Selbstoffenbarungen)
- A5 – C. stellt Aussagen des K. in Frage, konfrontiert/kritisiert K.
- A6 – C. bietet Erklärungen, Interpretationen, Prognosen, Handlungs-/Entscheidungsmöglichkeiten an
- A7 – C. gibt Feedback
- A8 – C. liefert Informationen zur Coachingthematik
- A9 – C. reflektiert, plant, vereinbart mit K. Vorgehensweise
- A10 – C. fordert K. zu bestimmten Aktivitäten auf

B Formale Klienten-Aktivitäten, die durch die C.-Aktivitäten angeregt werden

[B1 – K. wird veranlasst, etwas zu fokussieren]
- B1.1 – K. wird veranlasst, gedanklich etwas zu fokussieren

- B1.2 – K. wird veranlasst, Konkretisierungen, Blickwinkelerweiterungen, Detail- oder Zeitlupenbetrachtungen durchzuführen
- B1.3 – K. wird veranlasst, zu etwas hinzufühlen

[B2 – K. wird veranlasst, etwas zu analysieren]
- B2.1 – K. wird veranlasst, Unterscheidungen vorzunehmen bzw. Verschiedenes in Beziehung zu setzen
- B2.2 – K. wird veranlasst, Geschehensablauf zu reflektieren
- B2.3 – K. wird veranlasst, Ursachen bzw. Kausalitäten zu reflektieren
- B2.4 – K. wird veranlasst, Relevanzen/Bedeutungen/Sinn zu reflektieren

[B3 – K. wird veranlasst, etwas zu bewerten]
- B3.1 – K. wird veranlasst, qualitativ zu bewerten
- B3.2 – K. wird veranlasst, komparativ (quantitativ) zu bewerten

- B4 – K. wird veranlasst, Handlungsvorsätze und -entschlüsse zu entwickeln bzw. zu stärken

C/C' Referenzobjekt, auf das sich die formalen Klienten-Aktivitäten beziehen

[C1 – Referenzobjekte, die sich auf die Problemsituation des K. beziehen]
- C1.1 – allgemeine Problematik
- C1.2 – sich auf die Problemsituation beziehende K.-Intention
- [C1.3 – Bedingungen der Problemsituation]
  - C1.3.1 – sich undifferenziert auf K. und seinen Kontext beziehende Bedingungen der Problemsituation
  - C1.3.2 – Beobachtungen, Wissen, Vorannahmen, Gedanken oder Gefühle des K., die sich auf Problemsituation beziehen
  - C1.3.3 – klienteneigene Bedingungen für Problembearbeitung
  - C1.3.4 – nicht im Handlungsbereich des K. liegende Bedingungen
  - C1.3.5 – Kontextveränderungen und ihre Folgen für die Problemsituation
- C1.4 – K.-Handlung/-Entscheidung in Problemsituation
- C1.5 – Folgen einer K.-Handlung/-Entscheidung/-Entwicklung für die Problemsituation
- C1.6 – Folgen eines Kontextereignisses bzw. einer Kontextveränderung für die Problemsituation

[C2 – Referenzobjekte, die sich auf die Coachingsituation beziehen]
- C2.1 – Bezugnahme auf die Coachingsituation im Allgemeinen
- C2.2 – K.-Intentionen in Coachingsituation
- [C2.3 – Bedingungen der Coachingsituation im Allgemeinen]
  - C2.3.1 – Bedingungsfaktoren der Coachingsituation, die sich auf den Kontext und Coach beziehen
  - C2.3.2 – sich auf Coachingsituation beziehende Beobachtungen, Vorannahmen, Gedanken oder Gefühle des K.
  - C2.3.3 – in der Coachingsituation aktivierte Klientenressourcen
- C2.4 – K.-Handlungen in der Coachingsituation
- C2.5 – Folgen, die sich aus den in der Coachingsituation vollzogenen Handlungen des K. in der Coaching- bzw. Problemsituation ergeben

D/D' Zeitliche Position des Referenzobjekts

- D1 – Ref.obj. in der Gegenwart
- D2 – Ref.obj. in der Vergangenheit
- D3 – Ref.obj. in der Zukunft
- D4 – Ref.obj. in der Vergangenheit und Gegenwart
- D5 – Ref.obj. in der Gegenwart und Zukunft
- D6 – Ref.obj. in der Vergangenheit, Gegenwart und Zukunft

E/E' sozialer Betrachtungsstandpunkt des Referenzobjekts

- E1 – Ref.obj. betrachtet aus Sicht von K. als Gesamtperson
- E2 – Ref.obj. betrachtet aus Sicht eines „Inneren Teammitglieds“ des K.
- E3 – Ref.obj. betrachtet aus Sicht von faktischen Anderen
- E4 – Ref.obj. betrachtet aus Sicht des Coachs
- E5 – Ref.obj. betrachtet aus Sicht eines idealen Anderen

F/F' zeitlicher Betrachtungsstandpunkt des Referenzobjekts

- F1 – Ref.obj. betrachtet von der Gegenwart aus
- F2 – Ref.obj. betrachtet von der Vergangenheit aus
- F3 – Ref.obj. betrachtet von der Zukunft aus

G/G' Realitätsmodus des Referenzobjekts

- G1 – Faktizität des Ref.obj.
- G2 – Kontingenz des Ref.obj.

H/H' Bewertung des Referenzobjekts

- H1 – (eher) keine Bewertung
- H2 – (eher) positive Bewertung
- H3 – (eher) negative Bewertung

A' Aktivitäten des Klienten, mit denen er die Beziehung zum Coach gestaltet

- A'1 – K. nimmt C-Anregungen auf
- A'2 – K. fragt
- A'3 – K. problematisiert C-Anregung
- A'4 – K. ergreift Eigeninitiative, die über die C-Anregung hinausgeht

B’ Aktivitäten, mit denen der Klient den Umgang mit der Coachingthematik gestaltet

[B’1 – K. fokussiert etwas]
- B’1.1 – K. fokussiert etwas gedanklich
- B’1.2 – K. führt Konkretisierungen, Blickwinkelerweiterungen, Detail- oder Zeitlupenbetrachtungen durch
- B’1.3 – K. fühlt zu etwas hin

[B’2 – K. analysiert etwas]
- B’2.1 – K. nimmt Unterscheidungen vor bzw. setzt Verschiedenes in Beziehung
- B’2.2 – K. reflektiert Geschehensablauf
- B’2.3 – K. reflektiert Ursachen bzw. Kausalitäten
- B’2.4 – K. überprüft, ermittelt bzw. versteht Relevanzen/Bedeutungen/Sinn

[B’3 – K. bewertet etwas]
- B’3.1 – K. bewertet etwas qualitativ
- B’3.2 – K. bewertet etwas komparativ (quantitativ)

B’4 – K. entwickelt/stärkt Handlungsvorsätze und -entschlüsse

3 Erste empirische Erkenntnisse

Mit Hilfe dieses Kategoriensystems wurde folgendes empirisches Material untersucht:

- 10 nicht-öffentliche Transkripte von Audioaufnahmen, die Coaches bei der Forschungsstelle „Coaching-Gutachten“ (www.coaching-gutachten.de) im Rahmen eines entsprechenden Auditierungsverfahrens eingereicht haben.
  - 9 von ihnen wurden als gut oder sehr gut bewertet und werden deshalb im Folgenden „Positiv“-Coaching genannt.
  - Ein Coaching wurde als problematisch bewertet und wird deshalb im Folgenden als „Problem“-Coaching bezeichnet.
- Das Protokoll eines von Günter G. Bamberger dokumentierten und veröffentlichten lösungsorientierten Kurzzeitpsychotherapieprozesses (Bamberger 2005, 222-250). Es wurde in die Analyse aufgenommen, um zu prüfen, ob bzw. welche Ähnlichkeiten es mit den 9 als gut oder sehr gut bewerteten Coachingprozessen hat.

Bei der Verschriftlichung der Audioaufnahmen wurde darauf geachtet, dass eine klare Zuordnung zu den Kategorien möglich war. Eine darüber hinausgehende Dokumentation z. B. von Pausen, Sprechtempo und Betonung wurde nur insofern berücksichtigt, wie es für das kategoriengestützte Sinnverstehen bzw. die Codierung des Geschehens notwendig erschien.

Da das von Bamberger veröffentliche Protokoll die Äußerungen des Klienten nur pauschal zusammenfassend dokumentiert, beschränkt sich die Bearbeitung der Transkripte auf die – insgesamt 818 – Kommunikationsakte der Coaches. Sie gliederte sich in drei Schritte:

1. Untergliederung des transkribierten Textes in Kommunikationsakte. Dabei wurde die Regel zugrunde gelegt, dass ein Kommunikationsakt in jeder seiner acht konstitutiven Dimensionen nur eine Entscheidung aufweisen kann. D. h. jede neue Entscheidung zeigt einen neuen Kommunikationsakt an.
2. Codierung jedes Kommunikationsaktes mit Hilfe des Kategoriensystems, d. h. mit Bezug auf jede der acht konstitutiven Dimensionen wurde geprüft, welche der rekonstruierten Entscheidungsmöglichkeiten gewählt wurde.
3. Analyse der codierten Kommunikationsakte.

3.1 Was zeichnet Coaching aus und wie grenzt es sich gegenüber anderen Sozialpraktiken ab?

Die Frage, was Coaching auszeichnet und wie es sich von anderen Sozialpraxen unterscheidet (siehe Abb. 1), lässt sich mit Bezug auf die acht Dimensionen, die für Coachingprozesse konstitutiv sind (siehe Abb. 3-7), beantworten.

A-Dimension (Coach-Aktivitäten der Beziehungsgestaltung zum Klienten)

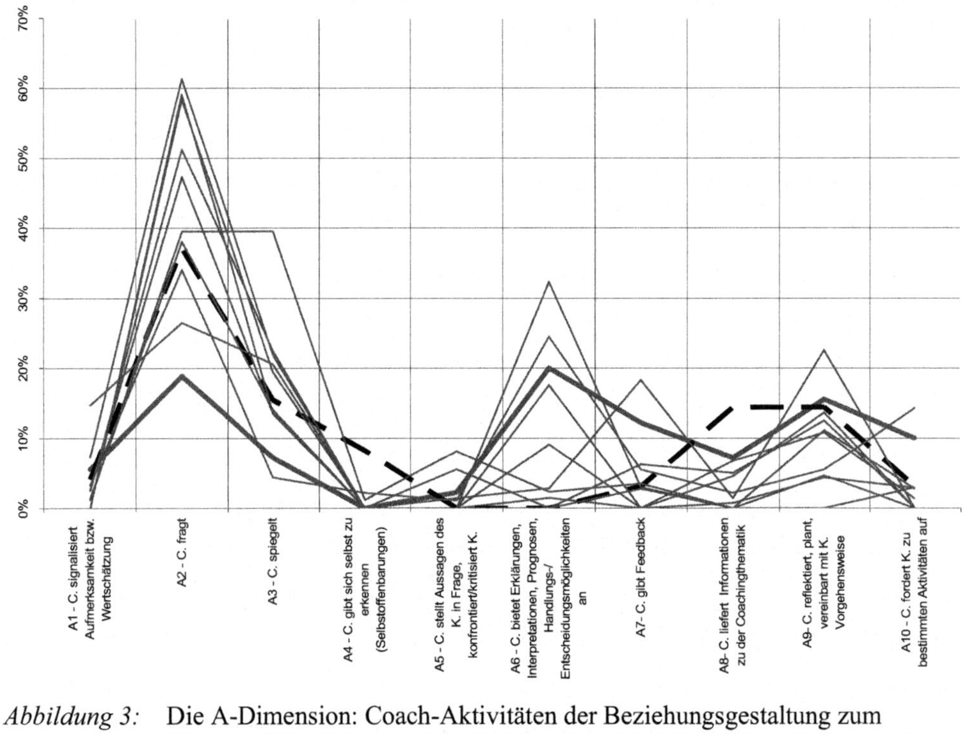

Abbildung 3: Die A-Dimension: Coach-Aktivitäten der Beziehungsgestaltung zum Klienten (Die dicke gestrichelte Linie bezieht sich auf den „Bamberger“-Prozess und die dicke durchgezogene Linie auf das „Problem“-Coaching)

- In der A-Dimension fällt auf, dass bei allen „Positiv"-Coachings eine der sich hier anbietenden 10 Entscheidungsmöglichkeiten extrem stark favorisiert wird, nämlich der Kommunikationsakt des *Fragens* (26%, 34%, 38%, 39%, 47%, 51%, 58%, 59%, 61%). Mit einem Wert von 37% fügt sich der lösungsorientierte Kurzzeitpsychotherapieprozess von Bamberger in dieses Bild. Der Messwert des „Problem"-Coachings ist mit 19% hingegen deutlich niedriger. – Mit Bezug auf diese Ergebnisse liegt es nahe, das Fragen als „die" zentrale Coach-Aktivität zu bezeichnen und eine idealtypische Beschreibung von Coaching daran festzumachen, dass der Wert für diesen Kommunikationsakt in der Regel >30% und oft sogar >50% ist. Eine konzeptionelle Grenzziehung zwischen Coaching und lösungsorientierter Kurzzeitpsychotherapie lässt sich mit Bezug auf dieses Charakteristikum nicht rechtfertigen. Verallgemeinernd ist zu erwarten, dass dieses Merkmal Coaching auch mit der klientenzentrierten Gesprächspsychotherapie und tiefenpsychologischen Psychotherapie verbindet. Auf der anderen Seite ist zu vermuten, dass sich Coaching durch dieses Merkmal von Fachberatung, Verhaltenstraining, Verhaltenstherapie, Organisationsberatung, coachingbasierter Mitarbeiterführung, Mentoring und ermöglichungsdidaktischer Weiterbildung abgrenzt.
- In der A-Dimension sind die Messwerte für die Coach-Aktivitäten A4 (*Coach gibt sich selbst zu erkennen*) bei allen 11 Coachingprozessen sehr niedrig, während dieser Wert bei dem lösungsorientierten Kurzzeitpsychotherapieprozess mit 8% relativ hoch liegt. Es liegt deshalb nahe zu behaupten, dass es für Coaching typisch ist, dass dieses Merkmal sehr schwach ausgeprägt ist und in der Regel < 3% ist und dass es Coaching mit seinen in Abb. 1 genannten konzeptionellen Nachbarn mit Ausnahme der lösungsorientierten Kurzzeittherapie und vor allem der klientenzentrierten Gesprächspsychotherapie verbindet.
- Ebenfalls recht niedrig, wenn auch mit Schwankungen, sind in der A-Dimension die Messwerte für die Coach-Aktivität A8 (*Coach liefert Informationen zu der Coachingthematik*). Besonders interessant sind dabei die Unterschiede zwischen den „Positiv"-Coachings (0%, 0%, 0%, 1%, 1%, 2%, 5%, 5%, 7%), dem „Problem"-Coaching (7%) und dem „Bamberger"-Prozess (14%). – Diese Ergebnisse berechtigen zu der Einschätzung, dass die Vermittlung von Informationen im Coaching nur einen marginalen Stellenwert hat. Als Grenze bietet sich ein Wert <7% an.
- Ähnlich niedrige Messwerte liegen für die Coach-Aktivität A1 (*Coach signalisiert Aufmerksamkeit bzw. Wertschätzung*) vor. Diese Tatsache ist allerdings nicht so zu verstehen, dass den untersuchten Prozessen eine geringe Wertschätzung des Coachs zugrunde liegt. Der Grund dafür, dass dieser Wert so niedrig ist, ist vielmehr, dass sich Wertschätzung durchgängig im gesamten Kommunikationsverhalten zeigt und nur an wenigen Stellen explizit in den Vordergrund tritt.
- Ebenfalls insgesamt schwach, aber mit deutlicher Streuung sind die Messwerte des Merkmals A5 (*Coach stellt Aussagen des Klienten in Frage, konfrontiert/kritisiert ihn*), sodass der Eindruck entsteht, dass häufigere Kritik und Konfrontation des Klienten durch den Coach eher eine Ausnahme bzw. Anzeichen für eine spezielle Coachingausprägung ist (3.2).
- Mit Bezug auf die anderen noch nicht angesprochenen Entscheidungsmöglichkeiten der A-Dimension fällt auf, dass die Messwerte wenig einheitlich sind. Das gilt vor allem für A6 (Coach bietet Erklärungen, Interpretationen, Prognosen, Handlungs-/Entscheidungsmöglichkeiten an). Diese Streuung wird im Folgenden zum Anlass, Coaching konzeptionell in verschiedene Varianten zu untergliedern (3.2).

B-Dimension (Aktivitäten, mit denen der Coach mentale Aktivitäten der Auseinandersetzung des Klienten mit der Coachingthematik anregt)

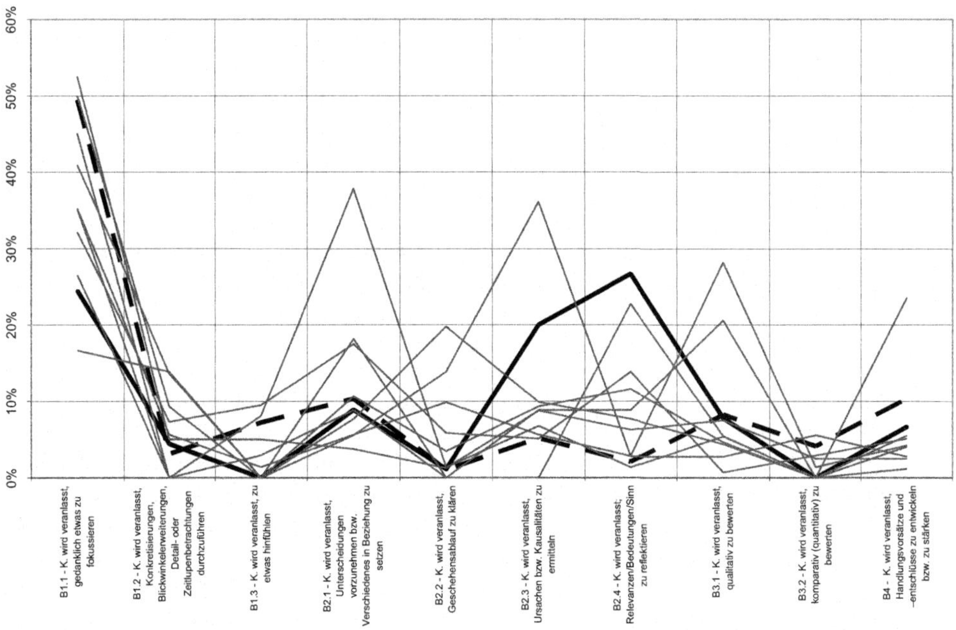

Abbildung 4: Die B-Dimension: Aktivitäten, mit denen der Coach mentale Aktivitäten der Auseinandersetzung des Klienten mit der Coachingthematik anregt (Die dicke gestrichelte Linie bezieht sich auf den „Bamberger“-Prozess und die dicke durchgezogene Linie auf das „Problem“-Coaching)

- Auch in dieser Dimension fällt auf, dass eine der sich hier anbietenden 10 Entscheidungsmöglichkeiten des Coachs – bei nicht unerheblicher Streuung, die wiederum Anlass für eine konzeptionelle Binnendifferenzierung ist (siehe 3.2) – sehr stark favorisiert wird, nämlich B1.1 (*Klient wird veranlasst, gedanklich etwas zu fokussieren*). In Folgeuntersuchungen wäre zu prüfen, ob die Behauptung, dass dieser Wert idealtypisch >25% ist, überzeugen kann. Legt man diese Vorstellung zugrunde, liegt das „Problem“-Coaching mit 24% knapp unter dieser Normgrenze, während bei dem lösungsorientierten Kurzzeitpsychotherapieprozess der Wert mit 49% an der Spitze des Untersuchungssamples liegt. Es ist gut vorstellbar, dass ein Grenzwert von >25% für alle in Abb. 1 aufgezeigten Nachbarkonzeptionen von Coaching mit Ausnahme von Fachberatung, Organisationsberatung, coachingbasierter Mitarbeiterführung und Mentoring zutrifft.
- Bezüglich der anderen 9 Entscheidungsmöglichkeiten fällt auf, dass die Streuung recht hoch ist. Im folgenden Abschnitt wird deshalb zu versuchen sein, diese Tatsache durch die Rekonstruktion idealtypischer Coachingausprägungen zu erklären.

C-Dimension (Inhaltliche Aspekte der Kliententhematik, die der Coach in den Vordergrund rückt)

- Hier wird erkennbar, dass die Coach-Aktivitäten, die den Blick des Klienten auf seine Problemsituation lenken, mit oft bis zu ca. 80% aller Inhaltsthematisierungen deutlich umfangreicher sind als diejenigen, die seinen Blick auf die Coachingsituation lenken (maximal 20%). Wenn diese Werte für Coaching typisch sind, grenzt es sich damit zum einen gegenüber Fachberatung, Organisationsberatung, coachingbasierter Mitarbeiterführung und ermöglichungsdidaktischer Weiterbildung ab, weil dort der Bezug zur Problem- bzw. Dort-und-damals-Situation noch wesentlich mehr dominiert bzw. der Bezug zur Hier-und-Jetzt-Situation noch deutlich schwächer ist. Die Abgrenzung zum Verhaltenstraining und zur Teamentwicklung hingegen dürfte umgekehrt akzentuiert sein.
- Das ist wenig verwunderlich. In verschiedener Hinsicht auffällig hingegen ist, dass es in den gerade angesprochenen beiden Referenzbereichen Themeninhalte gibt, die durchgängig sehr selten vom Coach angesprochen werden. Orientiert man sich am Gros der vorliegenden Coachingtheorien und ihrer Forderung, dass es für Coaching konstitutiv ist, dass der Klient den Prozess möglichst weitgehend und tiefgreifend selbst steuern sollte, erstaunt, dass die Messwerte für C1.2 (*Coach regt an, dass der Klient seine Intentionen in der Problemsituation reflektiert*) bei den „Positiv"-Coachingprozessen mit einer Ausnahme sehr niedrig sind und dass auch bei dem lösungsorientierten Kurzzeittherapieprozess dieser Wert 0% ist. Ähnlich niedrig sind die Werte für C2.2 (*Coach regt an, dass der Klient seine Intentionen in der Coachingsituation reflektiert*), nämlich Bamberger-Protokoll: 3%; „Positiv"-Coachings: 0%, 0%, 0%, 0%, 0%, 1%, 1%, 3%; „Problem"-Coaching: 2%.
- Im Gegensatz hierzu gibt es aber auch Inhalte, die teilweise, d. h. mit großen Unterschieden recht intensiv angesprochen werden, wie z. B. C1.3.2 (*Beobachtungen, Wissen, Vorannahmen, Gedanken oder Gefühle des Klienten, die sich auf die Problemsituation beziehen*), C1.3.3 (*klienteneigene Bedingungen für Problembearbeitung),* C1.3.4 *(nicht im Handlungsbereich des Klienten liegende Bedingungen*), C1.4 (*Klientenhandlung/-entscheidung in Problemsituation*), C2.1 (*Bezugnahme auf Coachingsituation im Allgemeinen*) und C2.4 (*Klientenhandlungen in der Coachingsituation*).
- Mit Blick auf das „Problem"-Coaching fällt auf, dass die Entscheidungsmöglichkeit C1.3.2 (*Beobachtungen, Wissen, Vorannahmen, Gedanken oder Gefühle des Klienten, die sich auf die Problemsituation beziehen*) auffällig oft gewählt wird.

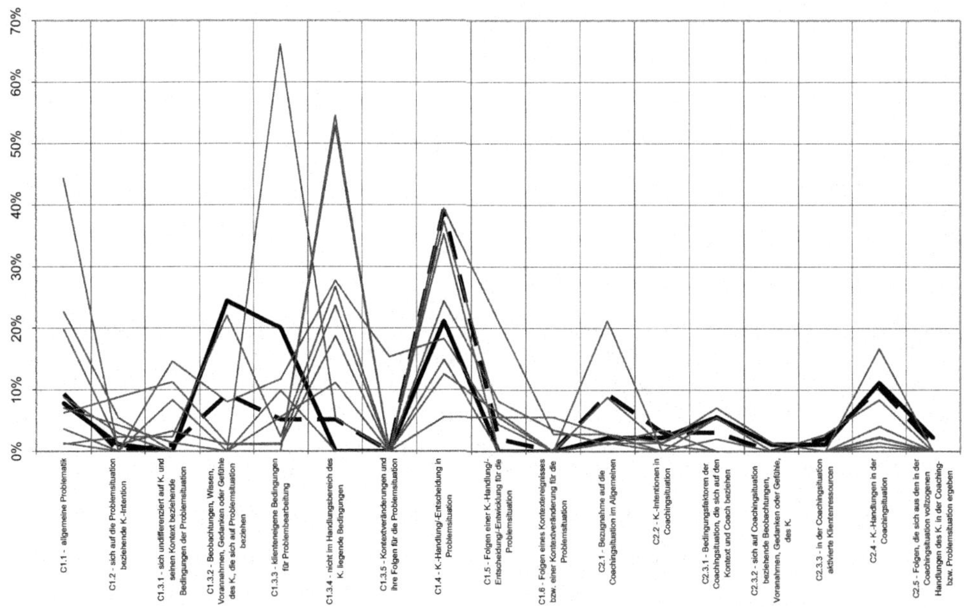

Abbildung 5: Die C-Dimension: Inhaltliche Aspekte der Kliententhematik, die der Coach in den Vordergrund rückt (Die dicke gestrichelte Linie bezieht sich auf den „Bamberger“-Prozess und die dicke durchgezogene Linie auf das „Problem“-Coaching)

D-Dimension (zeitliche Blickrichtung, die der Coach nahe legt)

Mit Bezug auf die D-Dimension wird erkennbar,

- dass die zeitliche Blickrichtung des Klienten nicht einseitig auf die Gegenwart, Vergangenheit und/oder Zukunft fixiert ist.
- Schaut man auf den „Bamberger“-Prozess, fällt auf, dass der Berater – der Theorie entsprechend – den Blick des Klienten relativ intensiv auf die Zukunft lenkt.

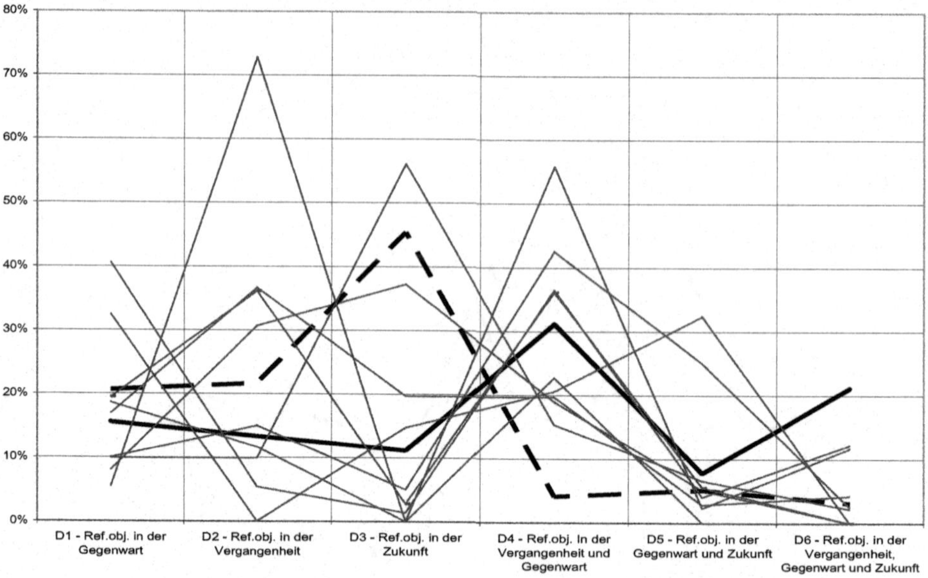

Abbildung 6: Die D-Dimension: Vom Coach nahe gelegte zeitliche Blickrichtung des Klienten (Die dicke gestrichelte Linie bezieht sich auf den „Bamberger"-Prozess und die dicke durchgezogene Linie auf das „Problem"-Coaching)

E-Dimension (psycho-sozialer Standpunkt, den der Coach nahe legt)

In der E-Dimension fällt auf, dass die untersuchten Coaches ihre Entscheidungen auf zwei der sich konzeptionell unterscheidenden fünf Alternativen konzentrieren, nämlich den Klienten anregen, seine Thematik vom Klientenstandpunkt aus (E1) oder vom Standpunkt des Coachs (E4) aus zu betrachten. Diese Tatsache erstaunt, weil man aufgrund der vorliegenden Coachingliteratur den Eindruck hat, dass psycho-sozialer Perspektivenwechsel eine wichtige Coachingmethode ist. Hierfür würden sich drei Möglichkeiten anbieten, nämlich die Klientenproblematik bzw. -herausforderung vom Standpunkt eines faktischen Anderen (E3), eines idealen Anderen (E5) oder vom Standpunkt eines „inneren Teammitglieds" (E2) aus zu betrachten. Die untersuchten Prozesse zeigen, dass von den ersten beiden dieser drei Alternativen, d. h. von E3 und E5 sehr wenig und dass von der dritten Möglichkeit, d. h. E2 überhaupt kein Gebrauch gemacht worden ist, und zwar nicht einmal in dem „10-Coaching" (siehe 3.2.2), in dem der Coach inhaltlich mit dem Konzept des „Inneren Teams" arbeitete.

Weiterhin fällt auf, dass bei dem „Problem"-Coaching der Klient intensiv angeregt wird, seine Thematik vom Standpunkt des Coachs aus zu betrachten. Es stellt sich dabei die Frage, ob es nicht sinnvoll ist, für Coaching bezüglich E4 (*Coach regt den Klienten an, seine Thematik vom Standpunkt des Coachs aus zu betrachten*) einen Grenzwert von <25% zu setzen und auf diese Weise Coaching von Fachberatung, Organisationsberatung, ermöglichungsdidaktischer Weiterbildung und coachingbasierter Mitarbeiterführung abzugrenzen. Der bei dem „Problem"-Coaching festgestellte Messwert von 57% würde diese Grenze deutlich überschreiten und wäre ein „objektives“ Indiz dafür, dieses Coaching als problematisch zu bewerten.

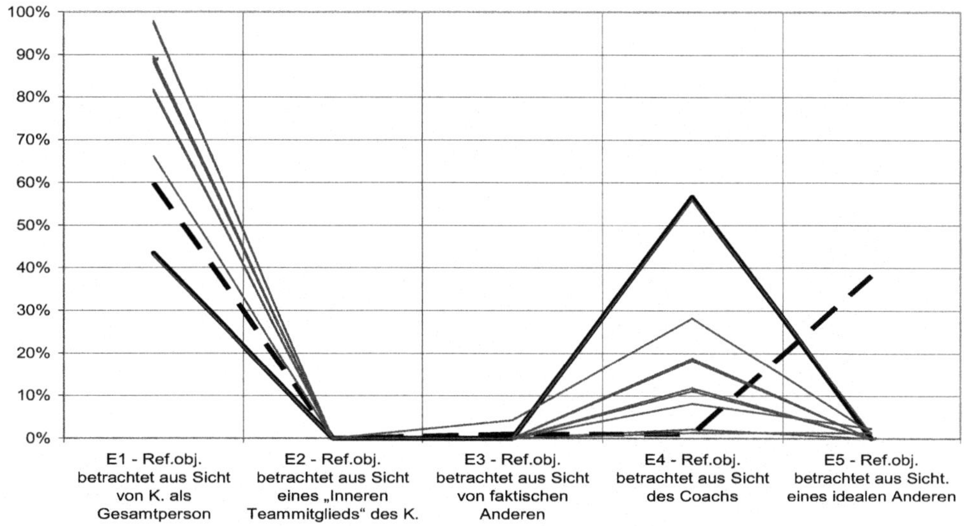

Abbildung 7: Die E-Dimension: Vom Coach nahe gelegter psycho-sozialer Betrachtungsstandpunkt der Kliententhematik (Die dicke gestrichelte Linie bezieht sich auf den „Bamberger“-Prozess und die dicke durchgezogene Linie auf das „Problem“-Coaching)

Abb. 8 schließlich, in der die Dimensionen F, G und H zusammen dargestellt sind, macht deutlich, dass sich das Gros der untersuchten Prozesse dadurch auszeichnet, dass der Klient angeregt wird, seine Thematik vorrangig vom Standpunkt der Gegenwart (F1) und nur sehr selten vom Standpunkt der Vergangenheit (F2) bzw. Zukunft aus (F3) zu betrachten und dass dieses auch für den „Bamberger“-Prozess zutrifft. Das erstaunt angesichts des vor allem in der Konzeption der lösungsorientierten Kurzzeittherapie proklamierten Vorschlags, den Klienten zu animieren, seinen Betrachtungsstandpunkt in eine positive Zukunft vorzuverlegen. Diesem Gedanken ist nur einer der untersuchten Coachs gefolgt, nämlich der Coach des „02-Coaching“ (3.2.2.3).

Am häufigsten, wenn auch mit großer Streuung, erscheint die Konfiguration F1-G1-H1. Sie beinhaltet die Coach-Anregung, die vom Standpunkt der Gegenwart aus zu betrachtende Thematik auf den Realitätsmodus des Faktischen zu beziehen und dabei keine Bewertung vorzunehmen. Etwas weniger häufig wird zur Betrachtung von Kontingenzen (G2) aufgefordert und eine (eher) positive (H2) oder negative Bewertung (H3) nahe gelegt.

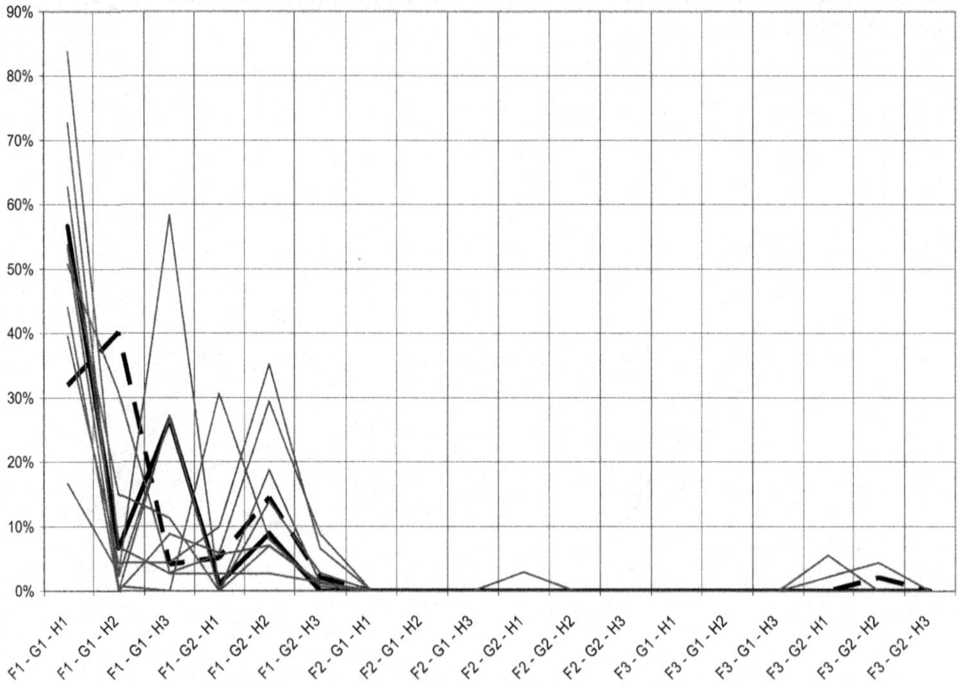

Abbildung 8: Konfigurationen der Dimensionen F (vom Coach nahe gelegter zeitlicher Betrachtungsstandpunkt mit den Möglichkeiten: F1=Gegenwart, F2=Vergangenheit, F3=Zukunft), G (vom Coach nahe gelegter Realitätsmodus des Referenzobjekts mit den Möglichkeiten: G1=Faktizität, G2=Kontingenz) und H (vom Coach nahe gelegte Bewertung H1=eher keine Bewertung, H2= eher positive Bewertung, H3=eher negative Bewertung) (Die dicke gestrichelte Linie bezieht sich auf den „Bamberger"-Prozess und die dicke durchgezogene Linie auf das „Problem"-Coaching)

3.2 Vorschlag einer empirisch gestützten konzeptionellen Diversifizierung von Coaching

Die obigen Analysen haben nahegelegt, Coaching mit Bezug auf folgende Merkmale zu definieren und von seinen sozialen Nachbarpraxen abzugrenzen:

- Coaching ist ein Prozess, der sich thematisch vorrangig auf die *Problemsituation* (d.h. Dort-und-Damals-Situation) des Klienten, in deutlich geringerem Umfang aber immer auch auf die *Coachingsituation* (d. h. Hier-und-Jetzt-Situation) bezieht.
- Für Coaching ist es konstitutiv, dass es auf Hilfe zur Selbsthilfe zielt. Besonders wichtig ist dabei die Entscheidung, von welchem psycho-sozialen Standpunkt aus der Klient seine Thematik betrachtet und bearbeitet. Dem Coach bieten sich hier 5 Optionen an. Für Coaching ist charakteristisch, dass eine von ihnen mit Vorsicht zu genie-

ßen ist und <25% sein sollte, nämlich den Klienten dazu anzuregen, seine Thematik vom Standpunkt des Coachs aus zu betrachten.

- Bei den Entscheidungen, die der Coach treffen muss, um seine Beziehung zum Klienten zu regulieren (A-Dimension), bieten sich 10 Möglichkeiten an. Für Coaching ist hier charakteristisch,
  - dass die Aktivität des Fragens (A2) dominiert (>30%),
  - und dass die Vermittlung von Informationen (<7%)
  - sowie kommunikative Selbstoffenbarungen des Coachs (<3%) eher selten sind.
- Bezüglich der Entscheidungen, die der Coach treffen muss, um die mentalen Aktivitäten des Klienten hinsichtlich des Umgangs mit seiner Coachingthematik (B-Dimension) zu steuern, bieten sich ebenfalls 10 Möglichkeiten an. Für Coaching scheint hier charakteristisch zu sein, dass vor allem eine gewählt wird, nämlich den Klienten zu veranlassen, etwas zu fokussieren (B1.1>25%).

Die durchgeführte Untersuchung hat gezeigt, dass der untersuchte lösungsorientierte Kurzzeittherapieprozess diese Kriterien ausnahmslos erfüllt.

Anlass für Rückfragen schließlich bot die Unterschiedlichkeit, die sich in vielerlei Aspekten zeigte. Dieses Ergebnis war nicht völlig überraschend. Denn bereits bei der Einschätzung der Ausgangssituation (Abb. 1) musste konstatiert werden, dass Coaching aufgrund eines nicht unerheblichen Wildwuchses eine große konzeptionelle Breite abdeckt. Diese Tatsache wird im Folgenden zum Anlass zu prüfen, ob bzw. wie es möglich ist, Coaching konzeptionell zu diversifizieren.

3.2.1 Rekonstruktion von acht idealtypischen Coachingausprägungen

Für die gerade umrissene Aufgabe bietet sich ein Reflexionsraum mit folgenden drei Dimensionen an:

- *Nondirektivität/Prozessberatung versus Direktivität/Expertenberatung*, wobei maximale Direktivität/Expertenberatung bedeutet, dass der Anteil der entsprechenden Coach-Aktivitäten bei ca. 70% liegt, und maximale Nondirektivität/Prozessberatung, dass der Anteil der entsprechenden Coach-Aktivitäten bei 100% liegt.
- *Selbstthematisierung versus Kontextthematisierung*, wobei maximale Selbstthematisierung bzw. maximale Kontextthematisierung bedeutet, dass der Anteil der Coach-Aktivitäten, die eine Selbstthematisierung bzw. Kontextthematisierung des Klienten nahe legen, 90% beträgt .
- *Erkenntnisorientierung versus Handlungsorientierung*, wobei maximale Erkenntnisanleitung bedeutet, dass die Reflexion des Coachingprozesses sehr weitgehend handlungsentlastet-erkenntnisorientiert ist, d. h. dass der Druck des Klienten, anstehende Herausforderungen bzw. Probleme durch zielführende Handlungen lösen zu müssen, sehr gering bis nicht vorhanden ist. Das genaue Gegenteil hiervon ist maximale Handlungsorientierung.

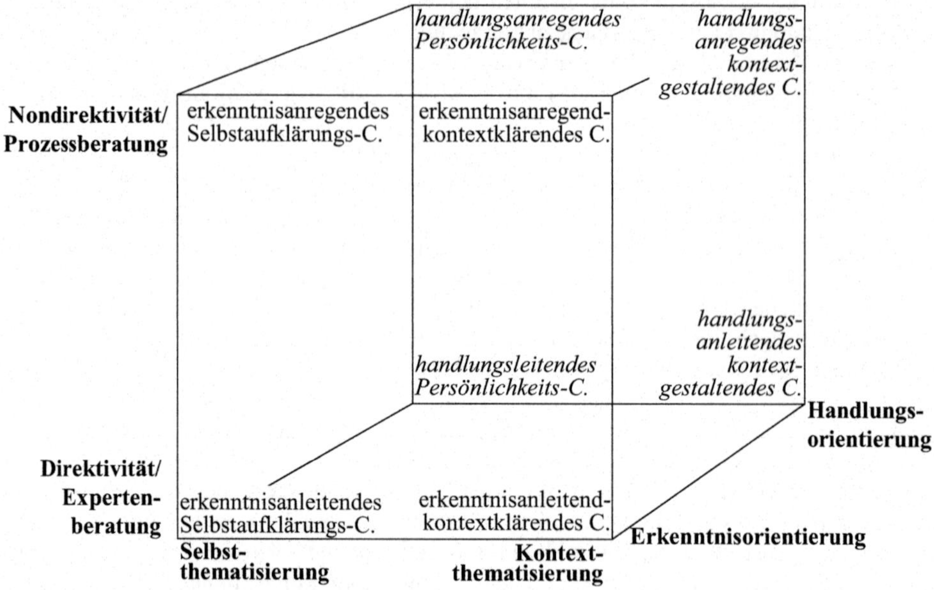

Abbildung 9: Rekonstruktion von acht idealtypischen Coachingausprägungen

Mit Bezug auf diese Dimensionierung lassen sich acht idealtypische Coachingausprägungen rekonstruieren. Sie zeichnen sich durch folgende Merkmale aus:

Erkenntnisanregendes Selbstaufklärungs-Coaching

A2	Coach fragt	>50%	∅ 42,8%
A3	Coach spiegelt	>20%	∅ 17,5%
B1.1	Klient wird veranlasst, gedanklich etwas zu fokussieren	>40%	∅ 37,1%
B2.1	Klient wird veranlasst, Unterscheidungen vorzunehmen bzw. Verschiedenes in Beziehung zu setzen	>20%	∅ 12,3%
B4	Klient wird veranlasst, Handlungsvorsätze bzw. -entschlüsse zu entwickeln bzw. zu stärken	<05%	∅ 6,0%
C1.3.3	klienteneigene Bedingungen für Problembearbeitung	>15%	∅ 11,2%
D1+D2 + D4	(Referenzobjekt liegt in der Gegenwart) + (Referenzobjekt liegt in der Vergangenheit) + (Referenzobjekt liegt in der Vergangenheit und Gegenwart)	>70%	∅ 68,5%
E2 + E3	(Referenzobjekt betrachtet aus Sicht eines „Inneren Teammitglieds" des Klienten) + (Referenzobjekt betrachtet aus Sicht eines faktischen Anderen)	>05%	∅ 0,5%
G2	Kontingenz des Referenzobjekts	>10%	∅ 6,6%

Wichtigste Einsatzgebiete:

- Entscheidungsfindung, die persönlichkeitsnahe Selbstklärungen notwendig macht und nicht durch zusätzliches Fachwissen oder die Weitergabe von Felderfahrung gelöst werden kann
- Klärung intrapsychischer sowie psycho-sozial bedingter interpersoneller Konflikte, in die der Klient verstrickt ist und zu deren Verständnis fachliches Expertenwissen bzw. Felderfahrung notwendig ist
- Potenzialdiagnostik bei Berufseinstieg bzw. -wiedereinstieg und Weiterbildungs- sowie Karriereplanung, bezüglich derer fachliches Expertenwissen bzw. Felderfahrung nicht notwendig ist oder sogar hinderlich sein kann
- Exploration und entwicklungsförderliche Ansprache wertvoller Klientenressourcen, bezüglich derer fachliches Expertenwissen bzw. Felderfahrung nicht notwendig ist oder sogar hinderlich sein kann
- Klärung von Sinn- und Motivationsproblemen bzw. Wertvorstellungen des Klienten, bezüglich derer fachliches Expertenwissen bzw. Felderfahrung nicht notwendig ist oder sogar hinderlich sein kann
- Prozessberatungsbasierte Rollen- und Identitätsklärung, bezüglich derer fachliches Expertenwissen bzw. Felderfahrung nicht notwendig ist oder sogar hinderlich sein kann
- Selbstbildüberprüfung des Klienten, bei der fachliches Expertenwissen bzw. Felderfahrung nicht notwendig ist oder sogar hinderlich sein kann

Erkenntnisanleitendes Selbstaufklärungs-Coaching

A5	Coach stellt Aussagen des Klienten in Frage, konfrontiert/kritisiert ihn	>05%	∅ 1,7%
A6	Coach bietet viele Erklärungen, Interpretationen, Prognosen und Handlungsmöglichkeiten	>15%	∅ 10,0%
A7	Coach gibt Feedback	>10%	∅ 5,0%
A8	Coach liefert Informationen zu der Coachingthematik	>05%	∅ 3,9%
B2.3	Klient wird veranlasst, Ursachen bzw. Kausalitäten zu reflektieren	>15%	∅ 10,5%
B2.4	Klient wird veranlasst, Relevanzen/Bedeutungen/Sinn zu reflektieren	>15%	∅ 9,7%
B4	Klient wird veranlasst, Handlungsvorsätze bzw. -entschlüsse zu entwickeln bzw. zu stärken	<05%	∅ 6,0%
C1.3.3	klienteneigene Bedingungen für Problembearbeitung	>15%	∅ 11,2%
D1+D2 + D4	(Referenzobjekt liegt in der Gegenwart) + (Referenzobjekt liegt in der Vergangenheit) + (Referenzobjekt liegt in der Vergangenheit und Gegenwart)	>70%	∅ 68,5%
E4	Referenzobjekt betrachtet vom Standpunkt des Coachs	>15%	∅ 19,4%

Wichtigste Einsatzgebiete:

- Entscheidungsfindungen, bei denen die Vermittlung von Fachwissen bzw. Felderfahrung notwendig ist
- Klärung intrapsychischer sowie psycho-sozial bedingter interpersoneller Konflikte, in die der Klient verstrickt ist und zu deren Verständnis fachliches Expertenwissen bzw. Felderfahrung nicht notwendig ist oder sogar hinderlich sein kann

- Potenzialdiagnostik bei Berufseinstieg bzw. -wiedereinstieg und Weiterbildungs- sowie Karriereplanung, bezüglich derer fachliches Expertenwissen bzw. Felderfahrung notwendig ist
- Karriereorientierte Exploration und entwicklungsförderliche Ansprache wertvoller Klientenressourcen, bezüglich derer fachliches Expertenwissen bzw. Felderfahrung notwendig ist
- Klärung von Sinn- und Motivationsproblemen bzw. Wertvorstellungen des Klienten, bezüglich derer fachliches Expertenwissen bzw. Felderfahrung notwendig ist
- Rollen- und Identitätsklärung, bezüglich derer fachliches Expertenwissen bzw. Felderfahrung notwendig ist
- Selbstbildüberprüfung des Klienten, bei der fachliches Expertenwissen bzw. Felderfahrung notwendig ist

Handlungsanregendes Persönlichkeits-Coaching

A2	Coach fragt	>50%	∅ 42,8%
A3	Coach spiegelt	>20%	∅ 17,5%
B1.1	Klient wird veranlasst, gedanklich etwas zu fokussieren	>40%	∅ 37,1%
B2.1	Klient wird veranlasst, Unterscheidungen vorzunehmen bzw. Verschiedenes in Beziehung zu setzen	>20%	∅ 12,3%
B4	Klient wird veranlasst, Handlungsvorsätze bzw. -entschlüsse zu entwickeln bzw. zu stärken	>15%	∅ 6,0%
C1.3.3	klienteneigene Bedingungen für Problembearbeitung	>15%	∅ 11,2%
C1.4	Klientenhandlung/-entscheidung in Problemsituation	>25%	∅ 22,5%
D1+D3 +D5	(Referenzobjekt liegt in der Gegenwart) + (Referenzobjekt liegt in der Zukunft) + (Referenzobjekt liegt in der Gegenwart und Zukunft)	>60%	∅ 44,3%
E3	Referenzobjekt betrachtet aus Sicht eines faktischen Anderen	>05%	∅ 0,5%
G2/H2	(eher) positiv bewertete Kontingenz des Referenzobjekts	>25%	∅ 13,8%

Wichtigste Einsatzgebiete:

- Handlungsunterstützung bei der On-the-Job-Weiterentwicklung von Persönlichkeitskompetenzen (z. B. Selbstmotivationsfähigkeit), Sozialkompetenzen (z. B. aktives Hören oder Nein-Sagen-Können) und Methodenkompetenzen (z. B. Defizitanalysen, Planungsmethoden u. ä.), wobei hinsichtlich der geforderten Handlungsunterstützung Felderfahrung des Coachs nicht notwendig ist oder sogar hinderlich sein kann
- Handlungsunterstützung bei zuvor geklärten Handlungszielen des Klienten in schwierigen Kontexten, bezüglich derer Felderfahrung des Coachs nicht notwendig ist oder kann sogar hinderlich sein kann
- Handlungsunterstützung bei psycho-sozialen Konflikten mit hohem Handlungsdruck in Situationen, bezüglich derer Felderfahrung des Coachs nicht notwendig ist oder sogar hinderlich sein kann
- Handlungsunterstützung bei der Umsetzung von im Training neu erworbenen Kompetenzen im Arbeitsalltag, die Felderfahrung des Coachs nicht erforderlich macht oder diese sogar als hinderlich erscheinen lässt

Handlungsanleitendes Persönlichkeits-Coaching

A5	Coach stellt Aussagen des Klienten in Frage, konfrontiert/kritisiert ihn	>05%	∅ 1,7%
A6	Coach bietet viele Erklärungen, Interpretationen, Prognosen und Handlungsmöglichkeiten	>15%	∅ 10,0%
A7	Coach gibt Feedback	>10%	∅ 5,0%
A10	Coach fordert Klienten zu bestimmten Aktivitäten auf	>05%	∅ 3,4%
B4	Klient wird veranlasst, Handlungsvorsätze bzw. -entschlüsse zu entwickeln bzw. zu stärken	>10%	∅ 6,0%
C1.3.3	klienteneigene Bedingungen für Problembearbeitung	>15%	∅ 11,2%
C1.4	Klientenhandlung/-entscheidung in Problemsituation	>25%	∅ 22,5%
E4	Referenzobjekt betrachtet vom Standpunkt des Coachs	>15%	∅ 19,4%
G1/H1	Faktizität des Referenzobjekts (eher) ohne Bewertung	>60%	∅ 51,6%

Wichtigste Einsatzgebiete:

- Handlungsanleitung und -unterstützung bei der On-the-Job-Weiterentwicklung von Persönlichkeitskompetenzen (z. B. Selbstmotivationsfähigkeit), Sozialkompetenzen (z. B. aktives Hören oder Nein-Sagen-Können) und Methodenkompetenzen (z. B. Defizitanalysen, Planungsmethoden u. ä.), wobei hinsichtlich der geforderten Handlungsanleitung und -unterstützung Felderfahrung des Coachs notwendig ist
- Handlungsanleitung und -unterstützung bei vorgängig geklärten Handlungszielen des Klienten in schwierigen Kontexten, bezüglich derer Felderfahrung des Coachs notwendig ist
- Handlungsanleitung und -unterstützung bei psycho-sozialen Konflikten mit hohem Handlungsdruck in Situationen, bezüglich derer Felderfahrung des Coachs notwendig ist
- Handlungsanleitung und -unterstützung bei der Umsetzung von im Training neu erworbenen Kompetenzen im Arbeitsalltag, die Felderfahrung des Coachs erforderlich machen

Erkenntnisanregend-kontextklärendes Coaching

A2	Coach fragt	>50%	∅ 42,8%
A3	Coach spiegelt	>20%	∅ 17,5%
B1.1	Klient wird veranlasst, gedanklich etwas zu fokussieren	>40%	∅ 37,1%
B2.3	Klient wird veranlasst, Ursachen bzw. Kausalitäten zu reflektieren	>15%	∅ 10,5%
B2.4	Klient wird veranlasst, Relevanzen/Bedeutungen/Sinn zu reflektieren	>15%	∅ 9,7%
B4	Klient wird veranlasst, Handlungsvorsätze bzw. -entschlüsse zu entwickeln bzw. zu stärken	<05%	∅ 6,0%
C1.3.4	außerhalb des Klienten liegende Problemlösungsbedingungen	>30%	∅ 20,5%
D1+D2 + D4	(Referenzobjekt liegt in der Gegenwart) + (Referenzobjekt liegt in der Vergangenheit) + (Referenzobjekt liegt in der Vergangenheit und Gegenwart)	>70%	∅ 68,5%
E3	Referenzobjekt betrachtet aus Sicht eines faktischen Anderen	>05%	∅ 0,5%
G2	Kontingenz des Referenzobjekts	>10%	∅ 6,6%

Wichtigste Einsatzgebiete:

- Klärung von interpersonellen Konflikten, die nicht unwesentlich durch – teilweise nicht leicht verstehbare – äußere Bedingungen (z. B. Organisationsstruktur) geprägt sind, bezüglich derer fachliches Expertenwissen bzw. Felderfahrung nicht notwendig ist oder sogar hinderlich sein kann
- Aufklärung bisher undurchsichtiger nicht hinnehmbarer Probleme/Schwierigkeiten, bezüglich derer fachliches Expertenwissen bzw. Felderfahrung nicht notwendig ist oder sogar hinderlich sein kann
- Orientierungshilfe für Fach- und Führungskräfte in Situationen (z. B. neue Position oder neue Aufgaben), bezüglich derer fachliches Expertenwissen bzw. Felderfahrung nicht notwendig ist oder sogar hinderlich sein kann
- Orientierungshilfe bei komplexen wichtigen Organisationsentscheidungen, bezüglich derer fachliches Expertenwissen bzw. Felderfahrung nicht notwendig ist oder sogar hinderlich sein kann

Erkenntnisanleitend-kontextklärendes Coaching

A5	Coach stellt Aussagen des Klienten in Frage, konfrontiert/kritisiert ihn	>05%	∅ 1,7%
A6	Coach bietet viele Erklärungen, Interpretationen, Prognosen und Handlungsmöglichkeiten	>15%	∅ 10,0%
A8	Coach liefert Informationen zu der Coachingthematik	>05%	∅ 3,8%
B2.3	Klient wird veranlasst, Ursachen bzw. Kausalitäten zu reflektieren	>15%	∅ 10,5%
B2.4	Klient wird veranlasst, Relevanzen/Bedeutungen/Sinn zu reflektieren	>15%	∅ 9,7%
B4	Klient wird veranlasst, Handlungsvorsätze bzw. -entschlüsse zu entwickeln bzw. zu stärken	<05%	∅ 6,0%
C1.3.4	außerhalb des Klienten liegende Problemlösungsbedingungen	>30%	∅ 20,5%
D1+D2 + D4	(Referenzobjekt liegt in der Gegenwart) + (Referenzobjekt liegt in der Vergangenheit) + (Referenzobjekt liegt in der Vergangenheit und Gegenwart)	>70%	∅ 68,5%
E4	Referenzobjekt betrachtet vom Standpunkt des Coachs	>15%	∅ 19,4%

Wichtigste Einsatzgebiete:

- Klärung von interpersonellen Konflikten, die nicht unwesentlich durch – teilweise nicht leicht verstehbare – äußere Bedingungen (z. B. Organisationsstruktur) geprägt sind, bezüglich derer fachliches Expertenwissen bzw. Felderfahrung notwendig ist
- Aufklärung bisher undurchsichtiger nicht hinnehmbarer Probleme/Schwierigkeiten, bezüglich derer fachliches Expertenwissen bzw. Felderfahrung notwendig ist
- Orientierungshilfe für Fach- und Führungskräfte in Situationen (z. B. neue Position/Aufgaben), bezüglich derer fachliches Expertenwissen bzw. Felderfahrung notwendig ist
- Orientierungshilfe bei komplexen wichtigen Organisationsentscheidungen, bezüglich derer fachliches Expertenwissen bzw. Felderfahrung notwendig ist

Handlungsanregend-kontextgestaltendes Coaching

A2	Coach fragt	>50%	∅ 42,8%
A3	Coach spiegelt	>20%	∅ 17,5%
B1.1	Klient wird veranlasst, gedanklich etwas zu fokussieren	>40%	∅ 37,1%
B4	Klient wird veranlasst, Handlungsvorsätze bzw. -entschlüsse zu entwickeln bzw. zu stärken	>10%	∅ 6,0%
C1.3.4	außerhalb des Klienten liegende Problemlösungsbedingungen	>30%	∅ 20,5%
C1.4	Klientenhandlung/-entscheidung in Problemsituation	>25%	∅ 22,5%
C1.5	Folgen einer Klientenhandlung, -entscheidung bzw. -entwicklung für die Problemsituation	>10%	∅ 4,8%
D1+D3 +D5	(Referenzobjekt liegt in der Gegenwart) + (Referenzobjekt liegt in der Zukunft) + (Referenzobjekt liegt in der Gegenwart und Zukunft)	>60%	∅ 44,3%
E3	Referenzobjekt betrachtet aus Sicht eines faktischen Anderen	>05%	∅ 0,5%
G2/H2	(eher) positiv bewertete Kontingenz des Referenzobjekts	>25%	∅ 13,8%

Wichtigste Einsatzgebiete:

- Handlungsunterstützung bei der Bewältigung komplexer Gestaltungsaufgaben schwieriger Kontexte (z. B. in Projekten), bezüglich derer Erfahrungswissen von Experten nicht notwendig ist oder sogar hinderlich sein kann
- Handlungsunterstützung bei der Bewältigung von interpersonellen Konflikten, die nicht unwesentlich durch äußere Bedingungen (z. B. Organisationsstruktur) geprägt sind, bezüglich derer fachliches Expertenwissen bzw. Felderfahrung nicht notwendig ist oder sogar hinderlich sein kann
- Handlungsunterstützung bei der Umsetzung wichtiger komplexer Organisationsentscheidungen, bezüglich derer fachliches Expertenwissen bzw. Felderfahrung nicht notwendig ist oder sogar hinderlich sein kann

Handlungsanleitend-kontextgestaltendes Coaching

A5	Coach bietet viele Erklärungen, Interpretationen, Prognosen und Handlungsmöglichkeiten	>05%	∅ 1,7%
A7	Coach gibt Feedback	>10%	∅ 5,0%
A10	Coach fordert Klienten zu bestimmten Aktivitäten auf	>05%	∅ 3,4%
B4	Klient wird veranlasst, Handlungsvorsätze bzw. -entschlüsse zu entwickeln bzw. zu stärken	>10%	∅ 6,0%
C1.3.4	außerhalb des Klienten liegende Problemlösungsbedingungen	>30%	∅ 20,5%
C1.4	Klientenhandlung/-entscheidung in Problemsituation	>25%	∅ 22,5%
C1.5	Folgen einer Klientenhandlung, -entscheidung bzw. -entwicklung für die Problemsituation	>10%	∅ 4,8%
D1+D3 +D5	(Referenzobjekt liegt in der Gegenwart) + (Referenzobjekt liegt in der Zukunft) + (Referenzobjekt liegt in der Gegenwart und Zukunft)	>60%	∅ 44,3%
E4	Referenzobjekt betrachtet vom Standpunkt des Coachs	>15%	∅ 19,4%
G1/H1	Faktizität des Referenzobjekts (eher) ohne Bewertung	>60%	∅ 51,6%

Wichtigste Einsatzgebiete:

- Handlungsunterstützung bei der Bewältigung komplexer Gestaltungsaufgaben schwieriger Kontexte (z.B. in Projekten), bezüglich derer fachliches Expertenwissen bzw. Felderfahrung notwendig ist
- Handlungsunterstützung bei der Bewältigung von interpersonellen Konflikten, die nicht unwesentlich durch äußere Bedingungen (z. B. Organisationsstruktur) geprägt sind, bezüglich derer fachliches Expertenwissen bzw. Felderfahrung notwendig ist
- Handlungsunterstützung bei der Umsetzung wichtiger komplexer Organisationsentscheidungen, bezüglich derer fachliches Expertenwissen bzw. Felderfahrung notwendig ist

3.2.2 Empirische Überprüfung der acht idealtypischen Coachingausprägungen

Im Folgenden wird das Untersuchungsmaterial unter der Fragestellung reflektiert, ob sich die oben rekonstruierten acht idealtypischen Coachingausprägungen empirisch nachweisen lassen. Dabei zeigt sich, dass nur ein kleiner Teil des empirischen Materials, nämlich zwei der untersuchten zehn Protokolle, den Idealausprägungen entspricht bzw. nahe kommt und dass der größere Teil, nämlich neun untersuchte Prozesse Mischformen darstellen.

Das „Bamberger"-Protokoll

Bamberger-Protokoll	Direktivität						X	Nondirektivität
	Selbstthematisierung	X						Kontextthematisierung
	Erkenntnisorientierung				X			Handlungsorientierung

Mit Bezug auf die obige Systematik handelt es sich bei diesem Prozess um eine gleichverteilte Mischung aus *erkenntnisanregendem Selbstaufklärungs-Coaching* und *handlungsanregendem Persönlichkeits-Coaching*, die mit etwas Direktivität angereichert ist.

Ziel der Therapie war die Aktivierung von Klientenressourcen, um nach einer psychischen Erkrankung wieder beruflich Fuß zu fassen.

Besonders auffällig ist, dass der Coach sich relativ oft dafür entscheidet,

- den Klienten zu veranlassen,
  - seine Problematik (eher) positiv zu bewerten (bei 3 Möglichkeiten: 58%)
  - und aus der Sicht eines idealen Anderen zu betrachten (bei 5 Möglichkeiten: 38%)
  - vorrangig in die Zukunft (bei 6 Möglichkeiten: 45%),
  - auf seine Handlungen in der Problemsituation (bei 17 Möglichkeiten: 39%)
  - sowie auf seine Handlungen in der Coachingsituation (bei 17 Möglichkeiten: 10%) zu blicken
  - und Handlungsvorsätze bzw. -entschlüsse zu entwickeln bzw. zu stärken (bei 10 Möglichkeiten: 10%).
- In diesem Zusammenhang neigte der Coach dazu
  - dem Klienten relativ viele Informationen zur Coachingthematik zu liefern (bei 10 Möglichkeiten: 10%)
  - und vergleichsweise wenig Fragen zu stellen (bei 10 Möglichkeiten: 37%).

01-Protokoll

01-Coaching	Direktivität	X							Nondirektivität
(„Problem“-	Selbstthematisierung	X							Kontextthematisierung
Coaching)	Erkenntnisorientierung			X					Handlungsorientierung

Thema des vorliegenden Coachings war der Wunsch des Klienten, verbal mehr Autorität und Souveränität ausstrahlen zu können. Zu diesem Zweck wählte der Coach eine nicht ganz gleichverteilte Mischung aus *erkenntnisanleitendem* und – etwas schwächer ausgeprägt – *handlungsanleitendem Selbstaufklärungs-Coaching*.

Der Prozess zeichnet sich durch eine problematisch hohe Direktivität aus, die sich vor allem dadurch zeigt,

- dass der Coach den Klienten sehr oft veranlasst, seine Problematik aus der Sicht des Coachs zu betrachten (bei 5 Möglichkeiten: 57%)
- dass er ihm relativ wenig Fragen stellt (bei 10 Möglichkeiten: 19%)
- und ihm stattdessen oft Erklärungen, Interpretationen, Prognosen, Handlungs-/ Entscheidungsmöglichkeiten anbietet (bei 10 Möglichkeiten: 20%)
- sowie relativ oft zu bestimmten Aktivitäten auffordert (bei 10 Möglichkeiten: 10%).

02-Protokoll

02-Coaching	Nondirektivität	X							Direktivität
(„Positiv“-	Selbstthematisierung			X					Kontextthematisierung
Coaching)	Erkenntnisorientierung		X						Handlungsorientierung

Thema des Coachings war die Klärung der kurzfristigen Karrieremöglichkeiten und -schritte des Klienten. Zu diesem Zweck wählte der Coach eine nicht ganz gleichverteilte Mischung aus *erkenntnisanregendem Selbstaufklärungs-Coaching* und – etwas schwächer ausgeprägt – *erkenntnisanregend-kontextklärendem Coaching*, die mit etwas Handlungsorientierung angereichert war.

Das Coaching zeichnet sich durch eine sehr hohe Nondirektivität des Coachs aus. Sie zeigt sich darin, dass die Aktivitäten des Fragens (bei 10 Möglichkeiten: 61%) und Spiegelns (bei 10 Möglichkeiten: 22%) zusammen 83% aller formalen Coach-Aktivitäten ausmachen. Weiterhin fällt auf,

- dass der Coach die Kliententhematik wenig bewertet (bei 3 Möglichkeiten: 85%)
- dass er den Klienten relativ intensiv veranlasst den Realitätsmodus der Kontingenz zu wählen (bei 2 Möglichkeiten: 46%)

03-Protokoll

03-Coaching	Nondirektivität		X						Direktivität
(„Positiv“-	Selbstthematisierung			X					Kontextthematisierung
Coaching)	Erkenntnisorientierung			X					Handlungsorientierung

Die thematische Besonderheit dieses Coachings war, dass es verordnet war, um den Klienten in einen bereits seit einiger Zeit angelaufenen umfangreicheren Change Prozess mit dem Ziel zu integrieren, selbstreflektierter zu führen und in seiner Führung verstärkt Coachingmethoden einzusetzen. Zu diesem Zweck wählte der Coach eine nicht ganz gleichverteilte Mischung aus *erkenntnisanregendem Selbstaufklärungs-Coaching* und – etwas schwächer ausgeprägt – *handlungsanregend-kontextgestaltendem Coaching*, das mit etwas Direktivität angereichert ist.

Mit Blick auf die vorliegenden Rahmenbedingungen wird verständlich, dass der Coach, der gleichzeitig auch als Change Agent für den Changeprozess der gesamten Organisation zuständig war,

- ungewöhnlich oft auf die Coachingsituation im Allgemeinen Bezug nimmt (bei 172 Möglichkeiten: 21%).
- Gleichzeitig erstaunlich ist, dass der Coach einen recht nondirektiven Gesprächsstil bevorzugt. Das wird vor allem daran erkennbar, dass seine Fragen (bei 10 Möglichkeiten: 51%) und Spiegelungen (bei 10 Möglichkeiten: 23%) zusammen 84% der beziehungskonstituierenden Coach-Aktivitäten ausmachen.

04-Protokoll

04-Coaching („Positiv"-Coaching)	Direktivität							X	Nondirektivität
	Selbstthematisierung				X				Kontextthematisierung
	Erkenntnisorientierung			X					Handlungsorientierung

Klient des vorliegenden Coachings ist eine Führungskraft, die unter chronischer Arbeitsüberlastung leidet, weil es ihr schwerfällt, die Unterstützungswünsche ihrer Kollegen zurückzuweisen. Vor diesem Hintergrund wählt der Coach eine gleichverteilte Mischung aus *erkenntnisanregendem Selbstaufklärungs-Coaching* und *erkenntnisanregend-kontextklärendem Coaching* mit starker Beimischung von Handlungsorientierung.

Auffällig an dem Prozess ist die hohe Nondirektivität, die sich darin zeigt, dass 40% der sich in der A-Dimension anbietenden 10 Entscheidungsmöglichkeiten Spiegelungen und weitere 40% Coach-Fragen sind. Weiterhin fällt auf,

- dass der Coach wenig Bewertungen vornimmt (bei 3 Möglichkeiten: 63%)
- dass er den Klienten intensiv veranlasst, etwas zu fokussieren (bei 10 Möglichkeiten: 50%)
- und dass er den Blick des Klienten intensiv
  - auf das Faktische (bei 2 Möglichkeiten: 91%)
  - und auf die Vergangenheit und Gegenwart (bei 6 Möglichkeiten: 56%) lenkt
  - und dabei die Thematisierung eigener Beobachtungen, Kenntnisse, Vorannahmen, Gedanken und Gefühle, die sich auf die Problemsituation beziehen, (bei 10 Möglichkeiten: 22%) anregt.

05-Protokoll

05-Coaching („Positiv“-Coaching)	Nondirektivität						X		Direktivität
	Selbstthematisierung							X	Kontextthematisierung
	Erkenntnisorientierung							X	Handlungsorientierung

Der Klient dieses Prozesses ist noch nicht sehr lange in der Personalentwicklung seiner Organisation und hat die Aufgabe bekommen, einen Gruppenkonflikt zu moderieren. Damit fühlt er sich überfordert und hat deshalb den Coach aufgesucht.

Mit Blick auf die vorliegende Problematik entscheidet sich der Coach für ein *handlungsanleitend-kontextgestaltendes Coaching*, das mit etwas mehr Nondirektivität angereichert ist. Es zeichnet sich dadurch aus,

- dass der Coach sehr umfangreich Erklärungen, Interpretationen, Prognosen, Handlungs-/Entscheidungsmöglichkeiten anbietet
- und den Klienten intensiv veranlasst,
  - die gedankliche Position des Coachs einzunehmen (bei 5 Möglichkeiten: 56%)
  - in die Zukunft zu blicken (bei 6 Möglichkeiten: 56%)
  - seine eigenen Handlungen in der Problemsituation zu thematisieren (bei 17 Möglichkeiten: 37%)
  - die positiven Möglichkeiten ins Auge zu fassen (bei 6 Möglichkeiten: 36%).

06-Protokoll

06-Coaching („Positiv“-Coaching)	Nondirektivität					X			Direktivität
	Selbstthematisierung							X	Kontextthematisierung
	Erkenntnisorientierung							X	Handlungsorientierung

Der Klient dieses Prozesses – es handelt sich um die zehnte Coachingsitzung – ist ein angestellter Mitarbeiter, dessen Vorgesetzter wünscht, dass er gegenüber einem seiner Kollegen Führungsaufgaben übernimmt, ohne selbst formal Führungskraft zu sein. Mit Blick auf diese Problematik wählt der Coach eine Coachingausprägung, die man als nicht ganz gleichverteilte Mischung aus *handlungsanleitend-kontextgestaltendem* und – etwas schwächer ausgeprägt – *handlungsanregend-kontextgestaltendem Coaching* bezeichnen kann. Es zeichnet sich durch folgendes aus:

- Der Coach stellt dem Klienten zwar wenig Fragen (bei 10 Möglichkeiten: 26%),
- aber spiegelt relativ viel (bei 10 Möglichkeiten: 21%),
- thematisiert intensiv zum einen Klientenhandlungen in der Problemsituation (bei 17 Möglichkeiten: 35%)
- und andererseits Bedingungen, die nicht im Handlungsbereich des Klienten liegen (bei 17 Möglichkeiten: 53%)
- bietet ihm relativ umfangreich Erklärungen, Interpretationen, Prognosen und Handlungs-/Entscheidungsmöglichkeiten an (bei 10 Möglichkeiten: 32%)
- lenkt seinen Blick intensiv auf den Realitätsmodus des Kontingenten (bei 2 Möglichkeiten: 47%)

- und veranlasst ihn, intensiv Handlungsvorsätze bzw. -entschlüsse zu entwickeln bzw. zu stärken (bei 10 Möglichkeiten: 24%).

07-Protokoll

07-Coaching	Nondirektivität				X				Direktivität
(„Positiv"-	Selbstthematisierung							X	Kontextthematisierung
Coaching)	Erkenntnisorientierung						X		Handlungsorientierung

Das vorliegende Protokoll gibt Einblick in ein – vermutlich schon längere Zeit laufendes – Coaching. Thema der vorhergehenden Sitzung war, dass und wie der Klient, eine Führungskraft, sein Führungsverhalten durch ein Mitarbeiter-Feedback verbessern kann, bei dem er mit klaren Worten auch Defizite anspricht. In der vorliegenden Sitzung geht es darum zu prüfen, wie weitgehend ihm das in der letzten Zeit gelungen ist.

Bezogen auf diese Aufgabe entscheidet sich der Coach für eine gleichverteilte Mischung aus *handlungsanleitend-kontextgestaltendem* und *handlungsanregend-kontextgestaltendem Coaching*, das mit etwas mehr Erkenntnisorientierung angereichert ist. Es zeichnet sich vor allem dadurch aus, dass der Coach den Klienten intensiv veranlasst,

- auf seine eigenen Handlungen in der Problemsituation zu schauen (bei 17 Möglichkeiten: 39%).
- und qualitative Bewertungen vorzunehmen (bei 10 Möglichkeiten: 28%)

08-Protokoll

08-Coaching	Nondirektivität		X						Direktivität
(„Positiv"-	Selbstthematisierung						X		Kontextthematisierung
Coaching)	Erkenntnisorientierung				X				Handlungsorientierung

In dem vorliegenden Coaching geht es um eine obere Führungskraft, die in ihrem Unternehmen noch nicht sehr lange ist und darunter leidet, dass die Geschäftsführung sie im Unklaren lässt, was sie von ihr hält.

Mit Blick auf diese Problematik wählt der Coach eine gleichverteilte Mischung aus *erkenntnisanregend-kontextklärendem* und *handlungsanregend-kontextgestaltendem Coaching*, das mit etwas Direktivität und Selbstthematisierung angereichert ist. Das Coaching zeichnet sich dadurch aus,

- dass der Coach intensive Fragen stellt (bei 10 Möglichkeiten: 59%)
- und Aspekte der Problematik thematisiert, die nicht im Handlungsbereich des Klienten liegen (bei 17 Möglichkeiten: 55%)
- und den Blick des Klienten zu 100% auf den Realitätsmodus des Faktischen
- und dabei vorrangig auf die Vergangenheit (bei 6 Möglichkeiten: 73%) bzw. Vergangenheit und Gegenwart (bei 6 Möglichkeiten: 23%) lenkt.

09-Protokoll

09-Coaching („Positiv“-Coaching)	Nondirektivität		X						Direktivität
	Selbstthematisierung						X		Kontextthematisierung
	Erkenntnisorientierung		X						Handlungsorientierung

Der Klient dieses Coaching ist der Inhaber eines mittelgroßen Handwerksunternehmens. Anlass und Thema des Coachings ist das Problem, dass bei größeren Projekten bei der Arbeitszeitkalkulation oft Fehler gemacht werden, die dann zu Verlusten führen.

Mit Blick auf diese Problematik wählt der Coach ein *erkenntnisanregend-kontextklärendes Coaching*, das mit etwas Direktivität, Selbstthematisierung und Erkenntnisorientierung angereichert ist.

Besonders auffällig an dem Coaching ist,

- dass der Coach Faktizität der vorliegenden Lage des Klienten anspricht und negativ bewertet (bei 6 Möglichkeiten: 61%), d. h. nicht schönredet
- und dass er auf dieser Grundlage den Klienten intensiv veranlasst,
  - auf die vorliegende Problematik in ihrer gesamten Breite zu schauen (bei 17 Möglichkeiten: 44%)
  - und Ursachen bzw. Kausalitäten zu reflektieren (bei 10 Möglichkeiten: 36%).

10-Protokoll

10-Coaching („Positiv“-Coaching)	Nondirektivität			X					Direktivität
	Selbstthematisierung	X							Kontextthematisierung
	Erkenntnisorientierung		X						Handlungsorientierung

Der Klient des vorliegenden Coachings ist eine Führungskraft, die erkannt hat, dass sie im Umgang mit ihrem Vorgesetzten sich durch eigene Verhaltensmuster unnötig beschränkt.

Angesichts dieser Problematik greift der Coach auf das Konzept des „Inneren Teams“ zurück und wählt als Coachingausprägung eine nicht gleichverteilte Mischung aus *erkenntnisanregendem* und *erkenntnisanleitendem Selbstaufklärungscoaching*, das mit etwas Handlungsorientierung angereichert ist.

Zentrale Merkmale des Coachings sind,

- dass der Coach den Blick des Klienten sehr stark auf die Gegenwart (bei 6 Möglichkeiten: 41%) bzw. Vergangenheit und Gegenwart (bei 6 Möglichkeiten: 36%) lenkt
- sehr intensiv die Bedingungen anspricht, die mit der Person des Klienten verbunden sind (bei 17 Möglichkeiten: 66%)
- keine Bewertungen vornimmt (bei 3 Möglichkeiten: 87%)
- und den Realitätsmodus des Faktischen bevorzugt (bei 2 Möglichkeiten: 93%)

4 Ausblick

In dem vorliegenden Beitrag wurde im Rahmen erster explorativer Schritte versucht, ein inhaltsanalytisches Kategoriensystem für die Erfassung und Analyse von Coachingprozessen und coachingverwandten Prozessen zu rekonstruieren. Mit Blick auf die Zukunft liegt es nahe, den hier entwickelten Ansatz weiterzuverfolgen, nicht zuletzt, um auf diese Weise das Fundament für die Erforschung der Wirksamkeit von Coaching (Greif 2008, S. 212-286) zu verbessern.

Parallel hierzu bietet sich noch ein zweites Betätigungsfeld an, nämlich das hier entwickelte Kategoriensystem für die Aus- und Weiterbildung bzw. Supervision von Coaches zu nutzen. Konkret bieten sich dabei drei Möglichkeiten an:

- Der sich fortbildende Coach setzt sich mit einem dokumentierten eigenen Coachingprozess und mit dem Coachingprozess eines anderen Coachs auseinander und rekonstruiert für jeden Kommunikationsakt des betreffenden Coachs, welche Entscheidungen ihm zugrunde liegen. Auf diese Weise verbessert er seine Selbstbeobachtung als Coach.
- Der Supervisor präsentiert dem sich fortbildenden Coach nur einen kleinen Ausschnitt aus einem Coachingprozess, also z. B. die Einleitungsfrage des Coachs und die folgende Antwort des Klienten, um auf dieser Grundlage anzuregen, sich darüber Gedanken zu machen und Alternativen zu entwickeln, welche nächste Coachingentscheidung denn jetzt an dieser Stelle sinnvoll wäre.
- Die dritte Möglichkeit besteht darin, dass der Supervisor den sich fortbildenden Coach auffordert, eine bestimmte Coach-Entscheidung des dokumentierten Coachingprozesses – z. B. mit Hilfe einer fünfteiligen Skala – zu bewerten und dabei einen qualitativen Bewertungsmaßstab zu entwickeln, indem er genau beschreibt, welche Coach-Äußerung an dieser Stelle seiner Meinung nach ideal gewesen wäre und durch welche Entscheidungen sie sich ausgezeichnet hätte.

Literatur

Bamberger, G. G. (2005): Lösungsorientierte Beratung. Weinheim, Basel: Beltz, 3. Aufl.

Bilandzic, H./Koschel, F./Scheufele, B. (2001): Theoretisch-heuristische Segmentierung im Prozess der empiriegeleiteten Kategorienbildung. In: Wirth, W./Lauf, E. (Hrsg.): Inhaltsanalyse. Köln: Herbert von Halem Verlag, S. 98-116

Birgmeier, B. R. (2006): Coaching und Soziale Arbeit. Weinheim, München: Juventa

Geißler, H. (2007): Coaching im Aufwind oder vor dem Burnout? In: Schwuchow, K./Gutmann, J. (Hrsg.): Jahrbuch Personalentwicklung. S. 209-220

Greif, S. (2008): Coaching und ergebnisorientierte Selbstreflexion. Theorie, Forschung und Praxis des Einzel- und Gruppencoachings. Göttingen u. a.: Hogrefe

Habermas, J. (1981): Theorie des kommunikativen Handelns. Bd. 1+2. Frankfurt/M.: Suhrkamp

Kordes, H. (1995): Pädagogische Aktionsforschung. In: Haft, H./Ders. (Hrsg.): Methoden der Erziehungs- und Bildungsforschung (Bd. 2 der von Dieter Lenzen hrsg. Enzyklopädie Erziehungswissenschaft), Stuttgart, Dresden: Klett-Verl. für Wissen und Bildung, S. 185-219

Lamnek, S. (2005): Qualitative Sozialforschung. Weinheim, Basel: Beltz, 4. Aufl.

Lippmann, E. (Hrsg.) (2006): Coaching. Heidelberg: Springer

Looss, W. (1991): Coaching für Manager. Problembewältigung unter vier Augen. Landsberg/Lech: Verlag Moderne Industrie

Luhmann, N. (2000): Organisation und Entscheidung. Opladen, Wiesbaden: Westdeutscher Verlag

Migge, B. (2005): Handbuch Coaching und Beratung. Weinheim, Basel: Beltz

Petzold, H. (2007): Integrative Supervision, Meta-Consulting, Organisationsentwicklung. Wiesbaden: VS Verlag

Rauen, Chr. (Hrsg.) (2005): Handbuch Coaching. Göttingen u. a.: Hogrefe, 3. Aufl.

Schiepek, G./Honermann, H./Müssen, P./Senkbeil, A. (1997): „Ratinginventar lösungsorientiert Interventionen“ (RLI). Die Entwicklung eines Kodierinstruments für ressourcenorientierte Gesprächsführung in der Psychotherapie. In: Zeitschr. f. Klin. Psych. 26 (4), S. 269-277

Schein, E. (2000): Prozessberatung für die Organisation der Zukunft. Köln: Edition humanistische Psychologie

Stober, D. R./Grant A. M. (Ed.) (2006): Evidence based coaching. Hoboken, New Jersey: Wiley & Sons

Teil II: Psychologische Grundlagen des Coachingwissens und psychotherapieorientierte Coachingforschung

Grundlagentheorien und praktische Beobachtungen zum Coachingprozess

Siegfried Greif

1 Wie und warum wirkt Coaching?

Über Coaching ist viel geschrieben worden. Im englischsprachigen Bereich gibt es ca. 80.000 und im deutschsprachigen über 1.000 Bücher mit Coaching im Titel. In den letzten Jahren wurden Fachzeitschriften oder Magazine gegründet, die sich speziell mit Coaching beschäftigen (Beispiele: *International Coaching Psychology Review, The Coaching Psychologist* oder das deutschsprachige *Coaching Magazin*). Jedes Jahr steigt die Zahl der Publikationen weiter stark an. Aber wenn wir nach gesichertem Fachwissen und wissenschaftlichen Erklärungen darüber suchen, wie und warum beim Coaching konkrete praktische Ergebnisse erzielt werden, suchen wir in den meisten Veröffentlichungen vergeblich. Die meisten Darstellungen über Coaching beschäftigen sich mit der Coachingpraxis und werben für die von den Autor/innen favorisierten Konzepte. Grundlage sind eigene praktische Erfahrungen und Überlegungen. Manchmal sind sie durchaus theoretisch reflektiert und tiefgründig, oft bleiben sie aber eher oberflächlich und formelhaft, wie der Satz, dass Coaching eine „Hilfe zur Selbsthilfe" ist. Dieser häufig verwendete Satz ist für viele Klienten eine durchaus eingängige Vermittlungshilfe für ein wichtiges Grundprinzip beim Coaching. Wenn man ihn aber ohne genaue Beschreibung und Erklärung der Wirkung des angedeuteten Prinzips in den Raum stellt (etwa durch den Wirkfaktor der Ressourcenaktivierung, siehe unten), ist dies auch nach praktisch-professionellen Standards keine ausreichende Erklärung.

Mündige Patienten fragen ihre Ärzte, wie und warum die empfohlenen Medikamente wirken und welche Nebenwirkungen sie unter welchen Bedingungen haben können. Wenn unsere Auftraggeber und Klienten genau wissen wollen, was genau beim Coaching passiert, wie und warum oder unter welchen Bedingungen Coaching wirkt, was können wir antworten? Zur Beantwortung der Frage lassen sich wissenschaftliche Theorien verschiedener Richtungen heranziehen und auf Coaching übertragen. Die folgende Darstellung beginnt mit einer kurzen Übersicht zu diesen Theorien.

Um die Frage genau zu beantworten, wie und warum Coaching wirkt, ist es erforderlich, konkret zu beobachten und zu beschreiben, was Coachs und Klienten in Coachingsitzungen tun und warum daraus die erhofften Wirkungen entstehen. Was könnte noch praxisnäher sein, als die Coachingpraxis und ihre Wirkungen zu beobachten? Erst in allerjüngster Zeit gibt es solche Beobachtungsstudien zum Verhalten von Coachs in Coachingsitzungen und wissenschaftliche Theorien zur Beschreibung und Erklärung der Wirkungen durch konkret beobachtbare Wirkfaktoren. Diese Theorien und Prozessbeobachtungen stehen im Mittelpunkt dieses Kapitels. Verwiesen sei hier auch auf das Kapitel von Geißler in diesem Buch, der die Prozesse im Coaching mit hermeneutischen Inhaltsanalysen untersucht und systematisch einordnend beschreibt. Wie in diesem Beitrag dargelegt werden soll, sind Theorien und Analysen zum Coachingprozess ein aktuelles, wissenschaftlich genauso wie praktisch besonders bedeutsames Thema für die Weiterentwicklung der Coaching-Profession.

2 Grundlagentheorien über allgemeine Wirkprinzipien beim Coaching

Die Frage, wie und warum personenzentrierte Beratungen wirken, ist keine neue Fragestellung. In den Bereichen Personalentwicklung und Beratung in Unternehmen, Psychotherapie sowie Lernen und Pädagogik von Erwachsenen gibt es allgemeine Grundlagentheorien und Untersuchungen, auf die in der Coachingliteratur zurückgegriffen wird.

An erster Stelle zu nennen wäre hier die klassische Zielsetzungstheorie von Locke und Latham (1984, vgl. Storch 2009, in diesem Buch). In der Arbeits- und Organisationspsychologie zählt sie zu den am intensivsten untersuchten Theorien. Sie erklärt, warum konkret oder genau definierte Ziele, die für die Person nicht einfach erreichbar, sondern herausfordernd sind, die Anstrengungsmotivation erhöhen, diese Ziele zu verfolgen und den Erfolg bei der Zielerreichung steigern. Die einfache zugrundeliegende Motivationstheorie hat in viele Praxisfelder Eingang gefunden und wurde von vielen Autor/innen auch auf das Coaching übertragen (vgl. insbesondere Grant, 2006). Die bisher im Bereich Coaching vorliegenden Forschungsergebnisse bestätigen, dass eine genaue Zieldefinition zur Erhöhung des Zielerreichungsgrads oder der Zielzufriedenheit des Klienten führt (Greif, 2007).

Die Zielsetzungstheorie kann richtungsmäßig als kognitiv-behavioraler Ansatz eingeordnet werden. Weitere einschlägige wissenschaftliche Richtungen und Theorien werden von Stober und Grant (2006) in ihrem „Evidence Based Coaching Handbook“ wiedergegeben. Das Handbuch enthält Darstellungen zu fünf verschiedenen theoretischen Perspektiven (humanistische, behavioristische, entwicklungspsychologische, kognitive und psychoanalytische Ansätze) und sieben integrativen Coachingtheorien (Ziel-Fokussierung, Erwachsenen-Lernen, Positive Psychologie, kulturelle Perspektive, adventure-based, systemische Perspektive und Kontext-Ansatz). Je nach Ausrichtung werden jeweils bestimmte Grundprinzipien oder Wirkfaktoren beim Coaching hervorgehoben. Folgen wir beispielsweise der humanistischen Perspektive in Anlehnung an Carl Rogers, ist die Beziehung zwischen Coach und Klient entscheidend, insbesondere Akzeptanz und Wertschätzung sowie authentisches Feedback. Der Klient wird als richtunggebend betrachtet und der Coach als Förderer, der auf die selbstgesteuerte Entwicklung des Klienten vertraut. Behaviorale Theorien konzentrieren sich auf konkrete Verhaltensänderungen. Kognitive Ansätze setzen bei widersprüchlichen Gedanken und selbstschädlichen Überzeugungen an. Psychoanalytisch ausgerichtete Coachs explorieren die unbewussten Bindungen und emotionalen Investitionen des Klienten unter Berücksichtigung der Kultur und Herausforderungen der Organisation. Aus dieser Sicht hilft der Coach dem Klienten problematische Übertragungen früherer Erfahrungen und Gefühle in seine Arbeitswelt durch reflektierten Umgang mit den Gegenübertragungen als Coach aufzulösen. Die Theorie des Erwachsenen-Lernens versucht selbstgesteuertes, lebenslanges Lernen zu fördern und die dafür erforderliche Veränderungsmotivation über die so genannten Selbstwirksamkeitsüberzeugungen (z.B. „Ich schaffe es, mein Verhalten zu ändern.“). Die Rahmentheorie der Positiven Psychologie kritisiert Defizit-orientierte Ansätze und konzentriert sich auf positive Gefühle und Methoden zur Förderung von Zufriedenheit und Glücksgefühlen der Klienten.

Eine vertiefte Auseinandersetzung mit den in diesem Handbuch anwendungsnah beschriebenen Anwendungen verschiedener wissenschaftlicher Grundlagentheorien und Richtungen auf Coaching ist auch für Praktiker/innen empfehlenswert und kann nützliche Einsichten fördern. Für weitere Theorien sei auch auf das „Handbook of Coaching Psychology“ von Palmer und Whybrow (2007) verwiesen. Es ist bemerkenswert, dass die in beiden Handbüchern behandelten empirisch-wissenschaftlichen Theorien in angloamerikanischen Ländern mit großer Selbstverständlichkeit in der Coaching-Ausbildung und auf Coaching-Kongressen und -Tagungen als grundlegendes Coachingwissen angesehen und vermittelt werden. In deutschsprachigen Ländern werden diese Handbücher und die darin behandelten Theorien dagegen kaum zitiert.

3 Sind allgemeine psychotherapeutische Wirkfaktoren auf Coaching übertragbar?

Wenn man die Wirkfaktoren unterschiedlicher wissenschaftlicher Richtungen und Theorien miteinander vergleicht, zeigen sich Ähnlichkeiten, aber auch akzentuierte Unterschiede. Die nahe liegende Frage ist, ob und wie man eine richtungsübergreifende integrative Theorie entwickeln und entscheiden kann, welche Faktoren besonders wichtig sind. Es wäre problematisch, sie einfach eklektisch nebeneinander zu stellen. Die Begriffe und Annahmen über die Wirkungen sind nicht deckungsgleich und teilweise sogar unvereinbar. Um sie zusammenzuführen, müssen die Begriffe und Annahmen für den Bereich Coaching reformuliert und in eine gemeinsame Rahmentheorie integriert werden.

Therapieschulenübergreifende Wirkfaktoren nach Grawe

Für den Bereich der Psychotherapie hat Grawe eine sehr interessante Lösung für die Entwicklung einer integrativen Theorie gefunden. Ausgangspunkt waren mit Meta-Analysen empirisch nachgewiesene Wirkfaktoren in der Psychotherapie (Grawe, Donati & Bernauer 1994). Als Ergebnis fand er vier therapieschulenübergreifende Wirkfaktoren. Sie sind so allgemein, dass sie auch zur Erklärung der Coachingwirkungen herangezogen wurden und sollen deshalb zusammenfassend vorgestellt werden:

1. Problemaktualisierung (Vergegenwärtigung der Probleme und der erlebten Emotionen),
2. Ressourcenaktivierung (Erkennen und Nutzen eigener Stärken und Fähigkeiten sowie der Unterstützung durch die Umgebung auf der Basis einer vertrauensvollen Beziehung zwischen Therapeut und Klient),
3. motivationale Klärung (Bewusstmachen der Auswirkungen des Verhaltens und Erlebens auf die bewussten und unbewussten Ziele des Klienten und seines Umfelds sowie kontinuierliche Reflexion der Beziehungen zwischen den Zielen) und
4. Problembewältigung (handlungsorientierte Problemlösung, Umsetzung konkreter Maßnahmen und Unterstützung bei der Zielerreichung).

Um die Bedeutung und Zusammenhänge der Wirkfaktoren zu erklären, hat Grawe (2000, 2004) eine integrative neuropsychologische Theorie entwickelt. Nach den Ergebnissen der Meta-Analysen und nachfolgender Untersuchungen zeigt der Faktor Ressourcenaktivierung die stärksten Wirkungen. Er bildet deshalb die Grundlage, auf der die anderen drei Faktoren aufbauen. Durch die Aktivierung der Ressourcen des Klienten verschiebt sich der Fokus der Intervention, ähnlich wie dies die Positive Psychologie und lösungsfokussierte Ansätze fordern, von der Defizitorientierung auf die positiven Möglichkeiten des Klienten. Wärme und Empathie des Therapeuten sieht Grawe dabei als eine Art Basisressource im Rahmen dieses Faktors. Um die eigenen Möglichkeiten aktivieren zu können und Hoffnung auf Besserung zu entwickeln, muss der Klient dem Therapeuten und seiner Fachkompetenz vertrauen.

Wie am Faktor Problemaktualisierung deutlich wird, sind nach Grawes Erkenntnissen keineswegs nur positive Aspekte wirksame Ansatzpunkte für Veränderungen. Dieser Faktor bezieht sich unter anderem auf kathartisches Nacherleben und Aufarbeiten von Emotionen vermittelt über reflektierte Übertragungen und Gegenübertragungen, wie es in der Psychoanalyse und anderen tiefenpsychologischen Ansätzen gefordert wird. Hier einzuordnen wären auch weitere spezielle Interventionsmethoden, wie das gezielte Aktivieren und Abbauen von Ängsten beim Desensibilisieren in der Verhaltenstherapie. Die beiden gegenpoligen Faktoren Problemaktualisierung und Ressourcenaktivierung ergänzen einander. Während die Problemperspektive zu klären hilft, *was* geändert werden soll, geht es bei der Ressourcenperspektive um die Frage, *wie* etwas geändert werden kann (Grawe 2000: 99). Auch die beiden anderen Wirkfaktoren, motivationale Klärung und Problembewältigung, ergänzen sich komplementär. Ohne Klärung der grundlegenden Motive des Klienten besteht nach Grawe die Gefahr, dass er konkrete Veränderungen umsetzt, die für ihn unbefriedigend sind.

Übertragung der Wirkfaktoren auf den Bereich Coaching

Die vier von Grawe gefundenen Wirkfaktoren sind so allgemein, dass es nahe liegt, sie auch auf nicht-klinische Beratungstätigkeiten und speziell auf Coaching zu übertragen. Eine erste Studie hat Behrendt (2004) durchgeführt. Dazu hat er die Videoaufzeichnungen von 40 Coachingsitzungen mit acht Führungskräften mit Verhaltensratings zur Erfassung der Graweschen Wirkfaktoren analysiert. Als Erfolgskriterien wurden Bewertungen der Sitzungen durch die Klienten und den Coach sowie die eingeschätzte Zielerreichung erhoben. Die Untersuchung und das Coaching fanden im Setting eines Führungstrainings zu Mitarbeitergesprächen statt. Da zu den nach dem Training und Coaching später durchgeführten Mitarbeitergesprächen auch Befragungen erfolgten, konnten zusätzlich Zusammenhänge der Wirkfaktoren mit der Bewertung der Gespräche durch die Mitarbeiter/innen analysiert werden. Die Ergebnisse bestätigen allerdings nur für die Ressourcenaktivierung die erwarteten positiven Korrelationen zu den Kriterien. Bei den anderen drei Faktoren zeigen sich keine signifikanten Zusammenhänge.

Diese theoretische Überlegung, dass der Coach und seine Beziehung zum Klienten eine besondere Ressource ist, die anders wirkt als die Aktivierung der Fähigkeiten des Klienten, hat mich angeregt, die von Behrendt berichteten Einzelkorrelationen genauer zu betrachten (Greif, 2008: 267 f.). Dabei fanden sich für die Ratings, die sich speziell auf die Wertschätzung und emotionale Unterstützung des Klienten durch den Coach beziehen, durchgängig die höchsten Korrelationen zur positiven Bewertung der Coachingsitzungen. Die Bewertungen der Mitarbeiter hängen dagegen von Ratings ab, die sich auf die Aktivierung eigener Beiträge des Klienten und ihrer Umsetzung beziehen. Die Wertschätzung des Coachs fördert demnach eher eine für die Zusammenarbeit unabdingbare positive Beziehung und die Zufriedenheit des Klienten, um aber Verhaltensänderungen zu erzielen ist eine Aktivierung der eigenen und externen Ressourcen des Klienten und Umsetzung seiner Möglichkeiten erforderlich.

Unterschiede zwischen Psychotherapie und Coaching

Psychotherapie und Coaching unterscheiden sich in mehreren grundlegenden Merkmalen. In der Psychotherapie werden psychische oder psychisch bedingte Störungen mit Krankheitswert behandelt, wie sie durch den Diagnoseschlüssel ICD-10 der WHO definiert werden. Coachs ohne Ausbildung und Approbation als Psychotherapeut sind nicht qualifiziert, klinische Diagnosen zu stellen und verfügen nicht über das erforderliche therapeutische Fach- und Methodenwissen sowie die notwendige Erfahrung im Umgang mit diesen Klienten. Andererseits benötigt ein Coach je nach Branche spezielles Fachwissen und Erfahrungen über die wirtschaftliche Situation und Perspektiven in den jeweiligen Unternehmen, Unternehmens- und Führungskonzepte und ihre Veränderung, typische Konflikte und Lösungsmöglichkeiten, Stress- und Zeitmanagement oder berufliche Entwicklungsperspektiven, weil die Themen und Probleme eher beruflicher Natur sind (Borsum 2008, Greif 2008: 63 f.). Ein Psychotherapeut kann ohne fundiertes wirtschaftliches Fach- und Erfahrungswissen vor seinen Klienten bestehen. Ein Business-Coach wird ohne diese Grundlage kaum als fachkompetent akzeptiert werden. Die angesprochenen Unterschiede lassen sich mit Grawes Wirkfaktoren nur teilweise abbilden. So müsste man die Wirkfaktoren von Grawe zumindest spezifizieren und annehmen, dass der Coach oder Therapeut ohne berufsbezogene Zusatzqualifizierung nicht in der Lage ist, die Ressourcen des Klienten in seinem Arbeitsfeld zu aktivieren.

Während eine Psychotherapie nicht selten 40 bis 60 Sitzungen dauert, ist das Vorgehen beim Coaching im Durchschnitt mit 5 bis 10 Sitzungen sehr viel zügiger. In der Psychotherapie ist eine tiefere Auseinandersetzung mit Gefühlen und kleinen Lösungsschritten erforderlich und möglich, während wir beim Coaching erwarten, dass in den Sitzungen häufiger schnelle Zielklärungen und Handlungsplanungen sowie eigenständige Umsetzungen des Klienten beobachtet werden können. Beim Coaching können sehr viel schneller Ergebnisse erzielt werden, weil die Klienten selbständig in der Lage sind, nach kurzer Reflexion und Analyse der Probleme gemeinsam mit dem Coach Lösungen zu entwickeln und erfolgreich umzusetzen.

Unter Bezug auf die Wirkfaktoren von Grawe können wir annehmen, dass die Coaching-Klienten im Allgemeinen bessere Fähigkeiten mitbringen, ihre Ressourcen nach der Problemaktualisierung selbständig zu aktivieren sowie Handlungspläne zu entwickeln und sie eigenständig umzusetzen. Aber wird diese schnell mögliche „Hilfe zur Selbsthilfe“ im Coaching ähnlich wie in der Psychotherapie durch eine Problemaktualisierung angestoßen, wie dieser Faktor von Grawe definiert wird, also ähnlich wie in der Psychoanalyse durch Fördern des intensiven Nacherlebens und Bearbeiten von Emotionen aus der Kindheit oder durch schrittweises Entkoppeln gelernter blockierender Verbindungen zwischen Gefühlen und Handlungen wie in der Verhaltenstherapie? Im Einzelfall mag das auch beim Coaching durchaus möglich und sinnvoll sein, aber zu erwarten wäre, dass das eher eine Ausnahme ist. Eine ungeklärte Frage wäre deshalb, durch welche Wirkfaktoren im Coaching im Allgemeinen die Ressourcenaktivierung komplementär stimuliert wird. In der folgenden Darstellung werden der Wirkfaktoren auf der Grundlage der Theorie des ergebnisorientierten Coachings (Greif 2008) vorgestellt und Unterschiede und Bezüge zu Grawes Wirkfaktoren erläutert.

4 Förderung ergebnisorientierter Reflexionen der Klienten

In klassischen in Unternehmen eingesetzten Problemlösetechniken und wissenschaftlichen Modellen zur Problemlösung (vgl. den Problemlösekreis nach Greif 2008: 129 ff.), wird gefordert, vor der Zieldefinition und Entwicklung und Umsetzung von Vorschlägen zur Problemlösung eine sorgfältige Problemanalyse (oder Ist-Analyse) durchzuführen. Dazu werden je nach Problem ausgewählte praktisch bewährte Methoden eingesetzt. Einfache Beispiele sind Interviews mit örtlichen Experten oder Problemanalysen in Workshops mit Metaplankarten. Erfahrungsgemäß hängt die Qualität der Lösung von der Qualität der Analyse ab. „Schnellschüsse“ oder ungeprüfte Übertragungen von Lösungen aus anderen Unternehmen sind in zweierlei Hinsicht problematisch: 1. Die Gefahr ist groß, dass sie nicht funktionieren, weil sie nicht passen. 2. Wenn man vorschnell praktizierte, nicht funktionierende Lösungen später aus dem Verkehr ziehen will, riskiert man Konflikte mit ihren früheren Protagonisten. Nach Grant (2006: 172 ff.) ist es ein typischer Fehler beim Coaching, dass der Coach drängt, Ziele und Handlungsschritte schnell festzulegen. Aber auch stark handlungsorientierte Klienten wollen oft schnelle Lösungen und Ergebnisse ohne lange Analysen und Reflexionen. Erfahrene Coachs wissen aber, wie riskant es ist, beim Klienten ein unreflektiertes aktionistisches Umzusetzen von Lösungen zu fördern. Durch systematisches Nachfragen und anregende Methoden fördern sie vor der Handlung Nachdenken und Reflexionen über die Problemsituation, bleiben dabei aber gleichzeitig sehr ergebnisorientiert. Das häufig im Coaching zu beobachtende Fragen (siehe die von Geißler in diesem Buch wiedergegebenen Analysen) und viele der in den Coachingtools von Rauen (2005b, 2007) beschriebenen Methoden zur Analyse, aber auch zur Veränderung dienen zur Förderung der Reflexion der Problemsituation.

Beispiele sind die Analysemethode des Rollentauschs (Schreyögg 2005) oder die teilweise ähnliche zur Veränderung eingesetzte Methode „Auf mehreren Stühlen“ (Hansmann 2005). Beiden Methoden ist gemeinsam, dass sie den Klienten helfen sollen, verschiedene Perspektiven einzunehmen und bei künftigen Handlungen zu berücksichtigen (bei der zweiten Methode geht es primär um eigene widerstreitende Handlungstendenzen). Dabei sollen teilweise auch konfligierende Gefühle erlebbar werden. Im Unterschied zu Grawes therapeutischem Wirkfaktor Problemaktualisierung steht hier aber nicht eine kathartisch wirkende Aktualisierung von Emotionen oder ein schrittweises Umlernen konditionierter Gefühlsreaktionen im Vordergrund, sondern ein schnelles gemeinsames Erkunden komplexer Situationen und Bewusstwerden sowie lösungsorientiertes Reflektieren.

Manche handlungsorientierten Manager oder Spezialisten halten intensive Analysen und Reflexionen für unnützen Zeitvertreib. Unter Bezug auf die sozialpsychologische Selbstaufmerksamkeitstheorie (Frey, Wicklund & Scheier 1984) und die Motivations- und Persönlichkeitstheorie von Kuhl (2001; vgl. auch Kuhl & Strehlau 2009 in diesem Buch) lässt sich psychologisch erklären, warum die Reflexion über Diskrepanzen zwischen unerwünschtem Ist- und Soll-Zustand und die Veränderung des eigenen Verhaltens unangenehm ist und vermieden wird. Ein komplementärer Typus zum handlungsorientierten Manager wäre nach Kuhl eine lageorientierte Person, die zu viel Zeit mit Reflexionen über ihre Situation verbringt. Nach unseren Befragungen an Studierenden (Berg 2007) gibt es einzelne, die angeben, dass sie wöchentlich ca. 30 Stunden über ihre Probleme nachdenken! Beim Coaching empfiehlt sich je nach Typus ein kompensatorisches Vorgehen: Bei handlungsorientierten Personen wäre eine Förderung von Reflexionen vor dem Handeln und bei lageorientierten eher ein Stoppen ziellos kreisender Grübeleien angemessen. Bei beiden Personentypen sollen im Coaching Reflexionen gefördert werden, die zu einem praktisch verwertbaren Ergebnis führen. Solche Reflexionen werden als *ergebnisorientierte Reflexionen* bezeichnet. Das Ergebnis muss nicht in einer konkreten praktischen Handlungsabsicht oder Handlung bestehen (z.B. „Künftig werde ich darauf achten, dass ich meinen Mitarbeitern neue Aufgaben nicht hektisch, sondern bewusst ruhig und sorgfältig erkläre, besonders wenn ich im Stress bin.“). Ergebnis kann auch eine praktisch bedeutsame Einsicht sein (z.B. „Wenn ich meinen Mitarbeitern ihre Aufgaben in Stresssituationen hektisch und ungenau erkläre, stresse ich sie zusätzlich und verhindere, dass sie Fragen stellen. Dadurch machen sie Fehler, die wir in der Situation überhaupt nicht brauchen können.“)

Wie die Darstellung und die Beispiele zeigen, erscheint es aus theoretischen und praktischen Gründen erforderlich, als Wirkfaktor die Förderung von ergebnisorientierten Reflexionen im Coaching- oder auch Therapieprozess einzuführen. Dabei werden zwei Arten von Reflexionen unterschieden: (1) Ergebnisorientierte Problemreflexion und (2) ergebnisorientierte Selbstreflexion. Im Folgenden werden sie zusammenfassend beschrieben (ausführlich siehe Greif 2008).

(1) Ergebnisorientierte Problemreflexion

In Anlehnung an die klassische Definition von Dörner (1979) hat eine Person ein „Problem“, *wenn sie sich in einem unerwünschten Ausgangszustand befindet und einen wünschenswerten Ziel- oder Endzustand erreichen will, aber im Moment nicht über Möglichkeiten oder Mittel zur Zielerreichung verfügt.* Der Problembegriff ist so allgemein, dass darunter alle denkbaren technischen oder organisatorischen, persönlichen oder sozialen unerwünschten Ausgangszustände und Ziele, ja sogar ungelöste theoretische Fragen subsumiert werden können. Problemfelder, um die es häufig beim Coaching geht, sind erfahrungsgemäß organisatorische Veränderungen und neue Aufgaben, Stress und Zeitmanagement, berufliche und persönliche Entwicklungsmöglichkeiten, Führungs- und Mitarbeiterverhalten oder Konflikte. Die Bezeichnungen Problemreflexion und Problemanalyse oder Ist-Analyse können dabei synonym verwendet werden.

Zur Förderung der ergebnisorientierten Problemreflexion arbeitet der Coach darauf hin, dass der Klient ...

- sich aktiv mit dem Problem auseinandersetzt,
- das Problem in neuen Zusammenhängen oder aus einer anderen Perspektive sehen kann oder
- wie sich andere Personen verhalten und mit ihm oder untereinander interagieren und welche Folgen das hat

... und daraus Folgerungen ableitet.

Wir nehmen an, dass Verhalten des Coachs zur Förderung der Problemreflexion in allen Phasen beim Coaching im Allgemeinen sehr häufig beobachtet werden. Unten werden erste Ergebnisse aus Studien mit Verhaltensbebachtungen im Coachingprozess und zum Vergleich mit der Psychotherapie berichtet. Angenommen wird, dass die Problemreflexion als Wirkfaktor eine Grundlage für die enger gefassten, unten beschriebenen Faktoren Zielklärung und Ressourcenaktivierung bildet.

(2) Ergebnisorientierte Selbstreflexion

Mäthner, Jansen und Bachmann (2005) haben Interviews mit Coachs und ihren Klienten durchgeführt und sie gefragt, was sich durch das Coaching verändert hat. Am relativ häufigsten wurden sowohl von den Klienten (62%), als auch den Coachs (71%) Antworten gegeben, die als eine (positiv bewertete) Zunahme der Reflexion oder Selbstreflexion durch das Coaching eingeordnet werden können. Beispiele sind „Mehr Bewusstsein über die eigene Person und Verhalten", Klärung der eigenen Rollen oder der persönlichen Prioritäten (z.B. Verbesserung der „Work-Life-Balance"). Die Autor/innen folgern, dass die Förderung der Selbstreflexion eine Hauptwirkung von Coaching ist. In meiner integrativen Theorie zum ergebnisorientierten Coaching (Greif 2008) ist die Förderung der Selbstreflexion ebenfalls eine wichtige Kernfunktion und unterscheidet Coaching von vielen anderen Beratungsarten. Allerdings wird nicht erwartet, dass dieser Faktor im Coaching sehr häufig zu beobachten ist. Als Grundlage für die Klärung und Definition der konkreten Ziele und für die Aktivierung der Ressourcen müssen Coachs aber in der Lage sein, vertrauliche ergebnisorientierte Selbstreflexionen des Klienten methodisch anzuleiten. Das ist zwar kein „Alleinstellungsmerkmal" im Vergleich zum Psychotherapeuten, aber gewissermaßen die „hohe Schule des Coachings" oder besondere Kernkompetenz, die den Coach von Fach- und Berufsberatern abhebt oder von Führungskräften, die mit ihren Mitarbeiter/innen Zielvereinbarungs- oder Fördergespräche durchführen.

Die Selbstreflexion ist, von der Begriffsdefinition her betrachtet, ein spezieller Teilbereich der Problemreflexion. Was sind die speziellen Besonderheiten im Unterschied zu anderen Arten der Problemreflexion oder nicht-selbstreflexiver Problemreflexionen? Selbstreflexion wird als ein bewusster Prozess definiert (Greif 2008: 40), bei dem eine Person ihre Vorstellungen oder Handlungen durchdenkt und expliziert, die sich auf ihr reales und ideales Selbstkonzept beziehen. Ergebnisorientiert ist die Selbstreflexion, wenn die Person dabei Folgerungen für künftige Handlungen oder Selbstreflexionen entwickelt.

Zwischen beiden Arten der Problemreflexion gibt es Übergänge und die Unterschiede können graduell sein. So kann aus einer Reflexion über die Lösung eines technischen Problems (das z.B. durch einen Programmierfehler verursacht wurde) eine Reflexion über typische eigene Probleme entstehen (wie gehe ich mit unvorhergesehenen technischen Problemen um?). Wir gehen aber davon aus, dass sich nicht-selbstbezogene und selbstbezogene Problemreflexionen in Verhaltensbeobachtungen beim Coaching trennen lassen und sich psychologisch nach ihrem Hauptfokus und Ergebnissen grundlegend unterscheiden. Es ist etwas ganz Besonderes, wenn der Hauptfokus der Reflexion das eigene Verhalten oder ein Vergleich zwischen realem und idealem Selbstbild ist. Der Einfachheit halber bezeichnen wir die wenig- oder nicht-selbstbezogenen Reflexionen als Problemreflexionen und die stark-selbstbezogenen als Selbstreflexionen.

Die Förderung ergebnisorientierter Selbstreflexionen kann daran festgemacht werden, dass der Coach bei der Problemreflexion speziell darauf hin arbeitet, dass der Klient ...

- sich über seine persönlichen Werte und Normen oder über seinen persönlichen, familiären und kulturellen Hintergrund klarer wird,
- sich über seine Bedürfnisse und Motive bewusster wird,
- sein persönliches Verhalten und Erleben, besonders seine Emotionen und wichtige Zusammenhänge seines Erlebens, Fühlens und Verhaltens besser versteht,

- seine Stärken und Schwächen analysiert und konkret überlegt, wie er seine Stärken effektiver nutzen oder seine Schwächen überwinden kann,
- seine besonderen Fähigkeiten, Erfahrungen und Potenziale analysiert und wie er sie nutzen und weiterentwickeln kann,
- seine Beziehungen zu anderen Menschen besser versteht,
- über sein reales und ideales Selbstbild nachdenkt

... und daraus Folgerungen ableitet oder beginnt Ziele zur Selbstveränderung zu entwickeln.

Die Erläuterungen zeigen, dass das Konstrukt Facetten der Faktoren motivationale Klärung und Problemaktualisierung nach Grawe aufnimmt. Es ist aber weiter gefasst und beinhaltet die Reflexion eigener Werte und Normen, Stärken und Schwächen (Bezüge zu individuellen Ressourcen), Klarheit über die eigenen Gefühle (Aspekte der Problemaktualisierung) sowie Beziehungen und Konflikte mit anderen Personen. Grundlage sind Theorien zur Entwicklung des Selbstkonzepts (unter Berücksichtigung kultureller Unterschiede) und eine weiterentwickelte sozialpsychologische Grundlagentheorie zur Aktivierung der Selbstaufmerksamkeit und bewussten Selbstreflexion (Greif 2008: 19 ff. u. 76 ff.).

Nach der Theorie werden – zunächst beiläufig und nicht voll bewusst – durch spezielle Stimuli (z.B. ein negatives Leistungsfeedback des Vorgesetzten) Selbstaufmerksamkeitsprozesse aktiviert, wobei jeweils mit der Situation assoziierte und von der Person besonders beachtete Aspekte ihres Selbstkonzepts aus dem Gedächtnis in den Vordergrund treten (z.B. die eigenen Leistungsstandards, die durch das Feedback angesprochen werden). Erst danach folgt die Selbstreflexion als bewusster Vergleich der beachteten Aspekte des realen Selbstkonzepts (z.B. eine Selbstbewertung der Leistungen) mit dem eigenen idealen Selbstkonzept (z.B. welche Leistungen will ich im Ideal bringen) und dem Ausgangsstimulus (hier das negative Leistungsfeedback). Wenn sich hier negativ bewertete Diskrepanzen ergeben, entsteht eine Motivation zur Verringerung der Diskrepanzen. Nicht immer führt diese Motivation zu Verhaltensänderungen (im Beispiel etwa durch Leistungsverbesserungen). Die Person kann die Diskrepanzen auch als Ausnahme entschuldigen („sonst arbeite ich besser“), anderen die Schuld dafür zuweisen („ich konnte nichts dafür“), sie ableugnen („das stimmt überhaupt nicht“) oder sogar zu verdrängen versuchen (nach dem Gespräch nicht mehr an das negative Feedback denken).

Das geschilderte Beispiel ist einfach und dient zur Erläuterung. Je schwieriger und komplexer die Diskrepanzen und der psychologische Hintergrund sind, desto eher ist Coaching angebracht, um der Person zu helfen, ihr Selbstkonzept und das eigene Verhalten mit seinen Konsequenzen methodisch zu reflektieren und sich bewusst selbst zu verändern. Selbstaufmerksamkeit und Selbstreflexionen beruhen auf vielschichtigen intuitiv erworbenen Erfahrungen, die mit Gefühlen verbunden sind und schwer verbalisierbar sind (vgl. Kuhl 2001). Den meisten Menschen fällt es schwer, sie ohne kompetente Unterstützung ergebnisorientiert zu ordnen. Es ist deshalb verständlich, wenn ergebnisorientierte Manager die Überzeugung entwickeln, dass aus (ihren bisherigen) Selbstreflexionen außer unangenehmen Spannungsgefühlen wenig folgt.

Grawe (2004: 304) erklärt die typischen, von einer Person mit psychischen Störungen erlebten Spannungen durch Inkonsistenzen (unter Anderem auch durch Dissonanzen zwischen nicht vereinbarten Werten und Handlungen). Sie motivieren sie, eine Psychotherapie zu beginnen, wenn sie sie nicht allein abbauen kann und wenn sie sich von einer Therapie Hilfe versprechen. Nicht voll vergleichbar, aber ähnlich ließe sich das Motiv, ein Coaching zu beginnen allgemein durch das Motiv des Klienten erklären, Diskrepanzen zwischen idealen Zielen oder dem idealen Selbstkonzept und der Ist-Situation mit professioneller Unterstützung durch den Coach zu überwinden. Im Unterschied zur Psychotherapie-Motivation sind die Spannungen beim Coaching aber im Allgemeinen nicht mit psychischen Störungen verbunden und nicht immer negativ Defizit-orientiert, sondern, wie bei Hochleistungssportlern die sich coachen lassen, oft positiv Potenzial-orientiert motiviert, wenn sich z.B. ein Manager seiner hohen Kompetenzen bewusst ist, aber noch besser werden möchte.

Ergebnisorientiertes Coaching fördert die Problem- und Selbstreflexion der Klienten, soll dabei aber grundsätzlich „lösungsfokussiert" bleiben. Mit den Worten von Grant (2006: 156) „Coaching is a goal-oriented, solution focused process in which the coach works with the coachee to help identify and construct possible solutions, delineate a range of goals and options, and then facilitate the development and enactment of action plans to achieve those goals." Anders als bei strikt positiv-psychologisch ausgerichteten Ansätzen werden aber Problem- und Selbstreflexionen als Grundlage für die Lösungsentwicklung herangezogen, sofern sie ebenfalls ergebnisorientiert oder lösungsfokussiert ausgerichtet sind. Um das mögliche Missverständnis zu vermeiden, dass Methoden zur Problemanalyse und Selbstreflexion grundsätzlich vermieden werden sollen, wird hier die Bezeichnung „ergebnisorientiertes" Coaching bevorzugt. Es ist schwer vorstellbar, dass wirksames Coaching ohne Problem- und Selbstreflexionen auskommt. Das letzte Wort wird aber die empirische Forschung darüber haben, ob die Faktoren die erwarteten Wirkungen erzielen. Erste Ergebnisse werden unten berichtet.

5 Integratives, empirisch gestütztes Prozessmodell

Um die Besonderheiten beim Coaching besser erfassen zu können, haben wir ein Beobachtungssystem entwickelt und eingesetzt, mit dem wir die Wertschätzung und emotionale Unterstützung des Klienten als Ressource oder klassische Beziehungsvariable von der Aktivierung der eigenen Ressourcen und Umsetzungsunterstützung getrennt erfassen können sowie weitere im Coachingprozess theoretisch erwartete und in vorliegenden Untersuchungen in diesem Feld gefundene allgemeine Wirkfaktoren (Greif 2008: 146 ff., Schmidt & Thamm 2008). Die meisten Wirkfaktoren wurden bereits oben hergeleitet. Zusammengefasst unterscheiden wir die folgenden sieben Wirkfaktoren im Coachingprozess:

1. Wertschätzung und emotionale Unterstützung des Klienten durch den Coach
2. Affektreflexion und -kalibrierung
3. Ergebnisorientierte Problemreflexion
4. Ergebnisorientierte Selbstreflexion
5. Zielklärung
6. Ressourcenaktivierung und Umsetzungsunterstützung
7. Evaluation des Coachings im Verlauf (vom Coach eingefordertes Feedback oder spontane positive Bewertungen durch den Klienten)

Bereits oben erläutert wurden die Faktoren (1) Wertschätzung und emotionale Unterstützung, (3) Ergebnisorientierte Problemreflexion und (4) Ergebnisorientierte Selbstreflexion sowie (6) Ressourcenaktivierung und Umsetzungsunterstützung. Der Faktor (2) Affektreflexion und -kalibrierung bezieht sich weniger auf die Problemaktualisierung, wie Grawe sie versteht, sondern auf die Motivations- und Persönlichkeitstheorie von Kuhl (2001; siehe auch Kuhl & Strehlau in diesem Buch). Wie wir annehmen, ist das gezielte Aktivieren und Bearbeiten intensiver Gefühle über mehrere Sitzungen eher für die Psychotherapie typisch und beim Coaching seltener. Beim Coaching dient es eher einem „Luft-ablassen". Nach Kuhl engen intensive negative, aber auch starke positive Gefühle den Selbstzugang ein (wenn man sich beispielsweise sehr über einen Konflikt mit einer Person ärgert, fällt es schwer, den Eigenanteil am Konflikt zu erkennen). Das erforderliche „Kalibrieren" der Emotionen des Klienten (z.B. durch Nachfragen, was genau passiert ist und wie sich der Klient in der Situation und jetzt fühlt oder durch systematische Selbstberuhigungsmethoden, Greif 2008: 90 ff.) ist deshalb ein moderierender Wirkfaktor, der nach emotional aufgeladenen Situationen ganzheitliche Selbstreflexionen ermöglicht. Solche Situationen sind in Coaching-Sitzungen vermutlich eher selten, aber hier ist professionelles Verhalten des Coachs nach der zugrunde liegenden Theorie und praktischen Erfahrungen sehr bedeutsam.

Der Wirkfaktor (5) Zielklärung ist nicht identisch mit Grawes Faktor motivationale Klärung. Angesprochen wird hier eine konkretere Klärung und Definition der angestrebten Ziele und Handlungsabsichten des Klienten vor dem Hintergrund der Selbstreflexion seiner Motive und Emotionen, Werte und Normen im Kontext seiner sozialen Umgebung. Die Selbstreflexion bildet hier den Hintergrund. Durch sie kann geklärt werden, ob die Ziele und Absichten zum Selbstkonzept des Klienten kongruent sind. Mehrere Untersuchungen stützten die Annahme der oben erwähnten Zielsetzungstheorie, dass Zielkonkretisierung im Allgemeinen für die Zielerreichung förderlich ist (Greif 2007). Wie Grant (2006) feststellt, ist es beim Coaching aber nicht immer erforderlich und sinnvoll konkrete Ziele zu definieren. In manchen Fällen genügt es, Zielbereiche grob zu umreißen. So nutzen Top-Manager Coaching mitunter, um neue Zielbereiche für ihr Unternehmen zu erschließen und delegieren die Zieldefinition an andere Hierarchieebenen oder Spezialisten.

In unserem bisherigen Modell der Wirkfaktoren betrachten wir lediglich das Verhalten des Coachs in Coachingsitzungen. Erst in der von Hempel und Schubert (in Vorber.) begonnenen Arbeit werden Wirkungen des Klientenverhaltens und Interaktionen zwischen Coach- und Klientenverhalten systematisch untersucht. Lediglich die leicht zu erfassenden spontanen positiven Bewertungen des Coachings durch den Klienten im Verlauf (Faktor 7) wurden schon von Schmidt und Thamm (2008) analysiert. Wie Grawe (2000) beschreibt, entsteht im Idealfall eine sich gegenseitig verstärkende Wechselwirkung in der Beziehung zwischen Therapeut und dem Klienten, wenn dieser erste positive Veränderungen wahrnimmt und seine Akzeptanz des Therapeuten zunimmt. Spontane Zufriedenheitsäußerungen sind ein sehr eindeutiger Ausdruck für derartige Interaktionen.

Erste Ergebnisse aus Prozessbeobachtungen

Gemeinsam mit Schmidt und Thamm (2008) haben wir ein Beobachtungsinstrument zur Erfassung der sieben Wirkfaktoren konstruiert. Es dient zur Auswertung der Beobachtungen von Coachingsitzungen, die durch Video- oder Tonaufnahmen aufgezeichnet wurden. Das Manual zum Instrument enthält die Definitionen der Faktoren und der zugeordneten insgesamt 14 Einzelmerkmale mit konkreten Verhaltensbeispielen. Damit können Beobachter trainiert werden, das Verhalten der Coachs anhand der Sitzungsaufzeichnungen in 5-Minuten-Abschnitten einzuschätzen. Die Einschätzungen zu den einzelnen Faktoren werden jeweils in Form von 5-stufigen Ratings (nach dem Vorbild neuerer Instrumente zu Grawes Wirkfaktoren) vorgenommen.

> *Beispielmerkmal zur Umsetzungsunterstützung:* (RU2) Der Coach fördert / unterstützt die Umsetzung des geplanten Verhaltens und der Maßnahmen des Klienten bei der Zielerreichung.
>
> Dieses Item erfasst, inwieweit der Coach durch sein Verhalten darauf hinarbeitet, dass der Klient in seinen Bemühungen bei der Zielverfolgung Unterstützung erfährt. Als Hilfe für die Einschätzung erhalten die Beobachter konkrete verhaltensbezogene Bewertungsmerkmale. Ein Beispiel-Bewertungsmerkmal zur Umsetzungsunterstützung: „Der Coach erarbeitet gemeinsam mit dem Klienten einen Umsetzungsplan für das Ziel/die Ziele oder unterstützt die Umsetzungsversuche des Klienten durch Telefonkontakte oder Shadowing (Begleitung und Beobachtung in der Umsetzungssituation)."
>
> Ein negatives Rating „-1" wird vergeben, wenn eindeutig negatives Verhalten zum Einzelmerkmal gezeigt wird (z.B. „Coach behindert Versuche des Klienten zur Umsetzung oder drückt Geringschätzung gegenüber Umsetzungsversuchen des Klienten aus"). „0" bedeutet bei einem Merkmal, dass dazu im Zeitintervall kein Verhalten beobachtbar ist. Wird positiv zu bewertendes Verhalten beobachtet, wird es in seiner Qualität mit 3 Ratingstufen (1 bis 3) eingeschätzt. „1" wird vergeben, wenn die aufgeführten Bewertungsmerkmale nur rudimentär oder oberflächlich gezeigt werden, „2", wenn das Verhalten dem durch die Bewertungsmerkmale beschriebenen Standard entspricht und „3", wenn das Verhalten nach den angegebenen Merkmalen als optimal und nicht mehr verbesserbar eingeschätzt wird.

Eine erste Studie zur Anwendung des Beobachtungssystems als Teil einer sehr umfangreichen Überprüfung der Wirkungen von Coaching im Vergleich zu einer Kontrollgruppe (Gruppenzuordnung per Zufall) haben Schmidt und Thamm (2008) durchgeführt. 14 BWL- und Jura-Studierende haben dabei ein Coaching zur Verbesserung ihres Lernens und zur Verringerung des Prokrastinationsverhaltens (für sie nachteiliges Aufschieben) des Lernens für die Prüfungen wahrgenommen. Als Coachs fungierten sieben Psychologie-Studierende im Hauptstudium im Rahmen einer intensiven Coaching-Ausbildung für diese Zielgruppen und Aufgabenstellung. Alle Coachingsitzungen (jeweils 5 bis 7) wurden per Video (mit drei Kameras und Split-Screen) aufgezeichnet. Details zu den Beobachterübereinstimmungen (einzelne müssen noch verbessert werden) sowie eine detaillierte Darstellung erster Ergebnisse berichten Schmidt und Thamm (2008).

Ausgewertet wurden zunächst jeweils die erste, eine mittlere und die letzte Sitzung. Vorläufig wurden nur die Häufigkeiten und Bewertungen des gezeigten Verhaltens ausgewertet sowie einfache Zusammenhänge der Faktoren untereinander und der Faktoren mit den erfassten Ergebniskriterien. Negativ bewertetes Verhalten der Coachs war sehr selten. Mit 96% bzw. 74% der Coachingsitzungen sind die mit Abstand häufigsten beobachteten positiv bewerteten Einzelmerkmale in den Coachingsitzungen *paraverbale Bekräftigungen* (z.B. Bestätigungslaute wie „Mhhh") und *verbale Äußerungen der Wertschätzung* durch den Coach (z.B. durch Hervorheben oder Anerkennen von Äußerungen des Klienten), gefolgt von jeweils 37% zu den Faktoren der *emotionalen Unterstützung* und der Förderung der *Problemreflexion.* In der Häufigkeit darunter liegen mit 27%-15% die *Zielklärung, Umsetzungsunterstützung*, Förderung der *Selbstreflexion*, *Ressourcenaktivierung* und Unterstützung *ergebnisorientierter Problemreflexion.* Mit 10%-8% seltener sind *Evaluationen im Verlauf* durch den Coach und Reflexionen der Affekte. Nur sehr selten sind mit weniger als 5% die Förderung *ergebnisorientierter Selbstreflexionen*, *Affektkalibrierung* und *spontane Bewertungen* des Coachings durch den Klienten.

Besonders interessant sind Zusammenhänge der Wirkfaktoren mit Ergebniskriterien (erfasst durch zuverlässige, standardisierte Skalen und Vorher-Nachher-Differenzen). Überprüft wurden zunächst nur einfache Annahmen vom Typ „Je häufiger der Coach in den Coachingsitzungen die Umsetzung unterstützt, desto größer ist die Verbesserung des Lernverhaltens", bzw. „je besser das Verhalten des Coachs zur Unterstützung der Umsetzung bewertet wird (Rating 1-3), desto größer ist die Verbesserung des Lernverhaltens". Da die Stichprobe mit 14 Coachings noch relativ klein ist, sind die Ergebnisse nicht sehr verlässlich. Sowohl bei den sehr häufig als auch bei den selten beobachteten Merkmalen sind, bedingt durch ihre Verteilung, hohe Korrelationen unwahrscheinlich. Um signifikant zu werden, müssen die Korrelationen bei der Stichprobengröße sehr hoch werden. Wiedergegeben werden deshalb auch tendenziell signikante Werte (s: signifikant p≤ 0,05, ts: tendenziell signifikant p≤ 0,1).

Erste in der Richtung erwartungskonforme Ergebnisse sind zusammenfassend:

- Je häufiger und besser der Coach dem Klienten *verbal* seine *Wertschätzung* zeigt, desto mehr nimmt die *ergebnisorientierte Reflexion* des Klienten über sein *Verhalten* (r=0,69s, r=0,50ts) und über seine *Ziele* (r=0,67s, r=0,51ts) zu.
- Je häufiger der Coach gegenüber dem Klienten *verbal* seine *Wertschätzung* zum Ausdruck bringt oder je mehr und besser er *ergebnisorientierte Selbstreflexionen* fördert, *Ressourcen aktiviert* und die *Umsetzung* unterstützt, desto größer ist die *Zielzufriedenheit* (r=0,52s, r=0,41ts, r=0,41ts, r=0,43ts, r= 0,49s, r=0,39ts, r=0,44ts).
- Je häufiger der Coach den Klienten *paraverbal bekräftigt*, desto klarer wird er sich über seine *Gefühle* (r=0,74s).
- Je häufiger und besser der Coach *Selbstreflexionen* unterstützt, desto stärker verringern sich allgemeine Gefühle der *Hilflosigkeit* (r=-0,49ts, r=-0,56s) und *Lustlosigkeit* (r=-0,49ts, r=-0,51ts).
- Je häufiger und besser der Coach *ergebnisorientierte Selbstreflexionen* fördert, desto mehr nehmen allgemeine *Erregungs- oder Nervositätsgefühle* des Klienten ab (r=-046ts, r=0,47ts).
- Je häufiger die *Ziele* geklärt werden, desto mehr verringert sich *negatives Befinden* (r=-0,48ts).
- Je häufiger oder besser die *Umsetzungsunterstützung* durch den Coach ist, desto größer ist die Verbesserung der *effektiven Lernzeitgestaltung* (r=0,55s/ r=0,48ts).
- Je häufiger und besser die *Ressourcenaktivierung* oder die *Umsetzungsunterstützung* ist, desto mehr verbessert sich das *Informationsmanagement* (Beschaffung und Organisation der zu lernenden Literatur, r=0,49ts, r=46s) und verringert sich das Gefühl der *Lustlosigkeit* (r=-0,50ts, r=-52ts).
- Je häufiger der Coach *ergebnisorientierte Problemreflexionen* fördert, desto stärker nimmt der *Motivationsverlust* beim Lernen für die Prüfungen ab (r=-0,5ts) und ebenso die *Misserfolgsfurcht* (r=-0,47ts).

Es gibt auch unerwartete Korrelationen:

- Paraverbale Bekräftigungen korrelieren mit negativem Befinden (r=0,53s).
- Die Häufigkeit der Förderung von *Selbstreflexionen* durch den Coach korreliert mit erhöhtem *Motivationsverlust* (r=0,57s).

Die gefundenen Korrelationen zeigen, dass sich bereits mit der einfachen Auswertung zahreiche erwartete Zusammenhänge finden lassen. Allerdings wurden nicht alle erhofften Korrelationen gefunden. Die beiden zuletzt wiedergegebenen Korrelationen waren für uns überraschend, weil die Zusammenhänge anders als erwartet waren. Beinträchtigen paraverbale Bekräftigungen tatsächlich das Befinden und verursacht die Förderung der Selbstreflexion Motivationsverlust? Nun kann aus Korrelationen keine Ursache-Wirkungsrichtung erschlossen werden. Wie Schmidt und Thamm (2008) exploratorisch annehmen, könnte hier die Ursache-Wirkungsbeziehung auch umgekehrt werden: Die Klienten, bei denen das Befinden schlechter ist, werden vom Coach durch mehr paraverbales Bekräftigungsverhalten unterstützt und wenn die Klienten ihre Lernmotivation für die Prüfungen verlieren, versuchen die Coachs dies möglicherweise durch einer vermehrte Förderung von Selbstreflexionen zu ergründen. Auch bei den erwartungskonformen Ergebnissen wären teilweise solche Umkehrungen der Ursache-Wirkungserklärungen möglich. Um hier Klarheit zu gewinnen, ist es erforderlich, die Interaktionsprozesse zwischen Coach- und Klientenverhalten zu analysieren (Hempel & Schubert in Vorber.).

Coaching im Vergleich zur Psychotherapie

Teilweise überraschende Ergebnisse finden wir auch in einer Studie von Borsum (2008) über Gemeinsamkeiten und Unterschiede von Coaching und Psychotherapie. Borsum hat Tonaufzeichnungen von sechs Verhaltenstherapeut/innen in der Ausbildung (Universität Osnabrück und Universität Köln) mit unserem Beobachtungsinstrument ausgewertet und mit Analysen der Aufzeichnungen aus der Untersuchung der Coachs in der Ausbildung von Schmidt und Thamm (2008) verglichen. Unser mehr für den Coachingprozess spezifiziertes Instrument wurde für die Beobachtung von Psychotherapiesitzungen als sehr geeignet angesehen. Wie erwartet, werden in der Psychotherapie häufiger Emotionen reflektiert (27% versus 8%, ts) und kalibriert (14% versus 1%, ts), während beim Coaching Zielklärungen hochsignifikant häufiger zu beobachten sind (20% versus 6%, s). Dass Wertschätzung und emotionale Unterstützung in beiden Bereichen sehr häufig eingesetzt werden, zeigt sich ebenfalls (wobei die verbale Wertschätzung in der Psychotherapie mit 95% versus 75% nochmals signifikant häufiger ist). Unerwartet war dagegen, dass in der Psychotherapie hochsignifikant mehr Problemreflexionen (75% versus 37%, s) und insbesondere ergebnisorientierte Problemreflexionen (36% versus 15%, s) festgestellt werden können. Borsum führt dies darauf zurück, dass die Therapeut/innen verhaltenstherapeutisch ausgerichtet sind.

Bemerkenswert ist, dass die Qualität der Realisierung der Wirkfaktoren bei den Psychotherapeuten nach den durchschnittlichen Bewertungen durchgehend etwas höher liegt (teilweise sogar signifikant). Borsum (2008) führt dies auf die wesentlich längere und gründlichere Ausbildung der Psychotherapeut/innen zurück.

6 Perspektiven der Forschung und Anwendung

Die Beobachtung und Analyse des Verhaltens von Coachs und Klienten in den Coachingsitzungen ist ein junges Forschungsthema. Durch die kleinen und speziellen Stichproben sind die Ergebnisse noch nicht verlässlich und lassen auch noch keine Verallgemeinerungen zu. Aber es ist interessant und regt zum theoretischen Spekulieren an, wenn die verschiedenen nach dem Coaching erfassten Ergebnisse des Coachings jeweils mit speziellen beobachtbaren Wirkfaktoren zusammenhängen. Bedeutet das, dass die einzelnen Wirkfaktoren teilweise sehr spezifische Wirkungen haben? Besonders deutlich wird dies an der Ressourcenaktivierung und Umsetzungsunterstützung. Wie theoretisch erwartet (Greif 2008) und in der oben erwähnten Reanalyse der Ergebnisse von Behrendt (2004) nachgewiesen wurde, ist sie anscheinend besonders wichtig, um konkrete Verhaltensänderungen des Klienten zu erzielen. Führt die Zielklärung, wie hier gefunden, dagegen vorwiegend zur Verbesserung des subjektiven Befindens? Interessant ist, dass dabei die Reflexion des Klienten über seine Ziele als Ergebnis des Coachings wiederum durch die verbale Wertschätzung des Coachs gefördert wird. Die Förderung der Selbstreflexion oder speziell der ergebnisorientierten Selbstreflexionen im Coaching hängt erwartbar negativ mit verschiedenen negativen Emotionen wie Lustlosigkeit und Hilflosigkeit sowie positiv mit Motivationsverlust zusammen. Andere Faktoren, wie die verbale Wertschätzung und paraverbale Bekräftigung haben dagegen möglicherweise eine breitbandige Wirkung auf verschiedene Ergebniskriterien.

Um herauszufinden, ob die gefundenen Wirkungen und Zusammenhänge typisch für Coaching sind und erklären, wie Coaching wirkt, sind mehr Untersuchungen und verschiedenartige Stichproben erforderlich. Außerdem sollten nicht nur Mittelwerte und Korrelationen der Faktoren in allen Coachingsitzungen analysiert werden. Klienten und Coachings sind sehr verschieden und kompetente Coachs können ihr Vorgehen sehr flexibel an den einzelnen Klienten und die jeweilige Problemsituation anpassen. Um herauszufinden, warum Coaching in manchen Fällen sehr gut und in anderen nicht wirkt, wären kontrastierende Vergleiche von kompletten Interaktionsverläufen einzelner sehr erfolgreicher mit nicht erfolgreichen Coachings aufschlussreich.

Jüngst hat Geißler (2009, in diesem Buch) Coachingprozesse mit qualitativen hermeneutischen Inhaltsanalysen analysiert. Auf der Grundlage der Theorien von Habermas und Luhmann entwickelt er induktiv differenzierte Dimensionen und Kategorien zur Beschreibung und systematischen Verortung der Aktivitäten von Coachs und Klienten in Coachingprozessen. Die Durchführung von Analysen mit einem Spektrum alternativer oder sich ergänzender Methoden zur Analyse der Handlungen und Wirkfaktoren in Coachingprozessen ist eine Perspektive, die sehr interessante Weiterentwicklungen der Coachingforschung verspricht.

Bedeutung hat die Prozessforschung keineswegs nur für die Weiterentwicklung wissenschaftlicher Coachingtheorien. Wenn die Zufriedenheit der Klienten mit der Zielerreichung vom häufigen und guten Einsatz bestimmter Wirkfaktoren abhängt, gehört es in die Coachingausbildung, sie zu erlernen und zu üben. Unser Beobachtungsmanual kann mit seinen Verhaltensbeschreibungen und Bewertungsmerkmalen für konkretes Feedback bei Rollenspielübungen und Beobachtungen von Coachingsitzungen verwendet werden. (Wir stellen unser Manual gern zur Verfügung, wenn wir einen Bericht über die Anwendung erhalten.)

Wissen über Wirkfaktoren im Coaching ist auch für gestandene Coachingpraktiker/innen nützlich. Ebenso wie wir erwarten, dass gute Ärzte selbstverständlich alte und neue Medikamente und ihre Anwendungsvoraussetzungen und Wirkungsweise genau kennen, sollten gute Coachs Wissen über klassische und neue Methoden und ihre Wirkungen besitzen und ihre Methoden reflektiert und kompetent zur Förderung von Wirkfaktoren einsetzen können. Nach meinen Kenntnissen eher selten von Coachs genutzt werden Methoden zur Förderung der Umsetzungsunterstützung. Ein konkretes Beispiel für eine alte, aber wenig bekannte Methode ist das Shadowing oder neuer das Telefon-Shadowing (Greif 2008: 140 f.). Unsere Ergebnisse bestätigen meine praktischen Erfahrungen als Coach, Ausbilder und Supervisor, dass oft erst dadurch konkrete Verhaltensänderungen des Klienten ermöglicht werden. Professionelles ergebnisorientiertes Coaching braucht die Anwendung von differenziertem, wissenschaftlich überprüftem Erfahrungswissen über Methoden und Wirkfaktoren im Coachingprozess.

Literatur

Behrendt, P. (2004): Wirkfaktoren im Coaching. Diplomarbeit am Institut für Psychologie der Universität Freiburg

Berg, C. (2007): Bedingungen und Auslöser von Selbstreflexion. Diplomarbeit im Fachgebiet Arbeits- und Organisationspsychologie der Universität Osnabrück

Borsum, F. (2008): Vergleich von Coaching und Psychotherapie (Arbeitstitel). Diplomarbeit im Fachgebiet Arbeits- und Organisationspsychologie der Universität Osnabrück

Dörner, D. (1979): Problemlösen als Informationsverarbeitung. Stuttgart: Kohlhammer

Frey, D./Wicklund, R.A./Scheier, M.F. (1984): Die Theorie der objektiven Selbstaufmerksamkeit. In Dieter Frey & Martin Irle: Theorien der Sozialpsychologie (2. Aufl. ed., Bd. I: Kognitive Theorien, S. 192-217). Bern: Huber

Grant, A.M. (2006). An Integrative Goal-Focused Approach to Executive Coaching. In D. R. Stober & Grant, A. M. (2006): 153-192

Grawe, K. (2000). Psychologische Therapie (2. korr. Aufl.). Göttingen: Hogrefe

Grawe, K. (2004). Neuropsychotherapie. Göttingen: Hogrefe

Grawe, K./Donati, R./Bernauer, F. (1994): Psychotherapie im Wandel: von der Konfession zur Profession. Hogrefe: Göttingen

Greif, S. (2007): Advances in research on coaching outcomes. In: International Coaching Psychology Review, 2(3), 220-247

Greif, S. (2008): Coaching und ergebnisorientierte Selbstreflexion. Theorie, Forschung und Praxis des Einzel- und Gruppencoachings. Göttingen: Hogrefe

Hansmann, T. (2005): Auf mehreren Stühlen. In Rauen, C. (2005b): 227-231

Hempel, K./Schubert, H. (in Vorber.). Wirkfaktoren im Coaching: Das Verhalten des Klienten im Prozess. Diplomarbeit im Fachgebiet Arbeits- und Organisationspsychologie der Universität Osnabrück

Kuhl, J. (2001): Motivation und Persönlichkeit. Interaktionen psychischer Systeme. Göttingen: Hogrefe

Locke, E.A./Latham, G.P. (1984). Goal setting: A motivational technique that works. Englewood Cliffs: Prentice-Hall

Mäthner, E./Jansen, A./Bachmann, T. (2005). Wirksamkeit und Wirkung von Coaching. In: Rauen, C. (2005a): 55-76

Palmer, S./Whybrow, A. (Hrsg.). (2007): The Handbook of Coaching Psychology: A Guide for Practitioners. London: Brunner-Routledge

Rauen, C. (Hrsg.). (2005a), Handbuch Coaching. Göttingen: Hogrefe

Rauen, C. (Hrsg.). (2005b): Coaching-Tools. Erfolgreiche Coaches präsentieren 60 Interventionstechniken aus ihrer Coaching-Praxis (3rd. ed.). Bonn: managerSeminare

Rauen, C. (Hrsg.). (2007): Coaching-Tools II. Erfolgreiche Coaches präsentieren Interventionstechniken aus ihrer Coaching-Praxis. Bonn: managerSeminare

Schmidt, F./Thamm, A. (2008). Wirkungen und Wirkfaktoren im Coaching. – Verringerung von Prokrastination und Optimierug des Lernverhaltens bei Studierenden. Diplomarbeit im Fachgebiet Arbeits- und Organisationspsychologie der Universität Osnabrück

Schreyögg, A. (2005): Imaginativer Rollentausch. In Rauen, C. (2005b): 205-207

Stober, D. R. & Grant, A.M. (Hrsg). (2006): Evidence Based Coaching Handbook: Putting Best Practices to Work for Your Clients. New York: John Wiley & Sons

Eine integrative Theorie über die grundlegenden Wirkzusammenhänge im Coaching

Christopher Rauen, Alexandra Strehlau & Marc Ubben

Um die Wirkzusammenhänge im Coaching zu verstehen, ist es wichtig, zunächst die Anliegen der Klienten und damit den Arbeitsfokus des Coaching-Prozesses zu verstehen. Klienten ist die zu Grunde liegende Ursache ihres Coaching-Anliegens in den meisten Fällen nicht oder nur eingeschränkt bewusst. Aufgabe des Coachs ist es deshalb, einen Rahmen zu gestalten, in dem sich die hinter dem Thema liegenden Informationen entschlüsseln lassen und die dem Anliegen zu Grunde liegenden Prozesse deutlich werden. Diese Prozesse liegen nach der hier vorgelegten Theorie auf drei unterschiedlichen Ebenen und sind auf unterschiedliche Art und Weise entwickel- und veränderbar. Für Coaching bedeutet das, dass die Bearbeitung von Klientenanliegen unterschiedliche Bearbeitungsebenen und -tiefen benötigt. Wie Coaching wirkt, wird in diesem Beitrag daher für jede der drei Verursachungsebenen erläutert. Eine übergreifende Bedeutung für die Wirksamkeit von Coaching hat die Beziehung zwischen Klient und Coach: Um ergebnisorientierte Selbstreflexion zu fördern, ist eine freiwillige, von Vertrauen und Diskretion getragene Arbeitsbeziehung essenziell, denn sie aktiviert das psychische System, das die Bildung selbstkongruenter Ziele und die bewusste Selbstentwicklung ermöglicht.

1 Einleitung

Der Begriff „Coaching" ist bis heute durch seine Verwendung im Sport geprägt, wenngleich Coaching als Modell für Begleitungs- und Beratungsprozesse nicht einzig durch seine Bedeutung im Sport erklärt und verstanden werden kann (Rauen 2003: 71f.). Als ein aus der Praxis heraus entstandenes Konzept hatte das Coaching bisher keinen eindeutigen theoretischen Hintergrund, der einem bestimmten Modell oder einer spezifischen Theorie zugeordnet werden kann. Modelltheoretisch stehen dem Coaching die Prozessberatung (Schein 2000) und die Supervision nahe (Looss 2006), jedoch ist die Supervision nicht eindeutig auf Managementaufgaben konzentriert (Schreyögg 1995: 47ff., 58ff.). Wie bei der Supervision lässt sich auch im Coaching feststellen, dass auf ein breites Methodenspektrum aus unterschiedlichen (psycho-)therapeutischen und pädagogischen bzw. andragogischen Konzepten zurückgegriffen wird. Allerdings geht der Einsatz der psychotherapeutischen Methoden nicht so weit, dass Coaching zur Therapie wird (Rauen 2003: 67ff.). Zudem wird Coaching häufig mit Elementen fachlicher Förderung und dem Ausbau von Managementkompetenzen kombiniert, d. h. es finden sich im Coaching Anteile von Expertenberatung (König & Volmer 2002: 12f.), Training (Eck 1990: 241) und Führungsberatung (Schreyögg 1995: 61). Der modelltheoretische Hintergrund des Coachings basiert somit nicht nur auf verschiedenen Konzepten; das Coaching wird in der Praxis auch mit anderen Dienstleistungen gekoppelt, was im Ergebnis die breite Vielfalt an Assoziationen zum Begriff „Coaching" erklärt.

Die Innovation des Coachings und seine theoretische Begründbarkeit liegen somit in der Kombination existierender Modelle in einem neuen Bezugsrahmen. Ein wesentlicher Teil dieses Bezugsrahmens ist die individuelle und diskrete Coaching-Beziehung, welche die Grundlage für einen vertrauensvollen Coaching-Dialog darstellt, der wiederum Feedbackprozesse und ergebnisorientierte (Selbst-)Reflexion ermöglicht. Im Folgenden soll nun eine integrative Theorie des Coachings dargelegt werden, welche die o. g. Faktoren und die bekannten Effekte und Wirkzusammenhänge berücksichtigt.

2 Wirkungen von Coaching

In einer vergleichenden Zusammenfassung von 22 empirischen Forschungsarbeiten – hauptsächlich aus Deutschland und dem angelsächsischen Sprachraum – kommt Künzli (2005: 240) zu dem Ergebnis, dass Coaching unabhängig von der Untersuchungsperspektive, der gewählten Methodik oder der Abstraktionsebene Wirkungen erzielt. Diese Wirkungen reichen von emotionaler Entlastung, Stressabbau, Perspektivenwechsel und erhöhter Selbstreflexionsfähigkeit bis hin zu verbesserter Führungskompetenz und Kommunikation sowie einem besseren Beziehungsverhalten und effektiverem Handeln. Ziele werden leichter erreicht, Konflikte gelöst und das Coaching wird weiterempfohlen, weil ein konkreter Nutzen und eine nachhaltige Zufriedenheit daraus resultieren. Dieses Fazit scheint nicht nur für den angelsächsischen, sondern auch für den deutschen Sprachraum gültig: „Wird die Erreichung des wichtigsten Ziels als Kriterium zur Beurteilung der Wirksamkeit angelegt, so beträgt die Erfolgsquote von Coaching nach Aussage der Klienten sogar 90%“ (Jansen, Mäthner & Bachmann 2004: 141). Ergebnisorientierung kann daher als ein wesentlicher Bestandteil des Coachings angesehen werden. Wenngleich diese Wirkungen verdeutlichen, dass Coaching Effekte erzielt, bleibt jedoch offen, wie genau sich der Erfolg von Coaching erklären lässt und wie zu Grunde liegende Wirkzusammenhänge im Coaching gestaltet sind.

3 Psychologische Grundlagen von Klientenanliegen

Um die Wirkung von Coaching zu verstehen, ist es notwendig, zunächst die Anliegen der Klienten und damit den Arbeitsfokus des Coaching-Prozesses zu verstehen. Zu den typischen Coaching-Anlässen gehören Themen wie beispielsweise die Verbesserung der sozialen Kompetenzen, der Management- und Führungskompetenzen, das Auflösen unangemessener Verhaltens-, Wahrnehmungs- und Beurteilungstendenzen, der Abbau von Leistungs-, Kreativitäts- und Motivationsblockaden, die „innere Kündigung“, die Überprüfung der Lebens- und Karriereplanung, der Umgang mit persönlichen (Sinn-)Krisen, die Unterstützung bei akuten Konflikten oder bei Beziehungskonflikten mit anderen Personen und die Vorbereitung auf neue Aufgaben und Situationen. Offen war bisher jedoch, welche gemeinsame Basis diese scheinbar unterschiedlichen Anliegen haben.

Bei den meisten Anliegen ist dem Klienten die zu Grunde liegende Ursache nicht oder nur eingeschränkt bewusst. Das Thema *hinter dem Thema*, also das, was einer Veränderung bedarf, ist dem Klienten häufig nur unzureichend klar, weil es der eigene Deutungsrahmen nicht adäquat erfasst. Entsprechend geben Klienten Beziehungs- und Konfliktfragen und andere „Oberflächenthemen“ als Gründe für ein Coaching an. Für den Coach ist es wichtig, diese hinter dem Thema liegenden Informationen zu entschlüsseln und die dem Anliegen zu

Grunde liegenden Prozesse zu bearbeiten. Diese Verursachungsprozesse liegen auf unterschiedlichen Ebenen und sind daher auf unterschiedliche Art und Weise entwickel- und veränderbar.

Drei typische zu Grunde liegende Ursachen für Coaching-Anliegen sind (nach Huck in Rauen 2003: 99):

3.1 Mangelhaftes Verhaltensrepertoire und Verhaltensunsicherheit

Bei Beförderung, Versetzung, Stellenwechsel, der Übernahme neuer Aufgaben und Mitarbeiter oder beim so genannten „Kamin-Aufstieg" (Rollenwechsel vom Kollegen zum Vorgesetzten) stellen Führungskräfte häufig fest, dass ihr bisheriges Verhalten nicht mehr zu den gewünschten Ergebnissen führt. In diesen Fällen unterstützt der Coach die Führungskraft dabei, neue Handlungsalternativen aufzubauen und diese mit ihren möglichen Konsequenzen zu simulieren (zum Beispiel in Rollenübungen). Die neuen Verhaltensweisen werden dann von der Führungskraft im Arbeitsalltag umgesetzt und anschließend gemeinsam besprochen. Dies kann auch durch eine Begleitung der Führungskraft in ihrem verhaltensrelevanten Umfeld – das sogenannte Shadowing bzw. Schattentage – ergänzt werden. Ziel ist es, für möglichst viele Bereiche ein breites und flexibles Verhaltensrepertoire aufzubauen, das auch in neuen und herausfordernden Situationen angemessen ist.

Beispiel: Wenn eine Fach- zur Führungskraft aufsteigt, muss sie ihr Verhaltensrepertoire erweitern. Sie muss sich mit vielen Fragen auseinandersetzen: Wie gehe ich mit meinen ehemaligen Kollegen um, die ich nun in meiner neuen Rolle führen soll? Wie verhalte ich mich in Mitarbeiter- und Kritikgesprächen? Was mache ich, wenn ich meine ehemaligen Kollegen beurteilen muss? Auf welche Weise setze ich unangenehme Entscheidungen durch? Wie steuere ich ausufernde Besprechungen? Wie vermittle ich zwischen unterschiedlichen Interessen?

Liegt das Anliegen des Klienten auf dieser Ebene, geht es um die bewusste Erweiterung des Verhaltensrepertoires. Entscheidend ist hier das Erlernen neuer Verhaltensweisen, die im optimalen Fall irgendwann als Routinen und Gewohnheiten automatisch angewendet werden.

3.2 Inadäquate Wahrnehmungs- und Beurteilungstendenzen

Die – meist unbewussten – Wahrnehmungs- und Bewertungsprozesse einer Führungskraft können dysfunktional sein oder sich in eine dysfunktionale Richtung entwickeln und nach den Gesetzen der Logik in einem „sokratischen Dialog" mit dem Coach überprüft und ggf. verändert werden. Dabei ist zu beachten, dass die möglicherweise dysfunktionalen Bewertungsmuster nicht nur verworfen, sondern auch angemessen funktionale Alternativen entwickelt werden. Dysfunktional sind meist generalisierende, übertreibende und idealisierende Bewertungen.

Beispiele für solche inadäquaten Wahrnehmungs- und Beurteilungstendenzen sind unbewusste Leitsätze wie: „Alle sind so wie ich"; „Jeder will doch das Gleiche wie ich erreichen"; „Keiner würdigt, was ich hier leiste"; „Überall lauern potenzielle Konkurrenten"; „Stets bekomme ich die schlechten Projekte"; „Niemand will in dieser Abteilung arbeiten"; „Immer dieser Druck und diese Hetze"; „Niemals habe ich meine Ruhe".

Derartige Wahrnehmungs- und Beurteilungstendenzen können zum Einen dazu führen, dass eine Vielzahl möglicher Handlungs-, Denk- und insbesondere Entscheidungsoptionen übersehen werden. Zum Anderen können sie bewirken, dass bestimmte Optionen überhäufig bevorzugt werden. Besonders deutlich wird dies in kritischen bzw. herausfordernden Situationen. Denn auf welche Weise Klienten spontan auf eine herausfordernde Situation reagieren, hängt von ihrer kognitiven und emotionalen Erstreaktion ab (Kuhl 2001). Diese Erstreaktion ist genetisch und durch frühe Erfahrungen geprägt und beeinflusst die Tendenz, Situationen auf eine bestimmte Weise wahrzunehmen und zu beurteilen. Eine Person mit einer kritischen Erstreaktion neigt beispielsweise eher dazu, skeptisch gegenüber Anregungen von anderen Personen zu sein und sich missverstanden und ungerecht behandelt zu fühlen. Aus diesem Grund tendiert sie spontan dazu, in sozialen Situationen auf dementsprechende Signale zu achten.

Eine Person mit einer rationalen Erstreaktion achtet hingegen eher auf Fakten und Inhalte und geht tendenziell auch mit emotionalen Äußerungen anderer Menschen analytisch um.

Personen, die in ihrer Erstreaktion besonders ehrgeizig und belohnungssensibel sind, wünschen sich die Bewunderung ihrer Mitmenschen und reagieren auf Kritik schnell mit Kränkungsgefühlen.

Die Erstreaktion beeinflusst also die „Brille“, durch die ein Mensch spontan auf Situationen blickt. Bei der kognitiven und emotionalen Erstreaktion handelt es sich nicht um ein festes Charaktermerkmal, das festschreibt, wie eine Person ist, sondern um eine rasche Reaktion, die auch reguliert werden kann (Kuhl 2001: 783-851, 858). Eine sehr kritische Person kann ihre spontane Skepsis und ihr Empfinden, ungerecht behandelt zu werden, selbstgesteuert relativieren und regulieren. Wenn sich Menschen stark gestresst fühlen, fällt ihnen die Regulation ihrer Erstreaktion allerdings oft nicht leicht, da der Zugang zu emotionsregulierenden Hirnsystemen durch eine intensive Ausschüttung von Stresshormonen erschwert wird (Kuhl 2001: 505-508). Ein schnelles „Umlernen“ der Wahrnehmungs- und Beurteilungstendenzen ist aus diesem Grund nicht möglich.

Coaching wirkt auf dieser Ebene also durch die Regulation von Stress und die Herstellung von Entspannung, damit eine Flexibilisierung und Relativierung der emotionalen und kognitiven Erstreaktion möglich wird.

3.3 Unangemessene Wertvorstellungen

Wenn keine direkt objektiv erkennbaren Ursachen für die Unzufriedenheit einer Führungskraft auszumachen sind, verbergen sich dahinter meist unangemessene Wertvorstellungen. Unangemessen bedeutet, dass die Werte und Motive, die eine Person auf bewusster Ebene angibt, nicht ihren eigenen unbewussten Bedürfnissen entsprechen, d. h. die Person ignoriert oder unterdrückt wichtige Bedürfnisse, um ein bestimmtes Ziel zu verfolgen. Darüber hinaus bedeuten unangemessene Wertvorstellungen, dass Bedürfnisse der Umwelt falsch wahrgenommen und interpretiert werden. In der Konsequenz setzt der Klient alles daran, den vermeintlichen Bedürfnissen und Erwartungen seiner Umwelt zu entsprechen (beispielsweise „Ich muss immer nett und freundlich sein“ oder „Ich muss in diesem Unternehmen alles geben, alle verlassen sich allein auf mich“), ohne dass er bemerkt, dass diese Erwartungen an ihn in der Realität so nicht vorliegen und er durch die Entsprechung dieser vermeintlichen Erwartungen seine eigenen Bedürfnisse und die relevanter anderer Personen ausblendet und vernachlässigt.

Den Grundgedanken der irrationalen Überzeugungen hat Albert Ellis in der Rational-Emotiven Therapie (RET) formuliert. Die Methoden der Rational-Emotiven Therapie (Ellis 2008) basieren auf dem so genannten ABC-Modell: Ein auslösendes Ereignis (A: activating event) wird auf Grund von bewussten und unbewussten Überzeugungen (B: beliefs) bewertet und löst durch diese Bewertung Verhaltenweisen und Emotionen aus (C: consequences). Die bewussten und unbewussten Überzeugungen können irrational sein, d. h. sie können die Person belasten und in ihrer Selbstverwirklichung behindern. Zu den irrationalen Überzeugungen gehören beispielsweise „mussturbatorische" Gedanken, also absolute Forderungen („Ich muss meine Arbeit perfekt machen"). Das Ziel der RET besteht darin, irrationale Überzeugungen zu erkennen und zu verändern.

Unangemessene Wertvorstellungen bewirken häufig, dass einer Führungskraft trotz möglicher Erfolge das Gefühl der Befriedigung versagt bleibt: Die Ziele, die sie verfolgt (zum Beispiel „Karriere machen" oder „den Auftrag an Land ziehen"), entsprechen nicht ihren wahren Bedürfnissen oder verlangen, dass andere wichtige Bedürfnisse über lange Zeit unbefriedigt bleiben (zum Beispiel ihr Bedürfnis nach freundschaftlichen Beziehungen oder Zeit mit der Familie).

Ein typisches Beispiel sind junge aufstiegsorientierte Führungskräfte, deren zentrale Wertvorstellungen am Wunsch nach Karriere orientiert sind. Ist die Karriere dann in dem Maße realisiert, dass ein weiterer Aufstieg nicht möglich ist, spürt die Person plötzlich, dass sich das Befriedigungsgefühl gar nicht in dem Maße einstellt, wie sie es erwartet hat. Dass eine Person „an sich vorbei lebt", wird oft auch durch psychosomatische Beschwerden oder beeinträchtigtes Wohlbefinden spürbar (Kuhl & Kaschel 2004: 61-71, Baumann, Kaschel & Kuhl 2005: 781-799, Strehlau 2008: 48-63). Der Klient kann sich dieses diffuse Gefühl der Unzufriedenheit oder seine ständigen Verspannungen häufig nicht erklären. Wenn eine Person über einen sehr langen Zeitraum hinweg ihre Bedürfnisse unterdrückt, kann dies auch bis zum Burnout führen.

Liegt das Anliegen des Klienten auf der Ebene der persönlichen Wertvorstellungen, ist das Ziel im Coaching, den Kontakt zu den eigenen Bedürfnissen herzustellen und herauszufinden, wonach der Klient in seinem Leben sucht. Da persönliche Bedürfnisse größtenteils nicht bewusst und nicht in einem sprachlichen Format im Gehirn gespeichert sind, braucht es Zeit, Offenheit, Kreativität und häufig einen vertrauensvollen Dialog, um Zugang zu diesen Informationen zu bekommen.

Diese drei Ursachen für Coaching-Anliegen sind in Abb.1 dargestellt. Die Abbildung macht deutlich, dass sich die drei Ebenen hinsichtlich ihrer bewussten Repräsentation unterscheiden: Ihr Verhalten ist Klienten spontan eher bewusst, ihre Wahrnehmungsfilter und Deutungsmuster sind ihnen weniger bewusst, und die eigenen Bedürfnisse und Werte sind vorrangig auf unbewusster Ebene gespeichert. Der Unterschied zwischen den drei Ebenen liegt also darin, wie sehr die Themen bewusst repräsentiert sind und wie leicht Coach und Klient somit an das Thema „herankommen": Neue Verhaltensweisen sind verhältnismäßig leicht zu lernen, die Regulation spontaner Wahrnehmungs- und Beurteilungstendenzen ist schwieriger, und unbewusste Bedürfnisse und Werte zu erreichen bzw. unangemessene Wertvorstellungen zu verändern, gestaltet sich am schwierigsten.

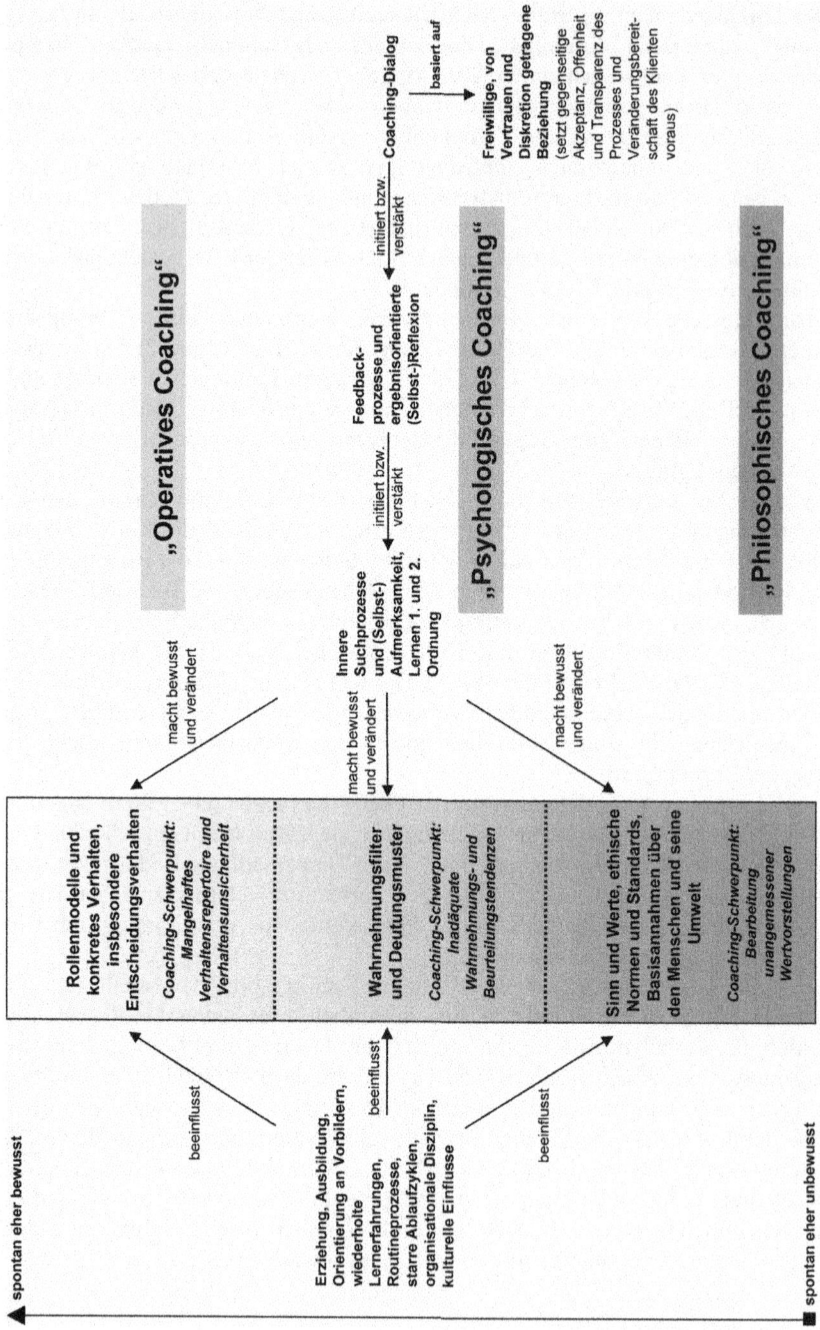

Abbildung 1: Ablaufschema der integrativen Theorie über die grundlegenden Wirkzusammenhänge im Coaching

Für das Coaching bedeutet das, dass die Bearbeitung von Klientenanliegen auch unterschiedliche Bearbeitungsebenen und -tiefen benötigt. Wenn es um die Erweiterung des Verhaltensrepertoires geht, ist ein „Operatives Coaching" passend. Liegt die Ursache für das Coaching-Anliegen auf der Ebene der Wahrnehmungs- und Beurteilungstendenzen, ist „Psychologisches Coaching" empfehlenswert, und auf der Ebene der Bedürfnisse und Werte ist ein „Philosophisches Coaching" sinnvoll, welches natürlich profunde psychologische Kenntnisse voraussetzt. Die Aufgabe des Coachs ist es daher, zuzuhören und das eigentliche Anliegen des Klienten genau zu analysieren und zu hinterfragen, um die dahinter liegende ursächliche Ebene eruieren zu können.

Die Wirkung von Coaching muss also für jede der drei Formen betrachtet werden. Bestimmte Grundbedingungen für Coaching sind jedoch übergreifend wichtig und sollen im Folgenden dargelegt werden.

4 Grundbedingungen im Coaching

An einen Coaching-Prozess bzw. den Coaching-Dialog sind Voraussetzungen geknüpft, ohne die sich keine funktionale Arbeitsbeziehung zwischen Coach und Klient herstellen lässt. Ist einer der folgenden Punkte nicht gegeben oder erreichbar, sollte von einem Coaching abgesehen werden, da eine positive Wirkung eher unwahrscheinlich wird:

Freiwilligkeit: Es sollte sichergestellt sein, dass ein Coaching freiwillig gesucht und nicht „von oben verordnet" wird. Ohne diese Freiwilligkeit fehlt die für ein Coaching notwendige Einsicht in die Beratung. Professionelle Coachs buhlen daher nicht um Aufträge, sondern lassen einem Interessenten die Wahl, sich sanktionsfrei gegen ihn bzw. ein Coaching zu entscheiden. Das Gleiche gilt für Organisationen. Die Einsicht in die Beratung und die Freiwilligkeit können daher bereits als Teil des Veränderungsprozesses und Grundlage der Coaching-Beziehung gesehen werden.

Diskretion: Die Inhalte des Coachings sind vertraulich und werden nicht „nach oben" oder an eine andere Person weitergegeben. Ist dies nicht gewährleistet, so fühlt sich der Klient kontrolliert, es entsteht zusätzlicher Leistungsdruck und er wird mit negativen Konsequenzen rechnen – von der Kündigung bis zum „Gesichtsverlust". Unter derartigen Bedingungen wird sich ein Klient nicht öffnen (s. u.), weil er berechtigterweise misstrauisch ist. Zudem sind die damit zusätzlich entstehenden Befürchtungen einem konstruktiven und angstfreien Klima in der Coaching-Sitzung abträglich, Ängste fördern eher Widerstände als Veränderungsbereitschaft. Der Coach ist auch kein Erfüllungsgehilfe der Organisation, sondern ein neutraler "Sparringspartner". Diskretion ist daher ein wichtiger Faktor, um nicht zum Spielball betriebsinterner Politik zu werden. Eine Organisation, die Coaching wünscht, sollte daher den entsprechenden Freiraum für die Diskretion gewähren. Andersartige Aufträge sind schon aus ethischen Gründen vom Coach abzulehnen, zudem werden sie den gewünschten Erfolg nicht erbringen.

Gegenseitige Akzeptanz: Sowohl der Coach als auch das Coaching müssen vom Klienten akzeptiert werden. Neben rationalen Argumenten dafür ist insbesondere die Akzeptanz des Coachs von emotionalen Faktoren abhängig, die „Chemie" zwischen Coach und Klient muss stimmen, gegenseitiges Vertrauen muss aufgebaut werden können. In Organisationen mit größerem Coaching-Bedarf ergibt sich somit die Notwendigkeit, mehrere Coachs zur Verfügung zu haben, um auf eine ausreichende Zahl von Alternativen zurückgreifen zu können. Persönliche Akzeptanz und Vertrauen sind – neben den bereits genannten Faktoren Freiwilligkeit und der Diskretion – in besonderem Maße auch von der Rolle des Coachs abhängig. Der Coach muss in der Beratungsbeziehung als gleichrangiger Partner wahrgenommen werden (asymmetrische Beziehungskonstellationen sind zu vermeiden), der über Coaching-Kompetenz verfügt, integer ist und keine fremden Interessen vertritt.

Die Selbstmanagementfähigkeiten des Klienten müssen in ausreichendem Umfang vorhanden sein: Coaching ist keine Psychotherapie und kann sie auch nicht ersetzen. Wer durch psychische oder körperliche Erkrankungen nachhaltig in seiner Lebensführung und Berufsausübung beeinträchtigt ist, bedarf einer psychotherapeutischen, psychiatrischen oder medizinischen Behandlung. Wenn eine Erkrankung erst während des Coachings offenkundig wird (beispielsweise eine Suchterkrankung), sollte das Coaching beendet oder unterbrochen und auf adäquate Behandlungsmöglichkeiten hingewiesen werden.

Offenheit und Transparenz: Coaching kann vornehmlich dann wirksam sein, wenn an herausfordernden Anliegen gearbeitet wird. Diese Anliegen können defizitorientiert (Probleme, Konflikte, Unsicherheiten, Schwächen) oder positiv leistungsorientiert (Kompetenzerweiterung, Arbeitsoptimierung, Stärkenausbau, persönliches Wachstum) sein. Die Bearbeitung dieser Anliegen ist dann effizient möglich, wenn im Coaching eine Offenheit herrscht, die im Vergleich zu anderen Gesprächs- oder Beratungssituationen sehr weitreichend ist. Klienten schätzen ihre Anliegen teilweise (unbewusst) als „heikel" ein und sind es nicht gewohnt, diese zu besprechen – zum Einen, weil eine Stigmatisierung („Gesichtsverlust") befürchtet wird, zum Anderen, weil es ungewohnt und teilweise sozial geächtet ist, den eigenen Ehrgeiz ungeschönt thematisieren und sich darüber austauschen zu dürfen. Der Coach sollte daher eine spannungsfreie Situation schaffen, die zur Offenheit ermutigt. Dies ist wiederum nur möglich, wenn Diskretion gewährleistet werden kann und der Coach nicht bewertend agiert, sondern sich als unabhängiger Prozessexperte versteht und auch so wahrgenommen wird. Da der Coach in seinem Vorgehen nicht manipulativ sein sollte, sondern vorzugsweise mit einem transparenten Konzept arbeitet, gehört es auch zu seinen impliziten Aufgaben, Offenheit vorzuleben. Konkret bedeutet dies, auch unangenehme Fakten zu benennen, keine falsche Höflichkeit walten zu lassen und dennoch nicht schonungslos, sondern ermutigend zu sein.

Veränderungsbereitschaft: Diese zunächst banal erscheinende Voraussetzung erweist sich mit als schwierigster Aspekt in der Beratungsarbeit. Teilweise ist es auch dem Gecoachten nicht bewusst, dass er die Einstellung „wasch mich, aber mach mich nicht nass" vertritt. Zuweilen wird im überzeugten Glauben an den eigenen Veränderungswillen nicht bedacht, dass Veränderungen möglicherweise dort besonders sinnvoll sein könnten, wo die Bereitschaft zum Wandel kaum vorhanden ist. Idealerweise reflektiert dies eine am Coaching interessierte Person, grundsätzlich ist dieser Punkt jedoch im Vorgespräch von dem Coach zu klären, da er mit derartigen Situationen vertraut ist.

Typische Metastrategien und implizite Aufgaben eines Coachs sind daher:

- das Zuhören und das Analysieren und Hinterfragen des eigentlichen Anliegens des Klienten (dies kann mehrere Termine dauern). Zum Beispiel beschreiben Klienten oft (weil sie dies so wahrnehmen) Sachprobleme, dahinter liegen aber meist Beziehungsprobleme. Überspitzt formuliert könnte man sagen, dass es gar keine Sachprobleme gibt (diese wären ja leicht lösbar), sondern immer nur Beziehungsprobleme, die sich als Sachproblem manifestieren und in immer neuen Formen auftauchen;

- die Berufsrolle des Klienten (ggf. auch Teile des „Privatmenschen") und sein Arbeitsumfeld zu analysieren. Strukturelle Probleme werden beispielsweise häufig personalisiert, eine Person ist „schuld". Ein typisches Beispiel sind hier Klientenschilderungen der Art „Wenn nur der Herr XY anders wäre". Erstens kann im Coaching kein anderer als der Klient sich ändern; und zweitens greift die Personalisierung eines Problems fast immer zu kurz. Meistens sind strukturelle Probleme zumindest mitverantwortlich. Hier muss der Coach präzise bei der Klärung Unterstützung geben;
- den Klienten dabei zu unterstützen, sein Verhalten und Erleben zu hinterfragen (auch ein Problem aus der Sicht des Coachs zu erläutern), so dass Probleme für den Klienten überhaupt erst verständlich werden – und somit eine Lösung gefunden kann;
- den Klienten bereits im Vorgespräch darauf vorzubereiten, dass eine Lösung seines Anliegens ganz anders aussehen kann, als zu Beginn des Coachings erwartet wird. Das bedeutet auch, dabei zu helfen, die negativen Auswirkungen eines positiven Ziels, so genannte Kollateraleffekte, einzublenden und in der weiteren Planung zu berücksichtigten (dies wird auch als „finales Denken" bezeichnet), wenn dem Klienten z. B. nicht bewusst ist, dass mit einer steilen Karriere auch Neid, Missgunst und Einsamkeit verbunden sein können. In solchen Fällen ist zu überlegen, wie dies verhindert bzw. wie damit angemessen umgegangen werden kann.

Die Grundlage für Coaching besteht im Besonderen aus einer freiwilligen, von Vertrauen und Diskretion getragenen Beziehung zwischen Coach und Klient. Diese Grundvoraussetzung gilt unabhängig von der Verursachungsebene des Klientenanliegens.

5 Ergebnisorientierte (Selbst-)Reflexion und Deutero-Lernen (Greif 2008)

Die Beziehung zwischen Coach und Klient ist deshalb wichtig, weil im Coaching eine ergebnisorientierte Selbstreflexion angeregt werden soll, um die Verbesserung der Erreichung selbstkongruenter Ziele und die bewusste Selbstveränderung und Selbstentwicklung zu fördern. Ergebnisorientierte Selbstreflexion ist ein „bewusster Prozess, bei dem eine Person ihre Vorstellungen oder Handlungen durchdenkt und expliziert, die sich auf ihr reales und ideales Selbstkonzept beziehen" (Greif 2008: 40). Dabei entwickelt die Person Folgerungen für zukünftige Handlungen oder Reflexionen. Beispiele hierfür sind Reflexionen über die Veränderung bestimmten Verhaltens, Reflexion über eigene Motive und Werte, Normen und Regeln, Reflexionen und Selbsteinschätzungen zu persönlichen Stärken und Schwächen, Analysen von Beziehungen zu anderen Personen oder die Reflexion des eigenen Verhaltens im Konfliktfall.

Voraussetzung für ergebnisorientierte Selbstreflexion ist der Zugang zum Selbst (Kuhl 2001), einem größtenteils unbewussten, integrativen Erfahrungssystem, das mit dem rechten präfrontalen Cortex assoziiert ist und das kreative, ganzheitliche und bedürfniskongruente Lösungen ermöglicht. Ohne die Aktivierung des Selbstsystems kann Selbstreflexion zum ziel- und ergebnislosen Grübeln werden oder dazu führen, dass Lösungen gefunden werden, die nicht zum Klienten (zu seinen Bedürfnissen und Werten oder zu seinen Kompetenzen) bzw. zu seinem Umfeld passen. Um im Coaching ergebnisorientierte Selbstreflexion zu fördern, ist es die Aufgabe des Coachs, den Klienten dabei zu unterstützen, einen integrativen Eindruck von sich, seinen eigenen Erfahrungen und Bedürfnissen zu gewinnen und aus neuen Perspektiven heraus passende Lösungen zu suchen. Darüber hinaus stellt der Coach sicher, dass die Reflexionsprozesse lösungs- und zielgerichtet sind, indem er beispielsweise dabei hilft, Gedanken zu strukturieren und starke negative Emotionen zu regulieren (Trager 2009: 47). Die Regulation starker negativer Affekte ist bedeutsam für die Lösungsorientierung der Reflexionsprozesse, da negative Affekte hemmend auf das Selbstsystem wirken und in der Konsequenz einen „Tunnelblick" auf das Problem begünstigen (Kuhl 2001: z. B. Kap. 5). Die ergebnisorientierte Selbstreflexion führt hingegen zu einer erweiterten Sichtweise, die eine Grundlage für das Erkennen alternativer Wahrnehmungs-, Interpretations- und Handlungsmöglichkeiten bildet (Trager 2009: 47).

Darüber hinaus wird im Coaching das so genannte „Deutero-Lernen" fokussiert (Greif 2008: 44-47). Es umfasst die Reflexion über das eigene Lernen und das eigene Reflektieren, d. h. der Klient wird im Coaching dazu angeregt, darüber zu reflektieren, wie er eine neue Erkenntnis gewonnen hat (z. B. wie er aus einem Fehler gelernt hat oder wie er eine Lösung entwickelt hat) und wie er über diese Erkenntnisgewinnung reflektiert hat. Ziel ist es, sowohl Lernprozesse als auch eigene Reflexionsprozesse zu verbessern. Dass die im Coaching erlernte strukturierte Selbstreflexionsfähigkeit für den Klienten auch in künftigen Situationen hilfreich ist, konnte auch wissenschaftlich nachgewiesen werden (Trager 2009: 47). Im Coaching werden also auf diese Weise über die Bearbeitung des konkreten Klientenanliegens hinaus übergreifende Selbstreflexionskompetenzen und damit zugleich eine Selbstentwicklung gefördert, so dass der Klient beim nächsten Problem nicht erneut den Coach aufsuchen muss, sondern eigenständig ergebnisorientierte Selbstreflexion betreiben kann. Im Idealfall macht sich ein Coach daher mit einem erfolgreichen Coaching überflüssig, was auch stets als ein prägendes Merkmal des Coaching postuliert wurde (Looss 1986: 139; Rückle 1992: 243; Rauen 2003: 199).

6 Eine Integrative Theorie der Wirkzusammenhänge im Coaching

Um ergebnisorientierte Selbstreflexion zu fördern, ist eine freiwillige, von Vertrauen und Diskretion getragene Beziehung zwischen Coach und Klient eine entscheidende Voraussetzung. Das „Selbst" des Klienten ist nach Kuhl (2001) ein weitgehend unbewusstes, rechtshemisphärisches, integratives Erfahrungssystem, das den Überblick über alle Lebenserfahrungen, Bedürfnisse und Werte speichert. Das Selbst integriert Gefühle und kann sie auch regulieren, weil es mit den emotionsgenerierenden Systemen des Gehirns vernetzt ist.

Unter Stress gelingt dem Klienten der Zugang zu seinem Selbst und damit auch die ergebnisorientierte Selbstreflexion zunehmend schwerer: Das Selbstsystem wird durch negative Gefühle und Stress gehemmt, es ist nur unter entspannten Bedingungen aktiv (Kuhl 2001: z. B. Kap. 5). Das wird zum Beispiel besonders deutlich, wenn eine Führungskraft so stark unter Stress steht, dass sie den ganzen Tag vergisst, etwas zu trinken, und dies erst am Abend bemerkt: Die Signale des Körpers, die Bedürfnisse, werden nicht wahrgenommen. Auch Einseitigkeiten in der Art und Weise, Situationen wahrzunehmen und zu deuten, sind die Folge eines gehemmten Selbstsystems: Das Selbst als vernetztes, parallel arbeitendes System ermöglicht Kreativität und die ganzheitliche Wahrnehmung von Situationen und Personen. Ist es durch Stress gehemmt, kommt es leicht zu dysfunktionalen Wahrnehmungs- und Beurteilungstendenzen.

Im Bereich des Managements werden diese dysfunktionalen Wahrnehmungs- und Beurteilungstendenzen häufig verstärkt, indem Einseitigkeiten gefördert werden, weil sie kurz- bis mittelfristig den Leistungsanspruch in dieser Zielgruppe repräsentieren. Zu diesen einseitigen Wahrnehmungen gehört beispielsweise die Fixierung auf Kapitalgeber, die dazu führt, dass die Arbeitsleistungen und das Wissen der Mitarbeiter sowie ihre Motivation für den Erfolg des Unternehmens bei Entscheidungen nicht ausreichend einbezogen oder gänzlich vernachlässigt werden.

Im Coaching wird der Zugang zum Selbst aktiviert und ergebnisorientierte Selbstreflexion aktiv gefördert. Somit leistet Coaching an dieser Stelle einen entscheidenden Beitrag. Wenn eine Person etwas Neues lernen soll (z. B. ein neues Verhalten oder eine neue Einsicht) und sich verändern möchte, ist es wichtig, dass sie Zugang zu ihrem Selbstsystem hat und ergebnisorientiert über sich reflektiert. Der Zugang zum Selbst wird im Coaching unter anderem dadurch geschaffen, dass nicht unmittelbar an der Beseitigung des Problems und am vorgedachten Ziel des Klienten gearbeitet wird, sondern der Coach zunächst für eine „Öffnung des Rahmens" und eine erweiterte Perspektive sorgt. Auf diese Weise wird ein Raum geschaffen, in dem der Klient offen reflektieren und seine eigene Lösung finden kann.

Wie intensiv der Selbstreflexionsprozess und die Aktivierung des Selbstsystems im Coaching betrieben werden, ist von der Verursachungsebene des Klientenanliegens abhängig und damit davon, wie stark und tief greifend die gewünschte Veränderung des Klienten ist. Je mehr die Ursache für das Klientenanliegen mit unbewussten Strukturen zusammenhängt, umso tief greifender und intensiver gestaltet sich der Lernprozess und umso wichtiger ist die Aktivierung des Selbstsystems und die Förderung ergebnisorientierter Selbstreflexion. Besonders, wenn Coaching-Anliegen auf der Ebene der Wahrnehmungs- und Bewertungsmuster oder auf der Ebene der persönlichen Werte liegen, ist Coaching deshalb ein intensiver Selbstreflexions- und Unterstützungsprozess. Aus diesem Grund sind je nach Verursachungstiefe unterschiedliche Formen des Coachings passend.

Die Persönlichkeits-System-Interaktionstheorie (Kuhl 2001) erklärt, aus welchem Grund die Beziehung zwischen Coach und Klient eine übergreifende Grundbedingung für die Wirksamkeit von Coaching darstellt. Das Selbst wird durch eine wertschätzende und vertrauensvolle Beziehung aktiviert (Kuhl 2001: z. B. Kap. 18). Wenn sich der Klient im Rahmen des Coachings verstanden fühlt, kann er seine Gefühle äußern und sich öffnen. Durch die wertschätzende und empathische Reaktion des Coachs auf diese Selbstäußerungen wird Zugang zum Selbstsystem bewirkt und eine ergebnisorientierte Selbstreflexion ermöglicht.

Je mehr für die Bearbeitung eines Klientenanliegens Emotionsregulation oder der Kontakt zu den eigenen Bedürfnissen und Werten wichtig ist, umso essenzieller wird die Vertrauensbeziehung zwischen Coach und Klient, die die Basis für eine Aktivierung des Selbstsystems bildet.

Das Selbst einer Person wird selbstverständlich auch durch vertrauensvolle und empathische Beziehungen zu anderen Menschen aktiviert. Auch Gespräche mit dem Ehepartner und Freunden erzielen daher oft eine hilfreiche Wirkung, indem sie für Entlastung und eine Erweiterung der Sichtweise sorgen. Dies ist sicherlich der Grund dafür, dass Coachs ab und an gefragt werden, ob Coaching und das Gespräch mit einem guten Freund nicht das Gleiche seien (Greif 2008: 166-169). Der entscheidende Unterschied zu Gesprächen in der Partnerschaft oder im Freundeskreis besteht jedoch darin, dass der Coach auf professionelle Weise die ergebnisorientierte Selbstreflexion des Klienten fördert und die Strukturierung und Zielgerichtetheit des Prozesses sicherstellt. Darüber hinaus bewirkt die Distanz zum Coach, dass der Klient offen sprechen kann, ohne durch Gedanken abgelenkt oder gar behindert zu werden, dass ihm seine Aussagen in der Partnerschaft oder Freundschaft auf irgendeine Art unangenehm sein könnten oder sie Ehepartner oder Freund möglicherweise brüskieren oder verletzen könnten. Im Umkehrschluss wird damit auch deutlich, dass derartige „Kollateralschäden" von hoher Wahrscheinlichkeit sind, wenn aus einer bestehenden Beziehung heraus ein Coaching werden soll. Ein weiterer wichtiger Grund für die im Allgemeinen höhere Wirkung von Coaching gegenüber freundschaftlichen Gesprächen ist, dass auf einen Coach von vornherein eine hohe Wirksamkeit projiziert wird (diese Tatsache wird von Scharlatanen unglücklicherweise zu ihrem Vorteil genutzt). Die tragfeste Arbeitsbeziehung ist also eine essenzielle Grundlage für die Wirksamkeit von Coaching – Erfolge werden aber erst dann erzielt, wenn innerhalb des Coachings auf professionelle Weise ergebnisorientierte Selbstreflexion angeregt wird. Dies ist in partnerschaftlichen oder freundschaftlichen Gesprächen im Allgemeinen nicht oder nur eingeschränkt der Fall. Zudem beeinträchtigen fehlende Distanz und geringere Wirksamkeitserwartungen den Veränderungserfolg.

Zusätzlich zur vertrauensvollen Arbeitsbeziehung, die das Selbst des Klienten aktiviert, wird im Coaching mit Methoden gearbeitet, die das Selbst anregen: Dazu gehören Methoden, die Kreativität erfordern (beispielsweise die Arbeit mit Bildern oder Symbolen), Methoden, die die Einfühlung in andere Personen durch Perspektivenwechsel initiieren, Methoden, die mit der Wahrnehmung von Körpersignalen und Gefühlen verbunden sind (zum Beispiel Achtsamkeitsübungen, wie sie Dietz & Dietz 2008 beschreiben) oder Methoden, die den Blick erweitern (zum Beispiel systemische Fragen).

Coaching ist dadurch für die beschriebenen Anliegen besonders geeignet. Im Coaching geht es darum, vorhandene Ressourcen zur Selbstregulation (wieder) zu aktivieren. Im Gegensatz zur Psychotherapie wird mit Klienten gearbeitet, deren Zugang zum Selbstsystem vorübergehend, beispielsweise durch starkes Stresserleben, beeinträchtigt ist, während Patienten der Psychotherapie häufig einen erheblich und dauerhaft geschwächten Selbstzugang haben (dies ist zum Beispiel bei Essstörungen besonders der Fall). Diesen sehr schwachen Selbstzugang wiederherzustellen, braucht mehr Zeit und eine intensivere Arbeit, als es im Rahmen des Coachings möglich ist. Für die in diesem Beitrag geschilderten Klientenanliegen ist Coaching hingegen ein wirksamer Unterstützungsprozess.

Interessanterweise zeigen aktuelle Forschungsergebnisse, dass die Situation, die Anlass des Coachings gewesen ist (z. B. ein Konflikt), sich nicht zwingend verändern muss, damit Coaching von Klienten als erfolgreich erlebt wird (Trager 2009: 48). Dies zeigt erneut, dass Klienten im Allgemeinen „Oberflächenthemen" als Anlass für ein Coaching angeben, hinter denen sich eine bestimmte Verursachungsebene verbirgt. Diese ist von Klienten nicht gut benennbar. Es ist Aufgabe des Coachs, diese Verursachungsebene zu eruieren und mit dem Klienten an ihr zu arbeiten. In der Konsequenz ergibt sich dann nicht immer eine direkte Veränderung hinsichtlich des ursprünglichen Anliegens (d. h. der Konflikt bleibt möglicherweise bestehen), aber in jedem Fall erhält der Klient eine deutlich erhöhte Kompetenz im Umgang mit den aktuellen und mit künftigen Problemen sowie eine gestärkte Selbstreflexionsfähigkeit.

Zusammenfassend lassen sich die Wirkzusammenhänge von Coaching folgendermaßen beschreiben: Coaching stimuliert über eine vertrauensvolle und empathische Coaching-Beziehung das Selbstsystem des Klienten (Kuhl 2001). Durch den Coaching-Dialog und die Anwendung von Coaching-Methoden werden ergebnisorientierte Selbstreflexion und Deutero-Lernen (Greif 2008) ermöglicht. In Abhängigkeit der Verursachungsebene des Klientenanliegens und der Kompetenz des Coachs wird Operantes, Psychologisches oder Philosophisches Coaching angewendet. Im Ergebnis erlangt der Klient Zugang zu bisher kaum genutzten oder brachliegenden Ressourcen, die für die Lösung seines Anliegens relevant sind.

7 Fazit und Ausblick

Die hier aufgezeigte Integrative Theorie über die grundlegenden Wirkzusammenhänge im Coaching verdeutlicht, dass die Prinzipien eines effektvollen Coachings von der Werteebene über die Wahrnehmungsebene bis zur Verhaltensebene erklärbar beschrieben werden können. Die Theorie macht ferner deutlich, dass ein Coaching-Erfolg umso wahrscheinlicher wird, je mehr es dem Coach gelingt, den Klienten zu stimulieren, sich auf eine selbstaktivierende Lernsituation einzulassen, ohne dass dazu notwendigerweise eine überfixierte Zielorientierung als mittlerer Prozessschritt notwendig ist. Vielmehr erweist sich das offene Zulassen des Lernens und Reflektierens als Weg, dem Klienten seine eigene Lösung seines Anliegens finden zu lassen, was erst eine tatsächliche, kritisch hinterfragte Zielorientierung erlaubt, deren Ergebnis von den Klienten als umso wertvoller erlebt wird.

Die Theorie verdeutlicht: Um im Coaching Veränderungen zu erzielen, ist eine Aktivierung des Selbstsystems essenziell. Dies geschieht hauptsächlich über eine vertrauensvolle und empathische Arbeitsbeziehung zwischen Klient und Coach, aber auch über Coaching-Methoden, die das Selbst anregen. Die Aktivierung des Selbstsystems ist die Grundlage für ergebnisorientierte Selbstreflexion und Deutero-Lernen. Ergebnisorientierte Selbstflexion und Deutero-Lernen bewirken den Erfolg im Coaching: Es werden diejenigen persönlichen Ressourcen des Klienten aktiviert, die für die Lösung seines Anliegens relevant sind.

Die Integrative Theorie ermöglicht es, den Erfolg von Coaching verständlich zu machen und die relevanten Wirkfaktoren und Grundbedingungen künftig wissenschaftlich näher zu untersuchen. Interessant und wünschenswert sind sicherlich Untersuchungen, die die Arbeitsbeziehung im Coaching näher beleuchten, sowie Untersuchungen, die die Prozesse der Aktivierung des Selbstsystems und die Aktivierung ergebnisorientierter Selbstreflexion fokussieren sowie Evaluationen von Coaching-Erfolgen durch die Diagnostik von Selbstregulationskompetenzen.

Literatur

Baumann, N./Kaschel, R./Kuhl, J. (2005). Striving for unwanted goals: Stress-dependent discrepancies between explicit and implicit achievement motives reduce subjective well-being and increase psychosomatic symptoms. *Journal of Personality and Social Psychology*, 89(5), 781-799.

Deutscher Bundesverband Coaching e.V. (Hrsg.). (2007). *Leitlinien und Empfehlungen für die Entwicklung von Coaching als Profession.* Frankfurt/M.: DBVC.

Dietz, I./Dietz, T. (2008). Vom Reden zum emotionalen Erleben. Achtsamkeit als Schlüssel zur Veränderung. *Coaching-Magazin*, 3/2008.

Eck, C.-D. (1990). Rollencoaching als Supervision – Arbeit an und mit Rollen in Organisationen. In G. Fatzer & C.-D. Eck (Hrsg.), *Supervision und Beratung. Ein Handbuch* (S. 209–248). Köln: EHP.

Ellis, A. (2008, 2. Aufl.). Grundlagen und Methoden der rational-emotiven Verhaltenstherapie. Stuttgart: Klett-Cotta.

Greif, S. (2008). Coaching und ergebnisorientierte Selbstreflexion. Göttingen: Hogrefe.

Heß, T./Roth, W.L. (2001). Professionelles Coaching. Eine Expertenbefragung zur Qualitätseinschätzung und -entwicklung. Heidelberg: Asanger.

Huck, H.H. (1989). Coaching. In: H. Strutz (Hrsg.), *Handbuch Personalmarketing* (413-420). Wiesbaden: Gabler.
Jansen, A./Mäthner, E./Bachmann, T. (2004). *Erfolgreiches Coaching. Wirkungsforschung im Coaching*. Kröning: Asanger.
König, E./Volmer, G. (2002). Systemisches Coaching. Handbuch für Führungskräfte, Berater und Trainer. Weinheim: Beltz.
Künzli, H. (2005). Wirksamkeitsforschung im Führungskräfte-Coaching. *OSC Organisationsberatung, Supervision, Coaching*, 3/05, Jg. 12, 231–244.
Kuhl, J. (2001). Motivation und Persönlichkeit: Interaktion psychischer Systeme. Göttingen: Hogrefe.
Kuhl, J./Kaschel, R. (2004). Entfremdung als Krankheitsursache: Selbstregulation von Affekten und integrative Kompetenz. *Psychologische Rundschau, 55,* 61-71.
Looss, W. (1986). Partner in dünner Luft. *Manager Magazin*, 8, S.136–140.
Looss, W. (2006). *Unter vier Augen: Coaching für Manager*. Bergisch Gladbach: EHP.
Rauen, C. (2003). *Coaching. Innovative Konzepte im Vergleich*. (3. Aufl.). Göttingen: Hogrefe
Rauen, C. (Hrsg). (2005). *Handbuch Coaching*. (3. Aufl.). Göttingen: Hogrefe.
Rauen, C. (2006). Coach-Ausbildungen – Was kommt nach dem Hype? Managerseminare, 11, Heft 104, 59–63.
Rauen, C. (2008a). *Coaching-Tools* (6. Aufl.). Bonn: Managerseminare.
Rauen, C. (2008b). *Coaching-Tools II* (2. Aufl.). Bonn: Managerseminare.
Rauen, C./Steinhübel, A. (2001). *Das Coach-Modell*. Verfügbar unter: http://www.coaching-magazin.de/artikel/rauen_steinhuebel_-_coach-modell.doc [25.06.2007].
Rückle, H. (1992). *Coaching*. Düsseldorf: Econ.
Schein, E.H. (2000). Prozessberatung für die Organisation der Zukunft. Köln: EHP.
Schreyögg, A. (1995). Coaching. Eine Einführung für Praxis und Ausbildung. Frankfurt/M.: Campus.
Strehlau, A. (2008). Life Balance und Selbststeuerungskompetenzen. Eine Untersuchung mit Implikationen für Coaching und Beratung. Saarbrücken: VDM.
Trager, B. (2009). Selbstreflexion als Kernprozess im Coaching – Erforschung einer Behauptung. *Coaching-Magazin* 1/2009, 44–48.

Individuumsorientierte Coaching-Forschung

Hansjörg Künzli & Niklaus Stulz

1 Einleitung

Zwischen den Ansprüchen von Praktikern, Klienten und Forschenden an ‚gute' Forschung existiert eine erhebliche Kluft. Während Praktiker und Klienten eher idiographisch und nutzenorientiert („Was helfen mir die Resultate der Forschung für den heute anwesenden Klienten?") argumentieren, sind Forscher eher einem nomothetischen Ansatz verpflichtet, der sich heute wesentlich an den Richtlinien der Evidence-Based-Forschung orientiert. Etwas verkürzt bezeichnet der aus der Medizin stammende Begriff einen Best-Practice-Ansatz, welcher sich auf eine systematische Recherche, Analyse und Bewertung von Belegen stützt, die für oder gegen die Wirksamkeit einer Behandlung sprechen. Die höchste Qualitätsstufe erreichen nach dieser Sichtweise nur so genannte randomisierte Kontrollgruppenuntersuchungen (RCT, randomized control trials). Nur so lässt sich eine Wirkung kausal auf die Intervention zurückführen. Das klassische Modell wurde zur Recht als zu praxisfern (beispielsweise durch das Doppelblindkriterium) bezeichnet (vgl. z.B. Leichsenring & Rüger, 2004) und als zu stark an der Medikamentforschung (Hunsperger, 2007) orientiert kritisiert. Zudem scheint die enge Auslegung des Begriffs auf einem Missverständnis zu beruhen, auf das schon Sackett et al. (1996) hingewiesen haben. Glaubwürdige und brauchbare Evidenz entsteht nicht ausschließlich durch die Anwendung und treue Befolgung einer bestimmten Forschungsmethode, sondern vielmehr durch das Zusammenspiel von praktischer Expertise und Forschung auf der Basis von Beobachtungen und Daten. Nomothetische und idiographische Evidenz sind dabei gleichermaßen von Bedeutung. In der Folge wurde in der Psychotherapieforschung verstärkt die Forderung einer ergänzenden und am Einzelfall orientierten Forschung laut (z.B. Grawe, 1998, Lambert & Okiishi, 1997; Schulte, 1997) und auch realisiert (z.B. Lutz, Martinovich & Howard, 1999; 2001). Ziel ist die Unterstützung der differentiellen und adaptiven Indikation durch empirisch gestützte Entscheidungs- und Handlungsregeln (Lutz, Kosfelder & Joormann, 2004). Von Lutz, Kosfelder & Joormann (ebd.) nicht genannt, aber u. E. von gleicher Bedeutung ist der Akzeptanzgewinn der Forschung bei Klienten und Praktikern. Ist es doch für die Beteiligten oft nur sehr schwer einzusehen, warum soviel Zeit in das Ausfüllen von Fragebögen investiert werden soll, ohne dass ein direkt verwertbarer Nutzen resultiert. Zudem halten wir die Reduktion der Klienten auf reine Forschungsobjekte, die Daten zu liefern haben, für bedenklich.

Für die Coachingforschung dürfte die Frage der Individuums- oder Klientenorientierung aber von noch größerer Bedeutung sein, als in der Psychotherapie. Haben wir es doch hier mit Klienten und Praktikern aus einem Feld zu tun, in dem sich die Leitdifferenz aus dem Vergleich von Kosten und Nutzen und der unmittelbaren Verwertbarkeit der Resultate und nicht aus der Gegenüberstellung von bestätigt vs. nicht bestätigt ergibt. Ob eine Intervention im Allgemeinen wirkt, wird zwar auch von Coachs gern zur Kenntnis genommen, aber für den Coachingprozess kaum als hilfreich und nützlich wahrgenommen. Zudem ist der (öffentliche) Druck auf den Nachweis der Wirksamkeit von Coaching wesentlich geringer, da die Praktizierung von Coaching nicht in das öffentlich-rechtliche Korsett von Regulierungen eingebunden ist wie die Psychotherapie. Von dieser Seite besteht mithin keine

Notwendigkeit für Coachs und deren Klienten, an Forschungen teilzunehmen. Trotzdem ist der Wunsch nach systematischem Feedback, Evaluation und Forschung in der Praxis durchaus vorhanden und der Ruf nach mehr Forschung erklingt aus verschiedenen Richtungen. Es sind nicht nur die Wissenschaftler, die ein Eigeninteresse an mehr Forschung haben, sondern auch Verbände, Praktiker und Organisationen, die in den Chor mit einstimmen. Unterstützend wirkt weiter, dass Coaching zunehmend als Mittel der Personal- und Unternehmensentwicklung eingesetzt wird und sich im Rahmen eines Dreiecks- oder Viereckvertrages abspielt, was den Bedarf an relevanter Information zu Prozess und Wirksamkeit der Intervention erhöht. Direkte Vorgesetzte und die Personalabteilung sind in verschiedenen Formen am Prozess beteiligt und somit auch an Ergebnissen interessiert, die über ein Mindestmaß an Gültigkeit hinsichtlich Wirksamkeit, Wirtschaftlichkeit und Relevanz verfügen. Die Ansprüche der genannten Beteiligten lassen sich aber nicht mit einer Forschung befriedigen, deren Resultate u. U. erst Jahre nach der Durchführung zugänglich und darüber hinaus in einer kaum verständlichen Sprache abgefasst sind. Gefordert sind Systeme, die geeignet sind, den Beratungs- und den Forschungsprozess zu integrieren und die Prozess- und Ergebnisfeedback unmittelbar auf der Ebene des Einzelfalls sowie auf verschiedenen Aggregationsstufen zur Verfügung stellen können. Solche Systeme werden in der Psychotherapie bereits für die Forschung und zu Qualitätssicherungszwecken eingesetzt (z.B. Percevic et al., 2006). Doch vor dem Exkurs in die Psychotherapieforschung sollen beispielhaft einige Arbeiten aus dem Bereich Coaching vorgestellt werden, in denen es gelungen ist, Forschung und Beratungspraxis zu verbinden.

2 Ansätze individuumsorientierter Forschung im Coaching

Die Forderung nach, wie auch die Umsetzung einer engeren Verbindung von Forschung und Praxis ist selbstverständlich nicht neu, auch nicht im Bereich Coaching. Beispielhaft für Umsetzungen individuumsorientierter Ansätze seien hier einige Arbeiten genannt, in denen es gelungen ist, Forschung und Beratungspraxis zu verbinden. Orenstein (2006) entwickelt im Prozessverlauf ein Befragungsinstrument und setzt es gleichzeitig als Evaluationsinstrument im Rahmen eines 360°-Feedbackprozesses ein. Böning (Vortrag 12.07.2008) gelingt eine elegante Verbindung von Forschung und Praxis, indem er validierte Persönlichkeitstests zur Individualdiagnostik einsetzt und die aggregierten Daten zu Forschungszwecken verwendet. Rohmert und Schmid (2003) setzen den von Kruse (2004) entwickelten NextExpertizer™ zur Datenerhebung ein. Beim NextExpertizer™ handelt es sich um ein PC-gestütztes qualitatives Interviewverfahren auf der Basis der Repertory-Grid-Technik nach Kelly (1955). Das Besondere an diesem Verfahren liegt darin, dass jeder Klient mit seinen eigenen Worten antwortet, und damit einen eigenen Benchmark seines ‚Führungsideals' vor dem Coaching entwirft. Da die Daten während des Interviews in den PC eingegeben werden, können sie dem Klienten unmittelbar nach Abschluss des Gesprächs gezeigt und mit ihm besprochen werden. Dieser Vorgang wird nach dem Coaching wiederholt und die Resultate können mit denjenigen der Ersterhebung in Beziehung gesetzt und verglichen werden. Trotz dieser individualisierten Vorgehensweise sind die Daten aus verschiedenen Coachings auf aggregierter Ebene qualitativ und quantitativ vergleichbar. Auch beim Change Explorer (Greif, Runde & Seeberg, 2004 u. 2005; Runde, 2003, 2005; Runde & Bastians, 2005) handelt es sich um ein Verfahren, das qualitative und quantitative Techniken kombiniert und in verschiedenen Kontexten eingesetzt werden kann. Dabei kommen qualitative Interviews, Fragebogen und eine einfache Strukturlegetechnik zum Einsatz. Eine kurze Beschreibung des Verfahrens findet man bei Greif (2008: 239 ff.). Im Zusammenhang mit Coaching eingesetzt wurde es bei Krebs (2007), Runde & Bastians (2005) und Mellmann (2007).

3 Individuumsorientierte Psychotherapieforschung

Im Zusammenhang mit der Debatte zur Qualitätssicherung in der Psychotherapie und mit dem steigenden Kostendruck im Gesundheitswesen hat sich in der Psychotherapieforschung in den letzten Jahren ein neues Forschungsparadigma etabliert. Diese *individuumsorientierte Psychotherapieforschung* (patient-focused psychotherapy research; Howard et al. 1996: 5) versucht klinisch unmittelbar nutzbare Forschung im Rahmen von Wissenschaftler-Praktiker-Netzwerken zu etablieren, indem durch das Monitoring des individuellen Therapieverlaufs gewonnene Informationen für die Optimierung der noch laufenden Behandlung im Einzelfall genutzt werden (Lambert 2007: 14; Lutz et al., im Druck). Dabei werden während der Behandlung wiederholt vorgenommene Messungen des therapeutischen Fortschritts in zentralen Ergebnisvariablen (z.B. wiederholte Erhebungen der Symptombelastung im Anschluss an jede Therapiesitzung) und deren unmittelbare Evaluation durch Entscheidungsregeln genutzt, um ungünstige oder ungenügende Entwicklungen möglichst frühzeitig im Therapieverlauf zu erkennen. Durch die zeitnahe Rückmeldung von derart empirisch gestützten Handlungsempfehlungen an die zuständigen Therapeuten während der noch laufenden Behandlung lässt sich die Häufigkeit von negativen Therapieergebnissen reduzieren und es wird eine optimalere Allokation der therapeutischen Ressourcen (z.B. der Anzahl Sitzungen pro Patient) bei gleich bleibenden Therapieergebnissen ermöglicht (Lambert et al. 2003: 14). Von einer individuumsorientierten Psychotherapieforschung bzw. von der dabei angestrebten Integration von Entscheidungs- und Rückmeldesystemen in die klinische Routineversorgung profitieren also die Patienten, die Psychotherapeuten und auch die Kostenträger, da damit eine Optimierung des Behandlungsprozesses bei gegebenen Ressourcen ermöglicht wird.

Im Gegensatz zu herkömmlichen Evaluationsstudien der Psychotherapieforschung (sog. randomized controlled trials oder quasi-experimentellen klinischen Studien), die auf Vergleichen von *durchschnittlichen Veränderungen* in unterschiedlich behandelten Patientenstichproben (oder unbehandelten Kontrollgruppen) beruhen, fokussiert die individuumsorientierte Psychotherapieforschung also auf eine differenziertere Betrachtung des *individuellen therapeutischen Verlaufs*. Durch diese Fokussierung auf interindividuelle Unterschiede im Therapieverlauf bzw. -ergebnis wird die individuumsorientierte Psychotherapieforschung dem idiographischen Blickwinkel von praktisch tätigen Psychotherapeuten eher gerecht als die von Wissenschaftlern im Rahmen von herkömmlichen Wirksamkeitsstudien verfolgte nomothetische Forschungstradition (Lutz 2002: 23; 2003: 84). So interessieren sich die praktisch tätigen Psychotherapeuten in der Regel nicht nur dafür, ob eine Intervention im Allgemeinen wirksam ist (d.h. ob sie im Durchschnitt über sehr viele Patienten hinweg positive Effekte zeitigt), sondern für sie ebenso bedeutsam ist die Frage, ob die von ihnen gewählte Therapiestrategie bei dem ganz spezifischen Patienten wirksam ist, den sie gerade im Moment behandeln.

Um die Wirksamkeit einer Intervention auf Einzelfallebene beurteilen zu können, kann der individuelle Fortschritt eines Patienten während der Behandlung zunächst einmal ganz einfach dokumentiert werden, indem der zeitliche Verlauf in einem oder mehreren wiederholt erhobenen Ergebniskriterien abgebildet wird (s. z.B. den beobachteten Fortschritt bzgl. der Symptombelastung in Abbildung 1). Diese deskriptive Darstellung des Therapieverlaufs enthält nun allerdings noch kein Kriterium, an dem die bisherige Entwicklung evaluiert werden kann. Auch der sich hier aufdrängende Vergleich mit dem durchschnittlichen Verlauf über sehr viele Patienten hinweg kann hier nur als grobe Richtlinie dienen, da psychotherapeutische Behandlungsverläufe erfahrungsgemäß interindividuell stark variieren (Barkham et al. 1993: 11; Krause et al. 1998: 8). Da also nicht für jeden Patienten in der Psychotherapie genau derselbe Fortschritt und genau dasselbe Ergebnis erwartet werden kann (dies zumindest nicht innerhalb derselben Zeitspanne), liefert ein solcher Vergleich mit dem Durchschnittsverlauf noch keine verlässliche Information darüber, wie gut sich ein Patient, gemessen an dem, was für ihn auf Grund seiner individuellen Charakteristiken, Problemstellungen und Voraussetzungen erwartet werden kann, entwickelt. Um den Verlauf eines Patienten mit einem individuumsspezifischen Standard vergleichen zu können, der den unterschiedlichen Voraussetzungen der einzelnen Patienten Rechnung trägt, wurden daher im Rahmen der individuumsorientierten Psychotherapieforschung Modelle zur Vorhersage des individuell zu erwartenden Psychotherapieverlaufs entwickelt (Lutz et al. 1999: 7; 2001: 10). Diese individuellen Verlaufsvorhersagen basieren auf spezifischen Patientenmerkmalen mit Vorhersagekraft bzgl. des individuellen Therapieverlaufs (s. unten) und sie stellen damit eine Referenz für die Evaluation des tatsächlichen Fortschritts während der Behandlung dar, die den unterschiedlichen Gegebenheiten der einzelnen Patienten Rechnung trägt.

Für die Entwicklung solcher Modelle zur Vorhersage von Behandlungsverläufen auf Einzelfallebene werden bevorzugt Daten aus unter Praxisbedingungen routinemäßig eingesetzten Dokumentationssystemen genutzt. Dabei erlauben die im Vergleich zu klinischen Experimenten in der Regel umfangreicheren Datensätze sowie die Berücksichtigung von Messwiederholungen eine intensive Disaggregation der Daten bis hin zur Analyse des Einzelverlaufs und von dessen Prädiktoren. Damit ähnelt diese Art der Forschung in ihrer praktischen Anwendung der Einzelfallstudie, allerdings mit dem Unterschied, dass der individuelle Verlauf mit einer individuumsspezifischen Referenz verglichen wird, die anhand des vollständig aggregierten Datensatzes gewonnen bzw. vorhergesagt wurde (Lutz 2003: 84).

Für die Identifikation von individuellen Charakteristiken bei Beratungsbeginn, die eine Vorhersage des zu erwartenden individuellen Behandlungsverlaufs in einer oder mehreren Ergebnisvariablen ermöglichen, wurden bisher verschiedene sehr umfangreiche Datensätze mit Informationen über viele bisher behandelte Patienten mit Hilfe der sog. *Hierarchischen Linearen Modellierung* (Bryk & Raudenbush 1992: 485), einer modernen Methode der latenten Wachstumsanalyse, untersucht (Finch et al. 2001: 12; Lueger et al. 2001: 9; Lutz et al. 1999: 7; 2001: 10; 2001: 12). Nebst den dabei identifizierten prädiktiven Patientenmerkmalen bei Therapiebeginn (z.B. der Erwartung der Patienten bzgl. der Wirksamkeit der Behandlung oder des psychosozialen Funktionsniveaus), können zusätzlich auch Informationen über den Fortschritt des Patienten in frühen Therapiephasen genutzt werden, um dessen Veränderungen in späteren Therapiephasen und dessen finales Therapieergebnis vorherzusagen (Lutz et al. 2002: 17; 2007: 12; Stulz et al. 2007: 11). Ein kürzlich ebenfalls eingeführter, mindestens ebenso präziser Ansatz zur Vorhersage des individuellen Therapieverlaufs beruht auf der sog. *Nearest Neighbors Methode*. Dabei werden für einen neu in die Therapie kommenden Patienten die bzgl. einer Reihe von (z.B. soziodemographischen und/oder klinischen) Merkmalen bei Therapiebeginn ähnlichsten bereits behandelten Fälle ermittelt (daher nächste Nachbarn). Der durchschnittliche Verlauf in dieser vergleichsweise homogenen Patientensubgruppe kann dann als valide Verlaufsvorhersage für diesen spezifischen Patienten genutzt werden (Lutz et al. 2005: 10; 2006: 10).

Diese Modelle zur Vorhersage des individuellen Veränderungsverlaufs während einer Psychotherapie dienen im Rahmen der individuumsorientierten Psychotherapieforschung als Grundlage für die Entwicklung von praxisrelevanten Entscheidungsregeln (Lutz & Stulz 2008: 16). Die zugrunde liegende Idee eines solchen Entscheidungs- und Rückmeldesystems für das Qualitätsmanagement in der Psychotherapie wird in Abbildung 1 anhand eines hypothetischen Patienten veranschaulicht. Nebst der tatsächlichen Entwicklung der Symptombelastung während der Behandlung findet sich dort auch der für diesen Patienten individuell erwartete Veränderungsverlauf bzgl. der allgemeinen Symptomatik. Diese Verlaufsvorhersage, erstellt anhand von Patientencharakteristiken bei Behandlungsbeginn, wird dann als Referenz für eine individuell-elaborierte Evaluation des tatsächlichen Fortschritts des Patienten genutzt. Unterschreitet dieser, wie z.B. in Sitzung 3 geschehen, eine vordefinierte, untere Vorhersagegrenze (die in der Regel einem statistischen Vertrauensintervall entspricht) – d.h. entwickelt er sich deutlich schlechter als aufgrund seiner Ausgangsmerkmale gemäß der Erfahrung mit vielen bisherigen Patienten erwartet werden kann – so kann dies dem Therapeuten während der noch laufenden Behandlung im Sinne eines „Warnsignals“ unmittelbar zurückgemeldet werden. Der Therapeut erhält dadurch die Möglichkeit sein therapeutisches Vorgehen zu überdenken und ggf. anzupassen, um möglichst wieder einen Therapieverlauf zu erreichen, der den Erwartungen für diesen Patienten entspricht (wie in Abbildung 1 nach Sitzung 3 geschehen).

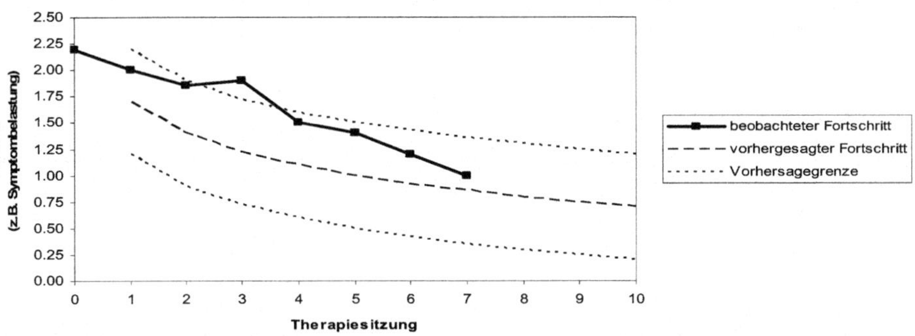

Abbildung 1: Beobachteter und vorhergesagter Fortschritt eines Psychotherapiepatienten bzgl. Symptombelastung im Therapieverlauf. In Sitzung 3 liegt der beobachtete Wert außerhalb einer Vorhersagegrenze. Dieses Ereignis kann dem zuständigen Therapeuten im Sinne eines Warnsignals, dass die Therapie möglicherweise nicht erfolgreich sein wird, zurückgemeldet werden.

Solche Vorhersagesysteme können aber nicht nur, wie soeben beschrieben, für adaptive Indikationen zur Unterstützung des therapeutischen Verlaufs genutzt werden. Vorausgesetzt dass auch unterschiedliche Interventionstechniken als Prädiktoren des individuellen Behandlungsverlaufs identifiziert werden konnten, können individuelle Verlaufsvorhersagen auch eine Hilfestellung bei der differentiellen Indikation zu Beginn einer psychotherapeutischen Behandlung liefern. So lässt sich anhand der vorhergesagten Verlaufskurven bereits zu diesem Zeitpunkt abschätzen, welches Vorgehen bei einem spezifischen Patienten vermutlich mit dem günstigsten Verlauf einhergeht und insofern am ehesten erfolgversprechend ist (Lutz et al. 2006: 9).

Insgesamt liefert die vorangehend erläuterte Art einer individuumsorientierten Psychotherapieforschung einen wesentlichen Beitrag zur Überwindung der oftmals beklagten Kluft zwischen klinischer Forschung einerseits und therapeutischer Praxis andererseits (Lutz 2003:84). So profitieren von einer Integration der oben beschriebenen Entscheidungs- und Rückmeldesysteme in die klinische Routineversorgung – z.B. mittels webbasierten Softwareapplikationen – sowohl die praktisch tätigen Psychotherapeuten, die damit Zugang zu neuesten Erkenntnissen aus der Forschung erhalten und diese unmittelbar für ihre alltägliche Arbeit nutzen können, als auch die Wissenschaftler, für die durch solche Qualitätsmanagementsysteme große und stetig wachsende Datensätze zugänglich werden.

4 Ziele und Voraussetzungen individuumsorientierter Forschung im Coaching

Was ist das Ziel individuumsorientierter Forschung im Coaching? In Anlehnung an Howard et al. (1996: 5) soll versucht werden, in der Coaching Praxis unmittelbar nutzbare Forschung im Rahmen von Wissenschaftler-Praktiker-Netzwerken zu etablieren, indem durch das Monitoring des individuellen Beratungsverlaufs gewonnene Informationen für die Optimierung der noch laufenden Beratung im Einzelfall genutzt werden kann. Darüber hinaus sollen aber auch, wo notwendig, die Informationsbedürfnisse der Organisation, d.h. der Vorgesetzten, den Personalverantwortlichen und weiteren Entscheidungsträgern abgedeckt werden. Um diesen Anforderungen gerecht zu werden, müssen verschiedene Voraussetzungen erfüllt sein. Diese sind zunächst theoretischer und technischer Natur. Einerseits sind alltagstaugliche Erhebungs- und Feedbackinstrumente vonnöten, die in der Lage sind, Daten zu speichern, um sie später einer aggregierten Auswertung zur Verfügung zu stellen, und gleichzeitig sofort zu verarbeiten und darzustellen, damit sie unmittelbar zu Feedbackzwecken verwendet werden können. Darüber hinaus sind Akzeptanz, Reaktivität, Compliance und Kriterien der Praktikabilität, der Kosten und der Ethik zu berücksichtigen (Fahrenberg et al., 2007). Wobei sich die ethischen Aspekte natürlich nicht nur auf die technischen, sondern auf alle Aspekte des Vorgehens beziehen müssen. Auf der anderen Seite sollte ein theoretisches Fundament mit validen Theorien und Instrumenten zur Verfügung stehen.

Was die technischen Voraussetzungen anbelangt, sind in den letzten Jahren riesige Fortschritte zu verzeichnen. Das Internet macht es möglich, Fragebögen und andere Einschätzungen von Klienten, Beratenden und weiteren Beteiligten praktisch ohne Zeitverzögerung auszuwerten und dem Beratungsprozess zugänglich zu machen („Real Time Monitoring“). Solche Verfahren erfahren unterdessen in der ambulanten und stationären Psychotherapie eine immer weitere Verbreitung (z.B. Tominschek et al., 2008; Percevic et al., 2006; Einsatz des webbasierten Instrumentes Software ‚Q-Tools™‘ zur Qualitätssicherung in der Integrierte Psychiatrie Winterthur; Software AKQUASI, Aktive Qualitätssicherung; vgl. Kordy & Lutz, 1995). Ein zweiter Strang des Real Time Monitoring ist die Erfassung von psychologischen und physiologischen Daten im Feld mittels mobiler Speicherungssysteme (Fahrenberg et al., 2007). Neben der Auflistung einer Vielzahl von Möglichkeiten zur mobilen Erfassung von Daten verweisen die Autoren (ebd.) auf die Webseite des European Network for Ambulatory Assessment (http://www.ambulatory-assessment.org), auf der Geräte und Techniken vorgestellt werden.

Neueste Entwicklungen in der Prozess-Outcome-Forschung in der Psychotherapie sind dahingehend, Verfahren zur Verfügung zu stellen, die Psychotherapie als nichtlinearen und nicht stationären Prozess ausweisen (Schiepek et al., 1997; Kowalik et al, 1997; Haken & Schiepek, 2006). Erfasst und ausgewertet werden die Daten mit einer Web-Applikation mit dem Namen ‚Synergetic Navigation System' (Tominschek et al., 2008). Eine Anpassung und Übertragung dieser Technologie auf den Bereich Coaching ist geplant (mündliche Auskunft W. Eberling).

Der Stand der technischen eilt demjenigen der theoretischen Voraussetzungen weit voraus. Empirische Arbeiten zum Thema Coaching sind noch selten (Künzli, 2009, im Druck). Im Laufe einer ausführlichen Recherche konnten gerade mal 36 Studien von sehr unterschiedlicher Qualität ausgemacht werden. Zur generellen oder differenziellen Wirksamkeit von Coaching sowie zu Prozess- und Ergebnisindikatoren existiert kaum Verlässliches. Erste Abhilfe schafft hier Greif (2008: 275). Er analysiert die vorhandenen Wirksamkeitsstudien und entwirft ein Strukturmodell der Coachingwirkungen mit den Elementen Voraussetzungen (für Wirkungen), Wirkfaktoren und Ergebnisse. Da eine empirische Überprüfung noch aussteht, bezeichnet er das Modell als vorläufige Orientierungsgrundlage. Ein wie auch immer ausgestattetes technisches System müsste sich also entweder auf nicht geprüfte oder Surrogatkriterien stützen. Die Nutzung solcher Indikatoren als Ergebniskriterien ist vertretbar. Von einem Einsatz zu prognostischen Zwecken und zur Entscheidungsunterstützung ist abzuraten. Zu groß ist das Risiko von Fehlentscheidungen. Gemessen an den Richtlinien zur Evaluation von Arzneimittel- oder Psychotherapien (vgl. Metzler & Krause, 1997) wäre es zudem für Feldstudien mit unausgelesenen Klienten, wie sie oben für die Psychotherapie geschilderte wurden, noch zu früh. Dort sind solche Studien u.a. aus Gründen der Risikominimierung erst für die vierte und letzte Phase des Evaluationsprozesses vorgesehen.

Ethische Aspekte sind bei allen Forschungsvorhaben zu beachten. Dies gilt aber ganz besonders für individuumsorientierte Ansätze, da hier Daten auf Einzelfallebene ausgewertet und für prognostische Zwecke sowie zur Formulierung von Handlungs- und Entscheidungsregeln genutzt werden sollen. Dazu gehören als Basis die Prinzipien der informierten Zustimmung und der Datenschutz, sowie die Information über grundsätzliche Ziele der Untersuchung, die erfassten Variablen und die möglichen Schlussfolgerungen. Darüber hinaus sollten aber auch ethische Kriterien der Einzelfalldiagnostik berücksichtigt werden.

5 Schlussfolgerungen

Obwohl die technischen Voraussetzungen zur Übertragung des Ansatzes der individuumsorientierten Forschung, so wie er in der Psychotherapie praktiziert wird, vorhanden sind, ist deren Anwendung auf den Bereich Coaching im Moment nicht zu empfehlen. Es fehlt noch an zu Vielem. Die theoretische Grundlage sowie deren empirische Überprüfung sind noch nicht genügend. Der Begriff Coaching ist zu unscharf, wir wissen noch wenig über die generelle und differenzielle Wirksamkeit von Coaching und es fehlt an validen Kriterien zur Messung des Coachingerfolges. Unter solchen Voraussetzungen erscheint die Absicht, auf komplexen mathematischen Algorythmen beruhende Verlaufsprognosen sowie Handlungs- und Entscheidungsregeln zur Verfügung stellen zu wollen, fahrlässig. Kritisch ist weiter, dass individuumsorientierte Forschungsansätze mit unausgelesenen Stichproben unter Praxisbedingungen in der Abfolge der Evaluationsphasen erst an vierter und damit letzter Stelle erfolgen sollten (Metzler & Krause, 1997). Auch aus Praxissicht sind Bedenken anzumelden. Auch wenn wir im Feld von einem wachsenden Bedürfnis nach validen Evaluationsmethoden für Coaching ausgehen dürfen, ist es unklar, ob sich jemals eine Nachfrage nach so differenzierten und komplexen Methoden, wie sie in der Psychotherapieforschung verwendet werden, entwickeln wird. Die Dauer von Coachings ist wesentlich kürzer und ob Coachs und ihre Klienten bereit sein werden, nach jeder Sitzung Fragebögen, so kurz sie auch sein mögen, auszufüllen, ist eine offene Frage. Entwicklung und Anwendung der angesprochenen Methoden setzen zudem große Stichproben voraus, die im Bereich Coaching zur Zeit wohl kaum zu realisieren sind.

Ob die Anwendung der rigiden Vorgaben der Richtlinienforschung, die für die Arzneimittel- und die Psychotherapieforschung entworfen wurden, in der angemahnten Strenge auf Coaching übertragen werden sollen, bleibt fraglich. Coaching ist weder Arznei noch Psychotherapie und die Risiken einer ‚Fehlbehandlung' sind zwar sicher nicht zu vernachlässigen, sollten aber um einiges geringer sein. Ob und inwiefern durch ein solches Vorgehen ethische Aspekte tangiert werden, muss sicher immer geklärt werden. Einen Grund dafür, ganz auf Feedbacksysteme zu verzichten, sollten sie nicht darstellen. Der Mangel an gut validierten Methoden und Indikatoren im Coaching ist beklagenswert und nicht mit der Forderung einer deduktiven, theoriegeleiteten Vorgehensweise zu vereinbaren. Ausweichstrategien könnten so aussehen, dass man auf gut validierte Surrogatkriterien, z.B. aus der Allgemeinen Psychologie oder der Psychotherapie zurückgreift oder induktive Vorgehensweisen wählt und die Indikatoren aus dem Kontext heraus entwickelt und zunächst auf eine theoretische Fundierung entweder verzichtet oder die Verbindung dazu nur lose gestaltet. Dies ist eine Vorgehensweise, die im Qualitätsmanagement oft gewählt und in Organisationen zur Evaluation von Coaching auch angewendet wird. Der Gewinn dieser Vorgehensweise ist in der Kontextspezifität und Praxisakzeptanz zu verorten.

Wie sich der Coachingmarkt entwickeln wird, ist schwer einzuschätzen. Es gibt kaum verlässliche Daten dazu. Sollte die Nachfrage nach Coaching aber zunehmen (z.B. Freitag, 2008), umso mehr wird Coaching zu einer kulturellen Selbstverständlichkeit und somit zu einer alltäglichen Dienstleistung, die denselben Mechanismen folgt, wie andere Dienstleistungen auch. Die Forderung nach entsprechenden Kontroll- und Prüfmechanismen ist dann nicht mehr weit und die Frage nach verlässlichen Evaluationensystemen von Coaching steht im Raum. Damit verbunden ist die Entwicklung von webbasierten und/oder ambulanten, prozessbegleitenden Feedbacksystemen, die von Klienten und ihren Coachs, aber auch von den sie umgebenden Systemen, als hilfreich und sinnstiftend empfunden werden. Erste Ansätze und Versuche in Richtung Entwicklung solcher Systeme sind bereits im Gange, so z.B. der Einsatz eines vom Karlsruher Institut für Technologie KIT entwickelten Gerätes zur Messung verschiedener physiologischer Parameter im Gesundheitscoaching (persönliche Mitteilung Dr. Elke Berninger-Schäfer). Der Autor selbst ist an der Entwicklung eines webbasierten Monitoring-Systems für die Laufbahnberatung, einem coaching-ähnlichen Beratungsformat, in verschiedenen Beratungsstellen in der Schweiz beteiligt. Da das System alltagstauglich sein soll, ist die Frage der Individuumsorientierung eine ganz wesentliche, weil sie über Akzeptanz und die wahrgenommene Nützlichkeit entscheidet.

Die direkte Übertragung des Ansatzes der individuumsorientierten Forschung der Psychotherapie auf Coaching wird in naher Zukunft nicht zu verwirklichen sein. Der Gedanke der Individuumsorientierung hingegen erscheint viel versprechend. Die technischen Voraussetzungen sind vorhanden. Der Bedarf der Praxis ist schwer einzuschätzen. Die Vermutung, dass individuumsorientierte Ansätze besser akzeptiert und als hilfreicher erlebt werden als nomothetisch ausgerichtete Forschung jedoch nahe liegend. Der Mangel an validen Indikatoren ist sicher beklagenswert. Wir dürfen aber nicht vergessen, dass Coaching aus der Praxis für die Praxis entwickelt wurde. Interessierte Praktiker und Organisationen sind kaum bereit zu warten, bis die Forschung alle notwendigen Voraussetzungen, d.h. valide Theorien und Indikatoren sowie mit experimentellen Designs überprüfte Ergebnisse zur Verfügung stellen wird. Dies soll aber nicht als Plädoyer gegen die Goldstandardforschung verstanden werden, sondern als Aufruf, der Praxis zu ihrem Recht nach pragmatischen und ihrem Selbstverständnis vermutlich angemesseneren Vorgehensweisen zu verhelfen.

Literatur

Barkham, M., Stiles, W.B., & Shapiro, D.A. (1993). The shape of change in psychotherapy: Longitudinal assessment of personal problems. Journal of Consulting and Clinical Psychology, 61, 667-677.

Bryk, A. S., & Raudenbush, S. W. (1992). Hierarchical linear models: Applications and data analysis methods. Newbury Park: Sage Publications.

Fahrenberg, J., Myrtek, M, Pawlik, K. & Perrez, M. (2007). Ambulantes Assessment – Verhalten im Alltagskontext erfassen. Eine verhaltenswissenschaftliche Herausforderung an die Psychologie. Psychologische Rundschau, 58, 1, 12-23. Göttingen: Hogrefe.

Finch, A. E., Lambert, M. J., & Schaalje, B. G. (2001). Psychotherapy quality control: The statistical generation of expected recovery curves for integration into an early warning system. Clinical Psychology and Psychotherapy, 8, 231-242.

Freitag, T. (2008). Coaching entwickelt sich stabil – ungebrochener Trend zu mehr Bedarf. HR-Today, 6, 36-37.

Grawe, K. (1998). Psychologische Therapie. Göttingen: Hogrefe.

Greif, S. (2008). Coaching und ergebnisorientierte Selbstreflexion. Göttingen: Hogrefe.

Greif, S. Runde, B. & Seeberg, I. (2004). Erfolge und Misserfolge beim Change Management. Göttingen: Hogrefe.

Greif, S. Runde, B. & Seeberg, I. (20045. Change Explorer. In: C. Rauen (Hrsg.), Coaching Tools (3. Aufl.), 317-321. Bonn: managerSeminare.

Howard, K. I., Moras, K., Brill, P., Martinovich, Z., & Lutz, W. (1996). The evaluation of psychotherapy. American Psychologist, 52, 1059-1064.

Hunsperger, P. H. (2007). Reestablishing clinical psychology's subjective core. American Psychologist, 62, 614-615.

Kelly, G. A. (1955). The Psychology of Personnal Constructs (Vol. 1 and Vol. 2.). New York: Norton (Reprint 1991, New York, N.Y.: Routledge).

Krause, M. S., Howard, K. I., & Lutz, W. (1998). Exploring individual change. Journal of Consulting and Clinical Psychology, 66(5), 838-845.

Kruse, P. (2004). Next practice – Erfolgreiches Management von Instabilität. Offenbach: Gabal.

Künzli, H. (2009). Wirksamkeit im Führungskräfte-Coaching. In E. Lippmann (Hrsg.), Coaching. (2. Aufl.) Berlin: Springer.

Lambert, M. J. (2007). Presidential address: What we have learned from a decade of research aimed at improving psychotherapy outcome in routine care. Psychotherapy Research, 17(1), 1-14.

Lambert, M. J. & Okiishi, J. C. (1997). The effects of the individual psychotherapist and implications for future research. Clinical Psychology: Science and Practice, 4, 6-75.

Lambert, M. J., Whipple, J. L., Hawkins, E. J., Vermeersch, D. A., Nielsen, S. L., & Smart, D. W. (2003). Is it time for clinicians to routinely track patient outcome? A meta-analysis. Clinical Psychology: Science and Practice, 10, 288-301.

Leichsenring, F. & Rüger, U. (2004). Psychotherapeutische Behandlungsverfahren auf dem Prüfstand der Evidence Based Medicine. Randomisierte kontrollierte Studien vs. naturalistische Studien –

Gibt es nur einen Goldstandard? Zeitschrift für Psychosomatische Medizin und Psychotherapie, 50, 203-217.

Lueger, R. J., Howard, K. I., Martinovich, Z., Lutz, W., Anderson, E. E., & Grissom, G. (2001). Assessing treatment progress of individual patients using expected treatment response models. Journal of Consulting and Clinical Psychology, 69, 150-158.

Lutz, W. (2002). Patient-focused psychotherapy research and individual treatment progress as scientific groundwork for an empirical based clinical practice. Psychotherapy Research, 12, 251-273.

Lutz, W. (2003). Die Wiederentdeckung des Individuums in der Psychotherapieforschung: Ein Beitrag zur individuumsorientierten Psychotherapieforschung und Qualitätssicherung [Rediscovering the individual in psychotherapy: A contribution to patient-focused psychotehrapy research and quality assurance]. Tübingen: dgtv-Verlag.

Lutz, W., Kosfelder, J. & Joormann, J. (2004). Misserfolge und Abbrüche in der Psychotherapie. Erkennen – Vermeiden – Vorbeugen. Bern: Hans Huber.

Lutz, W., Lambert, M. J., Harmon, S. C., Tschitsaz, A., Schürch, E., & Stulz, N. (2006). The probability of treatment success, failure and duration – what can be learned from empirical data to support decision making in clinical practice? Clinical Psychology and Psychotherapy, 13, 223-232.

Lutz, W., Leach, C., Barkham, M., Lucock, M., Stiles, W. B., Evans, C., et al. (2005). Predicting change for individual psychotherapy clients based on their nearest neighbors. Journal of Consulting and Clinical Psychology, 73(5), 904-913.

Lutz, W., Lowry, J., Kopta, M., Einstein, A., D., & Howard, K. I. (2001). Prediction of dose-response relations based on patient characteristics. Journal of Clinical Psychology, 57, 1-12.

Lutz, W., Martinovich, Z., & Howard, K. I. (1999). Patient profiling: An application of random coefficient regression models to depicting the response of a patient to outpatient psychotherapy. Journal of Consulting and Clinical Psychology, 67, 571-577.

Lutz, W., Martinovich, Z., & Howard, K. I. (2001). Vorhersage individueller Psychotherapieverläufe. Zeitschrift für Klinische Psychologie und Psychotherapie, 30(2), 104-113.

Lutz, W., Rafaeli, E., Howard, K. I., & Martinovich, Z. (2002). Adaptive modeling of progress in outpatient psychotherapy. Psychotherapy Research, 12(4), 427-443.

Lutz, W., Saunders, S. M., Leon, S. C., Martinovich, Z., Kosfelder, J., Schulte, D., et al. (2006). Empirically and clinically useful decision making in psychotherapy: Differential predictions with treatment response models. Psychological Assessment, 18(2), 133-141.

Lutz, W., & Stulz, N. (2008). Development and application of feedback-systems to support clinical decision making in outpatient psychotherapy. In G. R. Burthold (Ed.), Psychology of Decision Making in Legal, Health Care and Science Settings (pp. 203-218). Hauppauge, NY: Nova Science Publishers.

Lutz, W., Stulz, N., Martinovich, Z., Leon, S., & Saunders, S. M. (accepted). Methodological Background of Decision Rules and Feedback Tools for Outcomes Management in Psychotherapy. Psychotherapy Research.

Lutz, W., Stulz, N., Smart, D. W., & Lambert, M. J. (2007). Die Identifikation früher Veränderungsmuster in der ambulanten Psychotherapie [Patterns of early change in outpatient therapy]. Zeitschrift für Klinische Psychologie und Psychotherapie, 36(2), 93-104.

Mellmann, M. (2007). Qualitative Untersuchung zur summativen Evaluation von Coaching. Diplomarbeit im Fachgebiet Arbeits- und Organisationspsychologie, Universität Osnabrück.

Orenstein, R. L. (2006). Measuring Executive Coaching Efficacy? The Answer Was Right Here All the Time. Consulting Psychology Journal: Practice and Research, Vol. 58, No. 2, 106–116.

Percevic, r. Gallas, C., Arikan, L. Mössner, M. Kordy, H. (2007). Internetgestützte Qualitätssicherung und Ergebnismonitoring in Psychotherapie, Psychiatrie und psychosomatischer Medizin. Psychotherapeut, 51, 395-397.

Rohmert, E., Schmid, E. W. (2003). Coaching ist messbar. Ist Corporate Coaching eine sinnvolle Investition in Führungskräfte? *New Management*, H. 1-2, S. 46-53.

Runde, B. (2003). S-C-Eval – ein Insstrument zur summativen Evaluation von Coaching-Prozessen. Bisendorf: Methodos.

Runde, B. (2005). Der Fragebogen S-C-Eval. In C. Rauen (Hrsg.), Coaching-Tools, 2. Aufl., 337-342. Bonn: managerSeminare.

Runde, B. & Bastians, F. (2005). Internes Coaching bei der Polizei NRW – eine multimodale Evaluationsstudie. Beitrag zum Coaching-Kongress 4.-5.3.2005, Frankfurt/M.

Sackett, D. L., Haynes, R. B., Guyatt, G. H. & Tugwell, P. (1996). Evidence based medicine. What it is and what it isn't. British Medical Journal, 13, 71-72.

Schulte, D. (1997). Dimensions of outcome measurement. In H. Strupp, L. M. Horowitz & M. Lambert (Eds.), Measuring patient changes in mood, anxiety, and personality disorders (pp. 57-80). Washington D.C.: American Psychological Association.

Stulz, N., Lutz, W., Leach, C., Lucock, M., & Barkham, M. (2007). Shapes of early change in psychotherapy under routine outpatient conditions. Journal of Consulting and Clinical Psychology, 75(6), 864-874.

Tominschek, I., Schiepek, G., Mehl, C., Maier, K., Heinzel, S., Bauhofer, C., Berbic, B. & Zaudig, M. (2008). Real-Time-Monitoring in der Behandlung von Zwangsstörungen. Verhaltenstherapie, 18:146-152. Freiburg: Karger.

Handlungspsychologische Grundlagen des Coaching: Anwendung der Theorie der Persönlichkeits-System-Interaktionen (PSI)

Julius Kuhl & Alexandra Strehlau

Die vier psychischen Erkenntnissysteme

Was macht eine „gestandene" Persönlichkeit aus? Was sind die entscheidenden persönlichen Kompetenzen? Zwei Aspekte sind besonders wichtig: Erstens, dass jemand seine Absichten und Ziele im Großen und Ganzen verwirklichen kann. Das meinen wir im Alltag, wenn wir jemanden „willensstark" nennen. Zweitens gehört zu einer gestandenen oder gereiften Persönlichkeit, dass sie Absichten und Ziele bildet, mit denen sie sich wirklich identifizieren kann und die mit ihren eigenen Bedürfnissen und Werten, aber auch mit den Bedürfnissen und Werten ihrer sozialen Umgebung, abgeglichen sind. Das ist gemeint, wenn wir sagen, jemand wisse, was er wolle und sei selbstkongruent und authentisch. Das Gegenteil von Selbstkongruenz ist Entfremdung (Alienation). Entfremdung ist durch die Verfolgung von Zielen charakterisiert, die nicht zum eigenen Selbst, also nicht zu den eigenen Bedürfnissen, Werten und Lebenserfahrungen passen.

Die PSI-Theorie geht von der Annahme aus, dass *Selbstkongruenz* in der Bildung der eigenen Absichten und *Selbststeuerungseffizienz* („Willensstärke") im Umsetzen von Absichten von dem Wechselspiel zwischen vier psychischen Systemen abhängt. In einem beeinträchtigten Wechselspiel zwischen bestimmten Systemen liegen die Ursachen für viele Coaching-Anliegen, so dass die vier Systeme in diesem Beitrag genauer betrachtet werden sollen.

1. Intentionsgedächtnis (IG)

Im Intentionsgedächtnis werden Pläne und Absichten gespeichert, es ist zuständig für die Repräsentation und Aufrechterhaltung von Absichten. Es arbeitet analytisch, logisch und Schritt für Schritt (*sequenziell*). So ist es optimal darauf eingerichtet, geplante Handlungsschritte vorzubereiten. Das ist besonders dann wichtig, wenn Absichten nicht sofort umgesetzt werden können, weil eine passende Gelegenheit fehlt oder ein Problem gelöst werden muss. Die Konfrontation mit Schwierigkeiten, Hindernissen oder Zielkonflikten führt zu einer Aktivierung des Intentionsgedächtnisses, weil das Ziel so lange aufrechterhalten werden muss, bis eine Lösung oder eine passende Gelegenheit gefunden worden ist.

Das Intentionsgedächtnis ist ein intelligentes (wir sagen: „hochinferentes") System, dessen bewusste und sprachliche Anteile wahrscheinlich durch den linken präfrontalen Cortex unterstützt werden. Wir symbolisieren das Intentionsgedächtnis durch die Farbe Rot: Sie signalisiert wie eine rote Ampel das „STOP": Hier muss erst geplant und nachgedacht werden, bevor gehandelt werden kann. Deshalb gehört zum Intentionsgedächtnis die Hemmung der Verbindung zum Verhaltenssteuerungssystem dazu. Wenn diese Hemmung nicht funktioniert, wird das Verhalten zu impulsiv und unüberlegt. Wenn sie aber unüberwindbar ist, kann es zum Aufschieben oder „Vergessen" der Absichtsausführung kommen (Prokrastination).

2. Intuitive Verhaltenssteuerung (IVS)

Wenn eine Absicht umgesetzt werden soll, muss der Zugang zur Verhaltenssteuerung hergestellt werden: Die Hemmung der Verbindung zwischen IG und IVS muss aufgehoben werden. Das IVS ist für die Ausführung von Absichten optimiert. Klienten, die im Coaching von Aufschiebeverhalten berichten, denen es also nicht gelingt, ihre Ziele umzusetzen, haben Schwierigkeiten damit, nach der Bildung von Zielen den Zugang zur Verhaltenssteuerung wieder herzustellen.

Die Intuitive Verhaltenssteuerung ist nicht nur aktiv bei der Umsetzung von Absichten, sondern auch bei der Ausführung automatisierter Handlungsabläufe und Verhaltensroutinen, d. h. bei Handlungen, die ohne die Bildung von Absichten und ohne gründliche Planung ausgeführt werden können. Intuitive Verhaltensprogramme kommen im so genanntem „Small Talk" zum Einsatz oder überhaupt, wenn Menschen sich intuitiv „synchronisieren" (Stern 2006). In der Kommunikation, besonders beim Small Talk, ist es sinnvoll, wenig bewusste Absichten zu bilden und auszuführen, sondern eher intuitiv und spontan zu agieren. Wenn in der zwischenmenschlichen Kommunikation immer wieder bewusste Absichten gebildet werden, wird das Verhalten vom Gesprächspartner als „unecht" oder „aufgesetzt" erlebt (z. B.: „Ich sage der Person jetzt, dass sie eine hübsche Jacke trägt, damit sie mich sympathisch findet"). Durch die Intuitive Verhaltenssteuerung wird Verhalten „sensu-motorisch" gesteuert. Das heißt, eine Vielzahl von reiz- und reaktionsbezogenen Informationen wird simultan in einem gemeinsamen neuronalen Netzwerk verarbeitet, ohne dass die verhaltenssteuernden Reize überhaupt bewusst werden müssen (Rumelhart & McClelland 1986).

3. Extensionsgedächtnis (EG)

Im Extensionsgedächtnis sind eigene Erfahrungen, Bedürfnisse und Werte gespeichert, allerdings nicht in einer analytischen Form, sondern in einem ganzheitlichen („konnektionistischen") Netzwerk impliziten Erfahrungswissens. Durch seine parallele Verarbeitungsform wird die simultane Integration vieler Einzelaspekte und Randbedingungen ermöglicht. Das EG ist also ein Erfahrungssystem, das den Überblick über alle Lebenserfahrungen liefert, die momentan relevant sein könnten. Der wichtigste Bestandteil des Extensionsgedächtnisses ist das *Selbst*: Das Selbst ist der Anteil des EG, der sich auf die eigene Person bezieht, mit ihren Bedürfnissen, Ängsten, Vorlieben, Werten und bisherigen Erfahrungen.

Dass dieses Erfahrungswissen implizit ist und damit für das Bewusstsein nicht in vollem Maße zugänglich, stellen wir beispielsweise dann fest, wenn wir uns selbst beschreiben sollen: Man könnte einen langen Vortrag über sich selbst (oder eine geliebte Person) halten und hätte doch immer das Gefühl, es fehlte etwas.

Das Extensionsgedächtnis basiert auf einem ausgedehnten Netzwerk von Handlungsoptionen, eigenen Gefühlen und selbst erlebten Episoden. Seine parallele und ganzheitliche Verarbeitungsform arbeitet auf der höchsten erreichbaren, also der „intelligentesten" Integrationsebene und ermöglicht deshalb die gleichzeitige Berücksichtigung und Integration vieler Einzelaspekte, die für komplexe Entscheidungen und für das gegenseitige Verstehen von Menschen relevant sein können (was jedoch weitgehend unbewusst abläuft).

Wenn man einen Menschen wirklich verstehen will, reicht es nicht, sich nur auf ein Detail zu konzentrieren, z. B. auf das, was eine Person im Augenblick inhaltlich sagt. Ein ganzheitlicher Blick auf die Komplexität und Geschichte der Person mit allen positiven und negativen Seiten ermöglicht erst wirkliches Verstehen ohne eine Reduktion der Person auf einen bestimmten Aspekt. Echte persönliche Begegnungen, die durch ein umfassendes gegenseitiges Verstehen geprägt sind, aktivieren das Extensionsgedächtnis und das Selbst.

Das ganzheitliche Fühlen, das auch in C. G. Jungs Persönlichkeitstheorie eine zentrale Rolle spielt, wird als Teil des Extensionsgedächtnisses (EG) aufgefasst, weil in diesem großen Netzwerk nicht nur Wissen abgespeichert ist, sondern auch die positiven und negativen Erfahrungen, aus denen dieses Wissen gewonnen wurde: Das EG ist das einzige Erkenntnissystem, das Gefühle integrieren kann. Das ist der Grund, warum der Zugang des EG zur Selbstwahrnehmung so wichtig ist für die Regulation von Gefühlen.

Mit negativen Erfahrungen werden Menschen erst dann nachhaltig fertig, wenn sie sie buchstäblich an „sich" heran lassen, d. h. mit dem Selbstsystem konfrontieren. Das ist allerdings nicht allein durch Reden und Analysieren erreichbar: Probleme analysieren hilft selbst dann oft nicht, wenn man wirklich tröstliche und sinnstiftende Argumente gefunden hat. Einige Neurobiologen und -psychologen führen solche Zusammenhänge darauf zurück, dass die sprechfähige und analytische linke Hemisphäre weit weniger Einfluss auf die Gefühle und den Körper hat (Bechara 2000: 295-397; Wittling 1990: 457-470). Die rechte Hemisphäre, die auch für das Erkennen ausgedehnter Zusammenhänge relevant sein soll (Bowden et al. 2005: 322-328), ist dadurch auch wichtig für die Wahrnehmung selbstrelevanter, sinnstiftender Zusammenhänge (Molnar-Szakacs et al. 2005: 2000-2006) und kann diese direkt zur Emotionsregulation einsetzen (Levesque et al. 2003: 502-510). Im Coaching kann man zur Förderung dieses Netzwerks der emotions- und körperbezogenen Selbstwahrnehmung (des EG) die emotionale und somatische Verankerung von Zielen intensivieren (Storch & Krause 2007). Das EG kann auch dadurch aktiviert werden, dass man statt direkter Aufforderungen indirekte Anregungen oder mehrere Wahlmöglichkeiten anbietet, oder dadurch, dass man differenzierte Meinungsäußerungen erbittet, die das analytische Entweder-oder-Denken des Absichtsgedächtnisses überfordern (z. B. „Wie stark ist ihr Ärger über den Chef gestern gewesen, wenn sie ihn auf einer Skala von 1 – 10 ausdrücken wollten?") statt Schwarz-Weiß-Reaktionen („Ich bin total sauer"). Die systemische Therapie und Beratung bietet besonders viele weitere Anregungen, die das Extensionsgedächtnis aktivieren (Bamberger 2001: 296-300).

Das Extensionsgedächtnis ist besonders wichtig für komplexe Entscheidungen, in denen viele Randbedingungen berücksichtigt werden müssen, für das ganzheitliche Verstehen anderer Menschen und für die Bewältigung negativer Erfahrungen.

4. Objekterkennungssystem (OES)

Das Objekterkennungssystem ermöglicht das bewusste Registrieren *einzelner* Sinneseindrücke. Es rückt also isolierte Aspekte der Innen- oder Außenwelt in den Vordergrund und lenkt die Aufmerksamkeit besonders auf Neuartiges, Unerwartetes oder auf Fehler. Von „Objekten" spricht man im Alltag dann, wenn man nicht die ganze Komplexität einer Person oder Sache sieht, sondern nur Einzelheiten, die aus dem Zusammenhang herausgelöst sind (deshalb wehren sich Menschen auch dagegen, als „Objekte" gesehen zu werden). Das Herauslösen eines Objekts (d. h. einer Einzelheit) aus dem Gesamtzusammenhang ist aber wichtig, wenn Gefahren bemerkt und später in ganz anderen Zusammenhängen wieder erkannt werden sollen. Deshalb verbindet sich die Objekterkennung dann, wenn eine ängstliche Stimmung vorherrscht, gern mit einer besonderen Beachtung von Einzelheiten, die

Gefahren signalisieren oder irgendwie unerwartet oder unstimmig sind. Daher sprechen wir auch von der „unstimmigkeitssensiblen Objekterkennung“. Wenn dieses System bei einem Menschen besonders häufig aktiviert wird, dann kann er geradezu ein *Unstimmigkeitsexperte* werden: Er bemerkt jeden Fehler und findet jedes Haar in der Suppe.

Negative Stimmungen aktivieren das Objekterkennungssystem in Verbindung mit einer besonderen Sensibilität für Unstimmigkeiten und potenzielle Gefahrensignale. So wichtig es aber ist, Gefahrensignale erst einmal aus ihrem Kontext herauszulösen, so wichtig ist es auch, die vielen Einzelerfahrungen (Objekte) immer wieder auch in größere Zusammenhänge einzugliedern, sie also in das Extensionsgedächtnis zu integrieren: Die Kritik des Chefs sorgt zunächst für negative Stimmung, wird dann in den Erfahrungsschatz des Extensionsgedächtnisses integriert (Was lerne ich daraus?) und damit relativiert. Gelingt es einer Person nicht, diese Einzelerfahrung in das Extensionsgedächtnis zu integrieren, ärgert sie sich möglicherweise noch lange über die Kritik des Chefs und über sich selbst, ohne die Kritik zu relativieren und aus der Erfahrung zu lernen. Das Objekterkennungssystem ist dementsprechend ein wichtiger „Lieferant“ von immer neuen Lernerfahrungen für das Extensionsgedächtnis und das Selbstsystem, das im Verlauf der Lebenserfahrung immer umfassendere Zusammenhänge erkennt. Wir kommen auf diesen Austausch zwischen Objekterkennungssystem und Extensionsgedächtnis zurück. Er ist für das persönliche Wachstum (*Selbstentwicklung*) von entscheidender Bedeutung.

Die Objekterkennung löst wichtige Objekte aus dem Zusammenhang, während das Extensionsgedächtnis darauf spezialisiert ist, Objekte in größere Zusammenhänge einzufügen. Dieser Antagonismus ist durchaus nützlich: Wenn das Extensionsgedächtnis einen Überblick über Handlungsoptionen, eigene Wünsche, Bedürfnisse und alle möglichen Lebenserfahrungen vermitteln soll, zum Beispiel bei einer wichtigen Entscheidung, dann ist es sinnvoll, dass alle irrelevanten und unerwünschten Einzelwahrnehmungen aus dem Objekterkennungssystem unterdrückt werden. Sonst könnte man sich nie auf das, was einem momentan wichtig ist, konzentrieren. Eine gute Entscheidung fiele beispielsweise nicht leicht, weil der Blick auf das große Ganze und die eigenen Gefühle durch viele unwichtige Einzelheiten erschwert wäre. Wenn es hingegen wichtig ist, auf Einzelheiten und Unstimmigkeiten zu achten, z. B. beim Korrekturlesen, dann ist es von Vorteil, dass das Extensionsgedächtnis gehemmt ist. Andernfalls würde man eher auf die Gesamtzusammenhänge und die beim Lesen entstehenden Gefühle achten und Fehler allzu leicht übersehen.

Modulationsannahmen: Die Interaktion zwischen den vier Systemen

Eine Kernannahme der PSI-Theorie besagt, dass positive und negative Affekte die Aktivierung der psychischen Systeme modulieren. Umgekehrt haben auch die psychischen Systeme eine modulatorische Wirkung auf Affekte. Wie sieht das im Einzelnen aus?

1. Modulationsannahme (Willensbahnung: Interaktion zwischen Intentionsgedächtnis und Intuitiver Verhaltenssteuerung): Die Intuitive Verhaltenssteuerung wird durch positiven Affekt aktiviert. Wenn man sich gut und sicher fühlt, dann handelt man einfach spontan und intuitiv, ohne viel nachzudenken und zu planen. Dann fließt die Unterhaltung, ohne dass man ständig überlegt, was man damit erreichen will oder was man als nächstes sagen soll. Schwierige oder unangenehme Absichten behält man dagegen nur im Gedächtnis, wenn man den Verlust von positivem Affekt, den jede unangenehme Situation mit sich bringt, eine Weile aushalten kann (*Frustrationstoleranz*). Wenn man aber nicht ständig über unerledigte

Absichten nachgrübeln will, sondern auch etwas Geeignetes *tun* will, dann muss man im richtigen Moment positiven Affekt generieren, d. h. ermutigt werden oder sich selbst motivieren. Die experimentelle Bestätigung dieser Annahme reicht von der Beseitigung der Stroop-Interferenz durch positive Vorreize (Kuhl & Kazén 1999: 382-399) bis zum Nachweis analoger Willensbahnungseffekte im Alltag (Oettingen et al. 2001: 736–753).

2. Modulationsannahme (Selbstentwicklung: Interaktion zwischen Extentionsgedächtnis und Objekterkennungssystem): Das Herauslösen einzelner Objekte aus ihrem Zusammenhang und die Beachtung von Unstimmigkeiten und Fehlern werden durch negativen Affekt verstärkt. Man sieht dann unter Umständen nur noch das, was nicht passt oder ungute Gefühle auslöst, aber nicht die anderen vielen Einzelheiten und positiven Erfahrungen, die die gerade im Fokus der Aufmerksamkeit stehende negative Einzelheit *relativieren*. Wenn es gelingt, negativen Affekt wieder unter eine kritische Schwelle zu regulieren, dann spürt man sich selbst wieder, wird also ganz wörtlich „selbst-bewusster" und hat dann den ausgedehnten Überblick über die vielen Erfahrungen, Handlungsmöglichkeiten und kreativen Einfälle, die das Extensionsgedächtnis anzubieten hat. Eine der experimentellen Bestätigungen dieser Annahme ist die Beseitigung der *Selbstinfiltration*, die darin besteht, dass man Erwartungen, Wünsche oder Instruktionen anderer für die eigenen hält (Kuhl & Kazén 1994: 1103-1115).

Emotionale Dialektik im Coaching: Willensbahnung und Selbstentwicklung

Aus den beiden Modulationsannahmen lässt sich eine für die Coachingpraxis wichtige Schlussfolgerung ziehen: *Persönlichkeitsentwicklung* funktioniert umso besser, je besser die psychischen Systeme zusammenarbeiten. Die Zusammenarbeit zwischen zwei Systemen funktioniert am besten, wenn man gegensätzliche Gefühle selbst regulieren kann (emotionale Dialektik). Die Ursache und damit den Ansatzpunkt für Coaching-Anliegen findet man in den meisten Fällen, wenn man die Interaktion zwischen den psychischen Systemen und die damit verbundenen Affekte betrachtet.

> Ein Beispiel: Ein 32jähriger Manager formulierte als Coachingziel, er wolle seine Arbeit besser schaffen. Er berichtete davon, dass er sich Tagesziele setze, die er am Abend fast nie erfüllt habe. Er bemerke selbst, dass er viele Aufgaben aufschiebe. Dadurch sammle sich die Arbeit, und er erlebe oft ein Gefühl der Frustration.

Es wird deutlich, dass diesem Problem eine Beeinträchtigung in der Interaktion zwischen Intentionsgedächtnis und Intuitiver Verhaltenssteuerung zu Grunde liegt. Die Absichten im Intentionsgedächtnis (Tagesziele) werden nicht mit Hilfe der Intuitiven Verhaltenssteuerung ausgeführt. Wenn die Aktivierung des Intentionsgedächtnisses zu stark wird, kann es wegen der damit verbundenen Hemmung der spontanen Ausführung (IVS) zu einem ständigen Aufschieben geplanter Vorhaben, zu einer notorischen Vergesslichkeit, bis hin zu einer allgemeinen Schwunglosigkeit oder gar zur Depression kommen (Kuhl 2005b: 131). Um von der Planung in die Ausführung zu gelangen, muss positiver Affekt generiert werden. Dies war für den Klienten schwierig: Er war so stark fixiert auf seine Ziele, dass er nicht auf Handlungsmöglichkeiten achten konnte und ihm Energie verloren ging. Im Coaching wurden Möglichkeiten erarbeitet, den eigenen Schwung wieder zu fördern. Die Tagesziele wollte der Klient zum Beispiel künftig in Kategorien einteilen („Das möchte ich heute schaffen" und „Das mache ich, wenn noch Zeit ist"), wobei der Klient daran arbeitete, hier realistische Ziele zu bilden. Diese Strategie entlastete sein Intentionsgedächtnis, in dem vorher so viele Absichten gespeichert waren, dass für eine solche Menge nicht genügend Energie bereitgestellt werden konnte. Durch diese Entlastung war es einfacher, mit der Bearbeitung der Aufgaben zu beginnen. Darüber hinaus bewirkte die neue Tageszielliste, dass der Klient Erfolgserlebnisse hatte und damit nicht mehr so einseitig frustriert war. Auch dies gab ihm neuen Schwung. Zusätzlich lässt sich auch die so genannte Kontrastierungstechnik einsetzen, bei der Klienten pendeln zwischen positiven Vorstellungen, die mit dem Gedanken an die Zielerreichung verbunden sind, und einer Imagination der nächsten (auch der unangenehmen) Schritte, die auszuführen sind (Oettingen et al. 2001: 736–753).

In diesem Beispiel bewegte sich das Anliegen des Klienten im Bereich der Willensbahnung, also der Interaktion zwischen Intentionsgedächtnis und Intuitiver Verhaltenssteuerung. Wie wichtig dieses System-Interaktion gerade im Business-Bereich ist, zeigt eine Untersuchung von 53 Unternehmensgründern (Koetz 2006: 119-121): Untersucht wurde, welche Variablen bei Unternehmensgründern den Erfolg vorhersagten. Es zeigte sich, dass die Fähigkeit zur Durchsetzungsbereitschaft, also die Kompetenz, bei Schwierigkeiten im Durchsetzungsbereich Absichten zu bilden und diese umzusetzen, die Umsatzentwicklung der Unternehmensgründer am besten vorhersagte. Diese Fähigkeit wurde mit Hilfe eines Tests erhoben, der die Ausführung einer schwierigen Absicht erfordert (EMOSCAN®). In diesem Test wird die von dem amerikanischen Psychologen Stroop in den 30iger Jahren entwickelte Aufgabe gestellt, bei Farbwörtern, die in einer nicht mit dem Farbwort übereinstimmenden Farbe geschrieben sind, die Farbe zu benennen, in der sie geschrieben sind (beispielsweise ist das Wort ROT in grüner Schrift geschrieben). Das ist nicht leicht, weil wir normalerweise den Impuls verspüren, ein Wort zu lesen (man möchte also in dem genannten Beispiel spontan „rot“ sagen). Diese Gewohnheit muss man bei dieser Aufgabe unterdrücken, weil man ja nicht das Farbwort lesen, sondern die Farbe, in der es gedruckt ist, benennen soll (in dem Beispiel ist „grün“ die richtige Reaktion). Hier ist also ein kleiner „Willensakt“ nötig, um die richtige Reaktion zeigen zu können (Kuhl, 2005a). Der berühmte Stroop-Effekt zeigt, dass ein solcher Willensakt, auch wenn man ihn bewusst gar nicht bemerkt, Zeit kostet: Die Reaktionszeiten sind bei inkongruenten Farbwörtern (z. B. wenn ROT in grüner Schrift gedruckt ist) länger als bei kongruenten Farbwörtern oder anderen Vergleichsreizen (z. B. eine Folge von XXXX in grüner Schrift). Diese Aufgabe wurde verwendet, um die Auswirkung von Vorreizen (*primes*) auf die Bahnung von Willensakten zu überprüfen (Kuhl & Kazén 1999: 382-399). In der Untersuchung wurden vor jeder Stroop-Aufgabe bestimmte Primes aus den Motivbereichen *Beziehung*, *Durchsetzung* (Macht) und *Leistung* gezeigt. Es stellte sich heraus, dass Unternehmensgründer, die die schwierige Absicht des Benennens der Farbe schnell umsetzen konnten, wenn Vorreize verwendet wurden, die mit Schwierigkeiten im Durchsetzungsbereich zu tun hatten (z. B. „sich vornehmen, Stärke zu zeigen“), einen signifikant höheren Umsatzzuwachs vom ersten zum zweiten Unternehmensjahr hatten als Unternehmer, die nach Wörtern, die an schwierige Durchsetzungsvorsätze erinnerten, keine Willensbahnung zeigten.

Sehr häufig haben Coaching-Anliegen ihre Ursache auch im Bereich der Selbstkongruenz oder Selbstentwicklung. Wann immer es im Coaching beispielsweise um Entscheidungsschwierigkeiten, Stress, zwischenmenschliche Konflikte und Work-Life-Balance geht, ist ein erschwerter Zugang zum Extensionsgedächtnis oder speziell zum Selbstsystem nahe liegend.

Ein Beispiel: Eine 41jährige Berufsschullehrerin beschrieb im Coaching, unter permanentem Stress zu leiden, sich ausgebrannt zu fühlen, und sie klagte über Kopf- und Nackenschmerzen. Sie fühle sich, als laufe sie ständig „im Hamsterrad" und fände sich auch nach den Wochenenden oder Ferien nicht erholt. Sie wisse, irgendetwas müsse sie anders machen, wisse aber nicht, was. Das wolle sie im Coaching herausfinden.

In diesem Fall ist spürbar, dass die Interaktion zwischen Objekterkennungssystem und Extensionsgedächtnis nicht gut funktioniert: Die Klientin spürt „permanent" negativen Affekt in Form von Stress. Ihr gelingt es nicht, den Stress zu relativieren, ihn dadurch herabzuregulieren und sich zu entspannen. Durch den beeinträchtigten Kontakt zum Extensionsgedächtnis mit seinem breiten Überblick über eigene Erfahrungen und Bedürfnisse fällt es ihr schwer, Veränderungsmöglichkeiten zu entdecken und herauszufinden, was sie braucht. Im Coaching wurde das Extensionsgedächtnis mit Hilfe verschiedener Methoden aktiviert: Es wurde mit den bereits beschriebenen Skalierungsfragen gearbeitet, aber auch mit anderen systemischen Fragen, die „den Blick erweitern" („In welchen Situationen fühlt sich das Problem nicht so belastend an? Was ist dann anders?", „Was könnte ich tun, um das Problem zu verschlimmern (zum Beispiel von 7 auf 9 Skalenpunkte)?", „Was wäre, wenn das Problem ein bisschen kleiner geworden wäre (zum Beispiel von 7 auf 5 Skalenpunkte)? Woran merke ich die Veränderung?"). Darüber hinaus wurde mit Methoden gearbeitet, die ganzheitliche Verarbeitungsprozesse anregen, zum Beispiel mit Fantasiereisen, Bilder- und Symbolarbeit, aber auch mit Methoden, die Körperwahrnehmungen einbeziehen. Durch die Förderung des Zugangs zum Extensionsgedächtnis wurde das Gespür der Klientin für ihre eigenen Bedürfnisse sowie ihre Stressbewältigungskompetenz gestärkt.

Welche Förderungsmöglichkeiten es im Coaching zur Stärkung des Zugangs zum Extensionsgedächtnis gibt, lässt sich am besten entdecken, wenn man die wichtigsten Merkmale dieses Systems betrachtet: (1) Es arbeitet unter entspannten Bedingungen, negative Gefühle müssen also zunächst bewältigt oder herabreguliert werden, (2) es ist mit Gefühlen und Körperempfindungen vernetzt, (3) es arbeitet nicht logisch-rational, sondern ganzheitlich und integrierend (parallel statt sequenziell), (4) es ist wegen seiner großen Ausdehnung nicht bewusst kontrollierbar und deshalb besser durch Bilder oder indirekte Suggestionen und Wahlmöglichkeiten aktivierbar („Nennen Sie mindestens zwei weitere Bedeutungen, die das Lächeln ihres Chefs gehabt haben könnte, das auf sie so „verächtlich" gewirkt hat").

Die Rolle des Extensionsgedächtnisses für Life Balance und für die Bildung selbstkongruenter Ziele wurde in einer Forschungsarbeit nachgewiesen (Strehlau, 2008: 52-63; Strehlau, 2009: 17-21): Der Zugang zum Selbstsystem stellte sich als Grundlage für eine selbstbestimmte und als ausgewogen („balanced") wahrgenommene Lebensführung heraus. Empirisch konnte nachgewiesen werden, dass übermäßiger negativer Affekt den Zugang zum Selbst und damit zu den eigenen Bedürfnissen hemmt: Personen, die den experimentell induzierten negativen Affekt nicht gut herab regulieren konnten („Lageorientierte"), neigten eher dazu, fremde Ziele und Meinungen für selbst gewählt zu halten, weil ihnen der Selbstzugang in der negativen Stimmung fehlte (Kazén, Baumann & Kuhl 2003: 157-197). Personen, die hingegen bei induziertem negativen Affekt ihr Selbst aktivieren und damit negativen Affekt nachhaltig bewältigen konnten, hatten keine Schwierigkeiten, eigene und fremde Ziele und Meinungen zu unterscheiden. Anhaltender negativer Affekt, beispielsweise verursacht durch Stress, erschwert Menschen demnach im Allgemeinen den Zugang zu ihrem Selbst und damit den Zugang zu ihren Gefühlen und Bedürfnissen und zur umsichtig-integrativen Lebensgestaltung. Die Folge kann sein, dass immer wieder Absichten gebildet und ausgeführt werden, die nicht auf den eigenen Bedürfnissen und Werten basieren – Absichten, die nicht selbstkongruent sind. Durch den fehlenden Zugang zum Selbst kann das Selbstsystem diese Ziele nicht als inkompatibel (selbstfremd) identifizieren. Für die Bildung selbstkongruenter Ziele – und damit für Life Balance – ist der Selbstzugang eine wichtige Voraussetzung, d. h. die Möglichkeit, die eigenen Bedürfnisse überhaupt zu spüren und eigene Ziele immer wieder auf Selbstkompatibilität prüfen zu können. Das eigene Leben in Balance zu halten, heißt demzufolge, auch unter Stress Selbstzugang herzustellen, „bei sich" zu bleiben und auf die eigenen Bedürfnisse zu achten.

Die Interaktion zwischen Objekterkennungssystem und Extensionsgedächtnis ist wichtig für die psychische Gesundheit und das psychische Wohlbefinden (Baumann, Kaschel & Kuhl 2005: 781-799; Baumann, Kaschel & Kuhl 2007: 239-248; Kuhl & Kaschel 2004: 61-71; Strehlau 2008: 48-63) und die Selbstentwicklung – und daher im Coaching ein wichtiger Ansatzpunkt. Klienten, die zu sehr im negativen Affekt feststecken, fehlt der ganzheitliche Blick und der Zugang zu ihren Erfahrungen und Bedürfnissen. Klienten, die hingegen zu sehr auf eine gelassene Stimmung festgelegt sind, bilden zwar selbstkongruente Ziele und treten ziemlich selbstbewusst auf, aber ihr Selbst bleibt ziemlich oberflächlich, es integriert zu wenig Lebenserfahrungen, besonders zu wenig schmerzhafte, aus denen man oft am meisten lernen kann: Man kann aus einem Fehler oder einer schmerzhaften Erfahrung nicht lernen, wenn man sie zu rasch verdrängt oder beschönigt. Wer dagegen die emotionale Dialektik zwischen Leidensfähigkeit und Bewältigung beherrscht, der kann schmerzliche Erfahrungen wirklich aushalten, ohne ihnen immer nur ausweichen zu müssen, und bleibt andererseits nicht in ihnen stecken, weil er zum richtigen Zeitpunkt die negativen Gefühle herunterregulieren kann und die neuen Erfahrungen in das große Netzwerk seiner Lebenserfahrung integrieren kann. Personen, die einen guten Zugang zu ihrem Selbst haben, können ihre Affekte besser regulieren (Kuhl & Beckmann 1994; Kuhl & Kazén 2003: 201-219; Kuhl 2001: 695-777; Kuhl 2005a: 26-29; Kuhl 2005b: 67; Quirin 2005).

Entwicklungsbedingungen von Selbstregulationsfähigkeiten

Die beiden zentralen Kompetenzen einer „gestandenen" Persönlichkeit, die Integration neuer Erfahrungen in ein kohärentes Erfahrungssystem (Selbstentwicklung) und die Umsetzung selbst gewollter Absichten (Willensbahnung), sind von einem ausgewogenen Wechsel zwischen negativen bzw. positiven Affektlagen und ihrer Herabregulierung abhängig (emotionale Dialektik). Um also die Systeme situationsangepasst zu aktivieren und eine Kommunikation zwischen den Systemen für eine optimale Bildung und der Umsetzung eigener Absichten zu ermöglichen, ist es essenziell, dass Menschen ihre Affekte aktiv steuern können. Die Fähigkeit, Affekte eigenständig zu regulieren, wird als Selbstregulationskompetenz bezeichnet.

Wie entwickeln sich selbstregulatorische Fähigkeiten? Wieso schaffen es manche Menschen sich selbst zu motivieren und andere nicht? Was passiert in einem gelungenen Coaching, wenn Menschen lernen, ihre Gefühle selbständig zu steuern?

Im Laufe der Entwicklung lernt das Selbstsystem, das ja der wichtigste Teil des Extensionsgedächtnisses ist, mit immer schwierigeren Situationen fertig zu werden. Manche Rückschläge oder gar Schicksalsschläge sind nicht so einfach mit der gelernten Selbstberuhigungsreaktion zu bewältigen. Das Selbst muss immer mehr und immer weiter vernetzte Sinnstrukturen bilden, die auch ganz schwierigen oder schmerzhaften Erlebnissen etwas Positives oder Sinnhaftes abgewinnen können. Das geht umso besser, je häufiger man Beziehungen erlebt hat, in denen ein Mensch solche positiven Deutungen, Trost und Sinn vermittelt hat. Positiven Menschen zu begegnen, reicht aber nicht. Wenn ich von den guten Gefühlen, die positive Menschen in mir auslösen können, nicht zeitlebens abhängig bleiben will, wenn ich das Positive, die Ermutigung, den Trost, die Beruhigung irgendwann *selbst* produzieren können will, dann muss noch etwas passieren: Dann muss mein Selbst (d. h. das Extensionsgedächtnis) mit dem Positiven und der Beruhigung verknüpft werden. Wie kann man erreichen, dass bei einem Klienten im Coaching das Selbst mit den beruhigenden oder motivierenden Impulsen der Bezugsperson dauerhaft verknüpft wird? Warum verpufft in manchen Motivationsseminaren vom „Chaka-Chaka-Typ“ die Tatkraft rasch wieder, ohne eine bleibende Wirkung zu hinterlassen?

Das Gehirn bildet Verknüpfungen, wenn die zu verknüpfenden Dinge kurz hintereinander oder gleichzeitig aktiviert sind (Klassische Konditionierung). Ein Beispiel ist die Glocke, die Pawlow ein paar Mal kurz vor dem Zeigen des Futters erklingen ließ und deren Anblick bei seinen Hunden dazu führte, dass ihnen das „Wasser im Mund zusammenlief“. Nach ein paar Kopplungen von Glocke und Futter konnte er das Futter weglassen: Die Glocke löste die Speichelproduktion allein aus. Genauso ist es beim Lernen von Selbstregulation: Das Selbst lernt nur dann, die Beruhigung der Gefühle „von selbst“, das heißt aus sich heraus, auszulösen, wenn es ein paar Mal gerade in dem Augenblick „selbst“ aktiv war, als eine Person Ermutigung bzw. Beruhigung anbot. Woran merkt aber die emotionsregulierende Person, dass das Selbst ihres Gegenübers aktiviert ist, damit sie die Beruhigung auch wirklich genau dann auslösen kann, wenn das Selbst aktiv ist? Das Selbst einer Person ist solange aktiviert, wie ein Mensch sich als Person ernst genommen, verstanden und angenommen fühlt (sonst wird das Selbst abgeschaltet und kann folglich auch nicht mit noch so beruhigenden, sinnstiftenden oder motivierenden Gefühlen, die jemand bei mir auslöst, verknüpft werden).

Hier liegt der Grund dafür, dass eine noch so positive Kindheit nicht immer zu der Fähigkeit verhilft, seine Gefühle zu regulieren und dadurch persönliche Kompetenzen wie Willensstärke und Selbstkongruenz zu entwickeln. Wenn die positiven Reaktionen der Eltern nicht gut abgestimmt waren auf die Selbstäußerungen des Kindes, oder wenn sich das Kind in wichtigen Entwicklungsphasen nicht gut verstanden fühlte, dann sind die positiven Reaktionen der Eltern zwar in dem Kind gespeichert (es ist vielleicht auch oft ganz fröhlich und beschreibt seine Kindheit auch so), aber die positiven Reaktionen sind nicht mit dem Selbst verknüpft, d. h. diese Person kann als Erwachsener durchaus ein ganz umgänglicher Typ sein, aber völlig hilflos werden, wenn sie irgendein Erlebnis, das sie nicht beschönigen oder in Arbeit ertränken kann, wirklich tief trifft. Wenn die positiven Reaktionen des jeweiligen Interaktionspartners mit einem echten gegenseitigen Verstehen einhergehen (auf dem Niveau, das dem Beziehungskontext angemessen ist), dann werden sie eng mit den beiden Selbstsystemen verknüpft. Das nennen wir in der PSI-Theorie *Systemkonditionierung*: Zwei Systeme, die Affektregulation und das Selbst, werden miteinander verknüpft.

Die Systemkonditionierung kann dazu führen, dass selbst Menschen, die in der Kindheit die Fähigkeit, Gefühle selbständig zu regulieren, nicht gelernt haben, und deshalb immer sehr stark andere Menschen zur Regulation ihrer Gefühle brauchen, in der Interaktion mit einer anderen Person, beispielsweise in einer liebevollen Partnerschaft, aber auch im Coaching, allmählich die emotionale Selbständigkeit entwickeln, die einen selbstbestimmten und beziehungsfähigen Erwachsenen ausmacht. Auf diese Weise erklärt die PSI-Theorie die Mechanismen, die einer alten Lebensweisheit zugrunde liegen: Für eine gesunde Entwicklung des einzelnen Menschen wie auch der menschlichen Gemeinschaft ist die Erfahrung *persönlicher* Wertschätzung von Ausschlag gebender Bedeutung.

Anwendung der PSI-Theorie im Coaching

Die PSI-Theorie ermöglicht es im Coaching, mögliche Erklärungen und Ursachen für Probleme zu erschließen und auf dieser Basis Interventionen und Methoden abzuleiten. In vielen Fällen macht ein Coach das bereits implizit und intuitiv. Das theoretische Wissen kann für den Coach hilfreich zur Systematisierung seines bisherigen Wissens sein. Auf Basis der PSI-Theorie ist ein Coach zudem immer in der Lage, sein Vorgehen und die Wahl seiner Methoden fundiert zu begründen und, wenn das intuitive Vorgehen einmal nicht den gewünschten Erfolg bringt, Interventionsalternativen zu finden.

Funktionsebene	**Handlungsorientiert**	**Erlebnisorientiert**
1) Automatisches Verhalten und Erkennen[2]	Intuitive Verhaltenssteuerung (IVS)	Unstimmigkeitssensible Objekterkennung OES):
2) Temperament	Aktivierbarkeit	Erregbarkeit
3) Affekte und Anreize	Positiver Affekt	Negativer Affekt
4) Stressbewältigung	Selbstmotivierung	Selbstberuhigung
5) Motive: Kraftquellen	Macht, Leistung	Beziehung, Selbstsein
6) Denken und Fühlen	Denken	Fühlen
7) Selbststeuerung	Selbstkontrolle	Selbstregulation

Tabelle 1: Die sieben Systemebenen der PSI-Theorie, auf denen verschiedene Kompetenzen und Funktionen mit der Entwicklungsorientierten Osnabrücker Systemdiagnostik (EOS) erfasst werden (je nach gewähltem Differenzierungsgrad 2- 40 pro Zeile)

Die PSI-Theorie integriert nicht nur die vier Systeme mit positiven und negativen Affekten, sondern insgesamt sieben Systemebenen (Tab. 1): Auf jeder Systemebene sind verhaltensbahnende und meidungsorientierte Formen der Motivation sowie entsprechende Affekte und Emotionen beschrieben. Persönlichkeitsrelevante Systeme sind so weit ausgearbeitet, dass auch ihre für das Handeln relevanten Funktionen und Hilfssysteme erkennbar sind (Kuhl 2001: 303-777; Kuhl 2009). Damit ergibt sich die Möglichkeit einer neuen Persönlichkeitsdiagnostik, die nicht nur umfassender als klassische Ansätze ist, sondern auch die für das Handeln und die Selbstentwicklung relevanten diagnostischen Informationen erfasst. Das diagnostische Gesamtsystem folgt dem Prinzip des *lean counseling,* d. h. einer einfachen Beratung, die jedoch nicht auf Vereinfachungsillusionen beruht, die alle Erklärungslast auf ein für alle Klienten gültiges Konzept legen (positives Denken, Selbstwirksamkeit, Management by Objectives etc.): Der Coach lässt eine umfassende Analyse handlungs- und entwicklungsrelevanter Kompetenzen erstellen, die ihm dann ermöglicht, für den Klienten die Funktion zu identifizieren, bei der für ihn ganz persönlich das größte Entwicklungspotenzial liegt. Da die PSI-Theorie hilft, die Vernetzung der verschiedenen Kompetenzen zu verstehen, brauchen nicht einmal alle „problematischen" Funktionen bearbeitet werden, wenn diejenige gefördert wird, die mit den anderen förderwürdigen Kompetenzen vernetzt ist.

Die auf der PSI-Theorie basierende Persönlichkeitsdiagnostik wurde in Osnabrück am Institut für Motivations- und Persönlichkeitsentwicklung (www.impart.de) entwickelt und gibt dem Coach die Möglichkeit, die Ursachen und Angelpunkte für das Anliegen des

Klienten wissenschaftlich fundiert zu erfassen. Die diagnostischen Ergebnisse zeigen beispielsweise, welche Selbstregulationskompetenzen weiterentwickelt werden sollten oder welche Probleme und Ressourcen im Bereich der Motive vorliegen. Auf diese Weise kann das Coaching genau auf die Persönlichkeit des Klienten abgestimmt werden (Kuhl 2008; Ritz-Schulte, Schmidt & Kuhl 2008: 81-111).

Literatur

Bamberger, G.G. (2001): Lösungsorientierte Beratung (2. Aufl.). Weinheim: Beltz

Baumann, N./Kaschel, R./Kuhl, J. (2007): Affect sensitivity and affect regulation in dealing with positive and negative affect. In: Journal of Research in Personality, 41, 239-248

Bechara, A./Damasio, H./Damasio, A.R. (2000): Emotion, decision-making and the orbitofrontal cortex. In: Cerebral Cortex, 10, 295-307

Bowden, E. M./Jung-Beeman, M./Fleck, J./Kounios, J. (2005). New approaches to desmystifying insight. *Trends in Cognitive Sciences, 9,* 322-328

Kazén, M./Baumann, N./Kuhl, J. (2003): Self-infiltration vs. self-compatibility checking in dealing with unattractive tasks and unpleasant items: The moderating influence of state vs. action orientation. In: Motivation and Emotion, 27, 157-197

Koetz, E. (2006): Persönlichkeitsstile und unternehmerischer Erfolg von Existenzgründern. Dissertation, Universität Osnabrück

Kuhl, J. (2001): Motivation und Persönlichkeit: Interaktionen psychischer Systeme. Göttingen: Hogrefe

Kuhl, J. (2005a): Individuelle Unterschiede in der Selbststeuerung. In: Heckhausen, J. & Heckhausen, H. (Hrsg.). Motivation und Handeln (3. Aufl., S. 303-329). Heidelberg: Springer

Kuhl, J. (2005b): TOP-Manual zur Therapiebegleitenden Osnabrücker Persönlichkeitsdiagnostik. Unveröffentlichtes Manuskript. IMPART GmbH, Universität Osnabrück.

Kuhl, J. (2008): Braucht das Innere Team ein Gehirn? In: Schulz von Thun, F. & Kumbier, D. (Hrsg.): Impulse für Beratung und Therapie. Kommunikationspsychologische Miniaturen 1. Reinbek: Rowohlt

Kuhl, J. (2009): Lehrbuch der Persönlichkeitspsychologie: Motivation, Emotion, Selbststeuerung. Göttingen: Hogrefe

Kuhl, J./Beckmann, J. (1994): Volition and Personality: Action versus state orientation. Göttingen: Hogrefe

Kuhl, J./Kaschel, R. (2004): Entfremdung als Krankheitsursache: Selbstregulation von Affekten und integrative Kompetenz. In: Psychologische Rundschau, 55, 61-71

Kuhl, J./Kazén, M. (1994): Self-discrimination and memory: State orientation and false self-ascription of assigned activities. In: Journal of Personality and Social Psychology, 66, 1103-1115

Kuhl, J./Kazén, M. (1999): Volitional facilitation of difficult intentions: joint activation of intention memory and positive affect removes Stroop interference. In: Journal of Experimental Psychology: General, 128, 382-399

Kuhl, J./Kazén, M. (2003): Handlungs- und Lageorientierung: Wie lernt man seine Gefühle zu steuern? In Stiensmeier-Plester, J./Rheinberger, F. (Hrsg.): Tests und Trends: N. F. Bd 2. Diagnostik von Motivation und Selbstkonzept (S. 201-219). Göttingen: Hogrefe

Lévesque, J./Fanny, E./Joanette, Y./Paquette, V./Mensour, B./Beaudoin, G./Leroux, J.-M./Bourgouin, P./Beauregard, M. (2003): Neural circuitry underlying voluntary suppression of sadness. In: Biological Psychiatry, 53, 502-510

Molnar-Szakacs, I./Uddin, L.Q./Iacoboni, M. (2005): Right-hemisphere motor facilitation by self-descriptive personality-trait words. In: European Journal of Neuroscience, 21, 2000-2006

Oettingen, G./Pak, H./Schnetter, K. (2001): Self-regulation of goal-setting: Turning free fantasies about the future into binding goals. In: Journal of Personality and Social Psychology, 80, 736-753

Quirin, M. (2005): Selbstsystem und Regulation negativen Affekts. Dissertation, Universität Osnabrück

Rauen, C. (Hrsg., 2005). Handbuch Coaching. Göttingen: Hogrefe

Ritz-Schulte, G./Schmidt, P./Kuhl, J. (2008): Persönlichkeitsorientierte Psychotherapie. Göttingen: Hogrefe

Rumelhart, D. E., McClelland, J. L. & The PDP Research Group (1986). Parallel distributed processing: Explorations in the microstructure of cognition (Vol. 1). Cambridge, MA: MIT press.

Stern, D.N. (2006): Der Gegenwartsmoment. Veränderungsprozesse in Psychoanalyse, Psychotherapie und Alltag. Frankfurt: Brandes & Apsel

Storch, M./Krause, F. (2007): Selbstmanagement – ressourcenorientiert (4. Aufl.). Bern: Huber

Strehlau, A. (2008): Life Balance und Selbststeuerungskompetenzen. Eine Untersuchung mit Implikationen für Coaching und Beratung. Saarbrücken: VDM

Strehlau, A. (2009): Life Balance. Coaching-Magazin, 01.2009, 17-21

Wittling, W. (1990): Psychophysiological correlates of human brain asymmetry: Blood pressure changes during lateralized presentation of an emotionally laden film. In: Neuropsychologia, 28, 457-470

Motto-Ziele, S.M.A.R.T.-Ziele und Motivation

Maja Storch

Einleitung

„Ohne Ziele sind Handlungen undenkbar. Sie steuern den Einsatz der Fähigkeiten und Fertigkeiten von Menschen bei ihren Handlungen und richten ihre Vorstellungen und ihr Wissen auf die angestrebten Handlungsergebnisse hin aus" (Kleinbeck, 2006, S. 255). Ziele haben diesen großen Einfluss auf menschliches Handeln, weil sie ein wesentlicher Verursacher von Motivation sind (Elliot & Fryer, 2008). In den letzten Jahren nimmt darum die so genannte Zielpsychologie einen immer größeren Stellenwert im Rahmen motivationspsychologischer Forschung ein. Nach Oettingen und Gollwitzer (2002) löst momentan die Zielpsychologie die traditionelle Motivationspsychologie ab, die davon ausging, dass es genüge, die Variablen Erwartung und Wert zu bestimmen, um die Bereitschaft, eine bestimmte Handlung auszuführen, vorherzusagen. Die Zielpsychologie untersucht, wie Ziele gesetzt werden können, wie Zielrealisierung stattfindet und welche selbstregulatorischen Prozesse durch Ziele aktiviert werden. Das Interesse der Zielpsychologie läuft letztendlich immer auf eine Frage hinaus: Welche Art von Ziel hat die höchste Erfolgsrate?

Zwei Forschungsrichtungen zur Beantwortung dieser Frage lassen sich beobachten. Die eine Forschungsrichtung fokussiert darauf, wie konkret und spezifisch ein Ziel geplant sein muss, um optimal umgesetzt werden zu können. Die andere untersucht, wie sehr ein Ziel von der zielsetzenden Person selbst angestrebt wird. Kuhl und Fuhrmann (1998) nennen diese beiden Elemente die beiden Komponenten der Volition. Der vorliegende Artikel sieht ebenfalls diese beiden Komponenten nicht als Gegensätze, sondern als zwei wesentliche und jeweils unverzichtbare Erfolgsfaktoren von geglückter Zielerreichung. Koestner et al. (2002) konnten nachweisen, dass eine hohe Identifikation mit dem angestrebten Ziel in Kombination mit einer geschickt ausgeführten konkreten Planung die höchsten Effekte in der Zielerreichung nach sich zieht. Am Beispiel eines spezifischen und konkreten Zieltyps, der in der Praxis mit dem Akronym S.M.A.R.T-Ziele bezeichnet wird und eines neuen Zieltyps, der auf die innere Haltung abzielt und in der Praxis als Motto-Ziel bezeichnet wird, soll die Diskussion um die beiden Komponenten erfolgreicher Zielerreichung im Folgenden aufgefächert werden. Ein Beispiel führt in die Thematik ein.

Herr M., ein 47jähriger mittelständischer Unternehmer, kommt in seine erste Coachingstunde. Auf die Frage nach dem Grund seines Hierseins antwortet er: „Beim letzten Check-up hat meine Ärztin mir geraten, kürzer zu treten und auf meine Work-Life-Balance zu achten. Auf diesem Weg brauche ich Coaching, denn ich arbeite 26 Stunden am Tag und meine Frau sagt von mir, ich sei ein Adrenalinjunkie. Ich muss einfach lernen, mir öfter eine Auszeit zu nehmen. Das ist mir selber vom Kopf her völlig klar, ich habe aber große Probleme mit der Umsetzung." Wie sieht die nächste Intervention des Coaches aus? In aller Regel wird daran gearbeitet, dass der Coachee sich Ziele setzt. Die Art und Weise, wie die Ziele gebaut werden, folgt meistens den Maßgaben, die das Akronym S.M.A.R.T. vorgibt. Ein gutes Ziel mit einer optimalen Erfolgsaussicht muss folgenden Kriterien genügen: **S** pecific, **M** easurable, **A** ttractive, **R** ealistic, **T** erminated.

Hinter dem Akronym S.M.A.R.T. verbergen sich empirisch gut abgesicherte Ergebnisse der Goal-Setting-Theory (Zielsetzungstheorie), die von den Arbeitspsychologen Locke und Latham (1990) entwickelt wurde. Aufgrund ihrer Untersuchungen gelangten sie zu der Empfehlung, dass Ziele mit einer hohen Erfolgsaussicht möglichst *hoch* im Sinne von anforderungsreich und außerdem möglichst *spezifisch* formuliert sein sollten. Ihre Untersuchungen sind als Gegensatz zu den so genannten „Do your best" Zielen zu verstehen. In der Zeit vor den Untersuchungen von Locke und Latham wurden z.B. im Geschäftsleben die Ziele für Mitarbeitende oft unklar in Sprache gefasst. Auch heute ist diese Unsitte immer noch weit verbreitet: „Sie müssen mehr Power bringen", „Ich will einfach, dass das Backoffice reibungslos funktioniert" oder „Ich will heute Euer Bestes sehen", sind gängige Sprüche, mit denen Führungskräfte versuchen, ihre Mitarbeitenden dazu zu bringen, dass sie ihre Arbeit optimal erledigen. Der entscheidende Nachteil von diesen so genannten „Do your best"-Zielen ist, dass der Adressat dieser Anweisung oftmals völlig im Unklaren darüber bleibt, was er denn nun konkret zu tun habe. Geht es darum, dass die Ablage besser organisiert sein soll? Geht es darum, mit Reklamationen kundenorientierter umzugehen? Oder bezieht sich die Anweisung auf die Informationsübergabe zwischen den einzelnen Abteilungen? Bei der Instruktion mit einem „Do your best"-Ziel bleiben solche Fragen offen. Kein Wunder, dass, im Gegensatz dazu, auf der Stelle hochsignifikante Effekte zu verzeichnen sind, wenn die Führungskraft präzise fordert: „Ich möchte vier aktive Kundenkontakte pro Woche." Mit einem solchen Ziel wird den Buchstaben S.M. und R.T. in dem Akronym S.M.A.R.T. entsprochen. Ob das Ziel für den Mitarbeitenden auch attraktiv ist, was dem A. entspräche, kann man anhand eines derartig abgefassten Zielsatzes zunächst nicht beurteilen.

Die Zielsetzungstheorie von Locke und Latham hat sich in Praxisfeldern, in denen Ziele eine Rolle spielen, fest etabliert. Unter der Bezeichnung „Management by objectives" (MbO) hat die Betriebswirtschaftslehre, aufbauend auf der Zielsetzungstheorie von Locke und Latham, ein Verfahren zur Führung von Mitarbeitenden entwickelt. Auch in der Psychotherapie und im Coaching lassen sich die Auswirkungen der Empfehlungen von Locke und Latham wieder finden. Die Wunderfrage von de Shazer (1989) zum Beispiel fragt zwar in einem ersten Schritt nach einem erträumten Szenario, dies aber nur, um im zweiten Schritt sofort die Frage nach konkreten Maßnahmen zu stellen. Auch in der Selbstmanagement-Therapie von Kanfer (Kanfer et al., 1990), die aus einem verhaltenstherapeutischen Hintergrund kommt, wird, was das Erarbeiten von Zielen betrifft, darauf hingewiesen, dass globale Ziele in konkrete Verhaltensweisen zerlegt werden müssen, soll eine effektive Umsetzung erfolgen (S. 461). Für das Coaching gelten ähnliche Maßstäbe. Wissemann (2006) stellt in seinem Buch über wirksames Coaching zahlreiche Techniken dar, um Ziele zu klären und in Sprache zu fassen. Alle dargestellten Techniken bewegen sich jedoch immer auf der Stufe von konkretem, realistisch planbarem Verhalten.

1 Zielsetzung nach Locke & Latham

Die Zielsetzungstheorie von Locke und Latham hat eine Fülle von Experimenten nach sich gezogen. Der aktuelle Untersuchungsstand enthält sehr viel Wissen darüber, wann es sinnvoll ist, hohe und spezifische Ziele zu setzen und wann diese Technik nicht erfolgreich benutzt werden kann. Als „hoch" gilt ein Ziel nach Locke und Latham dann, wenn nur 10% einer Population dieses Ziel erreichen können (Staijkovic et al., 2006). Scheffer und Kuhl

(2006, S. 23 ff) diskutieren dieses extrem hohe Anspruchsniveau berechtigterweise bezüglich der damit unter Umständen einhergehenden Frustration der Mitarbeitenden. Im Hinblick des zweiten wichtigen Aspektes der Zielsetzungstheorie, das Ziele spezifisch und konkret ausformuliert sein müssen, sind für das Coaching drei Themen von Belang, die im Folgenden besprochen werden sollen: Aufgabentyp, Goal-Commitment und Zielkonflikte.

1.1 Aufgabentyp und spezifische Ziele

Die Komplexität der Aufgabe setzt dem Zielsetzungsverfahren, so wie es in der Tradition von Locke & Latham benutzt wird, deutliche Grenzen (Überblick bei Latham et al., 2008). Am besten geeignet sind spezifische Ziele für einfach strukturierte Aufgaben und ergebnisbezogene Themen (Kleinbeck, 2006). Die Sachlage der empirischen Forschung ist diesbezüglich klar. Die Praxis jedoch hat hiervon bis anhin nichts zur Kenntnis genommen. Nach Erfahrung der Autorin sind die wenigsten Coaches oder Führungskräfte, die in der Tradition von Locke und Latham arbeiten, sich bewusst, für welchen Aufgabentyp diese Theorie ihre Wirksamkeit bewiesen hat. Die erste Publikation von Latham (Latham & Kinne, 1974) gibt ein illustratives Beispiel dafür, was man sich unter einfach strukturierten Aufgaben und ergebnisbezogenen Zielen vorzustellen hat. Latham berichtet über ein Projekt bei der American Pulpwood Association, bei der er als junger Psychologe die Aufgabe hatte, die Anzahl der gefällten Bäume pro Tag zu erhöhen. Latham gab den Holzfällern eine hoch angesetzte, konkrete Anzahl von Bäumen vor, die sie jeden Tag zu fällen hätten. Hohe und spezifische Ziele, so sein Ergebnis, erhöhten die Anzahl der gefällten Bäume. Der Aufgabentyp ist einfach strukturiert, das Ziel beinhaltet ein klares Ergebnis. Aufgrund der bestechend einfachen Intervention wurde seine Untersuchung auf viele andere Leistungsbereiche angewendet. Das Ergebnis ließ sich gut replizieren. Hohe und spezifische Ziele erhöhen die Leistung, vorausgesetzt es handelt sich um einfach strukturierte, ergebnisbezogene Aufgaben. „Mache 4 Kundenanrufe täglich“, „Gehe 3 mal 30 Minuten Joggen in der Woche“, „Lies jeden Tag ein Kapitel Mikroökonomie“. Das sind Anweisungen in einem Setting, in dem klar ist, was zu tun ist.

Der Anwendung von diesem Zieltypus sind jedoch deutliche Grenzen gesetzt, sobald der Anwender sich in einem komplexen, dynamischen Umfeld befindet, in dem nicht von vorneherein geklärt werden kann, wie „richtiges Handeln“ konkret auszusehen hat (Kanfer et al., 1994). Locke und Latham haben sich mit dieser Thematik intensiv auseinandergesetzt. Ein spezifisches Ziel hat nur dann eine Aussicht auf Erfolg, wenn Strategien bekannt sind, die sinnvoller Weise angewendet werden können. Ansonsten kann es sogar Erfolg versprechender sein, in Situationen mit einem hohen Grad an Ungewissheit nur ein allgemeines Ziel der Form: „Gib Dein Bestes“ zu setzen (Zusammenfassend zu dieser Debatte: Latham, 2007, 67 ff). Des ungeachtet setzt man in der Praxis z.B. Verkaufspersonen, deren Kundenorientierung gesteigert werden soll, unverdrossen konkrete Ziele der Art: „Begrüße jeden Kunden, der deinen Bereich betritt“. Solch ein Ziel ist zwar spezifisch, aber für diesen Aufgabentyp falsch.

Warum? Eine Verkaufssituation ist viel zu komplex, um einfach nur mit einem konkreten Ziel optimiert zu werden. Für Servicepersonal in der Gastronomie existieren Untersuchungen, die zeigen, dass spezifische Ziele in einer komplexen Service-Situation („Schaue jedem Kunden 3 Sekunden in die Augen“) die Job-Autonomie der Mitarbeitenden einschränkt und Stress erzeugt (Grandey et al., 2005). Ein Coach begegnet diesem Dilemma in zweierlei Hinsicht: Zum einen kann es sein, dass er einen Mitarbeitenden berät, dem solch ein Ziel für eine nicht adäquate Aufgabe in die jährliche und lohnwirksame Zielvereinbarung geschrieben wurde, zum anderen kann er es mit einer Führungskraft zu tun haben, die ihren Mitarbeitenden spezifische Ziele verordnet und sich nicht erklären kann, warum die Umsetzung dieser Ziele so sehr zu wünschen übrig lässt.

1.2 Goal-Commitment und spezifische Ziele

Als Goal-Commitment wird das Ausmaß bezeichnet, in dem ein Mensch sich innerlich verpflichtet fühlt, sein Ziel zu erreichen. Das Setzen von anforderungsreichen und konkreten Zielen im Sinne von Locke & Latham entfaltet nur dann seine ergebnisfördernde Wirkung, wenn eine hohe innere Verpflichtung bezogen auf dieses Ziel besteht (Latham, 2007, S. 91). Goal-Commitment wird in wissenschaftlichen Untersuchungen üblicherweise mit den Goal-Commitment Items von Klein et al. (2001) gemessen. Sie werden auf einer 5-stufigen Likertskala erhoben, mit den Antwortpolen von 1: „Stimme gar nicht zu" bis 5: „Stimme völlig zu". Damit die Leserinnen und Leser fürderhin die Möglichkeit haben, das Goal-Commitment ihrer Coachees direkt zu erfassen, sollen die Items an dieser Stelle in ihrer deutschen Übersetzung dargestellt werden. Die Items 1, 2 und 4 sind umgepolt. Die Antworten auf die fünf Items werden unter Beachtung der Polung (!) zu einem Summenscore addiert und durch 5 geteilt. Die Items lauten:

Goal-Commitment

1. Es fällt mir schwer, dieses Ziel ernst zu nehmen. (u)
2. Ehrlich gesagt, es ist mir egal, ob ich dieses Ziel erreiche oder nicht. (u)
3. Ich fühle mich innerlich stark verpflichtet, dieses Ziel zu verfolgen.
4. Es würde mir nicht viel ausmachen, dieses Ziel aufzugeben. (u)
5. Ich denke, dieses Ziel ist es wert, sich dafür einzusetzen.

Von Goal-Commitment spricht man ab einem Wert von 3.8 (Klein et al., 2001). Der Aspekt des persönlichen Commitments auf ein Ziel wird im Akronym S.M.A.R.T. durch das A. gekennzeichnet, welches für die Attraktivität steht, die ein konkretes Ziel für die Person, die es umsetzen soll, mit sich bringt. Während sehr viel Forschung darüber existiert, wie man konkrete Ziele am besten ausformuliert, existiert nur sehr wenig Forschung darüber, durch welche Art der Zielsetzung die Zielverpflichtung, die Attraktivität und damit letztlich auch die intrinsische Motivation am besten gefördert werden kann (Klein et al., 1999). Nach Erfahrung der Autorin wird der Aspekt der Zielverpflichtung auch in vielen Coaching-Sitzungen und in den meisten Zielvereinbarungsgesprächen nach der MbO-Methode eindeutig zu wenig berücksichtigt. Egal, in welcher Branche, egal, in welchem Team, in zahlreichen Fällen ist die affektive Reaktion auf ein typisches, konkretes Ziel in der Tradition der Zielsetzungstheorie oft negativ, bestenfalls „lauwarm". Eine hohe Attraktivität wird diesem Zieltypus selten beigemessen. Wo diese systematische Nichtbeachtung des Goal-Commitment Aspekts und der affektiven Bewertung von spezifischen Zielen herrührt, darüber kann man nur spekulieren. Die Annahme der Autorin ist, dass bis anhin einfach keine geeigneten Instrumente bekannt waren, um Goal-Commitment über Zielsetzungsverfahren zu erzeugen. Da liegt es nahe, sich auf den Konkretheitsaspekt der Zielsetzungstheorie zu beschränken, denn dieser ist sehr viel einfacher zu realisieren als der Attraktivitätsaspekt.

1.3 Zielkonflikte und spezifische Ziele

Die dritte große Beschränkung, der die unhinterfragte Anwendung von spezifischen Zielen unterliegt, sind Zielkonflikte (Locke et al., 1994). Seit dem Jahr 1974, als der junge Latham mit den Holzfällern arbeitete, hat sich diesbezüglich in der Wissenschaft viel getan, insbesondere hinsichtlich der Unterscheidung zwischen bewusster und unbewusster Ebene von Zielkonflikten, auch explizite und implizite Ebene genannt. Viele Menschen gehen auch heute noch davon aus, dass Zielsetzung ein Vorgang sei, der immer mit Bewusstheit einhergeht. Dabei existieren empirische Belege dafür, dass viel von dem, was Menschen tun, denken und wollen, von Gehirntätigkeit hervorgebracht wird, die der Introspektion nicht zugänglich ist und dass man darum davon ausgehen muss, dass Menschen sich der Vorgänge, die motiviertem Handeln zugrunde liegen, oft gar nicht bewusst sein können (Blackmore, 2003). Ferguson schreibt im Jahr 2008: „The last 30 years of research in social psychology has shown that many of the social phenomena traditionally assumed to be under people's conscious guidance and intentions can actually operate largely without either one. That is, stereotypes, attitudes, person judgements, and behaviors can all become activated in people's memory without their awareness, and once unknowingly activated can influence their interpretation and action in the world" (p. 1291).

Im Jahr 1974 sah auch Latham noch einen Vorteil seines Zielsetzungs-Verfahrens darin, dass es auf bewusste Prozesse fokussiert und gönnte sich einen Seitenhieb auf die Psychoanalyse: „The theoretical advantage of approaching the problem of worker motivation through goal setting is that it is not dependent on the use of mythological terms such as id, ego, and superego." (S, 190). Im Jahr 2007 widmet derselbe Mann den „subconscious goals" acht Seiten in seinem Buch über Arbeitsmotivation. „A limitation of our theory of consciously set goals is that it does not take into account that the subconscious is a storehouse of knowledge and values beyond that which is found in awareness at any given time" (Latham, 2007, S. 190). In der Tat existiert mittlerweile eine reiche Forschung zum Thema der impliziten Motive, impliziter Ziele und der Art und Weise, wie explizite und implizite Ebenen des psychischen Systems beim Setzen von Zielen und beim Erzeugen von intrinsischer Motivation ineinandergreifen (Brunstein, 2006; Ferguson at al., 2008; Fries, 2006; Kehr, 2004; Scheffer, 2005, Storch und Krause, 2007).

1.4 S.M.A.R.T.-Ziele in der Praxis

Wer mit einem S.M.A.R.T.-Ziel als Coach oder als Führungskraft Erfolge erzielen will, sollte, *bevor* er ein solches Ziel abfasst, sicherstellen, dass:

- die Art der Aufgabe für diesen Zieltyp geeignet ist, nämlich eine einfach strukturierte, ergebnisorientierte Aufgabe darstellt;
- die Person für dieses Ziel intrinsisch motiviert ist, dass sie darin einen Sinn sieht und dass sie sich diesem Ziel innerlich verpflichtet fühlt;
- bei der Person keine Zielkonflikte bestehen, weder bewusste noch unbewusste.

Das Interessante für das weite Feld des Coaching ist die Tatsache, dass alle diese in der Wissenschaft bekannten, einschränkenden Bedingungen für die Wirksamkeit von Zielen im Sinne der Zielsetzungstheorie von Locke und Latham weitgehend ohne Einfluss auf die Praxis des Formulierens von Zielen geblieben sind. Während Locke und Latham auch noch als Emeriti unaufhörlich dafür besorgt sind, dass ihre Theorie sich mit den neuen Entwicklungen der Zielpsychologie auseinandersetzt und dazu mit nicht nachlassendem Eifer publizieren – wofür ihnen größter Respekt gebührt – kommt hiervon in der Praxis des Coachings nichts an. Ziele müssen konkret formuliert sein, so ist das eben und damit basta. Dies erstaunt umso mehr, als es im Coaching ja nicht nur um konkrete Leistungen geht, wie zum Beispiel im Sport, wo der Coach sagen kann: „Lauf den Marathon in 2 Stunden". Im Coaching geht es vielmehr sehr oft um Themen, die eng in den Bereich der Psychotherapie ragen und die weder etwas mit Leistung zu tun haben, noch ohne weiteres in konkrete Anforderungen gepackt werden können. Man denke nur an alle Varianten von Themen wie Burnout, Mobbing, Stressmanagement oder Umgang mit beruflichen Sinnkrisen. Wie in aller Welt konnte es dazu kommen, dass die Erlebnisse eines jungen Psychologen mit einer Gruppe von Holzfällern anhaltend und nachhaltig derart falsch verstanden werden?

Schaut man in die Verhaltenstherapie, dann lässt sich am Beispiel der Therapie einer Fahrstuhlphobie das erfolgreiche Anwendungsgebiet eines S.M.A.R.T.-Zieles aufzeigen. Die Motivation der Person kann als gegeben vorausgesetzt werden, weil sie ja in die Therapie kommt. Die Aufgabe ist einfach, nicht komplex. Es geht darum, in einem Fahrstuhl zu verweilen, bis man das gewünschte Stockwerk erreicht hat. Und die Ziele sind ergebnisbezogen. 2 Stockwerke fahren, dann 4 Stockwerke fahren, dann 8 Stockwerke fahren. Was macht ein Coach jedoch mit einer Person, die ins Coaching kommt, weil sie im 360 Grad Feedback von den Mitarbeitenden schlechte Beurteilungen erhalten hat? Hier ist z.B. die Motivationslage keineswegs klar, ein S.M.A.R.T.-Ziel darum zunächst nicht indiziert. Oder: Wie geht man als Coach um mit den Anforderungen, denen sich eine Führungskraft gegenübersieht, die aufgrund guter Sachleistungen auf eine Führungsposition befördert wurde, wo sie nicht mehr sachbezogener Manager sein muss, sondern Leadership an den Tag legen soll? Hier wird ein Einstellungswandel benötigt, der mit S.M.A.R.T.-Zielen alleine nicht zu erreichen ist.

Trotzdem besteht natürlich auch in diesen Fällen der Bedarf nach einem Ziel. Im Folgenden widmen wir uns einem neuen Typus von Ziel, mit dem intrinsische Motivation sichergestellt, Sinnerleben erzeugt und Einstellungsänderung angeregt werden kann. Dieser Zieltyp wurde im Rahmen der theoretischen Überlegungen und praktischen Erfahrungen mit dem Selbstmanagement-Training nach dem Zürcher Ressourcen Modell ZRM entwickelt (Storch & Krause, 2007). Wir haben diesen Zieltyp Motto-Ziele genannt.

2 Die theoretischen Elemente von Motto-Zielen

Die Entwicklung des Zieltyps Motto-Ziele erfolgte aus der Zusammenschau von vier theoretischen Elementen. Dazu zählten zum einen Überlegungen darüber, wie bewusste und unbewusste Funktionssysteme der menschlichen Psyche theoretisch und experimentell abgesichert konzipiert werden können. Die Theorie der Persönlichkeits-System-Interaktionen (PSI-Theorie) von Kuhl (2001) bietet hierfür eine optimale Grundlage. Zum zweiten sollte die Frage geklärt werden, welche Rolle die affektive Bewertung beim Zustandekommen von

Motivation spielt. Wie erklärt man sich wissenschaftlich, dass manche Menschen vor Begeisterung für ein Ziel lodern, während andere dasselbe Ziel lediglich aus Vernunftsgründen absolvieren? Lässt sich hier eine Systematik finden, die für die Entwicklung von Zielen nützlich sein kann? Als dritten Punkt betrachteten wir die Thematik von verschiedenen Konstruktionsebenen, auf denen Ziele entwickelt werden können. Eine solche Übersicht ist nötig, um verschiedene Zieltypen hinsichtlich ihres Stellenwertes für das innerpsychische Zielsystem einordnen zu können. Letztlich ging es dann noch darum, in welcher sprachlichen Form die Abfassung von Zielen sich unterscheiden kann und welche sprachliche Form am besten geeignet ist, um Zielbindung und Attraktivität zu erzeugen, die wesentliche Voraussetzung für positive Affekte und damit für intrinsische Motivation. Diese vier theoretischen Elemente werden im Folgenden dargestellt.

2.1 Die vier Erkenntnissysteme der PSI-Theorie und ihr Zusammenhang mit dem Thema Motivation

Motivation tritt grundsätzlich immer dann auf, wenn ein angestrebter Zustand (Sollwert) von einem aktuellen Zustand (Istwert) abweicht. Von extrinsischer Motivation spricht man, wenn die Aktivierung sich auf ein konkretes Ziel oder auf ein Ergebnis richtet, bei der intrinsischen Motivation sind die Handlungsanreize in der Tätigkeit selbst zu finden. Die Sollwerte werden bei der extrinsischen Motivation auf der Basis von Zielvorgaben, bei der intrinsischen Motivation auf der Basis von persönlichen Werten und Gefühlen festgelegt. Die PSI-Theorie von Kuhl (siehe Kuhls Beitrag in diesem Buch) geht davon aus, dass dem Menschen vier Systeme zur Verfügung stehen, um Welt zu erfassen und zu verarbeiten. Für das Thema der Motivation sind zwei dieser vier Systeme bedeutsam, das Intentionsgedächtnis und das Extensionsgedächtnis. Das Intentionsgedächtnis (IG) ist das Gedächtnis für bewusste Absichten, die eine Person gefasst hat. Um vorschnelles Handeln zu verhindern, muss bei jeder Aktivierung des IG positiver Affekt, der spontane Handlungen auslöst, gehemmt werden. Die Hemmung von positivem Affekt ist wichtig, um schwierige und/oder langfristige Absichten nicht zu vergessen und sich nicht von Umgebungsanreizen ablenken zu lassen. Auch um nicht grad drauf los zu schießen, sondern den richtigen Moment abzuwarten und die Planung zu Ende zu denken, wird die Hemmung von positivem Affekt benötigt, denn ein starker positiver Affekt würde veranlassen, die Handlung beim bloßen Gedanken daran sofort ausführen.

Als Extensionsgedächtnis (EG) bezeichnet Kuhl ein Funktionssystem, das assoziative Netzwerke aller autobiographischen Erfahrungen, Bedürfnisse, Motive, aktuelle Befindlichkeit, Ziele, Normen und Werte einer Person enthält. Im Gegensatz zum IG besitzt das EG eine breite neuronale Ausdehnung in zahlreiche verschiedene Gehirnbereiche und eine enge Anbindung an das autonome Nervensystem. Aufgrund dieser Ausdehnungsbreite ist es möglich, dass ein einziger Geruch, zum Beispiel der Geruch von Gänsebraten mit Majoran, die Erinnerung an eine komplette autobiographische Episode als Kind im Haus der Grossmutter aufrufen kann. Die grosse Ausdehnungsbreite ermöglicht es dem EG, in komplexen Entscheidungssituationen einen grossen Variantenreichtum an entscheidungsrelevanten Parametern simultan parallel zu verarbeiten. Die Tätigkeit des EG ist im Gegensatz zur Tätigkeit des IG nicht an Bewusstsein gebunden, die Entscheidungs- und Bewertungsprozesse verlaufen in Bruchteilen von Sekunden unterhalb der Bewusstseinsschwelle. Die bewusste Entscheidung des IG hingegen verläuft langsam und ohne Affekt. Die Tatsache, dass das IG von Affekten weitgehend abgekoppelt ist, sieht Kuhl durchaus auch als Vorteil, denn dadurch ist das IG in der Lage, Probleme schon dann zu bearbeiten, wenn sie noch gar nicht aktuell und damit nur „theoretisch“ vorhanden sind, und Ziele auch dann aufrechtzuerhalten, wenn sie unangenehme Affekte auslösen (Kuhl & Koole, 2005).

Bezüglich der Motivationsthematik gestaltet sich die Zuständigkeit von IG und EG wie folgt (Scheffer & Kuhl, 2006): Das IG ist ein zielbildendes und ergebnisorientiertes System. Das heißt, im Vordergrund stehen die Anreize, die außerhalb der Tätigkeit selbst liegen, die Motivation ist nicht auf das Erleben der Tätigkeit selbst gerichtet. Daher ist das IG für den extrinsischen Aspekt von Motivation zuständig. Hohe und spezifische Ziele nach Locke & Latham aktivieren das IG; dieser Umstand erklärt, warum die affektive Reaktion auf spezifische Ziele oft nur „lauwarm“ ausfällt. Wenn das IG Ziele bilden will, die intrinsische Motivation aktivieren, benötigt es dazu die Abstimmung mit dem EG. Die Synchronisierung von bewussten und unbewussten Anteilen der Motivstruktur eines Menschen – und damit auch die Lösung von Zielkonflikten – besteht in der Terminologie der PSI-Theorie in einem Dialog zwischen IG und EG.

Wenn eine Person mit dem Bewusstsein, also mit dem IG ein Ziel bearbeitet, wird dieses Ziel zunächst unabhängig davon gebildet, wie die „gefühlte“ Bewertung dieses Zieles aussieht. Das EG wiederum kennt so etwas wie spezifische, konkrete Ziele gar nicht. Die Zielvariante, die aus dem EG kommt, ist ein allgemeiner „Zielkorridor“, wie Scheffer und Kuhl diesen Zieltyp nennen (2006, S. 41). Ob ein allgemeines Ziel vom EG als erstrebenswert eingestuft wird, oder nicht, wird nicht anhand von logischen Argumenten überprüft, wie beim IG, sondern mittels somato-affektiver Signale, die der Hirnforscher Damasio (1994) „somatische Marker“ genannt hat. Somatische Marker sind in ihrer affektiven Komponente als Basalaffekte wahrnehmbar, das heisst, noch nicht als differenzierte Emotion, sondern als diffuse Affekt-Anmutung im Sinne einer dualen Bewertung: Plus oder Minus, Gut oder Schlecht, Aufsuchen oder Vermeiden. Im Volksmund heißt dieser Typ von Bewertungssignal auch „Bauchgefühl“. Dieser Begriff spiegelt jedoch die Erlebnisrealität vieler Menschen nicht wider, da somatische Marker im ganzen Körper, und nicht nur im Bauch, wahrgenommen werden können (Storch, 2008 b). Die folgende Übersicht stellt IG und EG in ihren für die Zielsetzungsthematik relevanten Eigenschaften dar.

	IG	**EG**
Verarbeitungsebene	bewusst	unbewusst
Motivationstyp	extrinsisch	intrinsisch
Code	verbal	somato-affektiv
Geschwindigkeit	langsam	schnell
Funktion	Denken	Fühlen
Bewertung	analytisch	ganzheitlich
Zieltyp	spezifisch, lokal	allgemein, global
Affektzugang	Affektabkopplung	Affektsensitivität

Menschen, die nicht in der Lage sind, ihre somatischen Marker wahrzunehmen, haben keinen Zugang zu der Bewertung des EG und haben deswegen keine Möglichkeit, bewusst gefasste Ziele daraufhin abzuprüfen, ob sie der eigenen Erfahrungs- und Wertewelt entsprechen. Was dann geschieht, bezeichnet Kuhl als „Selbstinfiltration“ – worunter er die Unterwanderung des eigenen Selbst durch fremde Zielvorstellungen versteht. Wenn Menschen ihre somatischen Marker wahrnehmen und feststellen, dass zwischen ihrem bewusst mit dem IG gefassten Ziel und der somato-affektiven Bewertung des EG eine Diskrepanz besteht, befinden sie sich in einem Zustand der inneren Zerrissenheit und des Unbehagens. Wer nicht gelernt hat, wie die Diskrepanzen zwischen den beiden Systemen synchronisiert und bearbeitet werden können, hat nur die Wahl zwischen Pest und Cholera: entweder verlässt man das bewusst gefasste Ziel und gibt den negativen Bewertungen des EG nach, riskiert aber dann, etwas nicht zu tun, was das IG als „vernünftig" oder „unumgänglich" eingestuft hat. Oder man übergeht die negative Bewertung des EG, indem man sich zu der Ausführung des vom IG gefassten Zieles zwingt. Diese Variante ist brauchbar, wenn es sich um eine kurze Intervention wie einen Zahnarztbesuch handelt. Wer jedoch versucht, ein berufliches oder privates Ziel über längere Zeit gegen den Widerstand des EG umzusetzen, wird entweder scheitern oder mit einem dauerhaften Gefühl der Selbstentfremdung und des Missbehagens dafür bezahlen, das bis zum Burnout oder zur Depression führen kann (Baumann et al., 2005).

Die Abstimmung von Zielen aus dem IG mit den Erfahrungen und Werten des EG kann auch bei der Lösung von Zielkonflikten helfen. Denn weil das EG alle persönlich relevanten Erfahrungen berücksichtigt, ist es das einzige Erkenntnissystem, das auch alle Widersprüche gleichzeitig präsent haben kann und damit aus einer Überblicksposition heraus nach ganzheitlichen Lösungen suchen kann. Ein Verfahren zur Lösung von Motivkonflikten mit dem EG ist an anderer Stelle am Beispiel des Wunsches mit dem Rauchen aufzuhören ausführlich und mit Arbeitsblättern beschrieben (Storch, 2008 a).

2.2 Der Zieltyp des Extensionsgedächtnisses

In der wissenschaftlichen Zielpsychologie gibt es neben der Kategorie der spezifischen Ziele auch einen anderen Zieltypus, der intensiv beforscht wurde. Es sind dies Zieltypen, die weniger auf konkret beobachtbares und messbares Verhalten abzielen, sondern die sich auf eine innere Verfassung des Zielsetzenden beziehen, sie beschreiben innere Einstellungen und persönliche Haltungen. Das EG bringt diesen Zieltypus hervor, der bei Scheffer und Kuhl (2006) mit der Beschreibung allgemeiner „Zielkorridor" charakterisiert wird. Grosse-Holtforth und Grawe (2003) nennen diesen Zieltypus „motivationale Ziele" und betonen, wie wesentlich dieser Zieltyp für die gesamte psychische Befindens-Situation ist. Durch diesen Zieltyp wird motiviertes Geschehen grundlegend gesteuert, er bestimmt die innere Haltung, mit der psychisches Geschehen organisiert wird. Auf diesen Zieltyp beziehen sich zum Beispiel die Untersuchungen von Dweck (1999) zu Performance vs. Mastery-Goals. Dweck hat in einer Fülle von Untersuchungen belegen können, dass Menschen, die an eine Aufgabe mit der Einstellung herangehen, dass Intelligenz veränderbar ist und dass man sich an Fehlern weiterentwickeln kann, bessere Leistungen erzielen, als Menschen, welche die Einstellung haben, dass Intelligenz ein unveränderbares Persönlichkeitsmerkmal sei und dass sich darum aus Fehlern endgültige Aussagen über das Leistungsvermögen einer Person ableiten lassen. Die innere Haltung, mit der ein Mensch eine Leistungssituation angeht, so hat Dweck auch für Schulkinder zeigen können, beeinflusst das konkrete Ergebnis massiv.

Über diesen Zieltypus haben auch Kruglanski et al. (2002, 2009) in ihrer Goal-Systems-Theory geschrieben. Sie betonen, dass im Unterschied zu spezifischen Zielen ein allgemeines Ziel die Eigenschaft der Äquifinalität hat. Damit ist die Tatsache gemeint, dass es sehr viele Handlungen gibt, die für ein allgemeines Ziel zielführend sein können, ähnlich dem Sprichwort „Viele Wege führen nach Rom". Wenn der mittelständische Unternehmer

Herr M, von dem eingangs die Rede war, sich das allgemein Ziel setzt, „ich nehme mir Auszeiten“, dann gibt es zahlreiche Varianten von Handlungen, die im Sinne dieses Ziels angemessen sein können. Eine Tasse Tee zwischendurch, ein kurzes In-die Sonne-Blinzeln bei der Computer-Arbeit, ein Aus-dem-Fenster-Schauen im Zug oder länger ausschlafen am Wochenende. Ein spezifisches Ziel hingegen „ich laufe jeden Morgen 3 km auf dem Laufband“ ist nur durch eine einzige Handlung zu erfüllen.

Die Construal Level Theory von Trope & Liberman (2003) beschäftigt sich mit den verschiedenen Konstruktionsebenen, auf denen ein Objekt oder ein Ereignis mental repräsentiert werden kann. Im Rahmen dieser Theorie wird unterschieden zwischen einer hohen Konstruktionsebene und einer niederen Konstruktionsebene. Die hohe Konstruktionsebene enthält Informationen über mehr abstrakte Konzepte und bezieht sich auf deren generelle Bedeutung. Die niedrige Konstruktionsebene bezieht sich auf konkrete, spezifische Eigenschaften von Objekten und Ereignissen. Fujita et al. (2006) wendeten die Construal Level Theory auf Ziele an und untersuchten, wie sich die Konstruktionsebene eines Zieles – spezifisch, niedrige Ebene oder allgemein, hohe Ebene – auf die Selbstkontrollfähigkeiten auswirkt. Sie fanden anhand mehrerer Experimente heraus, dass Menschen eine bessere Selbstkontrolle haben, wenn sie ihr Ziel auf der hohen, allgemeinen Ebene ansiedeln, als wenn sie in einer spezifischen und kontextbezogenen Weise über ihr Ziel denken.

In einem Experiment wurden die Versuchspersonen aufgefordert, die beiden Griffe eines Geräts zum Training der Unterarmmuskulatur so lange wie möglich geschlossen zu halten. Zur Induktion der spezifischen, niedrigen Ebene des Zieles wurde den Versuchspersonen mitgeteilt, es handele sich um einen Test der Muskelstärke. Zur Induktion der allgemeinen, hohen Ebene des Zieles wurde einer anderen Gruppe von Versuchspersonen erklärt, es handele sich um einen Test von Willenskraft. Die Versuchspersonen, die glaubten, ihre Willenskraft werde gemessen und für die Willenskraft einen positiven persönlichen Wert darstellte, hielten signifikant länger bei dieser anstrengenden Aufgabe durch als die Versuchspersonen, die versuchten, Muskelstärke zu demonstrieren. In der Terminologie der PSI-Theorie von Kuhl wird bei Menschen, für die „Willenskraft“ von ihrem EG positiv bewertet wird, bei der Vorstellung, Willenskraft zu demonstrieren, eine allgemeine Haltung der Kraft und Stärke aktiviert, die in realen besseren Leistungen resultiert. Diese dichotome Unterscheidung von Haltung versus Verhalten kann in einer Grafik veranschaulicht werden. Abbildung 1 zeigt ein Vierfelder-Schema, wir haben ihm den Namen *Zielquadrant* gegeben, in dem neben einer „höheren“ Haltungsebene und einer „niederen“ Verhaltensebene noch der Situationstyp aufgenommen ist, auf den sich ein Ziel bezieht. Ein Student kann sich ein Ziel entwickeln für die situationsspezifische Thematik „30 Minuten mündliche Prüfung in Anatomie“ oder für die situationsübergreifende Thematik „Bei Referaten nicht nervös sein.“ In beiden Fällen kann dann vom Coach jeweils auf der Haltungs- und auf der Verhaltensebene angesetzt werden.

Die Abbildung von verschiedenen Zieltypen in einen Zielquadranten ist bereits hilfreich, jedoch erlaubt sie es noch nicht, den ergebnisbezogenen Zieltyp von Locke und Latham ausreichend differenziert einzuordnen. Dies gelingt, wenn man sich eines Theoriestranges bedient, der die bisher besprochene Unterscheidung von Zielkonstrukten in zwei Ebenen weiter ausdifferenziert. Dies leisten Theorien aus dem Forschungsbereich zu Zielhierarchien. Im Rahmen dieses Theorietyps geht es nicht nur um zwei Ebenen – eine hohe, allgemeine, globale versus eine niedrige, spezifische, lokale – sondern um eine hierarchische Abstufung mehrerer Ebenen. Das Konzept der Zielhierarchie wurde von Miller, Galanter und Pribram (1960) eingeführt, und von Powers (1973) detailliert ausgeführt. Bezüglich der Anzahl der Ebenen existieren verschiedene Ansichten, abhängig davon, welche Themen im Fokus des Interesses stehen. Powers (1973) zählt elf Ebenen, Cropanzano et al. (1993) kommen auf vier Ebenen (values, self-identities, personal projects, task goals), DeShon und Gillespie (2005) gehen ebenfalls von vier Ebenen aus (self-goals, principle goals, achievement goals und action plan goals). Bei Grawe (2004, S. 110 ff) ist beschrieben, wie man sich die neuronale Repräsentation von Zielhierarchien auf der Basis neuer Erkenntnisse der Neuroanatomie vorstellen kann.

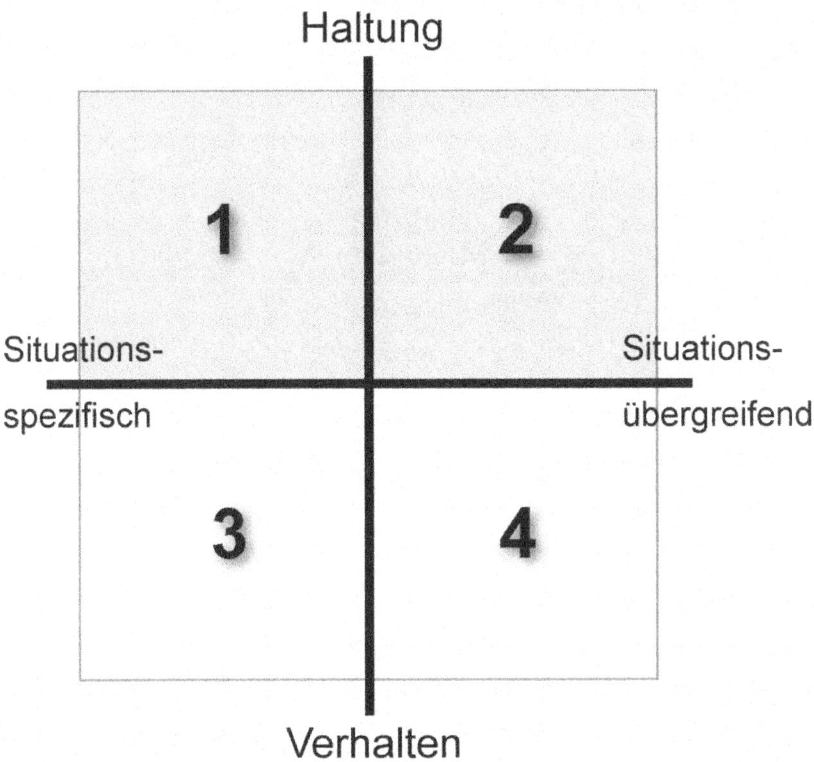

Abbildung 1: Der Zielquadrant

Für praktische Zwecke in Coaching und Beratung genügt eine Abstufung von drei Ebenen (Storch, 2008 a): Haltung, Ergebnis und Verhalten, für die wir den Begriff *Zielpyramide* geprägt haben. Die Haltungsebene betrifft die abstrakteste Konzeptualisierung eines Ereignisses und beschreibt die generelle Einstellung, die ein Mensch einem Thema gegenüber einnimmt. „Ich möchte ein guter Mensch sein", „Ich möchte Freude an der Arbeit haben", oder „Ich möchte ein erfülltes Leben führen" wären Themen, die auf der Haltungsebene angesiedelt sind. Für die Haltungsebene wurde im Rahmen des Selbstmanagement-Trainings nach dem Zürcher Ressourcen Modell ZRM ein neuer Zieltyp entwickelt, die so genannten Motto-Ziele. Motto-Ziele ermöglichen, die Abstimmung des IG mit dem EG systematisch vorzunehmen und in Zielform zu bringen. Die Ergebnisebene der Zielpyramide beinhaltet den konkreten, ergebnisbezogenen Zieltyp, den Locke & Latham beforscht haben. Auf dieser Ebene befinden sich Aussagen, die spezifizieren, was man erreichen möchte. „Ich möchte mein Abitur machen", „Ich möchte 7 Bäume fällen", „Ich möchte Englisch lernen", bezieht sich auf diese Ebene. Die unterste Ebene beschreibt dann das genaue Verhalten, das benötigt wird, um ein bestimmtes Haltungs- oder Ergebnisziel konkret umzusetzen. Hier befinden sich präzise Pläne, die extrem kontextgebunden und aufs genaueste ausgearbeitet sind. Ein empirisch erfolgreich abgesichertes Beispiel für solche Pläne sind die Wenn-Dann Pläne von Gollwitzer (1999), die in diesem Band im Kapitel von Faude-Koivisto und Gollwitzer beschrieben werden.

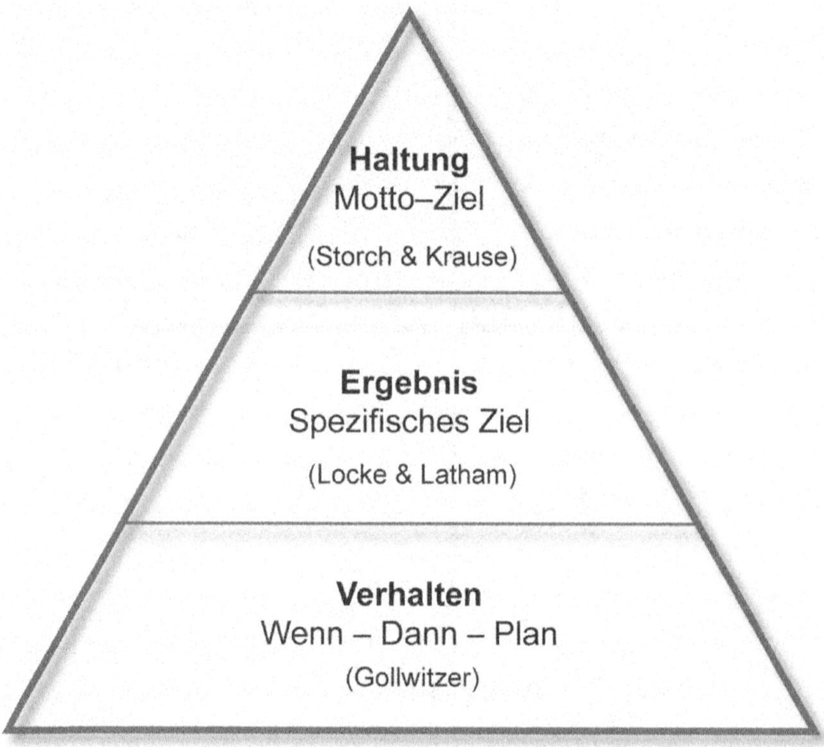

Abbildung 2: Die Zielpyramide

2.3 *Affekte und Motivation*

In der Praxis noch weitgehend unbekannt ist die Tatsache, dass man Affekte nicht auf einem Kontinuum von positiv und negativ beschreiben sollte, sondern dass die empirische Ergebnislage dafür spricht, positive und negative Basisaffekte als zwei getrennte Dimensionen zu behandeln (z.B. Cacioppo & Berntson, 1999; Kuhl, 2001). Positive und negative Affekte wirken unabhängig voneinander auf den motivationalen Wert eines Zieles ein.

Jedes Ziel kann also zum einen hinsichtlich der positiven Affekte eingeschätzt werden, die es auslöst und kann zum anderen hinsichtlich der negativen Affekte eingeschätzt werden. Man weiß, dass ein Ziel, das positive Affekte auslöst, die Motivation, dieses Ziel in Handlung umzusetzen steigert, während negative Affekte die motivierende Wirkung eines Zieles schwächen (Aarts et al., 2007; Custers & Aarts, 2005).

In der Sozialpsychologie wird die Affektthematik unter dem Stichwort „affektive Einstellung“ diskutiert, denn eine Einstellung kann als aus einer kognitiven und aus einer affektiven Komponente bestehend konzipiert werden. In der Terminologie der PSI-Theorie ausgedrückt heißt das: Wenn das IG eine Bewertung über ein Ziel abgibt, wird die kognitive Einstellung erzeugt, wenn das EG eine Bewertung abgibt, entsteht die affektive Einstellung. Brand (2006) zeigt diese beiden Komponenten von Einstellung in einer Untersuchung zur Sportpartizipation an einem Beispiel, dass viele Menschen kennen. Die Aussage „Sport treiben ist gesund“ wird zwar kognitiv von vielen Menschen bejaht, ist also kognitiv mit einer positiven Einstellung versehen. Dies führt aber keineswegs automatisch dazu, dass aus dieser Einstellung auch sportliche Handlungen resultieren. Sportliche Handlungen lassen sich nur bei den Menschen nachweisen, bei denen die Vorstellung, Sport zu treiben, auch mit positiven Affekten verknüpft ist. Fehlen die positiven Affekte oder finden sich gar starke negative Affekte, so resultiert aus der positiven kognitiven Einstellung kein entsprechendes Handeln.

Wie Ferguson (2008) ausführt, kann man davon ausgehen, dass zielrealisierendes Handeln desto einfacher vonstatten geht, je schneller und spontaner ein Mensch positive affektive Einstellungen gegenüber zielrelevanten Stimuli generieren kann. Als Beispiel beschreibt Ferguson einen Studenten, dem es gelingt, eine positive affektive Einstellung bezüglich der Bibliothek zu generieren. Ist dies der Fall, wird sein Ziel, regelmäßig dort zu arbeiten, sehr viel einfacher in Handlung umzusetzen sein, als wenn seine spontane affektive Reaktion auf den Stimulus „Bibliothek“ negativ ausfällt. Für die Thematik der Zielpsychologie besonders relevant ist das Ergebnis von Ferguson (2007), dass nicht nur materielle Objekte, wie eine Bibliothek affektive Einstellungen hervorbringen, sondern dass auch ein Ziel mit affektiven Einstellungen gekoppelt ist und dass sich die affektive Bewertung eines Ziels auf die Zielumsetzung auswirkt. Ferguson versteht hierbei Ziele als mentale Repräsentation, die sowohl den angestrebten End-Zustand umfasst, wie auch Informationen über die Mittel, Aktivitäten und Objekte, welche die Zielumsetzung entweder erleichtern oder erschweren können. Die affektive Bewertung wird in diesem Zusammenhang ebenfalls als Teil des Zielkonstrukts gesehen. Nach Ferguson kann die affektive Einstellung als Index für die Kraft eines Zieles angesehen werden, das damit in Zusammenhang stehende Verhalten hervorzubringen.

2.4 Die Informations-Codes nach Bucci

Bucci ist Psychoanalytikerin und hat psychoanalytisches Gedankengut mit den Überlegungen des Hirnforschers Damasio (1994) verbunden. Sie entwarf die Multiple Code Theory in der Absicht, die alte psychoanalytische Idee, dass sich das psychische System aus mehreren Teilsystemen aufbaut (z.B. bei Freud Es, Ich und Über-Ich) im Rahmen aktueller Erkenntnisse der Hirnforschung neu zu formulieren (Bucci, 2002). Die Multiple Code Theory geht davon aus, dass Information vom Menschen grundsätzlich in zwei Arten von Codes wahrgenommen und verarbeitet werden kann: in *vorsymbolischer (körperlicher)* und in *symboli-*

scher Form. Die symbolische Form hat zwei Ausprägungen, die *symbolisch verbale (Buchstaben/Worte)* und die *symbolisch nonverbale (Bilder)*. Der Mensch verfügt nach Bucci also über insgesamt 3 Varianten der Informationsverarbeitung. Zwei Varianten verarbeiten Symbole, eine Variante kommt ohne Symbole aus und bezieht sich ausschließlich auf körperliche Empfindungen und Basalaffekte.

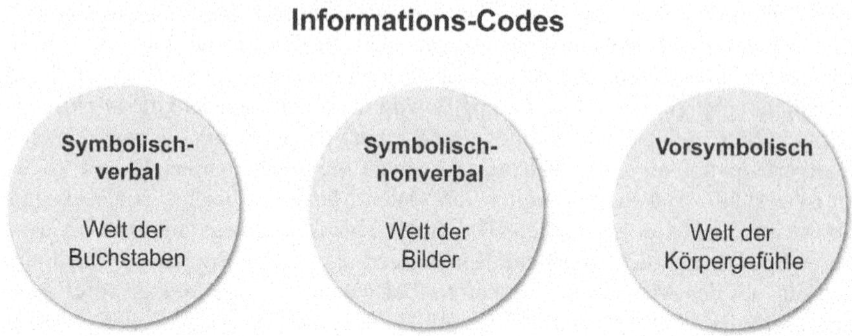

Abbildung 3: Die Informations-Codes nach Bucci

Der symbolisch verbale Code ist bewusstseinspflichtig, die Verarbeitung des körperlichen, vorsymbolischen Codes läuft unterhalb der Bewusstseinsschwelle ab. Bilder nehmen eine Zwischenstellung zwischen bewusster und unbewusster Ebene ein; sie sind bewusstseinsfähig und können durch Sprache hervorgerufen werden, können aber auch von unbewusst arbeitenden vorsymbolischen Prozessen hervorgebracht werden. Die drei Systeme sind miteinander über einen Vorgang verbunden, den Bucci den *referentiellen Prozess* nennt. Gesundes psychisches Funktionieren basiert darauf, wie gut die drei Systeme durch den referentiellen Prozess miteinander verbunden sind. Psychische Krankheit beruht auf einer Unterbrechung der Verbindung zwischen diesen drei Systemen und den daraus folgenden nicht hilfreichen Versuchen, mit dieser Unterbrechung umzugehen. Bei der Verbindung des körpernahen Codes des vorsymbolischen Systems mit dem symbolisch verbalen Code spielen Bilder – der symbolisch nonverbale Code – eine Schlüsselrolle. Bilder sind der Dreh- und Angelpunkt im Informationsfluss zwischen vorsymbolischen Codes und symbolisch verbalen Codes. Dies ist eine der Kernaussagen von Buccis Theorie. Vom bewussten Sprachcode aus kann man über das Bildersystem die Verbindung zu den unbewussten verarbeiteten Körperempfindungen und Basalaffekten herstellen. Mit einfachen Worten ausgedrückt kann man sich Buccis Theorie so merken: An jedem Wort hängt ein Bild und an jedem Bild hängt ein Gefühl.

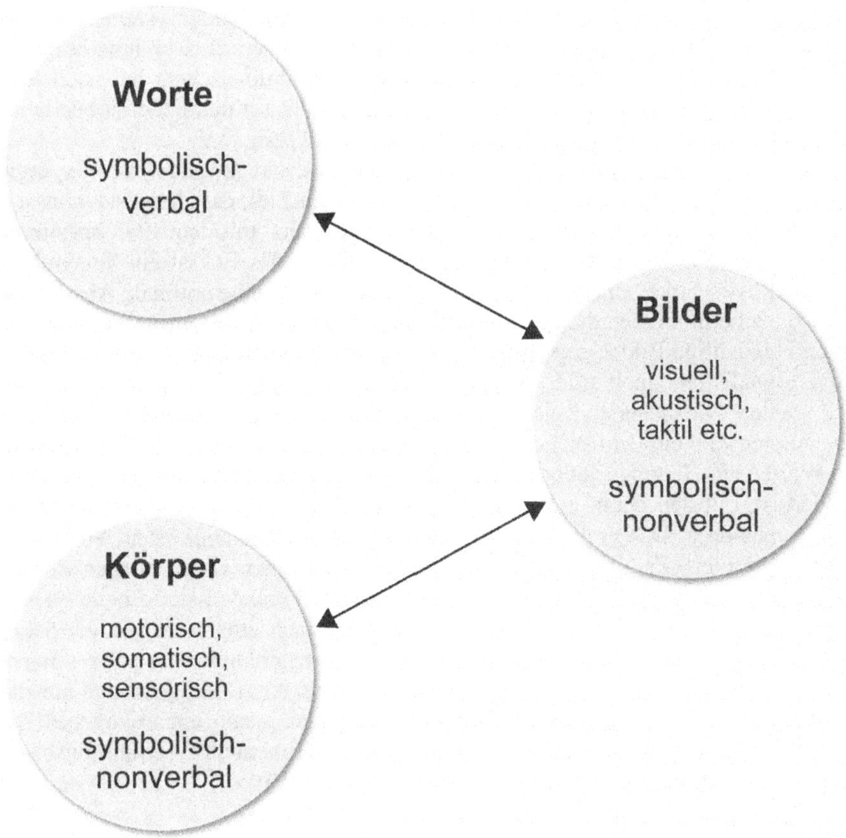

Abbildung 4: Der Arbeitsweg des referentiellen Prozesses

Wie erklärt man sich das Entstehen dieser drei Codes? Körpergefühle und daran gekoppelte Emotionen sind evolutionär „ältere" Signal- und Aktivierungssysteme, die auch in den evolutionäre „älteren" Teilen des Gehirns angesiedelt sind. Diese Körperebene wiederum ist verbunden mit unmittelbaren Erinnerungen an entsprechende Situationen, in denen diese Körpererlebnisse aufgetaucht sind. Dies erzeugt die Welt der Bilder. Lesen und Schreiben, die Welt der Worte, sind menschheitsgeschichtlich gesehen sehr viel jüngere Entwicklungen, die als Abstraktion vom unmittelbaren Erleben und Geschehen zusätzlich gelernt werden.

Was bedeutet die Theorie von Bucci für den Bau von Zielen, die intrinsische Motivation hervorrufen sollen? Um diese Frage zu besprechen, ist es illustrativ, die Multiple Code Theory mit der PSI-Theorie in Verbindung zu bringen. Welchen Informationscode benutzt das IG und welchen das EG? Das IG als Funktionssystem, das an Bewusstsein gekoppelt ist, kann Information symbolisch verbal verarbeiten. Das EG hingegen, wo Informationen unbewusst und in hoher Geschwindigkeit prozessiert werden, bedient sich des vorsymbolischen, somato-affektiven Codes. Wie unter 2.1 besprochen wurde, ist es für das Entstehen von intrinsischer Motivation wichtig, ein mit dem IG gebildetes Ziel mit der somatoaffektiven Bewertung des EG abzustimmen, ein Dialog zwischen IG und EG muss in Gang kommen. Aber wie kann ein Dialog in Gang kommen, wenn beide Systeme nicht die gleiche Sprache sprechen? Wie kann sich eine Chinesin mit einem Russen unterhalten? Indem sie einen Dolmetscher einsetzen. Und diese Rolle des Dolmetschers hat nach Bucci die symbolisch nonverbale Bildsprache. Bilder können unbewusst und bewusst bearbeitet werden, nehmen also eine Mittelstellung zwischen IG und EG ein.

Wenn diese Überlegungen auf das Bilden von Zielen angewendet werden, ergibt sich folgender Ablauf: Im Rahmen der PSI-Theorie muss ein Ziel, dass bewusst gefasst wurde, also mit einem symbolisch-verbalen Code das IG aktiviert, mit dem EG abgestimmt werden, um intrinsische Motivation zu erzeugen. Der Code des EG ist ein vorsymbolischer, somato-affektive Marker sind seine Bewertungssignale. Um eine optimale Abstimmung mit dem EG zu sichern, müssen die bewusst gefassten Ziele in Worten ausgedrückt werden, die starke und eindeutige Bilder erzeugen, weil daran wiederum starke und eindeutige somato-affektive Signale gekoppelt sind, die man benötigt, um den Abstimmungsvorgang vornehmen zu können. Die sicherste Reihenfolge für den Bau von motivierenden Zielen heißt: Zu dem bewussten Ziel ein Bild suchen, dann zu dem Bild die passenden Worte erarbeiten, aus diesen Worten ein Haltungsziel bauen und dieses Sprachgebilde, das eng mit der Bilderwelt verbunden ist, mit den daran gekoppelten somato-affektiven Signalen aus der Körperwelt auf Maß schneidern. Das praktische Vorgehen mit dieser Methode ist in Storch (2008 a) ausführlich erläutert. Es gibt für die Notwendigkeit, zwischen verschiedenen Codes Übersetzungsarbeit zu leisten, wenn zwischen bewussten und unbewussten Ebenen des psychischen Systems eine Verbindung erzeugt werden soll, auch empirische Belge. Schultheiss und Brunstein konnten anhand der Wirkung von Zielimaginationen in zwei Untersuchungen die These untermauern, dass „implizite (unbewusste, Anm. M.S.) Motive nur dann auf die Bildung von Handlungsabsichten einwirken können, wenn ein erwogenes Ziel von seinem ursprünglich sprachlichen Format in ein experimentelles (erfahrungsbezogenes, Anm. M.S.) Format übersetzt wird“ (Brunstein, 2006, S. 250).

3 Motto-Ziele in der Praxis

Wie steht es nun mit Herrn M., der seine Lebensführung verändern will? Von den, unter 1.4 besprochenen, drei Kriterien, die erfüllt sein müssen, damit ein S.M.A.R.T.-Ziel Erfolg zeigen kann, sind alle drei fraglich. Auf keinen Fall handelt es sich bei dem Vorsatz, mehr Work-Life-Balance in das Leben zu bringen, um eine einfache ergebnisbezogene Aufgabe. Alle Themen, die eine Veränderung der Lebensführung betreffen, sind zunächst einmal typische komplexe Aufgaben. Von einer starken Zielverpflichtung und damit einhergehender intrinsischer Motivation sollte der Coach von Herrn M. besser nicht ausgehen, da die Empfehlung zur Veränderung von außen kommt (Arzt und Ehefrau). Ob Zielkonflikte vorliegen, ist nicht genau geklärt, ist aber zu vermuten. Deshalb heißt die Methode der Wahl bei Herrn M.: Als erster Schritt wird auf der Haltungsebene gearbeitet, erst wenn für die Haltungsebene ein positiv affektiv besetztes Ziel vorliegt, wird das Verhalten konkretisiert. Zielkonflikte können durch die Arbeit mit der von uns entwickelten Methode der *Affektbilanz* schnell und zuverlässig identifiziert werden. Das Verfahren ist an anderer Stelle für die Beispiele Ernährung und Bewegung (Storch, 2007) sowie Rauchstopp (Storch, 2008 a) ausführlich beschrieben.

Auf zwei visuellen Analogskalen, eine für negativen Affekt und eine für positiven Affekt, schätzt Herr M. das Thema „Work-Life-Balance" für sich ein. Er gibt diesem Thema auf der Plus-Skala einen Wert von 40, auf der Minus-Skala einen Wert von 70, verzeichnet also mittlere positive und starke negative Affekte. Die Exploration ergibt, dass „Work-Life-Balance" aufgrund der Erfahrungen, die in seinem EG dazu gespeichert sind, Assoziationen von „etwas nur für Frauen" mit sich bringt (Minus 70) und auf der Plus-Skala deswegen nur Plus 40, weil er das Balanciert-Sein also zu ruhig für sich und die Aufgaben, die in seinem Job auf ihn warten, empfindet. „Ich bin doch noch kein Rentner", sagt er, „ich kann jetzt nicht in der Hängematte liegen." Als nächstes wird die Affektbilanz des Themas „Auszeit" überprüft. Sie fällt verheerend aus. „Auszeit" hat für Herrn M. Minus 85 und Plus 0. Warum? „Dazu fällt mir ein kompletter Looser ein, der es einfach nicht schafft und aufgegeben hat." Mit dieser Affektbilanz nützen noch so präzise geplante spezifische Ziele auf Dauer nichts.

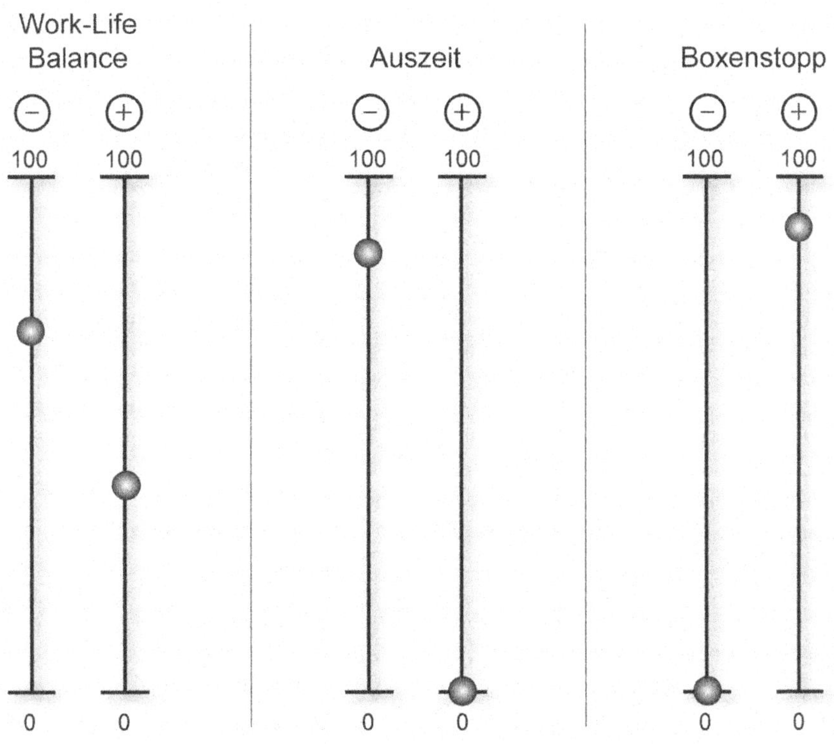

Abbildung 5: Affektbilanz von Work-Life Balance, Auszeit und Boxenstopp

Die Haltung von Herrn M. muss geändert werden, bevor das Verhalten sich nachhaltig ändern kann. Die Suche nach einer neuen Haltung findet auf der Bilder-Ebene statt, da nach der Theorie von Bucci die Arbeit mit Bildern den Zugang zum EG vereinfacht. Herr M. bringt das Bild von Michael Schumacher. „Er bringt Höchstleistung und wenn er merkt, sein Auto hat eine Störung, macht er einen Boxenstopp. Dass er aufmerksam für Störungen ist und sie ernst nimmt, ist bei ihm ja die Grundbedingung für seine Siege." Das Thema

„Boxenstopp" zeigt eine völlig andere Affektbilanz als die Themen „Work-Life-Balance" und „Auszeit": Ein Plus von 90 und Minus 0. Aus dieser neuen Haltung heraus wird in einem nächsten Schritt ein Motto-Ziel erarbeitet, dass die neue Haltung von Herrn M. in einem Zielsatz widergibt. Das Motto-Ziel von Herrn M. lautet: *Ich beachte meinen Motor und mache Boxenstopps.*

Oft genügt es im Coaching bereits, ein Motto-Ziel zu erarbeiten, um zielwirksames Handeln in die Wege zu leiten. Im Rahmen des motivationspsychologischen Rubikon-Modells von Heckhausen (1989) und Gollwitzer (1991) kann die Bildung eines Motto-Zieles als Phasenübergang zwischen einer abwägenden und einer volitionalen Bewusstseinslage beschrieben werden. Der Stellenwert von Zielen auf der Haltungsebene im Rahmen des Rubikon-Modells wurde an anderer Stelle ausführlich beschrieben (Storch & Krause, 2007). Typische Motto-Ziele, die mit der Methode des Zürcher Ressourcen Modells gebildet wurden, lauten zum Beispiel:

Motto-Ziele	
„Ich erlaube mir Macht"	„Ich verströme verlockenden Rosenduft"
„Ich atme Glück"	„Ich fülle meinen Entspannungskorb"
„Mein Panther pflückt den Tag"	„Mutig schreite ich in meine Freiheit"
„Ich wecke den Hund in mir"	„Ich lebe in bodenständiger Schwebe"
„Ich tanze auf dem Regenbogen"	„Eruption on demand"

Aufgrund der oben besprochenen Äquifinalität von Zielen auf der Haltungsebene erlauben Motto-Ziele sofort, nachdem sie gebildet wurden, spontan und situativ adäquates zielrealisierendes Handeln. In den Fällen, in denen außer dem Erlernen eines neuen Handlungsmusters auch noch ein altes Muster *ver*lernt werden muss, müssen natürlich zusätzlich zum Motto-Ziel noch andere Maßnahmen getroffen werden. Dies betrifft auch Fälle, in denen die Umgebung des Coachees situative Hinweisreize aufweist, die alte, unerwünschte Verhaltensroutinen triggern (Wood & Neal, 2007). Dies ist jedoch nicht mehr Thema dieses Artikels, darum wird an dieser Stelle auf die entsprechende ausführliche Publikation zur Methodik des Zürcher Ressourcen Modells verwiesen (Storch & Krause, 2007). Eine dieser Maßnahmen, die Wenn-Dann Pläne, werden von Faude-Koivisto und Gollwitzer in diesem Band vorgestellt.

Zu der Wirksamkeit von Motto-Zielen existiert eine Studie von Bruggmann (2003), in der eine Gruppe von 23 Personen, die Motto-Ziele gebildet hatte, verglichen wurde mit einer Gruppe von 24 Personen, die S.M.A.R.T.-Ziele gebildet hatte. 1 1/2 Jahren nach erfolgter Zielbildung wurden die beiden Gruppen hinsichtlich verschiedener zielrelevanter Parameter befragt. Die Gruppen unterschieden sich im Mann-Whitney-U-Test signifikant hinsichtlich der Zielerreichung (p=0.019) und der persönlichen Identifikation mit dem Ziel (p=0.009).

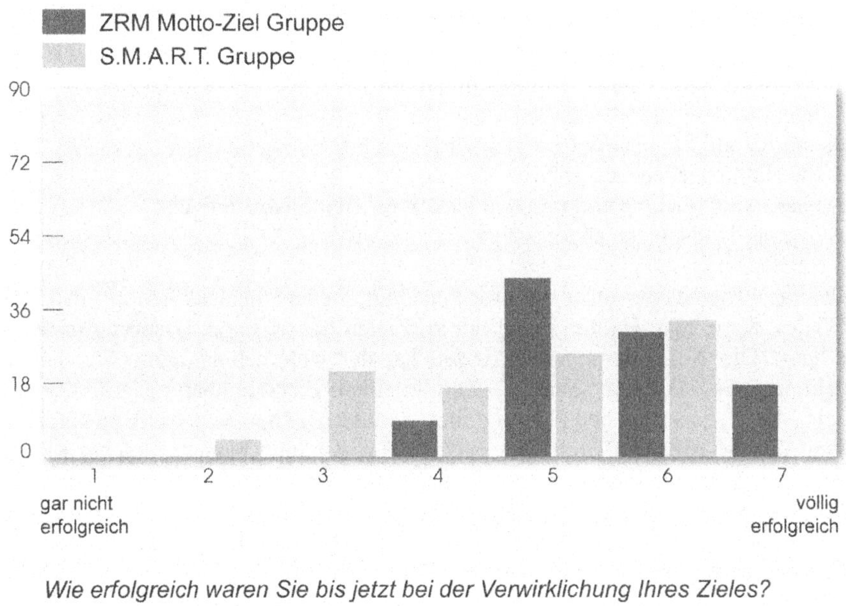

Abbildung 6: Zielerreichung

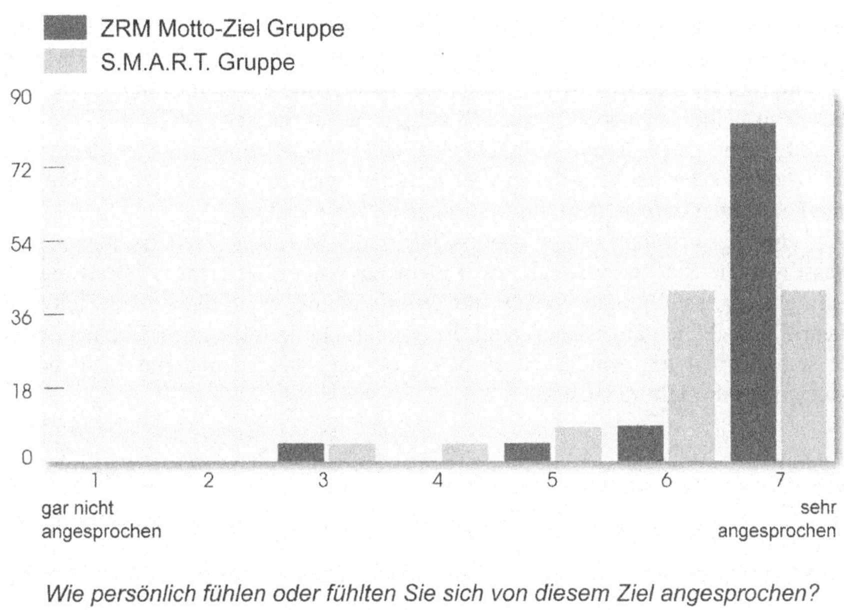

Abbildung 7: Persönliche Identifikation mit dem Ziel

4 Ausblick

Ein Motto-Ziel erzeugt Goal-Commitment und intrinsische Motivation, wenn:

- es von IG und EG positiv bewertet wird
- es die Haltungsebene anspricht
- es eine starke positive und minimal negative Affektbilanz aufweist
- es in einer Bildsprache abgefasst ist

Ein wichtiges Thema, das noch weiterer Forschung bedarf, bezieht sich auf den Ursprung eines Zieles. Kann man Haltungsziele nur zu Zielen bauen, deren Ursprung in der Person selber liegt? Die Aufforderung zur Auszeit hat der Unternehmer vom Arzt bekommen, vielleicht noch assistiert von seiner Ehefrau. In einem Zielvereinbarungsgespräch kommen die Ziele, die Gegenstand der Planung sind, in vielen Fällen von der Firmenleitung und nicht von den Mitarbeitenden selbst. Ein Schüler, der eine bessere Note in Mathematik braucht, kann dieses Ziel durchaus als vernünftig ansehen, dabei aber den Ursprung dieses Zieles eher in der Außenwelt als in der eigenen Person ansiedeln. Wie die Untersuchungen von Latham et al. (1988) gezeigt haben, ist es für die erfolgreiche Umsetzung eines Zieles nicht so wichtig, welchen Ursprung ein Ziel hat. Wichtig ist, ob die Person ein Ziel für sich persönlich akzeptiert.

In der Begrifflichkeit der PSI-Theorie von Kuhl gesprochen, wird ein Ziel in dem Moment persönlich akzeptiert, in dem sowohl das Intentionsgedächtnis als auch das Extensionsgedächtnis positive Bewertungen dazu abgeben. Erstmals in der Geschichte der Zielpsychologie existiert mit den Motto-Zielen ein Verfahren, um Ziele zu bilden, die effektiv und direkt die Synchronisierung von bewusster und unbewusster Bewertung erlauben. Unsere eigene Wirksamkeitsstudie sehen wir lediglich als ersten Schritt in der Forschung über Möglichkeiten und Grenzen zu diesem Zieltyp. Durch die zielgerichtete Veränderung der Affektbilanz und die damit einhergehende systematisch aufgebaute intrinsische Motivation eröffnen sich im Coaching neue und lustvolle Möglichkeiten der Unterstützung von Menschen, sei es bei privaten Themen oder bei beruflichen Zielen. Bei Fragen zum Einsatz von Motto-Zielen in weiteren Forschungssettings steht die Autorin gerne zur Verfügung.

Wie eingangs erwähnt, sollten Motto-Ziele und S.M.A.R.T.-Ziele nicht als Gegensätze aufgefasst werden. Sie sind vielmehr zwei Elemente von erfolgreicher Zielsetzung, die sich gegenseitig ergänzen. Optimal verläuft die Zielerreichung, wenn diese zwei Zieltypen noch mit Wenn-Dann-Plänen abgesichert sind. Ein Coach, der auf allen drei Ebenen der Zielpyramide seine Arbeit tut, ermöglicht es dem Coachee, gesund und mit Lust die eigenen Handlungen durch Ziele zu steuern.

Literatur

Aarts, H., Custers, R., & Holland, R.W. (2007). The nonconscious cessation of goal pursuit: When goals and negative affect are coactivated. *Journal of Personality and Social Psychology, 92*, 2, 165-178.

Baumann, N., Kaschel, R., & Kuhl, J. (2005). Striving for unwanted goals: Stress-dependent discrepancies between explicit and implicit achievement motives reduce subjective well-being and increase psychosomatic symptoms. *Journal of Personality and Social Psychology, 89*, 781-799.

Blackmore, S. (2003). Consciousness: An introduction. New York: Oxford University Press.

Brand, R. (2006). Die affektive Einstellungskomponente und ihr Beitrag zur Erklärung von Sportpartizipation. *Zeitschrift für Sportpsychologie, 13*, 147-155.

Bruggmann, N. (2003). Persönliche Ziele. Ihre Funktion im psychischen System und ihre Rolle beim Einleiten von Veränderungsprozessen. Empirische Lizentiatsarbeit, Lehrstuhl für Pädagogische Psychologie I, Universität Zürich.

Brunstein, J. (2006). Implizite und explizite Motive. In J. Heckhausen und H. Heckhausen (Hrsg.), Motivation und Handeln (3. Aufl.) (S. 235-254). Heidelberg: Springer.

Bucci, W. (2002). The referential process, consciousness, and the sense of self. Psychoanalytical Inquiry, 22 (5), 776-793.

Cacioppo, J.T. & Berntson, G.G. (1999). The affect system: Architecture and operating characteristics. *Current Directions in Psychological Science, 8,* 133-137.

Cropranzano, R., James, C., & Citera, M. (1993). A goal hierarchy model of personality, motivation, and leadership. *Research in Organizational Behavior, 15,* 267-322.

Custers, R. & Aarts, H. (2005). Positive affect as implicit motivator: On the nonconscious operation of behavioral goals. *Journal of Personality and Social Psychology, 89, 129-142.*

Damasio, A. (1994). Descartes' Irrtum. Fühlen, Denken und das menschliche Gehirn. München: List.

De Shazer, S. (1989). Der Dreh. Überraschende Wendungen in der Kurzzeittherapie. Heidelberg: Auer.

DeShon, R.& Gillespie, J. (2005). A motivated action theory account of goal orientation. *Journal of Applied Psychology, 90,* 1096-1127.

Dweck, C. (1999). Self-Theories. Their role in motivation, personality, and development. Philadelphia: Psychology Press.

Elliot, A. & Fryer, J. (2008). The goal construct in psychology. In J. Shah & W. Gardner (Edds.), *Handbook of Motivation Science* (pp 235-250). Nwe York: Guilford.

Ferguson, M. (2008). On becoming ready to pursue a goal you don't know you have: Effects of nonconscious goals on evaluative readiness. *Journal of Personality and Social Psychology, 95,* 1268-1294.

Fergusson, M. (2007). On the automatic evaluation of end-states. *Journal of Personality and Social Psychology, 92*, 596-611.

Ferguson, M., Hassin, R., & Bargh, J. (2008). Implicit motivation: Past, present, and future. In J. Shah & W. Gardner (Eds)., Handbook of Motivation Science (pp 150-168). New York: Guilford.

Fries, S. (2006). Zu Defiziten und möglichen Weiterentwicklungen aktueller Theorien der Lernmotivation. *Zeitschrift für Pädagogische Psychologie, 20*, 73-83.

Fujita, K., Trope, Y., Liberman, N., & Levin-Sagi, M. (2006). Construal levels and self-control. *Journal of Personality and Social Psychology, 90*, 351-367.

Gollwitzer, P.M. (1991). Abwägen und Planen. Göttingen: Hogrefe.

Gollwitzer, P.M. (1999). Implementation intentions. Strong effects of simple plans. *American Psychologist, 54*, 493-503.

Grandey, A.A., Fisk, G.M. & Steiner, D.D. (2005). Must „service with a smile" be stressful? The moderating role of personal control for american and french employees. *Journal of Applied Psychology, 90,* 893-904.

Grawe, K. (2004). Neuropsychotherapie. Göttingen: Hogrefe.

Grosse-Holtforth, J. & Grawe, K. (2003). Der Inkongruenzfragebogen (INK) – Ein Instrument zur Analyse motivationaler Inkongruenz. *Zeitschrift für Klinische Psychologie und Psychotherapie, 32*, 315-323.

Heckhausen, H. (1989). Motivation und Handeln. Heidelberg: Springer.

Hollenbeck, J., O'Leary, A., Klein, H. & Wright, P. (1989), Investigation of the construct validity of a self-report measure on goal-commitment. *Journal of Applied Psychology, 74*, 951-956.

Kanfer, F., Reinecker, H. & Schmelzer, D. (1990). Selbstmanagement-Therapie. Heidelberg: Springer.

Kanfer, R., Ackermann, P., Murtha, T., Dugdale, B., & Nelson, L. (1994). Goal-setting, conditions of practice, and task performance: A resource allocation perspective. *Journal of Applied Psychology, 79,* 826-835.
Kehr, H. (2004). Motivation und Volition. Göttingen: Hogrefe.
Klein, H., Alge, B.J., Wesson, M., und Hollenbeck, J. (1999). Goal commitment and the goal-setting process: Conceptual clarification and empirical synthesis. *Journal of Applied Psychology, 84,* 885-896.
Klein, H., Wesson, M., Hollenbeck, J., Wright, P. & DeShon, R. (2001.). The assessment of goal-commitment: A measurement model meta-analysis. *Organizational Behavior and Human Decision Processes, 85,* 32-55.
Kleinbeck, U. (2006). Handlungsziele. In J. Heckhausen und H. Heckhausen (Hrsg.), Motivation und Handeln (3. Aufl.) (S. 255-275). Heidelberg: Springer.
Koestner, R., Lekes, N., Powers, T.A., & Chicoine, E. (2002). Attaining personal goals: Self concordance plus implementation intentions equals success. *Journal of Personality and Social Psychology, 83,* 213-244.
Kruglanski, A.W. & Kopetz, C. (2009). The role of goal-systems in self-regulation. In E. Morsella, J.A. Bargh, & P.M. Gollwitze (Eds.), The psychology of action (pp 350). Oxford: Oxford University Press.
Kruglanski, A.W., Shah, J.Y., Fishbach, A., Friedman, R., Chun, W., & Sleeth-Keppler, D. (2002). A theory of goal-systems. *Advances in Experimental Social Psychology, 34,* 331-378.
Kuhl, J. (2001). Motivation und Persönlichkeit. Interaktionen psychischer Systeme. Göttingen: Hogrefe.
Kuhl, J. & Fuhrmann, A. (1998). Decomposing self-regulation and self-control: The Volitional Components Inventory. In J. Heckhausen & C.S. Dweck (Eds.), Motivation and self-regulation across the life-span (pp. 15-49). New York: Cambridge University Press.
Kuhl, J. & Koole, S. (2005). Wie gesund sind Ziele? Intrinsische Motivation, Affektregulation und das Selbst. In R. Vollmeyer & J.C. Brunstein (Hrsg.), Motivationspsychologie und ihre Anwendung (S.109-130). Stuttgart: Kohlhammer.
Latham, G. (2007). Work Motivation. History, Theory, Research, and Practice. Thousand Oaks: Sage.
Latham, G., Erez, M., & Locke, E. (1988). Resolving scientific disputes by the joint design of crucial experiments by the antagonists: Applications the Erez-Latham dispute regarding participation in goal setting. *Journal of Applied Psychology, 73,* 753-772.
Latham, G., & Kinne, S. (1974). Improving job performance through training in goal setting. *Journal of Applied Psychology, 59,* 187-191.
Latham, G. & Locke, E. (2007). New developments and directions for goal-setting research. European Psychologist, 12, 290-300.
Latham, G., Seijts, G. & Crim, D. (2008). The effects of learning goal difficulty level and cognitive ablity on performance. *Canadian Journal of Behavioral Science, 40,* 220-229.
Locke, E. & Latham, G. (1990). A theory of goal setting and task performance. Englewood Cliffs, NJ: Perntice Hall.
Locke, E., Smith, K., Erez, M., Chah, D. & Schaffer, A. (1994). The effects of intra-individual goal-conflict on performance. *Journal of Management, 20,* 67-91.
Miller, G.A., Galanter, E., & Pribram, K.H. (1960). Plans and the structure of behavior. Oxford: Holt.
Oettingen, G. & Gollwitzer, P. (2002). Theorien der modernen Zielpsychologie. In D. Frey (Hrgs.), *Theorien der Sozialpsychologie*, Bd. 3 (S. 51-74). Bern: Huber.
Powers, W.T. (1973). Behavior: The control of perception. Chicago: Aldine.
Scheffer, D. (2005). Implizite Motive. Göttingen: Hogrefe.
Scheffer, D. & Kuhl, J. (2006). Erfolgreich motivieren. Mitarbeiterpersönlichkeit und Motivationstechniken. Göttingen: Hogrefe.
Stajkovic, A., Locke, E. & Blair, E. (2006). A first examination of the relationship between primed subconscious goals, assigned conscious goals, and task performance. *Journal of Applied Psychology, 91,* 1172-1180.

Storch, M. (2008a). Rauchpause. Wie das Unbewusste dabei hilft, das Rauchen zu vergessen. Bern: Huber.

Storch, M. (2008b, 5. Aufl.) Das Geheimnis kluger Entscheidungen. Von somatischen Markern, Bauchgefühl und Überzeugungskraft. Frankfurt a.M.: Goldmann.

Storch, M. (2007). Mein Ich-Gewicht. Wie das Unbewusste dabei hilft, das richtige Gewicht zu finden. Pendo: Zürich.

Storch, M. & Krause, F. (2007, 4.Aufl.). Selbstmanagement – ressourcenorientiert. Grundlagen und Trainingsmanual für die Arbeit mit dem Zürcher Ressourcen Modell ZRM. Bern: Huber.

Trope, Y., & Liberman, N. (2003). Temporal construal. *Psychological Review, 110*, 403-421.

Wilson, Th. (2007). Gestatten, mein Name ist Ich! Das adaptive Unbewusste – eine psychologische Entdeckungsreise. Zürich: Pendo.

Wissemann, M. (2006). Wirksames Coaching. Eine Anleitung. Bern: Huber.

Wood, W. & Neal, D.T. (2007). A new look at habits and the habit-goal interface. *Psychological Review, 114*, 843-863.

Wenn-Dann Pläne: eine effektive Planungsstrategie aus der Motivationspsychologie

Tanya Faude-Koivisto & Peter Gollwitzer

1 Einleitung

Das Setzen von Zielen wird in der wissenschaftlichen Psychologie, in der Praxis des Coachings, sowie in naiven Alltagstheorien als eine gute Strategie betrachtet, eigene Wünsche zu realisieren oder auch Anforderungen gerecht zu werden. Warum misslingt es dann aber immer wieder das Vorhaben einer Gewichtsabnahme oder Ernährungsumstellung in die Tat umzusetzen? Warum hat man schon wieder „Ja" zu einer neuen Verpflichtung gesagt, obwohl man sich vorgenommen hatte, sich abzugrenzen? Und warum schafft es ihr Coaching Klient zum wiederholten Male nicht, sich die Meinung seiner Teammitglieder anzuhören, obwohl er sich das Ziel gesetzt hat weniger kontrollierend zu sein?

Das Forschungsgebiet der modernen Motivationspsychologie, in deren Zentrum die Erforschung zielbezogener Phänomene steht, kann hierzu hilfreiche Antworten liefern. Die rezente Forschung löst die traditionelle Motivationspsychologie ab, die sich ausschließlich auf die Analyse des Zielsetzens anhand von Erwartungs-Wert-Modellen konzentrierte (Heckhausen, 1989). Dahingegen unterscheidet die moderne Motivationspsychologie zwischen Prozessen des Zielsetzens („goal setting") und der Zielrealisierung („goal striving") um den jeweils unterschiedlichen zugrunde liegenden psychologischen Prinzipien gerecht zu werden (Gollwitzer, 2006; Gollwitzer & Moskowitz, 1996; Oettingen & Gollwitzer, 2001). Eine Unterscheidung auf welche übrigens bereits Kurt Lewin (1926) aufmerksam gemacht hat.

Aus dieser Unterscheidung ergeben sich Antworten der modernen Motivationspsychologie auf die Frage „Wie erreiche ich meine Ziele?". Zunächst bedarf es für eine erfolgreiche Zielsetzung der intrinsischen Motivationsbildung und der inneren Verpflichtung („commitment") einer Person gegenüber dem formulierten Ziel (detaillierte Ausführungen hierzu im Kapitel von Storch in diesem Band). Allerdings weisen zahlreiche Forschungsergebnisse darauf hin, dass eine starke Motivation ein bestimmtes Handlungsergebnis zu erreichen oder ein bestimmtes Verhalten zu zeigen, oft nicht dafür ausreicht, das gesetzte Ziel zu realisieren (Gollwitzer & Bargh, 1996; Heckhausen, 1989; Kuhl, 1983). Vielmehr ist die Zielrealisierung von Prozessen der *Selbstregulation* abhängig, da auf dem Weg zwischen dem Setzen und der Verwirklichung eines Ziels unterschiedlichste Herausforderungen dessen Implementierung gemeistert werden müssen (Baumeister, Heatherton & Tice, 1994; Gollwitzer & Moskowitz, 1996; Gollwitzer & Sheeran, 2006; Webb & Sheeran, 2004). Diese Hürden äußern sich beispielsweise darin, dass man eine günstige Gelegenheit zur Umsetzung seines Ziels nicht erkennt, weil man gerade abgelenkt ist oder seine Aufmerksamkeit auf eine intensive emotionale Erfahrung richtet. Um bei dem vorhergehenden Beispiel des Coaching Klienten zu bleiben, könnte dieser die Gelegenheit verpassen, sich zu Beginn des Meetings zurückzuhalten, da er auf dem Weg ins Besprechungszimmer auf seinem Blackberry eine Mail seines Vermögensverwalters liest, welcher ihm vom weiteren Verfall seiner Aktienpakets berichtet. Desweiteren kann die Realisierung eines Zieles frühzeitig abbrechen, weil andere Projekte im Moment Priorität haben und es einem misslingt, das anfängliche Projekt wieder aufzunehmen. So könnte der Coaching Klient sich zwar zu Beginn des Meetings zurücknehmen, wenn an einem bestimmten Punkt „dieses Thema jetzt abschließen um zum Nächsten zu kommen“ für ihn jedoch in den Mittelpunkt rückt, könnte er den Weg zurück zu seinem Vorhaben, nicht alles selbst in die Hand zu nehmen, allerdings verpassen.

Um solche Implementierungsschwierigkeiten gesetzter Ziele zu bewältigen, benötigt es – aus der Sicht der rezenten Motivationspsychologie – den Einsatz von Selbstregulationsstrategien, damit es letztendlich zu einer Zielverwirklichung kommt. Eine sehr effektive Strategie der Selbstregulation stellt das von Gollwitzer (1993, 1999) entwickelte Planungsinstrument der *Wenn-Dann Pläne* dar. Im wissenschaftlichen Kontext bzw. in der experimentellen Forschung werden Wenn-Dann Pläne auch als Vorsätze, Durchführungsintentionen oder ‚implementation intentions' bezeichnet. Da sich im angewandten Coaching- und Trainingsbereich der Begriff „Wenn-Dann Pläne“ als geeignet erwiesen hat, wird im Folgenden ausschließlich diese Bezeichnung verwendet.

Gollwitzer (1993, 1999) empfiehlt, die Realisierung von Zielen zu planen, indem gedanklich vorweggenommen wird, wann, wo und auf welche Art und Weise das Ziel erreicht werden soll. Dazu werden gesetzte Zielintentionen („Ich will Z erreichen!“) mit Plänen im Format „Wenn Situation X eintritt, dann will ich das Verhalten Y ausführen!“ ergänzt. Da diese Pläne Verknüpfungen zwischen antizipierten situativen Stimuli und zielgerichtetem Verhalten spezifizieren, wird angenommen, dass die Kontrolle des Handelns vom Selbst weg an die Umwelt delegiert wird. Wenn-Dann Pläne erleichtern die Handlungsinitiierung insofern, als dass es durch diese Verknüpfung zu einer automatischen Auslösung des zielgerichteten Verhaltens kommt sobald die spezifizierte Situation eintritt.

Die Wirkung von Wenn-Dann Plänen als effektive Selbstregulationsstrategie gilt als empirisch abgesichert: zahlreiche Studien aus sehr unterschiedlichen Handlungsfeldern konnten zeigen, dass mit Wenn-Dann Plänen ausgestattete Ziele eine höhere Erfolgsrate aufweisen als Ziele ohne solche Pläne (Übersichten siehe Achtziger & Gollwitzer, 2006; Gollwitzer & Sheeran, 2006). Würde die Führungskraft daher ihr Ziel (z.B. „Ich will eine gute Führungskraft sein!“) mit einem Wenn-Dann Plan ergänzen (z.B. „Wenn ich mit meinen Mitarbeitern in einem Meeting sitze und wir mit einem neuen Thema beginnen, dann höre ich mir zunächst die Meinung meiner Mitarbeiter an!“), hätte sie bessere Chancen, das angestrebte Ziel auch tatsächlich zu erreichen.

2 Das Rubikon-Modell der Handlungsphasen

Einen entscheidenden Einfluss auf den Forschungsstand der modernen Motivationspsychologie hatte das Rubikon-Modell der Handlungsphasen (Heckhausen & Gollwitzer, 1987). Die Innovation dieses Modells bestand darin, dass es die beiden Grundthematiken der Motivationspsychologie, nämlich die Wahl von Zielen („goal setting“) einerseits und Realisierung dieser Ziele („goal striving“) andererseits, zugleich unterschied und in ein gemeinsames Rahmenmodell integrierte. Das Rubikon-Modell stellt die Grundlage für Gollwitzers (1993, 1996) Konzeptualisierung von Wenn-Dann Plänen dar und wird deshalb hier kurz vorgestellt (für eine detaillierte Ausführung siehe Achtziger & Gollwitzer, 2006).

Das Rubikon-Modell der Handlungsphasen ist ein motivationspsychologisches Modell zielrealisierenden Handelns und beinhaltet eine umfassende Darstellung des Prozesses der Zielrealisierung. In diesem Modell wird der Handlungsverlauf als ein zeitlicher und somit horizontaler Pfad verstanden, der mit den Wünschen einer Person beginnt und mit der Bewertung des jeweils erreichten Zieles endet (Gollwitzer, 1990; Heckhausen & Gollwitzer, 1987; siehe Abbildung 1).

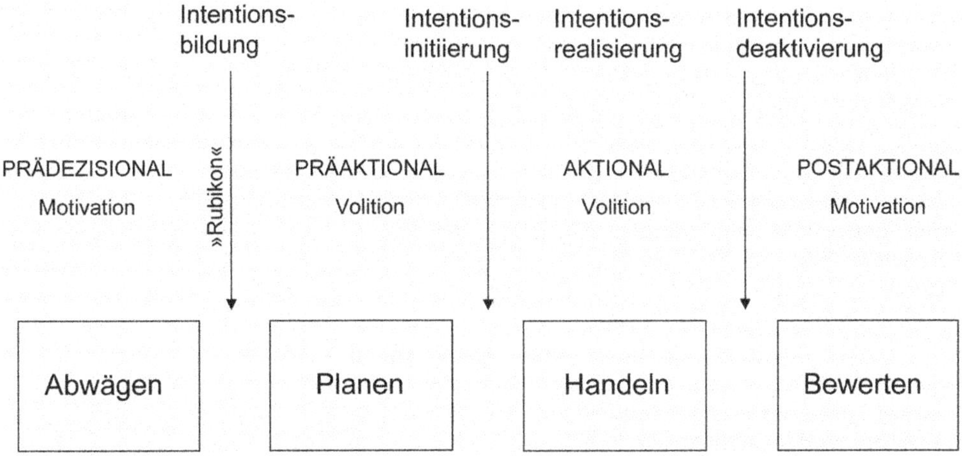

Abbildung 1: Das Rubikon-Modell der Handlungsphasen (Heckhausen & Gollwitzer, 1987)

Es werden vier aufeinander folgende Handlungsphasen im Rubikon-Modell unterschieden: die prädezisionale, die präaktionale, die aktionale und die postaktionale Phase. Die Phasen unterscheiden sich hinsichtlich der Aufgaben, die sich einem Handelnden jeweils dann stellen, wenn er eine bestimmte Phase erfolgreich abschließen will.

In der *prädezisionalen* Handlungsphase werden sowohl die Realisierbarkeit bestimmter Wünsche und Anliegen als auch die Wünschbarkeit potenzieller Handlungsergebnisse gegeneinander abgewogen, um dadurch Prioritäten zwischen den verschiedenen Wünschen setzen zu können. Durch diesen Abwägeprozess wird schließlich am Ende der prädezisionalen Phase ein verbindliches Ziel gesetzt, das der Handelnde zu erreichen versucht. Damit wird der „Rubikon“[1] vom Wunsch zum Ziel überschritten. Hierbei entsteht ein Gefühl der Verpflichtung, dieses Ziel auch wirklich in die Tat umzusetzen – in der Forschung wird diese Verpflichtung „Commitment“ genannt. An dieser Stelle wird auf das Kapitel von Storch in diesem Band verwiesen. Storch beschreibt ein Zielsetzungsverfahren mit welchem bei der Überquerung des Rubikons die Erzeugung einer starken Zielverpflichtung (und damit einhergehenden intrinsischen Motivation) gewährleistet werden kann.

In der *präaktionalen* Handlungsphase überlegt sich ein Handelnder, welche Strategien er anwenden soll, um das in der prädezisionalen Phase verbindlich festgelegte Ziel auch wirklich zu realisieren und somit den erwünschten Zielzustand zu erreichen. In dieser Phase werden entsprechend Pläne (z.B. in der Form von Wenn-Dann Plänen) entwickelt, die für das Erreichen des erwünschten Zielzustands förderlich erscheinen. Wenn dieses geplante Verhalten schließlich durch den Handelnden initiiert wird, erfolgt der Übergang in die nächste Phase.

1 Den Begriff des Rubikon wurde in Anlehnung an Julius Caesar gewählt, der 49 v. Chr. mit den Worten "alea jacta est" (lat.: der Würfel ist gefallen), kundtut, dass er nach einer Phase des Abwägens den Entschluss gefasst hat, mit seinen Soldaten den Fluss mit dem Namen "Rubikon" zu überschreiten und damit den Krieg begann. D.h. es gab kein zurück mehr.

In der *aktionalen* Handlungsphase besteht die Aufgabe eines Handelnden darin, die geplanten zielfördernden Handlungen auch wirklich durchzuführen und sie zu einem erfolgreichen Ende zu bringen. Dies wird am besten durch ein beharrliches Verfolgen der Zielrealisierung ermöglicht, was eine Anstrengungssteigerung angesichts von Schwierigkeiten impliziert, sowie die konsequente Wiederaufnahme unterbrochener Zielhandlungen erfordert. Ist dies gelungen, schließt sich die vierte Phase an.

In der letzten, *postaktionalen* Phase des Rubikonmodells bewertet ein Handelnder sein erreichtes Handlungsergebnis, indem er das, was er erreicht hat, mit dem, was er sich ursprünglich gewünscht hat, vergleicht. Ist er damit zufrieden, deaktiviert er das am Ende der prädezisionalen Handlungsphase gesetzte Ziel. Ist er damit nicht zufrieden, senkt er entweder sein Anspruchsniveau und deaktiviert das Ziel oder er behält dieses bei und plant neue Handlungen, die dafür geeignet erscheinen, den erwünschten Zielzustand doch noch zu erreichen. Für eine erfolgreiche Deaktivierung eines nicht erreichten Handlungsziels scheint es förderlich zu sein, wenn der Handelnde ein neues Ziel vor Augen hat, dass das nicht erreichte Ziel ersetzen kann.

Für die Praxis des Coachings bietet sich das Rubikon-Modell als Methode zur Eingangs- und Prozessdiagnostik an. Das Modell erlaubt eine umfassende und wissenschaftlich gut abgesicherte Beschreibung der Entwicklung von Handlungszielen und ermöglicht die Aufgliederung zielgerichteten Verhaltens in eine Abfolge verschiedener, durch spezifische Aufgaben charakterisierte Phasen. Diese Einteilung ermöglicht dem Coach eine Einschätzung seiner Klienten hinsichtlich des aktuellen Standes und dessen, was diese benötigen, um klare Entscheidungen zu treffen und Handlungsfähigkeit zu erlangen. Das Rubikon-Modell wird – in leicht abgewandelter Form – als Instrument zur Eingangs- und Prozessdiagnostik im Coaching bereits im Rahmen der Methodik des Zürcher Ressourcen Modells (Krause & Storch, 2006) vorgestellt und beschrieben. Daher wird an dieser Stelle nicht näher darauf eingegangen.

3 Wenn-Dann Pläne: eine Strategie der Selbstregulation für effektives Zielstreben

Eine Zielsetzung ist entsprechend dem Rubikon-Modell der Handlungsphasen (Heckhausen & Gollwitzer, 1987) dann erfolgreich verlaufen, wenn sich die Person, welche sich das Ziel setzt, diesem gegenüber innerlich verpflichtet fühlt. Die Aufgabe, die sich einem Handelnden in der ersten (prädezisionalen) Phase stellt, ist entsprechend *motivationaler* Natur. Häufig führt das geglückte Setzen eines Zieles allein allerdings nicht zur Erreichung des angestrebten Endzustands, da die Aufgabe der präaktionalen Phase des Zielstrebens, die Implementierung des Ziels, misslingt. Manchmal liegt das daran, dass ein Handelnder eine günstige Gelegenheit zur Umsetzung von Zielen in die Realität nicht erkennt, weil er gerade abgelenkt ist und sich seine Aufmerksamkeit z.B. auf intensive emotionale Erfahrung richtet. Zudem wird die Implementierung erschwert, wenn Ziele langfristige Projekte darstellen und deshalb auf lange Zeiträume hinweg immer wieder Anstrengungen erfordern (z.B. der Wechsel in die berufliche Selbständigkeit). Entsprechend dem Rubikon-Modell wird das Problem erfolgreicher Implementierung einer ausgewählten Handlungsweise als von *volitionaler* Natur betrachtet. Das heißt, es hängt von der Willenskraft einer Person und deren Verfügen über relevante Selbstregulationsstrategienfähigkeiten ab, ob das Verhalten letztendlich implementiert wird.

Basierend auf diesen Überlegungen schlägt Gollwitzer (1993, 1996) zusätzlich zum Setzen einer Zielintention das Fassen von Wenn-Dann Plänen vor. Sie gelten als ein effektives Instrument zur Förderung der Zielrealisierung, besonders wenn dieser Probleme der Selbstregulation entgegenstehen. Gollwitzer (1993, 1996) unterscheidet zwischen Zielintenionen (Absichten, „goal intentions“) und Wenn-Dann Plänen (Vorsätze, Durchführungsintentionen, „implementation intentions“). Zielintentionen definieren erwünschte Endzustände (eine erwünschte Leistung oder ein erwünschtes Ergebnis), die bisher noch nicht erreicht worden sind und besitzen das Format „Ich will Z erreichen!“. Somit handelt es sich bei Zielintentionen um „Ziele“ im landläufigen Sinn. Zielintentionen können von der betreffenden Person sowohl abstrakt auf der Haltungsebene (z.B. „Ich will eine gute Führungskraft sein!“) als auch konkret auf der Ergebnisebene (z.B. „Ich will die Meinung meiner Mitarbeiter in meine Entscheidungen mit einfließen lassen!“) definiert werden (Gollwitzer & Brandstätter, 1997). Siehe Storchs Kapitel in diesem Band zur Diskussion darüber, wann es sich empfiehlt, Ziele entweder auf der Haltungs- oder der Ergebnisebene zu definieren.

Wenn-Dann Pläne besitzen das Format „Wenn Situation X eintritt, dann will ich das Verhalten Y ausführen!“ und stehen im Dienste von Zielintentionen, d.h. sie sind diesen untergeordnet. Dies impliziert, dass ein Handelnder sich in der Regel zuerst eine Zielintention setzt und sich anschließend einen Wenn-Dann Plan fasst, um durch diesen die Realisierung der Zielintention zu unterstützen. Zielintentionen bilden somit die Grundlage für Wenn-Dann Pläne, oder anders formuliert: Sie sind die Voraussetzung für deren Existenz (Schaal & Gollwitzer, 2000). Wenn-Dann Pläne sind eine Strategie, in der sowohl das die Realisierung der Zielintention fördernde Verhalten, als auch eine günstige Situation, dieses Verhalten zu zeigen, festgelegt wird. Sie unterstützen die Zielrealisierung, indem sie bestimmen, wann, wo und auf welche Art und Weise das Ziel erreicht werden soll. Die Verknüpfung einer antizipierten Situation mit einem zielfördernden Verhalten im Wenn-Dann Format führt dazu, dass die Kontrolle des Handelns an die spezifizierte Situation delegiert wird.

Um einen Wenn-Dann Plan zu fassen, muss eine Person zunächst eine kritische Situation oder Bedingung antizipieren. Es kann sich hierbei um einen bestimmten Ort, Gegenstand oder Zeitpunkt, eine bestimmte Person, aber auch einen kritischen inneren Zustand wie z.B. sich ärgern handeln. Als nächstes überlegt sich die Person unterschiedliche Möglichkeiten, wie auf den kritischen äußeren oder inneren Stimuli so reagiert werden kann, dass dieses Verhalten zielfördernd ist. Beispielsweise könnte der Coachee mit dem Ziel, seiner Familie mehr Aufmerksamkeit zu schenken, die kritische Situation „wenn ich auf eine Geschäftsreise gehe und am Ankunftsflughafen in ein Taxi steige“ antizipieren und sich dann ein mögliches zielförderndes Verhalten, wie „dann rufe ich zunächst meine Frau an um ihr mitzuteilen, dass ich gut angekommen bin“ überlegen. Das tatsächliche Fassen des Plans ist dann der mentale Akt der Verknüpfung der antizipierten Situation mit der zielfördernden Handlung in einem „Wenn-Dann“ Format: „Wenn ich auf eine Geschäftsreise gehe und an dem Bestimmungsort ankomme, dann rufe ich zunächst meine Frau an um ihr mitzuteilen, dass ich gut angekommen bin!“

Zahlreiche Studien aus sehr verschiedenen Handlungsfeldern belegen, dass Personen, die ihre Zielintention mit Wenn-Dann Plänen ergänzen, eine höhere Erfolgsrate bei der Realisierung dieser Zielintentionen aufweisen als Personen, die das nicht tun (Übersichten siehe Achtziger & Gollwitzer, 2006; Gollwitzer & Sheeran, 2006). Zudem konnte in einer Meta-Analyse von 94 voneinander unabhängigen Studien zu Wenn-Dann Plänen eine mittlere bis starke Effektstärke (Cohen, 1992) in Bezug auf die Wirkung dieser Pläne gefunden werden, und dies über die Wirkung von Zielintentionen alleine hinaus (Gollwitzer & Sheeran, 2006; Webb & Sheeran, 2008).

4 Wie funktionieren Wenn-Dann Pläne?

Die Wirkung von Wenn-Dann Plänen wird vornehmlich auf zwei psychologische Prozesse zurückgeführt, die sich jeweils auf den „Wenn-Teil" oder den „Dann-Teil" des Plans beziehen: die chronische Aktivierung der spezifizierten Situation und die automatische Initiierung des vorgenommenen zielfördernden Verhaltens. Das Fassen eines Wenn-Dann Plans beinhaltet die bewusste Auswahl einer bestimmten zukünftigen Situation oder eines bestimmten Reizes (z.B. eine günstige Gelegenheit, eine schwierige Situation oder einen aversiven inneren Zustand), es wird daher angenommen, dass die mentale Repräsentation dieser Situation hoch aktiviert wird (Gollwitzer, 1993; 1999). Aarts, Dijksterhuis und Midden (1999) wiesen die erhöhte mentale Aktivierung der kritischen Situation mithilfe einer lexikalischen Entscheidungsaufgabe nach. In dieser reagierten Versuchspersonen, die sich einen Wenn-Dann Plan gefasst hatten, schneller auf Wörter, welche in diesem Plan als Situation spezifiziert worden waren als Versuchspersonen, die sich diesbezüglich nur eine Zielintention gesetzt hatten.

Durch die hohe Aktivierung der spezifizierten Situation wird deren kognitive Zugänglichkeit in Folge erhöht. Dies bedeutet, dass die Wahrnehmungs-, Aufmerksamkeits- und Gedächtnisfunktion im Hinblick auf die spezifizierte Situation beeinflusst wird. Sie wird schneller als günstige Gelegenheit zur Durchführung zielfördernden Verhaltens wahrgenommen und zieht selbst bei starker Ablenkung mehr Aufmerksamkeit auf sich. Zusätzlich wird sie besser erinnert, als wenn sie nicht in einem Wenn-Dann Plan spezifiziert worden wäre (z.B. Webb & Sheeran, 2004). Eine detaillierte Ausführung der ersten empirischen Befunde zu den Folgen der kognitiven Zugänglichkeit der spezifizierten Situation findet sich bei Gollwitzer (1999).

Der zweite Prozess auf den die Wirkung von Wenn-Dann Plänen zurückgeführt wird, ist die *Automatisierung* der im Plan vorgenommenen Handlung. Gollwitzer (1993) argumentiert, dass das Fassen eines Wenn-Dann Plans (d.h. die Verknüpfung einer kritischen Situation mit einer zielfördernden Verhaltensweise in einem Wenn-Dann Format) ein bewusster Willensakt ist, der die Kontrolle des Verhaltens strategisch vom Handelnden weg an die Umwelt (d.h. die spezifizierte Situation) überträgt. Sie ist somit nicht mehr „intern" von den jeweiligen „inneren Zuständen" der handelnden Person wie beispielsweise dem Grad an Wachheit oder Energie, sondern „extern" und somit vom Eintreten der im Plan definierten Situation abhängig. Folglich löst die Situation, sobald diese eintrifft, das Verhalten automatisch aus. Gollwitzer et al. (z.B. Gollwitzer & Schaal, 1998; Gollwitzer, Fujita & Oettingen, 2004) sprechen in diesem Zusammenhang auch von „strategischer" Automatizität. Die Annahme einer automatischen Realisierung von Wenn-Dann Plänen bedeutet, dass diese bei Eintreffen der in ihnen spezifizierten Situation *sofort*, *effizient* und *ohne bewusstes Wollen* in die Tat umgesetzt werden. Ein Handelnder, der sich einen solchen Plan gefasst hat, muss also nicht erst bewusst und unter Aufwendung kognitiver Ressourcen mühevoll dafür sorgen, dass die geplante zielfördernde Verhaltensweise bei Eintreten der spezifizierten Situation auch wirklich in die Tat umgesetzt wird. Mit anderen Worten, wenn der um die Beziehung zu seiner Frau besorgte Coachee auf einer Geschäftsreise am Flughafen des Ankunftsorts ins Taxi steigt, denkt er sofort und ohne Mühe „ich rufe jetzt meine Frau an"

– ohne nochmals Abwägen zu müssen, ob ein bestimmtes Geschäftstelefonat zuerst erledigt werden muss.

Die Automatisierung der Handlungsinitiierung konnte in unterschiedlichen Studien nachgewiesen werden, in denen das im Wenn-Dann Plan vorgenommene zielfördernde Verhalten unverzüglich (z.B. Gollwitzer & Brandstätter, 1997; Webb & Sheeran, 2006), effizient (z.B. Brandstätter, Lengfelder & Gollwitzer, 2001; Lengfelder & Gollwitzer, 2001), und ohne bewusstes Wollen (z.B. Bayer, Achtziger, Gollwitzer & Moskowitz, 2009; Webb & Sheeran, 2006) ausgelöst wurde, sobald die im Plan spezifizierte Situation eintrat (Übersicht siehe Gollwitzer & Sheeran, 2006). Beispielswiese konnte die automatische Realisierung von Wenn-Dann Plänen von Lengfelder und Gollwitzer (2001) in einer neuropsychologischen Studie mit Patienten mit Frontallappenschädigung nachgewiesen werden. Diese Patienten haben Probleme mit der bewussten Kontrolle von Handlungen und sind deshalb nur noch in der Lage, habituelle und reflexive, und somit automatisierte Handlungen durchzuführen. In der Studie zeigte sich allerdings, dass bei Patienten, die gebeten wurden sich Wenn-Dann Pläne zu fassen um mit deren Hilfe eine bestimmte Aufgabe schneller zu lösen, die Initiierung des zielfördernden Verhaltens schneller erfolgte als bei gesunden Personen. Daraus kann geschlossen werden, dass Wenn-Dann Pläne automatisch die Kontrolle des Verhaltens induzieren, d.h. es ist hierfür keine bewusste, kognitive Ressourcen verbrauchende Kontrolle notwendig. Besonders interessant sind in diesem Zusammenhang auch Studien, bei denen die im Wenn-Dann Plan spezifizierte Situation subliminal und somit unterhalb der Bewusstseinsschwelle präsentiert wurde. Obwohl hier kein Entschluss zur Durchführung des zielfördernden Verhaltens auf Seiten des Handelnden möglich war, zeigte sich bei der Präsentation dieser Situation eine automatische Handlungsinitiierung (Bayer, Achtziger, Gollwitzer & Moskowitz, 2009).

Die automatische Handlungsinitiierung bei Wenn-Dann Plänen ist vergleichbar mit der Automatisierung von Verhalten bei Gewohnheitshandlungen („habits"). Beide führen dazu, dass ein mit einer bestimmten Situation oder einem bestimmten Reiz verbundenes Verhalten automatisch ausgeführt wird, sobald diese Situation eintritt bzw. der entsprechende Reiz auftaucht. Man denke hinsichtlich Gewohnheitshandlungen z.B. an das Autofahren: Sobald man sich als geübter Fahrer ins Auto setzt (auslösender Reiz), wird der Zündschlüssel eingesteckt (Verhalten), sobald die Kupplung gedrückt wird (auslösender Reiz), wird der Gang eingelegt (Verhalten), etc. Und all dies geschieht automatisch (d.h. sofort, anstrengungsfrei und ohne bewusst darüber nachdenken zu müssen), so dass sie sich während des Losfahrens auch ungestört mit jemandem unterhalten können. Wenn-Dann Pläne unterscheiden sich von „habits" allerdings darin, dass für ihre Etablierung nur *ein einziger Willensakt* notwendig ist, bei dem ganz bewusst eine enge Verbindung zwischen einer bestimmten Situation bzw. einem bestimmten Reiz und einem zielfördernden Verhalten generiert wird. Bis ein „habit" sich im offenen Verhalten niederschlägt, sind dagegen viele konsistente Wiederholungen einer bestimmten Verhaltensweise in derselben Situation erforderlich (vgl. Fitts & Posner, 1967; Newell & Rosenbloom, 1981). Man spricht daher auch davon, dass das Fassen eines Wenn-Dann Plans eine „sofortige Gewohnheitsbildung" („instant habit") erzeugt (Schaal & Gollwitzer, 2000).

Dieser Aspekt macht den Einsatz von Wenn-Dann Plänen im Coaching besonders attraktiv – sie erleichtern dem Coachee das Realisieren seines beabsichtigten Verhaltens erheblich und eignen sich vor allem dann, wenn es gilt, alte Automatismen zu umgehen oder neue Automatismen aufzubauen.

5 Wenn-Dann Pläne in der Coaching-Praxis

Die bisherigen Ausführungen implizieren, dass Wenn-Dann Pläne eine effektive Strategie darstellen, um Selbstregulationsschwierigkeiten, denen eine Person nach der Zielsetzung auf dem Weg zum Ziel begegnen kann, erfolgreich zu lösen. Wann und in welcher Form können diese Schwierigkeiten jedoch im Einzelnen auftreten, und wie können Wenn-Dann Pläne helfen? Dies soll im Folgenden erläutert, mit empirischen Daten belegt und mit Coaching Beispielen veranschaulicht werden.

5.1 Wenn-Dann Pläne fördern die Handlungsinitiierung

Die erste Selbstregulationshürde, die es nach dem Setzen eines Zieles zu überwinden gilt, besteht in der *Initiierung* zielfördernder Handlungen. Diese Hürde wird leicht gemeistert, wenn die Zielintention einfach zu realisieren ist, weil z.B. das zu initiierende zielfördernde Verhalten bereits eine Routine darstellt. In solch einem Fall würde der Einsatz von Wenn-Dann Plänen keine Zusatzeffekte hinsichtlich des Grades der Zielerreichung zeigen. Allerdings haben Wenn-Dann Pläne eine erhebliche Auswirkung auf den Grad der Handlungsinitiierung, wenn es sich um Zielintentionen handelt, die schwierig zu realisieren sind. Dies ist beispielsweise dann der Fall, wenn neue Verhaltensweisen unter erschwerten Umständen gezeigt bzw. erlernt werden müssen. Starke Wenn-Dann Plan Effekte (d.h. mit Wenn-Dann Plänen ausgestattete Zielintentionen weisen einen höheren Realisierungsgrad auf als Zielintentionen ohne Wenn-Dann Pläne) konnten bisher unter folgenden erschwerten Bedingungen einer Handlungsinitiierung gefunden werden.

Erschwerte situative Faktoren. Zunächst hat es sich gezeigt, dass Wenn-Dann Pläne die Handlungsinitiierung und Handlungsdurchführung auch dann fördern, wenn das zielgerichtete Verhalten zu einem ungünstigen Zeitpunkt gezeigt werden soll. So untersuchten Gollwitzer und Brandstätter (1997) die Realisierung einer Zielintention, die in den Weihnachtsferien von Studierenden in der Tat geschehen sollte. Die Weihnachtsferien stellen für die meisten Studenten einen Zeitraum dar, in welchem mit Arbeit verbundene Aktivitäten meist zugunsten des Zusammenseins mit der Familie und Freunden gemieden werden. Den Versuchspersonen wurde die Aufgabe gestellt, während der Weihnachtsferien einen Bericht über den Heiligabend zu schreiben. Wie erwartet taten das Studierende, die sich einen entsprechenden Wenn-Dann Plan gefasst hatten, signifikant häufiger als Studierende, die sich diesbezüglich nur eine Zielintention gesetzt hatten.

Auf die Coaching-Praxis übertragen könnten Wenn-Dann Pläne z.B. dann hilfreich sein, wenn sich ihr männlicher Coachee das Ziel gesetzt hat, seine körperliche Fitness zu verbessern. Ein Plan könnte dazu lauten „Wenn der Wecker um 6.20 Uhr klingelt, dann stehe ich auf und gehe 30 Min. im Park laufen!" Die Initiierung seines Handelns sollte durch den Wenn-Dann Plan auch dann abgesichert sein, wenn es beispielsweise draußen regnet. Durch die automatische Handlungsinitiierung wird ein Hin- und Herüberlegen, ob er bei so einem garstigen Wetter laufen gehen soll oder nicht, schlicht umgangen und die Wahrscheinlichkeit, dass er sein Ziel erreicht, in dem er vor der Arbeit Joggen geht, erhöht (natürlich immer vorausgesetzt, dass er sich dem Ziel innerlich verpflichtet fühlt und zur Zielerreichung motiviert ist).

Erschwerte aufgabenbezogene Faktoren. Desweiteren konnte gezeigt werden, dass Wenn-Dann Pläne die Initiierung von neuem erwünschtem Verhalten auch dann fördern, wenn die Ausführung der Zielhandlung unangenehm ist oder Überwindung erfordert, d.h. die zu lösende Aufgabe bezüglich der Zielerreichung erschwert ist. Beispielsweise stellten Orbell, Hodginks und Sheeran (1997) in einer Studie zur Brustkrebsprävention fest, dass Frauen, die sich die Zielintention gesetzt hatten, innerhalb des nächsten Monats ein Abtasten der Brust durchzuführen, dies zu 53% taten. Im Gegensatz hierzu zeigten 100% der Frauen dieses Vorsorgeverhalten, wenn sie sich zusätzlich einen Wenn-Dann Plan gefasst hatten. Dasselbe galt für Studien, welche die Wiederaufnahme von körperlichen Aktivitäten nach Hüftgelenksoperationen (Orbell & Sheeran, 2000), die Durchführung von sportlichen Übungen (Milne, Orbell & Sheeran, 2002) und die Aneignung des umweltfreundlichen Verhaltens der Abfallverwertung (Holland, Aarts & Langendam, 2006) untersuchten. Für das Coaching sind diese Ergebnisse vor allem im Zusammenhang mit umfassenden Veränderungsprozessen innerhalb einer Organisation interessant. Veränderungen von eingefahrenen Verhaltensweisen sind mit großem Unbehagen und Stress verbunden, das bestätigt auch die neurowissenschaftliche Forschung. Große Veränderungen werden vom Gehirn quasi als Bedrohung empfunden (Rock & Schwartz, 2006). Allerdings ist Erfolg in vielen Geschäftsbereichen in der heutigen Zeit nur dann möglich, wenn das tagtägliche Verhalten der gesamten Belegschaft verändert wird. Würde man in einem solchen Falle die Veränderungsbemühungen damit ergänzen, dass den Mitarbeitern Wenn-Dann Pläne (und optimaler Weise ein Zielsetzungsverfahren, welches die Zielverpflichtung garantiert, siehe Storch in diesem Kapitel) als Instrument zur Selbstregulation näher gebracht werden, wäre der Prozess nicht nur weniger unangenehm und schmerzhaft, sondern auch erfolgreicher.

Erschwertes Erinnern der Handlungsinitiierung. Weiterhin konnten positive Effekte von Wenn-Dann Plänen für zielgerichtete Verhaltensweisen gefunden werden, die leicht vergessen werden, wie z.B. die reguläre Einnahme von Vitamintabletten (Sheeran & Orbell, 1999) oder das Signieren der einzelnen Arbeitsblätter eines Intelligenztests (Chasten, Park & Schwarz, 2001). Wenn ein Coachee die Umsetzung einer täglich durchzuführenden Hausaufgabe (beispielsweise eine Aufmerksamkeitsübung) aus dem Coaching demnach mit Wenn-Dann Plänen ergänzt, kann die Wahrscheinlichkeit der Umsetzung deutlich erhöht werden.

Personenkreis mit chronischen Schwierigkeiten der Selbstkontrolle. Die Effektivität von Wenn-Dann Plänen lässt sich selbst bei Personen beobachten, die bekannt dafür sind, dass sie aufgrund von Selbstkontrollproblemen Mühe mit der Umsetzung von Zielen in Handeln haben, wie z.B. Opiatabhängige im Entzug und schizophrene Patienten (Brandstätter, Lengfelder & Gollwitzer, 2001), sowie frontalhirngeschädigte Personen (Lengfelder & Gollwitzer, 2001). Desweiteren demonstrierten Gawrilow und Gollwitzer (2008) erfolgreich die Wirkung von Wenn-Dann Plänen bei Kindern mit einer Aufmerksamkeitsdefizitstörung (ADHS). Diese Kinder weisen große Defizite bei der Durchführung von Prozessen, die kognitive Ressourcen erfordern, auf. Allerdings zeigt sich, dass Kindern mit ADHS die Kontrolle impulsiven Verhaltens (Stoppreaktion während einer Reaktionszeitaufgabe) mithilfe eines Wenn-Dann Plans genauso gut gelang wie einer Kontrollgruppe von gesunden Kindern.

Aufmerksamkeitsstörungen finden sich allerdings nicht nur bei Kindern. Auch Erwachsene sind davon betroffen, wobei die Störung bei Letzteren meist nicht als solche identifiziert wird. Daher ist die Wahrscheinlichkeit relativ hoch, dass man als Coach irgendwann mit einem Klienten arbeitet, dessen Berufsalltag und Performance durch ADHS enorm erschwert wird. Wenn-Dann Pläne können für solche Personen eine enorme Lebenshilfe darstellen.

5.2 Wenn-Dann Pläne unterstützen die Aufrechterhaltung des Zielstrebens

Bisher haben wir uns damit beschäftigt, wie Wenn-Dann Pläne dazu dienen können, erwünschtes zielförderndes Verhalten auch wirklich in die Tat umzusetzen, um auf diese Weise Zielintentionen zu realisieren. Hierbei lag der Fokus auf der Betrachtung, wie zielförderndes Verhalten überhaupt initiiert werden kann. Allerdings reicht das Initiieren zielfördernden Verhaltens alleine häufig nicht aus um eine Zielintention zu realisieren: Nach der Handlungsinitiierung muss der Prozess des Zielstrebens weiter aufrechterhalten werden. In diesem Sinne muss ein Handelnder das Zielstreben davor schützen, aufgrund attraktiver Ablenkungen wieder beendet zu werden oder konflingierenden schlechten Gewohnheiten zum Opfer zu fallen. Wie Wenn-Dann Pläne das Zielstreben aufrechterhalten, wird nachfolgend geschildert.

Schutz vor äußerer und innerer Ablenkung. Die Forschung auf dem Gebiet des Zielstrebens hat festgestellt, dass der unzureichende Schutz des Zielstrebens vor Ablenkungen eine wichtige Rolle in Bezug auf eine suboptimale Regulation von zielgerichtetem Verhalten spielt. Wenn-Dann Pläne können in diesem Fall Abhilfe schaffen. Die abschirmende Wirkung von Wenn-Dann Plänen vor dem Einfluß äußerer Ablenkungen wurde beispielsweise von Schaal und Gollwitzer (2000) untersucht. Sie konnten zeigen, dass Versuchsteilnehmer, die sich zusätzlich zu einer Zielintention einen Wenn-Dann Plan gefasst hatten, trotz Ablenkung durch gleichzeitig gezeigte Werbefilme mehr Mathematikaufgaben lösen konnten, als Versuchsteilnehmer die sich nur eine Zielintention gesetzt hatten. Dieser Plan Effekt konnte auch zum Schutz vor inneren Ablenkungen, die das Zielstreben behindern, gefunden werden. In einer von Achtziger, Gollwitzer und Sheeran (2008) durchgeführten Studie verhalfen Wenn-Dann Pläne Tennisspielern dazu, störende kognitive, motivationale, physiologische und emotionale Zustände zu regulieren um sich gegenüber einem Gegner besser behaupten zu können.

Wenn-Dann Pläne zur Überwindung von Hindernissen (d.h. zum Schutz vor Ablenkung) werden gebildet, indem das Hindernis im „Wenn-Teil" des Plans definiert wird und mit einem Verhalten, das sich zur Bewältigung oder zum Umgehen des Hindernisses eignet, im „Wenn-Teil" verbunden wird.

Kontrolle unerwünschten Verhaltens. Wenn das Streben nach einer Zielintention durch konflingierendes Verhalten (wie z.B. schlechten Gewohnheiten) bedroht wird, sollten Wenn-Dann Pläne gefasst werden, die in der Lage sind, ablenkende Reize zu ignorieren. Wenn-Dann Pläne haben sich zur Unterdrückung spontaner Aufmerksamkeitsreaktionen (z.B. Gollwitzer & Schaal, 1998) und bei der Kontrolle stereotyper und vorurteilshafter Reaktionen (Stewart & Payne, 2008) als geeignet erwiesen. Beispielsweise gelang es Gollwitzer, Sheeran, Michalski und Seifert (im Druck) nachzuweisen, dass Wenn-Dann Pläne in der Lage sind die Anwendung von Stereotypen zu unterbinden. Sie überprüften inwiefern die Benachteiligung weiblicher Bewerber auf Arbeitsplätze in technischen Bereichen durch Wenn-Dann Pläne aufgehoben werden kann. Im Rahmen dieser Studie wurden Informatikstudenten Bewerbungsunterlagen und ein Anforderungsprofil für die Stelle eines Informatikers vorgelegt. Die Hälfte der Bewerbungsunterlagen war mit dem Namen einer Frau, die andere Hälfte mit dem Namen eines Mannes versehen. In einer Vorstudie hierzu wurden den Bewerbungsunterlagen ausschließlich männliche Namen zugeordnet und es zeigte sich, dass sie dann als gleichwertig (im Sinne einer gleichen Eignung auf die ausgeschriebene Stelle) beurteilt wurden. Wurden nach dem Zufallsprinzip jedoch männliche und weibliche Namen auf die Bewerbungsunterlagen verteilt, entschieden sich die Informatikstudenten deutlich häufiger für die Einstellung von männlichen Bewerbern und benachteiligten dadurch die weiblichen Bewerber. Nur einer Gruppe von Informatikstudenten, die sich den Plan gefasst hatte „Wenn ich die Eignung eines Bewerbers oder einer Bewerberin beurteilen muss, ignoriere ich deren Geschlecht!“ gelang es, diesen Bias zu überwinden

Grundsätzlich werden Wenn-Dann Pläne zur Kontrolle unerwünschten Verhaltens meist so formuliert, dass zunächst die kritische Situation im „Wenn-Teil“ spezifiziert wird und im „Dann-Teil“ entweder das vom Handeln erwünschte Verhalten, das durch die Ablenkung bedroht wird (z.B. „dann werde ich freundlich reagieren!“), oder aber eine Nichtreaktion (z.B. „dann werde ich x ignorieren!“). In der Forschung werden Wenn-Dann Pläne, die auf die Unterdrückung unerwünschter Reaktionen abzielen auch ‚Suppressionsvorsätze' genannt. Eine detaillierte Ausführung der Typen von Suppressionsvorsätzen findet sich bei Achtziger und Gollwitzer (2006). Im Coaching können solche Wenn-Dann Pläne beispielsweise dann hilfreich eingesetzt werden, wenn das Ziel des Coachee mit einer gleichberechtigten Behandlung oder Auswahl von Personen im Zusammenhang steht, bzw. stereotypes Verhalten unterdrückt werden soll, oder wenn es darum geht, alte Gewohnheiten mit neuem Verhalten zu ersetzen.

Kontrolle unerwünschter Emotionen. In der ‚Wenn-Dann Plan'-Forschung konnte weiterhin gezeigt werden, dass auch unerwünschte negative Emotionen kontrolliert werden können. So berichten Schweiger-Gallo, Keil, McCulloch, Rockstroh & Gollwitzer (2009) von einer Studie zur gesteuerten Kontrolle von Ekel durch Wenn-Dann Pläne. Den weiblichen Versuchspersonen wurden emotionsauslösende Bilder des „International Affective Picture System“ (IAPS; CSEA, 1999) präsentiert. Ein Teil dieser Bilder, nämlich Fotografien von verletzten und verstümmelten Personen, aktivierte die Emotion „Ekel“. Mithilfe eines Wenn-Dann Plans gelang es den Versuchspersonen jedoch ihren Ekel zu unterdrücken, während das mit der Zielintention alleine nicht erreicht werden konnte.

Man stelle sich einen weiblichen Coachee vor, die zwar durch ihr strategisches Denken und Wissen brilliert, durch ihr aggressives Verhalten jedoch nicht in der Lage ist, konstruktive Beziehungen zu ihren Teamkollegen aufzubauen. Würde sie ihr Ziel „Ich will die Beziehung zu meinen Kollegen verbessern!“ durch den Plan „Wenn ich die Wut in mir aufsteigen spüre, dann ignoriere ich diese und sage erstmals nichts!“ ergänzen, hätte sie viel mehr Freiraum, angemessen und sozialförderlich zu reagieren als durch unkontrolliert emotionale Reaktionen ihren Arbeitsplatz zu gefährden.

Blockierung nachteiliger Selbstzustände. In der bisher präsentierten Forschung wurde im „Wenn-Teil“ des jeweiligen Plans eine kritische Situation definiert, die mit einem „Wenn-Teil“ verbunden worden war, der zur Unterbindung unerwünschter Reaktionen diente. Wenn-Dann Pläne können einen Handelnden jedoch auch durch eine völlig andere Vorgehensweise vor unerwünschten Reaktionen schützen. Anstatt die Unterdrückung unerwünschter Reaktionen im „Wenn-Teil“ zu definieren, kann das zielgerichtete Verhalten auch so formuliert werden, dass es darauf ausgerichtet ist, das aktuelle Streben nach Realisierung einer Zielintention zu stabilisieren. Wenn man z.B. müde und erschöpft ist oder an Jet-Lag leidet, kann eine fachliche Diskussion über widersprüchliche Meinungen schnell zu einer hitzigen Diskussion werden, obwohl alle Beteiligten dies nicht wünschen. Wurde jedoch schon im Voraus geplant, wie man mit konträren Meinungen konstruktiv umgehen will (z.B. „Wenn ich in der Besprechung bin, dann gehe ich mit dem Meinungsaustausch sachlich um!“), sollten die Selbstzustände Müdigkeit und Erschöpfung keinen negativen Einfluss auf den Ablauf der Diskussion haben. Diese Annahmen wurden in einer Reihe von Studien überprüft. Mithilfe von Wenn-Dann Plänen wurden negative Effekte von Unvollständigkeitserleben hinsichtlich einer erwünschten Identität und negative Effekte einer verminderten Selbstregulationskapazität überwunden (Übersicht siehe Achtziger & Gollwitzer, 2006). Beispielsweise konnten Webb und Sheeran (2003) die Kompensation von verminderter Selbstregulationskapazität durch das Fassen eines Wenn-Dann Plans demonstrieren. Eine verminderte Selbstregulationskapazität wurde dadurch hergestellt, dass die Versuchspersonen sich auf ihr „schwächeres" Bein stellen und gleichzeitig von 1.000 in Siebenerschritten rückwärts zählen sollten. Versuchspersonen in der Kontrollgruppe standen ganz normal auf zwei Beinen und zählten in Fünferschritten vorwärts bis 1.000. Die Zielintention aller Versuchspersonen bestand darin, während einer Stroop-Aufgabe[2] so schnell wie möglich die Farbe zu benennen, in der dargebotene Wörter geschrieben worden waren. Versuchspersonen in der Planbedingung fassten zusätzlich den Wenn-Dann Plan „Sobald ich ein Wort sehe, dann ignoriere ich dessen Bedeutung und nenne die Farbe, in der es abgebildet ist!". Bei Versuchspersonen der Planbedingung ließ sich keine verminderte Selbstregulationskapazität beobachten: Sie sprachen die Farbe der Wörter genauso schnell aus wie Versuchspersonen, bei denen die Selbstregulationskapazität nicht vermindert worden war. Versuchspersonen, die sich nur die Zielintention gesetzt hatten, waren gegen den negativen Effekt der verminderten Selbstregulationskapazität nicht geschützt. Sie zeigten deutlich schlechtere Farbnennungsleistungen in der Stroop-Aufgabe.

Blockierung schädlicher Einflüsse der Umgebung. Das Zielstreben einer Person ist nicht nur durch beeinträchtigende Selbstzustände (z.B. Müdigkeit, Unvollkommenheitserleben), sondern auch durch ungünstige situative Bedingungen beeinflusst. Es gibt viele Situationen, die einen negativen Effekt auf die Zielerreichung haben ohne dass die Person, welche das Ziel erstrebt, dies bewusst bemerkt. Man spricht in diesem Falle von „Priming". Ein Beispiel für Priming ist das Phänomen des „social loafing". Darunter wird die Tatsache verstanden, dass sich Personen weniger bei der Arbeit anstrengen wenn die Verantwortung für das Ergebnis nicht auf die einzelnen beteiligten Person zurückgeführt werden kann. Da Personen sich dieses Phänomens in der Regel nicht bewusst sind, sind sie auch nicht in der Lage, Pläne zu fassen, welche die „social loafing" Situation als „Wenn-Teil" spezifiziert. Demnach sind Wenn-Dann Pläne die auf das Unterdrücken eines „social loafing" Verhaltens abzielen, nicht brauchbar. Die Alternative dazu ist, dass Personen Wenn-Dann Pläne fassen, die festlegen wie die vorgesehene Aufgabe ausgeführt werden soll, um dadurch negative situative Einflüsse effektiv zu hemmen.

Die Annahme, dass Zielstreben, welches durch Wenn-Dann Pläne ausformuliert bzw. geplant wird, vor situativen Einflüssen geschützt ist, konnte beispielsweise in Bezug auf die Überwindung von Verlustframingeffekten gezeigt werden. Personen können sich die erwünschten Ergebnisse ihrer Handlungen als Gewinne oder Verluste vorstellen (Kahneman & Tversky, 1979). Forschungsergebnisse auf dem Gebiet der Konfliktlösung haben gezeigt, dass kognitive Prozesse, die aufgrund eines so genannten „Verlustframings" oder eines „Gewinnframings" entstehen, einen starken Einfluss auf Verhandlungsergebnisse haben (De Dreu, Carnevale, Emans & van de Vliert, 1994). Verlustframing führt häufig zu vergleichsweise unfairen Vertragsabschlüssen und anderen negativen Effekten. Trötschel & Gollwitzer (2007) konnten nachweisen, dass die negativen Effekte des Verlustframings

2 In einer Stroop-Aufgabe werden Worte von Farben (z.B. rot, blau, grün) in unterschiedlichen Farben dargestellt. Wenn ein Wort in einer zu ihrer semantischen Bedeutung unterschiedlichen Farbe dargestellt wird (z.B. das Wort "rot" erscheint in blauer Farbe) brauchen Versuchspersonen in der Regel länger die Farbe zu nennen als wenn das Wort in der kongruenten Farbe erscheint (Stroop, 1935).

durch prosoziale Ziele, wie z.B. das Ziel, eine faire oder integrative Lösung zu finden, erfolgreich überwunden werden können, wenn diese durch entsprechende Wenn-Dann Pläne unterstützt werden.

5.3 Das Formulieren von Wenn-Dann Plänen

Hinsichtlich des Differenziertheitsgrades der Formulierung von Wenn-Dann Plänen gilt, dass die zu identifizierende Situation im „Dann-Teil" des Planes möglichst spezifisch ausformuliert werden sollte, da mit höherem Konkretheitsgrad eine höhere Aktivierung der Situation zu erwarten ist (Gollwitzer, Wieber, Myers & McCrea, in Vorbereitung). Allerdings muss die Spezifizierung im Hinblick auf die Häufigkeit des Auftretens abgewogen werden, da spezifische Situationen teilweise weniger häufig erscheinen als weniger spezifische. Desweiteren ist darauf zu achten, dass die gewählte Situation in keiner Art und Weise ambivalent, sondern für den Handelnden eindeutig als solche identifizierbar ist.

In Bezug auf den „Wenn-Teil" wird angenommen, dass das Abstraktionsniveau keinen Einfluss auf die Wenn-Dann Plan Wirkung hat. Die Spezifizierung von einfachem Verhalten (z.B. das Drücken einer Taste) sowie von komplexem Verhalten (z.B. die Ausführung einer Verhaltenssequenz) im „Dann-Teil" der Pläne erwies sich als effektiv für die Förderung der Zielerreichung (Gollwitzer et al., in Vorbereitung). Allerdings ist darauf zu achten, dass das Verhalten, welches im „Dann-Teil" eines Plans spezifiziert wird, innerhalb der eigenen Kontrolle der Person liegt und für das Erreichen der jeweiligen Absicht auch geeignet ist.

Ein weiterer Punkt auf den geachtet werden sollte, ist die mögliche Interferenz seitens der spezifizierten Situation und des zielfördernden Verhaltens. Grundsätzlich gilt, dass entsprechend der Zahl der aktivierten Elemente die entsprechende Zahl anderer Elemente gehemmt wird (vgl. Kruglanski et al., 2002). Daher empfiehlt es sich beispielsweise nicht, mehrere Handlungsweisen mit der gleichen Situation zu verknüpfen (außer die Handlungen haben eine logische Abfolge).

Es wird häufig gefragt, wie die Wenn-Dann Pläne technisch zu fassen seien. Dazu lässt sich zunächst sagen, dass das „Wenn-Dann" Format der Pläne unbedingt einzuhalten ist. Es reicht also nicht, lediglich zu spezifizieren wann, wo und wie man ein Ziel zu erreichen beabsichtigt (Gollwitzer et al., in Vorbereitung). Desweiteren kann ein Plan verankert werden in dem man ihn entweder aufschreibt, laut ausspricht oder drei Mal mental wiederholt. In Wenn-Dann Plan Studien wird das Fassen der Pläne meist so gehandhabt, dass Versuchspersonen bei vorgegebenen Plänen diesen zunächst auf einer Seite lesen, und im Anschluss darum gebeten werden, auf einer nächsten Seite den Satz „Wenn ____, dann ___!" entsprechend des vorher gelesenen Plans schriftlich zu ergänzen. Wird der Inhalt der Pläne von den Versuchspersonen selbst spezifiziert, wird zunächst eine günstige Situation und ein zielgerichtetes Verhalten definiert und aufgeschrieben und in einem nächsten Schritt in einem Wenn-Dann Format nochmals schriftlich festgehalten. Teilweise werden die Versuchspersonen auch darum gebeten, den Plan entweder nur oder zusätzlich zum Aufschreiben laut auszusprechen oder drei Mal innerlich leise vor sich herzusagen. Das Aufschreiben und das (laute oder innerliche) Sagen der Pläne dienen einerseits der Überprüfung, ob die Versuchspersonen den Plan erinnern, sowie der besseren kognitiven Verankerung. Wenn-Dann Plan Effekte wurden für die schriftliche und mentale Form der Verankerung gefunden (siehe hierzu auch im nächsten

Abschnitt unter Moderatoren der Plan Wirkung). Für das Coaching wird empfohlen, die Form der Verankerung von Wenn-Dann Plänen individuell auf den Coachee abzustimmen, je nachdem auf welche Art und Weise diese(r) besser lernt. Zusätzlich lässt sich noch ergänzen, dass es hinsichtlich der Wirkung von Wenn-Dann Plänen keinen Unterschied macht, ob diese vorgegeben oder von der Person selbst zusammengesetzt werden (immer vorausgesetzt, dass das Ziel-Commitment vorhanden ist). Das heisst ein Coach kann gegebenenfalls auch dem Coachee Pläne vorgeben.

6 Moderatoren der Wirkung von Wenn-Dann Plänen

Die Stärke der Wenn-Dann Plan Wirkung hängt von verschiedenen Moderatoren ab. So wurde anhand von mehreren Studien gezeigt, dass Wenn-Dann Plan Effekte von dem Commitment gegenüber der dem Plan übergeordneten Zielintention und der kognitiven Aktivierung der Zielintention abhängen. Orbell und Mitarbeiter (1997) berichten in diesem Zusammenhang, dass die positiven Effekte eines Wenn-Dann Plans auf die Durchführung von Maßnahmen zur Brustkrebsfrüherkennung sich nur bei den Frauen zeigten, welche im Sinne einer Zielintention stark beabsichtigten, eine Selbstuntersuchung der Brust durchzuführen. Desweiteren entdeckten Sheeran und Mitarbeiter (2005), dass diese Effekte nur dann auftreten, wenn sich die im Wenn-Dann Plan zugrunde liegende Zielintention in einem aktivierten Zustand befindet. Der Plan, in einem Intelligenztest nach der Bearbeitung eines Items sofort und ohne Pause zum nächsten zu wechseln, hatte nur dann einen Effekt auf die Geschwindigkeit der Aufgabenbearbeitung, wenn das Ziel, möglichst schnell zu arbeiten, aktiviert, das heißt gesetzt wurde.

Ein weiterer Moderator für die Wirkung ist das Commitment auf den jeweils gefassten Wenn-Dann Plan. Das heißt, ein Wenn-Dann Plan hat nur dann eine zielführende Wirkung, wenn sich eine Person dem Ziel und dem dazu gefassten Plan innerlich verpflichtet fühlt. Zusätzlich ließ sich beobachten, dass Wenn-Dann Plan Effekte umso offensichtlicher sind, je schwieriger es ist, ein zielförderndes Verhalten zu initiieren (z.B. Gollwitzer & Brandstätter, 1997). Auch die Stärke der Verknüpfung zwischen dem „Wenn-Teil" eines Plans und seinem „Dann-Teil" dürfte die Wirkung dieser Pläne positiv beeinflussen. Wenn ein Handelnder viel Zeit und Konzentration dafür aufwendet, den Wenn-Dann Plan im Langzeitgedächtnis zu enkodieren oder wenn er ihn innerlich immer wiederholt, sollte sich eine stärkere Verbindung zwischen den beiden Planteilen ausbilden, die wiederum stärkere Plan Effekte generieren sollten als eine schwache Verbindung zwischen beiden Teilen. Experimentelle Studien zu dieser Fragestellung liegen jedoch noch nicht vor.

Abgesehen von den genannten Moderatoren in Bezug auf die Merkmale der Wenn-Dann Pläne und der ihnen übergeordneten Ziele, scheint die Wirkung dieser Pläne auch von Selbstwirksamkeitsüberzeugungen und Persönlichkeitsmerkmalen abzuhängen. Zunächst hat sich gezeigt, dass eine schwache Selbstwirksamkeitsüberzeugung bezüglich der Realisierung des entsprechenden Ziels die Wirkung von Wenn-Dann Plänen einschränkt (Wieber, Odenthal & Gollwitzer, im Druck). Desweiteren scheinen Personen, die ihr Verhalten entsprechend dem Maßstab anderer Personen bewerten, nicht von Wenn-Dann Plänen zu profitieren (Powers, Koestner & Topciu, 2005). Abschließend lässt sich ergänzen, dass das Persönlichkeitsmerkmal der Gewissenhaftigkeit („consciousness") die Wirkung von Wenn-Dann Plänen beeinflusst. Während Personen mit einem niedrigen Grad an Gewissenhaftigkeit enorm von

Wenn-Dann Plänen profitieren, trifft dies für Personen, die sehr gewissenhaft sind, nicht zu. Es wird angenommen, dass die überdurchschnittliche Leistung von Personen mit einer hohen Gewissenhaftigkeit wenig Spielraum für eine Leistungsoptimierung beinhaltet, man spricht hier auch von einem Deckeneffekt (Webb, Christian & Armitage, 2007).

7 Potentielle Kosten von Wenn-Dann Plänen

Wie bisher dargestellt wurde, erleichtert das Fassen von Wenn-Dann Plänen die Zielrealisierung auf vielfältige Art und Weise. Aber welche Kosten sind damit verbunden? In diesem Zusammenhang steht die Möglichkeit einer Verhaltensrigidität im Vordergrund, die sich bei Flexibilität erfordernder Aufgaben ungünstig auswirken könnte (Gollwitzer, Parks-Stamm, Jaudas & Sheeran, 2008).

Zunächst stellt sich die Frage, ob eine Person, die sich einen Wenn-Dann Plan gefasst hat, in der Lage ist, alternative geeignete Gelegenheiten zu nutzen, die nicht im Wenn-Dann Plan spezifiziert wurden. Dass dies der Fall ist, konnte in einer Reihe von Studien bestätigt werden (Achtziger & Gollwitzer, 2006). Das Fassen eines Wenn-Dann Plans resultiert nicht darin, dass sich Versuchspersonen von einem sich verändernden Kontext oder von einer unerwartet auftauchenden günstigen Situation zur Zielrealisierung nicht beeinflussen lassen. Vielmehr kann angemessen auf die neue Situation reagiert werden, anstatt rigide an der vorgenommenen Gelegenheit festzuhalten. Das heißt, dass sich z.B. eine Person mit dem Plan „Wenn mein Chef zu unserem Termin in mein Büro tritt, dann werde ich mein Austreten aus der Firma ansprechen!“, auch dann das spezifizierte Verhalten zeigt, wenn sich die Situation ändert und der Chef ihm über E-Mail mitteilt, dass sie sich nicht in seinem Büro, sondern in der Kantine treffen.

Da Wenn-Dann Pläne zu einer Automatisierung der Handlungsinitiierung führen, welche kein bewusstes Wollen mehr benötigt, stellt sich des Weiteren die Frage, inwiefern das in einem Wenn-Dann Plan spezifizierte Verhalten abhängig von der Stärke und der Aktivierung des zugehörigen Zieles ausgelöst wird. Das heißt, wird das im Plan spezifizierte zielfördernde Verhalten auch dann noch ausgelöst, wenn das Ziel bereits erreicht wurde oder nur noch schwach ausgeprägt ist? Wie bereits an anderer Stelle erwähnt, ist auch diese Form der Verhaltensrigidität nicht der Fall. Zum Beispiel fanden Gollwitzer et al. (2002), dass positive Effekte eines Wenn-Dann Plans auf das Wiedererinnern der spezifizierten Situation nur dann auftraten, wenn das dem Plan übergeordnete Ziel noch in die Tat umgesetzt werden musste. War es bereits anderweitig realisiert worden, zeigte sich kein Wenn-Dann Plan Effekt auf die Gedächtnisleistung. Zusammengefasst lässt sich daher sagen, dass Wenn-Dann Pläne nicht zu rigidem Handeln führen, sondern sie passen sich flexibel an sich bietende alternative Gelegenheiten, sowie die Stärke und die Aktivierung des übergeordneten Ziels an.

8 Ausblick

Das Fassen von Wenn-Dann Plänen (Gollwitzer, 1993, 1996) stellt eine effektive Planungsstrategie dar, die es Personen erleichtert, Selbstregulationsschwierigkeiten auf dem Wege der Zielrealisierung erfolgreich zu lösen. Die Forschung auf dem Gebiet der Motivationspsychologie zeigt, dass der Einsatz dieser Planungsstrategie (d.h. die Verknüpfung von antizipierten Situationen und zielgerichtetem Verhalten in einem Wenn-Dann Format) Personen dabei hilft, zwei zentrale Selbstregulationshürden zu überwinden: zielgerichtetes Handeln a) zu initiieren und b) aufrechtzuerhalten bzw. von Ablenkungen oder alten Gewohnheiten abzuschirmen. Daher weisen Personen, die ihre Ziele mit Wenn-Dann Plänen ergänzen eine höhere Erfolgsrate bei der Realisierung dieser Ziele auf als Personen, die das nicht tun.

Eine wichtige Voraussetzung dafür, dass Wenn-Dann Pläne einen positiven Effekt auf die Zielerreichung haben, ist das Vorhandensein einer starken Zielintention. Dies bedeutet, dass sich die Person, die sich ein Ziel setzt, sich diesem innerlich verpflichtet fühlt und zu dessen Realisierung intrinsisch motiviert ist. In Bezug auf die Frage „Wie erreiche ich meine Ziele?" lässt sich seitens der Motivationspsychologie daher folgendes festhalten. Zuerst bedarf es einer erfolgreichen Zielsetzung, d.h. der Formulierung eines Ziels welches Commitment und intrinsische Motivation beinhaltet. Hierfür eignet sich das Bauen von Haltungszielen, bzw. so genannten Motto-Zielen (siehe Storch in diesem Band). Zweitens gilt es nach der Zielsetzung Selbstregulationsherausforderungen auf dem Weg zum Ziel erfolgreich zu meistern. Eine theoretisch und empirisch gut abgesicherte Strategie zur Lösung dieser zweiten, selbstregulatorischen Aufgabe stellen die von Gollwitzer (1993, 1996) entwickelten Wenn-Dann Pläne dar.

Ein wichtiges Thema, das noch weiterer Forschung bedarf, bezieht sich auf die Wirkungsdauer von Wenn-Dann Plänen. Man spricht im Zusammenhang von Wenn-Dann Plänen auch von einer ad hoc Gewohnheitsbildung, da es durch nur einen bewussten Willensakt zur Etablierung einer automatischen Handlungsinitiierung kommt. Es stellt sich daher die Frage, wie lange dieser Effekt anhält. Stadler, Oettingen und Gollwitzer (2009) fanden hierzu in einer Studie zur körperlichen Aktivität bei Frauen ein viel versprechendes Ergebnis. Versuchspersonen, welche sich zu ihrem Ziel, mehr Sport zu treiben, einen Wenn-Dann Plan gefasst hatten, waren bereits nach 1 Woche körperlich aktiver, wobei dieser Effekt über den Verlauf von weiteren 4 Monaten verzeichnet werden konnte. Es kann daher davon ausgegangen werden, dass die Wirkung von Wenn-Dann Plänen über längere Zeiträume anhält, es benötigt hierzu allerdings noch mehr Langzeitstudien.

Zukünftige Forschung sollte zudem versuchen weitere effektive Selbstregulationsstrategien für die Lösung von Problemen der Zielimplementierung zu identifizieren und Unterschiede der Wirkungsweise zu Wenn-Dann Plänen untersuchen. Im Ansatz ist dies bereits geschehen. Faude-Koivisto, Wuerz und Gollwitzer (2008) stellten die Selbstregulationsstrategie der mentalen Simulation der des Wenn-Dann Planens gegenüber und stellten fest, dass beide jeweils unterschiedliche Bewusstseinslagen auslösen (eine abwägende versus eine planende). Mögliche Implikationen dafür, wann und für welches Selbstregulationsproblem sich die Anwendung welcher Strategie empfiehlt, wurden andiskutiert. Es bedarf zur konkreten Differenzierung jedoch weiterer Studien.

Der Einsatz von Wenn-Dann Plänen im Coaching-Prozess ermöglicht es einem Coach, Coaching Klienten in ihrer Selbstregulationsfähigkeit zu unterstützen, in dem die Klienten lernen, ihr Zielstreben durch Wenn-Dann Pläne auszuformulieren. Wenn-Dann Pläne verhelfen den Coachees letztendlich dazu, ihre persönlichen und beruflichen Ziele mit einer sehr einfachen aber enorm effektiven Strategie müheloser zu erreichen.

Literatur

Aarts, H., Dijksterhuis, A. P., & Midden, C. (1999). To plan or not to plan? Goal achievement of interrupting the performance of mundane behaviors. European Journal of Social Psychology, 29, 971-979.

Achtziger, A. & Gollwitzer, P. M. (2006). Motivation und Volition im Handlungsverlauf . In J. Heckhausen & H. Heckhausen (Eds.), Motivation und Handeln (pp. 277-302). Berlin: Springer Verlag.

Achtziger, A., Gollwitzer, P. M., & Sheeran, P. (2008). Implementation intentions and shielding goal striving from unwanted thoughts and feelings. Personality and Social Psychology Bulletin, 34, 381-393.

Baumeister, R.F., Heatherton, T.F. & Tice, D.M. (1994). Losing control: How and why people fail at self-regulation. San Diego: Academic Press.

Brandstätter, V., Lengfelder, A. & Gollwitzer, P. M. (2001). Implementation intentions and efficient action initiation. Journal of Personality and Social Psychology, 81, 946-960.

Bayer, U. C., Achtziger, A., Gollwitzer, P. M. & Moskowitz, G. (2009). Responding to subliminal cues: Do if-then plans cause action preparation and initiation without conscious intent? Social Cognition, 27, 183-201.

Chasteen, A. L., Park, D., & Schwarz, N. (2001). Implementation intentions and facilitation of prospective memory. Psychological Science, 12, 457-461.

Cohen, J. (1992). A power primer. Psychological Bulletin, 112, 155-159.

CSEA, (1999). International affective picture system (IAPS): technical manual and affective ratings. Gainesville, Florida: Center for the study of emotion and attention, University of Florida.

De Dreu, C. K. W., Carnevale, P. J. D., Emans, B. J. M. & van de Vliert, E. (1994). Effects of gain-loss frames in negotiation: Loss aversion, mismatching, and frame adoption. Organizational behavior and human decision processes, 60, 90-107.

Fitts, P. M. & Posner, M. I. (1967). Human performance. Oxford, England: Brooks/Cole.

Gawrilow, C. & Gollwitzer, P. M. (2008). Implementation intentions facilitate response inhibition in ADHD children. Cognitive Therapy and Research, 32, 261-280.

Gollwitzer, P. M. (1990). Action phases and mind-sets. In E. T. Higgins & R. M. Sorrentino (Eds.), Handbook of motivation and cognition: Foundations of social behavior, 2, (pp. 53-92). New York: Guilford Press.

Gollwitzer, P. M. (1993). Goal achievement: the role of intentions. European Review of Social Psychology, 4, 141-185.

Gollwitzer, P. M. (1996). The volitional benefits of planning. In P. M. Gollwitzer & J. A. Bargh (Eds.), The psychology of action: Linking cognition and motivation to behavior (pp. 287 – 312). New York: Guilford.

Gollwitzer, P. M. (1999). Implementation intentions: Strong effects of simple plans. American Psychologist, 54, 493-503.

Gollwitzer, P. M. (2006). Successful goal pursuit. In Q. Jing, H. Zhang, & K. Zhang (Eds.), Psychological science around the world (Vol. 1, pp. 143-159). Philadelphia: Psychology Press.

Gollwitzer, P. M. & Bargh, J. A. (Eds.) (1996). The psychology of action: Linking cognition and motivation to behavior. New York: Guilford Press.

Gollwitzer, P. M. & Brandstätter, V. (1997). Implementation intentions and effective goal pursuit. Journal of Personality and Social Psychology, 73, 186-199.

Gollwitzer, P. M. & Moskowitz, G. B. (1996). Goal effects on action and cognition. In E.T. Higgins & A. W. Kruglanski (Eds.), Social psychology: Handbook of basic principles. (pp. 361-399) New York: Guilford Press.

Gollwitzer, P. M. & Schaal, B. (1998). Metacognition in action: The importance of implementation intentions. Personality and Social Psychology Review, 2, 124-136.

Gollwitzer, P. M. & Sheeran, P. (2006). Implementation intentions and goal achievement: A metaanalysis of effects and processes. Advances in Experimental Social Psychology, 38, 69-119.

Gollwitzer, P. M., Bayer, U. & Wicklund, R. A. (2002). Das handelnde Selbst: Symbolische Selbstergänzung als zielgerichtete Selbstverwirklichung. In D. Frey (Ed.), Theorien der Sozialpsychologie (pp. 191-212). Bern: Huber.

Gollwitzer, P. M., Fujita, K., & Oettingen, G. (2004). Planning and the implementation of goals. In R. Baumeister & K. Vohs, Handbook of self-regulation (pp. 211-228). New York: Guilford Press.

Gollwitzer, P. M., Parks-Stamm, E. J., Jaudas, A. & Sheeran, P. (2008). Flexible tenacity in goal pursuit. In J. Shah & W. Gardner (Eds.), Handbook of motivation science (pp. 325-341). New York: Guilford Press.

Gollwitzer, P. M., Sheeran, P., Michalski, V. & Seifert, A. E. (im Druck). When intentions go public: Does social reality widen the intention-behavior gap? Psychological Science.

Gollwitzer, P. M., Wieber, F., Myers, A. L. & McCrea, S. (in Vorbereitung). Maximizing implemention intention effects. In C. R. Agnew, D. E. Carlston, W. G. Graziano, J. R. Kelly (Eds), Then a miracle occurs: Focusing on behavior in social psychology theory and research. New York: Oxford Press.

Heckhausen, H. (1989). Motivation und Handeln. Berlin: Springer.

Heckhausen, H., & Gollwitzer, P.M. (1987). Thought contents and cognitive functioning in motivational versus volitional states of mind. Motivation and Emotion, 11, 101-120.

Holland, R. W., Aarts, H. & Langendam, D. (2006). Breaking and creating habits on the working floor: A field-experiment on the power of implementation intentions. Journal of Experimental Social Psychology, 42, 776-783.

Kahneman, D., & Tversky, A. (1979). On the interpretation of intuitive probability: A reply to Jonathan Cohen. Cognition, 7, 409-411.

Krause, F. & Storch, M. (2006). Ressourcenorientiert coachen mit dem Zürcher Ressourcen Modell ZRM. Psychologie in Österreich, 26, 32-43.

Kruglanksi, A. W., Shah, J. Y., Fishbach, A., Friedman, R., Chun, W. Y. & Sleeth-Keppler, D. (2002). A theory of goal systems. In M. P. Zanna (Ed.), Advances in experimental social psychology (Vol. 34, pp. 331-378). San Diego, CA: Academic Press.

Kuhl, J. (1983). Motivation, Konflikt und Handlungskontrolle. Heidelberg: Springer-Verlag.

Lengfelder, A. & Gollwitzer, P. M. (2001). Reflective and reflexive action control in patients with frontal brain lesions. Neuropsychology, 15, 80-100.

Lewin, K. (1926). Vorsatz, Wille und Bedürfnis. Psychologische Forschung, 7, 330-385.

Milne, S., Orbell, S. & Sheeran, P. (2002). Combining motivational and volitional interventions to promote exercise participation: Protection motivation theory and implementation intentions. British Journal of Health Psychology, 7, 163-184.

Newell, A. & Rosenbloom, P. S. (1981). Mechanisms of skill acquisition and the law of practice. In J. R. Anderson (Ed.), Cognitive skills and their acquisition (pp. 1-55). Hillsdale, NJ: Erlbaum.

Oettingen, G. & Gollwitzer, P. M. (2001). Goal setting and goal striving (pp.329-347). In A. Tesser & N. Schwarz (Eds.), The Blackwell Handbook of Social Psychology. Oxford: Blackwell.

Orbell, S. & Sheeran, P. (2000). Motivational and volitional processes in action initiation: A field study of the role of implementation intentions. Journal of Applied Social Psychology, 30, 780-797.

Orbell, S., Hodgkins, S. & Sheeran, P. (1997). Implementation intentions and the theory of planned behavior. Personality and Social Psychology Bulletin, 23, 945-954.

Powers, T. A., Koestner, R. & Topciu, R. A. (2005). Implementation intentions, perfectionism, and goal progress: Perhaps the road to hell is paved with good intentions. Personality and Social Psychology Bulletin, 31, 902-912.

Rock, D. & Schwartz, J. (2006). The Neuroscience of Leadership. In: Strategy and Business, 05.2006.

Schaal, B. & Gollwitzer, P. M. (2000). Planen und Zielverwirklichung: Die Bedeutung antizipierter Zukunt beim Widerstehen befürchteter Versuchungen. In J. Moeller & B. Strauss (Eds.), Psychologie der Zukunft (pp. 149-170). Göttingen: Hogrefe.

Schweiger-Gallo, I., Keil, A., McCulloch, K. C., Rockstroh, B. & Gollwitzer, P. M. (2009). Strategic automation of emotion regulation. Journal of Personality and Social Psychology, 96, 11-31.

Sheeran, P. & Orbell, S. (1999). Implementation intentions and repeated behaviour: Augmenting the predictive validity of the theory of planned behaviour. European Journal of Social Psychology, 29, 349-369.

Sheeran, P., Webb, T. L. & Gollwitzer, P. M. (2005). The interplay between goal intentions and implementation intentions. Personality and Social Psychology Bulletin, 31, 87-98.

Stadler, G., Oettingen, G. & Gollwitzer, P. M. (2009). Physical activity in women. Effects of a self-regulation intervention. American *Journal of Preventive Medicine*, 36, 29-34.

Steller, B. (1992). Vorsätze und die Wahrnehmung günstiger Gelegenheiten. München: tuduv-Verlag.

Stewart, B. D., & Payne, K. B. (2008). Bringing automatic stereotyping under control: Implementation intentions as efficient means of thought control. Personality and Social Psychology Bulletin, 34, 1332-1345.

Stroop, John Ridley (1935). Studies of interference in serial verbal reactions. Journal of Experimental Psychology 18: 643-662.

Trötschel, R. & Gollwitzer, P. M. (2007). Implementation intentions and the willful pursuit of prosocial goals in negotiations. Journal of Experimental Social Psychology, 43, 579-598.

Webb, T. L. & Sheeran, P. (2003). Can implementation intentions help to overcome ego-depletion? Journal of Experimental Social Psychology, 39, 279-286.

Webb, T. L. & Sheeran, P. (2004). Identifying good opportunities to act: Implementation intentions and cue discrimination. European Journal of Social Psychology, 34, 407-419.

Webb, T. L. & Sheeran, P. (2006). Does changing behavioral intentions engender behavior change? A meta-analysis of the experimental evidence. Psychological Bulletin, 132, 249-268

Webb, T. L. & Sheeran, P. (2008). Mechanisms of implementation intention effects: The role of goal intentions, self-efficacy, and accessibility of plan components. British Journal of Social Psychology, 47, 373-395.

Webb, T. L., Christian, J. & Armitage, C. J. (2007). Helping students turn up for class: Does personality moderate the effectiveness of an implementation intention intervention? Learning and Individual Differences, 17, 316-327.

Kognitiv-affektive Schemata im Coaching

Gernot Hauke

Einführung

Viele Manager suchen auf viele Fragen ihres beruflichen Alltags möglichst schnelle, klare und eindeutige Antworten. Unter Zeitdruck, involviert in schwierige Situationen, möchten sie umgehend zurück gelangen auf vertrautes mentales Terrain. Daher streben sie nach rascher Kontrolle über unüberschaubare, mehrdeutige – eben komplexe! – Situationen. Ashby's Law (1956) belehrt uns darüber, dass ein komplexes dynamisches System in seinem Verhalten nur dann in seiner Variabilität wahrgenommen und angemessen bewertet wird, wenn die wahrnehmende Person selbst ein entsprechend komplexes System ist. Mit anderen Worten: Zunehmende Komplexität werden wir nur dann erfolgreich bewältigen, wenn wir selbst komplexer werden! Dies gilt für Coaches ebenso wie für ihre Klienten – ja, es handelt sich dabei letztlich um eine anspruchsvolle Metaaufgabe des Coachings, die eine solche Entwicklung fördern kann (Hauke & Sulz, 2004). Eine zentrale Aufgabe des Coachings besteht zunächst darin, zu erkennen, wie Klienten typischerweise mit Komplexität umgehen, wenn Sie in einer schwierigen Situation handlungsfähig bleiben wollen. Als mentale Navigationshilfe spielen dabei die sog. kognitiv-affektiven Schemata eine wichtige Rolle (Sulz, 2001; Sachse et al., 2008). Sie sind in der Regel nicht bewusst, sichern kurzfristig das emotionale Gleichgewicht und bewahren ein Minimum an Handlungsfähigkeit und Kompetenzgefühl. In unserem Ansatz des „Strategischen Coachings" bezeichnen wir sie deshalb als emotionale „Überlebensregeln" (Hauke, 2004, 2006). Ein typisches Beispiel dafür lautet: „Nur wenn ich immer höchste Maßstäbe an meine Leistung anlege, niemals in meinen Bemühungen nachlasse und im Zweifelsfalle mein Arbeitspensum erhöhe, dann bewahre ich mir Wertschätzung und Anerkennung wichtiger Bezugspersonen und verhindere ausgeschlossen zu werden." In betrieblichen Situationen sind solche Überlebensregeln von größter Bedeutung. Als Ergebnis eines frühen Lernprozesses enthalten sie immer „Anweisungen" darüber, welche Handlungen unter bestimmten Bedingungen aktiviert bzw. vermieden werden müssen, um von der sozialen Umwelt die zum emotionalen Überleben und zur Stärkung der Identität und des Selbstwertes benötigten Reaktionen zu erhalten.

Das Handeln

„Ich behandele mein Team immer gut, habe ständig ein offenes Ohr für jede einzelne Person, erlaube immer wieder Ausnahmeregelungen, übernehme in schwierigen Phasen für bestimmte Mitarbeiter auch immer wieder Teilaufgaben, mit denen sie nicht klar kommen. Bei aller Anstrengung erreichen wir unsere Ziele nicht. Ich selbst mache immer mehr, fühle mich inzwischen total ausgebrannt und weiss nicht mehr, wie es weitergehen soll!" Dies ist die authentische Äusserung einer 39-jährigen Führungskraft zu Beginn des Coachings. Wie kommt es zu einer solchen Situation? Was steckt dahinter, dass eine Person mit exzellenter Arbeitsmotivation in eine derart verfahrene Situation gerät? Die Antwort: Die Person handelt nach einer dysfunktionalen Überlebensregel. Dieses Schema muss erarbeitet werden, um dann als Ausgangspunkt für eine Verhaltensänderung zu dienen. Wir wollen diese Zusammenhänge mit Hilfe von Abb. 1 erklären; sie spiegelt gleichzeitig wesentliche Inhalte diagnostischer und nachfolgender modifikatorischer Sitzungen wider (Hauke, 2008).

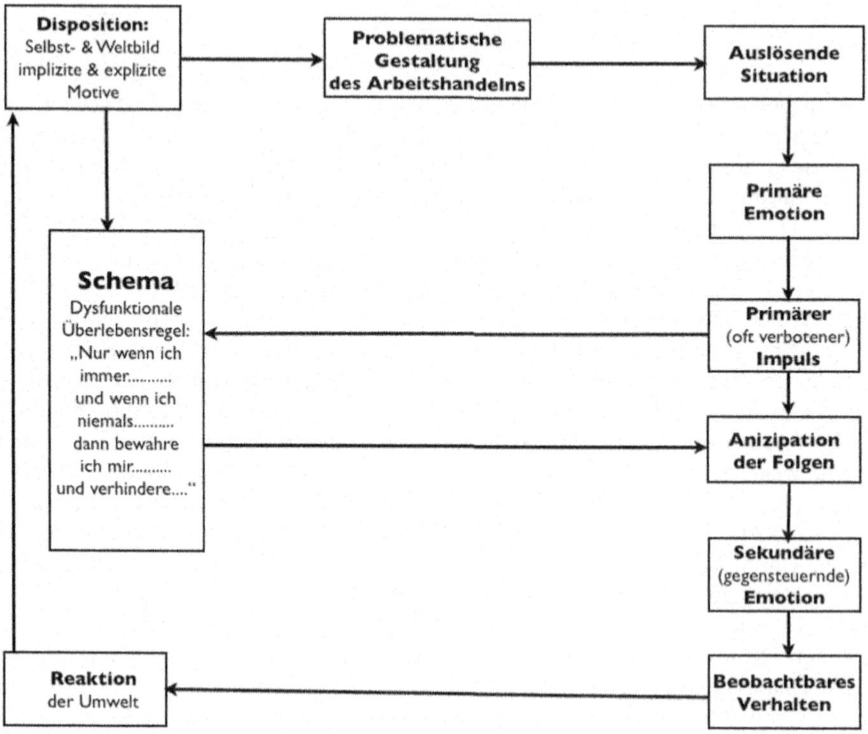

Abbildung 1: Das dysfunktionale Schema im Verhaltenszyklus

Disponierte Person

Welt-und Selbstbild

Auch wenn wir uns für noch so objektiv halten, letztlich handeln wir nicht in der Welt, wie sie objektiv da ist, sondern wie wir sie wahrnehmen. Diese Wahrnehmung, dieses subjektive Konstrukt wird mit dem Begriff "Weltbild" umschrieben. Weltbilder umfassen Inhalte, die nicht konkret fassbar sind, und mit denen wir auch nicht im Alltag von Angesicht zu Angesicht zu tun haben, z.B. „Gott“ oder „der Mensch ist wandelbar“, „das Leben ist voller Gefahren“, usw. Weiterhin bestehen sie aus einer Anzahl von Glaubenssätzen in Hinblick darauf, was existiert und was nicht existiert, was gut oder was schlecht ist, welche Erfahrungen wünschenswert oder nicht wünschenswert sind, z.B. „Vertrauen ist gut, Kontrolle ist besser“. Ein individuelles Weltbild definiert, was das Selbst in seiner Welt wissen oder tun kann, wie es dies tun kann und wie es zu jenem Wissen gelangen kann (Koltko-Rivera,

2004). Die Selbstsicht bzw. das Selbstbild präzisiert dann die Vorstellung, die jemand von sich selbst hat, seine Positionierung zu jener Welt und insbesondere den Platz, den das Selbst dort für sich sieht, z.B. ich bin unterlegen, kann mich nicht durchsetzen, ich bin perfekt, ich bin ein Macher, usw. Das Selbstkonzept wird als das Totale der Einstellungen und Gefühle sich selbst gegenüber bezeichnet (Schütz, 2003) und als Ergebnis von Erfahrungen mit sich selbst in unterschiedlichen Inhaltsbereichen aufgefasst, z.B. halten sich Personen für kommunikativ, unsicher, gutmütig, souverän, teamfähig, beeinflussbar, für künstlerisch unbegabt, für führungsbegabt, für intellektuell extrem begabt, für plump aussehend, usw. Selbst-und Weltbild bestimmen darüber, ob und wie sich eine Person in ihren verschiedenen Umwelten positioniert, insbesondere verdichten sie sich auch in unseren kognitiv-affektiven Schemata, den Überlebensregeln.

Implizite und Explizite Motive

Unser Handeln wird durch ein duales Motivationssystem gesteuert: Einem automatischen, nichtverbalen, lustorientierten impliziten Motivationssystem und einem eher aufwendigen, sprachbasierten, sozial orientierten expliziten Zielverfolgungssystem (Schultheiss, 2006). An die objektiv gegebenen situativen Bedingungen werden Bedürfnisse, Motive, Werte und Ziele der individuellen Person herangetragen, das was sie möchte, wünscht und anstrebt. Dieses motivationale System bewirkt eine Energetisierung des Handelns. Sein Wirken soll das Wohlergehen der Person sichern. Diese Standards will die Person für sich erreichen, aufrechterhalten und bei Verlust wiedergewinnen. Welche Motive kommen für das Arbeitshandeln in Frage? Tab. 1 zeigt einige häufige in unseren Coachings erarbeitete Motive.

Tabelle 1: Wichtige Motive im Coachingprozess gruppiert nach Motivationsrichtung

Bindung/Sicherheit	Autonomie
Zugehörigkeit	Einfluss, Führen wollen
Willkommen sein	Leistung
Harmonie	Sich Profilieren
Sicheren Arbeitsplatz	Konkurrieren
Geborgenheit	Selbstbehauptung
Wärme	Freiraum
Zuverlässigkeit erfahren	Selbst machen
Empathie erfahren	Eigene Wege gehen
Wertschätzung	Experimentierbereitschaft
Lob bekommen	

In der Tabelle haben wir relevante Motive nach ihrer Wirkrichtung gruppiert. Wenn sie sich auf Sicherheit vornehmlich durch Zugehörigkeit und Bindung beziehen lassen, dann haben wir sie der Kategorie Bindung/ Sicherheit zugeordnet. Sind die Motive thematisch auf Selbsterweiterung ausgerichtet, d.h. der Erweiterung, Stärkung und Bestätigung des Selbst, dann ordnen wir sie der Kategorie Autonomie zu. Wir kommen später nochmals darauf zurück. Die in Tab. 1 aufgeführten Motive können **impliziten** oder **expliziten** Charakters sein. **Implizite Motive** sind meist nicht bewusst und abgrenzbar von den sog. **expliziten**

Motiven, die auch bewusst sind. Beide Motivtypen werden in Tab. 2 charakterisiert und einander gegenübergestellt.

Tabelle 2: Vergleich impliziter mit expliziten Motiven (Brunstein, 2006; Brunstein & Meier, 2005; McClelland et al., 1989)

Implizite Motive	Explizite Motive
Nicht bewusst, müssen erarbeitet werden	Bewusst, durch Selbstbericht zu ermitteln, Selbstzuschreibung
Sagen **spontanes** Verhalten in offenen Situationen vorher	Sagen überlegtes Verhalten in strukturierten Situationen vorher
Sagen **langfristige** Verhaltenstrends vorher	Sagen eher kurzfristiges Verhalten vorher
In früher Kindheit erworben, vorsprachlich	Später, im sozialen Kontext erworben, beeinflusst durch Erwartungen anderer
Neuronal-affektive Grundlage	Kognitive Grundlage
Umsetzung erfordert keine Selbstreflexion, keine bewusste Kontrolle des Verhaltens	Umsetzung erfordert Selbstreflexion und Planung, stärkere bewusste Kontrolle des Verhaltens
Sind spontan, ausdrucksstark und freudig	Erscheinen als Pflichten und Zielsetzungen

Implizite Motive bezeichnen unsere „Grundbedürfnisse", deren Befriedigung das biologische Überleben des Organismus sichert. Sie sind angeboren und nicht bewusstseinspflichtig. Diese primär biologischen „Motivkerne" werden dann durch frühe Lernprozesse weiter ausgeformt und entwickelt. Lerngeschichtliche Erfahrungen bestimmen über die individuelle Stärke des jeweiligen Motivs. Es wird angenommen, dass diese biografischen Erfahrungen zeitlich in der vorsprachlichen Entwicklungsphase anzusiedeln sind (Brunstein, 2006). Deshalb sind implizite Motive auch nicht sprachlich repräsentiert und auch durch „kognitives" Gespräch im Coaching nicht zu erfassen. Insbesondere führen sie ein unbewusstes Eigenleben, wirken eher spontan und impulsiv. Es ist keinerlei bewusste kognitive Kontrolle oder Verhaltenssteuerung erforderlich, damit sie Handeln generieren, sie sind unmittelbar handlungswirksam.

Explizite Motive hingegen sind Teil unseres verbal repräsentierten Wissens über uns selbst. Sie spiegeln **Selbstbilder, Werte und Ziele** wider, die sich eine Person selbst zuschreibt und mit denen sie sich identifiziert. Sie zeigen, welche Vorstellung eine Person von ihren handlungsleitenden Motiven hat (Brunstein, 2006). Somit repräsentieren explizite Motive wichtige bewusste Sollwerte und Handlungsstandards einer Person. Interessanterweise korrelieren die expliziten Motive, erfasst z.B. durch Selbstaussagen, kaum mit den impliziten Motiven einer Person, indirekt erfasst durch projektive Tests. Anders ausgedrückt: Motive, die sich eine Person gerne zuschreibt müssen nicht den tatsächlichen Bewegern ihres Handelns, den impliziten Motiven, entsprechen (Brunstein, 2006). Dennoch lassen sich expliziten Motiven wichtige Funktionen zuordnen (McClelland et al., 1989). Die Einbindung in soziale Gefüge verlangen uns erhebliche Anpassungsleistungen ab. Oft können wir nicht einfach unseren „ungeschminkten" Grundbedürfnissen folgen ohne dabei beträchtliche Störungen zu erzeugen, welche wiederum die längerfristige Befriedigung anderer Grundbedürfnisse vereiteln würden. Explizite Motive können bei dieser „Sozialisierungsanforderung" helfen. Erstens können sie den Ausdruck impliziter Motive in verschiedene Kontexte kanalisieren und moderieren und zweitens sind sie in der Lage, sogar implizite motivationale Impulse vorerst ausbremsen. Ein Beispiel verdeutlicht dies: Ein guter Vorgesetzter (explizites Motiv) überlässt sich nicht impulsiv seinem Ärger (implizites Motiv) zugunsten eines konstruktiven Mitarbeitergesprächs. Im Verlaufe des Gesprächs findet er eine angemessene Dosierung für seinen Ärgerausdruck, die eine weitere günstige Zusammenarbeit ermöglicht. Bis zu einem gewissen Grad können explizite Motive also dabei helfen psychologische Flexibilität zu erhalten. In ungünstigen Fällen gibt es entweder keine Überschneidung zwischen expliziten und impliziten Zielen oder das Arbeitshandeln folgt überwiegend expliziten Zielen. Beide Motivarten sind verschieden, können sich aber grundsätzlich gut ergänzen: Implizite Motive liefern die motivationale Energie, die von expliziten Motiven derart kanalisiert und reguliert wird, dass in komplexeren Situationen zielgerichtetes Verhalten möglich bleibt (Schultheiss & Brunstein, 2005).

Schema: Die Überlebensregel

Es kann kein Zweifel daran bestehen, dass der Organismus zur Aufrechterhaltung der psychischen als auch der physischen Gesundheit in der Lage sein muss, durch geeignetes Handeln seine impliziten Motive zu befriedigen (McClelland et al., 1989 Brunstein et al., 1998; Baumann et al., 2005; Michalak et al., 2006). Im Rahmen solcher Untersuchungen stellte sich immer wieder heraus, dass die erwähnte Passung, das günstige Zusammenspiel, d.h. die Kongruenz impliziter und expliziter Motive meist zu exzellenter Leistung, einer fast schon genussreichen Aufgabenerfüllung, zu besserer mentaler Gesundheit, zu erhöhtem persönlichen Erfolg usw. führt. Im günstigen Falle hat uns unsere biografische Entwicklung also Schemata vermittelt, die eine solche **funktionale** Bedürfnisbefriedigung ermöglichen. Was ist gemeint, wenn wir von einem „Schema" sprechen?

Schemata sind mentale Handlungsanweisungen; sie weisen den Weg durch den komplexen Informationsdschungel etwa des Managementalltags. Sie helfen dabei, das innere Gleichgewicht zu bewahren. Dabei selegiert dieses Schema jene Informationen, die wir über unsere Sinnesorgane aufnehmen und weist ihnen Bedeutung zu in Hinblick auf die Befriedigung unserer Bedürfnisse. Grundlegende Affekte liefern dabei eine schnelle Bewertung im Sinne von „Gut für mich – annähern" bzw. „Schlecht für mich – vermeiden". Diese Bewertungen sind durch körperliche Mitreaktionen begleitet, den sog. somatischen Markern. Solche Marker, z.B. ein bestimmtes Bauchgefühl, eine kollabierte Körperhaltung, vermitteln schnell Klarheit über den Stand auf dem Weg zur Bedürfnisbefriedigung. Körperreaktionen, Gefühle und automatische Gedanken sind Bestandteile eines Schemas. Es hilft auch die für die Bedürfnisbefriedigung relevanten Situationen zu identifizieren und sie auch bezüglich der Erfolgswahrscheinlichkeit eines Gelingens einzuordnen, entsprechende Erfahrungen sind im impliziten Gedächtnis abgespeichert. Die neurobiologische Grundlage dieser Schemata besteht in der synchronen Aktivierung zugehöriger Nervenzellverbände (Grawe, 2004). Soviel zu den **funktionalen Schemata**, von denen jeder Mensch vermutlich eine ganze Menge besitzt. Sie sind in einer Vielzahl von Situationen unproblematisch.

Wie entstehen **solche Schemata.** Wie können wir uns das Entstehen und die Wirkung **dysfunktionaler Schemata** vorstellen?

- Bedürfnisbefriedigung ist ein interaktiver Prozess und wesentlicher Bestandteil unserer biografischen Erfahrungen. Die ursprünglich mühelose Befriedigung der organismischen Grundbedürfnisse (implizite Motive, vgl. Tab. 1) kann nun im Verlaufe der biografischen Entwicklung auf eine Barriere stossen. Dies löst eine unmittelbare, affektive Bewertung, die *primäre Emotion* Ärger, aus. Sie bedeutet eine Zielfrustration und hat die Funktion verschiedene Regulationsaktivitäten auszulösen in Bezug auf die eigene Person und in Bezug auf Interaktionspartner (Magai & Mc Fadden, 1995; Holodynski, 2004). Dabei wird das Selbst aktiviert für die Beseitigung von Barrieren und Quellen der Zielfrustration, Interaktionspartner werden vor einem möglichen, drohenden Angriff gewarnt. Im biologischen Sinne stellen diese *primären Impulse* den funktionalen Umgang dar, der unmittelbar aktiviert wird.
- Im günstigen Falle beseitigen solche Verhaltensweisen die Barriere, im ungünstigen Falle passiert ganz wenig, gar nichts oder noch schlimmer, die Situation wird immer aussichtsloser, relevante Bezugspersonen reagieren aggressiv oder gehen vollständig auf Abstand. Die Barriere bleibt also zunächst bestehen, die Bedürfnisbefriedigung bleibt weiterhin aus. Bleibt fortgesetztes Bemühen ohne Effekt, so entsteht *Furcht*, die der Person die Existenz einer Bedrohung spürbar macht und den mächtigeren Interaktionspartnern Unterwerfung signalisiert. Dieser *sekundäre Affekt* unterbricht die bisherige Handlungsregulation, womit der primäre aggressive Impuls ausgebremst ist. Erfährt die Person jetzt erneut immer wieder die begehrte Bedürfnisbefriedigung, dann wird auf einer schemabasierten Verarbeitungsebene die Beziehung zwischen den Interaktionspartnern in Bezug auf die Bedürfnisbefriedigung neu bewertet und mit den – möglicherweise per Versuch und Irrtum ermittelten – spürbar erfolgreichen Handlungspfaden verbunden (Leventhal & Scherer, 1987). Dieser kognitiv-affektive Prozess unterliegt nun Prozessen der Gewohnheitsbildung, die wir als Schematisierung begreifen. Das entstandene Schema wirkt vorstrukturierend, hilft nun dabei, in verschiedensten Situationen mögliche Barrieren der dringend notwendigen Bedürfnisbefriedigung rechtzeitig zu erkennen, Affekte zu steuern, adaptive Verhaltensweisen zu organisieren. Schemata repräsentieren Erfahrungen, frühere Denkakte, Gefühlserlebnisse. Die schmerzliche Erfahrung der Konsquenzen die sich ergeben, wenn sich die Person einfach ihrem *primären Gefühl* und dem damit verbundenen *primären Impuls* überlässt, ist nun gewissermassen als *Antizipation der Folgen* im neuen Schema mit „aufgehoben". Im Interesse der Bedürfnisbefriedigung wird dabei ein vielleicht ansatzweise spürbarer primärer Impuls zum *verbotenen Impuls*. Die beiden gegensinnigen Pfeile in Abb. 1 unterstreichen die besondere Funktion unserer Überlebensregel: Primäres Gefühl und primärer Impuls werden durch ein gegensteuerndes *sekundäres Gefühl* ersetzt oder zumindest soweit ausgebremst, dass das resultierende Gefühlsgemisch die ersehnte Bedürfnisbefriedigung durch die Interaktionspartner nicht weiter gefährdet.
- Damit die Befriedigung des impliziten Bedürfnisses eintritt, muss letztlich ein Umweg um die Barriere gesucht und gefunden werden. Versuch und Irrtum, klassische und operante Konditionierung führen schliesslich zu einer Handlungsweise, mit der die Interaktionspartner tatsächlich auch erreicht werden (Bischof, 2008). Zu diesem Zweck muss das Kind häufig das tun, was die Bezugspersonen wertschätzen. Solche Ziele haben für das heranwachsende Kind oft expliziten Charakter und die Überschneidung mit seinem impliziten Bedürfnisprofil ist mehr oder weniger stark ausgeprägt. Im Falle folgender „Tauschverhältnisse" ist die Überschneidung gering: Wärme und Geborgenheit (implizit) für gute Leistungen (explizit) oder Freiraum (implizit) für pflegeleichtes

Verhalten (explizit). Das Copingprinzip lautet also: „Verfolge explizite, von den Bindungspersonen hoch bewertete, motivationale Standards, um von ihnen ein wenig die dringend benötigte Befriedigung der basalen impliziten Motive zu erfahren!“

Explizite Motive werden also instrumentell zur Befriedigung impliziter Motive eingesetzt

- Das skizzierte Schema baut sich sukzessive in der Ontogenese auf. Auf dieser schemabasierten Verarbeitungsebene baut sich nach Leventhal & Scherer (1987) wiederum eine weitere Verarbeitungsebene auf, die konzeptbasiert und sprachvermittelt ist. Sie umfasst propositional organisierte Wissensstrukturen über Emotionen, deren Wirkung und darüber, wie man sie beeinflussen und regulieren kann. Im günstigen Fall führt dies zu mehr psychologischer Flexibilität und im besten Sinne zu „sozial-emotionaler Intelligenz“. Im ungünstigen Falle werden Teile des Schemas auf dieser Verarbeitungsstufe in ein rational fassbares Konzept verwandelt, das sich stimmig in die eher explizite Wertelandschaft, in das Selbstund Weltbild integriert. Im Extremfall werden die impliziten Motive gar nicht mehr gefühlt.
- Die zentrale **Angst** vor der Entgleisung des grundlegenden affektiven Dialogs mit den mächtigen Bezugspersonen führt dazu, dass der Heranwachsende sein ganzes soziales Geschick einsetzt, um eine solche Situation möglichst perfekt zu **vermeiden.** Die zusätzlichen Lernprozesse der zeitlichen **Generalisierung** und der Generalisierung entlang eines Ähnlichkeitsgradienten machen das Ganze mehr und mehr wasserdicht und erzielen einen antizipatorischen Effekt. Bereits das Vorfeld ähnlicher Situationen löst Angst aus und mobilisiert das gesamte Arsenal verfügbarer Vermeidungsstrategien, so dass es während der weiteren Entwicklung auch im Leben eines ansonsten durchaus kompetenten Erwachsenen nicht zu einer korrigierenden Erfahrung kommen kann. Kuhl (2001) führt aus, dass negativer Affekt den Zugang zum Selbstsystem mit seinen impliziten Motiven hemmt, so dass diese auch weiterhin kaum wahrgenommen werden können.
- Für die Erarbeitung der dysfunktionalen kognitiv-affektiven Überlebensregel schlägt Sulz (1994) eine Syntax vor, die die diskutierten Aspekte und insbesondere entsprechende systematischeWahrnehmungsverzerrungen (Beck, 1999) berücksichtigen:

Nur wenn ich immer	(explizite Motive in dysfunktionalen Verhaltensstereotypien)
und wenn ich niemals	(„verbotene“ Affekte und Impulse)
dann bewahre ich mir	(implizite Motive)
und verhindere	(zentrale Angst)

Während Beck & Wright (1986) das Selbst- und das Weltbild zu einer Grundannahme über das Funktionieren der Welt im Sinne einer Wenn-DannAussage logisch verknüpfen und Grawe & Caspar (1984) mit dem Oberplan den aus dieser Schlussfolgerung resultierenden Imperativ formulieren, verbindet die Überlebensregel beides zu einer Verhaltensregel im Sinne von O'Donohue et al. (2003). Die Überlebensregel enthält – je nach Person – in unterschiedlichem Mischungsverhältnis vermeidende und kompensatorische Anteile, die von Young et al. (2005) jeweils als unterschiedliche Schemamodi betrachtet werden.

„Überleben“ bezeichnet in der Regel das Innere, das emotionale Gleichgewicht, die Aufrechterhaltung des Wohlergehens, z. B. bei stressigen beruflichen Herausforderungen. In Extremfällen kann zusätzlich auch das körperliche Überleben mit allen psychischen Begleiterscheinungen gemeint sein, z.B. bei Kampfeinsätzen. Können Bedrohung, Verlust oder Schädigung mit den vorhandenen personellen und materiellen Ressourcen nicht abgewendet werden, so entsteht im Sinne einer Regulationsstörung Stress mit allen Begleiterscheinungen wie Wut, Angst, Übererregung, Hemmung usw. (Schwarzer). Die Befriedigung zentraler Bedürfnisse wird vorerst extrem ungewiß, so z.B., wenn die Gefährdung einer Deadline die Wertschätzung des Vorgesetzten ungewiß erscheinen läßt. In dieser Situation braucht die handelnde Person in fundamentaler Weise Gewissheit und Sicherheit. Der Kampf um das innere Gleichgewicht steht und fällt mit der Befriedigung der zentralen Bedürfnisse, was letztlich das subjektive Gefühl von Sicherheit wieder herstellen soll. Dieser nicht ganz offensichtliche Zusammenhang wird durch Bischofs (1996, 2008) Zürcher Modell der Sozialen Motivation verdeutlicht. Es zeigt, wie die beiden Bedürfnisgruppen „Bindung“ und „Autonomie“ (vgl. Tab. 1) jenes fundamentale Sicherheitsbedürfnis bedienen (Abb. 2).

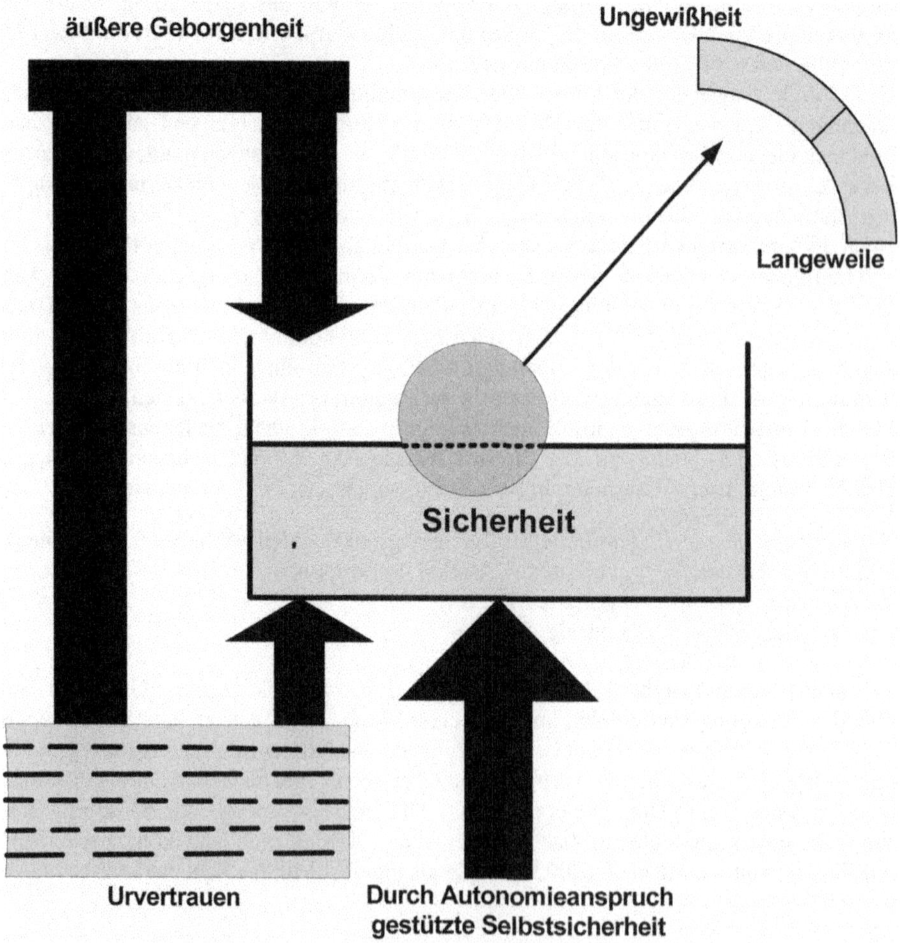

Abbildung 2: Sicherheitsregulation nach dem Zürcher Modell der Sozialen Motivation

Im Mittelpunkt dieser Betrachtung steht ein Sicherheitsreservoir, das im optimalen Falle weder entleert noch überfüllt sein sollte. Dabei stellt der optimale Pegel den von Person zu Person variierenden subjektiven Sicherheitssollwert dar. Ist das Reservoir entleert, so löst dies Ungewissheit, Unsicherheit und Furcht aus. Ist es überfüllt, so resultieren Überdruss und Langeweile. In welcher Weise spielen nun Autonomie bzw. Bindungssuche ihre Rolle als Quellen zum Auffüllen des Sicherheitsreservoirs?

Von außen durch die Nähe vertrauter Personen, welche Schutz und Geborgenheit vermitteln.

Von innen (1.) durch die vom Autonomieanspruch gestützte Selbstsicherheit und (2.) durch die im Urvertrauen internalisierte Erinnerung an früher zuverlässig erfahrene externe Geborgenheit.

Hoher Autonomieanspruch drosselt die Abhängigkeit und verstärkt die Unternehmungslust. Er stellt seinerseits eine Sicherheitsquelle dar, da er von innen heraus selbstsicher macht, so dass Geborgenheit nicht mehr so sehr bei vertrauten Mitmenschen gesucht werden muss. Das Urvertrauen repräsentiert frühe Lernerfahrungen und puffert den Sicherheitspegel gleich dem Autonomieanspruch von innen heraus gegen die Schwankungen situativer Außeneinflüsse ab. Diese Lernerfahrungen werden einerseits durch die Erfahrung sicherer Bindung geprägt, andererseits durch die früh ermutigte und bestätigte Selbsteffizienz. Typischerweise unterscheiden sich Klienten nicht nur durch die Höhe ihres Sicherheitsanspruchs, sondern vor allem in der Art, ihr Sicherheitsreservoir zu füllen bzw. die verschiedenen Quellen zu dosieren (vgl. Tab. 1). Demnach unterscheiden wir in unseren Coachings idealtypisch zwei Extremvarianten der Sicherheitsregulation (vgl. Mikulincer & Shaver, 2003):

Schwerpunkt „Autonomie“: Abweisend, geringschätzig, Nähe vermeidend

- Die Bedürfnisse nach Geborgenheit, Behaglichkeit und Unterstützung lässt man nicht aufkommen
- Erinnerungen über Verletzbarkeit und Zurückweisung durch Bindungsfiguren in der Kindheit werden unterdrückt
- die Wichtigkeit von Bindung wird stark relativiert
- Autonomie wird überbetont. Solche Patienten füllen ihr Sicherheitsreservoir durch übermäßig hohen Autonomieanspruch

Das Nähe suchen stößt hier auf innere Barrieren: Das Bindungssystem wird deshalb durch verschiedene Strategien deaktiviert. Man kann der Bezugsperson nicht wirklich vertrauen, verlässt sich am besten möglichst ausschließlich auf sich selbst. Alles, was auf eine Verleugnung von Bindungsbedürfnissen und einen Rückzug auf eigene Aktivitäten zur Vergrößerung der Unabhängigkeit hinausläuft, kommt als deaktivierende Strategie in Frage (z.B. Herunterspielen von Gefahren). Im Coachingprozess begegnet uns dieser Typus vornehmlich als „Einzelkämpfer“ und „Lonely Wolf“. Er zeigt gerade in belastenden Situationen wenig Teamfähigkeit, wenig Gespür für den sozialen Kontext und neigt zu „Entscheidungsautismus“. Wenn er sich in schwierigen Situationen nicht sowieso gänzlich zurückzieht und sich auf sein eigenes Handeln konzentriert, wird sein Führungsstil häufig autoritär und direktiv.

Schwerpunkt „Bindung“: Besorgt, klammernd, besitzergreifend

- Tiefe, durchdringende Ungewissheit bzgl. der Bereitschaft von Bindungsfiguren, große Zweifel und Unsicherheit die eigene Attraktivität und Durchsetzungsfähigkeit betreffend
- Klammernd, dependent
- Unfähigkeit, unangenehme Erfahrungen mit Bindungsfiguren der Kindheit und Jugend zu verarbeiten. Das führt zu lebenslanger Verstrickung und oft tief sitzendem Ärger mit Eltern und anderen Bindungsfiguren
- Emotionale Abhängigkeit wird überbetont. Dieser Typus füllt sein Sicherheitsreservoir durch das Herstellen übermäßiger äußerer Geborgenheit

In diesem Fall ist ein Nähesuchen prinzipiell möglich: Hyperaktivierende Strategien werden eingebracht. Sie sollen einer erreichbaren, aber nicht responsiven oder nicht aufmerksamen Bindungsfigur eine gefühlte Gefahr deutlich machen, um sie zu bewegen, Schutz und Geborgenheit zu spenden. Dies schließt die Übertreibung von Gefahren ebenso ein, wie die ängstliche Überwachung des Verhaltens der Bindungsfiguren (Mikulincer & Shaver, 2003). Entsprechende Copingstrategien sind darauf ausgerichtet, die Barriere, die einen Abgleich des aktuellen Sicherheitsgefühls mit dem Sicherheitsanspruch behindert, zu beseitigen: Sowohl aggressive als auch unterwürfige Verhaltensweisen werden aktiviert, um die Barriere, die den Zugang zu den Sicherheitsspendern behindert, zu beeinflussen. Führungskräfte dieses Typs suchen viel Nähe und Vertrautheit zu ihren Mitarbeitern, notwendige Entscheidungen werden verschleppt oder delegiert. Damit die vermeintlich guten Kontakte nicht gefährdet werden, wird es nach Möglichkeit vermieden, kritisches Feedback zu geben, Ärger zu äußern, Grenzen zu setzen. Lieber werden durch Eigenaktivität Fehler oder Versäumnisse kompensiert, was schnell zum Energiebankrott führen kann. Die 39-jährige Führungskraft in obigem Beispiel gehörte in diese Kategorie. In anderen, etwas schwieriger gelagerten Fällen wird versucht, die Bindungsstärke durch hektischen Aktivismus und vermehrtes Kontrollieren von Arbeitsabläufen zu erhöhen. Solche Führungskräfte haben das zusätzliche Problem, dass sie weder ausreichend vertrauen noch wirkliche Nähe herzustellen vermögen. Kognitv-affektive Schemata beider Typen unterscheiden sich erheblich. Ihre Überlebensregeln sind beispielhaft in Tab. 3 dargestellt.

In der Praxis finden sich naturgemäß auch Überlebensregeln mit variierender Dosierung von Autonomie bzw. Bindung, liegen also „zwischen“ diesen Extrema. Im weiteren Verlauf des Coachings wird versucht, den übergeneralisierten Einfluss dieser Regeln auf das Verhalten zu minimieren, damit Führungspersonen freieren Zugang zu adaptiven Bewältigungsmöglichkeiten in schwierigen Situationen haben.

Syntax	Schwerpunkt „Autonomie“	Schwerpunkt „Bindung “
Nur wenn ich immer……..	auf Unabhängigkeit und Überlegenheit achte und	**aktiv die Zuwendung anderer erreiche**
niemals……………………	bedürftig bin, Schwächen zeige, dann	**Konflikte und eigene Bedürfnisse zeige**
bewahre ich mir…………..	Stärke, Kontrolle und	**Schutz, Geborgenheit und Harmonie**
verhindere………………..	Herabsetzung, Enttäuschungen, Zurückweisungen, Verletzungen	**verlassen zu werden**

Tabelle 3: Syntax dysfunktionaler Überlebensregeln für überwiegend „Autonomieorientierte“ und überwiegend „Bindungsorientierte“.

Schlussfolgerungen für die praktische Arbeit mit der Überlebensregel im Coaching

- Die Überlebensregel ist ein kognitiv-affektives Schema, das dysfunktionale, z.T. sehr rigide Verhaltensstereotypien aktiviert mit dem Ziel, implizite Motive wenigstens ansatzweise zu befriedigen. Übergeordnetes Ziel der Schemaarbeit im Coaching ist eine Flexibilisierung dieser Muster sowie eine günstigere Energiebilanz im Umgang mit entsprechenden Situationen.
- Klienten sollten die Zusammenhänge ihrer Überlebensregel verstehen und durch Selbstbeobachtung nachvollziehen können.
- Ihre Erarbeitung setzt eine gute, vertrauensvolle Beziehung zwischen Coach und Coachee voraus. Coaches sollten erfahren sein in der Arbeit mit grundlegenden Affekten und Emotionen wie z.B. Angst und Wut.
- Während der Erarbeitung der Überlebensregel entstehen negative Affekte und entsprechendes Vermeidungsverhalten. Coaches sollten ihre Klienten bei dieser Exposition in guter Weise führen können, insbesondere sollten sie in der Lage sein, einen Rahmen zu schaffen, der dieses Erleben begrenzt und dosiert.
- Kognitive Arbeit reicht nicht aus; sie hilft höchstens bei der Klärung expliziter Ziele. Coaches müssen mit verschiedenen Methoden der Erlebnisaktivierung vertraut sein, um die weniger bewussten impliziten Ziele gemeinsam mit ihren Klienten erarbeiten zu können.

Praxis: Arbeit mit der Überlebensregel im Coaching

Klienten sollten von Anfang an durch ihre Coaches unterstützt werden, möglichst konkret über problematische Erfahrungen und Situationen zu sprechen. Auf diese Weise erhalten Coaches am ehesten ein Gefühl für die emotionale Tönung der Probleme, ihre Vermeidungsstrategien, die Bedürftigkeiten, Ängste und Wutgefühle, usw. Im Folgenden wird eine erlebnisaktivierende Arbeitsweise skizziert, die sich an der Syntax der Überlebensregel orientiert:

Kasten 1: Schritte beim Erarbeiten der Überlebensregel in einer ausgewählten Problemsituation

- Problembeschreibung
- Aktivieren des Erlebens: z.B. szenische Imagination, Darstellung der Situation mit Gegenständen, Zweistuhlarbeit, usw.
- Herstellen eines gemeinsamen Verständnisses (Aktives Zuhören, Paraphrasieren), dann…
- Schritt 1: „Was brauchen Sie (was ist Ihnen wichtig, was ist Ihr Hunger, Ihr Anliegen, Ihre Sehnsucht, was bekommen Sie nicht) in dieser schwierigen Situation? Wovon bräuchten Sie mehr, um ins Gleichgewicht zu kommen?“ (Zentrales Bedürfnis)
- Schritt 2: „Was müssen Sie dafür dann unbedingt tun (Wie kriegen Sie das, was ist ihr Vorgehen, was müssen Sie einsetzen)?“ (Dysfunktionales Verhalten)
- Schritt 3: „Was dürfen Sie auf jeden Fall nicht tun (was müssen Sie unbedingt unterlassen, innerlich in Schach halten, unterdrücken, wo müssen Sie sich im Griff haben), damit Sie das, was Sie so dringend brauchen, nicht gefährden?“ (Verbotener Wut- oder Lust-auf-Impuls)
- Schritt 4: „Das klingt anstrengend…“
- „Spüren Sie mal in sich nach, wie das so ist? Wo reagiert jetzt ihr Körper? Richten Sie ihre Aufmerksamkeit darauf (Genau beschreiben lassen)! Kommt Ihnen ein Bild, das diesem Gefühl entspricht (z.B. Eisenplatte auf der Brust)? Prüfen Sie nach, ob dieses Bild passt!“
- „Wie anstrengend ist das wohl für Sie? Woran merken Sie das? Nehmen Sie sich Zeit, um es genau zu erspüren“
- Schritt 5: „Wofür brauchen Sie wohl diese Anstrengung? …Spüren Sie nochmals hin… Wenn Sie diese Anstrengung nicht aufbringen, was müssen Sie dann wohl befürchten, was könnte wohl passieren?“ (Zentrale Angst)
- Abschluss der Arbeit: Gemeinsames Ausformulieren der Überlebensregel. Vereinbarung von Hausaufgaben zwecks Validierung und Modifizierung der Überlebensregel.

Problembeschreibung: Diese findet in der gewohnten Gesprächssituation statt. Klienten werden darin angeleitet, ganz konkret die äußeren Rahmenbedingungen und das innere Erleben zu beschreiben. Ausweichmanöver werden dabei immer wieder durch den sanften aber bestimmten Hinweis beantwortet: „Gehen Sie bitte wieder zurück in die Situation; was haben Sie dort empfunden, können Sie hier und jetzt auch noch etwas davon wahrnehmen? Wie fühlt sich das gerade an?“ oder „Ich kann mir jetzt gerade nicht mehr vorstellen, wie es für Sie war. Könnten Sie mir den Ablauf nochmals genau schildern?“

Aktivieren des Erlebens – Szenische Imagination: Dieser Schritt ist noch stärker darauf ausgerichtet, die Situation im Hier und Jetzt zu spüren, ja geradezu zu „schmecken". War die bisherige Problembeschreibung noch breiter und vielleicht noch überwiegend „kognitiv", so sollte nun das Erleben auf eine signifikante Situation eingeengt werden. Es handelt sich dabei um eine Situation, in der das schwierige Erleben besonders deutlich wird (z. B. Angst oder Wut). Am Ende dieses Schrittes sollten Patienten ein Bild aus dem „Situationsfilm" herausgefiltert haben, das am Klarsten das relevante Erleben mit sich bringt.

Schritte 1 bis 3: Der bisherige Arbeitsprozess war notwendig, um den Coachee ins Erleben zu bringen, es anzustoßen und verfügbar zu machen, etwa gleich einem Baumstamm, der in den Fluss gerollt wird und nun langsam Geschwindigkeit aufnimmt. Im nun folgenden Arbeitsabschnitt geht es darum, dass der Coach wie ein Flößer immer wieder Richtungsimpulse gibt, so dass der Erlebnisfaden nicht abreißt und gleichzeitig Material generiert wird, das in Hinblick auf die Überlebensregel ausgewertet werden kann. Entscheidend ist es dabei, die Balance zu wahren zwischen der Ausweitung des inneren Erlebens und seiner Lenkung durch die strukturierenden Fragen. Es kann durchaus passieren, dass der Prozess zu kognitiv wird. In diesem Falle verankert man die Aufmerksamkeit wieder im „Situationsfilm": „Gehen Sie nochmals zurück in die Situation, welche Personen sind anwesend, was sehen, hören, riechen, schmecken Sie, was passiert gerade, was sind Ihre Gefühle, wie reagiert Ihr Körper, spüren Sie das jetzt in diesem Moment auch, ... usw." Dies nochmals beschreiben lassen.

Schritte 4 und 5: Nach der Überlebensregel zu handeln oder gar zu leben kostet Energie. Klienten kommen ins Coaching, weil die Energie, die sie zum Einhalten der Überlebensregel bislang eingesetzt haben, nun nicht mehr ausreicht. Es wird immer anstrengender. Wir müssen uns vor Augen halten, dass in dieser Situation und zu diesem Zeitpunkt die **Anstrengung** meist eine willentliche Abweichung von der normalen Aktivität zur Erreichung des jeweiligen Vermeidungsziels ist. Die gewohnte Kausalität von Ursache zur Wirkung ist unterbrochen. Diese Anstrengung bewirkt definitiv Stress, der sich in verschiedenen körperlichen Symptomen niederschlägt. Anstrengung kann am validesten wahrgenommen und erkannt werden durch den Körperfokus. Die Arbeitsweise dieser beiden Schritte ist deshalb immer mit einer Lenkung der Aufmerksamkeit auf den Körper verbunden. Dieser Arbeitsabschnitt kann als gelungen gelten, wenn während der Imagination entsprechende Marker erzeugt und wiedererkannt werden konnten, d. h., die Anstrengung auch gefühlt wurde.

Abschluss der Arbeit: Im ersten Schritt wird das Erlebte kurz besprochen – „wie geht es Ihnen mit unserer Übung; welche Eindrücke konnten Sie sammeln?" In der Regel zeigen sich Klienten in der einen oder der anderen Weise sehr beeindruckt von der Erfahrung. An dieser Stelle sollten Coaches unbedingt Wertschätzung und Anerkennung zeigen: „Sie haben mit dieser konfrontativen Übung hier einen ganz wichtigen, sehr mutigen Schritt vollzogen." Hiermit ist dann auch schon in sehr günstiger Weise das weitere Vorgehen gebahnt: „Mir ist aufgefallen, wie sehr Sie in solchen Situationen kämpfen und sich anstrengen. Ich möchte Ihnen nun ein Schema anbieten, das Ihre inneren Vorgänge noch genauer beleuchten und einordnen hilft. Was meinen Sie, sollen wir beide das mal ausprobieren; sind Sie bereit dazu?"

Nun wird die Syntax der Überlebensregel präsentiert, z.B. auf einem Flipchartpapier. So lautete z.B. die Überlebensregel der weiter oben erwähnten 39-jährigen Führungskraft:

Nur wenn ich immer aufmerksam die Bedürfnisse der anderen wahrnehme, offen und flexibel auf ihre Nöte reagiere,
und wenn ich niemals Ärger äußere, Grenzen setze, Konflikte eingehe und ungeschminkt fordere
dann bewahre ich mir Harmonie und Zugehörigkeit
und verhindere allein gelassen zu werden.

Der Klient war sehr erstaunt, fast ein wenig erschüttert über diesen regelhaften Zusammenhang, den er in der Folgezeit aufgrund seiner Selbstbeobachtung für sich selbst immer wieder bestätigen konnte. Besonders berührt war er von der enormen Anstrengung, die er tagtäglich investierte, um sein implizites Bedürfnis nach Harmonie und Zugehörigkeit zu befriedigen. Weiterhin gelang es ihm immer besser, seinen Ärger zu spüren (primäres Gefühl) und beobachtete, wie er sich in solchen Momenten automatisch immer wieder selbst beschwichtigte, um sich Zugehörigkeit zu bewahren und die Harmonie nicht zu stören. Die Angst, allein gelassen zu werden, stoppte als sekundäres Gefühl den für andere nicht so pflegeleichten Ärger und unterband auch entsprechende autonome Verhaltensweisen wie z.B. von ihnen zu fordern, ihnen Grenzen zu setzen, usw. (vgl. Abb. 1). Wesentlicher Nebeneffekt war, dass angesichts dieser Überlebensregel die Führungsaufgabe des Coachee viel zu kurz kam. Klare Anweisungen geben, Leistungen einfordern, auf bestimmte Grenzen bestehen usw. stehen nicht im Widerspruch zu Entgegenkommen und Wohlwollen der Führungskraft. Die Rigidität des Schemas besteht darin, dass dies als Widerspruch erlebt wird. Tatsächlich zeichnet sich die erfolgreiche Führungskraft durch ein „Sowohl-als-auch“ aus.

Modifikation des Schemas: Kleine Schritte entgegen die Überlebensregel

„Wer zur Quelle will, muss gegen den Strom schwimmen.“ I Ging – Buch der Wandlungen

Die Richtung von Modifikationszielen ergibt sich in fundierter Weise aus der Überlebensregel. Ihre Inhalte definieren in effizienter Weise einen thematischen Korridor. Dabei soll der Klient versuchen, mit alternativen Verhaltensweisen systematisch gegen seine Überlebensregel zu verstoßen. Wesentlich ist dabei praktisches, konkretes Handeln. Nur dies kann zu neuen Erfahrungen führen. Um auch Freude und Lust an Veränderung zu induzieren, bezeichnen wir diesen thematischen Korridor als „Lebensregel“. Bei der Erarbeitung der Lebensregel ist sehr auf die Atmosphäre zu achten. Freude, Begeisterung und Aufbruchsstimmung sowie die dazugehörigen somatischen Marker sind klare Indikatoren für ein Gelingen dieses Arbeitsschrittes (vgl. auch Storch & Krause, 2002). Sollte dies ausbleiben, so muss das auf jeden Fall zum Thema gemacht werden. Meist liegt es daran, dass sich Klienten innerlich doch schon zu stark mit möglichen Schwierigkeiten oder Hindernissen, die mit der Veränderung des Verhaltens einhergehen könnten, auseinandersetzen. Aus obiger Überlebensregel des Klienten ergab sich die Lebensregel, indem jede Zeile so umformuliert wurde, dass die neue Aussage einen Verstoß gegen die bisherige Überlebensregel darstellt: Ich will gezielt meine Aufmerksamkeit auf meine jeweiligen Bedürfnisse und Interessen richten, ab und zu müssen die anderen zurückstecken, ich darf auch mal unflexibel sein, wenn es um meinen Zeitaufwand geht. Ich werde auf meine Gefühle achten und frühzeitig Ärger ansprechen, regelmäßig klare Ziele mit den Mitarbeitern vereinbaren, überprüfen und einfordern. Ich werde mein Bedürfnis nach Zugehörigkeit berücksichtigen, indem ich wieder stärker Kontakte außerhalb der Arbeit pflege. Ich möchte überprüfen, ob ich nicht manchmal auch mit weniger Harmonie auskomme. Ich werde mich stärker mit Kollegen meiner Führungsebene vernetzen, mich mit ihnen austauschen. So kann ich es vorerst besser aushalten, falls das Team mal sauer auf mich ist.

In der ausformulierten Lebensregel erkennt man unmittelbar eine Vielzahl verschiedenster Zielrichtungen, die auch gemeinsam zur verbindlichen Basis der weiteren Arbeit gemacht werden sollten. Gelegentlich sind diese Ziele als „Maximalforderungen" zu betrachten. Klient und Coach sollten prüfen, inwieweit Zwischenziele angebracht sind. In diesem Stadium der Problembearbeitung sind einige Klienten schon zu einer selbstständigen Umsetzung der erarbeiteten Ziele in der Lage. Manchmal ist die Umsetzung schwierig, weil das Ziel nicht sorgfältig genug auf das Profil der impliziten Motive abgestimmt wurde. Coaches sollten darauf achten, dass ein Ziel so verinnerlicht wird, das es sich nicht nur gut anfühlt, sondern auch eine Art Aufbruchstimmung entstehen lässt. Verbindlichkeit und Erfolgsaussicht werden weiterhin noch ganz erheblich durch die Statuierung der sog. Implementationsintention erhöht (Gollwitzer, 1998). Dies bedeutet eine Planung des Was, Wann, Wo und Wie eines Handelns entgegen die Überlebensregel. Handlungswirksamkeit und Nachhaltigkeit von Zielsetzungen werden noch weiter verbessert, wenn man sich vorstellt, welche Barrieren und schwierige Situationen bei der Verwirklichung entsprechender Ziele auftauchen können. Ganz entgegen der von Managementbestsellern verbreiteten Tradition des „Think positive" werden Klienten darin ermutigt, sich ungünstige Szenarien bei der Zielverfolgung auszumalen und sich gegebenenfalls auch darauf vorzubereiten. Mit diesem Ansatz des „Mentalen Kontrastierens", also das Gegenüberstellen von positiver Zukunft und möglichen Hindernissen, die den Erfolg blockieren können wird die Rate erfolgreicher Zielverwirklichungen noch weiter erhöht (Oettingen & Mayer, 2002).

Literatur

Ashby, W. R. (1956): An Introduction to Cybernetics, Wiley, New York.

Baumann, N., Kaschel, R. & Kuhl, J. (2005). Striving for unwanted goals: Stress-dependent discrepancies between explicit and implicit achievement motives reduce subjective well-being and increase psychosomatic symptoms. *Journal of Personality and Social Psychology, 89,*781-799.

Beck, A. T., Wright, J. (1986). Kognitive Therapie der Depression. In: Sulz, S. (Hg.): Verständnis und Therapie der Depression. München: Reinhardt.

Beck, A. T. (1999). Kognitive Therapie der Depression. Weinheim: Beltz.

Bischof, N. (1996). Das Kraftfeld der Mythen. Signale aus der Zeit, in der wir die Welt erschaffen haben. München: Piper.

Bischof, N. (2008). Psychologie. Ein Grundkurs für Anspruchsvolle. Stuttgart: Kohlhammer.

Brunstein, J. C., Schultheiss, O. C. & Grässmann, R. (1998). Personal goals and emotional well-being: The moderating role of motive dispositions. Journal of Personality and Social Psychology, 75, 494-508.

Brunstein, J. C., & Maier, G. W. (2005). Implicit and self-attributed motives to achieve: Two separate but interacting needs. *Journal of Personality and Social Psychology, 89,* 205-222.

Brunstein, J. C. (2006). Implizite und explizite Motive. In J. Heckhausen & H. Heckhausen (Hrsg.), Motivation und Handeln (3. Aufl.; S. 235-253): Berlin: Springer.

Gollwitzer P. M. (1999). Implementation intentions. Strong effects of simple plans. American Psychologist, 54, 493-503.

Grawe, K. (2004). Neuropsychotherapie. Göttingen: Hogrefe.

Hauke, G. (2004). Die Herausforderung starker Dauerbelastungen: Navigation durch wertorientiertes Strategisches Coaching. In: Hauke, G.; Sulz, S. (Hrsg). Management vor der Zerreißprobe? Oder: Zukunft durch Coaching. München: CIP-Medien, 93-120.

Hauke, G. (2006). Self-regulation and Mindfulness. European Psychotherapy 6, 19-52.

Hauke, G. (2008). Verhaltenstherapeutische Angstbehandlung durch Strategische Kurzzeittherapie (SKT). Journal für Neurologie, Neurochirurgie und Psychiatrie 2008; 9(4), 35-45.

Hauke, G. & Sulz, S. (2004). Ausbildung zum professionellen Coach. In: Hauke, G., Sulz, S. K. D. (Hg.): Management vor der Zerreißprobe? Oder: Zukunft durch Coaching. München: CIP-Medien, S. 255-259.

Holodynski, M. (2004). The miniaturization of expression in the development of emotional self-regulation. Developmental Psychology, 40, 15-27.

Kehr, H. M. (2004). Implicit / explicit motive discrepancies and volitional depletion among managers. *Personality and Social Psychology Bulletin, 30,* 315-327.

Koltko-Rivera, M. E. (2004). The Psychology of Worldviews, Rev. Gen. Psychol., 8, 1, 3-58.

Kuhl, J. (2001). Motivation und Persönlichkeit. Interaktionen psychischer Systeme. Göttingen: Hogrefe.

Leventhal, H. & Scherer, K. R. (1987). The relationship of emotion to cognition: a functional approach to a semantic controversy. Cognition and Emotion, 1, 3-28.

Magai, C. und McFadden, S. H. (1995).The role of emotions in social and personality development: History, theory, and research. New York: Plenum Press.

McClelland, D. C., Koestner, R. & Weinberger, J. (1989). How do self-attributed and implicit motives differ? *Psychological Review, 96*, 690-702.

Michalak, J., Püschel, O., Joormann, J. & Schulte, D. (2006). Implicit motives and explicit goals: Two distinctive modes of motivational functioning and their relations to clinical symptoms. *Clinical Psychology and Psychotherapy, 13*, 81-96.

Mikulincer, M. & Shaver, P. R. (2003). The Attachment behavioral system in adulthood: activation, psychodynamics, and interpersonal processes. In M. P. Zanna (ed.), Advances in Experimental Social Psychology (Vol. 35, pp. 53-152). New York: Academic Press.

O'Donohue, W. T., Fisher, J. E. & Hayes, S. C. (2003). Cognitive Behavior Therapy: A Guide for Clinicians. New York: Wiley

Oettingen, G. & Mayer, D. (2002). The motivating function of thinking about the future: Expectations versus fantasies. *Journal of Personality and Social Psychology, 83,* 1198-1212

Sachse R., Püschel O., Fasbender J., Breil J. (2008). Klärungsorientierte Schemabearbeitung. Dysfunktionale Schemata effektiv verändern. Stuttgart: Hogrefe.

Schütz, A. (2003). Psychologie des Selbstwertgefühls. Von Selbstakzeptanz bis Arroganz. Stuttgart: Kohlhammer.

Schultheiss, O. C., Brunstein, J. C. (2005). An implicit motive perspective on competence. In A. J. Elliot & C. Dweck (Eds.), *Handbook of competence and motivation* (pp. 31-51). New York: Guilford.

Schultheiss, O. C. (2006). Needs. In J. H. Greenhouse & G. A. Callanan (Eds.)., *Encyclopedia of career development (*Vol. 1, pp. 532-535). Thousand Oaks, CA: Sage.

Storch, M., Krause, F. (2002). Selbstmanagement ressourcenorientiert. Grundlagen und Trainingsmanual für die Arbeit mit dem Zürcher Ressourcen Modell. Bern: Huber.

Sulz, S. K. D. (1994): Strategische Kurzzeittherapie: Effiziente Wege zur wirksamen Psychotherapie. München: CIP-Medien.

Sulz SKD (2001): Von der Strategie des Symptoms zur Strategie der Therapie: Planung und Gestaltung der Psychotherapie. München: CIP-Medien

Young, J. E., Klosko, J. S., Weishaar, M. E. (2005). Schematherapie. Ein praxisorientiertes Handbuch. Paderborn: Junfermann.

Die Störungs- und Interventionstheorie des Strategischen Coachings

Serge Sulz

Coaching ist die Beratung und Unterstützung eines Menschen, der in einer schwierigen beruflichen Situation ist. Die gleiche schwierige Situation meistern manche Menschen bravourös, andere scheitern. Also ist ein lohnender Ausgangspunkt des Coachings, nach der Analyse des strukturellen Hintergrunds des Unternehmens und des Arbeitsplatzes die Person des Coachees zu untersuchen. Dies führt zu fast allen Disziplinen der Psychologie zurück – Wahrnehmung, Emotion, Motivation, Persönlichkeit, Entwicklung, Familie berührt auch Klinische und Sozialpsychologie und die moderne Hirnforschung.

Hier wird ein theoretischer Ansatz vorgestellt, der sich auf diese genannten Bereiche bezieht und ein möglichst einfaches Denkmodell als Heuristik formuliert, das im praktischen Prozess des Coachings und der Supervision (Sulz 2007) gedanklich verfügbar ist und als Interventionstheorie wirksame Strategien nahelegt. Die affektiv-kognitive Entwicklungstheorie menschlichen Erlebens und Verhaltens (Sulz 2001, 2009a) bietet eine klares und präzises Modell des Menschen in seinem Scheitern und einen strategischen Weg zu seinem Erfolg. Sie baut auf der modernen Hirn- und der Emotionsforschung auf (Damasio 2001, 2003, Sulz 2004a, Sulz und Lenz 2000, Sulz und Maßun 2008). Ihr liegt eine Systemtheorie der Selbstregulation und -organisation zugrunde (Carver 2004, Haken und Schiepek 2005). Motivations- und Persönlichkeitsforschung (Sulz und Tins 2000, Sulz und Müller 2000, Sulz und Maier 2009) sind ebenso wichtige Pfeiler wie der Entwicklungsansatz (Piaget und Inhelder 1981, Kegan 1986, Sulz und Theßen 1999, Sulz und Becker 2008).

Während das menschliche Gehirn in seinem Aufbau und seinen Funktionsmöglichkeiten genial ist, reicht der bewusste Geist nur weniger Menschen ins Geniale. Zu sehr lässt sich unser Bewusstsein auf falsche Fährten locken. Dieses große Ausmaß an unteroptimaler psychischer Leistung kann sich ein Verantwortungsträger nicht leisten, ebenso wenig sein Arbeitgeber und noch weniger unsere Gesellschaft.

Wenn wir also unterscheiden zwischen einer autonomen (nicht bewussten) und einer willkürlichen (bewussten) Psyche, so trifft nur erstere im psychosozialen Kontext Entscheidungen von Tragweite. Letztere ist nur ihr Instrument. Und das ist gut so, denn sie wäre nicht in der Lage, die vorhandenen und für eine Entscheidung notwendigen Informationen so zu verarbeiten, dass eine optimale Lösung möglich ist.

Im Coaching gilt es, sich aus dieser Instrumentalisierung zu befreien, das psychische System in seiner Vernetzung mit sozialen und biologischen Systemen zu begreifen und eigene Wirkmöglichkeiten zu (er-)finden. Das ist eine große Aufgabe, vielleicht so wie wenn eine Ameise lernen würde, Heerscharen hoch entwickelter Säugetiere oder gar Menschen für sich arbeiten zu lassen.

Die affektiv-kognitive Entwicklungstheorie – ein systemtheoretischer Ansatz

Zuerst müssen wir versuchen zu verstehen, wie es kommt, dass der Mensch die schier unendlichen Ressourcen seines Präfrontalcortex in schwierigen Situationen so wenig nutzen kann. In diesem Bereich des Gehirns finden die kognitiven Verarbeitungsprozesse zum Zwecke der Problemlösungen statt, in der rechten Hirnhälfte mehr ganzheitlich und intuitiv, in der linken Hirnhälfte mehr analytisch sequentiell. Jegliches Wissen über eine Problemsituation wird zusammengetragen, kognitiv-mathematisch oder sprachlich durchdacht, Drehbücher für die Zukunft werden geschrieben, Visionen als Filme der vorweggenommenen Zukunft gedreht. Und in diesem Moment kommt es zum Bruch. Aus Hoffnung wird Furcht, aus Siegeswillen wird Verzagtheit. Denn das biographische Gedächtnis hat mittlerweile zahlreiche Ereignisse aus der individuellen Lebensgeschichte beigesteuert, die zunehmend aversive Gefühle erzeugen und einen Horrorfilm entstehen lassen. Die anstehende Entscheidung für eine Problemlösung wird vertagt oder ganz verworfen. Prompt lassen die aversiven Gefühle nach und ein Wohlgefühl begleitet die Haltung der Nicht-Entscheidung, der Nicht-Veränderung. Alsbald melden sich aber die aversiven Gefühle, die mit dem unbefriedigenden Istzustand verbunden sind und drängen zu einer Entscheidung. Je öfter dieser Teufelskreis durchlaufen wird, umso mehr entstehen Dauerstress und schließlich psychosomatische Symptome, die wiederum zu einer Lösung drängen: „Ich komm da allein nicht raus, ich muss mir einen Coach suchen."

Ich möchte an dieser Stelle kurz den Unterschied zwischen systemisch und systemtheoretisch erläutern. Der systemische Ansatz ist bekannt von der Familientherapie her. Der Symptomträger wird nicht als die eigentlich gestörte, zu behandelnde Person betrachtet. Vielmehr wird davon ausgegangen, dass das System gestört ist und dessen Störung behoben werden muss. Deshalb wird keine ausführliche individuelle Diagnostik des Symptomträgers durchgeführt und auch keine individuumbezogenen Interventionen geplant. Der hier vertretene *systemtheoretische* Ansatz greift die *systemische* Denkweise auf, betrachtet aber nicht nur den Betrieb bzw. die Betriebsabteilung als System, sondern führt auch eine detaillierte Systemanalyse des einzelnen Menschen – diesen wiederum als eigenes System betrachtend – durch. Der damit verbundene ständige Perspektivenwechsel führt zu einer Optimierung der Lösung und eröffnet zusätzliche Lösungsmöglichkeiten.

Es sind relativ einfache kybernetische Prozesse, die im Gehirn systematisch und konstant ablaufen, als ob dieses programmiert worden wäre. Jedes Gehirn enthält einige Fehlprogrammierungen, die zu fehlerhaftem Verhalten in Momenten führt, das einen hohen persönlichen Preis oder betriebliche Kosten verursacht. Das sind Fehlentscheidungen, die leicht verhindert werden können. Wir benötigen nur wenig psychologisches Wissen, müssen nicht in die Tiefen der Emotionalität des Privatmenschen gehen, sondern analysieren präzise die situativen Abläufe im beruflichen Kontext.

Viele meinen, Kommunikation sei das eigentliche Thema. Dass dies zu kurz gegriffen ist, merken wir spätestens dann, wenn wir unsere kommunikativen Fähigkeiten absolut perfekt gemacht haben. Denn was macht ein Mensch, bevor er seinen Mund aufmacht? Was er innerlich an Gedanken und Plänen produziert, bevor er mit der Kommunikation beginnt, ist das Eigentliche. Wir müssen deshalb mehrere Ebenen gleichzeitig betrachten. Da ist die motivationale Ebene (welches Anliegen habe ich?), die emotionale Ebene (welche emotionale Bedeutung hat mein Anliegen und die Situation?), die kognitive Ebene (welchen Plan verfolge ich?), die Handlungsebene (was unternehme ich wie?), die Interaktionsebene (wie reagiert mein Gegenüber?), die Beziehungsebene (Ist und Soll der Beziehung, Auswirkungen meines Handelns auf die Beziehung) und die prognostische Ebene (wie entwickelt sich unsere Kooperation in der Zukunft?). Diesen Prozessebenen ist die Regel- oder Systemebene übergeordnet. Sie steuert das Zusammenwirken dieser Teilprozesse (Abbildung 1).

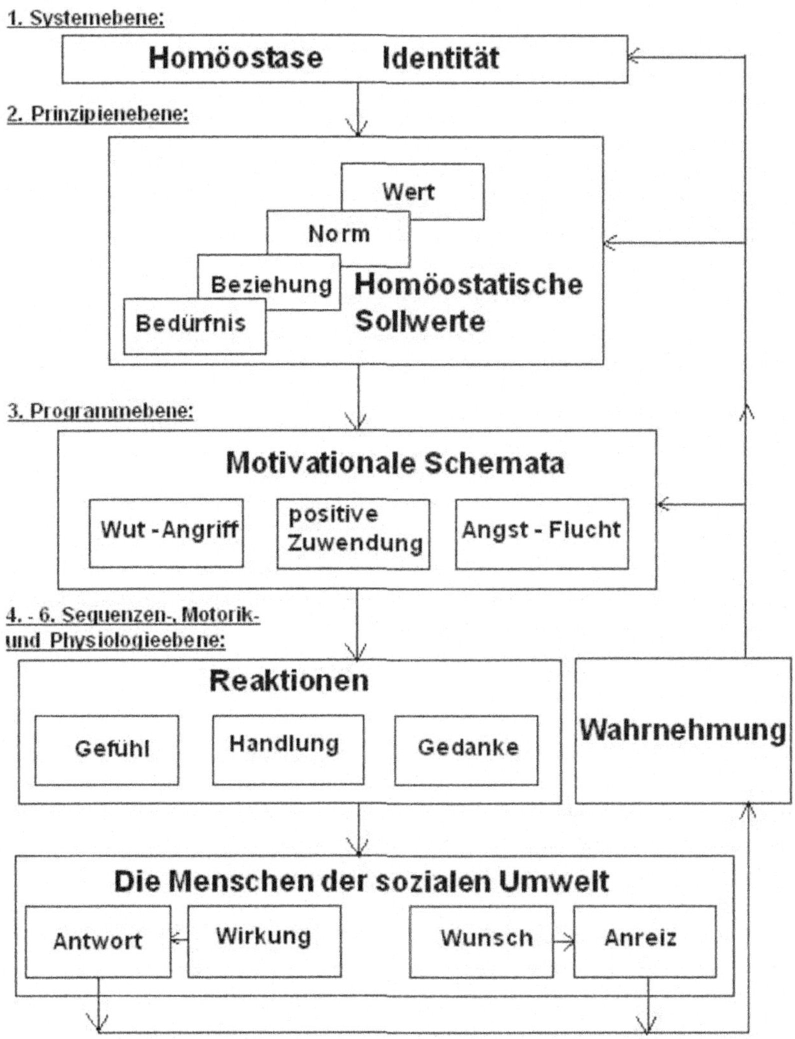

Abbildung 1: Das System der menschlichen Psyche in der Wechselwirkung mit einem äußeren System (mit freundlicher Genehmigung des Verlags aus Sulz 2007)

Systemebene 1 legt fest, wie sich das System definiert, d. h. worin die Identität eines Menschen besteht.

Ein Coachee erlebt z. B. seine Identität als der eines
- für sein Unternehmen Tätigen
- seine Abteilung gut Führenden
- mit guten Fähigkeiten und Kenntnissen ausgestatteten
- in gutem Einvernehmen mit Vorgesetzten befindlichen
- von seinen Mitarbeitern geschätzten und gemochten, auch vorbildlichen Vorgesetzten
- mit sehr guten Kontakten zum Kunden
- Frau und Familie noch ausreichend emotional versorgenden
- Privatleben nur insoweit führenden als obige Maximen dadurch nicht Schaden leiden bzw. dadurch optimiert werden (Jogging, Sauna, Tennis, Golf).

Das Regelungsprinzip ist auf dieser wie auf den unteren Systemebenen das Homöostaseprinzip, d.h. das kybernetische Prinzip des Fließgleichgewichts. Ein um eine Ideallinie oszillierender Sollwert wird konstant gehalten, innerhalb festgelegter Toleranzgrenzen.

Die *zweite Systemebene* ist die der konkreten homöostatischen Sollwerte:
- Bedürfnis – zentrale Bedürfnisse müssen befriedigt werden (z. B. nach Sicherheit, Wertschätzung, Selbstbestimmung)
- Beziehung – zentrale Beziehungen müssen bewahrt werden (Bindung und einbindende Kulturen)
- Norm – zentrale Gebote und Verbote müssen geachtet werden
- Wert – zentralen Werten muss entsprochen werden (z. B. Intellektuelle Freiheit – geistige Unabhängigkeit – Überlegenheit, Leistung – Sicherheit/materielle Sicherheit – Glauben/Spiritualität – Familie und Partnerschaft – Soziale Akzeptanz und Anerkennung)

Wir können uns fragen, inwiefern die Wertorientierung eines Coachs eine für die Problemlösung utilisierbare Ressource darstellt.

Die nächste, *dritte Systemebene* sind die motivationalen Schemata. Das sind fertige Handlungsentwürfe für passende Situationen. Sie werden aktiviert, wenn die Wahrnehmung ergibt, dass die Sollwerte nicht ohne Nachregulation einzuhalten sind.

Wir unterscheiden drei Arten:
- positive Annäherung, die in Hoffnung auf und in Erwartung von Bedürfnisbefriedigung erfolgt
- angstvolle Vermeidung bzw. Flucht im Anblick drohender Gefahr
- ärgerlich bis wütender Angriff bei feindseliger oder rücksichtsloser Frustration bzw. Verletzung

Auf *der vierten Systemebene*, der Handlungsebene, fügen sich Gefühl, Gedanke und Verhalten zu einem Copingverhalten zusammen, das im günstigen Falle eine kompetente Wehrhaftigkeit und im ungünstigen, leider häufigeren Falle ein Kampf gegen virtuelle Windmühlenflügel ist, die nur subjektiv existieren.

Der Mensch als dieses System befindet sich in Wechselwirkung mit seiner beruflichen Umwelt. Die Wirkung seiner Aktionen auf Organisation / Betrieb / Team bleibt nicht aus. Die Antwort ist eine Fortsetzung und Bestätigung der durch seine Wahrnehmung und Interpretation konstruierten Wirklichkeit, als selfullfilling prophecy. Andererseits gehen von seiner betrieblichen Umwelt auch Anreize aus, die in ihm Wünsche wecken bzw. ihn die gegenwärtige Frustration früherer Bedürfnisbefriedigung spürbar machen. Die Fortdauer von Systemen hängt von zwei gegenläufigen Eigenschaften ab: Stabilität, um nicht durch veränderungsintendierende Kräfte aufgelöst zu werden. Flexibilität, um nicht durch unaufhaltsame Änderungen zugrunde zu gehen. Der Coachee und sein Unternehmen befinden sich in diesem polaren Spannungsfeld.

Die konkrete Diagnostik bzw. Fehleranalyse bedarf weiterer Konstrukte. Epsteins (1993) Persönlichkeitstheorie enthält das Postulat von vier Grundbedürfnissen (nach Orientierung und Kontrolle, nach Lustgewinn und Unlustvermeidung, nach Bindung und nach Selbstwerterhöhung). Der Mensch entwickelt eine persönliche Theorie der Realität, die sich u.a. aus intentionalen Postulaten zusammensetzt, die ihm vorgeben, was er tun und was er unterlassen muss, um diese Bedürfnisse zu befriedigen. Diese Realitätstheorie ist das Selbst des Menschen. Diese Realitätstheorie ist vorbewusst, also nicht Inhalt des wachen Bewusstseins und der bewussten Kognitionen. Sie entspricht den Grundannahmen Becks (Wright und Beck 1986), den Überlebensregeln (Sulz 1994) und den motivationalen Schemata (Grawe 1998). Diesen vorbewussten Teil der Psyche nennt er das experiential system im Gegensatz zum bewussten rationalen System. Diese Einteilung entspricht der Unterscheidung von autonomer und willkürlicher Psyche von Sulz (1994) und der Einteilung Grawes (1998) in implizit und explizit. Sulz (1994) hat die Überlebensregel als Systemregel in eine Syntax gebracht, die die wichtigsten Variablen in einen Funktionszusammenhang bringt:

> Nur wenn ich immer (z. B. zurückhaltend bin = dysfunktionaler Persönlichkeitszug)
> Und wenn ich niemals (z. B. meinen Ärger und meine Wut deutlich zeige)
> Bewahre ich mir (z. B. Zuneigung und Anerkennung = zentrales Bedürfnis)
> Und verhindere (z. B. Trennung und Ablehnung = zentrale Angst).

Aufgabe des Coachings ist, diese dysfunktionale Überlebensregel in eine funktionale bzw. adaptive Lebensregel zu transformieren.

Wie entsteht diese Überlebensregel? Die Wechselwirkung zwischen den Eltern mit ihrem Elternverhalten und dem Kind mit seinen angeborenen Dispositionen führt neben Befriedigungen auch zu Frustrationen und Bedrohungen, die bestimmte Bedürfnisse bleibend in den Vordergrund rücken lassen, z.B. das Bedürfnis nach Geborgenheit oder das Bedürfnis nach Beachtung. Sie führt auch dazu, dass ein Mensch dauerhaft auf die Vermeidung spezifischer Bedrohungen bzw. Ängste achtet und so ein individuelles Profil an Vermeidungshandlungen aufbaut. Ein weiteres wichtiges Ergebnis seiner Sozialisation ist die Hemmung seiner aggressiven Tendenzen den Mitgliedern seiner sozialen Gemeinschaft gegenüber. Der Inhalt der Wuttendenzen ist charakteristisch für einen Menschen und ist ebenfalls Ergebnis der Wechselwirkung zwischen Eltern und Kind bzw. zwischen ihm und anderen wichtigen Bezugspersonen (z.B. Bruder, Schwester, Großeltern). Die Dauerblockade der Wut- und Angriffstendenz ist eine wichtige Aufgabe der Selbstregulation. Viele Menschen gehen dabei so weit, dass sie selbstunsicher und ängstlich werden. Die psychische Homöostase kann kognitiv als Regelwerk verstanden werden und die wichtigste Regel ist die, die das Überleben sichert. Meist geht es in Beziehungen nur um das emotionale

Überleben, d.h. um das Verhindern von psychischen Schädigungen. Eine in der Kindheit optimal auf die soziale Umwelt zugeschnittene Überlebensregel wird, wenn sie nicht modifiziert wird, im Erwachsenenleben aber dysfunktional. Unsere Coachees haben dysfunktionale Überlebensregeln, die dafür sorgen, dass ihr Erleben und Verhalten dysfunktional wird, d.h. dem betreffenden Menschen zum Nachteil gereichen. Zudem verhindern sie auch, dass die Beziehungen ihres Erwachsenenlebens stützend und befriedigend für beide Seiten bleiben. Damit haben wir es in unseren Betrachtungen mit den dysfunktionalen Persönlichkeitszügen zu tun. Es kann von einem Kontinuum dieser Eigenschaften und Handlungstendenzen ausgegangen werden (Sulz et al. 1998). Die Überlebensregel und die durch die Persönlichkeit festgelegten dysfunktionalen Erlebens- und Verhaltensstereotypien schränken das aktive Verhaltensrepertoire eines Menschen zum Teil erheblich ein. Dadurch ist er schwierigen Problemen weniger oder nicht gewachsen. Erlebens- und Verhaltensweisen, die zur Meisterung des Problems geführt hätten, sind verboten. Sie würden die Überlebensregel verletzen und das emotionale Überleben gefährden. Welche Lebenssituation zur Störung oder gar zum Scheitern führt, ist somit auch durch die Persönlichkeit des betroffenen Menschen festgelegt.

Weitere Konstrukte von Sulz (2001) beziehen sich auf die Abfolge der emotionalen, kognitiven, motivationalen und Handlungs-Prozesse, wie sie auch Hauke in diesem Buch beschreibt.

In einer konkreten Situation (Konferenz) entsteht

- ein primäres natürliches Gefühl (Wut, dass seine Aussagen entwertet werden), dies führt zu einem
- primären natürlichen Handlungsimpuls (Angriff – z. B. Zuschlagen = inadäquat infolge lebenslanger Unterdrückung und dadurch nicht möglicher Zivilisierung aggressiver Impulse).
- Die Antizipation bedrohlicher Handlungskonsequenzen (endgültiger Verlust von Anerkennung, subjektiv wichtiger als die disziplinarischen Folgen) führt zu
- sekundären gegensteuernden Gefühlen (Angst, Schuldgefühle), diese zum
- Unterdrücken natürlichen Copings und Vermeidung von dessen Folgen (von wehrhafter konstruktiver Auseinandersetzung, um eigene Belange deutlicher zu vertreten, denn diese würden subjektiv zu erneutem Verlassenwerden führen).
- Neue verhaltenssteuernde Gefühle (Ohnmacht, Unterlegenheit, Angst) sind die inneren Auslöser, die
- ein Stresssymtom (z. B. Kopfschmerz, Bluthochdruck) in Gang bringen. Das Symptom absorbiert die Restmenge an aggressiver Energie und hilft so, die Überlebensregel einzuhalten.

Betrachten wir die Transaktionen zwischen zwei Kontrahenten, so können wir die Eskalation erkennen, die aus deren Überlebensstrategien resultieren. Schulz von Thuns (2001) Einteilung der Kommunikation in Sachinhalt, Selbstoffenbarung, Beziehung und Appell kann man motivationspsychologisch übersetzen:

Sachinhalt	Was sagt er inhaltlich? Was ist die inhaltliche Information?
Selbstoffenbarung	Welche Rolle nimmt er ein?
Beziehung	Welche Rolle weist er ihr zu?
Appell	Was will er damit erreichen, zu welchem Verhalten will er sie bewegen?

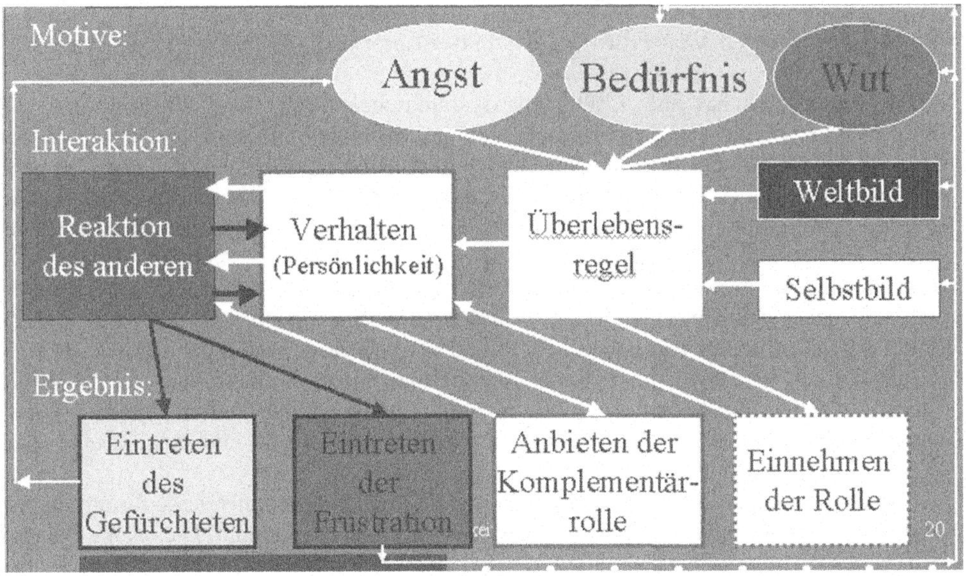

Abbildung 2: Dysfunktionaler Repetitiver Interaktions- und Beziehungsstereotyp DRIBS: Wie verhalte ich mich, damit andere mich schlecht behandeln? (mit freundlicher Genehmigung von CIP-Medien aus: Sulz 2001, S. 327)

Diese Übersetzung zeigt, in welcher Weise im Sinne von Watzlawik et al. (1974) *Wirklichkeit konstruiert* wird. Indem ich selbst eine Rolle einnehme, weise ich dem anderen die Komplementärrolle zu und durch die Appellfunktion meiner Aussage bringe ich ihn dazu, sich rollengemäß zu verhalten. Ich habe ein Drehbuch geschrieben, der andere hat sich drehbuchgemäß verhalten und ich erhalte dadurch die Bestätigung, dass mein Drehbuch nicht erfunden ist, sondern Realität darstellt. Ich habe Wirklichkeit konstruiert. Die Psychoanalyse spricht hier von Übertragung und Gegenübertragung.

Bei gestörter Kommunikation läuft dies so ab (Abbildung 2):

- Bestehendes Selbstbild
- Bestehendes Weltbild
- Hoffnung auf Bedürfnisbefriedigung
- Angst vor Bedrohung bzw. Frustration
- Groll/Wut wegen vergangener Frustrationen
- Beziehungsangebot durch Einnahme einer Rolle
- Zuweisung der Komplementärrolle
- Der andere verhält sich rollengemäß bedrohlich oder frustrierend
- Die Bedrohung verstärkt die Angst
- Die Frustration vergrößert das Bedürfnis
- Und die Frustration vergrößert die Wut
- Das Eintreten des Erwarteten bestätigt das Selbst- und Weltbild
- Und führt dazu, dass bei der nächsten Interaktion

- Wieder die dem Selbstbild entsprechende Rolle eingenommen wird
- Und dem anderen wieder die dem Weltbild entsprechende Rolle zugewiesen wird.

Diesen Teufelskreis hat Sulz (2001) als Dysfunktionalen Repetitiven Interaktions- und Beziehungsstereotyp (DRIBS) bezeichnet. Die gleiche Interaktion läuft wieder und wieder auf die gleiche Weise erfolglos ab. Der DRIBS ist der Lösungsversuch erster Ordnung nach Watzlawick et al. (1974) bzw. entspricht Freuds Begriff des Wiederholungszwangs. Ebenso kann diese Transaktion als *projektive Identifizierung* im Sinne der Psychoanalyse betrachtet werden: Ich übertrage eine problemhafte Elternperson auf mein Gegenüber, weise ihr diese Rolle zu. Zugleich nehme ich in meinem Selbstgefühl die Kindrolle ein. Der andere nimmt mich als solches wahr und spricht zu mir aus der Elternperspektive. Da ich nicht nur das Kindsein als Position eingenommen habe, sondern mich als das Kind gebe, das z. B. farblos, adynamisch ist, reagiert mein neuer Elternteil auf meine Farblosigkeit und Adynamie mit gelangweiltem Desinteresse. Ich bin einerseits enttäuscht und verletzt, werde andererseits in meiner Selbst- und Weltsicht bestätigt. Du bist also auch so einer bzw. so eine! Und ich bin halt uninteressant!

Wenn zwei Kontrahenten einen gemeinsamen DRIBS konstruieren, so kommt es zur gegenseitigen Destabilisierung und zum emotionalen Überlebenskampf. Die eigene Balance wird hergestellt durch Disbalance des Kontrahenten, bis schließlich beide und damit das soziale System aus der Balance kommt. Im Coaching wird deshalb stets zugleich die motivationale Analyse des Kontrahenten betrieben, um eine Zusammenschau der gegenseitigen Destabilisierung herzustellen. Ziel des Coachings ist, eigene Balance (Homöostase) herzustellen ohne Disbalance des Gegenübers oder des sozialen Systems.

Aus dieser Störungstheorie leitet sich als Strategie des Coachings und der Supervision ab:

1. Thematische Rekonstruktion der biographischen Entwicklung (emotionaler Coaching-Prozess) und des Verharrens in dysfunktionalen Überlebensstrategien (kognitiver Coaching-Prozess)
2. Entwicklung der Veränderungsstrategie

Außer diesen prozessimmanenten Therapiestrategien werden noch zwei Rahmen gebende Strategien verfolgt:

a. die Achtsamkeitsstrategie, die es ermöglicht, überselektive Aufmerksamkeitsfokussierung zurückzunehmen und dadurch eine erste Emotionssteuerung zu erreichen. Sie schafft eine optimale Basis für die Sammlung psychischer Energien und wird deshalb an den Anfang des therapeutischen Prozesses gestellt.
b. die Akzeptanzstrategie verhindert frustrane Änderungsbemühungen aus der Haltung der Ablehnung der eigenen Person und der Problemsituation heraus.

Die Veränderungsstrategien beinhalten in individueller Auswahl einige wenige der folgenden Themen:

a. Sammeln persönlicher Ziele und Werte (vgl. Hauke 2006)
b. Unterscheiden extrinsischer und intrinsischer Ziele (Umdefinition des Widerstands)
c. Mobilisieren von Ressourcen
d. Loslassen verzichtbarer Ziele, Abschied nehmen von regressiven Wunscherfüllungen, Trauern um endgültig Verlorenes

e. Umgang mit der Angst vor Veränderung
f. Meine Fähigkeiten der Angstbewältigung entwickeln
g. Meine Fähigkeiten der Stressbewältigung entwickeln
h. Mich bisher vermiedenen Gefühlen stellen (Exposition)
i. Lernen, mit Gefühlen umzugehen (emotionales Lernen)
j. Durch Niederlagen wehrhaft werden
k. Konflikte durch Integration und Wertorientierung lösen lernen
l. Neue Lebensgewohnheiten entwickeln
m. Neue Beziehungsformen entwickeln

Dieser Strategie des Coachings geht eine ausführliche systematische Analyse

- des strukturellen Unternehmenskontexts
- des interpersonellen Teamkontexts
- des Kontrahenten
- der Person und
- der Problemsituation voraus (siehe Sulz 2004b).

Diskussion und Zusammenfassung

Coaching wird von Menschen in einer schwierigen beruflichen Situation aufgesucht. Natürlich wird zuerst die berufliche Situation systematisch analysiert. Doch es ist fast immer unverzichtbar, den Fokus auch auf die Person des Ratsuchenden zu richten. Hierzu ist eine klare theoretische Störungs- und Interventionstheorie erforderlich, die auf der wissenschaftlichen Psychologie aufbaut unter Einbeziehung sowohl der Grundlagen- als auch der Anwendungsforschung. Der hier vorgestellte theoretische Ansatz baut auf den wichtigsten Forschungsbereichen der Psychologie auf und dient als theoretische Grundlage sowohl des Coachings als auch der Supervision. Sein Vorteil ist, dass er ein einfaches Denkmodell als Heuristik zur Verfügung stellt, das im praktischen Prozess des Coachings und der Supervision gedanklich verfügbar ist und als Interventionstheorie wirksame Strategien nahelegt. Dadurch ist das Strategische Coaching ein optimierter Ansatz zur Veränderung menschlichen Erlebens und Verhaltens im beruflichen Bereich, der gut erlernbar ist und zu wirksamen Coachingergebnissen führen kann. Er ist eine Integration wichtiger psychologischer Veränderungsansätze:

- Das Systemische wird in die Systemtheorie integriert, in der soziales System und individuelles psychisches System gleichermaßen Berücksichtigung finden.
- Die Selbstorganisation als Kybernetik 2. Ordnung wird dem einfachen Selbstregulationsansatz (Kybernetik 1. Ordnung) als Ergänzung der theoretischen Basis hinzugefügt, wodurch ein Modell der Konstanthaltung und Stabilisierung eines Systems durch ein Modell der Veränderung ergänzt wird.
- Die Emotionalität wird in den kognitiven Ansatz integriert, indem deren laufenden Wechselwirkungen auf dem Monitor erscheinen, so dass das Wissen des impliziten Gedächtnisses (oft nichtsprachlich) zum Wissen des expliziten Gedächtnisses (sprachlich-analytisch) hinzugefügt werden kann.
- Der Entwicklung des Menschen wird Rechnung getragen (im Gegensatz zum Lernen neuer Verhaltensweisen), indem seine Entwicklungsstufe festgestellt wird und damit seine unmittelbar möglichen Entwicklungsschritte herausgearbeitet und gefördert werden.

- Auch die Grundlinien psychodynamischer Ansätze finden in diesem Modell ihren Niederschlag, so dass keine widersprüchlichen Erkenntnisse resultieren.

Das Strategische Coaching wird seit neun Jahren gelehrt, bietet Theorie – Konzeption und Praxis aus einem Guss und es ist immer wieder erstaunlich, dass auch Nicht-Psychologen sehr große Kompetenz erwerben können.

Literatur

Carver CS (2004): Self-Regulation of Action and Affect. In: Baumeister RF, Vohs KD (eds.): Handbook of Self-Regulation. Research, Theory, and Applications. New York: Guilford, pp. 13-39
Damasio AR (2000): Ich fühle also bin ich. Die Entschlüsselung des Bewusstseins. München: List
Damasio A (2003): Der Spinoza-Effekt. Wie Gefühle unser Leben bestimmen. München: List
Epstein S (1993): Emotion and self-theory. In Lewis M, Haviland J (Hrsg.) Handbook of Emotions. New York: Guilford
Grawe K (1998): Psychologische Therapie. Göttingen: Hogrefe
Haken H, Schiepek G (2005): Synergetik in der Psychologie. Selbstorganisation verstehen und gestalten. Göttingen: Hogrefe
Hauke G (2006):Values in Strategic Brief Therapy: From Need to Value-directed Living. European Psychotherapy 6, 119-158
Hauke G (2009): Wertorientierung und Sinnfindung. In Sulz S, Hauke G (Hrsg.): Strategisch Behaviorale Therapie. München: CIP-Medien (im Druck)
Kegan R (1986): Die Entwicklungsstufen des Selbst – Fortschritte und Krisen im menschlichen Leben. München: Kindt, S. 392
Piaget J, Inhelder B (1981): Die Psychologie des Kindes. Frankfurt: Fischer
Schulz von Thun F (2001): Miteinander reden 1 – Störungen und Klärungen. Sonderausgabe. Reinbek: Rowohlt
Sulz S (1994): Strategische Kurzzeittherapie – Wege zur effizienten Psychotherapie. München: CIP-Medien
Sulz S, Gräff U, Jakob C: Persönlichkeit und Persönlichkeitsstörung. Eine empirische Untersuchung der VDS-Persönlichkeitsskalen. Psychotherapie 3, Heft 1, 1998
Sulz S (2001): Von der Strategie des Symptoms zur Strategie der Therapie.
Sulz S (2004a): Biopsychologische Grundlagen: Von zellulären und Systemprozessen zu psychischen Reaktionen. Psychotherapie 9:136-145
Sulz S (2004b): Konzept und Praxis des Strategischen Coachings. In Hauke G, Sulz S (Hrsg.): Management vor der Zerreißprobe – Zukunft durch Coaching. München: CIP-Medien: S. 75-92
Sulz S (2007): Supervision, Intervision und Intravision. München: CIP-Medien
Sulz S (2009a): Von der Strategie des Symptoms zur Strategie der Therapie: Selbstregulation und -organisation als Therapieprinzip. In Sulz S und Hauke G (Hrsg.): Strategisch Behaviorale Therapie. München: CIP-Medien (im Druck)
Sulz S (2009b): Das Verhaltensdiagnostiksystem. München: CIP-Medien
Sulz S, Theßen L (1999): Entwicklung und Persönlichkeit – Die VDS-Entwicklungsskalen zur Diagnose der emotionalen und Beziehungsentwicklung. Psychotherapie 4, 31-44
Sulz S, Lenz G (2000): Von der Kognition zur Emotion. Psychotherapie mit Gefühlen. München: CIP-Medien
Sulz S, Müller S (2000): Bedürfnis, Angst, Wut und Persönlichkeit – eine empirische Studie zum Zusammenhang zwischen motivationalen Variablen und dysfunktionalen Persönlichkeitszügen. Psychotherapie 5, 22-37

Sulz S, Tins A (2000): Qualitative Analysis of needs in Childhood and the influence of frustration and satisfaction upon development of personality and psychic disorders. European Psychotherapy 1, 81-98

Sulz S, Becker S (2008): Diagnose der emotionalen und Beziehungsentwicklung in der psychotherapeutischen Praxis – Anwendung eines standardisierten Interviews. Psychotherapie 13, 28-36

Sulz S, Maßun M (2008): Angst als steuerndes Prinzip in Beziehungen – Ergebnis einer qualitativen Analyse von Interviews. Psychotherapie 13, 37-45

Sulz S und Maier N (2009): Ressourcen- versus defizitorientierte Persönlichkeitsdiagnostik – Implikationen für die Therapie von Persönlichkeitsstörungen? Psychotherapie 13, Heft 1 (im Druck)

Watzlawick Weakland J, Fisch R. (1979): Lösungen. Zur Theorie und Praxis menschlichen Wandels. (2 ed.) Bern: Huber

Wright S, Beck AT (1986): Kognitive Therapie der Depression. In: Sulz S, Hrsg. Verständnis und Therapie der Depression. München: Ernst Reinhardt, 124-148

Eine Theorie der Theorielosigkeit – lösungsorientierte Annahmen im Coaching

Peter Szabó

Fünf Gründe für Skepsis und eine Bitte

Es gibt mehrere gute Gründe, bei aller Neugier skeptisch zu bleiben, wenn es im Folgenden um die Darstellung des Coaching-Verständnisses aus systemisch-lösungsorientierter Sicht geht. Fünf wichtige Gründe sind hier aufgeführt:

1. Wenn das, was Sie bisher als Coach tun, funktioniert, dann tun Sie einfach mehr davon. Es gibt keinen Anlass, sich von einer anderen Konstruktion von Wirklichkeit – auch nicht einer lösungsorientierten – verunsichern zu lassen. Im Gegenteil, wenn Sie das, was Sie tun, mit Überzeugung tun, erhöht das die Wahrscheinlichkeit, dass Sie damit tatsächlich nützlich sind[1].
2. Die gegenwärtig umfassendste wissenschaftliche Meta-Studie zu helfenden, professionellen Gesprächen (Duncan, Hubble, Miller 2001) zeigt auf, dass die jeweils angewandte Methode (Technik, Erklärungsmodell) lediglich 15 Prozent zum Gesprächserfolg beisteuert. Es würde sich also lohnen, leidige Schulenstreitigkeiten beiseite zu legen und die Aufmerksamkeit eher auf Faktoren beim Kunden (40 Prozent erfolgsrelevant) sowie auf die Beziehung zwischen den Gesprächpartnern im Beratungsgespräch (30 Prozent erfolgsrelevant) zu richten.
3. Steve De Shazer, der Begründer des lösungsorientierten Ansatzes, hat sich standhaft geweigert, Aussagen zur Anwendung von Lösungsorientierung im Coaching-Kontext zu machen. In einem Gespräch mit dem Verfasser kurz vor Steve De Shazers Tod hat er auf folgender Aussage bestanden[2]: Alle seine empirischen Ergebnisse basierten auf der Untersuchung von Therapiegesprächen[3]. Nur in der Therapie könne er die nachhaltige Nützlichkeit und Kürze seiner Vorgehensweise wissenschaftlich belegen. Zur Anwendung von lösungsorientierten Gesprächen im Coaching-Kontext habe er keine Erfahrung und wisse daher nicht, was für Coaching-Kunden nützlich sei.
4. Das gängige Verständnis von Wissenschaftlichkeit birgt die Erwartung, Theorien zu bilden und Erklärungsmodelle zu liefern. Die lösungsorientierte Vorgehensweise tut keines von beidem. Auch hier hat sich Steve De Shazer verweigert. Es war ihm wichtiger, seine Erkenntnisse über das, was in Beratungsgesprächen nützlich scheint, auf einfache Weise zu beschreiben, statt das Funktionieren zu erklären. Zu groß schien ihm die Gefahr, dass sich Theorien und Erklärungsmodelle als „wahr" verfestigten, statt als vorübergehende Arbeitshypothesen offen zu bleiben (De Shazer 1984).
5. Und dieser fünfte Punkt ist vielleicht der wichtigste Grund, um neugierig und skeptisch zu bleiben: Lösungsorientiert vorzugehen, beinhaltet einen radikalen Paradigmenwech-

---

1 Eric De Haan am 15. September 2008 an der EMCC Konferenz in Zürich
2 Steve De Shazer am 9. Januar 2005 beim Frühstück in Milwaukee
3 Umfassende Zusammenstellung von Studien zur lösungsorientierten Therapie bei Alasdair Mcdonald: www.solutionsdoc.co.uk/sfb.html

sel! Die Veränderung im Beratungssystem wird eingeführt, wo sie vom Coach beeinflusst werden kann: Bei der eigenen Beobachtung von Wirklichkeit durch den Coach (Kybernetik zweiter Ordnung). In der konsequent lösungsorientierten Betrachtungsweise verschiebt der Coach seine Aufmerksamkeit vom Beobachten des Problems auf das Beobachten der erwünschten Lösung. Mit dieser Verschiebung vollzieht sich ein radikaler Paradigmenwechsel, der sich nur schwer mit dem Anspruch verträgt, unterschiedliche Ansätze zu integrieren. Innerhalb dieses „Lösungs-bauenden" Paradigmas scheint es nicht sinn-voll, Überlegungen und Methoden aus dem „Problem-lösenden" Paradigma zu integrieren. Die zugrunde liegenden Annahmen sind zu unterschiedlich – so unterschiedlich wie das Weltbild unserer Erde als Scheibe oder als Kugel.

Bitte verstehen Sie, was in diesem Beitrag steht so, wie es gemeint ist, als *eine* mögliche Konstruktion einer Coaching-Wirklichkeit. Wenn Sie Lust bekommen, die eine oder andere Annahme neugierig zu erproben und weiterzuverfolgen, beobachten Sie mit der nötigen Skepsis, ob und auf welche Art sich das, was zu funktionieren scheint, für Ihre Kunden tatsächlich als nützlich und hilfreich erweist.

Hintergrund der lösungsorientierten Kurzzeitberatung

Anfang der 80er Jahre gründete ein Team um Steve De Shazer und Insoo Kim Berg in Milwaukee, USA, das Brief Family Therapy Center (BFTC). Sie begannen dort therapeutische Gespräche zu führen und die Geschehnisse beobachtend zu reflektieren. Die beiden Begründer des Teams hatten sich ursprünglich Ende der 70er Jahre am Mental Research Institute (MRI) in Palo Alto kennengelernt und sich von der Arbeit von Weakland, Fisch und Watzlawick beeinflussen lassen (Weakland, Fisch, Watzlawick 1974). Ein wesentlicher Forschungsbeitrag des MRI lag damals darin, nicht Problemmuster, sondern lösungsverhindernde Muster bei Patienten zu finden und erfolgreich zu beheben (if it does not work, do something different).

Das Team am BFTC entwickelte die Idee weiter: Es begann mit pragmatischem, klinischem Interesse zu erforschen, was in therapeutischen Gesprächen hilfreich sein und funktionieren könnte, ganz unabhängig von den herrschenden theoretischen Annahmen. In einem induktiven Lernprozess über Hunderte von Therapiegesprächen erprobten sie und behielten bei, was sich als nützlich erwies (Szabo, Berg 2006: 19). Dabei begannen sich die Therapeuten immer mehr für vorhandene, funktionierende Lösungsansätze im Leben ihrer Klienten zu interessieren, statt sich auf lösungsverhindernde Muster zu konzentrieren (find out what works and do more of it). Überrascht durch die eigenen Erfolge, lernten sie vornehmlich aus der Weiterentwicklung durch praktische Beobachtung und fingen bald an, alle bestehenden theoretischen Erklärungen über Bord zu werfen. Sie entschlossen sich zu einer „Theorie der Theorielosigkeit", um dem eigenen forschenden Weiterlernen nicht im Wege zu stehen.

Es entwickelte sich zusehends eine neue Vorgehensweise und eine intensive Auseinandersetzung mit der Bedeutsamkeit von Sprache bei therapeutischen Heilerfolgen. Dem Team fiel auf, dass sich Klienten unterschiedlich verhielten, je nach dem, ob sie von Schwierigkeiten und Hindernissen oder von ihren Wünschen und Zielen erzählten. So entstand die konzeptuelle Unterscheidung von Problemsprache und Lösungssprache in therapeutischen Gesprächen, und das Team beobachtete, dass sich ein höherer Anteil an Lösungssprache (und an entsprechenden Lösungsfragen) positiv auf den Therapieerfolg auszuwirken schien.

„There is no connection whatsoever between the problem and the solution." Mit dieser Annahme erschütterte Steve De Shazer alle bisherigen Konstruktionen von hilfreichen therapeutischen Gesprächen: Die Analyse der Probleme und die Behebung der Ursachen als unabdingbare Voraussetzung für eine nachhaltige Lösung waren plötzlich in Frage gestellt. Zu dieser Aussage war es gekommen, als De Shazer mit einer Familie gearbeitet hatte, von der er auf die Frage nach dem Grund für die Probleme 27 unterschiedliche Antworten erhielt. Natürlich hätte die Analyse und Bearbeitung der zugrunde liegenden 27 Ursachen zu viel Zeit und Energie gekostet und schlimmstenfalls wären in der Zwischenzeit neue Probleme aufgetaucht. So schlug De Shazer in seinem Bestreben nach Einfachheit und Reduktion vor, die Familie solle sich einfach beobachten und das nächste Mal darüber berichten, was alles Okay sei, so dass sie es weiter beibehalten wollte. Das nächste Mal als die Familie erschien, hatte sie das Gefühl, ihre Probleme seien gelöst. Entgegen der herrschenden Lehrmeinung war dazu weder die Bearbeitung der Probleme noch der lösungsverhindernden Muster nötig. Offenbar hatte es genügt, dass die Familie bei der gegenseitigen Beobachtung vermehrt darauf achtete, was im alltäglichen Zusammenleben Okay war.

Das lösungsorientierte Modell hat ja unter anderem wegen der Wunderfrage Berühmtheit erlangt. Nicht zufällig ist auch diese Frage nicht aus theoretischen Überlegungen entstanden, sondern im Gegenteil durch die betont nichtwissende, neugierige Haltung von Insoo Kim Berg. Sie arbeitete gerade mit einer Kundin, die sagte: „Ach, wissen Sie, ich glaube, bei mir ist das alles hoffnungslos. Da brauchte es schon ein Wunder, damit sich etwas verbessert." In ihrer wertschätzend-bejahenden, asiatischen Art nahm Insoo Kim Berg die Aussage der Kundin als nützlichen Hinweis und knüpfte weiterführend an: „Ach so, dann sind die Dinge wohl schlimmer als ich bisher gedacht hatte. Nehmen Sie mal an, es geschieht tatsächlich dieses Wunder. Ich bin neugierig: was werden Sie dann ander(e)s tun?" Die Kundin erzählte daraufhin ausführlich, was sie dann tun würde, was sie jetzt eben nicht tun konnte. Überraschenderweise berichtete sie in der nächsten Sitzung, welche der Nach-Wunder-Vorstellungen sie tatsächlich umgesetzt hatte.

Im therapeutischen Kontext ist die Wirksamkeit von solchermaßen lösungsorientierten Gesprächen übrigens wissenschaftlich umfangreich belegt. Bei vergleichbarer Häufigkeit und Nachhaltigkeit des Therapieerfolgs (ca. 80 Prozent, wie bei anderen Therapierichtungen auch) beträgt die Anzahl der notwendigen Sitzungen durchschnittlich 2.9, quer durch alle therapeutischen Indikationen (De Jong, Berg 2003: 409). Damit sind lösungsorientierte Gespräche nur rund ein Drittel so lang wie andere Therapiegespräche.

Seit mehr als zehn Jahren wird der lösungsorientierte Ansatz erfolgreich auch im Business-Kontext angewendet und beschrieben: beim Coaching von Einzelpersonen (Meier, Szabó 2008), in der Arbeit mit Teams (Meier 2004), im Management (Cauffman, Dierolf 2008), in der Unternehmensberatung (Jackson, McKergow 2007), in der Ausbildung (Hankovszky, Szabó 2008) und in der Organisationsentwicklung (Pascale, Sternin 2005).

Lösungsorientierte Annahmen in der Praxis

Anhand eines konkreten Coaching-Gesprächs erhalten Sie Einblick in die typischen Überlegungen und Annahmen des Autors in seinem Handeln als lösungsorientierter Coach.

Nachfolgend wird beschrieben, welche zehn konkreten lösungsorientierten Annahmen das Coaching des Autors beeinflusst haben, und was im konkreten Fall in der Interaktion mit dem Coachee dabei möglich wurde. Selbstverständlich bleibt die Beschreibung bei aller Bemühung um Präzision stets eine individuelle und subjektive Realitätskonstruktion des Autors. Wir vertrauen darauf, dass diese Konstruktion vom Leser ebenfalls subjektiv und nützlich missverstanden wird (Steve De Shazer: „Es gibt kein wirkliches Verstehen, es gibt nur nützliche und weniger nützliche Missverständnisse“[4]).

Die gewählte Form der Erörterung ist übrigens keineswegs neu. Steve De Shazer hat in seinem Buch „Worte waren ursprünglich Zauber“ die Verwendung der Sprache im therapeutischen Kontext auf diese Weise beschrieben und den Einfluss von unterschiedlichen professionellen Annahmen auf die unterschiedliche Verwendung von Sprache erläutert (De Shazer 1998). Der lösungsorientierte Kollege Ben Furman hat in „Die Kunst, Nackten in die Tasche zu greifen“ aus systemischer Sicht dargestellt, wie sich Kunden im therapeutischen Gespräch bereitwillig auf die Sprache und Annahmen von Therapeuten einlassen und passende Wirklichkeiten co-konstruieren (Furman, Tapani 1996).

Auch bei der folgenden Fall-Beschreibung werden Sie Zeuge der raschen und flexiblen Lernfähigkeit der Kundin, die bereitwillig auf die impliziten Annahmen des Coaches reagiert und eine Wirklichkeit konstruiert, welche den Bestrebungen und Annahmen des Coaches wundersam entgegenkommt.[5]

Ausgangslage Frau K.

Die Anfrage für das Coaching kommt vom Personalverantwortlichen eines großen Industriebetriebes. Es gehe um eine möglichst rasch wirksame Unterstützung von Frau K.[6], einer Führungskraft auf zweitoberster Führungsebene, die unter schwierigsten äußeren Umständen und hohem Druck strategisch relevante Resultate liefern muß.

Coaching-Kontrakt

Der Coach vereinbart mit der Personalabteilung der Kundin keine bestimmte Anzahl von Besprechungen, sondern vielmehr soll das Coaching enden, sobald die Kundin bereit ist, alleine weiterzumachen:

- Die Arbeit und Honorarzahlung beginnt mit der ersten Besprechung (kein unverbindliches Kennenlerngespräch).
- Falls für Frau K. in der ersten Besprechung kein hinreichender Nutzen entsteht, entfällt jegliche Zahlungspflicht.

---

4 Steve De Shazer anlässlich eines Seminars im Mai 2000 in Winterthur

5 Die Fallbeschreibung entstammt einer früheren Publikation des Autors (Szabó 2009). Die hinter der Beschreibung stehenden 10 Annahmen wurden für diesen Beitrag entwickelt und reflektiert.

6 Die Angaben zur Person wurden aus Gründen der Anonymisierung verändert.

- Falls ein einziges Gespräch für den erwünschten Durchbruch ausreichend ist, wird das doppelte Honorar in Rechnung gestellt, da Kurzzeitcoaching häufig in der ersten Besprechung den größten Mehrwert generiert.[7]

Annahme 1: Coaching kann manchmal in kurzer Zeit einen wirksamen Anfang ermöglichen, so dass der Kunde anschließend alleine fortfahren kann.

Als lösungsorientierter Coach behandle ich jede Sitzung so, wie wenn es die einzige wäre, die mir mit diesem Kunden zur Verfügung steht. Am Schluss der Sitzung ist es dem Kunden freigestellt, ob er einen nächsten Termin vereinbaren oder die Erfahrungen im Alltag abwarten will, um sich dann allenfalls wieder zu melden.

Meine Erfahrung ist, dass der größte Teil meiner Kunden tatsächlich nur für eine oder zwei Sitzungen zu mir kommt. Das entspricht auch meinem Anspruch, dass wahre Hilfe immer Hilfe zur Selbsthilfe ist und darum jede weitere Hilfe überflüssig macht. Ich kann also im besten Fall dazu beitragen, mit dem Kunden einen Anfang zu machen[8].

Diese Annahme unterscheidet sich sehr von der im angelsächsischen Raum weit verbreiteten Annahme von Coaches, dass erfolgreiche Veränderungsprozesse von einer engen Begleitung des Prozesses vom Anfang bis zum Schluss abhängen. Der Coach soll während der ganzen Umsetzungszeit unterstützend und begleitend dabei sein. Dementsprechend werden dort auch häufig feste Coaching-Verträge mit wöchentlichen Gesprächen über mehrere Monate bis Jahre abgeschlossen.

Mir persönlich ist die gegenteilige Überlegung angenehmer, dass wirksame Hilfe jede weitere Hilfe überflüssig macht.

Telefonisches Vorgespräch

Frau K. ruft den Coach an, um den ersten Termin zu vereinbaren. Im rund zehnminütigen Gespräch zählt Frau K. fünf Baustellen auf, mit denen sie gegenwärtig zu kämpfen hat und sie bestätigt die Unerträglichkeit ihrer gegenwärtigen Situation. Nebst der Aufzählung vielfältiger Schwierigkeiten und Hindernisse, die ihrer erfolgreichen Arbeit in den Weg gelegt werden, erwähnt sie zwischendurch, dass es etwas besser geht, seit sie in den letzten beiden Wochen angefangen hat, „neue Saiten aufzuziehen“. Aber da ist der Abgang einer Führungskraft auf der obersten Ebene, daraus folgend die fehlende Unterstützung von oben für ein entscheidendes, strategisches Erfolgsprojekt und die verständliche Verunsicherung der ihr unterstellten rund 1000 Mitarbeitenden. Zudem fragt sich Frau K., ob es nicht Zeit wäre für den nächsten persönlichen Karriereschritt. Ich sage zu, sie zu unterstützen, und wir vereinbaren einen persönlichen Besprechungstermin.

---

7 Inzwischen ist der Autor von Honorarvereinbarungen mit Entlohnung per Zeiteinheit auf pauschale Honoraransätze (value based flat rate) umgestiegen. Die Pauschale wird am Anfang fällig und beinhaltet so viele Gespräche, wie notwendig sind, um in der Fragestellung den gewünschten nachhaltigen Durchbruch zu erzielen. Selbstverständlich gibt es keine Erfolgsgarantie und sollte das gewünschte Resultat nicht erzielt werden, wird konsequenterweise der volle Betrag zurückerstattet.

8 Hierzu mehr Überlegungen und Gedanken bei Hargens (2004): Aller Anfang ist ein Anfang, Gestaltungsmöglichkeiten hilfreicher systemischer Gespräche, Göttingen: Vandenhoek + Ruprecht

Annahme 2: Kunden bringen bereits mit, was sie zur Lösung brauchen.

Zugegeben, diese Annahme klingt so platt und schrecklich naiv, dass ich sie kaum noch hören kann: „Kunden haben bereits alle Ressourcen, die sie brauchen". Trotzdem ertappe ich mich immer wieder dabei, dass ich automatisch so zuhöre, wie wenn diese Annahme zutreffend wäre. So höre ich natürlich, was die Kundin über die letzten beiden Wochen sagt, fühle mich erleichtert und in meiner Annahme bestätigt, und ich mache mir geistig eine Notiz, im Coaching unbedingt auf diese Anzeichen von selbstinitiierter Verbesserung zurückzukommen.

Start des Coachings

„Was soll denn heute geschehen, damit sich unser Gespräch für Sie gelohnt hat?" Frau K. entscheidet sich nach kurzer Überlegung zu fünf möglichen Themenkreisen, bei ihrer eigenen, notwendigen Verhaltensänderung anzufangen: „Ich muss unter diesen widrigen Bedingungen lernen, mich mit noch mehr Nachdruck durchzusetzen, sowohl gegenüber unserem CEO als auch im Projektteam."

Annahme 3: Ich muss nichts über die Tatsachen und Umstände des Problems wissen, um hilfreich sein zu können.

Das ist zugegebenermaßen eine heikle Annahme. Zum einen: Wie viel muss ich trotzdem wissen, damit der Kunde aus seiner Sicht davon ausgehen kann, dass sein Coach genug verstanden hat, um wirklich hilfreich sein zu können? Zum anderen: Ich will eine möglichst klare Idee davon entwickeln, wo der Kunde unter den gegebenen Tatsachen und Umständen gerne hin möchte, und welcher Nutzen dem Kunden und wichtigen Stakeholdern im System aus den gewünschten Veränderungen entstehen soll.

Ausgehend von der Annahme 3 gibt es zwei Fragen, die mir eher weniger zweckdienlich erscheinen: „Um was geht es?" und „Wie ist es dazu gekommen?". Mich interessiert an dieser Stelle im Gespräch viel mehr, welche Unterschiede Kunden nach Abschluß des Coachings erwarten und wie sich diese auswirken könnten. Vor allem von Kollegen in den USA wird mir oft zurückgemeldet, ich verbliebe unglaublich lange in der Zielklärung, auch wenn alles schon hinreichend klar sei.[9]

Coach und Coachee überprüfen zunächst mögliche Auswirkungen, falls es Frau K. tatsächlich gelingen sollte, sich mit mehr Nachdruck durchzusetzen. Dabei wird Frau K. mehr und mehr klar, dass es sich lohnt, genau mit diesem Thema anzufangen.

9 Ich erwähne hier solche überraschten und erstaunten Rückmeldungen von Kollegen, die nicht im lösungsorientierten Paradigma arbeiten, weil mir diese Beobachtungen von der Außensicht wertvolle Hinweise dafür liefern, worin sich meine Annahmen und mein Tun möglicherweise von ihren unterscheiden.

Annahme 4: Kunden können selber am besten abschätzen, was in die richtige Richtung geht, damit sie weiterkommen.

Vielleicht ist das der Vorteil meiner mangelnden Neugier im Hinblick auf die Umstände des Problems. Je weniger ich dazu weiß, umso mehr bin ich darauf angewiesen, nachzufragen und mich zu versichern, ob das, was wir gerade tun, für den Kunden auf dem Weg zur Lösung hilfreich sein könnte. Systemischen Kollegen in Frankreich ist kürzlich dazu aufgefallen, wie unglaublich faul ich die Übernahme von Verantwortung in der Prozessgestaltung dem Kunden überlasse und wie ich mich nicht nur aus den Inhalten, sondern auch aus der Richtungsbestimmung im Coaching-Prozess heraushalte.

„Stellen Sie sich eine Skala zwischen 1 und 10 vor. 10 heißt, Sie setzen sich voll und ganz mit Nachdruck durch, und 1 das Gegenteil davon. Wo liegt in letzter Zeit ihr eigenes Handlungsspektrum auf dieser Skala?" [10] Nach reiflicher Überlegung setzt Frau K. die Grenzpunkte auf einer auf Papier skizzierten Skala bei 2 und 4. „So zwischen 2 und 4", meint sie, „manchmal schaff ich's besser, aber mit dem CEO war ich letzte Woche einfach nicht fordernd und klar genug, und da ist mein Anliegen eben versandet." Frau K. hat ihren Blick auf das gerichtet, was ihr im Moment im Verhaltensrepertoire zu fehlen scheint – auf das eigene Defizit. Die anschließende Frage des Coaches zielt in die andere Blickrichtung – auf ihre Fähigkeiten, die sie im Moment noch nicht wahr-nimmt (im Sinne von „für wahr nehmen, beachten"): „Was machen Sie denn zwischen 2 und 4 bereits, was Sie bei 1 noch nicht gemacht haben?"

Annahme 5: Lösungssprache schafft Lösungen. [11]

Vermutlich ist dies die Annahme, die mein Handeln als Coach am häufigsten prägt. Wenn ich von Kunden eine Information auf der Problemebene erhalte (was sehr häufig geschieht), dann ist es mein erster Impuls, nach Informationen auf der Lösungsebene zu fragen. Und wenn ich das tue, dann mit einer klaren, gerichteten Absicht dahinter. Ich möchte für den Kunden mehr Wahlmöglichkeiten in seiner Wahr-Nehmung schaffen. Wenn der Kunde den Teil der Wirklichkeit wahr-nimmt, der zwischen 2 und 10 noch fehlt, dann frage ich neugierig nach dem Teil der Wirklichkeit, der ebenso wahr ist und zwischen 1 und 4 schon da ist. Jetzt kann der Kunde wählen, welchen Teil der Wirklichkeit er bevorzugt oder ob er beide Teile zugleich betrachten möchte. Meine eigene Neugier richtet sich auf das, was der Kunde schon in die gewünschte Richtung tut, und wie er das hinkriegt.

Manche Kollegen würden sich an dieser Stelle auch für Hindernisse und die dahinterliegenden Ursachen interessieren, etwa mit der im angelsächsischen Raum weit verbreiteten Frage: „Was hindert oder blockiert Sie?". Ausgehend von obiger Annahme lade ich Kunden stattdessen dazu ein, möglichst ausführlich auf der Ebene von konkreten eigenen Handlungen zu beschreiben, was funktioniert und was sich bewährt hat.

Bereitwillig erzählt Frau K. von einigen Veränderungen, die sie in den letzen beiden Wochen erfolgreich eingeleitet hat. Sie hat nämlich bewusst begonnen, sich auf wenige Prioritäten zu konzentrieren und andere Dinge dafür nicht mehr zu tun. Sie hat sich von einem

10 Skalenfragen sind eine brauchbare Form, um eine gemeinsame Verständnisbasis zwischen Kunde und Coach zu schaffen, ohne gleich alle Details, die hinter den Skalenwerten stehen, kennen zu müssen.

11 Die berühmte (mündlich überlieferte) Aussage von Steve De Shazer.

Kaderanlass abgemeldet, einen internen Kunden vor die Wahl gestellt, einen von zwei Aufträgen vorläufig zurückzustellen etc. Coach und Coachee reden kurz darüber, wie es Frau K. geschafft hat, solche unliebsamen Entscheidungen zu treffen und letztlich auch durchzusetzen, obwohl es in beiden Fällen nicht einfach war. Der Coach fragt nach, um zu verstehen, mit welchem Verhalten es Frau K. gelungen ist, sich erfolgreich durchzusetzen: „Wie haben Sie das geschafft, war ja bestimmt nicht einfach unter den gegebenen Umständen?“

Erwünschte Zukunft

Frau K. will nicht bei 2 oder 4 stehenbleiben – ihr Ziel ist es, auf der Skala mindestens auf 7 oder 8 zu kommen (10 wäre übrigens nach ihrer eigenen humorvollen Einschätzung „unerträglich durchsetzungsfähig“). Der Coach nimmt die vorwärtsgerichtete Energie von Frau K. neugierig auf: „Nehmen wir an, Sie hätten es irgendwie geschafft, auf 7 oder 8 zu kommen – ich weiß auch noch nicht, ob das unter den gegebenen Umständen möglich ist und wie Sie das überhaupt hinkriegen werden. Stellen Sie sich einfach mal vor, Sie sind schon bei 7 oder 8. Da möchte ich gerne besser verstehen: Was werden Sie bei 7 oder 8 konkret anders machen als jetzt?“

In den folgenden zehn Minuten entwickelt Frau K. ein sehr detailliertes und vielschichtiges Bild der gewünschten Veränderungen in ihrem eigenen Verhalten. Ich frage nach, woran es die Projektteammitglieder merken werden, wie es der CEO im nächsten Kontakt mit ihr merken wird und was ihrer engsten Mitarbeiterin als erstes auffallen wird, wenn sie auf der Skala bei 7 oder 8 ist. Wir besprechen auch, wie die jeweiligen Gesprächspartner wahrscheinlich reagieren werden und welche positiven Auswirkungen sich Frau K. hinsichtlich der aktuellen Verunsicherung für ihren Führungsbereich erhofft.

Annahme 6: Kunden haben eine Vorstellung der erwünschten Zukunft, die sie in konkreten Handlungen und Interaktionen beschreiben können.

Oft fällt Kunden diese Beschreibung der erwünschten Zukunft leichter, wenn sie hypothetisch und zeitlich nach der Überwindung der Probleme und Hindernisse angesiedelt wird. Erstaunlicherweise können Kunden in der Regel recht gut beschreiben, was dann sein wird, auch wenn sie noch nicht wissen, ob und wie sie dorthin kommen.[12]

Ich zähle diese Fähigkeit zu den vorhanden Ressourcen von Kunden. Ressourcen können sich demnach auf der Zeitachse sowohl in der Vergangenheit wie auch in der Zukunft manifestieren.

Meine Erfahrung ist, dass die ausführliche und detaillierte Beschreibung der eigenen Handlungen in der Zukunft deren Eintretenswahrscheinlichkeit erhöht. Faszinierend ist in diesem Zusammenhang die wundersame Beschreibung von Goethe:[13]

---

12 An dieser Stelle kann ich mir einen theoretischen Hinweis nicht verkneifen, der unter lösungsorientierten Kollegen gegenwärtig für einigen Aufruhr sorgt. Neurowissenschaftler können angeblich die Existenz unseres sogenannt prospektiven Gedächtnisses nachweisen, d.h. die menschliche Fähigkeit, die eigenen Zukunftsvorstellungen genau so zu speichern wie Erinnerungen in der Vergangenheit.

13 von Goethe, Johann Wolfgang (1982: 386): Dichtung und Wahrheit, Hamburger Ausgabe, Bd 9, München: dtv Verlag

„Unsere Wünsche sind Vorgefühle der Fähigkeiten, die in uns liegen. Vorboten dessen, was wir zu leisten imstande sein werden. Was wir können und möchten, stellt sich in unserer Einbildungskraft außer uns und in der Zukunft dar; wir fühlen eine Sehnsucht nach dem, was wir schon im Stillen besitzen. So verwandelt ein leidenschaftliches Vorausgreifen das wahrhaft Mögliche in ein erträumtes Wirkliches."

Kundin und Coach sind sich beide bewußt, dass sie zu diesem Zeitpunkt über eine hypothetische Zukunft reden. Frau K. ist ja nach eigener Einschätzung erst zwischen 2 und 4 auf der Skala. Trotzdem entwickelt das Szenario von 7 oder 8 eine sichtliche Attraktivität und scheint eine bestärkte Entschlossenheit bei ihr zu bewirken. Frau K. schildert ganz klar und bestimmt, was sie erreichen will.

Vorboten der erwünschten Zukunft

Die Beschreibung scheint so real, dass der Coach nachfragt: „Frau K., welche Beispiele aus den letzten Tagen und Wochen kommen Ihnen in den Sinn, bei denen Sie mindestens ansatzweise oder wenigstens für kurze Zeit in Ihrem eigenen Verhalten schon in der Nähe von 7 oder 8 waren?"

Annahme 7: Es gibt reale Beispiele von Vorboten der erwünschten Zukunft.

Diese Annahme ist übrigens ein gutes Beispiel für eine sich selbst erfüllende Prophezeiung. Es ist in meinen 15 Jahren Praxis noch nie vorgekommen, dass Kunden keine Vorboten entdeckt hätten. Ich weiß auch nicht, ob die Vorboten in der Sekunde vor der Frage wirklich schon da waren oder erst im Gespräch mit dem Coach co-konstruiert werden. Bezeichnenderweise hat sich Frau K. ja noch wenige Minuten vorher nach sorgfältigem Abwägen zwischen 2 und 4 auf der Skala eingeschätzt. In meiner Erfahrung tauchen regelmäßig aus heiterem Himmel Vorboten auf, die weit höher auf der Skala liegen als die erste Selbsteinschätzung, wenn man denn nach ihnen fragt.

In meiner Alltagserfahrung fällt es mir leichter, real bereits erprobtes Lösungsverhalten vermehrt anzuwenden, als ganz neue Verhaltensweisen zu erlernen. Insofern scheint der faulere Weg zugleich der schnellere und wirksamere. Es scheint erfolgversprechender herauszufinden, was funktioniert hat, um dann mehr davon zu tun.

Frau K. kommen drei aktuelle Beispiele in den Sinn. Die eine Situation mit dem CEO liegt immerhin bei 6 auf der Skala; ein anderes Beispiel in der Abteilungssitzung liegt bei 7; und ein weiteres mit dem Projektteam ist auch um 6 herum: „Ja genau", sagt Frau K., „in der letzten Projektsitzung, da habe ich wirklich schon anders reagiert. Es begann gerade wieder mal eine von diesen endlosen Diskussionen und ich hab's nicht laufen lassen, sondern habe einfach entschieden. Ehrlich gestanden, war ich etwas genervt dabei und war dann selber überrascht, wie das locker akzeptiert wurde und seither erst noch produktiv umgesetzt wird." Aus der anschließenden Analyse des Beispiels mit dem CEO (immerhin bei 6 auf der Skala) gewinnt Frau K. wertvolle Hinweise, was sie ganz konkret vermehrt tun könnte, um nicht nur eine höfliche Antwort, sondern ein klares Commitment von ihrem Vorgesetzten zu erhalten.

Anzeichen für künftigen Fortschritt

Es sind rund 40 Minuten der Gesprächszeit vorbei. Frau K. nimmt sich ein Stück Papier und beginnt aufzuschreiben.

Annahme 8: Fortschritt ist unvermeidlich.

Ich freue mich immer, wenn Kunden den weiteren Gesprächsverlauf, so wie hier z.B. die Vorbereitung der Umsetzungschritte, selber in die Hände nehmen. Bei Frau K. bin ich nicht mal dazu gekommen nachzufragen, woran sie in den nächsten 72 Stunden bemerken würde, dass sie bereits auf dem Weg ist, auf ihrer Skala in Richtung 5 zu kommen. Sie hat den nächsten Gesprächsschritt selber vorweggenommen. Es lässt sich gar nicht verhindern, dass Kunden Fortschritte machen. Ich pflege üblicherweise nachzufragen, woran der Kunde und sein relevantes Umfeld diese Fortschritte bemerken werden. Doch diese Frage war bei Frau K. nicht mehr nötig.

Im Gegensatz zu vielen angelsächsischen Kollegen frage ich übrigens ausdrücklich nicht: „Was müssen Sie als nächstes tun, damit Sie weiterkommen?". Stattdessen setze ich wirklich voraus, dass Fortschritt ohnehin geschehen wird. Mir ist es deshalb wichtiger, dass Kunden verschiedene Formen, in denen ihr Fortschritt daherkommen könnte, vorweg ausmachen, diese dann auch tatsächlich bemerken und selbstbestärkend als Fortschritt erkennen.

Aus ihren bevorzugten Zukunftsentwürfen und aus den Erfolgsfaktoren der drei bereits gelungenen Beispiele entwirft Frau K. einen Aktionsplan für ihre konkreten Veränderungsschritte. „Es ist mir völlig klar, was ich jetzt anpacken werde." Der Coach fragt nach, was Frau K. noch braucht, um das Gespräch auf nützliche Art abzuschließen, so dass es sich wirklich gelohnt hat. Mit einem Blick auf ihre Zielskala meint Frau K. etwas erstaunt: „Ich bin ja schon wesentlich weiter auf Zielkurs, als ich es noch heute Morgen gedacht hatte. Wissen Sie, jetzt ist es mir fast ein bisschen peinlich, dass ich Ihre Zeit überhaupt in Anspruch genommen habe. Ich brauche gar kein Coaching, ich bin ja schon auf bestem Wege."

Annahme 9: Coaches sind hilfreich, um bereits vorhandene Lösungsansätze (vergangene und zukünftige) bewusst zu machen.

Pustekuchen! In der subjektiven Wahrnehmung der Kundin war das offensichtlich ganz anders. Da hat der Coach gar nichts bewusst gemacht. Erst nerve ich mich noch und versuche, meine Annahme verzweifelt aufrechtzuerhalten: „Jetzt hat Frau K. doch schlicht übersehen, wie sie sich nur dank meiner guten Fragen von ihrer Problemsicht lösen konnte." In den folgenden Tagen tröste ich mich mit der hehren Überzeugung, dass wirklich gute Coaches so sehr in den Hintergrund treten, dass die Kunden tatsächlich meinen, sie hätten es selber geschafft – eine wahre Glanzleistung also. Erst allmählich beginne ich mich mit der Idee anzufreunden, dass ja vielleicht meine selbstzentrierte Annahme 9 für die Kundin weniger hilfreich sein könnte als die ihre, wonach sie einfach schon weiter fortgeschritten war, als sie gemeint hatte. Inzwischen experimentiere ich neugierig mit einer neuen Annahme.

Annahme 10: Kunden bringen alles mit, was sie brauchen, um die von ihnen gewünschten Veränderungen zu erreichen. Coaches haben da weder einen Einfluss, noch brauchen sie irgendetwas zu bewirken.

Möglicherweise hätte Frau K. an jenem Nachmittag ohnehin angefangen, all das zu tun, was auf ihrer Liste stand. Rein zufällig ist sie noch bei mir vorbeigekommen, obwohl sie das Coaching gar nicht gebraucht hätte. Und ich meine das nicht ironisch. Da ich als Kurzzeitcoach davon ausgehe, dass ich meine Kunden nicht wiedersehe, ist es das Nützlichste, was geschehen kann, wenn diese Kunden die Ressourcen dorthin zuordnen, wo sie sie fortan immer dabei haben, nämlich bei sich selber.[14] Der Coach wird zum interessierten Zeugen von vorhandender Kundenkompetenz.

Gesprächsabschluss

Coach und Coachee beenden das Gespräch nach 50 Minuten und Frau K. sagt, sie melde sich wieder, falls sie doch noch ein Gespräch brauche.

Frau K. schrieb mir innerhalb der folgenden Monate noch zwei kurze Mails. Im ersten vermeldete sie freudig einen Erfolg mit ihrem Projekt und bestätigte, dass sie kein weiteres Coaching brauche. Im zweiten teilte sie mit, dass sie ein neues Stellenangebot auf oberster Führungsebene angenommen habe und jetzt CEO in einem anderen Betrieb sei.

Literatur

Cauffman, L./Dierolf, K. (2008): Lösungstango – sieben verführerische Schritte zum erfolgreichen Management. Heidelberg: Carl Auer Verlag

De Jong, P./Berg, I.K. (2003): Lösungen Erfinden. Dortmund: Verlag modernes Lernen

De Shazer, St.: Death of Resistence. In: Family Process, 23.1984. 11-17. Folgeartikel in deutscher Sprache:

De Shazer, St. (1990): Noch einmal: Widerstand. In: Zeitschrift für Systemische Therapie, 02.1990. 76 -80

De Shazer, St. (1998): ...Worte waren ursprünglich Zauber. Dortmund: Verlag modernes Lernen

Furman, B./Tapani, A. (1996): Die Kunst, Nackten in die Tasche zu greifen. Dortmund: Borgmann Publishing

Hankovszky, K./Szabó, P. (2008): Lernen ohne zu lehren. In: Lernende Organisation 4/2008. 16-31

Hargens, J. (2004): Aller Anfang ist ein Anfang, Gestaltungsmöglichkeiten hilfreicher systemischer Gespräche, Göttingen: Vandenhoek + Ruprecht

Hubble, M.A./Duncan, B.L./Miller, S.D. (2001): So wirkt Psychotherapie. Dortmund: Verlag modernes Lernen

Jackson, P.Z./McKergow, M. (2007): The solutions focus. London: Nicolas Brealey Publications

Meier, D. (2004): Wege zur erfolgreichen Teamentwicklung. Norderstedt: BoD Verlag

Meier, D./Szabó, P. (2008): Coaching – erfrischend einfach. Luzern: Solutionsufers, BoD Verlag

14 Aus ressourcenorientierter Sicht erschreckend ist in diesem Zusammenhang eine ganz aktuelle Coaching-Studie wonach 85 Prozent von Kunden im Managementcoaching die entscheidenden Fortschritte während der eigentlichen Sitzung erzielt haben (und offenbar nicht im Umsetzungsalltag) und 90 Prozent den entscheidenden Anstoß hierfür dem Coach zuschreiben. (Die Studie ist noch nicht veröffentlicht, wird aber schon zitiert bei Crabb, Steve: Coaching falls foul of „Vanilla Contracting“. In: Coaching at Work, März 2009)

Pascale, R.T./Sternin, J. (2005): Your Company's Secret Change Agents. In: Harvard Business Review Mai 2005
Szabó, P./Berg, I.K. (2006): Kurz(zeit)coaching mit Langzeitwirkung. Dortmund: Borgmann Media
Szabó, P. (2009): Kurzzeitcoaching: Den Kompetenzen von Executives auf der Spur. In: Dahinden, Freitag, Schellenberg (2009)
Weakland, J./Fisch, R./Watzlawick, P./Bodin, A. (1974): Brief therapy: *Focused problem resolution.* In: Family Process, 13.1974. 141–168

Teil III: Spezifikationen des Coachingwissens

Ausbildungsorientiertes Coaching

Coaching und Coaching-Masterlehrgang am IAP Zürich: eine Verbindung von Ansätzen aus der Gruppendynamik, der Gestalt- und der hypnosystemischen Beratung

Eric Lippmann & Gisela Ullmann-Jungfer

1 Einleitung

Das IAP Institut für Angewandte Psychologie in Zürich besteht seit 1923 und entwickelt auf der Basis wissenschaftlich fundierter Psychologie konkrete Lösungen für die Herausforderungen in der Praxis. Entsprechend orientieren sich auch die Weiterbildungen in Supervision und Coaching an verschiedenen psychologischen Schulen. Die Entwicklung des seit über 25 Jahren bestehenden Lehrganges zeigt denn auch sehr gut auf, welche Einflüsse prägend waren. Die ganze Zeit herrschte ein integratives Verständnis von Beratung und Coaching vor. Nicht die einzelnen Schulen standen im Vordergrund, sondern das Streben nach veränderungswirksamen Faktoren in der Beratung, die situationsgerecht und gemäß individuellem Stil des Beraters/der Beraterin eingesetzt werden. Prägend waren dabei Ansätze aus der Psychoanalyse, der Gestaltberatung und der systemischen Beratung. Die Lehrsupervisionen während der Weiterbildung bestehen bis heute aus diesen Richtungen. Aktuell setzen wir von der Studienleitung des MAS „Supervision und Coaching in Organisationen" die Schwerpunkte auf Ansätze der Gruppendynamik, der Gestaltberatung und der hypnosystemischen Beratung. Deshalb sollen diese Hintergründe in diesem Kapitel ausgeführt werden unter dem Aspekt, welchen Einfluss sie auf das Coaching wie auch die Qualifizierung zum Coach haben.

2 Vorbemerkungen

Die grundlegenden Prozesse des Coaching: also Wahrnehmen, Erfassen, Erarbeiten von Lösungsansätzen und Neuorientierung sollen hier in einigen theoretischen Aspekten näher untersucht werden. Je nachdem, ob die persönlichen, biografischen Fragen oder die Fragen nach Rollenklärung, der Einbindung in den Kontext der Organisation im Vordergrund stehen, werden verschiedene Theorien und Konzepte für die Bearbeitung als Metamodelle genutzt. Ausgehend von der These, dass Coaching eine angewandte Wissenschaft darstellt, deren praktische Erkenntnisse immer wieder neue theoretische Verknüpfungen und Modelle liefert, sollen im Folgenden einige Aspekte der Theorien der Gruppendynamik, der Gestalttheorie und der hpynosystemischen Konzepte auf ihre praktische Umsetzung und Bedeutung für das Coaching untersucht werden. Die Fragen nach Individualität, Zugehörigkeit, Autonomie und Abhängigkeit, den Grenzen eines Systems, den möglichen Rollen und ihren Freiräumen werden im Coachingprozess entlang der verschiedenen Theorien bearbeitet und begründet. Diese theoretischen Eckdaten sollen dem Coachee dazu verhelfen, seine persönliche Reflektion organisations-, system- und gesellschaftskritisch zu verankern. Allen drei Konzepten liegt die Überzeugung zu Grunde, dass sich Systeme wechselseitig beeinflussen, Personen ihre Wirklichkeiten selber erfinden und wie in allen anderen lebendigen Systemen ein fortlaufender Austausch mit der Umwelt stattfindet. Gestalttheoretische Metatheorien stützen sich auf einen phänomenologischen Zugang, sie betonen die subjektive Wahrnehmung auf der Körper-Seele-Geist Ebene. Im Dialog mit dem Coach werden die interpretierten Wahrnehmungen gedeutet und zugeordnet, dies mit der von Schreyögg geforderten multi-perspektivischen Rekonstruktion. Diese bezieht sich sowohl auf den Bereich der rationalen Ebene wie auf die der emotionalen, atmosphärischen Ebene.

Merleau-Ponty wie Elias haben den Menschen in seinen Lebensentwürfen frei wie auch vorbestimmt beschrieben. In diesem Wechselspiel von Individualität, Interaktion und gesellschaftlichen Kontexten und Rahmenbedingungen bewegen sich die Anliegen im Coaching. Arbeit ist ein wesentlicher Schlüssel zu Selbstverwirklichung und für ein intaktes Selbstwertgefühl. Der aktuelle dramatische Einbruch der Wirtschaft, der Verlust von Arbeitsplätzen, Bedrohung ganzer Branchen akzentuiert die Bedeutung von Arbeit als wichtigen Teil des Lebensprozesses.

3 Gruppendynamische Aspekte im Coaching

Auslöser von Fragen, die zu einem Coaching führen können, sind in der Regel die berufliche Rolle, das Team oder die Projektgruppe, die Einbindung der Position in den Kontext zur Gesamtorganisation. Lernprozesse aus früheren sozialen Beziehungen können bis in die Gegenwart hineinwirken. Die ersten Lernprozesse finden im Sinne von Nachahmung der Sprache, Mimik, Gestik und des Verhaltens statt. Verhaltensweisen der Eltern werden übernommen oder abgelehnt. Mit diesen mehr oder weniger bewussten Identifikationsprozessen, die bis in das Erwachsenenalter hinein stattfinden, begegnen sich Menschen in Lern- und Arbeitsgruppen in den Organisationen. Diese Vorerfahrungen bezüglich des Lernens in Gruppen prägen auf besondere Art und Weise das Lernverhalten, die Selbst- und Fremdwahrnehmung sowie die Rollenzuschreibungen für den Einzelnen. Als *psychosoziale Vorstruktur* wird dies von Brocher (1999: 17) verstanden, womit er die Summe aller bisherigen positiv unterstützenden und kritisch ablehnenden Erfahrungen meint, die zu dem individuellen und spezifischen Identitätsbewusstsein geführt haben.

Es ist daher für jede Gesellschaft politisch und ethisch notwendig, Mitglieder mit einer angemessen starken Identität heranwachsen zu lassen, da nur diese Menschen sozial verantwortlich für sich selber und andere handeln können. Die Gruppendynamik leistet einen wesentlichen Beitrag dazu, in dem sie sich als Lehre sowie als Methode anbietet, bewusste und unbewusste Prozesse in Gruppen nicht nur als Phänomene zu erkennen, sondern auch die Gesetzmäßigkeiten, die ihnen zu Grunde liegen, zu erläutern und zu begründen.

Die Feldtheorie als Grundlage der gruppendynamischen Konzepte

Die Feldtheorie, wie sie von Lewin bereits in den 20er Jahren des letzten Jahrhunderts entwickelt wurde, ist im strengen Sinn keine Theorie, sondern eine Methode. Lewin beschäftigte sich sowohl in seinen frühen Forschungen nach dem Ersten Weltkrieg, als auch in seinen späteren, mit den Wechselwirkungen von Beziehungen, insbesondere mit den Interdependenzen zwischen Teilsystem und Gesamtsystem in Bezug auf Verhalten und Erfahrung einzelner Personen in Gruppen. Um diese Phänomene genauer zu untersuchen, arbeitete Lewin mit folgenden vier Konstrukten:

- Lebensraum
- Spannung oder Energie
- Wahrnehmung
- Lernprozesse

Unter dem Begriff *Lebensraum* werden alle Bezugspunkte des Menschen verstanden, die in einem bestimmten zeitlichen Lebenspunkt wichtig sind. Wenn wir heute mit einer Coachee eine Standortanalyse vornehmen, so umfasst diese auch alle wichtigen Momente der privaten wie beruflichen aktuellen Lebenssituation.

Spannung, Energie und Bedürfnisse sind bewegliche Begriffe. Der Antriebsmoment der Spannung bewirkt nach Lewin den entscheidenden Impuls für Veränderung. Die auslösenden Situationen bewirken in der *Wahrnehmung* im Menschen folgende Prozesskette: Wahrnehmen, Erinnern, Interpretieren, Intention und mögliche Handlungsumsetzung. Alle Prozesse verlaufen entsprechend der persönlichen Biografie und der speziellen Psychodynamik der einzelnen Person. Lewin hatte sich nach dem Ersten und Zweiten Weltkrieg sehr engagiert und kritisch mit den Fragen von Veränderung von Verhalten von Menschen in Gruppen beschäftigt. Welche Grundreize bewegen Menschen zu welchen Handlungen, wie können Menschen zu neuem Verhalten bewegt werden. Lewin hatte ein hohes persönliches wie politisches Interesse, Verhalten von Menschen in Gruppen zu analysieren und vor allem neue Verhaltensweisen erlernbar zu machen. Lewin verstand drei Ebenen von *Lernen*: Lernen im Sinne von neuen kognitiven Strukturen, Lernen als Veränderung der Motivation (Erlernen von neuen Vorlieben und Abneigungen) und das Lernen einer Gruppe, eine gemeinsame Gruppenkultur und eine gemeinsame Gruppenzugehörigkeit zu entwickeln (vgl. Luft 1977: 12).

Lewin hatte in seinen Bemühungen neues Lernen zu vermitteln früh gemerkt, dass es nur wenig nützt den Menschen über Veränderungen zu erzählen. Menschen, die in ihren persönlichen Einstellungen, Gefühlen und Wertvorstellungen unberührt bleiben, können die Worte nur hören. Veränderung setzt persönliche Involvierung in die Prozesse einer Gruppe, eines Systems voraus. Die gruppendynamischen Laboratorien wie Lewin und seine Mitarbeiter entwickelten und wie sie in den Seminarformen der Gruppendynamik ab den 60iger Jahren im deutschsprachigen Raum aufgegriffen wurden, basieren auf diesen Erkenntnissen. Gemeinsames Erleben von den Abhängigkeiten in einer Gruppe ermöglichen Einsichten besonderer Art. Das Prinzip des Hier und Jetzt in Gruppen ist der zentrale Kern für Lernen in Gruppen. Lewin verstand das Hier und Jetzt immer als einen Moment der Wahrnehmung und der daraus resultierenden Schlussfolgerung, in der die Summe der früheren Lernerfahrungen präsent ist und es sogar gelingt, Handlungsoptionen für die Zukunft abzuleiten. Die gruppendynamische Methode liefert als angewandte Form der Psychologie eine Fülle von Erkenntnissen und daraus abgeleiteten Instrumenten, die gerade im Coaching hilfreich sind. Viele Anliegen, die im Coaching bearbeitet werden, z.B. Teamfragen, Klärung von Interaktions- und Kommunikationsprozessen, lassen sich in viele kleine, zeitlich begrenzte Hier- und Jetzt-Situationen zerlegen. Beispielhaft sollen hier ein paar Methoden skizziert werden:

- *Das Wahrnehmungsrad (awareness-wheel)* bietet eine gute Grundschulung in der Unterscheidung von Wahrnehmen, Erinnern und Zuordnen. Die einzelnen Impulse werden von den Wahrnehmungskanälen visuell oder auditiv, kinästhetisch oder auch olfaktorisch erfasst. Die grosse Datenmenge, die wir in jeder Sekunde erfassen können, zwingt zur Auswahl. Wir erkennen, was uns bekannt und vertraut vorkommt. Ist dies auf Grund der gemachten Wahrnehmung nicht möglich, so verändern wir mit Hilfe unserer Erinnerungen ähnliche Merkmale so, dass sie mit dem scheinbar Gesehenen übereinstimmen. Dieses Modell erklärt auch unsere Vor-Urteile, die im Grunde nichts anderes als zu frühe und nicht mehr überprüfte Erinnerungen an frühere Wahrnehmungen sind. In den Coachingprozessen ist das Erkennen der Selbst- und Fremdwahrnehmung ein zentraler Lernprozess, dem sich sowohl der Coach wie der Coachee unterziehen müssen. Dies ist ohne Feedback nicht denkbar, alle *Rückkoppelungsschleifen,* wie sie später von den Systemtheoretikern bezeichnet werden, gründen nicht zuletzt auf der Methode des Feedbacks.

- *Das Joharifenster* (vgl. Luft 1977) macht mit Hilfe eines einfachen Quadrates sichtbar, wie eigenes und fremdes Verhalten beobachtet und beschrieben werden kann. Besonders der blinde Fleck (das eigene und selbst nicht wahrnehmbare Verhalten) soll mit Hilfe von Fremdrückmeldungen kleiner werden.

Besonders wertvoll für den persönlichen Lernprozess der Coachee ist hier die beschreibende und nicht wertende Form des Feedbacks. Da Feedback immer als eine subjektive und persönliche Äusserung bezeichnet wird, ist es frei von Besserwissen. Lewin verstand es als spontane und mutig geäusserte Beschreibung von Wahrnehmung und persönlichem Eindruck über die Wirkungsweise von Verhalten anderer Personen auf einen selbst. Zuhören, sich auf fremde Gedanken und Gefühle einzulassen, war die grosse Herausforderung. Dass sich dieser hehre Anspruch in der Praxis nicht immer umsetzen lässt, wissen alle, die sich mit professioneller Beratung auseinandersetzen.

Neben den individuellen Lernprozessen in Gruppen wurden später die einzelnen Phasen in Gruppen genauer untersucht. Bion, und später Tuckman, entdeckten Gesetzmäßigkeiten, die für Teamberatungsprozesse bis heute wichtige Analysebausteine liefern.

- *Die emotionalen Grundmuster*, die in jeder Gruppe von den Teilnehmenden aktiviert werden, eignen sich ausgezeichnet, um Gruppenprozesse in Projektteams zu reflektieren.

Eine Grundeinstellung besteht aus *Kampf und Flucht*, wobei Kampf durchaus als positives Sich-Einbringen und Engagieren in eine Gruppe verstanden wird. Unterschiedliche Formen von Herangehen und Bewältigen der Aufgaben von Gruppen, aber auch unterschiedliche emotionale Befindlichkeiten führen zu Auseinandersetzung. Flucht wird als Sammelbecken für alle Verhaltensweisen verstanden, mit deren Hilfe es gelingt, die vorgegebene Aufgabe nicht zu erfüllen. Dies kann als Form von ungenügender Information, als Widerstand, Ablehnung oder als Verweigerung beschrieben werden. Eine andere Form ist das *Pairing* in Gruppen, ein Phänomen, was sich immer wieder finden lässt. Pairing kann erfolgen, um sich emotional in einer Gruppe sicherer zu fühlen oder auch, um sich damit einen höheren Status zu verschaffen. Das letzte Grundmuster ist das Prinzip der *Abhängigkeit,* einzelne Personen (oder auch Leitungen im Sinne von Autorität) werden als stärker, mächtiger wahrgenommen als man sich selber einschätzt. Schindler hat daraus später das *Rangdynamikmodell* entwickelt, er hat festgestellt, dass sich bestimmte Verhaltensmuster von Gruppenmitgliedern in Alpha-, Beta-, Gamma- und Omegarollen bestimmen lassen. Bales, und später Belbin, haben in den 80er Jahren daraus Rollen in Gruppen / Teams abgeleitet, deren Vielfalt über Moderator, Ideengeber, bzw. Durchsetzer und Kontrolleur reichen. Diese Differenzierung der funktionalen Rollen hat sich unter anderem in der Bearbeitung von Teamentwicklungsprozessen in Organisationen als sehr wirkungsvoll erwiesen.

- *Die Team-Uhr von Tuckman* beinhaltet ein weiteres gutes Analyseinstrument, um Verhaltensmuster von Teammitgliedern zu erkennen, und um sich als Coach angemessene Interventionen zur Steuerung des Prozesses zu überlegen. Die Phasen *Forming-Storming-Norming-Performing-Adjourning* beschreiben häufige Verhaltensmuster (u.a. Unsicherheit am Anfang einer Arbeitsgruppe, Leiterorientierung, Positionsbildung und Differenzierung) der Gruppenmitglieder in den jeweiligen Phasen. Sie dienen zum einen der Verständnisbildung aber auch zur Beschreibung der spezifischen Themen eines Gruppenfindungsprozesses. In jedem Gruppenprozess finden mehr oder weniger stark ausgeprägte Differenzierungsprozesse statt. Viele Individuen treffen beispielsweise im Arbeitskontext aufeinander, suchen eine gemeinsame Ich-Wir Balance. Damit ist einerseits eine Balance zwischen den unterschiedlichen Interessen, Wünschen und Gefühlen der Einzelpersonen gemeint, und andererseits die Entwicklung eines gemeinsamen Wir-Gefühls, in dem sich die Lernerfahrungen aller widerspiegeln. Elias hat festgestellt, dass zunehmend mehr Individualisierung möglich wird, im Sinne einer persönlichen Selbstbestimmung. König folgert daraus: „Die Verschiebung vom Wir zum Ich schafft Freiräume und erhöht gleichzeitig die Notwendigkeit der gegenseitigen Abstimmung" (König 2007: 109). Für das Coaching ist es entscheidend, dass die Verbindung zwischen Person und Organisation berücksichtigt und unterstützt wird (vgl. Rollenkonzept im Abschnitt 5).

4 Gestalttheoretische Elemente als Basis im Coaching

Die Gestaltpsychologie hat unter anderem ihre Ursprünge in den Arbeiten von Goldstein und Wertheimer. Die Auseinandersetzungen mit der Psychoanalyse, der Wahrnehmungs-Psychologie sowie der Feldtheorie von Lewin ergaben *das Konzept der Selbstregulation* des Organismus. Die Unterscheidung zwischen Figur und Hintergrund war zunächst auf die Prozesse der Bedürfnisbefriedigung, im Sinne einer Selbstregulation des Organismus, verstanden worden. Jeder Organismus versucht ständig sein Gleichgewicht zu erhalten. Wird dieses durch innere oder äussere Gegebenheiten gestört, ist der Organismus so angelegt, dass er die Balance wiederherstellen will.

Mit der Wiederherstellung der Balance kann man von einer geschlossenen Gestalt sprechen. Diesem Bedürfnis zur *Gestaltschliessung* liegen nicht triebhafte Kräfte (vgl. analytisches Denkmodell), sondern der Wunsch nach Selbsterhaltung, ja sogar Verbesserung und Wachstum, des jeweiligen Organismus zu Grunde. Die autopoietischen Konzepte (vgl. Maturana & Varela 1987) greifen dieses Verständnis der Zusammenhänge wieder auf. Der Mensch wird in der Gestalttheorie somit als leiblich-seelische und körperliche Einheit verstanden, alle Ereignisse von aussen oder innen bewirken (un)willkommene Störungen des Menschen in seiner Gesamtheit.

- *Das Störungskonzept,* wie es von Perls und Perls entwickelt wurde, beschreibt in der kindlichen Entwicklung das *Selbst* als Kontaktperson zwischen der Umwelt und dem Organismus. Da wir Menschen in unserer Entwicklung Selbstverwirklichung anstreben, aber immer wieder Hindernissen bzw. Störungen ausgesetzt sind, müssen wir lernen mit diesen Störungen zu leben, oder besser wir versuchen diese Störungen aufzuheben und die Gestalt wieder zu schließen. Störungen sind somit Phänomene, mit denen wir uns unwillkürlich beschäftigen, da wir mit unserer Aufmerksamkeit immer wieder darüber stolpern. Solch eine Störung kann ein Bedürfnis bewusst machen, als Folge wird Energie eingesetzt, um das Bedürfnis zu stillen. Gelingt dies, ist die Homöostase wieder hergestellt, und es gibt bis zur nächsten Situation keinen Handlungsimpuls. Diese Unterbrechungen werden als Kontaktstörungen bezeichnet. Ihnen werden zwei Bedeutungen zugeschrieben: Erstens der Schutz vor Angstbesetzten Situationen, und zweitens die Unterbrechung des intra- und interpersonellen Kontaktes zu Gunsten von Anpassung bis hin zu Unterordnung. Dies kann sich in Kommunikationsprozessen am Arbeitsplatz zu Ungunsten des Betroffenen auswirken, da der Kontakt zu den Kolleginnen und Vorgesetzten nicht angemessen aufrechterhalten werden kann. Im Coachingprozess ist die Kontaktaufnahme und Beziehungsgestaltung von zentraler Bedeutung. Kontakt wird ausserhalb der eigenen Grenze möglich, es kommt zu einer Begegnung von Ich und Du, erst diese Grenze ermöglicht Berührung, Austausch und damit Intersubjektivität. Perls und Perls waren in ihrem Konzept zur Gestalttherapie nachhaltig von Buber beeinflusst.

- Der *Ich-Du Dialog*, wie er von Buber beschrieben wird, ermöglicht einen Dialog zwischen zwei gleichwertigen Partnern, wo die gegenständliche Ebene eines Ich-Es, wie es noch bei Freud formuliert wurde, aufgehoben wird. Diese Gleichwertigkeit zwischen Ich und Du wird für Perls, wie auch später bei Rogers, zum Grundstein des Konzeptes. Der Therapeut nimmt den Klienten als autonomes, äquivalentes Gegenüber wahr. Dies stellt einen Paradigmawechsel dar: weg vom Modell gesunder und wissender Therapeutin gegenüber dem krankem Klienten und hin zur ausgebildeten Therapeutin gegenüber einem sich selbststeuerndem Klienten. Das Selbst als Vermittler zwischen Organismus (Körper) und Umwelt übernimmt die Dialoge in der persönlichen Entwicklung. Das *Selbst wird zum Referenzsystem*, die Erfahrungen, die innerhalb der Sozialisation gemacht werden, können mit Hilfe innerer wie äusserer Dialoge erweitert und gefestigt werden. Die Art und Weise wie die frühen verinnerlichten Dialoge in den prägenden Beziehungsmustern stattgefunden haben, wird in der Beratung unterschiedlich starke Reaktivierungen im Beratungsprozess bewirken. Diese Übertragung wird in der Gestalttheorie als hilfreiche Wiederholung von früheren Mustern (bzw. offenen Gestalten) gesehen, die es zu schliessen gilt.

Umsetzung im Coaching unter Gestaltaspekten

Der bekannteste methodische Aspekt ist die *Arbeit mit Stühlen*, als Symbol für die zu führenden inneren wie äusseren offenen Dialoge im Anliegen des Coachee. Perls und Perls haben diese Konstruktion entwickelt, um als Therapeut nicht in der Übertragung hängen zu bleiben. Mit dem sichtbaren Symbol zweier Gegenstände, der wechselnden Positionseinnahme durch den Coachee, kann der Coach in der Rolle als Begleiter im Lernprozess wahrgenommen werden. Alle Anliegen, in denen die Kontaktfähigkeit nebst der Kontaktbereitschaft, die entscheidenden Fragen darstellen, müssen bei entsprechendem Interesse des Coachee auf dieser Ebene auch bearbeitet werden. Zumindest sollte es als Lernangebot vom Coach aktiv angeboten werden. Der andere und adäquatere Umgang mit Arbeitskollegen oder Vorgesetzten kann oft nur dann wirksam gelingen, wenn innere, frühere Kontakterfahrungen und auch Kontaktunterbrüche auf dem Hintergrund der vorhandenen Ressourcen beleuchtet und integriert werden.

Awarenessübungen eignen sich gut zur Verbesserung und zur Sensibilisierung der Wahrnehmung. Genauso sind alle erlebnisfördernden Methoden, wie imaginierte Rollenspiele, Probehandlungen, eine sinnvolle Unterstützung zur Verbesserung der Kontaktfähigkeit. Verbesserung bedeutet nicht nur Steigerung, sondern auch das innere Gewahrwerden der subjektiven Grenzen. Gerade in Coachingprozessen sollen nicht nur nützliche Verhaltenstools erarbeitet werden. Alle persönlichen Anliegen wie beispielsweise Konflikte im Team, verordnete Arbeitsplatzwechsel, Krise und Mobbing bedürfen oft der individuellen Aufarbeitung, im Sinne von Verstehen der persönlichen Wahrnehmungen, Gefühle und ihrer daraus resultierenden Handlungen. Methodisch lassen sich diese Prozesse durch *Visualisierung,* Einsetzen von *Symbolen, Zeichnen, Gestalten* (Ton, Farben, Figuren) aktiv unterstützen (vgl. Lippmann: 2009 a).

5 Rahmen des Coachings: Person – Rolle – Organisation

Elemente aus der Gestaltpsychologie, der Psychoanalyse, der Feldtheorie von Lewin und der Theorie „offener Systeme“ sind in die Methode der Gruppenbeziehungstrainings des Tavistock-Instituts in England eingeflossen (vgl. Lawrence 1979). Diese Erkenntnisse haben unsere Arbeiten auch nachhaltig beeinflusst. Da wir Coaching als professionelle Form individueller Beratung im beruflichen Kontext verstehen, legen wir entsprechend einen Schwerpunkt auf die Nahtstelle zwischen dem System „Person“ und dem System „Organisation“. Organisationen bezeichnen wir in Anlehnung an das Modell des Tavistock-Institute for Human Relations als soziotechnische Systeme, da sie eine Verbindung darstellen von sozialen und technischen Systemen (vgl. Steiger 2008: 24ff.).

Die Rollentheorie befasst sich mit der Frage, wie Menschen die gegenseitigen Anpassungsprozesse zwischen „Person“ und „Organisation“ meistern (vgl. Eck 1990: 209ff; Steiger 2008: 35ff.). Organisationen als soziale Systeme strukturieren sich unter anderem durch Aufgaben- und Machtteilung. Dadurch entstehen Arbeitsstellen, denen normalerweise ein Platz in einer hierarchischen Rangfolge zugewiesen wird. Von einer Position ist dann die Rede, wenn bestimmte Kompetenzen damit verbunden sind. Jede Position ist mit einem bestimmten Status (Ansehen, Prestige) verbunden. Für das Coaching spielt die hierarchische Einbettung immer auch eine zentrale Rolle (vgl. Lippmann 2009 b, Kap. 4.1. u. 4.2.).

An die Person, die eine Position innehat, werden von „den Andern“ des sozialen Systems (Vorgesetzte, Mitarbeitende, Kollegen, Kunden als Rollensender) ganz bestimmte Erwartungen geknüpft. Dieses Set von Erwartungen bezeichnen wir als Rolle. Eine Person befindet sich in Organisationen also in einer oder mehreren Rollen, spielt Rollen, wird Rollenträger und wird als Rollenempfänger daran eingeschätzt, wie weit er oder sie den eigenen und fremden Ansprüchen bzw. Erwartungen gerecht wird. Rollen sind in diesem Verständnis immer komplementär, sie ergänzen und bedingen sich: Ohne Rollensender gibt es keine Rollenempfänger und umgekehrt, ohne Mitarbeitenden keine Vorgesetzten, ohne Kunden keine Anbieter, ohne Klienten keine Berater usw.

Die klassische Rollentheorie wird jedoch der Komplexität soziotechnischer Systeme nur ungenügend gerecht. In der Realität sind die Rollenerwartungen zum grossen Teil weder explizit formuliert noch allen bewusst. Rollenerwartungen ergeben sich aus der komplexen Dynamik und dem Spannungsfeld von Aufgabenverständnis, Struktur und Kultur der Organisation und werden durch andere Personen übermittelt, welche wiederum Rollenträger sind und nicht nur die Interessen der Organisation vertreten. Und jeder Rollenträger hat seinerseits auch Erwartungen an die Gestaltung der Rolle. Der Erfolg einer Rolle kann somit als Resultat eines gelungenen dynamischen Prozesses des Aushandelns von Rollenerwartungen betrachtet werden oder als Ergebnis eines gelungenen Ausgleichs zwischen dem Zwang der Erwartungen der Rollensender einerseits und dem Spielraum der Handlungs- und Gestaltungsfreiheiten des Rollenempfängers andererseits. Zentral für das Coaching ist letztlich die Frage, wie weit es einer Person gelingt, eine Rolle zu übernehmen. Die Rollenübernahme kann als ein Austausch- und Anpassungsprozess zwischen der Organisation und dem Rollenempfänger betrachtet werden, dabei geht es immer auch um Aufmerksamkeitsfokussierungen.

In der folgenden Abbildung ist im oberen Teil der Begriff der Rolle dargestellt als Verschränkung der Organisation (mit den Aspekten Strategie/Aufgaben, Struktur, Kultur und den Rollensendern) mit der Person (und deren Erwartungen an die Rolle). Dabei wird in zwei Rollenkategorien unterschieden: *Professions-Rollen* umfassen Rollen, die primär durch berufs- bzw. fachspezifische Anforderungen geprägt sind (z.B. Medizin, Ökonomie, Jurisprudenz, Pädagogik usw.). Mit *Organisations-Rollen* sind eher solche gemeint, bei denen die Arbeit im und am System im Vordergrund steht (z.B. Führung, Projektleitung, Management).

Bei allen Rollen sind im Idealfall die verschiedenen Erwartungen der Rollensender und -Empfänger deckungsgleich und die Rollenübernahme leistet einen wichtigen Beitrag zur Erfüllung der zentralen Aufgaben der Organisation.

Im unteren Teil sind drei Gesichtspunkte aufgeführt, die für eine erfolgreiche Rollenübernahme von Bedeutung sind: die Rollendefinition, die Rollengestaltung und die Rollendurchsetzung (ausführlicher dazu in Lippmann, 2009 b: 22ff.).

Das hier skizzierte Rollenmodell eignet sich sehr gut als „Landkarte", um die Anliegen eines Kunden in einen systemischen Kontext einzubinden. Das Rollenmodell ist zugleich ein Konfliktmodell (Steiger & Lippmann 2008, Kap. 16), denn Verhaltensweisen von Personen im Rahmen eines Organisationskontextes dienen einem doppelten Zweck: Es geht darum, die für die Organisation notwendigen Aufgaben zu erfüllen und gleichzeitig die persönlichen Ziele zumindest indirekt dadurch zu erreichen. Aber wie Backhausen und Thommen (2003: 121f.) zu Recht betonen, sind die Ziele der Organisation in Form von Rollenanforderungen und die Ziele der Person (auch solche innerhalb der Organisation) nicht selbstverständlich kompatibel. Probleme und Konflikte entstehen, wenn Erwartungen bestehen und daraus Handlungen erfolgen, die für das Erreichen der jeweils anderen Ziele im Widerspruch stehen. Das Rollenkonzept eignet sich nicht zuletzt auch sehr gut als „Landkarte" zum Verständnis von Veränderungsprozessen in Organisationen, die ja immer auch in Wechselwirkung mit entsprechenden Rollenübernahmen stehen (vgl. Steiger & Lippmann 2008, Kap. 15).

Entsprechend den Ausführungen zum Rollenkonzept liegt der Schwerpunkt des Coachings bei der Unterstützung in der Übernahme und Gestaltung der Organisationsrollen (d.h. Rollen der Führung, Projektleitung und Management). Die Anliegen lassen sich entlang der Systematik Person-Rolle-Organisation (mit den Aspekten Aufgabe/Strategie, Struktur und Kultur) systematisch einordnen (ausführlicher in Lippmann 2009 b: 25ff.).

Nicht jedes Coaching wird aufgrund von Problemen oder gar Krisen in Anspruch genommen. Coaching kann viel mehr auch präventive Funktion übernehmen und durchaus indiziert sein, bevor Probleme oder Konflikte auftreten, etwa bei der Übernahme einer neuen Rolle oder grundsätzlich zur Pflege bzw. Verbesserung der persönlichen Leistungsfähigkeit oder der Psychohygiene.

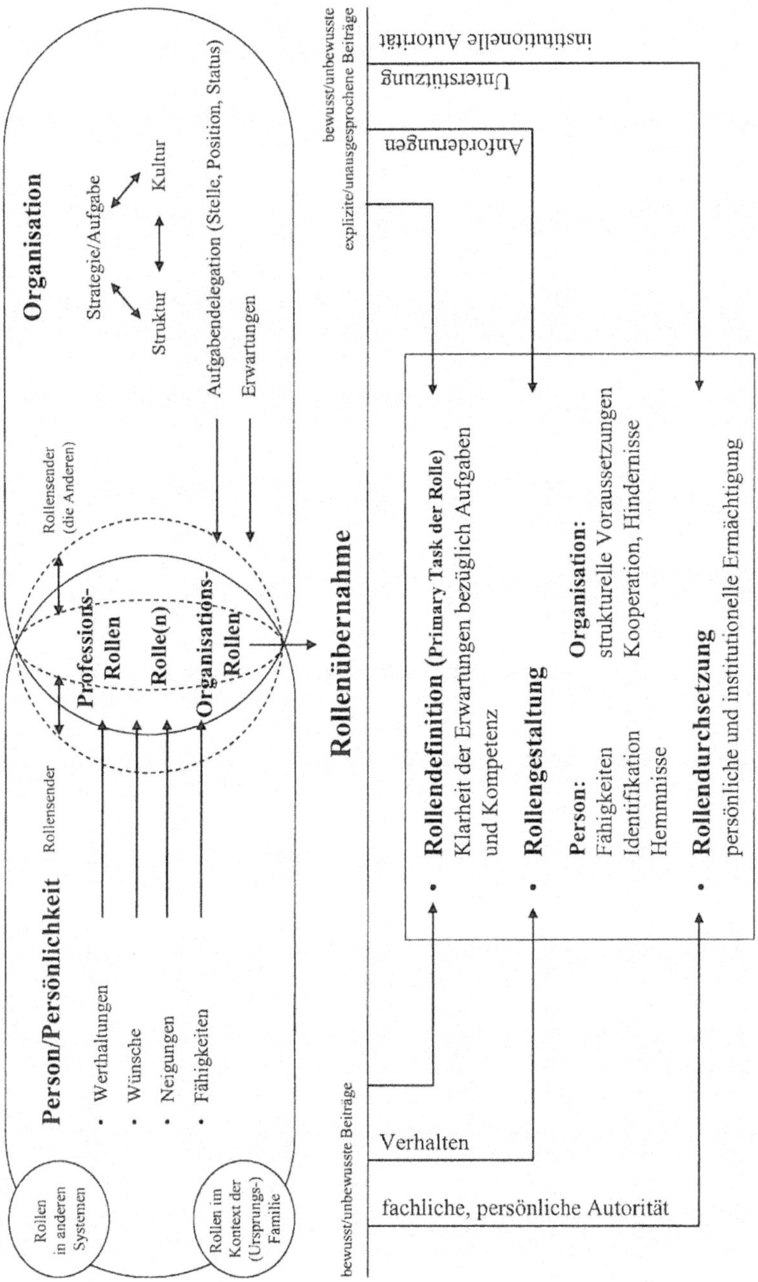

Abbildung: Rollenübernahme

6 Das Menschenbild: complex man

Wir betrachten den Menschen als „multiple Persönlichkeit“, bei dem die jeweils gerade gelebte und erlebte „Identität“ durch die Art der Aufmerksamkeitsfokussierung bestimmt wird. Die Wahrnehmungsprozesse, wie sie im Abschnitt zur Gestalttheorie beschrieben worden sind, spielen dabei eine zentrale Rolle. Der Mensch ist komplex, kann schöpferisch aktiv sein und somit seine Umgebung mitgestalten. Im Kontext der Arbeit versucht er verschiedene Bedürfnisse zu befriedigen, (z.B. finanzielle, soziale, Bedürfnisse nach Anerkennung, Sicherheit, Leistung, Selbständigkeit, Verantwortung, Führung usw.). Die Bedürfnisse können sich gegenseitig konkurrieren (z.B. Sicherheit – Verantwortung) und zu Ambivalenzen führen. Die Bedürfnisstruktur des Menschen ist sehr differenziert wandelbar und individuell unterschiedlich. Wie der einzelne, so verfügen auch Familien und Organisationen über viele Variationen von Interaktionsmustern und sind ebenso „multipel“. Je nach Kontext und auf welchen Erlebnisbereich gerade fokussiert wird, wird man partiell zu einem anderen. Somit gibt es uns nicht als statische Wesen, „wir er-finden und er-zeugen uns eigentlich Sekunde für Sekunde unseres Erlebens durch Fokussierung von Aufmerksamkeit“ (Schmidt 2005: 39).

7 Der systemische Ansatz

In der Beratung hat der systemische Ansatz seine Wurzeln in der Familientherapie (Hoffmann 1982, Lippmann 1990). Die Erkenntnisse daraus wurden dann im Verlauf der Entwicklung auch auf die Beratung anderer Systeme (Organisation, Teams, Führungskräftecoaching) übertragen. Neben dem Einfluss von systemischen Konzepten aus anderen Disziplinen (z.B. Biologie, Medizin, Kybernetik, Physik) sind für die Beratung in Organisationen vor allem die Theorie der Selbstorganisation lebender Systeme (Autopoiese, Maturana, Varela 1987) und der (radikale) Konstruktivismus (z.B. von Foerster 1985) von Bedeutung.

Im Folgenden werden ein paar zentrale Aspekte des systemischen Ansatzes aufgeführt, welche für das Coaching neben den Ausführungen über soziotechnische Systeme relevant sind:

- Systeme weisen eine *materielle und eine immaterielle Ebene* auf. Die materielle Ebene ist erkennbar, sichtbar, begreifbar und mehr oder weniger leicht änderbar. Die immaterielle Ebene (Tiefenstruktur) ist nur schwer zugänglich, weitgehend unbewusst. Sie beinhaltet selbstverständliche Werte, Normen, Denk- und Handlungsweisen und ist schwer änderbar bzw. entzieht sich der direkten Gestaltung.
- *Ganzheit*: ein System verhält sich nicht wie eine einfache Summierung voneinander unabhängiger Elemente, sondern als ein zusammenhängendes Ganzes: Ein System ist mehr als die Summe seiner Teile (Übersummation), ein Begriff, der auch in der Gestaltpsychologie verwendet wird.
- Die *Grenzen* eines Systems bestimmen, wer zu diesem System wie dazugehört. Die zwei Hauptklassen von Grenzen sind:
  - physische, räumliche, zeitliche Grenzen;
  - subjektive Grenzen: Personen, Gruppen, Organisationen.

Um in einer sich ändernden Umwelt zu überleben, muss ein System fähig sein zu lernen und seine Grenzen optimal zu gestalten unter den Gesichtspunkten Klarheit, Kontinuität und Durchlässigkeit.

- *Rückkopplungen und Zirkularität*: In einem System ist jedes Verhalten eines Beteiligten gleichzeitig Ursache und Wirkung des Verhaltens der anderen Beteiligten. So ist es auch wenig sinnvoll, bestimmte „Charaktereigenschaften" zu definieren oder zu sagen, eine Person „sei" so. Vielmehr wird ihr „Sosein" verstanden als Teil eines Wechselwirkungsprozesses, einer Interaktion in ihrem systemischen Sinnzusammenhang (Schmidt 2005: 53).
- *Selbstorganisation oder Autopoiese* bezeichnet die Fähigkeit eines lebenden Systems, unter veränderten Umweltbedingungen seine Strukturen – zumeist unter Erreichung höherer Komplexität – zu verändern und dadurch zu überleben. Positive Rückkoppelungen sind somit ein wesentlicher Bestandteil der Selbstorganisation.
- *Aequifinalität* besagt, dass verschiedene Anfangszustände zu gleichen Endzuständen führen können. Umgekehrt können verschiedene Endzustände auf dieselben Ursachen zurückgeführt werden *(Aequipotentialität)*. Bei der Betrachtung einer Systemstruktur oder -funktion lässt sich also nicht mit Sicherheit vom Ist-Zustand auf die Vergangenheit oder Zukunft schliessen.
- *Hierarchie*: Der Begriff hat eine doppelte Bedeutung: Zum einen beschreibt er den Aspekt der Macht und ihrer Strukturen im System. Für das Funktionieren des Systems ist beispielswiese entscheidend, wie weit die formalisierte hierarchische Struktur mit dem „latenten Organigramm" (Selvini et al. 1981) übereinstimmt. Zum andern bezeichnet der Begriff die Organisation der logischen Typen; die logische Hierarchie beinhaltet somit eine Stufenleiter immer umfassender Systeme, welche bei Nicht-Beachten zu Paradoxien führen kann (vgl. Watzlawick et al. 1967).
- *Regeln und Muster* sind Gesetzmässigkeiten im Verhalten eines Systems. Sie zeigen sich durch das wiederholte Auftreten bestimmter Ereignisse, Phänomene oder Verhaltensweisen (Redundanzen). Musterbildungen, die in den interaktionellen Austausch einfliessen, kann man als Makromuster bezeichnen. Gleichzeitig läuft aber immer im internalen Erlebnissystem der Beteiligten eine Vielzahl von Prozessen ab, auch in regelhafter Weise. Diese sind für die Wahrnehmung und Verarbeitung all dieser Aussenreize zentral, sie können als Mikromuster bezeichnet werden (Schmidt 2004).
- *Strukturen und Prozesse*: Die Beobachtung von Redundanzen in einem System ermöglicht, bestimmte Wechselbeziehungen einzelner Interaktionspartner zu erkennen. Typische Regelungsbereiche, die wir in soziotechnischen Systemen immer wieder finden, sind z.B. Definition und Auswahl der Beteiligten (wer gehört dazu, wer nicht?), Zielentwicklungsprozesse, Entscheidungsregeln, Kommunikationsprozesse, Gestaltung von Nahtstellen gegen innen und aussen, Aspekte der Wertschätzung, Förderung, Motivation der Beteiligten, Abspracheregelungen, Rollenverteilung, Feedbackregelungen, Konfliktregelungen, informelle Begegnungsrituale usw. (vgl. Schmidt 2004).
- *Kontext*: Alles gewinnt seine Bedeutung und seine Wirkung erst in seinem Situationszusammenhang, seinem (ökosystemischen) Kontext. Deshalb ist es für kompetenzorientiertes, systemisches Arbeiten wichtig, dass die relevanten Beobachter alle Phänomene so beschreiben und so mit Zielaspekten und Kontextbedingungen in Zusammenhang stellen, dass sichtbar werden kann, wofür ein bestimmtes Verhalten überhaupt als Kompetenz verstanden werden könnte.

- *Konstruktion von Wirklichkeit*: Das systemische Denkmodell relativiert die Möglichkeit zu objektiven, d.h. beobachterunabhängigen Aussagen zu kommen, indem es folgende Erkenntnisvorgänge betont:
  - die Subjektperspektive des Beobachters;
  - den inneren Zustand des Systems, der durch Wissen, beobachtet (bzw. beraten) zu werden, beeinflusst wird;
  - den kulturellen Hintergrund der Grundsätze, die immer in allen Erkenntnisvorgängen wirksam sind (vgl. interkulturelle Aspekte im Coaching, Lippmann, 2009, Kap. 5.9).
  - Ein lebendes System konstituiert sich einerseits durch seine Bezugnahme und Interaktion mit der Umwelt, bringt diese Umwelt andererseits auch hervor. Es nimmt Umwelteinflüsse systemspezifisch (selektiv) wahr und konstruiert so seine Umwelt.

8 Der hypnosystemische Ansatz

Schmidt hat den Begriff „hypnosystemisch" um das Jahr 1980 eingeführt; der Ansatz versucht, systemische Konzepte mit den Modellen der kompetenzaktivierenden Erickson'schen Hypnotherapie zu einem „konsistenten Integrationskonzept" auszubauen.

Damit erweitert Schmidt den systemischen Ansatz, der (zu) stark auf die interaktionellen Muster in Systemen fokussiert, um einen ressourcenorientierten Ansatz, der eine Verbindung zu den internalen, intrapsychischen Mustern herstellt. Diese Konzepte lassen sich wiederum sehr gut mit anderen Methoden verbinden, für unseren Kontext denken wir da in erster Linie an die Gestalttherapie und das Zürcher Ressourcen Modell (vgl. Kapitel von Maja Storch). Einige zentrale Elemente aus dem hypnosystemischen Ansatz sollen hier angeführt werden, denn sie fliessen in unsere Lehrgänge ebenfalls als wichtige Bausteine mit ein:

Der Begriff der *Aufmerksamkeitsfokussierung* wurde im Abschnitt über Menschenbild bereits umschrieben. Menschen als „multiple Persönlichkeiten" können sich je nach Aufmerksamkeitsfokussierung in unterschiedlichen Kontexten verschieden er-finden und erzeugen. Entsprechend verschieden sind dann auch die Dialoge des „inneren Teams" und die Stellungnahmen des „Oberhauptes" (ein Konzept, welches wiederum Anlehnung an der Gestaltberatung macht). Wie intensiv Prozesse der Fokussierung von Aufmerksamkeit menschliches Erleben mental und physiologisch beeinflussen, zeigen auch die sozialpsychologischen Experimente zum Phänomen des *„Primings"* (vgl. Schmidt 2004, 2005; Storch & Krause 2002). Daraus abgeleitet wird die *Potenzialhypothese*, nämlich die Annahme, dass grundsätzlich jeder Mensch praktisch immer schon alle Kompetenzen für eine hilfreiche Lösung als Potenzial in sich trägt. Wirksame Lösungen entstehen dadurch, dass die Aufmerksamkeit auf allen Sinnesebenen auf das gewünschte Zielerleben und auf hilfreiche Episoden aus der Vergangenheit fokussiert werden kann. Solche Erfolgs-Episoden lassen sich immer finden. Dabei kommt dem Menschen zu gute, dass eine riesige Zahl diverser Erlebnismuster als Netzwerke gespeichert werden. Sie bilden die ganze Episode ab, wie wir sie subjektiv erlebt haben. Das implizite Gedächtnis aktiviert dann blitzschnell das ganze zu dieser Episode gehörige Netzwerk, wenn in der jeweils aktuellen Situation etwas als „ähnlich wie damals" erlebt wird. Das Phänomen des ***„Episodengedächtnisses"*** findet sich in der Hirnforschung unter dem „Gesetz der Hebb'schen Plastizität" beschrieben, welches besagt: „Zellen, die miteinander feuern, vernetzen sich, und vernetzte Zellen feuern miteinander" (vgl. Schmidt 2005). Jedes Erlebnismuster ist auch mit spezifischen

Körperreaktionen verbunden. Die Körper-Koordination (Haltung, Bewegungen, Blickrichtung usw.) kann willentlich verändert werden. Die Erkenntnis: „Wie man geht, so geht es einem, und wie es einem geht, so geht man“ kann entsprechend zur Beschreibung und Nutzung von problematischen und gewünschten Erlebnismustern genutzt werden. In Verbindung mit Erkenntnissen aus der *Embodiment*-Forschung (vgl. Krause & Storch 2002) entwickelt Schmidt die Methode der *„Problem-Lösungs-Gymnastik“*: Der Coachee stellt sich vor, wieder typischen, mit seiner bisherigen Problemreaktion verbundenen Auslösereizen ausgesetzt zu sein. Dann spielt er zunächst die bisher damit verbundene eigene Problemreaktion aktiv an, und sofort wird diese nun aber mit der gewünschten Lösungsreaktion verbunden, indem er die Lösungs-Körper-Koordination einnimmt (Schmidt 2004, 2005). Dabei gewinnen die bisherigen Auslösereize und die bisherigen Problemreaktionen eine völlig neue, hilfreiche Bedeutung und Wirkung. Denn so werden sie nicht mehr zum Problem, sondern sind quasi die Auslösereize für die Lösungsreaktion. Im hypnosystemischen Ansatz geht es also stark darum, Unterschiede, welche Unterschiede machen, mental und im Körpererleben herauszuarbeiten. Dabei wird im Unterschied zur lösungsorientierten Beratung gerade nicht einseitig auf das Lösungserleben fokussiert, sondern eine „Liebesaffäre zwischen Problem und Lösung“ angestrebt (Schmidt 2004, vgl. dazu auch Eidenschink 2006). Die Haltung des Coach umschreibt Schmidt als „Reisebegleiter“ oder „Realitätenkellner“ (2004: 58ff.), welcher durchaus auch Hypothesen als Ressourcen im Dienste der Coachee nutzen soll. Mit einer entsprechenden Grundhaltung der Wertschätzung für die Autonomie, Gleichrangigkeit und Expert/innen-Position des Gegenübers können somit dem Coachee durchaus auch mal „Ratschläge“ angeboten werden. Wir vertreten hier analog zu Schmidt diese Betrachtungsweise in der Diskussion um Experten- bzw. Prozessberatung, welche aktuell wieder etwas schlagwortartig als „Tabubruch“ im Coaching benannt wird (Dehner 2009). Denn der autonome Kunde des Realitätenkellners entscheidet selber, ob und wie er die Angebote des Coachs nutzen will.

Literatur

Brocher, T. (1999): Gruppenberatung und Gruppendynamik. Leonberg. Rosenberger Fachverlag

Dehner, U. (2009): Beratung mit Ratschlag. Tabubruch im Coaching. In: managerSeminare 02.09. 46-49

Eck, C./D. (1990): Rollencoaching als Supervision. Arbeit an und mit Rollen in Organisationen. In: Fatzer, G./Eck, C.D. (Hrsg.) (1990): 209-247

Eidenschink, K. (2006): Der einäugige Riese: „Lösungsorientiertes Coaching“. Vom Unsinn einer problematischen Fokussierung. In: Organisationsberatung – Supervision – Coaching, 02.2006. 153-164

Fatzer, G./Eck, C.D. (Hrsg.) (1990): Supervision und Beratung: Ein Handbuch. Köln: Edition Humanistische Psychologie

Foerster, H. von (1985): Sicht und Einsicht. Wiesbaden: Vieweg (Neuauflage 1999: Heidelberg: Carl Auer)

Hoffmann, L. (1982): Grundlagen der Familientherapie. Hamburg: Isko-Press

König, O. (2007): Gruppendynamik und die Professionalisierung psychozoialer Berufe. Heidelberg: Carl-Auer-Systeme

Lawrence, G.W. (1979): Die Methode der offenen Systeme für das Gruppenbeziehungstraining des Tavistock-Instituts. In: Heigl-Evers, Annelise (Hrsg.): Kindlers „Psychologie des 20. Jahrhunderts“ – Sozialpsychologie. Band 2: Gruppendynamik und Gruppentherapie. Weinheim: Beltz (1984, Lizenzausgabe). 659-666

Lippmann, E. (1990): Drogenabhängigkeit: Familientherapie und Prävention. Heidelberg: Springer

Lippmann, E. (2009a): Intervision. Kollegiales Coaching professionell gestalten. Heidelberg: Springer (2. Auflage)

Lippmann, E. (Hrsg.) (2009b): Coaching. Angewandte Psychologie für die Beratungspraxis. Heidelberg: Springer (2. Auflage)

Lippmann, E.: Alles Coaching, … oder was? In: Forum Supervision, 15.29.2007. 26-39

Luft, J. (1977): Einführung in die Gruppendynamik. Stuttgart. Ernst Klett

Schmidt-Lellek, C.J./Schreyögg, A. (2009): Praxeologie des Coaching. Wiesbaden: VS Verlag für Sozialwissenschaften

Maturana, H.R./Varela, F.J. (1987): Der Baum der Erkenntnis. Die biologischen Wurzeln des menschlichen Erkennens. Bern: Scherz

Schmidt, G. (2004): Liebesaffären zwischen Problem und Lösung. Hypnosystemisches Arbeiten in schwierigen Kontexten. Heidelberg: Carl-Auer

Schmidt, G. (2005): Einführung in die hypnosystemische Therapie und Beratung. Heidelberg: Carl-Auer

Selvini, Palazzoli, Mara, Anolli, L., di Blasio, P. et al. (1981): Hinter den Kulissen der Organisation. Stuttgart: Klett (1984)

Steiger, T./Lippmann, E. (Hrsg.) (2009): Handbuch Angewandte Psychologie für Führungskräfte. Führungskompetenz und Führungswissen. Heidelberg: Springer (3. erw. Auflage)

Storch, M./Krause, F. (2002): Selbstmanagement – ressourcenorientiert: Grundlagen und Trainingsmanual für die Arbeit mit dem Zürcher Ressourcen Modell (ZRM). Bern: Huber (4. vollst. überarb. u. erw. Aufl. 2007)

Watzlawick, P./Beavin, J.H./Jackson, D.D. (1967): Menschliche Kommunikation. Formen, Störungen, Paradoxien. Bern: Huber (1969)

Pragmatische Konzepte im Coaching – am Beispiel von zwei Persönlichkeits- und zwei Kommunikationskonzepten sowie einer Spiegelungs-Übung

Bernd Schmid

Coaching und Perspektivenvielfalt

Coaching ist wie Zehnkampf. Dabei geht es nicht um Höchstleistungen aus Sicht einer Disziplin, sondern um Optimierung aus der Sicht mehrerer Disziplinen. Geeignete Perspektiven auf Leben, Beruf und Organisation sowie die dafür relevanten Fachrichtungen wie z. B. Psychologie sollen dabei berücksichtigt werden. Fachspezifische Betrachtungen dürfen aber weder die im Coaching verwendeten Landkarten noch die Steuerung des Coaches einseitig dominieren. Denn im Leben und in Unternehmen muss Verantwortung ganzheitlich wahrgenommen werden.

Auch sollten Fragstellungen der Klienten möglichst wenig aus deren Lebens- und Berufszusammenhängen herausgelöst und in die Welt und Professionslogik einzelner Fachdisziplinen übertragen werden, sondern die Beiträge der Fachdisziplinen müssen sich umgekehrt auf die Verstehenszusammenhänge und Steuerungsbelange der Menschen in ihren Lebenswelten ausrichten. Dabei sollten sie mit den Beiträgen anderer Disziplinen integrieren oder sich zumindest auf Komplementarität ausrichten. Die Konkurrenz der Perspektiven und der Schlussfolgerungen unterschiedlicher Professionswelten wie etwa der Betriebswirtschaft und der Psychologie belastet sonst die Kunden. Die Kunden sollten so wenig Probleme wie möglich mit Transfer in ihre Lebens-, Arbeits- und Organisationszusammenhänge und mit Integration ins Ganze haben.

Vom Transferproblem zur Integrationskunst

Es geht also heute nicht mehr um das Herauslösen und Bearbeiten von Fragestellungen optimiert nach Teildisziplinen mit den nachfolgenden Transferproblemen. Sondern man sollte von vornherein nahe bei den Lebens-, Berufs- und Organisationsfragen bleiben, sich um eine Gesamtoptimierung bemühen und dazu Erkenntnisse der Einzeldisziplinen integrieren. Diese Aufgabe sollten die Coaches nicht ihren Klienten aufbürden. Im IT-Bereich würde es auch nicht geduldet, wenn sich spezialisierte Anbieter auf die Optimierung ihrer Teillösungen kaprizieren und die Integration in den täglichen Gebrauch dem Kunden zumuten würden. Die Integration ist also vorrangig Aufgabe der einzelnen Anbieter und des Professionsfeldes Coaching. Dies hat Konsequenzen auf die Konzept- und Methodenentwicklung im Coaching.

Coaches kommen aus ihren jeweiligen Grundprofessionen und Erfahrungswelten. Sie orientieren sich verständlicherweise an deren Perspektiven und den darin erworbenen Kompetenzen, bieten Nutzen innerhalb dieser Logiken an. Doch die Klienten brauchen Betrachtungen und Lösungen, die unter vielen Gütekriterien ihrer Lebenswelten gleichzeitig Sinn machen. Coachingdienstleistungen sollten also Vielsinnhaftigkeit für nach vielen Kriterien zu gestaltende Lebenswelten bieten.

Coaches brauchen Konzepte, die ihnen die geforderte Integration leicht machen. Hierzu haben die klassischen wissenschaftlichen Fachdisziplinen leider wenig zu bieten. Sie haben meist nicht einmal einen solchen Anspruch an sich.

Coachingkonzepte müssen also für Vertreter vieler Disziplinen verständlich und handhabbar sein. Dies gilt für Coaches mit unterschiedlichen professionellen Herkünften wie für ihre Klienten, die mit diesen Konzepten möglichst ohne längere Abhängigkeit von Spezialisten arbeiten können sollten. Dasselbe gilt für Methoden und Vorgehensweisen sowohl bei den Coachingdienstleistungen selbst als auch in Qualifizierungsmaßnahmen für Coaches. Philosophie und Didaktik von Coaching sollten für Lernen und Arbeiten in den Klientenwelten (2008a), für die Professionsbildung wie auch für die Kulturen professioneller Gemeinschaften bruchlos zu einander passen.

Coaching lebensnah für jedermann

Ich stehe für eine „Evangelisierung“ des Coaching-Feldes. Den an Coaching Interessierten sollte mit möglichst geringer Dazwischenschaltung von „Coaching-Priestern“ der eigene „Weg zum Heil“ geebnet werden.

Coaching als Expertise und Qualitätsvorstellung sollte möglichst in die Selbstverständnisse aller gesellschaftlichen Verantwortungsträger integriert werden, d. h. letztlich bei Internen ankommen und nur ergänzend und vorübergehend durch spezielle Expertise und Dienstleistungen von Externen befördert werden. Eigenkulturen der Coachingszene in Sprache, Denken, Auftreten und Gültigkeitsanspruch sollten sich auf das unbedingt notwendige Maß beschränken. Die Identität von Coachingexperten sollte möglichst wenig aus Selbstinszenierung mit speziellen Themen, Schulenwahrheiten, Lieblingsmethoden oder bevorzugten Settings gezogen werden, sondern aus einem humanen Engagement für die Gesellschaft in vielen situativ aktivierten Spielarten.

Die Segnungen von Coaching in Form von Qualität (Schmid 2003b, 2008b) von Lebens-, Berufs- und Organisationsprozessen sollten möglichst jedermann transparent und zugänglich gemacht werden. Sicher stimmt, dass Coaching als „Vieraugengespräch“ eine vielerorts noch leichter zu platzierende Handelsware ist und aus einseitigen Coachingspezialisierungen leichter Images, Moden, Marken und Umsatz zu machen sind. Doch sollte das Coachingfeld um der Nachhaltigkeit willen den einfacheren Tänzen um „goldene Kälber“ entsagen oder sich darin nur als vorübergehende bewusste Kompromisse zugunsten einer Anschlussfähigkeit ergehen.

Gütekriterien für Coaching-Konzepte

Aus der obigen Perspektive leiten wir am ISB folgende 9 Meta-Gütekriterien für Coaching-Konzepte ab:

1. Möglichst wenig Konzepte, für die Übersetzungen gebraucht werden oder für die weitere intellektuelle Studien nötig sind. Stattdessen Konzepte, die lebensnah, einfach und intuitiv verständlich sind (z. B. Theatermetapher s. u.).

2. Möglichst wenig Konzepte, die zwar umfassend aber kompliziert sind oder aber einfach, jedoch ohne möglichen Tiefgang. Stattdessen Konzepte und Vorgehensweisen, für die es sowohl einfache pragmatische Oberflächen als auch differenzierte Versionen mit Tiefgang gibt.
3. Möglichst wenig Konzepte, die untereinander schlecht ankoppelbar sind. Konzepte, die nicht plausibel untereinander zusammenspielen, lassen entweder Lücken unbekannten Ausmaßes oder verlangen aufwendige Verknüpfungen. Stattdessen Konzepte, die nur bei Bedarf, dann aber plausibel miteinander verknüpft werden können.
4. Möglichst wenig Konzepte, deren Nutzung auf verschiedenen Handlungsebenen (Einzelner, Team, Organisation) im Zusammenhang unklar ist. Wenn für jede Handlungsebene zu Konzepten aus verschiedenen Beschreibungslogiken gegriffen wird, ist der Abstimmungsaufwand erheblich bzw. es bleiben blinde Flecken dazwischen. Stattdessen Konzepte, die für verschiedene Handlungsebenen gleichermaßen nutzbar sind (So kann z. B. die Theatermetapher für Einzelne, Teams und Organisationen gleichermaßen genutzt werden.).
5. Möglichst wenig Konzepte und Vorgehensweisen, die größere „Transferleistungen" der Dienstleistungsempfänger erfordern. Stattdessen Konzepte, die für eine professionelle Steuerung in verschiedenen Berufs- und Lebenswelten direkt nutzbar sind. Betroffene sollten sie ohne allzu großen, von den Hauptzuständigkeiten ablenkenden Lernbedarf selbst nutzen und notwendiges Wissen in Eigenregie integrieren können.
6. Möglichst wenig Konzepte, Vorgehensweisen und Selbstinszenierungen, die den Kunden das „Eintauchen" in die Professionswelt des Anbieters abverlangen. Stattdessen Konzepte und Vorgehensweisen, die die Kultur der Anbieter-Profession und die Kultur der Kunden abriebsarm in eine kreative Spannung bringt. Implikationen sowie Konsequenzen der eigenen Herangehensweisen der Anbieter sollen ausgewiesen werden, damit Kunden sich bewusst dafür entscheiden können und sich nicht mit einer unbemerkt zugezogenen „Kulturinfektion" belastet fühlen.
7. Möglichst wenig Vorgehensweisen und Rituale, für die Anleitung durch Fachleute gebraucht wird. Stattdessen eine Didaktik, die von Betroffenen verstanden und ins eigene Repertoire übernommen werden kann (wie etwa die unten dargestellte Spiegelungsübung).
8. Möglichst wenig Entfernung der Lernprozesse im Coaching oder in der Coachingweiterbildung von den Lebens- und Arbeitsprozessen, für die gelernt werden soll. Stattdessen Beratungs- und Bildungsereignisse, die nahe am Lernen vor Ort sind und die in ihrer Logik dem ohnehin zu gestaltenden Lernen im Leben und bei der Arbeit entsprechen (Schmid 2008a).
9. Möglichst wenig Fachsprachen und Selbstdarstellungen, die eine USP (unique seller position) durch Unterschiedsbildung auf der Etikettenebene aufbauen und die Identität mit bereits vorhandenem Wissen und Können verschleiern, um einen teilweise fiktiven Marktwert aufzubauen. Stattdessen ein Coaching-Selbstverständnis und ein Dienstleistungsspektrum, das in andere Professionen und Prozesse in Organisationen ohne Markierung als Coaching integriert werden kann (Schmid 2003b und 2008b).

Ausgewählte Konzepte und Methoden

Im Folgenden werde ich wenige Konzepte und Vorgehensweisen aus dem Repertoire des ISB-Wiesloch skizzieren, die sich um die oben genannten Gütekriterien bemühen. Sie sollen illustrieren, was konkret gemeint ist. Alle diese Konzepte und viele weitere sind an anderer Stelle ausführlich beschrieben und können dort nachgelesen oder -gehört werden[1]. Aus unserem Repertoire habe ich Kernkonzepte und Vorgehensweisen ausgewählt, die selbst entworfen oder aus bewährten weiterentwickelt wurden. Entsprechend unserem eigenen Selbstverständnis kommt es dabei nicht darauf an, etwas nie da Gewesenes oder von allem sonstigen völlig Verschiedenes zu propagieren. Vielmehr sollen entsprechend unserem fragmentarischen Ansatz Konzepte und Vorgehensweisen in einer Weise präsentiert und kombiniert werden, dass dadurch ein Verständnis unserer Professions- und Lernkultur erwächst. Das Bouquet macht dabei die Unverwechselbarkeit und nicht der Anspruch Blumen zu haben, die es nirgends sonst gibt.

Zunächst werden zwei Konzepte für die Auseinandersetzung mit Persönlichkeit dargestellt. Nämlich die Beschreibung von Persönlichkeit mithilfe der Theatermetapher und das Drei-Welten-Modell der Persönlichkeit.

Dann folgen zwei Konzepte für Beziehung und Kommunikation, nämlich das Kulturbegegnungsmodell der Kommunikation mit den Stufen der Wirklichkeitsbegegnung und das Dialogmodell der Kommunikation. Aus dem Bereich der Methoden werde ich aus dem Ansatz der kollegialen Beratung ein Beispiel einer Spiegelungs-Übung mit Bezug zur professionellen Portfolio-Arbeit darstellen.

Zwei Konzepte zu Persönlichkeit

Persönlichkeit kommt von lat. *personare*, etwas tönt hindurch. Das, wodurch es tönt, sind unsere Auftritte in den Rollen, die wir in den Inszenierungen auf den Bühnen unserer Lebenswelten spielen. Mit diesem pragmatischen Ansatz wird Persönlichkeit konkret in Zeit und Raum angesiedelt. Das, was hindurchtönt, ist die unverwechselbare Eigenart, die jeder Mensch als sein Wesen mitbringt und entwickelt. Solche Begriffe sind schwer zu definieren und doch weiß jeder intuitiv, wovon die Rede ist. Welche Rollen ein Mensch in welchen Welten auch spielt, er verleiht dabei seiner Eigenart Ausdruck und wird sich dadurch zu einem Menschen mit den Eigenarten und Bestimmungen entwickeln, die sein Wesen dann ausmachen. Ich folge damit einem Ansatz des Begründers der Transaktionsanalyse Berne, der seine Persönlichkeits- und Kommunikations-Psychologie klar der Annäherung an „reale Menschen" in „realen Lebenssituationen" verpflichtet hat.

---

1 Auf der Website steht eine Vielzahl an Schriften und Audio-Dateien zum kostenlosen Download zur Verfügung. Genaue Informationen dazu im Literaturanhang. Außerdem findet der Leser dort Angaben zur Handbuchreihe *Systemische Professionalität und Beratung* von Dr. Bernd Schmid sowie zu „Wo ist der Wind, wenn er nicht weht?".

Die Theatermetapher

Die Theatermetapher (Schmid/Wengel 2001) eignet sich zur bildhaften Beschreibung von Persönlichkeit. Sie eignet sich gleichermaßen für die Beschreibungen von Teams bzw. von Inszenierungen in Organisationen, doch soll dies hier nicht vertieft werden.

Die Lebensvollzüge eines Menschen werden als eine Folge von Szenen auf den Bühnen seines Lebens betrachtet. Durch die Nutzung des Begriffs „Inszenierung" wird deutlich, dass Leben und Persönlichkeit Gegenstand von Gestaltung sind.

Man kann dabei verschiedene Lebens-Welten unterscheiden, und entsprechend die Inszenierungen, die Bühnen, die Stories, die Rollen und das Zusammenspiel der Mitwirkenden darin identifizieren. Persönlichkeit wird als Summe der tatsächlichen und wahrscheinlichen Lebensinszenierungen in ihren verschiedenen Dimensionen begriffen.

Für jeden Menschen können Portfolios der gelebten Rollen, der betretenen Bühnen und der dort aufgeführten Stücke usw. beschrieben werden. Sie machen die Persönlichkeit im Lebensvollzug aus. In der Auseinandersetzung mit diesen Portfolios wird oft die gelebte aber auch die noch brachliegende Persönlichkeit deutlich. Die aufeinander folgenden Lebensinszenierungen und deren seelische Qualitäten fügen sich zu Lebenswegen und erlebtem Lebenssinn zusammen.[2]

Persönlichkeitsthemen können nun als Fragen formuliert werden, ob Bühnen, Themen, Rollen usw. stimmig sind und zueinander passen oder in welchen Dimensionen an Veränderung gedacht werden kann.

In der Praxis haben sich z. B. folgende Dimensionen als nützlich erwiesen:

- Inszenierungen insgesamt, die fast wie ein Markenzeichen für eine Persönlichkeit und einen Lebensstil gelten können. In welchen Inszenierungen verbringt ein Mensch konkret sein Leben? Solche Inszenierungen kann man in Teilperspektiven aufgliedern, nämlich in
- Themen: Jeder hat Themen, auf die er immer wieder zu sprechen kommt oder die durch das, was der Mensch sagt oder tut, ja sogar durch das, was ihm widerfährt und wie dies geschieht, in Erscheinung treten.
- Stories: Hier sind typische Abläufe gemeint, in denen sich Leben und die Inszenierung von Themen vollziehen.
- Bühnen: Hier sind die typischen Umgebungen gemeint, in denen sich die eigenen Lebensereignisse abspielen.
- Rollen: Hier sind die typischen Rollen gemeint, die einem selbst zufallen oder auf die bezogen man spielt.
- Inszenierungsstile: Hier ist die Art und Weise gemeint, wie inszeniert wird. Auch dies kann zum besonderen Merkmal einer Persönlichkeit werden.

---

2 Als Ergänzung zum Arbeiten mit der Theatermetapher bietet sich das Konzept der *seelischen Bilder* und das Arbeiten damit an. Siehe dazu die Materialsammlung „Seelische Bilder & Träume" unter: http://www.systemische-professionalitaet.de/isbweb/content/view/316/346/

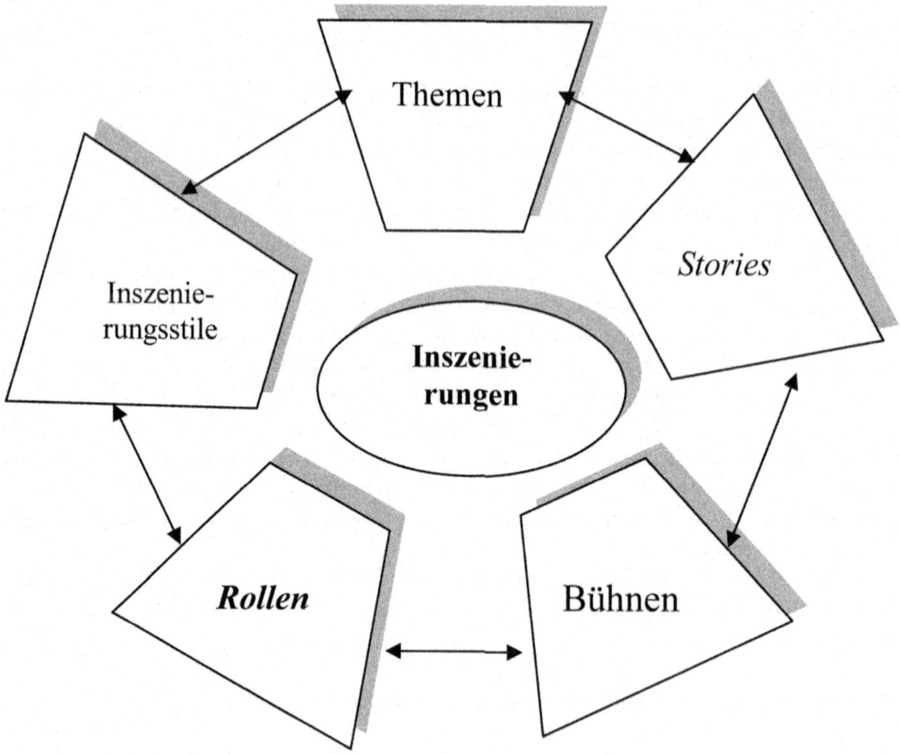

Abbildung 1: Theatermetapher als Persönlichkeitsmodell

Die meisten Menschen kommen intuitiv mit Bildern des Theaters leicht zurecht, wenn sie über Veränderbarkeit von Lebensinszenierungen und damit ihrer Persönlichkeit nachdenken. Auch psychologisch wenig Vorgebildete können durch Benutzung der Theatermetapher leicht typische Merkmale der eigenen Lebensinszenierungen identifizieren und sich sprachlich mit anderen dazu austauschen.

Wenn z. B. die Tätigkeit in einem Projekt unbefriedigend ist und Fragen entstehen, ob eine Passung zur eigenen Persönlichkeit gegeben ist, kann mithilfe dieses Modells überlegt und besprochen werden, ob andere Themenschwerpunkte, andere Rollen und Beziehungen stimmiger wären oder unter Beibehaltung dieser Dimensionen eher andere Bühnen oder Inszenierungsstile Stimmigkeit wieder herstellen könnten (Schmid/Messmer 2003). Hierdurch könnten Entwicklungsbedarfe und Möglichkeiten für die beteiligten Menschen im Zusammenspiel mit Entwicklungen der Berufswelt oder bestimmter Organisationen diskutiert werden.

An solchen praxisnahen, auch intuitiven Erörterungen mithilfe metaphorischer Beschreibungen kann sich jeder beteiligen. Schwierige Situation bekommen etwas Spielerisches, Konkretes und Übersichtliches. Festgefahrene Situationen werden wieder dynamisch und gestaltbar. Man kann überlegen, wo Bedarf ist und wie bei Veränderungen angesetzt werden könnte. Die Arbeit mit Metaphern mobilisiert kreative Kräfte, sowohl bei uns selbst als auch im Gespräch mit anderen.

Das Zusammenspiel der Lebenswelten und Balancefragen werden durch das 3-Welten-Modell der Persönlichkeit direkt zum Thema gemacht. Beide Modelle können, müssen aber nicht kombiniert werden.

Das Drei-Welten-Modell der Persönlichkeit

Für die Beschreibung von Persönlichkeit im Lebenszusammenhang verschiedener Lebens-Welten eignet sich besonders das Drei-Welten-Modell der Persönlichkeit (Schmid 1990/ 2002).

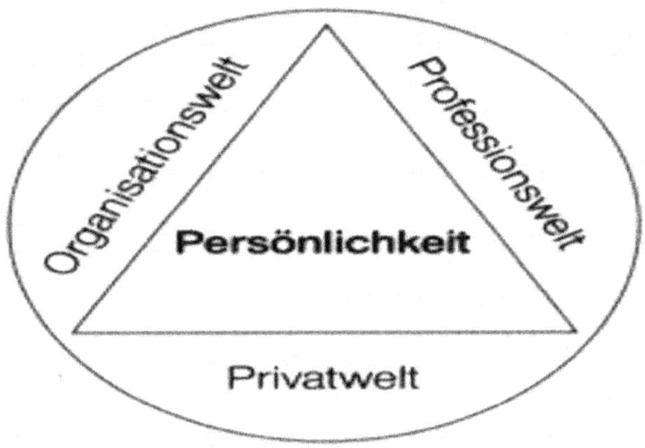

Abbildung 2: Drei-Weltenmodell der Persönlichkeit

Das Drei-Welten-Modell beschreibt eine als in Rollen in drei Welten gelebte und entwickelte Persönlichkeit. Unterschieden werden die Privatwelt, die Organisationswelt und die Professionswelt. Während die Unterscheidung von privater und beruflicher Welt spontan einleuchtet, bedarf die Unterscheidung zwischen Professionswelt und Organisationswelt einer Erläuterung.

Professionelle Identität und konkrete berufliche Lebenswege lösen sich heutzutage zunehmend von bestimmten Organisationen, ja Branchen ab. Eine eigene Gestaltung der Professionswelt und ein unternehmerisches Verhältnis zur Profession sind gefragt. Lebenswege und Selbstverständnisse in der Welt der Professionen werden eigenständig neben den Karrieren und Funktionen in bestimmten Organisationen entwickelt. Der Dialog zwischen diesen beiden Welten und schließlich mit den Lebenswelten der Privatwelt hilft jeweils gute Distanz zu entwickeln und aus dieser das Wechsel- und Zusammenspiel zu organisieren.

Das Rollen- und Welten-Modell der Persönlichkeit kann in vielfältiger Weise praktisch genutzt werden.[3] Hat z. B. ein Mensch zunehmend mit Leistungsmotivation Probleme, kann gefragt werden, ob dies mehr mit Fehlentwicklungen auf dem beruflichen Lebensweg, mit verloren gehender Kompetenz und Stimmigkeit in bestimmten Funktionen einer Orga-

3 Das Zusammenspiel von Rollen und Welten wird diskutiert in: Schmid, B. (2003), Kap. 4. Schmid, B.: Transaktionsanalyse und soziale Rollen. In: Schmid, B. (1994): Wo ist der Wind, wenn er nicht weht? Im Download: http://www.systemische-professionalitaet.de/isbweb/component/option,com_docman/task,doc_download/gid,1013/

nisation oder mit Belastungen im Privatleben zu tun hat. Die Lösung von tiefer greifenden Problemen bzw. die wesentliche Weiterentwicklung von Persönlichkeit ist erfahrungsgemäß erst bei Beachtung solcher Zusammenhänge wahrscheinlich.

Zwei Kommunikationsmodelle

Klassische Kommunikationsmodelle gehen davon aus, dass Informationen nach gelungener Kommunikation beim Empfänger genau so vorhanden sind wie vorher beim Sender (Übertragungsmodell). Für die Kommunikation zwischen lebenden Systemen gilt dies bekanntlich nicht. Hier ist Kommunikation als ein auf beiden Seiten kreativer Prozess zu verstehen.

Mit welchen Metaphern können wir Prozesse der (kommunikativen) Begegnung beschreiben und mit welchen Kommunikationsmodellen können wir diese Ereignisse abbilden?

Das Kulturbegegnungsmodell der Kommunikation

Jeder kennt die Erfahrung, dass ein Empfänger völlig anders reagiert, als sich das der Sender vorgestellt hat, etwas anderes aus der Email herausliest oder ganz andere Schlüsse aus der sachlich richtig verstandenen Botschaft zieht.

Spätestens hier kann man merken, dass die Voraussetzung für die Gültigkeit des Übertragungsmodells, nämlich „bekannte und kompatible Technik“, oft nicht gegeben ist. Das Gegenteil ist bei lebenden Systemen und in ihrer Kommunikation der Normalfall. Jeder Kommunikant lebt in seinem eigenen Universum und es ist eine beachtliche Abstimmungsleistung, wenn der Eine sich anlässlich der Äußerungen des Anderen so umorganisiert, dass dieser den Eindruck gewinnt, man lebe in einer gemeinsamen Wirklichkeit, habe wirksamen Einfluss aufeinander. Graphisch kann man das für die Begegnung von Kunden und Berater wie folgt darstellen:

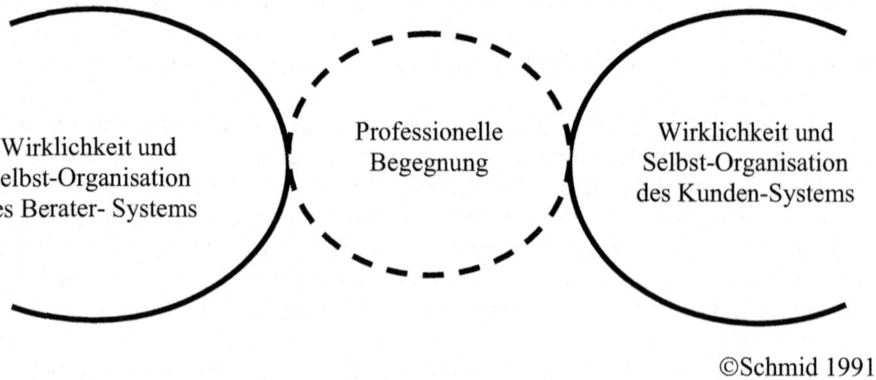

Abbildung 3: Kulturbegegnungsmodell der Kommunikation

Sollte Kommunikation schwierig werden, hat das Kulturbegegnungsmodell der Kommunikation einige pragmatische Vorteile. Es legt nahe, nicht nach Störungen, gar nach Fehlverhalten zu suchen, sondern das Aneinanderkoppeln von in sich verständlichen, aber zueinander noch nicht kompatiblen Wirklichkeiten als reizvolle Forschungs- und Gestaltungsaufgabe ernst zu nehmen, dafür Ressourcen einzuplanen und wenn nötig, Expertise zu bemühen. Das Modell impliziert z. B., dass die Begegnung selbst der professionellen Gestaltung bedarf. Zur entsprechenden Kompetenz gehört, die eigene Wirklichkeit und deren Logik zu verstehen und aus diesem Verständnis heraus das eigene Verhalten zu steuern. Hierfür ist die interessierte und wertschätzende Haltung eines Ethnologen beim Besuch einer fremden Kultur – sowohl beim Studium der eigenen gewohnheitsmäßig gelebten Wirklichkeit wie beim Studium der Kultur des Gegenübers – hilfreich (eine weiterreichende Darstellung dieses Modells und seiner Bezüge findet der Leser in Schmid 2003a).

Die jeweiligen Kommunikationspartner werden prinzipiell als Vertreter einer unbekannten Spezies betrachtet. Im Zweifel geht man davon aus, dass sich die Welt für sie völlig anders darstellt als für den Betrachter. Dass Ursache-Wirkungsketten in der Kommunikation nicht mehr als selbstverständlich erwartet werden, ergibt sich daraus von selbst. Vielmehr gibt es für jeden Menschen eigene spezifische Gesetzmäßigkeiten, nach denen er/sie funktioniert und Informationen verarbeitet. Dies gilt gleichermaßen, wenn wir es mit der Begegnung von größeren Systemen wie Teams oder Organisationen zu tun haben.

Übereinkunft im Bezugsrahmen

Wenn in Gemeinschaften Erwartungen nicht erfüllt werden, wird spontan meist davon ausgegangen, dass Verantwortlichkeiten nicht wahrgenommen werden. Entsprechend sind die Meinungen über die, die für Versäumnisse verantwortlich gemacht werden. Oft zeigt sich bei näherer Analyse jedoch, dass man die eigene Wirklichkeit ungeprüft auf andere projiziert, beziehungsweise andere selbstverständlich in die eigenen Wirklichkeitsvorstellungen integriert hat. Dies ist eine Art Wirklichkeitskolonialismus.

Ist man stattdessen zu einer respektvollen Kulturbegegnung bereit, kann das im Folgenden vorgestellte Konzept helfen, eine Idee davon zu entwickeln, auf welcher Stufe es gelingt oder nicht gelingt, einen gemeinsamen Bezugsrahmen herzustellen beziehungsweise einen gemeinsamen Rahmen für die Wirklichkeitsbegegnung zu errichten.[4] Mit seiner Hilfe kann man darüber nachdenken, auf welcher Ebene man intervenieren muss, um sich mit Nichtübereinstimmungen auseinander zu setzen und über bessere Abstimmung mehr Gemeinschaftswirklichkeit herzustellen. Schon die Nichtübereinstimmungen und ihre Bedeutung besser zu verstehen, kann einen großen Fortschritt bedeuten. Dadurch wähnt man sich nicht in falschen Übereinstimmungen, aber auch nicht in falschen Differenzen und kann sich Kommunikationsbemühungen ersparen oder diese spezifizieren.

Stufen der Abstimmung von Bezugsrahmen

Es lassen sich vier Stufen der Abstimmung von Bezugsrahmen zur Herstellung von Gemeinschaftswirklichkeit unterscheiden.

---

4 Mehr zum Thema Bezugsrahmen in: Schmid, B. (1994): Die Konstruktion von Wirklichkeiten. In: Schmid 1994, Kap. 4

Abstimmung der Bezugsrahmen bezüglich:

Stufe 1: Daten und Szenarien.

- Beziehen sich die Beteiligten auf die gleichen Daten?
- Kennen sie wechselseitig die Szenarien, auf welche die aktuelle Situation bezogen wird?
- Gibt es ein gemeinsames Verständnis der relevanten Szenarien?

Stufe 2: Bedeutungen und Informationen[5].

- Kennen die Beteiligten die Bedeutungen der anderen Seite?
- Ordnen die Beteiligten vorhandenen Daten die gleichen Bedeutungen zu?
- Haben die Beteiligten gemeinsame Vorstellungen, was für die Beschreibung der Situation wichtig ist und was nicht?

Stufe 3: Schlussfolgerungen und Wirkungszusammenhänge.

- Welche Schlussfolgerungen ergeben sich aus den Bezugsrahmen und Systemzusammenhängen?
- Beim Einsatz welcher Mittel sind über welche Zusammenhänge welche Wirkungen zu erwarten?
- Haben die Beteiligten gemeinsame beziehungsweise komplementäre Vorstellungen darüber, mit welchen Mitteln gewünschte Wirklichkeiten hergestellt oder verändert werden können?

Stufe 4: Lösungen und Verantwortlichkeiten.

- Haben die Beteiligten gemeinsame oder komplementäre Vorstellungen darüber, welches annehmbare Lösungen für offene Fragestellungen sind?
- Wer muss für Einflussnahmen zugunsten dieser Lösungen welche Verantwortung übernehmen?
- Welche Berechtigung oder Verpflichtung besteht, sich wechselseitig in Verantwortung zu nehmen?

Es wird meist davon ausgegangen, dass eine einigermaßen zuverlässige Übereinstimmung auf Stufe 4 (Lösungen und Verantwortlichkeiten) erst erreichbar ist, wenn auf den anderen Stufen explizit oder implizit Übereinstimmung existiert. Sonst kommt verantwortliches komplementäres Handeln nicht zustande oder ist instabil, weil jederzeit versteckte Nichtübereinstimmungen zu nicht komplementärem Handeln führen können. Allerdings gibt es auch die Möglichkeit, komplementäres Verhalten zu vereinbaren, obwohl man die Bedeutungen und Vorstellungen über Wirkungszusammenhänge nicht teilt.

Intuition und das Dialogmodell der Kommunikation[6]

Schon das Kulturbegegnungsmodell macht deutlich, wie komplex Wirklichkeitsbegegnung in der Kommunikation ist. Grundsätzlich agieren Menschen und verständigen sich (nicht nur im Beratungsprozess) auf zwei Weisen: bewusst-methodisch und unbewusst-intuitiv.

5 Hier wird der systemische Informationsbegriff verwendet: Slupetzky 1994.
6 Dialog meint „durch das Wort", von David Bohm (1998) wieder entdeckt.

Nehmen wir einmal zwei Personen an, die sich darüber verständigen wollen, welches Anliegen Person A an Person B hat. Auf der bewusst-methodischen Seite wird Person B vielleicht den Kommunikationsprozess durch Fragen der Art zu steuern versuchen: „Was sind Anlass und Anliegen für dieses Gespräch?“ oder „Woran würden Sie erkennen, dass unser Gespräch erfolgreich ist?“. Person A würde bewusst-methodisch antworten, indem sie beispielsweise sagte: „Ich denke, wir sollten dazu unsere Aufmerksamkeit auf das problematische Verhältnis zu meinem Vorgesetzten richten“ o. ä. Unbewusst-intuitiv aber werden beide von vielfältigen Bezügen beeinflusst, die zum jeweiligen Zeitpunkt nicht bewusst erörtert werden (können). Beispielsweise wird Person B Vermutungen über die Herkunft und Geschichte von Person A haben, diese aber nicht zum Gegenstand des Gesprächs machen, weil sie ihr selbst noch nicht klar sind und weil gerade die Abklärung des Gesprächsauftrages im Vordergrund steht. Für Person B mag im Gespräch mitschwingen, dass Person A einen sehr barschen Ton an den Tag legt, doch thematisiert sie es nicht, weil es ihr nicht ins Bewusstsein tritt. Sie ist ebenfalls mit der Frage nach ihrem Anliegen beschäftigt.

Dass wir im bewussten Kommunikationsprozess viele Fragen und Aspekte ausblenden, bedeutet jedoch nicht, dass diese nicht steuerungsrelevant würden; im Gegenteil, die Steuerung etwa einer Beratungssituation erfolgt in hohem Maße intuitiv[7]. Intuitive Bilder haben direkte Auswirkung auf Erleben und Verhalten und bestimmen daher die Selbststeuerung lange bevor sich das Bewusstsein eine Meinung gebildet hat. Man tut daher gut daran, sich aus bewusst methodischer Sicht eher auf Rahmengestaltung und Supervision des Geschehens zu konzentrieren als alle Aspekte der Kommunikation steuern zu wollen. Das leistet Intuition ohnehin und weit effektiver.

Intuitionen können aber auch falsch oder für die aktuelle Begegnung unwesentlich sein, müssen also geläutert und auf professionelle Belange ausgerichtet werden. Hierzu ist Kommunikationsschulung durch supervidierten Dialog innerhalb dieser beiden Sphären, innerhalb der Person und zwischen den Personen wichtig. Sonst geschieht leicht, was jeder kennt, dass man durch Kommunikation bewusst die eine gemeinsame Wirklichkeit anstrebt und in unbewusster Abstimmung eine andere inszeniert. Auf dieses Verständnis von Selbststeuerung und Kommunikation verweist das Dialogmodell der Kommunikation.

Das Dialogmodell der Kommunikation legt z. B. als Gütekriterium für gutes Coaching nahe, dass nicht nur der Coach in gutem Dialog mit sich und dem Gegenüber sein sollte, sondern dass durch das Coaching die Klienten auch in ihren sonstigen professionellen Situationen in diesem Dialog gestärkt werden sollten. Dies hat weit über das aktuelle Coachingthema hinaus persönlichkeitsbildende und Organisationskulturbildende Wirkung. Erkennt man diese Dialogfähigkeit als wesentlich an, hat dies Auswirkungen z. B. auf die Methodik in Teamsitzungen oder auf die Didaktik einer Coaching-Ausbildung.

---

7 *Intuition* lässt sich erklären als eine Urteilsbildung, bei der dem Urteilenden unklar ist, wie das Urteil zustande kommt, oft sogar, was das Urteil überhaupt beinhaltet (Schmid, Hipp & Caspari 1998). Diese Funktion ist beeindruckend schnell, so dass wir den stetigen Fluss von Reizen, der auf uns einströmt, bewältigen können. Sie ist unerlässlich zur Handlungssteuerung und befähigt uns, komplexe Situationen zu meistern. Intuitionsfähigkeit ermüdet aber auch, wenn sie permanent eingesetzt wird und sie ist nicht immer exakt. Intuitionen können genauso falsche Ergebnisse zeitigen, wie bewusstes Denken und Abwägen. Allerdings lässt sich Intuition etwa mit Hilfe von Supervision oder kollegialer Beratung schulen.

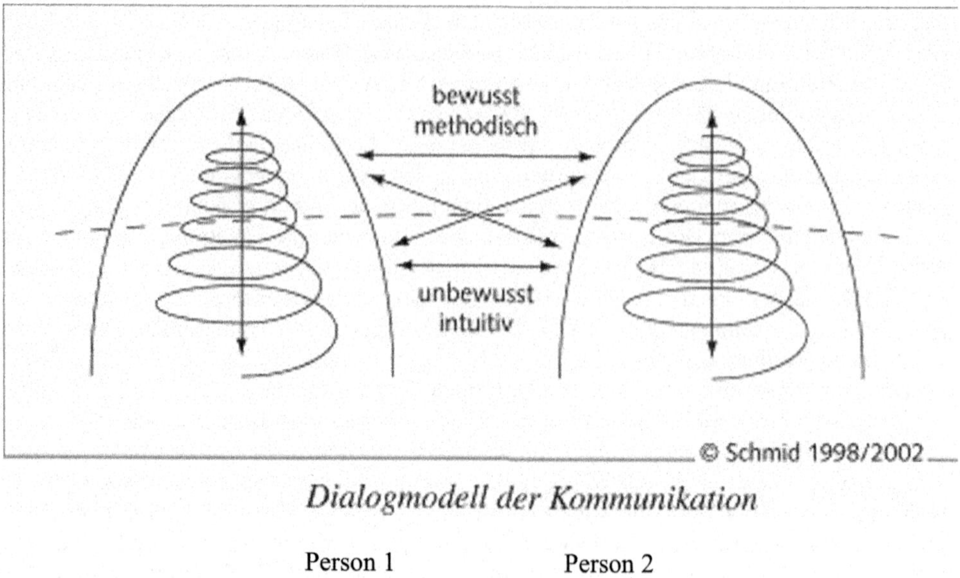

Abbildung. 4: Dialog-Modell der Kommunikation

Systemische Didaktik und Coaching-Weiterbildung

Aus den obigen Argumenten ergeben sich fast selbstverständlich Anforderungen an Didaktik und Prozesse in und um Coaching-Weiterbildungen. Solche wurden z. B. in den Qualifikationsanforderungen eines führenden Coaching-Verbandes www.dbvc.de eingebracht und sind dort formuliert.

Am ISB-Wiesloch gibt es darüber hinaus unter dem Etikett *systemische Didaktik* eine ausgefeilte Lernkultur, die den dort vertretenen Professions- und Organisationskulturvorstellungen entspricht. Aus dem großen Repertoire seien als Schwerpunktlernform die Kollegiale Beratung erwähnt. Eine Art kollegialen Lernens, nämlich die professionelle Spiegelung, wird im Folgenden an einem Beispiel kurz dargestellt.

Kollegiale Beratung

Persönliche und professionelle Entwicklung kann nach unserer Erfahrung am besten durch den Aufbau einer konstruktiven Gesprächskultur und den Aufbau der Kompetenz zu kollegialer, professioneller Beratung gefördert werden. Die Teilnehmer der Curricula erhalten vielfältige Gelegenheit, sich an Beispielen des konkreten Beratungs-, Management- und Führungsalltages mit eigenen Stärken und Schwächen, Einseitigkeiten, besonderen Fähigkeiten und Vorlieben und deren Wirkung auf die Aufgabenerfüllung und auf andere Menschen auseinanderzusetzen. Da jeder Mensch hierfür Zeit, Aufmerksamkeit, einen angstfreien Raum und sorgfältige kollegiale Gespräche braucht, muss eine Lernkultur so aufgebaut werden, dass jeder Teilnehmer in jedem Baustein ausführlich Aufmerksamkeit für seine eigenen Lerninteressen finden kann. Nur so kann sich interessiertes neugieriges Verhalten dem eigenen Beratungs-, Management- und Führungsstil gegenüber entwickeln. Diese Kapazität ist nur dadurch herzustellen, dass die anderen Teilnehmer lernen, als kollegiale Berater kompetente Gesprächspartner zu werden und wirklich auf die individuellen Lernbedürfnisse ihrer Kollegen und Kolleginnen einzugehen. Diese Fähigkeit, kollegiale Beratungsgespräche gut und fruchtbringend führen zu können, ist gleichzeitig eine Kernkompetenz professionellen Handelns.

Individuelle Spiegelung persönlicher Professionalität und deren Entwicklungen

Untergruppen der Teilnehmer treffen sich auch regelmäßig, um sich sorgfältig individuelle Spiegelung zur persönlichen und professionellen Entwicklung zu geben. Sie tauschen sich aus über die Arten des Zusammenarbeitens und Lernens, über die persönlichen Eigenarten und Kraftfelder, über Entwicklungsbereiche, die die eigene Persönlichkeit und Wirksamkeit optimieren würden, und darüber, was diese Entwicklung auch draußen vor Ort optimal fördern könnte. Über den Austausch von intuitiven Bildern erfährt sowohl der Gespiegelte viel über Wahrnehmungen und Assoziationen, die er bei anderen auslöst, und er erhält Rückmeldung zu seinem persönlichen und professionellen Stil. Aber auch der Spiegelnde wird sich über die bei ihm entstehenden Bilder in der Begegnung mit anderen Personen bewusst.

Die in vielfältigen Zusammensetzungen wiederholt durchgeführten Spiegelungsübungen haben verschiedene thematische Schwerpunkte. Die folgende Übung ist aus dem Bereich „Flyer-Arbeit“ entnommen. Hierbei stellen sich die Professionellen ihren Lernpartnern in immer wieder neuen Varianten vor und bekommen aufrichtiges Feedback, wie das ankommt und welche intuitiven Bilder und Einschätzungen beim Gegenüber auftauchen. Dies ist schon deshalb wertvoll, weil dies den Wirkfaktoren „in freier Wildbahn“ entspricht und daher dort für Erfolg maßgebend ist.

Im Folgenden ist ein so genanntes Designblatt abgedruckt, anhand dessen die Teilnehmer die Übung selbst gestalten.

Spiegelungs-Übung: Selbstempfehlung und Resonanz

120 min

Plenum: Aufteilung in Untergruppen à 4 TeilnehmerInnen (A, B, C, D)

1. 10 min: Einzelarbeit: Vorbereitung einer Selbstempfehlung – in Anlehnung an einen professionellen Flyer
2. 10 min: • A legt fest, welche Art der Rückmeldung er/sie jeweils von B, C und D haben möchte (s. Grafik) • A trägt B, C und D seine/ihre Selbstempfehlung vor
3. je 5 min: Individuelle Resonanz von B, C und D auf die Selbstempfehlung von A aus den verschiedenen Perspektiven
4. je 15 min: B, C und D durchlaufen das gleiche Verfahren wie A in den Schritten 2 und 3
5. 10 min: Austausch über das Erleben der Prozesse in der Übung

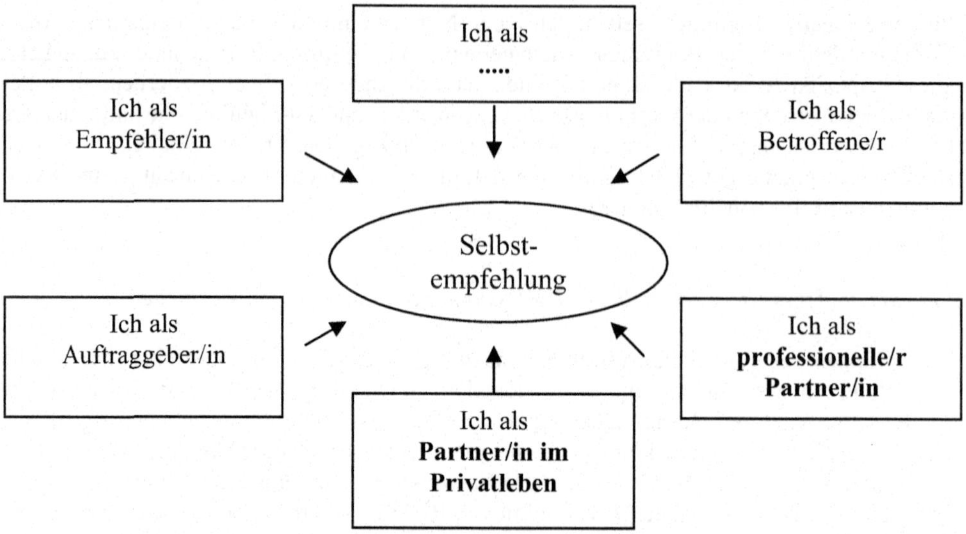

Diese Übung soll hier nicht weiter erläutert werden. Doch ist unmittelbar zu spüren, dass sie ein ganzes Spektrum von Arbeitsebenen und Lernfragestellungen integriert. Die vielfältigen Betrachtungsweisen und Arbeitsebenen erfordern Flexibilität und Disziplin, ein effektives Zusammenspiel in wechselnden professionellen Rollen, Praxisbezug und einen ökonomischen Umgang mit Ressourcen. Inhalte, die früher ausführlich und oft ausschließlich Thema waren, sind in einen komplexen ganzheitlichen und praxisrelevanten Zusammenhang eingebettet.

Schluss

Auch diese Darstellung konnte nur fragmentarisch sein. Doch ist ein Fragment ein Teilstück, das ein Verständnis für das Ganze weckt. Es wäre schön, wenn dies geleistet werden konnte.

Literatur

Monographien

Bohm, D. (1998): Der Dialog. Das offene Gespräch am Ende der Diskussionen. Klett-Cotta.

Schmid, B. (1994): Wo ist der Wind, wenn er nicht weht? – Professionalität & Transaktionsanalyse aus systemischer Sicht. Junfermann, z. Zt. Im Druck vergriffen. Im Download verfügbar unter: http://www.systemische-professionalitaet.de/isbweb/content/view/229/285/

Schmid, B. (2003): Systemische Professionalität und Transaktionsanalyse. Band I der Handbuchreihe *Systemische Professionalität und Beratung*, Edition Humanistische Psychologie (EHP), Bergisch-Gladbach.

Schmid, B. (2004): Systemisches Coaching – Konzepte und Vorgehensweisen in der Persönlichkeitsberatung. Band II der o.g. Handbuchreihe.

Schmid, B./Messmer, A. (2005): Systemische Personal-, Organisations- und Kulturentwicklung. Band III der o.g. Handbuchreihe.

Alle im Folgenden aufgeführten Schriften und Audio-Dateien von Dr. Bernd Schmid stehen auf der Website des Instituts für systemische Beratung zum kostenlosen Download zur Verfügung. Sie finden alles auf: www.isb-w.de im „Download"-Bereich/Schriften/I-Studienschriften unter der jeweils angegebenen Schriften-Nummer bzw. die Audio-Dateien im „Download"-Bereich in der Audiothek.

Im Auditorium-Netzwerk können DVD- und Audio Beiträge www.auditorium-netzwerk.de erworben werden.

Schriften und Audio-Dateien

Schmid, B. (1990/2002): Persönlichkeitscoaching – Beratung der Person in ihren Organisations-, Berufs- und Privatwelten (ISB-Schrift Nr. 6). In: Hernsteiner 1, Wien. Länge: 6 Seiten. Auch in: Coaching-Magazin. Das Online-Magazin von und für Coachs. Auch in Band II der Handbuchreihe, Kap. 14.

Als Hörversion das Audio Nr. 427: Persönlichkeit und Persönlichkeitsentwicklung.

Seminarreferat von B. Schmid, Dauer ca. 33 min.

Schmid, B./Hipp, J./Caspari, S. (1998): Intuition in der professionellen Begegnung (ISB-Schrift Nr. 22). In: Zeitschrift für systemische Therapie, 03/99 (Länge: 14 S.). Auch in Band I der Handbuchreihe, Kap. 3.3.

Dazu auch bspw. Audio Nr. 603: Intuition und professionelle Begegnung. Methodendemonstration von B. Schmid, Dauer ca. 85 min. Slupetzky, W. (1996/2002): Wo ist der Unterschied, der einen Unterschied macht? (ISB-Schrift Nr. 13).

Schmid, B./Wengel, K. (2001): Die Theatermetapher: Perspektiven für Coaching, Personal- und Organisationsentwicklung (ISB-Schrift Nr. 37). In: Profile Internationale Zeitschrift für Veränderung, Lernen, Dialog 01/2001: 81-90. Auch in Band I der Handbuchreihe, Kap. 3.2.

Als Hörversion das Audio Nr. 401: Persönlichkeit und Theatermetapher. Seminarreferat von B. Schmid, Dauer: ca. 80 min.

Schmid, B. (2003a): Ebenen der Begegnung in der Beratung (ISB-Schrift Nr. 53). Im Download unter: http://www.systemische-professionalitaet.de/isbweb/component/option,com_docman/task,doc_download/gid,455/In Band II der Handbuchreihe, Kap. 17.1 – 17.3.

Schmid, B. (2003b): Coaching als Perspektive. Vom Umgang mit Modellen im Coaching (ISB-Schrift Nr. 89 bzw. 89.2 (Kurzversion)). Die Kurzversion ist erschienen in: Wirtschaftspsychologie aktuell 02/2004. Auch in Band III der Handbuchreihe, Kap. 11.

Schmid,B./Messmer, A. (2003): Die Passung von Person und Organisation (ISB-Schrift Nr. 58). In: LO – Lernende Organisation. Zeitschrift für systemisches Management und Organisation, Nr. 16, Nov./Dez. Auch in Band III der Handbuchreihe, Kap. 1.

Als Hörversion das Audio Nr. 434: Die Passung von Mensch und Organisation. Seminarreferat von B. Schmid, Dauer ca. 70 min.

Schmid, B. (2008a): In Zukunft gehören Lernen und Arbeiten zusammen! (ISB-Schrift Nr. 124) In: Lernende Organisation Nr. 45, 2008 S. 36 –43.

Schmid, B. (2008b): Coaching als Perspektive. Vortrag auf dem Kongress des Deutschen Bundesverband Coaching DBVC vom 17.-18. Oktober 2008 (ISB-Schrift Nr. 126).

Transaktionsanalyse im Coaching

Ulrich Dehner

Die von Eric Berne entwickelte Transaktionsanalyse bietet einige für das Coaching, und dabei insbesondere für die Diagnose, sehr hilfreiche Konzepte. Diese Konzepte, die sich allesamt damit befassen, wie Menschen sich verhalten, wie sie mit sich selbst umgehen und wie sie ihre Beziehungen gestalten, kommen in einem verführerisch einfachen Gewand daher, das sich jedoch bei näherem Hinsehen als keineswegs simpel entpuppt. Diese Einfachheit ist verführerisch, weil sie denjenigen, der zum ersten Mal mit der Transaktionsanalyse in Kontakt kommt, dazu verleitet, zu schnell zu glauben, er hätte verstanden, um was es geht und wie die Theorie anzuwenden ist. Was dabei herauskommt, ist jedoch meist, was ich eine „Micky-Maus-Version" von Transaktionsanalyse nenne, die im besten Fall weit hinter den Möglichkeiten der richtig verstandenen und angewandten Konzepte zurückbleibt, im schlechtesten Fall die Transaktionsanalyse verfälscht und diskreditiert. Aus der Fülle von Handwerkszeugen, die ein guter Coach zur Verfügung haben sollte, habe ich vier Konzepte ausgewählt, die sich in meiner Coachingpraxis immer wieder bewährt haben und die ich im Folgenden vorstellen werde:

Ich-Zustände; Egogramm/Psychogramm; Psychologische Spiele; innerer Bezugsrahmen

Ich-Zustände

Die Kenntnis der Ich-Zustände bietet eine Grundlage dafür zu verstehen, was bei Kommunikationsprozessen eigentlich passiert. Die Ich-Zustände und später das daraus entwickelte Egogramm geben dem Coach eine erste Orientierung darüber, wie der Mensch, der ihm gegenübersitzt „funktioniert": wie er kommuniziert, welche Schwierigkeiten sich vermutlich daraus für ihn ergeben, wie voraussichtlich seine Wertvorstellungen aussehen, wie er seine Mitarbeiter führt. Der geschulte Coach erkennt die Ich-Zustände durch Beobachtung im Hier und Jetzt, also daran, wie der Coachee ihm gegenüber auftritt und mit ihm kommuniziert. Aber er kann auch aus Erzählungen des Coachees Rückschlüsse darüber ziehen, mit welchen Ich-Zuständen er am Arbeitsplatz agiert und welche er vielleicht gar nicht zum Einsatz bringt.

Laut Transaktionsanalyse besitzt jeder Mensch drei Ich-Zustände: Eltern-Ich, Erwachsenen-Ich und Kind-Ich. Dabei ist jeder Ich-Zustand eine jeweils eigene Einheit von Denken, Fühlen und Handeln. Das bedeutet konkret, dass wir im Kind-Ich-Zustand anders denken, fühlen und uns verhalten als fünf Minuten später, wenn wir in den Erwachsenen-Zustand gewechselt haben, und wir reagieren auf allen drei Ebenen wieder anders, wenn wir uns kurze Zeit darauf im Eltern-Ich-Zustand befinden. *Alle* drei Ich-Zustände sind notwendig und wichtig, es gibt *keinen guten* und *keinen schlechten* Ich-Zustand. Zwar gibt es *Situationen*, in denen der Einsatz eines bestimmten Ich-Zustandes unangebracht ist und man erfolgreicher aus einem anderen Ich-Zustand kommunizieren würde, das ändert jedoch nichts daran, dass grundsätzlich jeder Ich-Zustand seine Berechtigung und Nützlichkeit besitzt, auch im Berufsleben. Die Ich-Zustände der Transaktionsanalyse sind *Beschreibungen*, keine Wertungen!

Der Kind-Ich-Zustand: Im Kind-Ich befindet sich jemand, der sich so emotional und selbstbezogen, oder aber so artig oder unartig verhält, wie es für Kinder charakteristisch ist. Wer im Kind-Ich ist, kann begeistert oder traurig sein, völlig von einer Beschäftigung gefangen genommen oder so zornig, dass er fast aus der Haut fährt, im Kind-Ich spielt man ausgelassen oder man ist so bockig wie ein Dreijähriger in der Trotzphase.

Da sich das Kind-Ich in so unterschiedlichen Ausprägungen äußern kann, hat die Transaktionsanalyse für diesen Ich-Zustand weitere Unterteilungen gefunden. Wir unterscheiden das „freie Kind“ vom „angepassten“ und vom „rebellischen Kind“, wobei „angepasstes“ und „rebellisches Kind“ zusammengehören wie die zwei Seiten einer Münze. Rebellion ist die Kehrseite der Anpassung, denn sie orientiert sich wie diese an den äußeren Anforderungen. Hier ergibt sich meist schon die erste Schwierigkeit bei der korrekten Zuordnung zu einem Ich-Zustand, denn manch einer hält bei sich und/oder anderen für freies Kind, was eigentlich Rebellion ist („Es sind nicht alle frei, die ihrer Fesseln spotten“!).

Das freie Kind richtet sich jedoch nicht nach anderen und was deren Wünsche oder Anordnungen sein mögen, es richtet sich allein nach seinen eigenen Bedürfnissen. Es ist begeisterungsfähig, kann sich so in seine Beschäftigung vertiefen, dass es alles um sich herum vergisst, auch solche lästigen Dinge wie Termine und Vereinbarungen und es folgt nur seinen eigenen Regeln. Dazu gehört auch, dass es nur schwer dazu zu bewegen ist, zu einer Aufgabe zurückzukehren, wenn es die Lust daran verloren hat. Das freie Kind ist kontaktfreudig und geht gern auf andere Menschen zu, ist dabei jedoch von glücklicher Selbstbezogenheit, deshalb spielen Konventionen keine Rolle in seinem Leben.

Der Rebell schert sich zwar auch nicht um Konventionen, aber weil er dagegen aufbegehrt. Er „vergisst“ Termine nicht, weil er so absorbiert von etwas war, sondern weil er gegen die Macht, die Termine setzt, opponiert. Der Rebell ist Sand im Getriebe, aber er ist es auch, der auf Missstände aufmerksam macht und dadurch manchmal nötige Veränderungen in Gang setzt.

Das angepasste Kind ist das genaue Gegenteil davon, es ist freundlich, brav und zuverlässig, Widerworte sind von ihm genauso wenig zu erwarten wie Kreativität. Doch bevor man jetzt das angepasste Kind zum Duckmäuser abstempelt, sollte man sich überlegen, wie unser Leben, auch das Geschäftsleben, aussähe ohne Höflichkeit, Pflichtbewusstsein, Zuverlässigkeit und Rücksichtnahme – alles Eigenschaften, die zum angepassten Kind gehören.

Der Eltern-Ich-Zustand: Im Eltern-Ich ist man, wenn man Verhaltensweisen an den Tag legt, wie sie Elternfiguren gemeinhin zugeschrieben werden: man lobt oder tadelt, gibt Anweisungen, kümmert sich, spendet Zuwendung oder macht jemanden zur Schnecke. Da im Eltern-Ich das Verhalten in zwei Richtungen ausschlagen kann, hat die Transaktionsanalyse auch diesen Ich-Zustand unterteilt, nämlich in „fürsorgliches“ und in „kontrollierendes Eltern-Ich“. Wer einem anderen Rat oder Trost zukommen lässt, ihn umsorgt, ein freundliches Auge auf ihn hat, befindet sich im fürsorglichen Eltern-Ich, wer Anweisungen gibt, und seien sie im Ton noch so freundlich gehalten, ist genauso im kontrollierenden Eltern-Ich, wie jemand, der schimpft oder straft.

Der Erwachsenen-Ich-Zustand: Dieser Ich-Zustand kommt ohne weitere Unterscheidung aus, denn er geht nicht mit positiven oder negativen Emotionen einher. Im Erwachsenen-Ich herrscht die Ratio, da werden Argumente ausgetauscht und gegeneinander abgewogen, es wird Information aufgenommen und verarbeitet, logisch gedacht und gerechnet. Da Gefühle im Erwachsenen-Ich kaum vorkommen, kann man mit jemandem, der sich in diesem Ich-Zustand befindet auch nicht streiten, denn im Erwachsenen-Ich ist der Mensch absolut sachlich. Man wird allerdings auch keine herzliche Anteilnahme, kein warmes Lächeln von ihm bekommen.

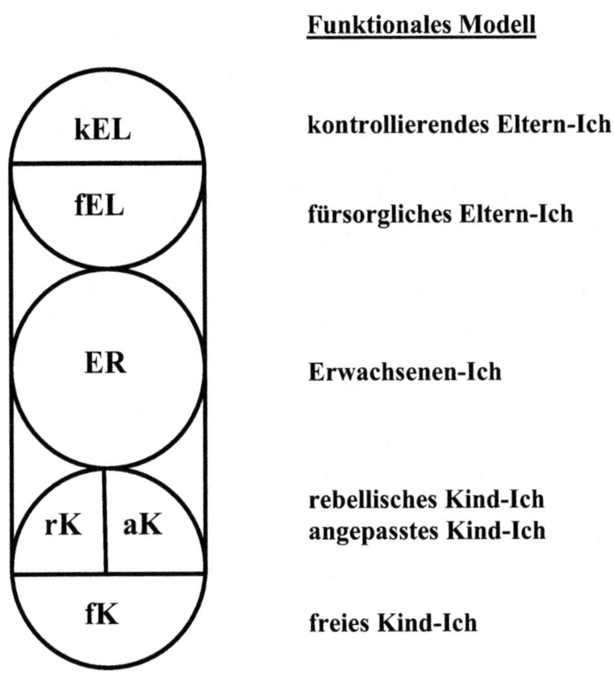

Abbildung 1: Funktionales Modell

Jeder Mensch besitzt alle beschriebenen Ich-Zustände, wenn auch in unterschiedlich ausgeprägtem Maß und jeder wechselt im Laufe eines Tages seine Ich-Zustände mehrfach. Je nachdem, mit wem man es gerade zu tun hat oder mit welcher Tätigkeit man beschäftigt ist, ist ein anderer Ich-Zustand aktiv. Bei niemandem sind jedoch alle Ich-Zustände gleichermaßen „ausgelastet", fast jeder hat zwei oder drei Ich-Zustände, die er favorisiert besetzt. So kennt jeder wohl Menschen, die sehr ausgelassen, witzig und spontan sind und es keiner großen Mühe bedarf, sie zum Herumalbern zu bringen, während andere immer ernst, brav und angepasst sind, so dass das freie Kind erst nach einer Flasche Wein vorsichtig aus der Deckung kommt. Wieder andere sind fürsorglich bis überfürsorglich, scheinen nur aufzublühen, wenn sie helfen können und gerade im Berufsleben hat man es häufig mit Menschen zu tun, für die nur Zahlen, Daten und Fakten zählen.

Im Coaching ist es interessant zu beobachten, in welchen Ich-Zuständen der Coachee dem Coach begegnet, denn das bietet schon Hinweise, welche Schwierigkeiten der Coachee vermutlich hat. Das kann sich schon im allerfrühesten Stadium zeigen, wenn das Coaching noch gar nicht begonnen hat. Ein neuer Coaching-Klient, Geschäftsführer eines Autohauses, beobachtete mich beim Ankommen und begrüßte mich mit den Worten: „Jetzt haben Sie schon Negativ-Punkte gemacht! Kommen mit der falschen Marke angefahren und stellen das Auto auch noch mitten auf den Hof!“ Dieses ausgeprägte kontrollierende Eltern-Ich war anschließend ein Dauerthema im Coaching, denn ein solcher Umgang mit seinen Mitarbeitern führte zu ständigen Konflikten. Eine Führungskraft, die für gewöhnlich aus dem kontrollierenden Eltern-Ich heraus das angepasste Kind der Mitarbeiter anspricht, wird häufig über Probleme mit Mitarbeitern klagen, die unselbständig sind und nicht mitdenken – das ist bei dieser Art von Kommunikation aber auch nicht anders zu erwarten.

Eine Führungskraft hingegen, die dem Coach spürbar im angepassten Kind entgegentritt, hat nach aller Wahrscheinlichkeit Probleme mit Durchsetzung und Abgrenzung. Wenn man das weiß, hat man schon einen wichtigen Hinweis, wie man selbst die Kommunikation mit diesem Coachee gestalten sollte, nämlich viel das freie Kind anzusprechen, mit viel Witz und Humor zu arbeiten, weniger mit Erklärungen und schon gar nicht mit irgendwelchen Vorgaben. Dadurch gibt man als Coach dem Coachee die Erlaubnis, ebenfalls ins freie Kind zu kommen und schwächt so die Position des angepassten Kindes.

Das Egogramm

Im Egogramm eines Menschen wird in Form eines Balkendiagramms dargestellt, wie stark oder gering die verschiedenen Ich-Zustände bei ihm ausgeprägt sind. So kann man durch ein Egogramm sehr schön darstellen, welches der oder die vorherrschenden Ich-Zustände sind, die in der Kommunikation nach außen eingesetzt werden. Will man ein Egogramm erstellen, beginnt man am besten mit einem Ich-Zustand, der viel gezeigt wird und zeichnet den Balken entsprechend hoch, geringer ausgeprägte Ich-Zustände werden in Relation dazu mit entsprechend niedrigeren Balken versehen. Dabei ist es nicht zulässig, einen Ich-Zustand ganz wegzulassen. Um ein zutreffendes Egogramm anzufertigen, ist es nicht nötig, einen Menschen bereits gut zu kennen. Dank unserer Intuition, oder nach den neuen Erkenntnissen der Hirnforschung formuliert, dank unserer Spiegelneuronen, sind wir in der Lage, spontane Egogramme von fast Fremden mit außerordentlich hoher „Trefferquote“ zu erstellen.

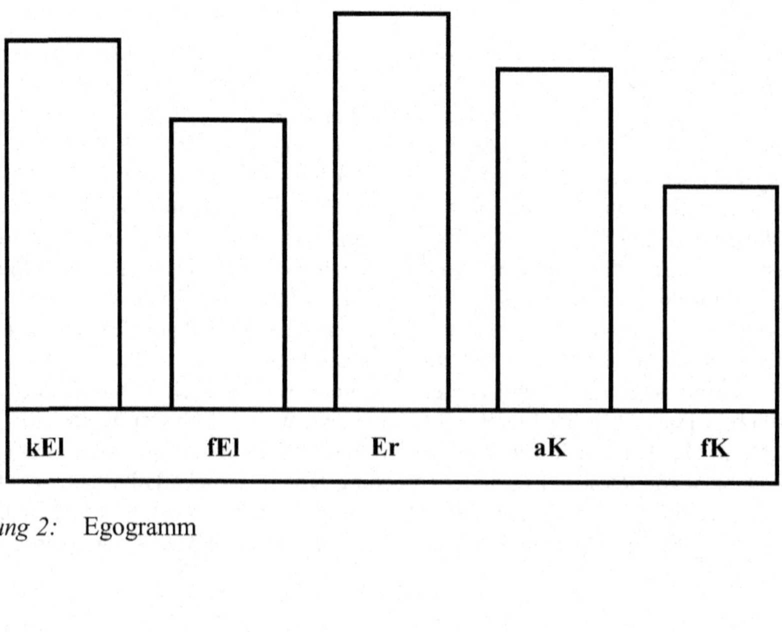

Abbildung 2: Egogramm

Egogramme sind für den Coach von Interesse, weil er anhand dieser Auskünfte Stärken und Schwächen einer Führungskraft ableiten kann. So hat zum Beispiel ein Chef mit viel kontrollierendem Eltern-Ich kein Problem damit, Anweisungen zu geben, sich durchzusetzen, Grenzen zu ziehen, dafür läuft er aber Gefahr, zu dominant zu sein, hat vielleicht die Neigung, Menschen zu gängeln, ihnen zu wenig Freiraum zu lassen, kurz, ist als Chef oft eine Prüfung für die Mitarbeiter. Ist das kontrollierende Eltern-Ich eines Vorgesetzten jedoch sehr niedrig, ergeben sich daraus andere Schwierigkeiten, denn er muss andere Ich-Zustände heranziehen, um sich durchzusetzen oder abzugrenzen. Will er zum Beispiel einen Mitarbeiter daran hindern, sich ihm gegenüber zu viel herauszunehmen, kann er, wenn er ein starkes Erwachsenen-Ich besitzt, versuchen, den anderen mit Argumenten zu überzeugen, sein Verhalten zu ändern. Funktioniert das nicht, oder hat er gelernt, dass er mit emotionalem Druck weiter kommt, wird er das angepasste Kind-Ich einsetzen und dem Mitarbeiter vorwerfen, dass er ihn hängen lässt, dass er wegen ihm immer wieder Schwierigkeiten mit dem Oberboss hat und ihm das doch bitte nicht antun soll.

Generell lässt sich sagen, dass es problematisch wird, wenn Ich-Zustände übertrieben stark oder zu gering ausgeprägt sind. Ein zu niedrig besetzter Ich-Zustand führt dazu, dass der Mensch Probleme bekommt, wenn genau jener Ich-Zustand angemessen wäre. Er muss andere Lösungswege suchen, die jedoch selten optimal sind, weil er sich meist mit den weiter unten erläuterten „psychologischen Spielen“ behilft. Zu viel von einem Ich-Zustand bedeutet: dieser Ich-Zustand ist sehr leicht ansprechbar, ein kleiner Reiz genügt und schon zeigt der Mensch die entsprechenden Reaktionen, mit der Folge, dass er dadurch manipulierbar wird. Zum Beispiel reicht für einen Chef mit sehr hohem fürsorglichem Eltern-Ich ein etwas jammeriger Ton, um jede Rückdelegation zu akzeptieren. Und auch das gehört in die Kategorie „psychologische Spiele“.

Das Psychogramm

Ein Egogramm lässt erkennen, welche Ich-Zustände jemand in der Kommunikation mit anderen einsetzt, das Psychogramm zeigt auf, wie stark die einzelnen Ich-Zustände im inneren Dialog präsent sind. Dadurch bietet das Psychogramm eine gute Ergänzung zum Egogramm. Es kann dem Coach auch helfen zu verstehen, weshalb ein Mensch dieses spezielle Egogramm aufweist.

Wenn ein Coachee zum Beispiel Probleme hat, sich durchzusetzen, also nach außen sehr viel angepasstes Kind zeigt, wird sich der Coach fragen, weshalb dieser Ich-Zustand so viel Energie hat. Wie wird er aktiviert? Es gibt zwei Möglichkeiten, die Energie in einem Ich-Zustand zu erhöhen: Man muss diesen Ich-Zustand entweder von außen oder von innen ansprechen. Tritt ein Ich-Zustand nach außen sehr stark in Erscheinung, kann man folgern, dass er durch einen entsprechenden inneren Dialog ausgelöst wird. Im obigen Fall bedeutet das, dass der Coachee im Psychogramm ein stark ausgeprägtes kontrollierendes Eltern-Ich aufweist. Das sagt dem Coach, dass dieser Klient überkritisch mit sich selbst umgeht, sich intern stark unter Druck setzt, was zu einem erhöhten Stress führt. Der Coach muss also mit dem Coachee daran arbeiten, wie dieser lernt wahrzunehmen, dass er sich selbst unter Druck setzt und muss mit ihm Wege finden, zu lernen besser mit sich selbst umzugehen, sich selbst mehr Anerkennung zu geben, zum Beispiel indem er ihm die Hausaufgabe gibt, ein Erfolgstagebuch zu führen. Außerdem sollte der Coach den Coachee immer darauf aufmerksam machen, wenn er sich selbst abwertet, um den Coachee zu unterstützen, Achtsamkeit für bestimmte Worte oder Formulierungen zu entwickeln.

Zeigt ein Coachee im Egogramm sehr wenig angepasstes Kind, was sich im Verhalten so äußert, dass er sich, ohne rebellisch zu sein, nicht an Vereinbarungen hält, einfach, weil er sich dafür nicht interessiert, fehlt ihm offenbar im inneren Dialog eine Instanz, die ermahnt: „Das kannst du jetzt nicht bringen" oder „Das ist unfair, so geht das nicht!" Dieser Coachee hat im Psychogramm ein sehr niedriges kontrollierendes Eltern-Ich.

Ist im Egogramm das freie Kind sehr niedrig, kann man davon ausgehen, dass dieser Mensch sehr wenig Erlaubnis besitzt, sich frei zu verhalten, also wird im Psychogramm das fürsorgliche Eltern-Ich eher unterrepräsentiert sein.

Diese Analyse der Ich-Zustände gibt dem Coach einen ersten Hinweis, in welche Richtung man im Coaching arbeiten kann. Will der Coachee an einer Änderung seines Verhaltens arbeiten, so gilt der Grundsatz, dass es sinnvoller ist, zu schwache Ich-Zustände zu stärken, als zu versuchen, zu starke Ich-Zustände zu stoppen. Wenn zu wenig vorhandene Ich-Zustände gestärkt werden, geht das immer zu Lasten der entsprechenden zu hohen Ich-Zustände und man kommt auf diesem indirekten Weg schneller zum Ziel.

Psychologische Spiele

Immer wenn im Egogramm ein Ich-Zustand in die Extreme geht, also zu gering oder auch zu stark ausgeprägt ist, bedeutet das, dass der Mensch an jener Stelle anfällig für psychologische Spiele ist. Ist der Ich-Zustand zu gering ausgeprägt, kann man ihn nicht nutzen, wenn man ihn bräuchte, ist er zu stark ausgeprägt, setzt man ihn auch dort ein, wo er eigentlich fehl am Platze ist. Wenn man nicht aus einem adäquaten Ich-Zustand heraus kommunizieren kann, gerät man in einer entsprechenden Situation leicht unter Druck und damit in eine gewisse seelische Not, in der man auf „psychologische Spiele" zurückgreift, weil das Kommunikationsmuster sind, die man lange eingeübt hat.

Das Konzept der psychologischen Spiele stammt von Eric Berne und beschreibt ein Verhalten, das nach ganz bestimmten Mustern immer wieder ähnlich abläuft. Die „Spielformel" beschreibt das so:

- Jedes Spiel beginnt mit einem Köder, den Spieler A auswirft
- Der Köder trifft bei Spieler B auf einen wunden Punkt
- Beide Spieler nehmen ihre Rolle im Drama-Dreieck ein
- Es folgt eine mehr oder weniger lange Reihe von Spielzügen in Form von verdeckten Botschaften, Sticheleien oder Anschuldigungen
- Es findet ein Wechsel der Rollen im Drama-Dreieck statt
- Das ergibt einen Moment der Verblüffung
- Der Spielgewinn wird ausgezahlt in Form von negativen Gefühlen, auch bei dem, der vermeintlich als „Sieger" aus dem Spiel geht

Köder und wunder Punkt

Wenn Spieler A Spieler B dazu bringen will, in das Spiel einzusteigen, muss er ihm einen Anreiz bieten, einen „Köder", den der andere willig schluckt. Der Köder kann eine harmlos scheinende Bemerkung sein, hinter der sich eine Stichelei verbirgt, es kann eine Unterstellung, ein Vorwurf oder ein Angriff sein. Manchmal ist der Köder auch eine „dumme“ Frage an einen „überlegenen“ Könner oder die Bitte eines „Hilflosen“ um „Rettung“. Köder werden für gewöhnlich konstruiert, indem man etwas Wichtiges ausblendet (also etwa, dass man sich die Antworten auf die Fragen, die man immer wieder stellt und damit jeden nervt, mit ein wenig Nachdenken selbst geben könnte) oder indem man mit Hilfe von Absolutbegriffen wie „immer“, „nie“, „alle“, „keiner“, eine Verzerrung der Realität vornimmt („immer muss ich alles alleine machen!“).

Wer spielen will, findet meist eine Ouvertüre, auf die der andere nicht neutral reagieren kann – und die er schon gar nicht ignorieren kann. Deshalb gehören Köder und „wunder Punkt“ zusammen: Eine „Bohnenstange“ wird auf die Frage „Hast du in letzter Zeit ein bisschen zugenommen?“ vermutlich anders reagieren als das Pummelchen, das unentwegt Kalorien zählt. Was der eine begeistert bejaht, wird vom anderen verschnupft als Stichelei empfunden. Vorausgesetzt, dieser Satz war als Köder ausgelegt, so ist damit der Spieleinstieg schon geglückt.

Ein Köder, der im Berufsleben sehr gern verwendet wird, besteht darin, die Kompetenz des anderen anzuzweifeln. Da haben in unserer heutigen Leistungsgesellschaft sehr viele einen wunden Punkt, dieser Köder wird fast immer geschluckt. Sobald man sich dagegen verwahrt, sich verteidigt oder rechtfertigt, ist man schon im Spiel.

Das Drama-Dreieck

Das „Drama-Dreieck“, kennzeichnet die drei Rollen „Opfer“, „Retter“ und „Verfolger“, die man in einem Spiel einnehmen kann. Sie genügen, um jede Menge Drama zu produzieren.

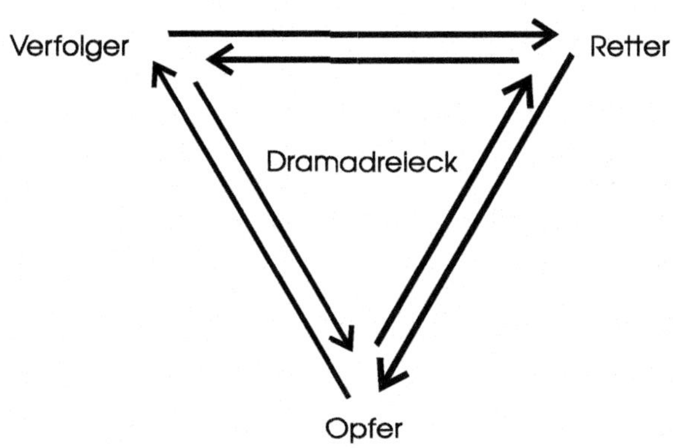

Abbildung 3: Das Drama-Dreieck

In der Opferrolle blendet der Spieler seine eigenen Fähigkeiten und Möglichkeiten aus und macht sich klein. Ein typischer „Opfer“-Satz ist zum Beispiel: „Rede du mit ihm, ich kann einfach nicht nein sagen!“, wenn es darum geht, die unangenehme Aufgabe, jemandem eine Bitte abzuschlagen, dem anderen aufzuhalsen. Ein „Opfer“ macht sich klein und hilflos und appelliert damit an den „Retter“.

Ein „Retter“ wiederum kann gar nicht anders als allzeit hilfsbereit zu sein und MUSS deshalb eingreifen. Die Betonung liegt dabei auf Muss, das unterscheidet die Retterrolle in einem psychologischen Spiel von jemandem, der einfach nur freundlich ist. Außerdem gehört zur Retterrolle, die Sichtweise, dass das Opfer klein, hilflos und unfähig ist, zu übernehmen. Ein Retter hilft also nicht nur einfach, sondern macht sein „Opfer“ auch klein. Das bekommen vor allem die zu spüren, die „zwangsgerettet“ werden, ob sie wollen oder nicht.

Klein macht die anderen auch der „Verfolger“, jedoch in einem sehr viel harscheren Ton. Der „Retter“ ist pseudo-liebevoll, der „Verfolger“ mehr oder weniger offen aggressiv. Er kommt mit Drohungen, Vorwürfen, Unterstellungen und Schuldzuweisungen und kann dabei bissig bis verletzend sein.

Das psychologische Spiel beginnt, wenn jeder Mitspieler seine Rolle eingenommen hat. Es wird aufrecht erhalten durch eine Reihe von verdeckten Botschaften und setzt sich fort bis einer der Spieler abrupt die Rolle wechselt. Es kann passieren, dass das „Opfer“ plötzlich zum „Verfolger“ wird und seinen „Retter“ anraunzt, aber genauso gut kann der „Retter“ plötzlich die Nase voll haben und dem „Opfer“ verbal eins überziehen und selbst ein „Verfolger“ kann sich plötzlich zum armen „Opfer“ verwandeln. Der Rollentausch ergibt einen kurzen Moment der Verblüffung – und das Spiel ist aus. Wohl fühlt sich danach niemand, das gehört zum psychologischen Spiel dazu und ist für viele ein Indikator, dass da gerade ein Spiel stattgefunden hat.

Die Kenntnis des Konzepts der psychologischen Spiele ist für den Coach hilfreich, weil Spiele in praktisch jedem Berufsleben vorkommen. Führungskräfte können von Mitarbeitern, Kollegen und Vorgesetzten in Spiele verwickelt werden und fühlen sich dem manchmal hilflos ausgeliefert, weil sie nicht durchschauen „was da gerade mit ihnen gespielt wird“. Zwar kommen Spiele immer nur zustande, wenn beide mitspielen, aber manchmal rutscht ein Coachee auch deshalb immer wieder in ein psychologisches Spiel, weil ihm ganz einfach die Alternativen im Verhaltensrepertoire fehlen, um es zu beenden. So musste ein Gruppenleiter beispielsweise erst lernen, mit dem „Blöd-Spiel“ einer Mitarbeiterin umzugehen. Sie nahm so gekonnt die Opferrolle ein („Könnten Sie es mir noch einmal erklären, ich schaff das allein einfach nicht“), dass er sich immer wieder verleiten ließ, sie zu „retten“, und ihr zähneknirschend zum hundertsten Mal das gleiche erklärte, in der Hoffnung, nun hätte sie es kapiert. Als ihm im Coaching die Mechanik des Spiels erklärt wurde, konnte er üben, aus der Retterrolle auszusteigen ohne die Mitarbeiterin einfach nur harsch vor den Kopf zu stoßen („So blöd kann man doch gar nicht sein! Jetzt machen Sie Ihren Mist endlich allein!“) und sie statt dessen zum Selbst-Denken zu bewegen.

Auch wenn ein Coachee sich gegen Intrigen zur Wehr setzen muss, ist die Kenntnis, wie psychologische Spiele funktionieren, von Nutzen. Der Coach kann dem Coachee erklären, welche Spielzüge des Anderen als nächstes zu erwarten sind und kann mit ihm erarbeiten, wie am besten darauf zu reagieren ist. Coachees, die häufiger in Spiele verwickelt werden, erleben es zudem als sehr hilfreich zu lernen, wie man typischen Ködern ausweicht, um so erst gar nicht mehr in diese unproduktive Form von Kommunikation einzusteigen. Gerade Führungskräfte, die sich von ihren Mitarbeitern immer wieder in die Richterrolle beim „Gerichtssaal-Spiel“ haben drängen lassen, erleben es als Erleichterung, nicht mehr endlos Zeit damit zu verbringen, zu klären „Wer hat Schuld“, „Wer hat Recht“, „Wer hat angefangen“ und sich fruchtlose Diskussionen darüber anhören zu müssen, wer was wann zu wem gesagt hat.

Und schließlich gibt es auch noch die Spiele, die der Coachee mit dem Coach spielen will. Das „Ja-aber-Spiel“ zum Beispiel wird gern von Führungskräften gespielt, die dem

Coaching ambivalent gegenüberstehen. Sie sehen einerseits durchaus ein, dass sie etwas an ihrem Verhalten und ihren Einstellungen ändern müssen, haben andererseits jedoch Angst davor, dabei zu scheitern. Macht sich nun der Coach mit ihnen in Richtung Veränderung auf den Weg, löst das genau diese Angst aus und der Coachee versucht zu bremsen. Wenn ein Coachee auf alles, was der Coach mit ihm erarbeitet, mit Einwänden reagiert, darf der Coach keinesfalls in die Offensive gehen und den Coachee überzeugen oder ermuntern wollen, doch den Veränderungsschritt zu wagen. Das erhöht nur die Angst. Spielt der Coachee das „Ja-aber-Spiel" muss der Coach sofort auf die Bremse treten, zum Beispiel, indem er sagt, er habe eingesehen, dass das Problem des Coachee unlösbar sei und man nur daran arbeiten könne, wie der Coachee sich das Leben damit einigermaßen erträglich einrichten kann. Wenn der Coachee tatsächlich ambivalent ist, wird ihm das natürlich zu wenig sein, und er muss nun seinerseits die Seite der Veränderung forcieren. Davon darf sich der Coach allerdings nicht zu schnell „überzeugen" lassen, sonst ist man schnell wieder im alten Muster.

Manche Coachees bieten dem Coach auch Opferspiele an: „Könnten Sie nicht einmal mit meinem Vorgesetzten reden? Auf Sie würde er viel eher hören als auf mich!" Gut, wenn der Coach dann gelernt hat, solche Köder nicht zu schlucken.

Bezugsrahmen

Im Bezugsrahmen eines Menschen fließen Selbstbild und Weltbild zusammen, dazu kommen die Erfahrungen, die im Laufe eines Lebens gemacht wurden, sowie die Werte, die man von Eltern und anderen Autoritätsfiguren übernommen und jene, die man sich selbst angeeignet hat. Der Bezugsrahmen ist die Brille, mit der man sich die Welt betrachtet und erklärt. Den Bezugsrahmen eines Coachees zu verstehen, heißt zu verstehen, warum er sich so und nicht anders verhält. Das Wissen über den inneren Bezugsrahmen ist im Coaching wichtig sowohl für die Diagnose als auch für die Interventionen. Allerdings kann man auf den Bezugsrahmen immer nur durch das schließen, was der Coachee erzählt: Er wird einem nicht auf einem Silbertablett serviert. Der Coach muss heraushören, welche Werte der Coachee hat, welches seine bewussten und unbewussten Glaubenssätze sind, zum Beispiel darüber, wann und warum er eine gute bzw. schlechte Führungskraft ist oder was einen guten oder schlechten Mitarbeiter ausmacht. Aus allen Erzählungen des Coachees muss der Coach schließlich diejenigen Teile herausfiltern, die zum Problem beitragen.

Da der Bezugsrahmen ausschlaggebend für unser Denken, Handeln und Fühlen, ja sogar für unsere Wahrnehmung ist, muss jede Veränderung nach außen mit einer Veränderung des Bezugsrahmens nach innen einhergehen. Oder anders herum, es muss sich etwas auf der Ebene des Bezugsrahmens verändern, wenn sich am Verhalten etwas ändern soll. Jemand, der im Coaching ein Problem lösen will, muss lernen, mit anderen Augen, beziehungsweise mit einer anderen Brille, auf dieses Problem zu schauen. Unveränderte Sichtweisen führen nur zu unveränderten Handlungen.

Ich will das einem Beispiel erläutern: Ein Coachee will an seinem Zeitmanagement arbeiten, denn er ist unzufrieden mit seiner Work-Life-Balance, weiß aber einfach nicht, wie er seine immense Arbeitsfülle anders bewältigen soll als mit unzähligen Überstunden. Im Laufe des Gesprächs erwähnt er, dass seine Tür immer offen ist, damit er jederzeit für seine Mitarbeiter ansprechbar ist. Noch ein, zwei andere Bemerkungen, die in diese Richtung zielen, lassen den Schluss zu, dass bei ihm der Glaubenssatz gilt „Ich bin nur dann ein guter Chef, wenn ich jederzeit für meine Mitarbeiter da bin“ und dass in seinem Bezugsrahmen das Verhalten „Jederzeit die Mitarbeiter unterstützen und ihnen helfen“ einen großen Wert darstellt. Nun muss der Coach überprüfen, ob nicht genau dieser Wert wesentlich zum Problem beiträgt, denn Glaubenssätze wie der obige führen leicht dazu, dass Rückdelegationen akzeptiert werden, was im Extremfall bewirkt, dass die Führungskraft zum Problemlöseassistenten ihrer Mitarbeiter wird und sich erst, wenn deren Arbeit getan ist, um die eigentlichen Führungsaufgaben kümmern kann. Das wiederum führt zu viel zu langen Arbeitszeiten. In einem solchen Fall nur am Zeitmanagement herumzubasteln, würde das Problem nicht lösen – mit einem solchen Glaubenssatz liefe die Führungskraft immer besser organisiert immer wieder in die gleiche Falle. Gelingt es jedoch, den Glaubenssatz und damit seinen Bezugsrahmen zu verändern, hat dieser Chef plötzlich ganz neue Handlungsmöglichkeiten zur Verfügung, sein Zeitproblem zu lösen.

Eine gute Technik, um eine Änderung oder Erweiterung des Bezugsrahmens zu erreichen, ist das „Reframing“, mit dem man dem Coachee eine neue Brille aufsetzt, sodass er eine neue Sicht auf sein Problem erhält. Ein Reframing erreicht man jedoch nicht über eine einfache, logische Argumentation – es braucht ein wenig Dramatik, um den Bezugsrahmen eines Menschen so weit zu erschüttern, dass der ins Nachdenken kommt. Außerdem muss man als Coach für den Coachee genügend Bedeutsamkeit entwickelt haben und die Beziehung zwischen beiden muss in Ordnung sein. Wenn das gegeben ist, könnte der Coach im obigen Fall seinem Coachee zum Beispiel sagen, dass er, so, wie er im Moment arbeitet, seine Mitarbeiter in keiner Weise unterstützt (vom Coach gemeint: In Richtung Selbständigkeit). Da das Ziel des Coachs dabei ist, seinen Coachee zu verwirren, macht er nach diesem provozierenden Satz eine Pause, um dem Coachee die Gelegenheit zu geben, sich zu fragen, was das denn jetzt bedeuten soll. Ihm bleiben eigentlich nur zwei Erklärungsmodelle, entweder: „Mein Coach ist leider verrückt geworden“, oder: „Es macht wahrscheinlich Sinn, aber welchen?“

Wenn der Coach die Bedeutung besitzt, die Voraussetzung für dieses Vorgehen ist, wird der Coachee jetzt bereit sein, die Erklärung für diese Behauptung, die nun natürlich gegeben werden muss, auch anzuhören und darüber nachzudenken. Ohne das bisschen Spannung, das der Coach erzeugt hat, wäre die Erklärung weit weniger wirksam gewesen.

Da der Bezugsrahmen eines Menschen kein festgefügtes Ganzes, sondern eher wie ein Mosaik aus vielen kleinen Teilen zusammengefügt ist, kann es passieren, dass in manchen Situationen verschiedene Teile des Bezugsrahmens im Widerstreit miteinander liegen. Normalerweise gibt es eine Hierarchie der Werte, sodass bei widersprüchlichen Impulsen der höhere Wert die Handlung bestimmt. Doch kann es natürlich auch vorkommen, dass die widersprüchlichen Teile des Bezugsrahmens völlig gleichwertig sind, dann kommt es zu jener Patt-Situation, die der Coachee als unlösbaren Konflikt erlebt und sich dadurch gelähmt fühlt – was er auch macht, ist verkehrt. Nun ist es ziemlich nutzlos, einfach gegen einen Wert des Coachees zu argumentieren. Aber wenn zwei oder drei Werte so miteinander in Konflikt sind, dass der Coachee keinen Weg aus dem Dilemma sieht, findet der Coach meist auf der Ebene der Glaubenssätze, die diese Werte begleiten, den Anhaltspunkt zur Veränderung.

Eine mögliche Interventionstechnik, wenn es um den Bezugsrahmen geht, besteht auch darin, den Bezugsrahmen des Coachees zwar zu übernehmen, daraus aber so unangenehme Konsequenzen abzuleiten, dass der Coachee eher geneigt ist, seine Haltung noch einmal zu überdenken. Das heißt, man akzeptiert die angebotene Sicht auf das Problem, wirft dazu aber Fragen auf, die sich der Coachee selbst so noch nicht gestellt hat. Wenn dem Coach etwa auf der Hand zu liegen scheint, dass die vom Coachee geschilderten Probleme im Projekt auf Führungsfehler zurückzuführen sind, der aber darauf beharrt, dass es Fehler der Mitarbeiter, die er selbst ausgesucht hat, seien, ist es viel eleganter, diese Sicht zunächst zu übernehmen, dann aber zu fragen, ob er in den Augen seiner Vorgesetzten nicht als ganz verantwortungslos dasteht, wenn er an so wichtiger Stelle zwei so schlechte Mitarbeiter gesetzt hat. Im vorliegenden Fall wog die unangenehme Konsequenz für den Projektleiter, womöglich als verantwortungslos angesehen zu werden, so schwer, dass es ihm leichter fiel, sein Führungsverhalten einer Prüfung zu unterziehen.

Der innere Bezugsrahmen spielt in allen Problemsituationen eine wichtige Rolle, denn er ist dafür verantwortlich, wie innere und äußere Ereignisse eingeschätzt und verarbeitet werden und welche Handlungsmöglichkeiten einem Menschen zur Verfügung stehen. Deshalb ist die Kenntnis des inneren Bezugsrahmens für den Coach ein so wertvolles Hilfsmittel.

Literaturhinweise

Dehner, U./Dehner, R. (2004): Coaching als Führungsinstrument. Campus
Dehner, U./Dehner, R. (2006): Steh dir nicht im Weg. Campus
Dehner, U./Dehner, R. (2007): Schluss mit diesen Spielchen. Campus

Coachingwissen im Kontext unterschiedlicher Coaching-Konzepte und -Ansätze

LehrerCoaching – Herzstück einer transformativen Weiterbildung von Lehrkräften

Rolf Arnold

Nimmt man die Ergebnisse der neueren Lernforschung sowie der erziehungswissenschaftlichen Wirkungsforschung in den Blick, so bestätigt sich der Eindruck von Adorno, dass Lehrkräfte einen „unmöglichen Beruf" ausüben. In der Sprache einer systemisch-konstruktivistischen Sicht der Dinge kann diese Unmöglichkeit mit dem Paradoxon beschrieben werden, dass Lehrerinnen und Lehrer Lernerfolge zwar nicht sicher bewirken können, und doch für deren Eintreten verantwortlich sind. Diese Wirkungsparadoxie des Lehrberufs wird in der öffentlichen Debatte, aber auch in einigen Konzepten einer rezeptologischen Didaktik häufig zu Lasten der Lehrkräfte ausgelegt, welche sich dann einer Kollektivhaftung ausgesetzt sehen, deren Kernannahmen kausaler Natur sind: Es wird so getan, als kämen die Lernerfolge durch Lehrerfolge zustande – eine Unterstellung, die durch die systemisch-konstruktivistische Didaktik eindrucksvoll widerlegt ist: Lernen ist demzufolge eine selbstgesteuerte Aneignungsbewegung der kognitiv-emotionalen Selbstorganisation der Subjekte; sie kann durch Arrangements und Interventionen angeregt und gestört, aber nicht intentional gesteuert werden.

Die Kausalverantwortungen, mit denen Öffentlichkeit, Bildungspolitik, aber auch einige Vertreter der neuerlich empirisch gewendeten Erziehungswissenschaft auf das Unterrichtshandeln der Lehrkräfte blicken, konservieren einen Wirkungsmythos, dessen seelischen und professionellen Folgen die „Verantwortlichen" alleine tragen müssen. Sie sind es, die sich für das Abschneiden ihrer Schülerinnen und Schüler in internationalen Vergleichstests zur Verantwortung gezogen und durch beständig neue Anforderungen an den Unterricht (z.B. Bildungsstandards, Kompetenzorientierung) „getrieben" fühlen. Alte Konzepte, erfahrungsgesättigte Praxen sowie Routinen stehen auf dem Prüfstand, während in allen Bundesländern Evaluationsagenturen unterwegs sind, um – meist nur unter dem Vorwand einer wirklichen Beratung der Lehrkräfte – Unsicherheit zu verbreiten.

Hier ist nicht der Ort, um die Fragwürdigkeit sowie die ungewollten Nebenwirkungen einer solchen Evaluationswut kritisch unter die Lupe zu nehmen. Fokussiert werden sollen vielmehr aus einer führungs- und personalentwicklungsbasierten sowie emotionstheoretisch informierten Perspektive die möglichen Wirkungen auf die Motivation sowie die Veränderungsdynamik derer, von denen doch allein Wandel und Veränderung ausgehen können. Die neuere Personalentwicklungsdebatte betont diesen Zusammenhang, indem sie vom „Engpassfaktor Mitarbeiter" spricht (Kern/ Ries 2009) und die strategische Personalentwicklung als eine Führungsaufgabe begründet – eine Blickrichtung, welche in der Schulpolitik der Bundesländer erst wenig Entsprechungen findet. Lehrerinnen und Lehrer erleben sich vielmehr nur selten in ihrem Alltag wertgeschätzt und unterstützt, sondern oft getrieben, überfordert und kontrolliert. Der Lehrerberuf ist deshalb nicht nur ein unmöglicher, sondern derzeit auch ein verunsicherter Beruf.

An dieser Stelle ist ein LehrerCoaching gefragt. Dieses muss die Lehrpersonen ganzheitlich ansprechen und ressourcenstärkend begleiten. Basis eines solchen Konzeptes ist die

Einsicht, dass Menschen die eigentlichen Experten ihrer Situation sind. Dies bedeutet, dass Lehrkräfte grundsätzlich die Einstellungen und Verhaltensweisen zeigen, welche Ausdruck ihrer inneren Möglichkeiten sind, mit neuen Anforderungen und Belastungen in einer Weise umzugehen, dass ihre innere Balance nicht gestört wird. Veränderung kann deshalb nur gelingen, wenn sie mit der Möglichkeit einhergeht, die eigene innere Balance zu sichern. Dies ist *dann* nicht der Fall, wenn – wie in fast allen schulpolitischen Veränderungsprozessen – Steuerung von Außen aufgebaut wird, welche sich nicht um die Expertise, Veränderungsimpulse sowie Ratlosigkeiten derjenigen kümmert, die doch die eigentlichen Träger von Veränderungen und Innovationen sind. Diese Einsicht wird auch von der neueren Management- und Innovationsforschung eindrucksvoll bestätigt. So beginnt man heute erst wirklich zu verstehen, worauf z.B. der spektakuläre Erfolg japanischer Automobilhersteller wirklich beruht: „Er beruht" – wie Gary Hamel in seinem Bestseller „Das Ende des Managements" schreibt – „auf den Fähigkeiten seiner Mitarbeiter und der Verantwortung seiner Führungskräfte" (Hamel 2008, S. 48). Für Toyota führt er aus:

> „Toyota erkannte in seiner Belegschaft das Potential für eine unablässige, rasante Verbesserung der Betriebsabläufe. Im Gegensatz dazu glaubten die amerikanischen Automobilhersteller eher nicht, dass die Mitarbeiter in der Produktion nützliche Verbesserungsvorschläge liefern könnten, und vertrauten die Erhöhung von Qualität und Effizienz lieber ihren Experten in der Zentrale an. Die Geringschätzung der Intelligenz der Belegschaft war groß" (ebd.).

Sicherlich sind Schulen nicht mit Automobilbetrieben zu vergleichen, gleichwohl gilt auch für die Entwicklung des komplexen Systems Schule, dass dieses nicht durch die „Experten der Zentrale" allein und im Wege einer „Geringschätzung der Intelligenz der Belegschaft" wirklich zielführend entwickelt werden kann. Vielmehr ist die Wertschätzung der Expertenschaft von Lehrerinnen und Lehrern sowie die Stärkung ihrer Möglichkeiten, mit Veränderungen eigenständig und innovativ umgehen zu können, auch in der Schulpolitik die eigentliche Basis für den Systemerfolg. Dies wird bislang kaum gesehen. Vielmehr begegnen einem in der Schul- und Bildungspolitik immer wieder Formen einer neuen Schulaufsicht, welche sich ausschließlich um eine größere Exaktheit ihrer Datenbasis für die System- und Steuerungsentscheidungen zu bemühen scheint und – Seite an Seite mit der übereilt gefeierten empirischen Wende der Bildungsforschung – den Traum von der Machbarkeit und Beherrschbarkeit komplexer Systeme fortschreibt. Dieser Traum ist längst ausgeträumt, wie uns die systemische Wirkungsforschung zeigt. An seine Stelle rücken vermehrt mutige Konzepte der Ressourcenstärkung und Veränderungsbeteiligung. Diese markieren die eigentliche Substanz für eine erfolgreiche Gestaltung des Wandels.

Coaching ist Veränderungsbegleitung

Als Coaching bezeichnet man in der Regel eine individualisierte Form der Begleitung bei Problemlösungs- und Veränderungsprozessen. Diese Definition ist allerdings unvollständig. Coaching ist auch ein erlebensorientiertes Lernen, bei dem der- oder diejenige, die „mit ihrer Weisheit am Ende sind", sich – zumeist voller Angst und innerer Abwehr – darauf einlassen, neue Wege aus der Erschöpfung oder Ausweglosigkeit zu probieren. Die Abwehr entstammt dem Bemühen, an dem Gefühl der bisherigen Plausibilität festhalten zu wollen – bisweilen: koste es, was es wolle; die Angst ist eine notwendige Begleiterscheinung jedes wirklich transformativen Lernens, und auch innovatives Lernen ist – wie der Club of Rome bereits vor vielen Jahren zeigte – stets mit einer Unsicherheit verbunden, welche sich aus der Ungesichertheit des Versuchens, Erlebens und Erfahrens ergibt. Welches sind nun die neuen Wege, welche Lehrerinnen und Lehrer gehen können, um nicht Getriebene, sondern Gestalter des Wandels zu sein, dem sie auch eine Orientierung und Richtung zu stiften vermögen? Und welche Rahmenbedingungen bzw. welche Form der Begleitung vermag diese proaktive Funktion anzubahnen, zu orientieren und zu begleiten?

Erschöpfungen und Ausweglosigkeiten des LehrerInnenalltags	Coaching: begleitetes Versuchen, Erleben, Erfahren
„Ich bin bereits müde, wenn ich morgens aufstehe“	Frage: Was drückt diese Müdigkeit aus? Gibt es Situationen, in denen sie nicht auftritt? Wie lassen sich mehr dieser Situationen schaffen?
„Wie soll ich das nur bis zur Pensionierung durchhalten?“	Erarbeitung von Lifestyle-Konzepten, die die auszubalancierenden Lebensziele in den Blick rücken und die Wirkungsmechanismen der Selbstüberforderung ins Bewusstsein rücken.
„Ich komme mit den Schülerinnen und Schülern von heute nicht mehr zurecht“, „Ich werde immer dünnhäutiger“	Suche nach dem verborgenen „Nutzen“ solcher Statements und Erarbeitung anderer – stärker in der eigenen Verantwortung liegender – Sätze.
„Früher wollte ich auch noch alles verändern, heute sehe ich, dass dies nicht geht“	Suche nach dem Punkt, an dem der eigene Enthusiasmus „gekippt“ ist und Frage nach dem, was sich seitdem noch alles verändert hat.

Tabelle 1: Anlässe und Perspektiven eines Lehrercoachings (Auswahl)

Es sind in der Regel zwei Ebenen, auf denen Lehrkräfte, die auf die abschüssige Ebene, welche sie in ein Burnout zu führen droht, geraten sind, unterstützt und begleitet werden können. Die eine Ebene ist die des liebevolleren und auch wertschätzenderen Umgangs mit sich selbst, die andere Ebene ist die einer fachlichen Weiterbildung. Beide Ebenen dienen der Transformation von Kompetenzen. Während erstere dazu dient, die einzelne Lehrkraft zu einem anderen Verhältnis sich selbst gegenüber zu führen und dabei auch Techniken eines Selbstmanagements zu erwerben, dient die fachliche Fortbildung der Weiterentwicklung der eigenen fachlichen sowie didaktisch-methodischen Kompetenzen, welche stets auch mit einer Weiterentwicklung des bislang Gültigen verbunden sind. Aus diesem Grunde sind die persönliche und die fachliche Transformation auch nicht wirklich voneinander zu trennen. Das Persönliche vermag sich nur zu transformieren, wenn es auf einer weiterentwickelten fachlichen sowie didaktisch-methodischen Sicherheit aufruht, das Didaktisch-Methodische bedarf der fachlichen Sicherheit und der persönlichen Erfahrung. Beides miteinander professionell verschränken zu helfen, ist auch und gerade Aufgabe eines Lehrercoachings, dessen Realisierung ein spezifisches Wissen und spezifische Fähigkeiten voraussetzt.

Vom Coachingwissen zur Coachingkompetenz

„Wissen“ ist eine unsichere und auch ungeeignete Kategorie, die auch nicht wirklich handlich gemacht werden kann. Auch die verbreiteten Unterscheidungen zwischen „deklarativem" und „prozeduralem", zwischen „passivem" und „aktivem" Wissen sowie zwischen „explizitem" und „implizitem" Wissen stellen bloß wenig geeignete Rettungsversuche eines überlebten Begriffes dar. Diese entschiedene These basiert zum Einen auf der gestiegenen Flüchtigkeit des Wissens in der Postmoderne, zum Anderen aber auch auf der abnehmenden Relevanz kognitiver Speicherung angesichts der Verfügbarkeit anderer und rasch zugänglicher Speichermedien andererseits. In Zeiten, in denen Google drauf und dran ist, Teile des alten Allgemeinbildungsanliegens zu realisieren und möglichst allen Menschen Alles zugänglich zu machen versucht, löst sich das Wissen vom Subjekt in der Weise, dass das Know-How durch das Know-how-to-know ersetzt wird: Die Fähigkeit zum Umgang mit Wissen gewinnt gegenüber einem bloßen Wissen an Bedeutung. Nun kann man sicherlich argumentieren, dass auch dieses methodische Wissen letztlich ein Wissen sei, wie bereits das Konzept des prozeduralen Wissens verdeutlicht, doch wird damit m.E. der Wissensbegriff bis an seine Grenzen und darüber hinaus unzulässig gedehnt. Nicht das Wissen selbst, sondern der problemlösende Umgang mit demselben steht im Vordergrund. In diesem Sinne widmet sich auch Helmut Willke der Frage, „welche Formen der Erzeugung und Nutzung von Wissen Personen und Organisationen in die Lage (versetzen), Lernen und Innovationsfähigkeit zu Kernkompetenzen zu gestalten" (Willke 1998, S. v). Die Frage, um die es somit schwerpunktmäßig geht, ist eine Frage nach den Fähigkeiten der Akteure, Wissen auch in der Weise zu nutzen, dass neue, bislang ungeahnte und auch ungewünschte Lösungswege möglich werden.

Diese Fähigkeiten sind nur durch Wissen allein nicht zu gewährleisten. Sicherlich muss jemand, der Veränderungen erkennt, initiiert und begleitet, über grundlegende Kenntnisse darüber verfügen, wie Individuen, Organisationen und sogar Gesellschaften funktionieren, er muss jedoch auch über eine grundlegende Fähigkeit verfügen, sich selbst in diesen Dimensionen stets neu und anders als wie bisher zu spüren. Diese grundlegende Fähigkeit beschreibt eine Kompetenz, Entwicklungen nicht in Substanz-, sondern in Potenzialkategorien zu denken und zu gestalten. Es ist dabei nicht das „Ich-möchte-so-bleiben-wie-ich-bin"-Motiv, welches eine solche Potenzialorientierung leitet, sondern das „Ich-möchte-werden-wer-ich-bin"-Motiv. Wer potenzialorientiert zu denken, zu fühlen und zu handeln vermag, der verfügt zunächst und vor allem über eine andere Weise des Umgangs mit sich selbst, welche ihn in die Lagen versetzt, die Welt „offener" und weniger „gerichtet", d.h. festgelegt durch eigene alte „Downloads" zu betrachten. Denn diese alten „Downloads" bestätigen bloß unsere bisherigen Gewissheiten und kennen den Wandel und die Veränderung bloß zu den Bedingungen des bereits Gegebenen. In diesem Sinne spricht der M.I.T-Denker C.O. Scharmer von einem „listening by downloading", dessen Grundprinzip ein „listening by reconfirming habitual judgements" (Scharmer 2009, S. 11) ist. Es geht demnach einer Fähigkeit zur potenzialorientierten Begleitung von Veränderungsprozessen stets darum, nicht nur die Gestalt einer gegebenen Systemik zu erkennen, sondern auch darum, der Gestalt einer möglichen Systemik zum Ausdruck zu verhelfen. „Gestalt" und „Gestalten" markieren dabei die grundlegenden Dimensionen einer potenzialorientierten Weise des Umgehens mit Wandel und Veränderungen, wie sie bereits Ed Nevis 1983 beschrieben hat:

Aktive, gerichtete Awareness	Offene, ungerichtete Awareness
In die Welt hineingehen	Die Welt auf sich zukommen lassen
Etwas dazu bringen, aufzutauchen	Auf etwas warten, bis es auftaucht
Eine Struktur, einen Rahmen benutzen, um das einzuordnen, was man zu sehen, zu hören wünscht …	Forschen, ohne organisiert und „voreingenommen" zu sein bezüglich dessen, was man sehen oder hören möchte …
Fokussierte Fragestellungen, ein scharf abgegrenztes Wahrnehmungsfeld beschreibend	Naiv, nicht wissen, wie die Dinge funktionieren; hoffen, Neues zu entdecken
An die Dinge herangehen in einer Art, dass man weiß, wie sie funktionieren, was vorhanden ist und was fehlt (normativ)	Rezeptive Verwendung der Wahrnehmungsmöglichkeiten
Arbeit wird geleitet durch inhaltliche Wertmaßstäbe und Konzepte	Wertmaßstäbe sind prozessorientiert, tendieren dazu, frei von Inhalten zu sein

Tabelle 2: Gestalt-„Awareness"-Prozess (Ed Nevis 1983, S. 365)

Im Folgenden werden drei dieser Merkmale einer „offene(n), ungerichtete(n) Awareness" dazu benutzt, um die spezifischen Ansatzpunkte und Verfahrensweisen eines Lehrercoachings zu charakterisieren. Dabei halten wir uns nicht dabei auf, Coaching detailliert zu definieren und von den anderen Modalitäten pädagogischen Handelns oder Leitungshandelns abzugrenzen und dabei erstaunt festzustellen, dass dies schwierig ist, da es zahlreiche Überlappungs- und Überschneidungsbereiche gibt. Wir folgen vielmehr der knappen Definition des Coaches als „einer Person, die den Athleten durch den Wettkampf führt" (Schinwald 2009, S.22), woraus sich ein gewisser Vier-Augenbezug als grundlegende Bestimmungsdimension ergibt. Wir sprechen zwar auch von Gruppen- oder Lehrercoachings, wissen aber auch, dass diese sich stets in Einzelbegleitungen oder Kleingruppenkontakten realisieren, da der Coachingprozess davon „lebt", dass die Beteiligten ausreichend Gelegenheit erhalten, ihre Betroffenheiten, Fragen und Perspektiven zum Ausgangspunkt für neue Suchbewegungen zu nehmen. Coaching ist somit eine besondere Form der Begleitung, Initiierung und Gestaltung von „Suchbewegungen" – ein Begriff, der an den wegweisenden Überlegungen von Alexander Mitscherlich anschließt, der uns schon früh auf den Selbsteinschluss aller wirklichen Bildung verwies, indem er feststellte: „Die Konstante ist demnach die Aneignung, nicht der angeeignete Inhalt" (Mitscherlich 1996, S.24). Deshalb könne Bildung[1] – so Alexander Mitscherlich – lediglich versuchen, „(…) den Täuschungen über die Welt, über die anderen und vor allem über mich selbst zu entgehen" (ebd., S.24f). Doch diese „(…) Wahrheit über sich selbst „(…) hat man nicht, man sucht sie und ist unbefriedigt bis zum Ende des Lebens" (ebd., S.25). Die Suchbewegung, von der Mitscherlich spricht, ist somit eine Ver-Suchbewegung, die nicht immer alleine gelingt, sondern der Irritation und Unterstützung gleichermaßen bedarf. Diese beiden Dimensionen – Irritation und Unterstützung – charakterisieren auch das, was einen professionellen Coachingprozess kennzeichnet. Dieser folgt nicht einer Logik der Gewissheit und des Findens, sondern der einer Ungewissheit und eines Suchens. „Der Bildungsphilister ist so ungebildet, wie der, der gar nichts weiß" (ebd.) – schreibt Alexander Mitscherlich und gibt uns damit eine wich-

1 Unübertroffen ist auch die Definition von Bildung, welche Mitscherlich uns hinterlassen hat: Diese besagt, dass Bildung „(…) Suchbewegung und zunehmend koordiniertes Suchen ist. Wo sie in ein der Befragung unzugängliches, selbstgewisses >Wissen< umschlägt, hebt sie sich selbst auf. Alles dogmatisch Gewisse ist das Ende der Bildung" (Mitscherlich 1996, S.25).

tige Orientierung für eine moderne Bildungsarbeit vor, die stets eine Begleitung von Suchbewegungen – mithin ein Coaching – ist.

In der deutschen Erwachsenenpädagogik war es Hans Tietgens, der die Frage nach dem Wissen, welches eine solche Suchbewegungsbegleitung erfordert, aufgeworfen hat. In seinem Versuch, die Wissenschaft von der Erwachsenenbildung zu begründen, geht er von dem Begriff der Suchbewegung aus und schreibt zur Professionalität der Erwachsenenbildnerinnen und Erwachsenenbildner:

> „Zu allem gehört die Fähigkeit des Eingehen-Könnens auf die Situationsinterpretationen, die in der beruflichen Bedingungskonstellation wirksam werden. Dieser Anforderungsdruck lässt manchesmal den Eindruck aufkommen, als sei Kommunikationsgeschick das probateste Mittel der Aufgabenbewältigung. Indessen ist auch ein problemorientierter Argumentationsschatz unentbehrlich, soll nicht die Planung im Okkasionellen aufgehen. Es würde dann schwerlich etwas von dem realisiert werden, was der Bedarfslage entspricht, jedoch komplexere Anforderungen stellt" (Tietgens 1986, S. 43).

Diese Formulierung markiert die Richtung, in welche eine Beantwortung der Frage nach dem Coachingwissen und den Coachingkompetenzen, über die ein Suchbewegungsbegleiter verfügen sollte, gehen muss. Es geht dabei um Selbstreflexion ebenso, wie um Prozesswissen. Der Kern ist allerdings die eigene Bedeutung, welche der oder die Professionals dem Wissen selbst und ihrer Fähigkeit mit Unwissen umzugehen, de facto zumessen. Dies ist eine Haltungsfrage, welche sich aus der Einsicht speist, dass wir nur, indem wir wissen, dass wir nicht wissen (können), selbst in der Suchbewegung bleiben und die Suchbewegungen anderer wertschätzend und ressourcenstärkend begleiten können. Ebenso, wie ein Bildungsphilister nicht gebildet ist, ist auch ein „wissender" Coach ein geeigneter Coach. Wissen lebt von der Illusion des Gefundenhabens, während der Coach sich professionell auf den Sachverhalt des Suchens und Nichtfindens einzustellen in der Lage sein muss. Coaching bedarf ebenso wie die Bildung einer „Suchhaltung" (ebd., S.49), keiner Findehaltung.

„Die Welt auf sich zukommen lassen"

Diese Fähigkeit ist Ausdruck einer tiefen Gelassenheit, mit der sich der Coach auf das Überraschende des Prozesses einzulassen vermag. Weder eine vorschnelle Diagnose noch eine Ungeduld im Hinblick auf das Ziel oder den Weg des anstehenden Prozesses vermögen ihn zu irritieren, er ist vielmehr in der Lage, seine eigene Unruhe zu zähmen und sich auf das Hier-und-jetzt des Prozesses zu besinnen. In diesem Zusammenhang ist auch die Dispensierung von eigenen alten Wahrnehmungsgewohnheiten – sowohl kognitiver, als auch emotionaler Art – von grundsätzlicher Bedeutung. Nur der- oder diejenige sind in der Lage, die Welt wirklich auf sich zukommen zu lassen, die in dem Neuen nicht nur immer wieder eine Neuausgabe des Bekannten sehen, sondern in der Lage sind, sich überraschen zu lassen.

Diese Fähigkeit beschreibt eine Coachingkompetenz, die auch etwas mit der Selbstwahrnehmung und dem Selbstverständnis derer zu tun hat, die Lehrerinnen und Lehrer begleiten. Diese müssen in der Lage sein, sich auf die Welt des Anderen ganz und gar einzulassen und diese mit seinen Augen zu sehen – so fremd und eigenwillig ihnen diese zunächst auch vorkommen mag. Dies ist – genau betrachtet – eigentlich unmöglich, da wir immer und stets durch die eigenen Erfahrungen hören und sehen und ohne diese Erfahrungen blind und taub sind. Wie hört man durch die eigenen Erfahrungen, ohne an diesen festzuhalten, lautet die zentrale Frage nach den Coachingkompetenzen? Und: Wie erwirbt man die Kompetenzen, um eine fremde Welt ganz an sich heranlassen und in sie eintauchen zu können?

Diese Fragen berühren eine eigentümliche Professionalisierungsthematik: die Professionalisierung helfender Berufe. Oft sind diejenigen, die solche Berufe ausüben, selbst „hilflos", d.h. sie benötigen in einem überstarken Maße das Festhalten an dem, was sie zu dem gemacht hat, was sie sind. Doch dieses Know-How, diese Weltsicht und dieser Habitus bauen Grenzen auf, wo es doch darum ginge, solche Grenzen abzubauen und Eigenes zurück zu nehmen. Alle Erfahrungen aus der reflexiven Fortbildungsarbeit zeigen, dass Coachingkompetenzen nur entstehen können, wenn die Begleiter und Berater selbst lernen „los zu lassen" – sich selbst, eigene Sichtweisen und bewährte Muster des Denkens, Fühlens und Handelns. Erst, wenn sie sich ganz entleert haben, können sie die Welt wieder auf sich zukommen lassen: die Welt des Ratsuchenden oder die Welt des Verunsicherten und Orientierungssuchenden. Wie wir heute wissen, bedarf ein solches „Loslassen" stets einer nachdrücklichen Arbeit am eigenen Selbst. Dieses muss den zukünftigen Begleitern zunächst selbst fragwürdig werden, und sie müssen einen spielerischeren und weniger entschiedenen und selbstbewussteren Bezug zu sich selbst entwickeln. Erst, wenn einem das Eigene fremder geworden ist, kann man sich auch der Welt gegenüber wirklich öffnen.

„Auf etwas warten, bis es auftaucht"

Dieser Aspekt der Coachingkompetenz bezieht sich auf das Phänomen der Emergenz. Der Begriff bezeichnet den Sachverhalt, dass sich Ordnungsbildungen in der Natur und im Sozialen spontan vollziehen, und es deshalb beim professionellen Umgang mit solchen Ordnungsbildungen auch um Achtsamkeit und Geduld geht, wie der Veränderungsforscher C. Otto Scharmer in seinem Ansatz zeigt (vgl. Scharmer 2009), weshalb es um das Training einer spezifischen Kompetenz geht, welche sich grob als Selbstepistemologie umschreiben ließe. In diesem Sinne schreibt Humberto Maturana: „Das Erkennen des Erkennens verpflichtet" (in: Pörksen 2008, S.70), womit er unsere eigenen gewissheitsschaffenden Erkenntnisroutinen in den Blick rückt, mit denen wir Themen fokussieren, Unterscheidungen treffen, Schlussfolgerungen anbahnen und Entscheidungen vorbereiten – ohne einen irgendwie bevorzugten Zugang zur Wirklichkeit. Er sagt:

> „Alles Erkennen ist notwendig beobachterabhängig; absolute Realitätsaussagen verleiten zu Terror. (…) Was bedeutet es (…), etwas als falsch oder richtig zu bezeichnen? Ist eine Hypothese bewiesen und richtig, weil sie zu dem passt, was ich denke? Bin ich vielleicht nur aufgrund dieser Übereinstimmung der so genannten Belege mit meinen eigenen Vorannahmen bereit zuzuhören und dem Beweisverfahren Glauben zu schenken? Bezeichnet man dementsprechend etwas als falsch, weil es nicht mit den eigenen Auffassungen harmoniert? Kann etwas per se falsch oder richtig sein? Welche Kriterien benutzt ein Mensch, um eine Behauptung als bewiesen zu akzeptieren?" (ebd., S. 83) –

alles Fragen, mit denen die epistemologischen Eigentümlichkeiten in den Blick gerückt werden, die uns daran hindern (können), zu warten, bis etwas auftaucht. Dabei geht es jedoch nicht nur um das Wartenkönnen oder Nichtwartenkönnen, sondern auch um die Art des Wartenkönnens oder Nichtwartenkönnens. Wenn ich unbewusst erwartungsvoll warte oder zuhöre, dann wird das Erwartete früher oder später eintreffen – schon allein aus dem Grunde, dass wir mit der Erwartungsenttäuschung nicht zu leben gelernt haben, denn Erwartungsenttäuschung raubt uns einen Teil unserer Alltagsplausibilität. Es geht demnach beim professionellen Wartenkönnen um sehr viel mehr, nämlich um die Frage des Umgangs mit dem eigenen Referenzpunkt. Professionelle Begleiter, die warten können, bis etwas in Erscheinung tritt (z.B. ein Entschluss des Ratsuchenden), dürfen ihre Energie nicht aus der Aktivität im Prozess beziehen, sondern müssen diese von außerhalb des Prozesses einbringen. Dies ist die noch kaum ausgedeutete spirituelle Seite des Coachings.

Forschen, ohne organisiert und „voreingenommen" zu sein bezüglich dessen, was man sehen oder hören möchte ...

Das Gesagte gilt auch für die eigene Aktivität im Prozess. Diese ist stärker suchend als findend ausgerichtet. Ein guter Coach stellt Fragen, die „wie Küsse schmecken (können)" (Kindl-Beilfuß 2008), und er weiß, dass er bereits weiß, und er hat erkannt, dass ihm dieses Wissen den Zugang zu einem wirklichen Verstehen verstellt. Aus diesem Grunde muss ein Coach immer wieder in der Lage sein, sich von seinem Wissen zu lösen und auf das Fragen zurückziehen. Er muss eine Fragetechnik üben und kultivieren, die das Gegenüber dazu zu verführen vermag, seine eigenen Erfahrungen, Annahmen und Voreingenommenheiten in Erscheinung treten zu lassen. Dies ist besonders schwierig, da man z.B. nicht direkt fragen kann: „Wie konstruieren Sie sich ihre schwierigen Schüler?" Denn dieser Sachverhalt ist weitgehend außerhalb unserer Selbstreflexion. Rolf Balgo hat in einem Aufsatz provokativ herausgearbeitet, wie subtil wir bei der Konstruktion unserer pädagogischen Gewissheiten zu Werke gehen, und dabei auch auf die psychohygienische Bedeutung der Spurenverwischung hingewiesen:

> „Es muss uns dabei nur gelingen, die Spuren der einzelnen Schritte unserer Konstruktion so weit zu verwischen, dass unser zurückgelegter Weg im Dunklen bleibt. So können wir weiterhin mit Sachzwängen argumentieren und brauchen hinsichtlich unserer Erkenntnisse keine Verantwortung tragen, weil die Welt eben so ist, wie sie ist. Wie unbequem ist dagegen die Reflexion über die Bedingungen, die unser Handeln steuern, über die Qual der Wahl zwischen verschiedenen Sichtweisen und Handlungsoptionen sowie über die persönliche Verantwortung für das eigene Tun und seine Ergebnisse" (Balgo 2005, S. 76).

LehrerCoaching dient der Reflexion und Verantwortung, nicht der Spurenverwischung. Es begleitet Lehrerinnen und Lehrer bei ihrem Versuch, „Neues zu entdecken" (Nevis), d.h. aus den alten Mustern der So-und-nicht-anders-Gewissheiten auszusteigen. Und diese Begleitung ist eine Begleitung zum selbstreflexiven Umgang mit den eigenen, häufig über Jahre aufgebauten Erfahrungen und Gewohnheiten. Diese sind den Lehrkräften „teuer", weshalb ein LehrerCoaching selten aufklärend-konfrontativ, sondern stets „formal" ausgerichtet sein muss: Es geht darum, die Fabriziertheit unserer pädagogischen Erfahrungen zu verstehen und aus der epistemologischen Entlastung, die sich dadurch ergibt, den Mut zu entwickeln, sich auf neue, bislang eher zurückgewiesene oder übersehene Erklärungen und Lesarten einer Situation einzulassen. LehrerCoaching ist so gesehen stets eine Bewegung in die Beobachtungsebene. Es bedarf der Kompetenz eines epistemologischen Pädagogen oder eines pädagogischen Epistemologen, um an diesen Kern der pädagogischen Professionalität vorzustoßen, der stets von der Fähigkeit zum Umgang mit Weltsichten – eigenen und fremden – geprägt ist. Dieser Kern stiftet letztlich alles: von der pädagogischen Ethik bis hin zu der didaktischen Professionalität. Wenn wir begreifen, dass Lehrerhandeln stets zu den Bedingungen des Gegenübers zu wirken vermag, entdecken wir die Geltung dieser Feststellung plötzlich auch für unsere eigene Gewissheit und die der Lehrkräfte, und wir beginnen nach Formen einer Relativierung von Innen heraus zu suchen. Diese „Relativierung von Innen heraus" ist der Kern jeglichen LehrerCoachings. Es erschließt Perspektiven, eröffnet Vielfalt und weist Wege aus der Selbstüberforderungsspirale, die mit dem Rechthaben beginnt.

Literatur

Arnold, R./Arnold-Haecky, B. (2009): Der Eid des Sisyphos. Eine Einführung in die Systemische Pädagogik. Baltmannsweiler.

Balgo, R. (2005): Wie konstruiere ich mir eine Lernbehinderung? Eine provokative Anleitung. In: Voß, R. (Hrsg.): Systemisch-konstruktivistische Lernwelten. Heidelberg, S. 65-76.

Hamlel, G. (2008): Das Ende des Managements. Unternehmen im 21. Jahrhundert. Berlin.

Kindl-Beilfuß, C. (2008): Fragen können wie Küsse schmecken. Systemische Fragetechniken für Anfänger und Fortgeschrittene. Heidelberg.

Kern, D./Ries, S. (2009): Strategic Workforce Management als Grundlage für Talentmanagement. In: Schwuchow, K./Gutmann, J. (Hrsg.): 2009-Jahrbuch Personalentwicklung. Köln, S. 215-225.

Mitscherlich, A.(1996): Auf dem Weg zur vaterlosen Gesellschaft. Ideen zur Sozialpsychologie. 10. Auflage. München.

Nevis, E. (1983): Gestalt-„Awareness"-Prozeß in der Organisationsdiagnose. In: Gruppendynamik, 14/1983, 4, S. 359-368.

Pörksen, B. (2008): Die Gewissheit der Ungewissheit. Gespräche zum Konstruktivismus. Zweite Auflage. Heidelberg.

Scharmer, C.O. (2009): Theory U. Leading from the Future as it Emerges. The Social Technology of Presencing. San Francisco.

Schinwald, E. (2009): Gegenrede: Coaching – eine kritische Auseinandersetzung. In: Weiterbildung, 1/2009, S. 22-24.

Tietgens, H. (1986): Erwachsenenbildung als Suchbewegung. Annäherungen an eine Wissenschaft von der Erwachsenenbildung Bad Heilbrunn/ OBB.

Willke, H. (1998): Systemisches Wissensmanagement. Stuttgart.

Life-Coaching als Anleitung zur Selbstsorge

Christoph J. Schmidt-Lellek

1 Zum Begriff Life-Coaching

In diesem Beitrag möchte ich das von Ferdinand Buer und mir entwickelte Konzept des Life-Coaching in einigen Grundzügen vorstellen (Buer & Schmidt-Lellek 2008). Wir haben damit eine Fragestellung im Auge, die aus der Coaching-Praxis erwachsen ist, nämlich aus der Erfahrung, dass die berufsbezogenen Themen, mit denen jemand ein Coaching aufsucht, häufig verbunden sind mit übergreifenden Themen, die das Arbeitsleben überschreiten: Coaching wird zwar als berufsbezogene Beratung definiert, als „professionelle Beratung, Begleitung und Unterstützung von Personen mit Führungs- und Steuerungsfunktionen und von Experten in Organisationen“ (DBVC 2010: 18); aber viele Coaching-Klienten wollen dabei auch persönliche Themen mit einbezogen wissen.

Dies ist letztlich auch gar nicht anders denkbar, denn insbesondere Personen mit Führungsverantwortung und andere Fachkräfte, die in der Arbeit mit Menschen eine hohe professionelle Verantwortung tragen (wie z.B. Ärzte, Lehrer, Seelsorger, Psychotherapeuten), sind nicht nur in ihren jeweiligen fachlichen Kompetenzen und Funktionen, sondern auch in ihrer ganzen Persönlichkeit herausgefordert: Neben ihrem fachlichen Wissen und Können ist ein wesentliches „Instrument“ ihres Handelns die eigene Person – mit den individuellen Neigungen und Abneigungen, lebensgeschichtlich erworbenen Erfahrungen und Kompetenzen, Stärken und Schwächen. Dieses „Instrument“ zu schützen, zu pflegen und weiterzuentwickeln, dient also nicht allein dem individuellen Wohlbefinden, so wichtig dieses auch ist, sondern auch der Qualität professionellen Handelns. So gesehen bietet Life-Coaching einen Raum, in welchem die „ganze Person“ mit den verschiedenen Facetten thematisiert werden kann, und dazu gehören „auch Einstellungen, Motivationen, Glaubenssätze, affektive, kognitive und soziale Kompetenzen, biografische Muster, persönliche Werte und Lebensvorstellungen“ (Martens-Schmid 2007: 18).

Anlässe für ein Coaching sind meistens irgendwelche Krisen oder Schwierigkeiten im Umgang mit sich selbst oder mit anderen (Mitarbeitern, Geschäftspartnern, Klienten), Unsicherheiten in der beruflichen Entwicklung (Karriere) oder in der Positionierung in der jeweiligen Organisation, grenzwertige Belastungen durch die Menge oder die Inhalte des beruflichen Tuns (Wertekonflikte, Burnout-Gefährdung) oder auch ein Verlust der Balance zwischen den verschiedenen Lebensbereichen (Work-Life-Balance) sowie ein Wunsch nach Veränderung und Weiterentwicklung. In der Beschäftigung mit solcherlei Themen hat Coaching vor allem die Aufgabe, die eigenen Ressourcen für deren kreative Bewältigung zu aktivieren. Es zielt auf eine „Förderung der beruflichen Selbstgestaltungspotenziale, also des Selbstmanagements von Führungskräften und Freiberuflern“ (Schreyögg 2003: 13).

Die Perspektive „Life-Coaching“ ist dabei nicht als eine Alternative zum Business-Coaching zu verstehen, sondern darin als Vertiefung bzw. Ausweitung des Horizonts, und zwar mit einer doppelten Richtung:

- *Horizontale Ausweitung*: Life-Coaching richtet sich auf den gesamten Lebenszusammenhang eines Menschen. D.h., die berufsbezogenen Fragestellungen werden nicht für sich allein betrachtet, sondern im Kontext der ganzen Lebensumstände und der Lebensplanung des Coachee.
- *Vertikale Ausweitung*: Life-Coaching richtet sich auf den ganzen Menschen in allen seinen Dimensionen, mit Körper, Seele und Geist. D.h., Life-Coaching bemüht sich nicht allein um die beruflichen Funktionen eines Menschen, um Erfolg, Effektivität und Effizienz seiner Arbeit (Wirkung nach außen), sondern auch um die emotionalen Aspekte, wie die berufliche Arbeit erlebt wird (Wirkung nach innen). Diese Perspektive lässt sich auffächern in die Fragen, wie durch berufliche Arbeit Sinn, Glück und Verantwortung erlebt werden können und welche Bedingungen damit für ein gelingendes Leben gefunden oder geschaffen werden können. Auf diese Weise erhalten die im Coaching eingebrachten Themen eine existenzielle Dimension.

Life-Coaching verbleibt damit im Kontext des Business-Coaching, also der berufsbezogenen Beratung für Fach- und Führungskräfte. Nach unserem Konzept ist der Begriff abzugrenzen von einer allgemeinen Lebensberatung, die vielfach mit „Life-Coaching" assoziiert wird (wie man es im Internet vielfach unter diesem Stichwort findet, z.B. als Paarberatung, Wellness, esoterische Angebote u.v.a.). Weiterhin ist Life-Coaching von der Psychotherapie abzugrenzen, in der zwar persönliche Lebensthemen im Vordergrund stehen, aber mit dem Fokus der Heilbehandlung; allerdings kann manches konzeptionelle Wissen und methodische Können aus dem Bereich der Psychotherapie für die Arbeit im Coaching nützlich und auch notwendig sein (vgl. Schmidt-Lellek 2003). Neben dem psychologischen und psychotherapeutischen Wissen sind natürlich auch etliche weitere Wissensquellen bedeutsam, wie z.B. die Wirtschaftswissenschaften, Betriebswirtschaftslehre, Organisationslehre, Managementlehre, Soziologie und in unserem Zusammenhang v.a. auch die Philosophie.

2 „Selbst" und „Selbstsorge"

Life-Coaching lässt sich neben manchen anderen Aspekten als eine *Anleitung zur Selbstsorge* begreifen, d.h. zu einem reflektierten und achtsamen Umgang mit sich selbst in allen zentralen Lebensdimensionen. Damit lässt sich Coaching in eine bedeutsame abendländische Tradition einordnen, denn die Sorge um sich selbst ist bereits von den griechischen und römischen Philosophen der Antike (z.B. Epikur, Epiktet, Seneca, Marc Aurel) als zentraler Aspekt der Lebenskunst betrachtet worden. In unserer Zeit hat vor allem der französische Psychologe und Philosoph Michel Foucault (1986) dieses Wissen wieder in die Diskussion gebracht. Er hat dabei hervorgehoben, dass insbesondere Menschen, die andere Menschen führen oder behandeln, nur dann dazu legitimiert sind, wenn sie sich auch selbst führen und behandeln können, wenn sie ein hinreichendes Maß an Selbstreflexion, Autonomie und Selbstbeherrschung geschaffen haben. Selbstsorge ist „Einübung in die Praxis der Freiheit", nämlich einen Lebensstil zu entwickeln, der von Selbstverantwortung geprägt ist (vgl. Gussone & Schiepek 2000: 16 f.).

Eine gelingende Sorge um sich selbst ist außerdem eine Voraussetzung für eine gelingende Sorge für Andere und für Anderes: Selbstsorge und Fremdsorge, Selbstverantwortung und Fremdverantwortung stehen in einem Wechselverhältnis. Eine Balance zwischen beiden kann nach beiden Seiten hin verloren gehen: als Egozentrik, d.h. als Überbetonung des Selbstinteresses auf Kosten der Verantwortung für Andere, und als Überbetonung der Sorge für Andere auf Kosten der Selbstsorge. Ersteres drückt sich in einer vielfach anzutreffenden „Ellenbogenmentalität“ aus, indem alle anderen für eigene Zwecke instrumentalisiert werden. Letzteres kann sich in einem Überengagement für andere oder für eine Institution ausdrücken, wie es z.B. manchmal in helfenden Berufen anzutreffen ist. Es gibt aber auch Haltungen, die sich als eine Mischung aus beiden Fehlformen beschreiben lassen, wenn z.B. eine Nachwuchsführungskraft als „High Potential“ sich für eine Firma übermäßig engagiert und dabei im Interesse einer schnellen, steilen Karriere „über Leichen geht“, um schließlich in einer Machtposition nicht nur mit sich selbst, sondern entsprechend auch mit Anderen ausbeuterisch umzugehen – also eine Konstellation, in der man weder von einer Kultur der Selbstsorge noch von einer verantwortlichen Sorge für Andere reden kann.

Zunächst will ich jedoch den Begriff des „Selbst“ kurz erläutern, da er sowohl in unserer Umgangssprache nicht eindeutig verwendet wird als auch in der psychologischen Fachliteratur unterschiedlich aufgefasst wird. In Anlehnung an die Selbstpsychologie nach Kohut (vgl. Wolf 1996: 224) lässt er sich mit der Unterscheidung zwischen „Ich“ und „Selbst“ verdeutlichen: Die Ich-Funktionen betreffen die äußeren, zu lernenden Kompetenzen, die einem insbesondere im beruflichen Leben abverlangt werden. Das Selbst stellt demgegenüber den Bereich des inneren Lebens dar, ein grundlegendes Wertgefühl als einmalige Person in dieser Welt und damit die Möglichkeit zu engen Beziehungen (Ehe, Familie, Freunde, Verwandte, Kollegen). Hier sind andere Dimensionen der Persönlichkeit gefragt, die nicht als lernbare Kompetenzen und Funktionen zu verstehen sind, sondern die vielmehr durch ganzheitliche, emotionale Erfahrungen entstehen: sich anvertrauen, sich hingeben können, sich getragen wissen in liebevollen, freundschaftlichen Beziehungen, mit Anderen mitfühlen und sich für sie einsetzen können – ohne die innere Notwendigkeit, das jeweilige Geschehen möglichst umfassend überblicken und kontrollieren zu müssen.

Diese Unterscheidung ist für das Life-Coaching deswegen von besonderer Relevanz, weil bei einer berufsbezogenen Beratung leicht übersehen wird, dass eine erfolgreiche berufliche Funktionalität in erster Linie das äußere Ich betrifft und dass dabei die andere Seite der Person, das Selbst, möglicherweise überspielt oder unterdrückt wird und sich dabei nicht entwickeln kann. Die Problematik eines starken Auseinanderklaffens von „Ich“ und „Selbst“ ist insbesondere im Coaching von Führungskräften häufig anzutreffen: Hinter dem Glanz einer erfolgreichen Führungspersönlichkeit (d.h. hinter starken Ich-Funktionen) verbirgt sich nicht selten ein schwaches, leicht kränkbares Selbst, oder eine tiefgreifende narzisstische Problematik erscheint als eigentliche Antriebskraft für überdurchschnittliche Leistungen oder für ein Streben nach Macht (vgl. Kets de Vries 2002: 94; Schmidt-Lellek 2004). Diesen Widerspruch hat bereits Friedrich Nietzsche beobachtet, für den der „Wille zur Macht“ (zu verstehen als „Selbstmächtigkeit“) eine zentrale existenzielle Kategorie darstellt: „Mir ist der Hang zum Herrschen oft als ein inneres Merkmal von Schwäche erschienen: sie fürchten ihre Sklavenseele und werfen ihr einen Königsmantel um (sie werden zuletzt doch die Sklaven ihrer Anhänger, ihres Rufs usw.)“ (Nietzsche 1880: 252).

Ein Auseinanderklaffen von Ich und Selbst oder in anderen Worten von beruflicher und persönlicher Identität wird heute allerdings auch durch die Entwicklungen unserer Arbeitswelten gefördert: Für die Lebensgestaltung und insbesondere für die Gestaltung seiner Arbeitszeit und die Entwicklung seiner beruflichen Identität bieten traditionelle berufliche Rollenmuster und Arbeitskonzepte einem Berufstätigen heute keine hinreichende Sicherheit mehr. Menschen sind in zunehmendem Maße genötigt, sich persönliche, individuelle Formen für die Gestaltung ihrer beruflichen Arbeit zu schaffen, die für sie passen.

Dies bietet einerseits ein hohes Maß an individueller Freiheit; andererseits sind sie genötigt, diese Freiheit auch zu nutzen, aus den vielfältigen Möglichkeiten auszuwählen und sich immer wieder neu zu entscheiden (vgl. die Diskussionen um die „Postmoderne", z.B. Welsch 1991; Zima 2001; oder die „Risikogesellschaft", Beck 1986).

Aber diese Herausforderung einer autonomen Lebensgestaltung scheint für viele Menschen eine Überforderung darzustellen. Insbesondere bei den Personen, an die sich das Beratungsformat Coaching richtet, nämlich Führungskräfte und Freiberufler, wird der Verlust von traditionellen Formen, die berufliche Arbeit zu gestalten, spürbar und hat häufig beträchtliche Auswirkungen auf die eigene Gesundheit, auf das Privatleben in Beziehungen und Familien und auf die weiteren sozialen Vernetzungen. Generell scheint für diesen Personenkreis die Bedeutung von beruflicher Arbeit gegenüber anderen Lebensbereichen dermaßen vorzuherrschen, dass man vielfach von einer „Entgrenzung der Arbeit" redet. Umso wichtiger wird eine verantwortliche individuelle Gestaltung seiner Arbeitsabläufe; denn eine unkritische Anpassung an (von Firmen, Konzernen usw.) vorgegebene Arbeitserwartungen erscheint vielfach geradezu als eine Form von Selbstausbeutung, mit auf die Dauer selbstschädigenden Folgen.

Die Gefahr dazu ist dann besonders groß, wenn ein schwaches Selbst sich nicht entwickeln kann und wenn die erfolgreichen Ich-Funktionen nicht mit einem hinreichend stabilen, sich aus vielfältigen Quellen nährenden Selbstwertgefühl verbunden sind. Daraus kann weiterhin folgen, dass eine Person sich in unangemessener Weise vom Erfolg der äußeren, beruflichen Funktionen abhängig macht – die sprachliche Assoziation an Suchtabhängigkeit im Wort „*Workaholic*" ist hier naheliegend. Eine solche Abhängigkeit ist ebenso wie jede andere Sucht ein Hinweis auf ein instabiles oder defizitäres Selbst. Anders gesagt, je stärker die Spannung durch ein Auseinanderklaffen von Ich und Selbst erlebt wird, desto größer ist die Suchtgefährdung, bedingt durch – zweifellos letztlich untaugliche – Versuche, eben diese Spannung zu überbrücken, sie nicht zu spüren oder nur auszuhalten.

Dies kann die Qualität der Arbeit erheblich beeinträchtigen, denn insbesondere bei Führungskräften mit Personalverantwortung hat auch die Beziehungsfähigkeit zu anderen Menschen eine große Bedeutung. Deswegen wäre eine einseitige Unterstützung der Ich-Funktionen auf lange Sicht auch in beruflicher Hinsicht nicht unbedingt erfolgversprechend, ganz abgesehen von den Auswirkungen auf die ganze Persönlichkeit.

So muss ein Coach sich selbstkritisch fragen, wie weit er diese Wahrnehmungsmöglichkeiten im Hinblick auf die Persönlichkeit des Klienten hat. Wie steht es mit seiner Verantwortung, wenn er nur die – mehr oder weniger gut funktionierenden – Ich-Funktionen im Blick hat und nicht wahrnehmen will oder kann, dass diese auf einem unsicheren oder sogar brüchigen Untergrund stehen? Wie weit ist es sinnvoll oder möglich, allein die beruflichen Funktionen zu stabilisieren, wenn absehbar ist, dass z. B. bei einem Jobverlust oder bei der Berentung sich keine andere Stabilität hat entwickeln können? Für manchen Coaching-Klienten, der durch ein Outsourcing seine bisherige Position verloren hat, kann dies in eine schwere persönliche Krise münden, auch wenn er keine ökonomischen Probleme hat: Das eigentliche Problem ist der empfundene Wertverlust, besonders wenn es außer der beruflichen Arbeit keine andere stabile Quelle des Selbstwertgefühls gibt, die den Verlust ausgleichen könnte. In extremen Fällen kann der Coach die Selbstsorge des Klienten dadurch unterstützen, dass er ihm neben dem Coaching eine Psychotherapie empfiehlt; hier können verborgene Erlebens- und Bewertungsmuster, die in der Regel eine lange Geschichte haben, genauer, als es im Coaching möglich ist, bearbeitet werden. Ernsthafte Störungen des Selbst können ohnehin nur in einer Psychotherapie behandelt werden.

Eine *Anleitung zur Selbstsorge* im Life-Coaching bedeutet, solche meistens verborgenen Dynamiken wahrzunehmen und auch zu thematisieren im Interesse eines hinreichend stabilen Gleichgewichts von äußeren Ich-Funktionen und innerem Selbst-Erleben. „Selbstsorge" bezieht sich also nicht nur auf das „Selbst" im oben genannten engeren Sinne, sondern auf die ganze Person mit allen Anteilen und Dimensionen; es ist die Sorge um die ganze Person mit der Perspektive des Lebensganzen. Das Ziel ist die *Integration*, die Verbundenheit der verschiedenen Persönlichkeitsanteile und auch der verschiedenen Tätigkeitsdimensionen (s.u.). Dies ist als ein Merkmal von gelingendem Leben zu verstehen.

3 Die Hauptthemen des Life-Coaching: Sinn, Glück, Verantwortung

Im Folgenden sollen nun die wichtigsten existenziellen Themen angerissen werden, die im Life-Coaching mit den Klient/innen, bezogen auf ihre jeweilige Problematik, erörtert werden können. Damit soll der Fragehorizont gegenüber dem üblichen Business-Coaching erweitert werden, indem die im beruflichen Alltag auftretenden Konflikte, Schwierigkeiten, Probleme mit den Fragen nach Sinn, Glück und Verantwortung in Verbindung gebracht werden. Denn dies sind die Bezugsgrößen für ein gelingendes Leben insgesamt, in dem die berufliche Arbeit ein bedeutsamer Teil ist.

Das Verständnis von Sinn und von Glück als Ausdruck eines gelingenden Lebens ist heute in hohem Maße subjektiv geprägt. Übergreifende Sinnmuster, wie sie traditionell in den religiösen Institutionen gelten, verlieren zunehmend ihre Verbindlichkeit. „Postmoderne Identitätskonstruktion" bedeutet, dass an die Stelle von herkömmlichen Rollen- und Karrieremustern „der flexible Mensch" (Sennett 1999) und eine „Patchwork-Identität" (Keupp 1999) getreten sind. Daraus folgt die Notwendigkeit, sich in stärkerem Maße als in vergangenen Epochen um seine individuelle Identität und um seinen individuellen Sinn zu sorgen. Trotz dieser Subjektivität des jeweiligen Verständnisses lassen sich auf allgemeiner Ebene vor den inhaltlichen Bestimmungen Aussagen machen, auf welche Weise die Fragen nach Sinn und Glück sinnvoll gestellt werden können und welche Bedingungen dafür förderlich sind. Life-Coaching bietet einen Rahmen, in dem diese Themen im individuellen Dialog mit einem Klienten untersucht werden können. Im Rahmen dieses Beitrags nenne ich nur einige wenige Stichworte, in welcher Weise und mit welchen Konzepten eine Reflexion darüber befördert werden kann.

3.1 Sinn

Die Frage nach dem Sinn taucht in der Regel dann als persönliches existenzielles Thema auf, wenn der Sinn nicht mehr selbstverständlich ist. Typischerweise geschieht dies z.B. bei Jugendlichen, wenn sie aus der Sicherheit ihres Elternhauses hinauswachsen und hinausstreben; oder häufig forciert in der Lebensmitte, wenn einem die Endlichkeit der eigenen Lebenszeit und die Begrenztheit der eigenen Lebensmöglichkeiten allmählich bewusster spürbar werden. In solchen oder in ähnlichen Krisen verlieren bisherige Lebensinhalte jeweils ihre unbezweifelte Gültigkeit, und es werden neue Wertsetzungen und neue Orientierungen für sein Denken und Handeln gesucht. Die Sinnfrage lässt sich mit steigender Horizontweite auf drei verschiedenen Ebenen stellen:

1. Ebene des konkreten Handelns: Macht das Sinn, was ich getan habe, was ich gerade tue, was ich vorhabe?
2. Ebene des individuellen Lebensganzen: Welchen Sinn sehe ich in meinem einmaligen individuellen Leben?
3. Universale, kosmische Ebene: Hat das Leben auf der Welt an sich einen Sinn?

Auf der ersten Ebene bezieht sich der Sinn zunächst auf vorgegebene Zwecke: Ich arbeite, um Geld zu verdienen, um möglichst viel konsumieren zu können. Wenn solche Zwecke aber selbst fraglich werden, gelangt man zu den weiteren Ebenen der Sinnfrage. Damit fühlen sich viele Menschen allerdings oft überfordert, mit der Folge, dass die üblichen Zwecke, z.B. möglichst viel zu konsumieren, besser nicht hinterfragt werden. Wird die Sinnfrage auf den verschiedenen Ebenen aber doch zugelassen, dann kann sie den Einzelnen über sich selbst und seine bisher unbefragten Zwecke und Werte hinausweisen, sei es auf andere Menschen, indem man etwas für andere tut, sei es auf übergreifende Wertzusammenhänge, wie es z.B. mit religiösen oder philosophischen oder politischen Vorstellungen geschehen kann. Man kann die Sinnfrage auf verschiedene Weise angehen: indem man für sich einen Sinn *findet* oder einen Sinn *schafft*. Ersteres könnte bedeuten, sich in ein vorgegebenes Sinnsystem einzugliedern, Letzteres müsste heißen, in irgendeiner Weise Werte zu schaffen oder auf den Weg zu bringen, die über einen selbst hinausweisen (dies ist für *Nietzsche* ein zentraler Aspekt seiner Lebensphilosophie). Da jedoch die traditionalen, vorgegebenen Sinnsysteme in unserer westlichen Zivilisation weithin nicht mehr als allgemeinverbindlich anerkannt werden, sind wir heute umso mehr genötigt, individuelle Antworten auf die Sinnfrage zu schaffen.

Der Psychologe Reinhard Tausch (2004: 92) geht aufgrund seiner Forschungen davon aus, dass es zwischen Sinnhaftigkeit und seelischer Gesundheit deutliche Zusammenhänge gibt. Dabei sind vor allem vier Sinnfaktoren von Bedeutung:

1. Erfolg, Karriere, Beruf, Ziele, Wünsche, sich etwas leisten zu können.
2. Sinn im Bereich des eigenen Inneren (Selbstvertrauen, Selbstbestimmung, Gesundheit, Natur erleben u.a.).
3. Helfen, Verantwortung übernehmen, Sinnerfahrungen in Partnerschaft und Familie.
4. Religiöser/spiritueller/philosophischer Glaube, Vorbilder, Akzeptieren des Unabänderlichen, der Begrenztheit der Möglichkeit und der Lebenszeit u.a.

In jedem Fall ist es wichtig, dass das Sinnerleben nicht nur das Bewusstsein bzw. die Vernunft betrifft, sondern auch die Sinnlichkeit. Dies legt schon die doppelte Bedeutung des Wortes „Sinn“ nahe: (1) Sinnvoll ist etwas, das man als vernünftig ansehen kann (Gegenteil: sinnlos, unsinnig); (2) sinnvoll ist etwas, das die Sinne anspricht (Gegenteil: unsinnlich). Im Wort „Sinn“ sind also Vernunft und Sinnlichkeit, Denken und Empfinden, Geistigkeit und Körperlichkeit unlöslich verbunden.

3.2 Glück

Maßstab und Ziel jeglicher Lebensplanung und Lebenskunst ist *Glück*. Dieser vieldeutige Begriff umfasst in unserem Sprachgebrauch sowohl das, was einem schicksalhaft widerfährt (Glück als „Zufall“), als auch das planende, gestaltende Handeln (Glück als Gelingen,

„jeder ist seines Glückes Schmied"). Lebenskunst heißt einerseits, schicksalhafte Widerfahrnisse anzunehmen und damit auch für Glück empfänglich zu sein, andererseits sich Bedingungen zu schaffen, die für ein glückhaftes Erleben förderlich sind.

Ich definiere Glück ganz allgemein folgendermaßen: Glück heißt, sich selbst als wertvollen Menschen in wertvollen Beziehungen erleben zu können – alles andere sind dafür förderliche oder hinderliche Bedingungen. Auch das Selbstwertgefühl ist nicht einfach herstellbar – man kann es in sich vorfinden, wie es unter günstigen Bedingungen einem gegeben ist; es kann aber bei weniger günstigen Bedingungen auch defizitär sein oder verletzt und gekränkt oder im Extremfall zerstört werden (dies ist eines der Hauptthemen in der Psychotherapie). Dennoch kann man sich für förderliche Bedingungen einsetzen und sich mit hinderlichen Bedingungen auseinandersetzen, um Glück erleben zu können, sei es als episodisches Glück, also das Erleben von einzelnen Glücksmomenten, sei es als übergreifendes Glück, d.h. ein gelingendes Leben insgesamt.

Martin Seel unterscheidet in seiner Philosophie des Glücks vier verschiedene Formen des Glücks:

1. Glück als Wunscherfüllung, d.h. sein Leben so einrichten zu können, dass das eintreten kann, was man sich wirklich langfristig wünscht.
2. Glück als Selbstbestimmung, d.h. einen Prozess selbstbestimmten Lebens in Gang zu setzen und in Gang zu halten, die Erfahrung der Gestaltbarkeit des Lebens nach eigenen Vorstellungen.
3. Glück als gelingende Welterschließung, d.h. auf die Herausforderungen durch die Welt angemessene Antworten geben zu können.
4. Glück als erfüllter Augenblick, d.h. offen zu sein für ungeplante, unbekannte Zustände, in denen das eigene Wünschen und Wollen auch transzendiert werden kann, sich also nicht an die eigene Lebenskonzeption fesseln zu lassen.

Selbstsorge zielt generell auf ein glückendes, gelingendes Leben. Dafür müssen einerseits äußere Bedingungen gegeben sein oder geschaffen werden, die überhaupt Glück erleben lassen (z.B. eine hinreichende Sicherung der existenziellen Gründbedürfnisse), und andererseits muss jeder Mensch für sich selbst Bedingungen schaffen, damit er Glück erleben kann, indem er sich nicht nur um einen vergnüglichen, sondern auch um einen maßvollen, verantwortungsvollen und sinnvollen Lebensstil bemüht; außerdem gehört die Kraft dazu, auch schmerzliche Erfahrungen, Krankheit und sonstige Schicksalsschläge zu verarbeiten sowie eigene Schwächen, Schattenseiten und Widersprüche anzunehmen und mit ihnen verantwortlich umzugehen.

3.3 Verantwortung

Sinn und Glück müssen im Zusammenhang stehen mit Verantwortung. Denn der hohe Wert meines persönlichen Glücks ist gefährdet, wenn die Menschen, mit denen ich zusammenlebe, mein Glück nicht tolerieren können und wenn ich nicht auf die legitimen Glücksinteressen der anderen Rücksicht nehme. Die Bereitschaft zur Rücksichtnahme bzw. die in allen Kulturen überlieferte „goldene Regel" („Was du nicht willst, dass man dir tu', das füg auch keinem anderen zu") ist die Basis jeglicher Moralität.

Verantwortung ist der zentrale Begriff einer zeitgemäßen Ethik (vgl. Bauman 1995: 373). Dieser Begriff muss heute den der Pflicht ersetzen, denn ein Pflichtdenken impliziert, dass nur eine Möglichkeit des Verhaltens richtig ist. Demgegenüber ist heute eine Kompetenz erforderlich, zwischen mehreren Möglichkeiten oder zwischen entgegenstehenden Werten abzuwägen; und man muss für seine Entscheidung die Verantwortung übernehmen und für die Folgen geradestehen. Verantwortung impliziert das „Antworten" auf andere Personen in den jeweiligen Situationen und Kontexten; diese stellen für den Handelnden eine „Herausforderung" dar, aus sich herauszutreten und die Position des jeweiligen Anderen einzunehmen (Lévinas 1983: 209 ff). Dies lässt sich methodisch durch einen inneren Rollentausch erlebbar machen: So kann ich etwas über dessen Situation und Interessen erfahren und dann auch erspüren, wie ich antworten muss im Ausgleich mit meinen eigenen Interessen. Erst daraus kann ein Motiv zum moralischen Handeln erwachsen, das allen von meinen Handlungen Betroffenen gerecht wird.

Der Horizont der Verantwortung wächst mit den Einflussmöglichkeiten des Handelnden, wie z.B. bei Verantwortungsträgern in Politik und Wirtschaft und in anderen Organisationen. Dies angesichts der globalen Interdependenzen und Vernetzungen überhaupt wahrnehmen und reflektieren zu können, verlangt besondere Freiräume für ethische Reflexion. Life-Coaching kann ein solcher Freiraum sein; es ist kein Ort für moralische Belehrung, wohl aber ein Ort für die ethische Reflexion über die moralischen Implikationen seines Handelns.

Als Resümee lässt sich sagen: „Verantwortetes Glück macht Sinn" (Buer & Schmidt-Lellek 2008: 13).

4 Praxis der Selbstsorge

Selbstsorge ist ein Gegenbegriff zu Burnout: Während eine der Ursachen für ein Burnout in einer übermäßigen Fremdbestimmung zu orten ist, bedeutet Selbstsorge eine hinreichende *Selbstbestimmung*, die „Regierung über sich selbst", wie Michel Foucault betont. Selbstsorge ist kein einmaliger Akt einer Entscheidung für einen eigenen, selbstbestimmten Weg, sondern es ist eine lebenslange Arbeit an sich selbst, sein Leben in einer für sich passenden Weise zu gestalten, also einen eigenen *Lebensstil* zu entwickeln. Sich als Subjekt erleben zu können bzw. sich überhaupt als Subjekt zu konstituieren, bedeutet, die Verantwortung für die Gestaltung des eigenen Lebens nicht in fremde Hände zu legen. Eine Ethik der Lebenskunst heißt, sich nicht an von außen diktierten Wertvorstellungen zu orientieren (Schmid 1998: 60 ff). Und dies verlangt, seine Freiheit als vernunftbegabter Mensch auch zu nutzen.

Selbstsorge ist reflektierte Praxis, sie setzt also Selbsterkenntnis voraus. Selbsterkenntnis ist nicht nur Selbstzweck, sondern bezieht sich auf konkrete Handlungen. Beides ist nicht nur eine *Haltung,* sondern auch *Handlung*. Selbstsorge ist ein wesentliches Merkmal von Lebenskunst und eine Voraussetzung für gelingendes Leben. Aber sie muss eingeübt werden, und dazu braucht es Freiräume, unterstützende Rahmenbedingungen und konkrete Anleitung. Dazu seien im Folgenden zwei Konzepte kurz dargestellt, die neben manchen anderen konzeptionellen Hilfestellungen für die bewusste Lebensgestaltung bedeutsam sein können und auch im Life-Coaching zur Orientierung herangezogen werden können.

4.1 Selbsttechniken (nach Foucault)

Foucault (1993) empfiehlt mit Bezug auf die Philosophen der Antike einige „Selbsttechniken", mit denen eine kultivierte Selbstsorge eingeübt werden kann:

1. *Askese* (griech. = „Übung"): Der Begriff „Askese" ist durch die christliche und besonders die monastische Tradition vorbelastet: Man assoziiert vor allem Selbstverleugnung und Verzicht. Nach Foucault ist Askese jedoch weniger Verzicht, sondern vielmehr ein Mittel, sich mit etwas auszustatten. Dabei geht es um die Ermöglichung, zwischen wichtigen und unwichtigen Dingen des Lebens zu unterscheiden und sich über sein alltägliches Tun Rechenschaft zu geben. Diese Rechenschaft solle aber nicht primär im Sinne von Schuldzuweisungen oder Gewissensbissen erfolgen, sondern etwa bei einem überdachten Misslingen die Vernunft verstärken und damit für ein gelingendes Verhalten sorgen. In Anlehnung an die alten Griechen lassen sich bei den Übungen der Askese zwei Pole unterscheiden:
   - *Meléte* bzw. *meditatio*: eine imaginierte Erfahrung, um das Denken zu schulen; d.h. um reale Situationen vorzubereiten und um auch Schicksalsschläge in Würde zu meistern (z.B. imaginierte Dialoge).
   - *Gymnasía*: die Übung im realen Tun, in den konkreten Handlungen, auch wenn sie künstlich herbeigeführte Übungssituationen sind (z.B. Rollenspiele).
2. *Schreiben* als Form der Selbstreflexion, als Möglichkeit, zu sich selbst in Distanz zu treten (Notizbücher, Tagebücher, Briefe) und Erfahrungen und Erkenntnisse beim Wiederlesen neu zu reflektieren. Das Schreiben dient zur Heranbildung seiner selbst, zur Formung und Transformation seiner selbst.
3. *Traumdeutung*: Träume können als „Realitätszeichen oder Botschaften von Künftigem" verstanden werden; sie sind eine „Einladung zur Freiheit und zur Veränderung", indem sie nicht nur schon Gewesenes, sondern auch noch Mögliches aufzeigen.
4. *Einteilung der Zeit:* Die Selbstsorge verlangt Freiräume, eine Auszeit aus dem alltäglichen Geschäft, um in Ruhe zu sich zu kommen.

Diese Empfehlungen sollen nicht zu einer ängstlich-verbissenen Grundeinstellung führen – so wie unser umgangssprachliches Verständnis von „Askese" als Lustfeindlichkeit nahelegen mag. Vielmehr eröffnet die „Übung" der Selbstsorge „die Erfahrung einer Freude, die man an sich hat" (Foucault 1986: 91). Selbstsorge „ist keine Übung in Einsamkeit, sondern wahrhaft gesellschaftliche Praxis" (S. 71). Sie ist in vielfältiger Weise auf andere Menschen bezogen. Es ist keine Weltflucht, reine Innerlichkeit oder Egozentrik, sondern indem ich mich mit mir selbst beschäftige, werde ich fähig, mich mit anderen zu beschäftigen. Man muss sich selbst regieren, um andere regieren zu können; d.h. es ist Ausdruck von Verantwortungsbewusstsein.

4.2 Vier Tätigkeitsdimensionen (nach Martin Seel)

Als Leitlinie für eine bewusste Gestaltung seiner Lebensvollzüge möchte ich nun ein Konzept des Frankfurter Philosophen Martin Seel vorstellen, das auch als Modell für eine gelingende Work-Life-Balance geeignet ist. Seel hat in seiner Untersuchung „Versuch über die Form des Glücks" (1999: 139 ff.) vier verschiedene „Dimensionen gelingender menschlicher Praxis" beschrieben, in denen sich die oben genannten Formen des Glücks realisieren können:

(1) Arbeit: zielgerichtetes Handeln zum Erreichen äußerer Zwecke, die Behandlung eines Objekts durch ein Subjekt. Arbeit ist ein konstitutiver Bestandteil gelingenden Lebens; denn „wir eignen uns die Welt im arbeitenden Umgang an" (S. 147). Gelingende Arbeit setzt ein hinreichendes Maß an Autonomie voraus, in welcher der Arbeitende seine Leistungen erbringen kann. So gesehen kann Zwangsarbeit zwar instrumentell erfolgreich sein, aber sie kann nicht als gelingende Arbeit gelten. Im Hinblick auf unsere Arbeitsgesellschaft spricht Seel von einer „meist zugleich individuellen und sozialen Pathologie des Arbeitens. Sie liegt darin, nichts anderes – nichts anderes von Wert – zu kennen als Arbeit. Damit entsteht aber das Problem, dass mit dem Erreichen eines Arbeitsziels es kein sinnvolles Tun und Dasein mehr gibt: Der Augenblick des instrumentellen Gelingens wird zum Augenblick des existenziellen Misslingens" (ebd.). Daraus folgt die Notwendigkeit, sich auch die anderen Lebens- und Tätigkeitsdimensionen zugänglich zu machen, damit die Arbeit im Lebensganzen gelingen kann; denn „zum Gelingen von Arbeit gehört mehr als das Gelingen von Arbeit" (S. 150).

(2) Interaktion: Umgang mit einem menschlichen Gegenüber, die Begegnung unter Subjekten. Hier geht es um den „Zugang zu einer Wirklichkeit, die nicht lediglich zu Zwecken der Aneignung da ist" (ebd.). Während wir uns in der Arbeit an der Wirklichkeit eines Gegenstandes abarbeiten, lassen wir uns hier auf die Wirklichkeit eines Gegenübers ein. Dabei ist die Unterscheidung zwischen strategischer und dialogischer Interaktion zu treffen: Wenn ein *strategisches* Einwirken auf Andere überwiegt, kann es sich um eine Form der Arbeit handeln, indem der Andere zum Objekt meines Handelns wird. *Dialogische* Interaktionen dagegen sind „Handlungen, in denen wir in Antwort auf die Antworten anderer handeln." Bedingung dafür ist eine wechselseitige Offenheit füreinander, indem der Andere nicht lediglich für eigene Zwecke instrumentalisiert wird. Dennoch können strategische und dialogische Interaktion zusammen bestehen, so wie auch Arbeit und Interaktion koexistieren können. Hier wäre im Einzelnen jedoch zu fragen, „welches Maß an strategischem Handeln mit dialogischem Verhalten verträglich ist" (S. 153), ohne dass also die Offenheit für den Anderen verloren geht – eine Frage, die insbesondere für professionelle Beratung (wie z.B. Coaching) eine hohe Relevanz hat. Dialogische Interaktion bedeutet die Erfahrung von wechselseitiger Anerkennung, und das ist Bedingung für gelingende personale Identität. Aber diese Erfahrung scheint heute vielen Menschen mehr und mehr zu fehlen, indem für sie die Erfahrung einer wechselseitigen Instrumentalisierung dominiert. Wer andere Menschen vorrangig für eigene Zwecke instrumentalisiert, wirkt nicht nur auf diese verletzend, sondern beschädigt auch sich selbst, denn er verliert die „Möglichkeit, sich selbst anderen gegenüber als lebendiges Gegenüber zu erfahren" (S. 158). Außerdem ginge mit einer fehlenden Auseinandersetzung mit Fremdheit auch die Möglichkeit der eigenen Entwicklung verloren. Andererseits ist auch eine gelingende dialogische Interaktion auf andersartige Erfahrungen angewiesen, denn sonst würde eine Verarmung oder Verödung der Interaktionen drohen. Kurz: „Zu gelingender Interaktion gehört mehr als das Gelingen von Interaktionen" (ebd.).

(3) Spiel: Tätigkeit ohne externen Zweck, ein vollzugsorientiertes Handeln, das seinen Zweck in sich selbst trägt. Im Spiel kann die Gegenwärtigkeit des eigenen Lebens stärker erfahrbar werden. Dies kann zwar auch in den anderen Dimensionen geschehen: So spricht z.B. Csikszentmihalyi (1996: 175) von dem „flow-Erlebnis" als einer besonderen Qualität von Arbeitsvollzügen, wenn jemand völlig in seinem Tun aufgeht – ebenso wie beim Schachspielen oder beim Tanzen. Der spielerische Zugang zur Wirklichkeit ist zwar als zweckfreies Tun zu begreifen, aber er ist andererseits – so die zentrale These des Kultur-

anthropologen Huizinga (1956) – eine der Bedingungen der höheren Kulturentwicklung: Gerade das nicht an Ziele und Zwecke gebundene Handeln bietet den offenen Raum für freie Bewegungen der Phantasie und der Kreativität, aus der überraschende, ungeplante Entdeckungen gemacht werden können. Die Gefährdungen des Spielens liegen zum einen in einer Instrumentalisierung durch externe Zwecke, sodass die Gegenwärtigkeit des Spielens verloren geht. Zum anderen kann eine Spielleidenschaft zur Spielsucht degenerieren, wenn das Spielen mit den sozialen Verbindlichkeiten nicht mehr kompatibel ist. So lässt sich auch hier abschließend festhalten: „Zum gelingenden Spielen gehört mehr als nur gelingendes Spiel" (Seel 1999: 165).

(4) Betrachtung, Kontemplation: Interaktion mit einem Gegenstand ohne ein personales Gegenüber, auch dies ist primär vollzugsorientiertes Handeln. Betrachtung ist „ein selbstzweckhaftes denkendes und anschauendes Verweilen" bei einem Gegenstand (Seel 1999, 165 ff.). Es handelt sich um eine Interaktion ohne ein personales Gegenüber, ohne eine dialogische Begegnung. Der Begriff „Betrachtung" entspricht dem griechischen *theoría* sowie dem lateinischen *contemplatio* oder *speculatio*. Bei Aristoteles ist „theoría" ein rein selbstzweckhaftes Handeln, das jedem bewirkenden Vollbringen entgegensteht und keine Resultate anstrebt, – unabhängig davon, dass daraus durchaus wertvolle Erkenntnisse oder veränderte Haltungen hervorgehen können. In der Betrachtung treten wir in eine Distanz zu den Belangen und Sorgen des Alltags. In diesem Abstand von allem pragmatischen Tun kann ein tiefes Sich-Versenken in einen Gegenstand geschehen, etwa beim Betrachten eines Bildes oder beim Hören einer Musik, in welchem ebenfalls (wie im Spiel) ein Erleben von erfüllter Gegenwart möglich ist. Im kontemplativen Verweilen kann man „aus der Zeit des Strebens nach vorgefassten Zielen heraustreten," man kultiviert damit „eine Distanz gegenüber sich und der Welt, die einen mit sich selbst und der Welt freier umgehen lässt" (S. 169). Eine Gefährdung dieser Lebensdimension ist dann gegeben, wenn sie als übergreifendes Lebensideal genommen wird. Denn damit würde sich der Wechsel von Nähe und Distanz zur Welt auflösen, und wie bei einem Spielsüchtigen könnte der Zugang zu den anderen Tätigkeitsdimensionen verloren gehen. Man muss also die Kontemplation jederzeit abbrechen können. „Sie bietet einen erfüllenden Abstand nur, solange dieser Abstand nicht zur Flucht vor der Beteiligung am vollbringenden und dialogischen Handeln gerät" (S. 170). So gilt also auch für diese Tätigkeitsdimension: „Zu gelingender Betrachtung gehört mehr als gelingende Betrachtung" (ebd.).

Gelingendes, glückliches Leben bedeutet, eine Balance zwischen diesen vier Dimensionen zu finden oder immer wieder neu zu schaffen. Diese Balance ist gefährdet, wenn einerseits eine oder mehrere Dimensionen fehlen oder unterentwickelt sind und wenn andererseits eine einzelne Dimension allzu sehr dominiert oder absolut gesetzt wird (wie z.B. beim Spielsüchtigen oder beim „Workaholic"), sodass der Wechsel zu anderen Tätigkeitsdimensionen erschwert oder verunmöglicht wird. Die Gewichtung der einzelnen Dimensionen kann in den verschiedenen Kulturen und in individuellen Biographien sehr unterschiedlich sein; aber gelingendes Leben setzt nach diesem Konzept voraus, dass diese vier Dimensionen einem Menschen zugänglich sind und in irgendeiner Weise ihren Platz in seinem Lebensalltag haben.

5 Schlussfolgerungen für die Selbstsorge als Burnout-Prävention

Professionelles Handeln von Fach- und Führungskräften verlangt über die äußeren Kompetenzen und Fähigkeiten hinaus auch den verantwortungsvollen Einsatz der eigenen Person. Dies wird jedoch immer schwieriger, wenn man bedenkt, dass für diesen Personenkreis einerseits die Leistungsanforderungen eminent gestiegen sind und dass andererseits für viele Professionelle die äußeren Ich-Funktionen und das innere Selbst auseinanderzuklaffen drohen. Deswegen ist heute ein Life-Coaching als Einübung der Selbstsorge so wichtig, damit der Blick auf das Lebensganze und auf alle Lebensdimensionen gelenkt werden kann. Selbstsorge als *Achtsamkeit für sich selbst* betrifft das persönliche Wohlbefinden durch ein Erleben von Sinn und Glück ebenso wie einen durch Verantwortung geprägten beruflichen Erfolg. Je mehr das eigene Befinden missachtet wird, sei es von einem selbst, sei es von Anderen (Vorgesetzten, Berufskollegen, Familienangehörigen usw.), desto größer ist die Gefahr, dass die „Balance“ zwischen den verschiedenen Lebensdimensionen verloren geht – so wie ein Radfahrer sich nicht mehr fortbewegen kann, wenn er das Gleichgewicht verliert. Neben vielen äußeren und inneren Bedingungsfaktoren für *Burnout*, die in der einschlägigen Fachliteratur genannt werden (vgl. Gussone & Schiepek 2000), spielt ein Mangel an Achtsamkeit für sich selbst bei einem Entstehen von Burnout eine bedeutsame Rolle. Dieser Mangel kann z.B. folgendermaßen zum Ausdruck kommen:

- als Entfremdung von eigenen Wertvorstellungen, Neigungen und Interessen,
- als kritiklose Unterwerfung unter die Interessen Anderer,
- als unbedachte Übernahme von ethisch unverantwortlichen Aufgaben,
- als Missachtung von eigenen Leistungsgrenzen,
- als Selbstausbeutung aufgrund von Ängsten vor Kritik oder vor Jobverlust,
- als unkontrolliertes Ausleben von Emotionen (z.B. Wut und Ärger gegen Andere).

Selbstsorge als reflektierter und achtsamer Umgang mit sich ist ein wesentliches Merkmal einer gelingenden, d.h. glückhaften, sinnerfüllten und verantwortungsvollen Berufs- und Lebensgestaltung. Life-Coaching bietet einen Freiraum, in dem die Kompetenzen dafür eingeübt werden können.

Literatur

Bauman, Z. (1995). Postmoderne Ethik. Hamburg: Hamburger Edition.

Beck, U. (1986). Risikogesellschaft. Auf dem Weg in eine andere Moderne. Frankfurt/M.: Suhrkamp.

Buer, F. & Schmidt-Lellek, C. (2008). Life-Coaching. Über Sinn, Glück und Verantwortung in der Arbeit. Göttingen: Vandenhoeck & Ruprecht.

Csikszentmihalyi, M. (1996). Das flow-Erlebnis. Jenseits von Angst und Langeweile: im Tun aufgehen (6. Aufl.). Stuttgart: Klett-Cotta.

Deutscher Bundesverband Coaching e.V. (DBVC) (2010). Leitlinien und Empfehlungen für die Entwicklung von Coaching als Profession (3., erw. Aufl.). Osnabrück: DBVC Geschäftsstelle.

Foucault, M. (1986). Die Sorge um sich. Sexualität und Wahrheit III. Frankfurt/M.: Suhrkamp.

– (1993). Technologien des Selbst. Frankfurt/M.: S. Fischer.

Gussone, B. & Schiepek, G. (2000). Die „Sorge um sich“. Burnout-Prävention und Lebenskunst in helfenden Berufen. Tübingen: dgvt-Verlag.

Huizinga, J. (1956). Homo ludens. Vom Ursprung der Kultur im Spiel. Reinbek: Rowohlt Enzyklopädie (Orig. Arnheim 1939).

Kets de Vries, M. (2002). Das Geheimnis erfolgreicher Manager. Führen mit Charisma und emotionaler Intelligenz. München: Financial Times Prentice Hall.

Keupp, H. et al. (1999). Identitätskonstruktionen. Das Patchwork der Identitäten in der Spätmoderne. Reinbek: Rowohlt.

Lévinas, E. (1983). Die Spur des Anderen. Untersuchungen zur Phänomenologie und Sozialphilosophie. Freiburg: Karl Alber.

Martens-Schmid, K. (2007). Die „ganze Person" im Coaching – Ambivalenzen und Optionen. Organisationsberatung, Supervision, Coaching, 14 (1), 17-28.

Nietzsche, F. (1880). Nachgelassene Fragmente 1880-1882. Kritische Studienausgabe Bd. 9. München, Berlin: dtv, de Gruyter, 1980.

Schmid, W. (1998). Philosophie der Lebenskunst. Eine Grundlegung. Frankfurt/M.: Suhrkamp.

Schmidt-Lellek, C. J. (2003). Coaching und Psychotherapie – Differenz und Konvergenz. Organisationsberatung, Supervision, Coaching, 10 (3), 227-234.

– (2004). Charisma, Macht und Narzissmus. Zur Diagnostik einer ambivalenten Führungseigenschaft. Organisationsberatung, Supervision, Coaching, 11 (1), 27-40.

– (2006). Ressourcen der helfenden Beziehung. Modelle dialogischer Praxis und ihre Deformationen. Bergisch Gladbach: EHP.

Schreyögg, A. (2003). Coaching. Eine Einführung für Praxis und Ausbildung (6., erw. Aufl.). Frankfurt/M.: Campus.

Seel, M. (1999). Versuch über die Form des Glücks. Studien zur Ethik. Frankfurt/M.: Suhrkamp.

Sennett, R. (1999). Der flexible Mensch. Die Kultur des neuen Kapitalismus. Berlin: Berlin Verlag.

Tausch, R. (2004). Sinn in unserem Leben. In A. E. Auhagen (Hrsg.), Positive Psychologie. Anleitung zum „besseren" Leben (S. 86-102). Weinheim: Beltz.

Welsch, W. (1991). Unsere postmoderne Moderne (3., durchges. Aufl.). Weinheim: VCH, Acta humaniora.

Wolf, E.S. (1996). Theorie und Praxis der psychoanalytischen Selbstpsychologie. Frankfurt/M.: Suhrkamp.

Zima, P.V. (2001). Moderne/Postmoderne. Gesellschaft, Philosophie, Literatur (2., überarb. Aufl.). Tübingen, Basel: A. Francke.

Komplementär-Coaching: Herausforderungen an Coaching im Change und in der Krise. Eine theoretische Annäherung

Heidrun Strikker & Frank Strikker

1 Wandel als Normalität wirtschaftlichen Handelns

Wirtschaftliches Handeln ist Handeln unter Unsicherheit. Mit dieser scheinbar trivialen Aussage sind Manager in Unternehmen insbesondere seit Ende 2008 beschäftigt und versuchen durch Daten, Fakten, Extrapolationen, Szenarien und Hypothesen eine Risikominimierung zu erreichen. Risikoaverse Manager galten in den letzten Jahren als eher analytisch und defensiv, risikofreudige als offensiv und aktionistisch. Allen gemeinsam ist jedoch, dass sie auf der Suche nach einer Gewissheit sind – spätestens dann, wenn sie auf Fragen der Banken oder ihrer Mitarbeiter antworten müssen.

Time to market, quick wins, schnellere Produktionszyklen sind Begriffe für einen grundlegenden Wandel, der sich vor allem mit dem Terminus ‚Zeit' verbindet. Das Tempo und die drastisch verkürzten Zeiträume für wirtschaftliches Handeln und Entscheidungen induzieren eine qualitative Veränderung gegenüber früheren Zeitperioden. Globalisierung kann als der zweite zentrale Terminus für gravierende Veränderungen gelten, der die neue Komplexität des Handelns in ihrer unüberschaubaren Vernetzung beschreiben soll. Beide Faktoren erhöhen Unsicherheit, Ambivalenz und Risiken für Manager und Führungskräfte. Die weltweite Finanzkrise hat in den letzten Monaten den Druck auf Führungskräfte erheblich erhöht und zugleich herkömmliche und gewohnte Denk- und Verhaltensmuster in Frage gestellt.

Coaching, das sich als Unterstützung und Begleitung von Managern und Führungskräften in herausfordernden Situationen verstehen will, ist aufgefordert, hier professionelle Antworten zu geben. Damit sind Haltung, Einstellung und Sichtweise des Coachs, seine Vorgehensweisen, Instrumente und Tools angesprochen.

2 Die Aufgaben von Führungskräften

Angesichts der umfassenden Herausforderungen stehen Führungskräfte vor Aufgaben, die sie nur in Kooperation mit Anderen bewältigen können, was eine wesentlich stärkere Abstimmungs- und Teamfähigkeit voraussetzt, als bisher von ihnen erwartet wurde. Zudem muss sich ihr Führungsverhalten an Teamerfordernissen und -anforderungen deutlich mehr orientieren als in der Vergangenheit. Zugleich ist ihre Arbeit aber weiterhin auf die Strukturen und organisationalen Bedingungen des Unternehmens ausgerichtet und soll sicherstellen, dass die Organisation ‚in stürmischer See' überlebt und ihre Ergebnisse verbessert. Aber: Sind diese Anforderungen überhaupt noch realisierbar angesichts der Weltwirtschaftskrise und der auf breiter Front versagenden Managementkonzepte und Personen? Zwei Begriffe, die auch in Krisen für erfolgreiche Führungskräfte von großer Bedeutung sind, die jedoch in der Vergangenheit viel zu wenig beachtet und selten mit konkreten Verhaltensweisen gefüllt worden sind, sollen in den Fokus rücken:

1. Führungsfähigkeit
2. Veränderungsfähigkeit

2.1 Führungsfähigkeit

Die Aufgaben, Möglichkeiten und Ansätze von Führung in sich verändernden Umwelten sind in den letzten Jahren von verschiedener Seite untersucht und analysiert worden (vgl. Neuberger 2002, Yukl 2002). Die fachwissenschaftliche und oft psychologisch determinierte Diskussion schwankt zwischen dem überragenden Einfluss eines ‚Great Man' bis zu systemischen Ansätzen, in denen die Bedeutung der Funktion über den Einfluss der Person gestellt werden. Während Führung lange Zeit ausschließlich attributionsorientiert in einer stabilen Unternehmenssituation gedacht wurde, gehen neuere Ansätze den Überlegungen nach, wie Veränderungen durch Führung gestaltet, gesteuert und unterstützt werden können. Neben der transaktionalen ist vor allem die transformationale Führung zu nennen, die als ‚new leadership approach' ein integratives Konzept verfolgt, bei dem die Frage gestellt wird, „wie es Führungskräften gelingt, Mitarbeiter und Organisationen so zu führen, dass im Umfeld globaler und dynamischer Veränderungen herausragende Leistungen erzielt werden" (Dörr 2008: 11). Eigenschaftstheoretische Ansätze, die die Persönlichkeit in den Mittelpunkt stellen, werden verknüpft mit verhaltenstheoretischen Perspektiven, die die Lernbarkeit und Entwicklungsfähigkeit der Führungskraft betonen, um ein ganzheitliches Bild der Führungsperson zu erhalten. Führungskräfte sollen transformierend wirken, indem sie sich, ihre Mitarbeiter und die Organisation in einen neuen ‚Seins'-Zustand führen. Damit einher gehen neue Werte, Einstellungen, Überzeugungen und Motive als wichtiger Bestandteil des Führungsprozesses und zeigen auf, dass nicht nur die ‚äußere' Veränderung angestrebt wird, sondern die Beteiligten sich auch ‚innerlich' verändern sollen (vgl. Bass 2002).

Transformationale Führung, die organisationale Veränderungen als ihren Ausgangspunkt betrachtet und gravierenden Wandel bewältigen will, zeichnet sich aus durch vier Dimensionen (vgl. Dörr 2008: 22):

1. *Idealisierter Einfluss*, in manch einem Zusammenhang als Charisma bezeichnet, bedeutet, dass die Führungskraft als persönliches Vorbild handelt, authentisch und glaubwürdig ist und damit eine starke emotionale Bindung mit den Mitarbeitern aufbaut.
2. Eine *begeisternde Vision* entwickeln zu können, sie überzeugend zu kommunizieren und engagiert zu vertreten, wird als inspirierende Motivierung benannt.
3. Die dritte Dimension ist die *intellektuelle Stimulierung*, die meint, dass Mitarbeiter durch ihre Führungskraft zu kreativem und innovativem Denken angeleitet und stimuliert werden.
4. *Individuelle Mitarbeiterorientierung* wird vielfältig verstanden und bezieht sich auf Wertschätzung, Anerkennung und konstruktive Kritik ebenso wie auf die Unterstützung bei der individuellen Weiterentwicklung des Mitarbeiters.

In einem dynamischen wirtschaftlichen Umfeld und bei organisationalen Veränderungen, die zudem als Krise wahrgenommen werden und ein hohes Maß an Unsicherheit und Stress induzieren, gelten transformationale Führungskräfte als effektiv (vgl. Bass 1999). Während bei diesem Ansatz von Führung die Person mit ihren Einflussmöglichkeiten auf ihre Mitarbeiter in den Mittelpunkt gerückt wird, entwirft die systemische Betrachtung von Führung ein anderes und zum Teil entgegen gesetztes Bild.

Führung wird hier verstanden als „eine ‚Eigenschaft' des sozialen Systems Organisation" (Wimmer 2008a: 2). Vergleichbar zu verschiedenen Spezialisierungen in einer Organisation hat sich Führung auf die Erhaltung der Überlebensfähigkeit der Organisation spezialisiert und gilt als ein Ergebnis einer Mannschaftsleistung, die ein konstruktives Zusammenspiel aller Kräfte anstrebt. Um dieses erreichen zu können, benötigt Führung zum einen eine Führungsstruktur (z.B. als Organisationsform, klare Verantwortungsbereiche, Spielregeln) und zum anderen Persönlichkeiten, die die entsprechenden Begabungsvoraussetzungen mitbringen und sich auf Führungsaktivitäten spezialisiert haben (vgl. Wimmer 2008a). Um passende Entwicklungsimpulse setzen zu können, müssen sie die Organisation permanent mit einer Soll-Istdifferenzierung versorgen. Da Führung in der heutigen Zeit nicht auf eine vorgegebene (natürliche) Autoritätsressource zurückgreifen kann, ist ihre Eigenleistung von zentraler Bedeutung. „Darum ist das „Wie" der Wahrnehmung von Führungskräften so enorm erfolgskritisch" (Wimmer 2008a: 3). Führungskräfte sind in diesem Sinne für die Kultur des Miteinanders, für die Realitätswahrnehmung der Umwelt und der eigenen Situation in einem hohen Maße mitverantwortlich. Dabei gibt Wimmer zu bedenken, dass die Steuerung der Organisationsverhältnisse, die Koordination der verschiedenen Aktivitäten nicht mehr wie im klassischen Führungsverständnis über die Hierarchie erreicht wird, sondern durch Aushandlungsprozesse. Diese kommunikativen Prozesse gehen einher mit der ‚Anerkennung der wechselseitigen Abhängigkeit' (Wimmer 2008b: 80).

Will Führung dauerhaft und überzeugend bestehen, tut sie gut daran, „den eigenen Beitrag zur Überlebensförderung, zur Wertschöpfung unter ökonomischen Gesichtspunkten, sichtbar und nachvollziehbar zu machen" (Wimmer 2008b: 80). Sollte dies nicht gelingen, so besteht die Wahrscheinlichkeit, dass der Legitimationsanspruch von Führung erodiert. Eine besondere Herausforderung entsteht in jüngster Zeit dadurch, dass viele Kooperationen und Allianzen nicht mehr wie eine Organisation, sondern über eine (ihre) Organisation hinaus agieren und damit interorganisationale Zusammenhänge in den Blickpunkt geraten. Derartige Formen der Kooperation lassen sich als Netzwerke abbilden. Netzwerkstrukturen entstehen auf unterschiedlichen Ebenen,

a. zum einen als Form der Zusammenarbeit von Organisationen,
b. zum anderen unterhalb dieser Ebene als Zusammenarbeit von Teilen verschiedener Organisationen und
c. als Kooperationsform für Führungskräfte innerhalb einer Organisation.

Da Netzwerke labiler sind als feste Strukturen, besteht eine der zentralen Herausforderungen an Führung darin, die Funktionsfähigkeit dieser Netzwerke sicher zu stellen. In einzelnen systemischen Ansätzen wird diese Arbeit an Netzwerkstrukturen besonders betont, indem geraten wird: „... den Blick ausschließlich auf die Netzwerkstrukturen zu richten....Wir lassen die Identität der Menschen unberührt, stattdessen konzentrieren wir uns auf das Geflecht ihrer Beziehungen" (Heinze 2004: 132). Folgerichtig wird geschlussfolgert, dass ein Veränderungsmanager daran arbeiten muss, „ein neues Bündel von sozialen Netzwerken mit neuen Strömungen und Verbindungen aufzubauen" (Heinze 2004: 133). Mit dieser Arbeit im Netzwerk begibt sich der Manager auf ein neues Spielfeld, das von ihm selbst Veränderungsarbeit verlangt.

2.2 Veränderungsfähigkeit

Veränderungen in Unternehmen werden von verschiedenen Komponenten determiniert, von denen zwei in die nähere Untersuchung genommen werden sollen: Wandlungsbereitschaft und Wandlungsfähigkeit. Wandlungsbereitschaft bezieht sich auf die Haltungen der Beteiligten und beleuchtet ihre Motivation, ihre Akzeptanz einer Veränderung und ihre innere Einstellung. Wandlungsfähigkeit umfasst auf der Unternehmensebene die Felder Personen (Wissen und Können), Strukturen (Flexibilität und Anpassungsfähigkeit der Prozesse und Organisationselemente) und Technik (z.T. IT- und Produktionstechnik, vgl. Krüger 2006). Während Bereitschaft und Fähigkeit im Modell von Krüger auf einer personellen wie auf einer unternehmensbezogenen Ebene gesehen werden, und damit an einigen Punkten eher weit voneinander entfernt zu betrachten sind, sollen sie nach unserer Einschätzung in einen engeren Zusammenhang gebracht werden. Fähigkeiten alleine sind noch keine Garantie, dass sie zu Fertigkeiten oder Handlungskompetenzen weiter entwickelt und ausgebaut werden. Hierzu muss eine Bereitschaft des Einzelnen vorliegen, da ohne sie die Aneignung von Wissen und Können nicht realisierbar ist. Ohne nun die verschiedenen Komponenten von Veränderungsfähigkeit zu artikulieren (z.B. Motivations-, Ambiguitäts-, Toleranz-, Frustrations-, Überzeugungsfähigkeit, vgl. ausführlicher Greif/Runde/Seeberg 2004), wollen wir verdeutlichen, dass die Zielrichtung von Veränderungsfähigkeit eine mehrfache ist. Veränderungsfähigkeit für und in einer Unternehmung muss zwangsläufig auf den Ebenen Person, Team und Organisation gedacht werden (vgl. Capgemini Consulting 2010). Damit sind wir beim Kern einer komplementären Betrachtungsweise.

3 Coaching ist eine besondere Form der Dienstleistung

Coaching gilt im Allgemeinen als eine personenorientierte (Beratungs-) Dienstleistung (vgl. Kühl 2008), die sich von verschiedenen anderen Dienstleistungen allerdings gravierend unterscheidet. Dienstleister wie Transportunternehmen, Banken oder Anwälte haben neben ihrem Expertenwissen eine gewisse und z. T. umfassende Entscheidungshoheit im Hinblick auf das Endprodukt und den Prozess der Entstehung. Der Klient/Kunde kann für sich nur sehr bedingt ein entsprechendes Wissen reklamieren und ist auf die Expertise, den Rat und die optimale Empfehlung angewiesen. Selbst der Vergleich mit scheinbar ‚vergleichbaren' Angeboten trügt oft, da sich die Feinheiten dem interessierten Laien entziehen. Demzufolge ist die Mitarbeit des Klienten/Kunden auf ein rein informatives Minimum reduziert, das oft kaum über die Auftragserteilung und begrenzende Rahmenbedingungen hinaus geht. Zudem existiert das Produkt der Dienstleistung in vielen Fällen, z.B. bei Bankprodukten, unabhängig vom Kunden, was bedeutet, dass eine aktive Mitwirkung des Kunden bei der Produktentwicklung nicht notwendig ist.

Beim Coaching und bei Bildungsprozessen von Erwachsenen ist demgegenüber eine hohe Aktivität des Coachee bzw. Lernenden eine conditio sine qua non (vgl. Laske/Kappler 2006: 78). Wissen, Fähigkeiten und Aktivitätsbereitschaft sind für Coachingprozesse eine notwendige Voraussetzung, um das auf einem höheren Niveau angesiedelte Ergebnis erreichen zu können. Ohne eine grundlegende Bereitschaft zur Veränderung, kann Coaching nicht gelingen. Coaching unterliegt damit einer personenabhängigen Leistungserstellung im doppelten Sinne, da Coachee wie Coach eine Leistung erbringen müssen, die allerdings nur vom Coachee letztlich realisiert werden kann. Der Coachee agiert folglich in einer Doppelrolle, da er einerseits als Kunde ein Coaching nachfragt und an einem guten Ergebnis interessiert ist, andererseits aber zugleich Produzent des Ergebnisses ist.

Dieser Umstand, die Herstellung von Beratungsleistung in der Interaktion, wird als ‚people Processing' (vgl. Kühl 2008: 95) beschrieben und weist auf die aktive Leistungserbringung des Coachee hin. In der konstruktivistischen Didaktik (vgl. Arnold/Siebert 1997) wird diesem Umstand Rechnung getragen, indem der Blick weg von der lehrenden Person oder dem Coach hin zum lernenden Subjekt oder sich verändernden Coachee gerichtet wird. Damit wird der Coach zum Arrangeur einer Lernlandschaft und eines Interventionsszenarios, bei dem der Coachee in seiner Individualität der Hauptakteur ist. Aus konstruktivistischer Perspektive müssen drei Merkmale erfüllt sein:

1. Der Coachee kann aktiv und selbstgesteuert handeln.
2. Wirklichkeit, Wissen und Fähigkeiten werden vom Coachee subjektiv wahrgenommen, konstruiert, genutzt und umgesetzt.
3. Interventionen unterstützen und fördern das selbstaktive Handeln und die Selbstorganisation des Coachee (in Anlehnung an Gerstenmaier 2004: 678).

Coaching kann nur als dialogische Interaktion bestehen, jede Form von Konsumentenverhalten führt unweigerlich zu einer einseitigen Kommunikation, die schnell in voreilige Ratschläge, Anweisungen oder Verordnungen mündet. Watzlawick hat mit seinem fünften Axiom der Kommunikation prägnant beschrieben, wie die Interaktion im Coaching gestaltet werden kann: „Zwischenmenschliche Kommunikationsabläufe sind entweder symmetrisch (gleichwertig) oder komplementär (ergänzend), je nachdem ob die Beziehung zwischen den Partnern auf Gleichheit oder Unterschiedlichkeit beruht" (Watzlawick/Beavin/Jackson 1990: 70). Coaching muss beide Anforderungen erfüllen – die symmetrische Kommunikation ‚auf Augenhöhe' ebenso wie die Verantwortung für die Steuerung und Prozessgestaltung des Coachings, die in einem komplementären Sinn verstanden werden soll.

4 Coaching im Change und in der Krise

Business-Coachs, systemische Coachs oder TOP-Management-Coachs – die unterschiedlichen Bezeichnungen im Berufsbild des Coachs variieren alle um die entscheidende Fragestellung herum: Welche Coaching-Expertise, welcher Coaching-Schwerpunkt, welche Methoden und welche dahinter stehenden Theorien und Gedankenmodelle werden in der Zukunft gebraucht und erfolgreich vom Markt angenommen?

Die Vielfalt der Coaching-Angebote und die große Nachfrage aus verschiedensten Zielgruppen zeigen, dass Coaching im Change auf einen Zeitnerv trifft. Coachees werfen mit ihrem differenzierten Bedarf an spezifischen Veränderungen *sowohl* systemische, organisatorisch-strukturelle *als auch* individuelle persönliche neue Fragestellungen auf. Den parallelen Anforderungen, die sich daraus ergeben, müssen sich Coachs inhaltlich wie methodisch gewachsen zeigen. *Derzeit steht daher keine Change-Methode und kein Coaching-Modell für sich allein erfolgreich am Markt, um der Fülle und Gleichzeitigkeit der Veränderungen explizit begegnen zu können.*

Coaching übernimmt und leistet stattdessen eine besondere, variable Brückenfunktion – zwischen den Veränderungen innerhalb und außerhalb der Organisationen und ihren beteiligten Personen, zwischen subjektiven Erwartungen Einzelner oder Gruppen und der fachlich-sachlichen Anpassung an zukünftige systemische Anforderungen, zwischen intensiven kommunikativen Prozessen und strukturellen, IT-gestützten Abläufen.

Wie in den vergangenen Jahren in der externen Beratung, so sind auch im Coaching, insbesondere im Auftragscoaching (vgl. Klein/Strikker 2003), die häufigsten Auslöser für Coachinganfragen neue, funktionsspezifische oder strukturelle Anforderungen oder auch Schwierigkeiten mit konkreten fachlichen Veränderungen und stark sachbezogene Fragestellungen im Rahmen von Veränderungsthemen (vgl. Böning/Fritschle 2005: 88). Ließen sich diese Aspekte auf der Ebene der organisatorischen Vorgaben und fachlichen Voraussetzungen ebenso gut mit der Methode der fachlichen Beratung oder auch des kollegialen Austausches klären, zeigt sich allerdings im vertraulichen Coaching oft gleich zu Beginn, dass hinter organisationsspezifischen Zugangshinweisen und Auslösern ein stark sachliches wie emotional intensives persönliches Veränderungsanliegen besteht.

Coachees wissen i. d. R. gut, wie die rein fachliche Realisierung ihrer sach- und funktionsbezogenen Veränderungsvorhaben erreicht werden könnte. Allerdings wollen sie inmitten der dynamischen Veränderungslandschaft einen guten Überblick behalten, um gezielt agieren zu können. In vielen Fällen ist für sie daher fraglich, wie sie trotz eigener Irritationen ihre offenen Problemstellen und ihre Anliegen auf den Weg bringen, und ihr Erfolgskonzept abrufen können. Viele Coachees ringen daher im Coaching weniger um die ‚richtigen' fachlichen Antworten – diese zu geben oder auch ganz neue Möglichkeiten zu finden, trauen sich die meisten sehr rasch zu. Es geht ihnen im Coaching stattdessen um die ‚richtige' individuelle und um die passende organisatorische Herangehensweise. Auf der individuellen Ebene stellen sich Fragen wie: Was genau ist vertretbar? Welche neuen Fähigkeiten benötige ich als Führungskraft? Wie kann ich meine persönliche Performance verbessern? Was muss ich Neues lernen? Auf der organisatorischen Ebene stellen sich die entsprechenden Fragen, die auf das Team, den Bereich oder die Gesamtorganisation bezogen sind: Welche Veränderungsbereitschaft und -fähigkeit besteht bei meinen Mitarbeitern und im Unternehmen? Wie können sie verbessert werden? Welche kollektiven Anker und Beliefs hindern uns?

Mit diesen Hinweisen wird zum einen deutlich, wie eng die individuelle und die organisatorische Betrachtung miteinander verknüpft sind und in einem zu integrierenden Spannungsverhältnis zueinander stehen. Zum anderen wird betont, dass in der konkreten Arbeit im Coaching beide Perspektiven getrennt voneinander bearbeitet werden sollten, bevor man sie vorschnell integriert (vgl. ausführlicher Strikker, H. 2007). Der komplementäre Ansatz soll sowohl in der Beziehung zwischen Coach und Coachee als auch in der inhaltlichen Betrachtung des Anliegens und des Prozesses diese Aspekte von Unterschiedlichkeit und Verbindung kategorial unterstreichen.

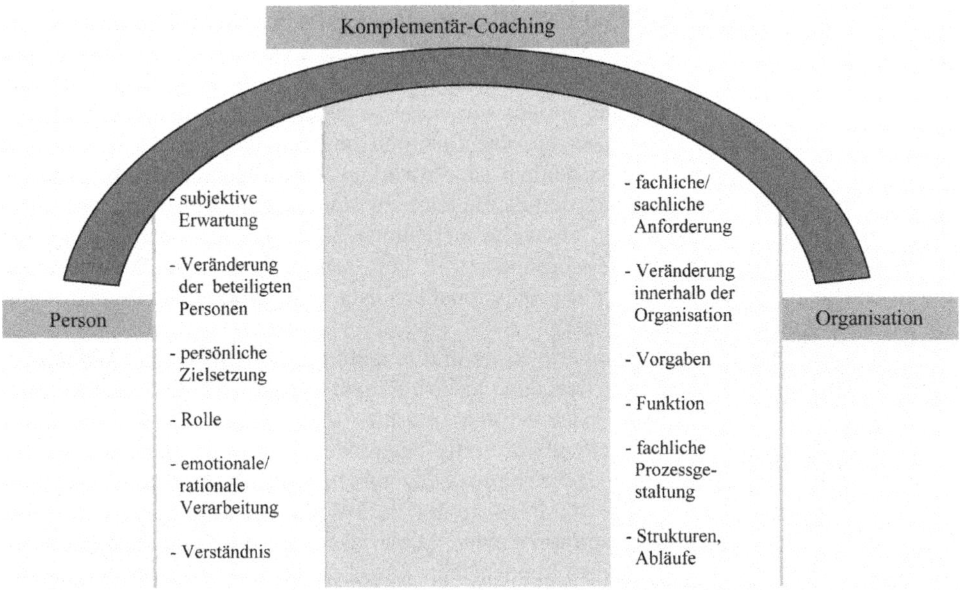

Abbildung 1: Komplementär-Coaching verbindet Person und Organisation

Symmetrische und komplementäre Kommunikation

Changeprozesse zu begleiten und Coachees in diesen Phasen sinnvoll und effizient zur Seite stehen zu können, erfordert die komplementäre Kompetenz eines Coachs und seine symmetrische Kommunikationsfähigkeit. Ein Coach muss in der Lage sein, verschiedene Wahrnehmungsebenen und unterschiedliche Inhalte in ihren gegensätzlichen Wechselwirkungen und ergänzenden Beziehungen zueinander gemeinsam mit dem Coachee zu betrachten und sachlich wie emotional zu reflektieren. Komplementär-Coaching fördert diese besondere Veränderung im Sinne des Coachees auf der personalen Ebene wie gleichermaßen und mit parallelem Blick in der Umsetzung und Veränderung der Organisation bzw. des Unternehmens. KomplementärCoachs erreichen dies durch eine stete Balance zwischen symmetrischer und komplementärer Kommunikation von Coach und Coachee und der Mehrdimensionalität ihrer Betrachtung.

Während es dem Coachee im ersten Anliegen um ein rein persönliches Anliegen gehen mag, muss der Coach professionell erfassen können, wie dieses individuelle Anliegen einerseits im Interesse des Coachees erfolgreich umgesetzt werden kann und welche organisatorischen Konsequenzen und unternehmensspezifischen Angleichungen notwendig sind bzw. dem Anliegen konträr gegenüber stehen. Individuelle Veränderung steht meist im engen Zusammenhang mit changespezifischen Herausforderungen und so muss persönliche Entwicklung innerhalb eines Unternehmens auch zu den aktuellen oder auch zukünftigen Ausrichtungen der Organisation bzw. des Bereiches passen.

Der Coach kann sich daher im Change nicht allein auf seine personenbezogene, i. d. R. symmetrische, d.h. auf Augenhöhe ausgerichtete Rolle beschränken und den Coachee nur individuell unterstützen. Im Change ist der Coach ebenso gefragt, die komplementäre Rolle anzunehmen und ggf. von sich aus initiativ Hinweise zu geben auf mögliche Konflikte, auf organisationsspezifische Konsequenzen, auf Gefahren und auf Risiken, auch wenn dies nicht vom Coachee selbst wahrgenommen oder abverlangt wird. Komplementäre Kompetenz bedeutet daher eine herausfordernde Balance zu steuern zwischen symmetrischem, ganz auf den Coachee und seine Belange ausgerichteten Verhalten und einer parallel verlaufenden komplementären Beziehungsebene, die umfassend schaut, sachlich wie emotional orientierte Impulse gibt und mit professioneller Distanz die emotionalen wie kontextspezifischen Konsequenzen betrachtet.

Change erfordert diese veränderte Rolle und braucht die komplementäre Befähigung eines gleichzeitig symmetrisch agierenden Coachs. Komplementäre Kompetenz beantwortet die Frage, inwieweit es dem Coach gelingt, eine auf Augenhöhe ausgerichtete Kommunikation umzusetzen, in der er ein gleichwertig agierender Gesprächspartner ist, der als unterstützender Begleiter dem Coachee vollständig die Lösung überlässt. Der Coach ist aufgefordert, diese Aufgabe aktiv und transparent – zum Wohle des Coachees – zu verbinden mit einer Steuerung und Integration ganzheitlich erfassender, organisationsspezifischer Wahrnehmungsbereiche, in denen er Impulsgeber, Ratgebender, Hinweisender und Konsequenzen aufzeigender Komplementär ist.

Der Schlüssel und das Ergebnis eines so begründeten erfolgreichen Coachingkonzepts ist diese besondere, wahrnehmbare und kommunizierbare *Befähigung zur Herbeiführung einer mehrdimensionalen Veränderung.*

Die Aufgabe des Coachs ist es, eine passende Lernlandschaft und einen Reflexionsrahmen zu ermöglichen und immer wieder neu zu entwickeln, damit der Coachee die Veränderungsfähigkeit der eigenen Person erproben und erlernen kann. Da in Unternehmen und Organisationen von Führungskräften auch zukünftig und trotz heftiger wirtschaftlicher oder politischer Krisen und Turbulenzen messbare und umsatzorientierte Ergebnisverantwortung verlangt wird, müssen Führungskräfte ihre individuellen Möglichkeiten nutzen, um Veränderungsfähigkeit auf die Führung und Gestaltung der organisationalen Bedingungen und Strukturen im beruflichen wie persönlichen Kontext anzuwenden. Diese Umsetzung braucht immer wieder starkes persönliches „Rückgrat" von den Beteiligten.

Bei Veränderungen ist das Timing von entscheidender Bedeutung. Manch eine Entscheidung wird unmittelbar abverlangt, auch wenn sie mehr Zeit benötigen würde, bis die Ergebnisse reifen. Da der Faktor Unsicherheit hoch ist, steigt der tägliche emotionale Druck auf die Führungskräfte.

Die Bewältigung der vielen unwägbaren Einflüsse und Änderungen im Tagesablauf wirtschaftlichen Krisenmanagements erfordert eine neue und veränderte Qualität in der Führung, in der Kommunikation mit Kollegen und Schnittstellenverantwortlichen, in der projektgebundenen Zusammenarbeit und in der persönlichen Abstimmung der Führungskräfte untereinander.

Coaching muss sich daher mit der Steuerung dieser komplexen Prozesse und dem sinnvollen Umgang mit Störungen, Änderungen und Unwägbarkeiten befassen. Coachees erleben täglich, dass Change-Prozesse und ihre Ablaufstrukturen nicht als einmal entschieden und damit für alle Beteiligten und Schnittstellen als verbindlich auf den Weg gebracht verstanden werden können. Diese ständige Veränderungsbedingtheit von Prozessen bereitet vielen Managern enorme Schwierigkeiten, persönlich wie auch in der Führung ihrer Verantwortungsbereiche.

Wie können sie diese verschiedenen Anforderungen bewältigen?

Führung und Steuerung sind im Change in einer Weise an erfolgreiche Kommunikation und an verbindliche Abstimmung gebunden, dass Führungskräfte große persönliche Schwierigkeiten erfahren, wenn sie diese besondere Qualität nicht in ihr Verhalten übersetzen und in ihre Führung einbringen können. Dieser besondere Zugang zu ihrer eigenen Veränderungs- und Führungsfähigkeit ist ihnen unbekannt. Ihnen fehlt das Wissen um die innere Steuerung des eigenen Verhaltens in neuen ungewohnten Szenarien, die sie qua Order bzw. Vorgaben nicht mehr steuern können. Diese Führungskräfte müssen ihr altes Verhalten um neue Verhaltens- und Reaktionsweisen erweitern oder teils gänzlich ersetzen. Sie müssen neu kommunizieren und auftreten lernen und mit einerseits prozess- und andererseits ergebnisorientiertem Selbstverständnis die eigene Veränderungsfähigkeit und Führungskompetenz unter Beweis stellen.

Gerade in Krisenzeiten müssen Führungskräfte neu lernen, andere Personen erfolgreich für sich zu gewinnen und ihr Verhalten auf Augenhöhe mit anderen zu bringen. In Krisen persönlich motivieren und überzeugen zu können, ist gleichzeitig mit dem Wissen um knallharten, durchaus nicht immer fairen Wettbewerb, um Machtstellung und Taktik und letztlich immer auch um den wirtschaftlichen und persönlichen Erfolg verbunden. Erfolg im Change ist daher zunehmend an die Befähigung gekoppelt, sich variabel in die unterschiedlichen Veränderungsphasen ‚einklinken' zu können und bei den permanenten Abstimmungsprozessen in der laufenden Kommunikation eingebunden zu sein.

In jedem Change-Prozess werden geplante Erfolgsfaktoren ebenso wie unerwartete Fehlerquellen erst im Prozess selbst erkennbar, müssen aktuelle Änderungen eingespeist werden, gilt es plötzlich, Abläufe zu unterbrechen und auch gänzlich abzubrechen, wenn der Kontext, der Kunde, das Management dies entscheidet (vgl. Strikker, F. 2008). Change-Prozesse können daher zwar auf vielen Charts und in Präsentationen gut verständlich dargestellt und logisch strukturiert sein – sie müssen von den Beteiligten verstanden, erfasst und innerlich gelebt werden.

Im vertraulichen Coaching suchen Beteiligte genau diese Klarheit und den komplementär ausgerichteten Fokus. Die mehrdimensionalen Perspektiven eröffnen den Beteiligten den Zugang zu derartigen Fragestellungen: Wie kann mir zugleich die Vermittlung der Prozesse und die permanente Aufmerksamkeit auf den Veränderungsfluss gelingen? Wie können die Zusammenhänge über Kommunikation und Information gelebt und vermittelt werden? Wie kann ich in krisenhaften Situationen steuern, ohne pauschal anzuweisen? Wie kann ich meine eigenen Informationslücken und Unsicherheiten meistern, um überzeugend zu gestalten?

Komplementär-Coaching ermöglicht eine entsprechende Professionalisierung in der Führung und entwickelt parallel zur äußeren Veränderungsbefähigung die Prozess- und Gestaltungssteuerung der eigenen inneren Haltung.

5 Individuum und Organisation komplementär verbinden

Warum dieser komplementäre Ansatz? Das Persönliche im Business ist heute stark individualisiert, wird von vielen Managern und Mitarbeitern möglichst in Abgrenzung zum beruflichen Orientierungsrahmen bewältigt und führt deshalb bei persönlich erlebten Problemstellungen zu einer wachsenden Nachfrage nach Coaching. Parallel zur Individualisierung persönlicher Anliegen haben die Entwicklung von Matrixorganisationen und die teilweise hochkomplexen, virtuellen Kommunikationsabläufe in den Unternehmen zu starken Auswirkungen auf die Veränderungsbefähigung der einzelnen Personen, sowohl im Management als auch bei den Mitarbeitern geführt. Wenn der Spannungsbogen zwischen ständiger beruflicher Veränderungsnotwendigkeit und dem Ringen um die eigene, engagierte Persönlichkeit nicht angemessen gesteuert und ausbalanciert wird, führen diese Belastungen zu Phänomenen wie Burnout und inneren Kündigungen.

Für Coaching zeigt sich in diesem Aufeinandertreffen von persönlichen und unternehmensspezifischen Anliegen in der Person des Coachees: es braucht eine verbindende, *spezifische Coaching-Betrachtung, eine neue, prozessorientierte „Theorie" und eine entsprechend angepasste methodische Vorgehensweise.*

Eine komplementäre Betrachtung von Prozess- und Ergebnisorientierung, von persönlicher Veränderungsfähigkeit und der Notwendigkeit neuer Strukturen, Funktionen und Führung öffnet den Blick auf changespezifische und erfolgreich umsetzbare *neue Erfolgsfaktoren* im Coaching.

Change als Führungsprinzip bedeutet, dass Coachees nicht mehr auf einen erfolgreichen *Abschluss* in ihrer Arbeit mit einem Coach hinarbeiten können, sondern auf ihren erfolgreichen *Umgang* mit *kontinuierlicher Veränderung* – persönlich wie in ihrem Kontext der Organisation.

Es bleibt keine Zeit, Coaching als Konzept im Hinblick auf zukünftige Ziele zu konzipieren und zu gestalten. Die Ergebnisse müssen aktuell erreicht werden. Output und Outcome, zentrale Evaluationskriterien im Coaching, wachsen zeitlich enger zusammen. Welchen Einfluss dieses Phänomen auf die Evaluation von Coachingprozessen haben wird, ist derzeit offen. Für das Coaching selbst bedeutet es, dass mit jedem Treffen klare Ergebnisse erwartet werden. Permanente Veränderungen auf den Märkten und in den Organisationen induzieren kontinuierliche Veränderungen beim Coachee.

Change-Auslöser sind nicht eindimensional. Change entsteht nicht an einem bestimmten Punkt. Um Change zu erfassen, braucht Coaching eine ganzheitliche und am besten mehrdimensionale Qualität, in der es ebenso um die Person wie um Reflexion, Strategie und Handlungsoptionen des Coachees gehen muss.

Aus methodischer Sicht können die Expertise bspw. von NLP und systemischer Beratung einen wesentlichen Beitrag dazu leisten, dass Ergebnisse effizient, unmittelbar und zugleich nachhaltig zur Wirkung kommen. Im Modell des Komplementär-Coaching fließen verschiedene Standards aus der Expertise in Managemententwicklung, wissenschaftliche Gedankenmodelle, Kurzzeitmethoden und der Feld- und Kontextkompetenz eines Coachs zusammen (vgl. Strikker, H. 2007).

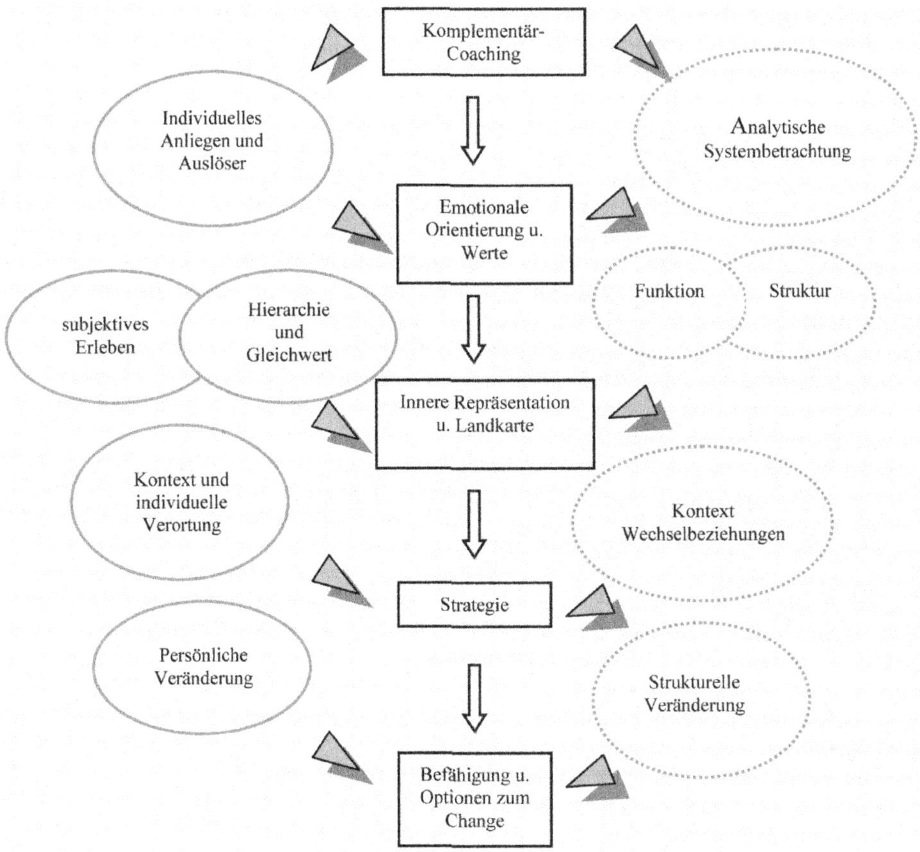

Abbildung 2: Komplementärer Bezugsrahmen

Mit Abbildung 2 wird an einigen Beispielen verdeutlicht, wie sich die beiden Ansätze unterscheiden und dennoch komplementär aufeinander beziehen. Gemeinsam ergeben sie eine größere Vollständigkeit, die einen weiteren Sinn bewirkt als es durch die einseitige Betrachtung erreichbar wäre.[1] Die Schwerpunkte auf der Seite der Person sind individuelles

1 Bei der aktuellen Diskussion um Komplementärberatung wird der Begriff Komplementär als neue Verbindung von Sach- und Prozessberatung verwendet (vgl. Königswieser et al. 2006). Bemerkenswert ist, dass dieser Ansatz bereits vor rund 10 Jahren von Böning und Fritschle entwickelt worden war (vgl. Böning/Fritschle 1997), aber keine entsprechende Resonanz gefunden hatte. Vielleicht waren die Autoren ihrer Zeit zu weit voraus. Im Unterschied zur Komplementärberatung wird beim Komplementär-Coaching (vgl. Strikker, H. 2007), die Sachberatung nicht berücksichtigt, hingegen die prozessuale Beratung aus den beiden Perspektiven Person und Organisation miteinander verbunden. Die rein sachliche Beratung ist im Komplementär-Coaching nicht integriert, da aus unserer Überzeugung der Coachingprozess damit überfrachtet werden würde. Zudem würde bei der 1:1 Situation die Gefahr einer permanenten Rollendiffusion entstehen. Auch wenn hier und da fachliche Hinweise im Coaching sinnvoller Weise gegeben werden, so empfehlen wir, dass sich Coaching von der reinen Fachberatung unterscheiden sollte. Ein gewichtiges Argument hierfür ist, dass persönliche Aspekte im Coaching umfangreich thematisiert werden sollen, diese in der fachlichen Beratung gerade keine Rolle spielen sollten.

Anliegen und Auslöser, subjektives Erleben, personenbezogene Hierarchie und Gleichwert, Kontexte der individuellen Verortung, persönliche Veränderungen. Auf der Seite der Organisation stehen hingegen die Schwerpunkte fachliche/sachliche Anforderung, Veränderung innerhalb der Organisation, Vorgaben, Funktion, fachliche Prozessgestaltung, Strukturen und Abläufe. Bei der integrierten Arbeit, die sich aus beiden Perspektiven speist, werden im Sinne eines komplementären Verständnisses emotionale Orientierung und Werte, innere Repräsentation und Landkarte, Strategie, Befähigung und Optionen im Change in den Mittelpunkt gestellt.

Keine Perspektive allein führt zu befriedigenden Antworten im Change, aber in der komplementären Arbeit können sich drängende Fragen beantworten, die die Notwendigkeit zur Veränderung aufwirft:

1. Wie kann Eigenverantwortung im Unternehmen gestärkt und geschult werden?
2. Welche innere Haltung braucht eine Führungskraft und wie ermöglicht Coaching Führungs- und Veränderungsfähigkeit?
3. Wie können Coachs ihre komplementären Werkzeuge noch gezielter und feiner auf den Einzelnen und auf seine systemischen Bedingungen abstimmen? Welche Tools, Methoden und Werkzeuge sind geeignet?

Um eine gemeinsame und komplementäre, die Person und ihr Umfeld berücksichtigende Basis für ein Coaching zu erhalten, bieten folgende Thesen einen wirkungsvollen Bezugsrahmen und ein praxisrelevantes Handlungsgerüst:

- Veränderung ist komplex, d.h. Person und ihr Kontext sind immer ganzheitlich zu betrachten.
- Die Verantwortung für Veränderung liegt ausschließlich beim Coachee. Der Coach ist professionell beobachtender Begleiter und Gestalter von Lernräumen, die Veränderungsfähigkeit ermöglichen und unterstützen müssen.
- Konstruktive Kommunikation als Erfolgsfaktor im Change basiert darauf, sich der inneren eigenen Vorbehalte, Emotionen, Bewertungen und spezifischen Repräsentationen und der des/der Anderen bewusst zu sein und einen offenen Austausch über die Unterschiedlichkeit im Denken, Fühlen und Verhalten zu ermöglichen, wenn es darum geht, Lösungen herbei zu führen.

Komplementäre Kompetenz hilft in der aktuellen Coaching-Debatte, den Blick für Veränderungsqualität und Führungsfähigkeit zu schärfen.

Systeme verändern sich und der Mensch mit ihnen, die Systeme leben durch ihn, durch seine Bereitschaft, sich ihre unsichtbaren Strukturen vorzustellen und sich auszumalen, wie sie besser und geeigneter gebaut sein könnten, um in ihnen und mit ihnen ein gesundes, verträgliches und bereicherndes Leben zu führen.

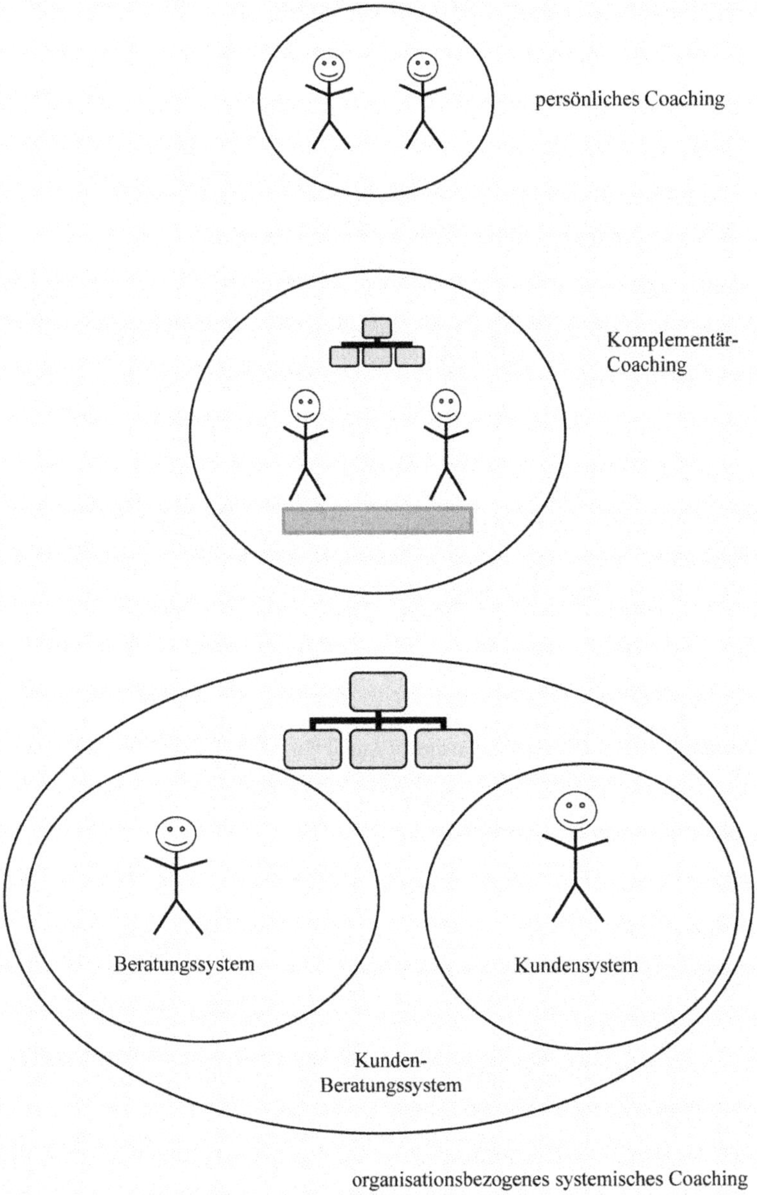

Abbildung 3: Drei Ansätze im Überblick

Mit dem Überblick der drei Ansätze (vgl. Abb. 3) wird betont,

- das persönliche Coaching im klassischen Sinn konzentriert sich auf die Person des Coachees, seine Anliegen und persönliche Zielsetzung, seine emotionale wie rationale Verarbeitung
- das organisationsbezogene, systemische Coaching rekurriert auf der Differenzierung in Berater- und Kundensystem, die im Berater-Kundensystem zusammengeführt werden
- während Komplementär-Coaching beide Ansätze integriert.

Unabhängig vom Auslöser für ein Coaching, seien es individuelle oder organisatorische Fragestellungen, so hängen beide Themenstränge in engem Zusammenhang und erfordern die aufmerksame und ganzheitliche Betrachtung.

Literatur

Arnold, R./Siebert, H. (1997): Konstuktivistische Erwachsenenbildung. Von der Deutung zur Konstruktion von Wirklichkeit. Hohengehren: Schneider Verlag (2. Auflage)

Bass, B.M. (1990): From transactional to transformational leadership: Learning to share the vision. In: Organizational Dynamics 18(3). Pages 19-36

Bass, B.M. (2002): Cognitive, Social, and Emotional Intelligence of Transformational Leaders. In: Riggio, R.E./Murphy, S.E./Pirozzolo, F.J. (Ed.): Multiple Intelligences and Leadership. Mahwah, New Jersey. Lawrence Erlbaum Associates, pp. 105-118

Böning, U./Fritschle, B. (1997): Veränderungsmanagement auf dem Prüfstand. Eine Zwischenbilanz aus der Unternehmenspraxis. Haufe-Verlag

Capgemini Consulting (2010): Change Management Studie 2010. Business Transformation Veränderungen erfolgreich gestalten. Berlin, auch unter www.capgemini.com

Dörr, S. (2008): Motive, Einflussstrategien und transformationale Führung als Faktoren effektiver Führung. München/Mering: Rainer Hampp Verlag

Gerstenmaier, J. (2004): Konstruktivistisch orientierte Beratung. In: Nestmann, F./Engel, F./Sickendiek, U. (Hrsg.): Das Handbuch der Beratung, Band 2, Ansätze, Methoden und Felder. Tübingen: dgvt-Verlag. S. 675-690

Greif, S./Runde, B./Seeberg, I. (2004): Erfolge und Misserfolge beim Change Management. Göttingen Hogrefe Verlag

Heinze, R. (2004): Keine Angst vor Veränderungen! Change Prozesse erfolgreich bewältigen. Heidelberg: Carl-Auer Verlag

Laske, S./Kappler, E. (2006): Führung und Entwicklung von Bildungsorganisationen. In: Gütl, B./ Orthey, F.M./Laske, St. (Hrsg.): Bildungsmanagement. Differenzen bilden zwischen System und Umwelt. München/ Mering: Rainer Hampp Verlag. S. 75-104

Klein, S./Strikker, H. (2003): Auftragscoaching oder die Tücken der Dreiecksbeziehung. In: Graf, J. et al. (Hrsg.): Seminare 2003. Das Jahrbuch der Management-Weiterbildung. Bonn MangerSeminare Verlag S. 119-128

Königswieser, R./Sonuç, E./Gebhardt, J./Hillebrandt, M. (Hrsg.) (2006): Komplementärberatung. Das Zusammenspiel von Fach- und Prozeß-Know-How. Stuttgart Klett-Cotta

Krüger, W. (2006): Excellence in Change. Wege zur strategischen Erneuerung. Wiesbaden: Gabler Verlag (3. Auflage)

Kühl, St. (2008): Coaching und Supervision. Zur personenorientierten Beratung in Organisationen. Wiesbaden: VS Verlag für Sozialwissenschaften

Strikker, F. (2007): Coaching zwischen Populismus und Professionalität. Thesen zur Bilanz eines erfolgreichen Konzepts. In: Strikker, F. (Hrsg.): Coaching im 21. Jahrhundert. Kritische Bilanz und zukünftige Herausforderungen in Wissenschaft und Praxis. Augsburg: ZIEL Verlag. S. 9-26

Strikker, F. (2008): Coaching im Change – Veränderungsprozesse gezielt managen. In: Merk, R./ FHDW (Hrsg.): Coachingprozesse – Theorie und Praxis. Bielefeld: FHM-Verlag. S. 57-70

Strikker, H. (2007): Komplementär-Coaching. Mensch und System komplementär verbinden. Paderborn: Junfermann Verlag

Watzlawick, P./Beavin, J.H./Jackson, D.D. (1990): Menschliche Kommunikation: Formen, Störungen, Paradoxien. Bern: Verlag Hans Huber (8. unveränd. Aufl.)

Wimmer, R. (2008a): Einige Thesen zum Verständnis von Führung. Diskussionsgrundlage für den Expertenworkshop ‚Führungsfähigkeit stärken' am 26. September 2008 im Rahmen der Bertelsmann Stiftung

Wimmer, R. (2008b): Interview. In: Krusche, B. (Hrsg.): Paradoxien der Führung. Aufgaben und Funktionen für ein zukunftsfähiges Management. Heidelberg: Carl-Auer Verlag. S. 74-86

Yukl, G. (2002): Leadership in Organizations. In: New Jersey Prentice-Hall International 5th Edition

Führung, Organisation und Management – Implementation von Coachingwissen in den unternehmerischen Alltag

Resilienz im Führungscoaching

Susanne Klein

1 Was macht Leadership erfolgreich?

„Let's face it, to lead is to live dangerously" (Heifetz & Linsky, 2003: 59).

Führungskräfte stehen in der gegenwärtigen wirtschaftlichen Situation auf dem Prüfstand. War es in den letzten Jahren sehr begehrt, eine Führungsposition zu besetzen, sind Führungskräfte derzeit eher verunsichert und suchen eine neue strategische Orientierung, um ihr Unternehmen erfolgreich in der Krise zu führen. Führung braucht also neue Strategien und Konzepte. Folgende Fragen, die bisher schon interessant waren, gewinnen in diesen Zeiten neu an Gewicht:

- Was macht eine gute Führung aus? und
- Welche Skills braucht eine Führungskraft für ihre Aufgabe heute?

Diese Fragen liegen im Führungscoaching im Moment oben auf. Und die Antwort ist nicht trivial. Denn Führung ist nach Heifetz und Linsky keine ganz ungefährliche Rolle. Oft wird diese Rolle assoziiert mit einem gewissen Glanz und interessanten Erfolgen, mit dem Gefühl, dass Menschen dazu bereit sind, mit ihrem Leader durch „Dick und Dünn" zu gehen und mit einem angenehmen Grad an Beliebtheit. Der Führungsalltag zeigt auch eine andere Seite: Es gibt immer wieder sehr schwierige Situationen, die es zu meistern gilt. Und zwar alleine. Denn in Führungspositionen nimmt die Zahl der Sparringpartner, mit denen vertrauliche Themen besprochen werden können, deutlich ab.

Erfolgreich Führung zu leben bedeutet also, alleine in der Lage zu sein, schwierige Situationen zu analysieren, eine angemessene Entscheidung zu treffen und diese in Handlungen umzusetzen. Das gilt auch dann, wenn es um eine sehr schwierige Entscheidung geht, wenn es um unangenehme Themen geht und wenn man selbst emotional beteiligt ist. Genau in diesen Situationen zeigt sich, ob und wie erfolgreich Führung gelebt werden kann.

Aus diesen Überlegungen heraus wird deutlich, dass Führung vor allem durch eine Haltung gekennzeichnet ist, die es ermöglicht, sich erfolgreich zu positionieren. Wenn man fragt, was Menschen erfolgreich macht, dann wird man feststellen, dass es eine Kombination aus Wissen, Erfahrung und Haltung ist.

Betrachtet man dieses Dreieck genauer, dann wird man feststellen, dass die drei Punkte nicht gleichgewichtig zum Tragen kommen. Es gibt Führungskräfte, die haben sehr viel Erfahrung und auch ein enormes Wissen, es fehlt aber die Haltung, die es ermöglicht, dieses Wissen und diese reichhaltige Erfahrung umzusetzen. Ist eine junge Führungskraft beispielsweise aber mit einer Haltung ausgestattet, die erfolgversprechend ist, dann ist es für sie einfach, sich das entsprechende Wissen und die entsprechende Erfahrung anzueignen. Sicherlich sind Wissen und Erfahrung notwendige Bausteine, es sind aber keine hinreichenden Bedingungen für erfolgreiches Handeln.

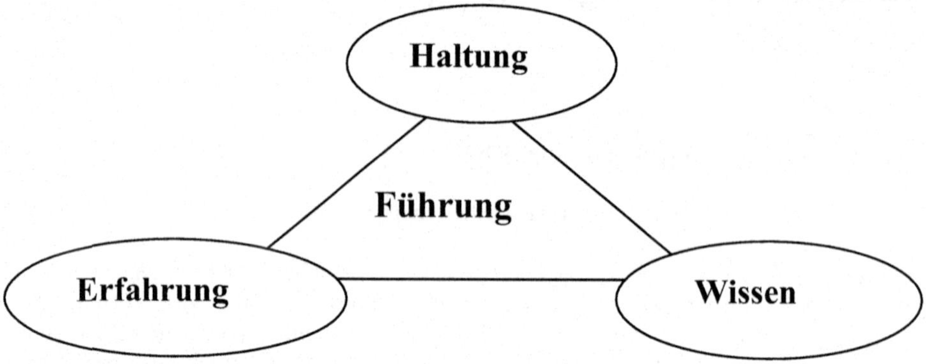

Abbildung 1: Erfolgsfaktoren der Führung

Selbst Jack Welch (2005), der als Hard-core Manager bekannt geworden ist, veröffentlicht in seinem Buch „Willing" die Idee, dass er eher junge Führungskräfte bei sich im Unternehmen hält, die nicht die vorgegebenen Zahlen erreichen, aber die richtige Einstellung und Haltung haben. Sicherlich ist es am erfolgreichsten, wenn die richtigen Werte mit guten Zahlen verknüpft sind. Trennen würde er sich sogar von jemandem, bei dem zwar die Zahlen stimmen, aber die Haltung nicht.

Es schließt sich nun die Frage an, welche Haltung es denn ist, die erfolgreich macht. Also die Frage nach den „Essentials of Leadership (Bennis und Thomas, 2003: 53). Denn das ist insbesondere für das Führungscoaching interessant – für den Coach und für den Coachee gleichermaßen. Sicher haben beide Seiten Hypothesen darüber, wie Einstellungen und Haltungen zukunftsrelevant sind. Schaut man zu diesem Thema in die Literatur, wird man nicht fündig. Es gibt bisher keine gesicherte Datenbasis für die Beschreibung einer Haltung, die zum Erfolg führt.

2 Resilienz – das Konzept

Interessanterweise gibt es seit vier Jahrzehnten Forschungen zum Konzept der Resilienz, die hier eine Antwort liefern kann. Als Pionier dieser Forschungsrichtung kann der Amerikaner Norman Garmezy betrachtet werden. Der Professor für Psychologie an der University of Minnesota in Minneapolis berichtet von dem Phänomen, das seit etwa zehn Jahren als Resilienz intensiv und weltweit erforscht wird. Garmezy hat sich für die kindliche Entwicklung von so beschriebenen „unverwundbaren" Kindern aus den Slums von Minneapolis interessiert. Er suchte Kriterien, die Kinder beschreiben, die trotz sehr schlechter häuslicher Verhältnisse dazu in der Lage sind, ihren Lebensweg zu gehen. Er beobachtete, dass selbst alkoholabhängige oder psychisch kranke Eltern diese positive Entwicklung nicht negativ beeinflussen konnten.

Garmezy (1983) erklärte das Phänomen so: Die unverwundbaren Kinder betrachten ihre Probleme als Herausforderung, Schwierigkeiten machen sie nicht handlungsunfähig, sondern spornen sie zu besonderen Anstrengungen und Leistungen an. Sie können das Negative in ihrer Umgebung teilweise ausblenden und positive Gegengewichte finden, indem sie die Unterstützung wenigstens *eines* bewunderten oder geliebten Menschen suchen und finden.

Die Resilienzforschung ist danach ausgeweitet worden. Es geht heute allgemein um die Frage, wie es Menschen trotz widriger Umstände schaffen, sich gut zu entwickeln und ein glückliches Leben zu führen. Dabei geht es nicht darum, dass Unverwundbare nicht verletzt werden können. Das geschieht. Sie gehen nur anders damit um, lernen aus der Situation und entwickeln sich und ihr Leben positiv.

Das Konzept der Resilienz richtet sich gegen die Unumstößlichkeit vom Einfluss einer traumatischen Erfahrung (Ernst 2005). Sie wendet sich ab von der Annahme, dass traumatische Erfahrungen prägen und kaum überwunden werden können. Die Resilienzforschung bezieht sich eher auf die positive Psychologie (Seligmann) und auf die ressourcenorientierte Therapie (bekannt geworden durch lösungsorientierte Kurzzeitansätze). Der Fokus der Forschung liegt seit einiger Zeit nicht mehr auf der Frage: Was wirft einen Menschen unüberwindbar aus der Bahn? Vielmehr beschäftigt nun die Frage: Wie schaffen Menschen es, ihr Leben gut zu leben unter der Voraussetzung, dass kaum eine Person ideale Bedingungen vorfindet?

Selbst ein in der westlichen Welt als „normal“ betrachtetes Leben birgt sehr viele Risiken und Gefahren. Der größte Teil der Menschen schafft es, eine schon fast verblüffende seelische Gesundheit zu demonstrieren. Die Resilienzforschung interessiert sich dafür, heraus zu finden, wie genau die Robustheit aussieht, mit der viele Menschen ihr Leben bewältigen.

In den letzten Jahren wurden die Kriterien, die Resilienz ausmachen auch auf das Thema Führung übertragen. Und damit kommen wir wieder zu der Ausgangsfrage zurück, welche Faktoren Führung erfolgreich machen.

3 Resilienz – Kriterien

Welche Kriterien aus der Resilienzforschung sind nun für das Thema Führung interessant? Welche Haltungen sollte eine Führungskraft verinnerlicht haben, um erfolgreich agieren zu können und zwar insbesondere in Krisen und im Change?

In Bezug auf Führung gibt es hierzu viele unterschiedliche Auffassungen. Es ist darüber hinaus interessant, grundsätzliche Resilienzkriterien zu betrachten, um zu sehen, wie sie transferiert werden können. Im Folgenden werden die Kriterien verschiedener Autoren zusammengestellt und betrachtet.

Welche Kriterien fand Garmezy als „Vater“ der Resilienzforschung? Garmezy formulierte sechs Kriterien, die Resilienz ausmachen (Garmezy 1996: 14):

1. „stable care
2. problem solving abilities
3. attractiveness to peers and adults
4. manifest competence and perceived efficacy
5. identification with competent role models
6. planfulness and aspiration“

Übertragen auf Führung haben vor allem die Faktoren 2, 4, 5 und 6 Bedeutung. In der Regel sind Führungskräfte in der Lage, für sich selbst zu sorgen, sodass Punkt eins vernachlässigt werden kann. Auch geht es nicht mehr so wie im Jugendalter darum, beliebt und anerkannt zu sein. Relevant scheint nur ein gutes Netzwerk zu sein – was man aus verschiedenen Erfahrungsberichten herauslesen kann (z.B. Rampe 2004: 163ff.).

Die Fähigkeit, Probleme als solche zu erkennen und zu lösen ist einer der Basisfaktoren, die auch bei anderen Autoren (s.u.) genannt wird. Die innere Sicherheit, dass es für jedes Problem eine Lösung oder zumindest eine Haltung gibt, mit der dem Problem begegnet werden kann, scheint von hoher Relevanz zu sein. Basis für diese Fähigkeit ist die unter Punkt vier beschriebene erlebte Kompetenz und Selbstwirksamkeit (s.a. die Arbeiten von Albert Bandura). Wenn eine Person über die innere Gewissheit verfügt, die bevorstehenden Schwierigkeiten meistern zu können und sich als selbstwirksam erlebt, dann gelingt es auch, für größere Herausforderungen tragfähige Lösungen zu entwickeln.

Hilfreich hierfür kann ein gutes Rollenvorbild sein (Punkt fünf) oder ein entsprechender Mentor. Aus meiner Sicht können gerade in Deutschland aus diesem Grund Mentorenprogramme weiter intensiviert werden. Was im angelsächsischen Raum nahezu selbstverständlich ist, wird hier als Wirkfaktor deutlich unterschätzt. Mentoren können dabei unterstützen, planvoll zu arbeiten (Punkt 6) und ihr Wissen und Erfahrung zur Verfügung stellen. Auch können sie mit dem Mentee an einer klaren Haltung arbeiten. Das betrifft auch die Gewissheit, dass die Dinge im Moment so sein mögen, aber nicht dauerhaft gleichförmig bleiben werden (Hoffnung, Punkt sechs).

Coutu (2003: 1 ff.) hat das Konzept der Resilienz auf Führung übertragen und formuliert drei Prinzipien, die Resilienz fördern (2003: 2):

1. The capacitiy to accept and face down reality
2. To find meaning in some aspects of life
3. The ability to imrovise

Coutu führt hier einen wesentlichen neuen Aspekt ein. Die Fähigkeit die Dinge, die passieren zu akzeptieren mobilisiert die Kraft, auch Lösungen zu entwickeln. Wird zu sehr mit zum Beispiel Changeprozessen gehadert („Früher war alles besser") oder sich gegen eine Veränderung gesperrt („Ich will so bleiben, wie ich bin"), dann wird es schwierig, resilient mit Veränderungen umzugehen. Dieser Punkt wird oft als unrealistisches oder positives Denken (ohne Grundlage) missverstanden. Es geht nicht darum, schwierige Situationen, negative Ereignisse oder Probleme schön zu reden. Sondern es geht darum, diese gelassen betrachten zu können, in dem Wissen, dass die Veränderung voran schreiten wird, um sich Lösungen und Wege überlegen zu können: „But for bigger challenges, a cool, almost pessimistic, sense of reality is far more important" (S. 7).

Dabei ist dies ein Prozess, der nicht zum Stillstand kommen kann, denn jede Veränderung zieht weitere nach sich und Entwicklung an sich endet nicht. Das Bewahren und Festhalten ist ein menschliches Bedürfnis, wirkt sich psychisch aber nur dann positiv aus, wenn es gleichermaßen die Bereitschaft zur Veränderung und die Flexibilität für neue Erfahrungen gibt.

Starrheit ______________________________ Flexibilität

Aus der Familienforschung (z.B. Mara Selvini Pallazolli, Mailänder Schule) ist bekannt, dass es darum geht, einen mittleren Grad an Flexibilität in Systemen (hier am Beispiel Familie) zu bewahren. Wird ein System zu starr, überlebt es nicht, ist es zu fluktuierend, kann es sich nicht entwickeln und besteht dadurch nicht erfolgreich.

Diese Idee führt zum dritten Kriterium, die Fähigkeit, zu improvisieren. Feste Abläufe und Prozesse sind in großen Unternehmen sicherlich sehr hilfreich, um zu standardisieren und um Qualität zu sichern. Wenn sich Rahmenbedingen (wie zum Beispiel in der aktuellen Finanzkrise) ändern, dann sind Unternehmen gut beraten, von Standards abgehen zu können und neue Ideen zu entwickeln, die jetzt erfolgversprechend für die aktuelle Marktsituation sein können. Die Fähigkeit, auch mit minimalen Ressourcen etwas zu erreichen, scheint innere Stärke und Robustheit zu unterstützen.

Der zweite Punkt betrifft den Sinn, den die Autorin um ein Wertesystem erweitert. Dabei macht sie folgende Beobachtung: „Value systems at resilient companies change very little over the long haul and are used as scaffolding in times of trouble" (S. 2).

Immer mehr Unternehmen führen ein Credo ein, um ihren Führungskräften eine verbindliche Richtung zu geben. Was für Unternehmen wirksam ist, macht auch die einzelne Person stabil: Ein festes Wertesystem, das nicht bei jeder Veränderung neu in Frage gestellt wird und damit definiert werden muss, stabilisiert die Persönlichkeit und bietet Halt und Struktur. Wichtig bleibt nur, dass es für die Person wie für das Unternehmen gesehen, in der Krise die Guideline bleibt und gelebt wird. Coutu hebt hervor, dass Führung ihrer Meinung nach nur mit allen drei Faktoren erfolgreich sein kann (S. 6). „You can bounce back from hardsip with just one or two of these qualities, but you will only be truly resilient with all three".

Coutu wagt auch folgende Hypothese: "Values, positive or negative, are actually more important for organizational resilience than having resilient people on the payroll" (S. 13). Gleiches unterstützen Dutton et al., die die Auffassung vertreten, dass eine Organisation dann als resilient bezeichnet werden kann, wenn sie:

1. einen „context for meaning" und
2. einen „context for action" anbieten kann.

Vor dem Hintergrund des 11. September 2001 vertreten sie die Auffassung, dass gelebte Werte (durch Menschen) für eine große Stabilität, selbst in Zeiten einer Katastrophe, sorgen können. Mit einem „context for action" beschreiben sie die Möglichkeit, im Unternehmen mit der Trauer umgehen zu können. Wenn am 12. September ein Meeting statt findet, in dem der 11. September und die verlorenen Mitarbeiter nicht erwähnt werden, sondern der CEO versucht, „business as usual" zu machen, so werden diese Prinzipien nicht berücksichtigt und die Menschen reagieren mit einer inneren Kündigung. Das Unternehmen ist damit nicht resilient.

Bennis und Thomas (2003: 54) definieren vier Punkte, die ihrer Meinung nach Führungskräfte resilient und damit erfolgreich werden lassen. Für sie sind es:

1. „The ability to engage others in shared meaning
2. A distinctive and compelling voice
3. A sense of integrity (including a strong set of values)
4. An adaptive capacity"

Die Autoren heben hervor, dass aus ihrer Sicht Punkt vier am wichtigsten ist. Das deckt sich mit dem bisher Gefundenen. Neu an ihren Ausführungen ist Punkt zwei. Sie geben hierfür auch ein konkretes Beispiel. Dieser Punkt taucht in keiner anderen Forschungsarbeit auf, trägt aus der Coachingerfahrung aber auch zur Positionierung von Führungskräften bei.

Frost und Robinson vertreten die Auffassung, dass Resilienz nicht an sich im Unternehmen sein kann, sondern, dass es durch Personen ins Unternehmen getragen werden muss – durch sogenannte „toxic handlers", also Menschen, die in der Lage sind, Negatives aus dem Unternehmen heraus zu nehmen. Dafür brauchen diese Personen fünf Fähigkeiten:

1. „They listen empathically
2. They suggest solutions
3. They work behind the scene to prevent pain
4. They carry the confidence of others
5. They reframe difficult messages" (S. 90-92)

In verschiedenen Veröffentlichungen wird immer wieder erwähnt, dass ein guter Sinn für Humor ein wichtiger Resilienzfaktor ist. Humor macht es möglich, sich vom Problemkontext zu dissoziieren und über die Situation, wie über die eigenen Verhaltensweisen zu lachen. Sind Menschen in der Lage, die Absurdität und Komik verschiedener, auch schwieriger Lebenslagen zu erkennen, können sie aus der Distanz heraus sehr viel klarer und lösungsorientierter denken und handeln. Daraus wird wieder deutlich, dass es letztendlich die Haltung ist, an der sich entscheidet, ob Führung erfolgreich gelebt wird.

Über die erwähnten Arbeiten hinaus gibt es eine Reihe weiterer Ansätze und Erfahrungsberichte, die in ihrer Gesamtheit auf die dargestellten Kriterien referieren.

4 Resilienzcoaching für Führungskräfte

Gerade in Krisenzeiten können die Resilienzfaktoren, wie sie die unterschiedlichen Autoren ausführen, eine erfolgreiche Führung differenzieren. In schwierigen Situationen ist es zwar auch immer hilfreich, mit dem Coachee ein geeignetes Handwerkszeug zu entwickeln und das konkrete Doing zu planen, mit dem er sich strategisch und operativ anders positionieren kann. Deutlich wird aber oft sehr schnell, dass für schwierige Zeiten in erster Linie die Haltung reflektiert und justiert werden sollte.

In schwierigen Zeiten kann man bei Coachees häufig eine Art Passivität feststellen. Durch die ungewisse, sie umgebende Situation, durch die Gewissheit, im laufenden Jahr die vorgegebenen Ziele nicht erreichen zu können und häufig auch durch zwei bis drei Positionen, die in Personalunion bestritten werden müssen, fragen die Personen sich, wie sie mit der akuten Situation umgehen sollen. Hier kann ein Coach sicher strategisch und operativ unterstützen. Wichtig bleibt es aber, zu dieser quasi unlösbaren Situation eine Haltung zu entwickeln. Und diese Haltung liegt oft in einem ganz anderen, als dem gewohnten Bereich.

Hat bisher die konsequente und gute Arbeit dazu beigetragen, die Ziele zu erreichen und sich damit auch über die Leistung zu definieren, so greift diese oft enorme Leistungsbereitschaft nicht mehr. Auch ist der Anspruch an Perfektion nicht mehr möglich, weder bei sich selbst noch bei der Belastung, die häufig den Mitarbeitern zugemutet wird.

Sich in Krisenzeiten resilient zu verhalten bedeutet, die Situation zu analysieren, zu erkennen, welche Haltung nun notwendig ist und anders zu agieren. Folgender Fragenkatalog nimmt die benannten Resilienzfaktoren auf und setzt sie operativ um. Er kann im Führungscoaching Coach und Coachee unterstützen:

1. Akzeptanz: Was hat sich verändert?
2. Perspektive: Welche neuen Ziele setze ich mir (neben den Geschäftszielen)?
3. Achtsamkeit: Wie refokussiere ich meine Aufmerksamkeit?
4. Kleine Schritte: Wie gehe ich mit kleinen Erfolgen um?
5. Positives Vorbild: Wie trete ich gegenüber meinen Mitarbeitern auf? Welche Haltung will ich transportieren? Wie kann das gelingen? Welche Kommunikationsform wähle ich? Welche Worte?
6. Raum geben: Wo hole ich den Unmut der Mitarbeiter ab – ohne ins Jammern zu kommen?
7. Lösungsorientierung: Welche Lösungen sehe ich? Wie können diese Lösungen umgesetzt werden? Welchen Preis haben sie? Welche Alternativen gibt es?
8. Planvolles Handeln, Zukunft: Aufstellen von Plan A und B
9. Selbstvertrauen: Was kann ich tun, damit sich meine Mitarbeiter als selbstwirksam erleben?
10. Vertrauen untereinander: Wie kann ich Vertrauen stärken?
11. Selbstmanagement: Wie kann ich selbst gelassen und zentriert bleiben? Welche Zonen für Reflexion nehme ich mir im Alltag? Wie kann ich daran denken, meine Haltung immer wieder zu überprüfen?
12. Nach der Krise ist vor der Krise: Wie nehme ich nach der Krise strategisch die Zügel wieder in die Hand?

Was hier teilweise operativ oder strategisch anmutet, soll immer unter der Berücksichtigung der veränderten Haltung und Einstellung überprüft werden. Denn resiliente Führung differenziert sich in erster Linie über die aufmerksame Haltung gegenüber der Situation, den anderen Personen und dem Selbst. Schnelles, intuitives Handeln kann hier Schaden anrichten. Eine gute Selbstreflexion – zum Beispiel mittels Coaching – bietet hier konkrete Hilfestellung zum neuen Sortieren und inneren Aufstellen gegenüber einer sehr veränderungsbereiten Außenwelt (siehe hierzu auch Klein 2007).

Und da nicht nur das Führungsleben von Krisen und Veränderungen bestimmt ist, kann es für einen Coachee nur hilfreich sein, flexibel mit seiner Situation umzugehen und im Sinne der Resilienzfaktoren sich selbst zu überprüfen und sein Führungshandeln hieran zu orientieren. Das Leben bleibt also lebensgefährlich (frei nach Erich Kästner). Das Schöne daran: Wir können damit umgehen.

Literatur

Bennis, W.G./Thomas, R.J. (2003): Crucibles of Leadership, in Harvard Business Review "Building Personal and Organizational Resilience", S. 39-58.

Coutu, D.L. (2003) "How Resilience Works", in Harvard Business Review "Building Personal and Organizational Resilience", S. 1-18.

Curtis, W.J./Nelson, C.A. (2003): "Toward Building a Better Brain: Neurobehavioral Outcome, Mechanism, and Process of Environmental Enrichment", in: Luthar, S.S. "Resilince and Vulnerability. Adaption in the Context of Childhood Adversities", S. 463-488, Cambridge: Cambridge University Press.

Ernst, H. (2005), Psychologie Heute, Editorial, Weinheim: Beltz Verlag.

Frost, P./Robinson, S. (2003): „The toxic Handler – Organizational Hero – and Casuality", in: Harvard Business Review "Building Personal and Organizational Resilience", S. 85-111.

Garmezy, N., (1983): "Stress Coping and Development in Children", Baltimore: University Press John Hoppkins.

Garmezy, N. (1996): "Reflections and Comments on Risk, Resilience and Development", in: Haggerty R.J. et al "Stress, Risk and Resilience in Children and Adolescents", Cambridge: Cambridge University Press, S. 1-18.

Heifetz, R.A./Linsky, M., (2003): „A Survival Guide for Leaders", in: Harvard Business Review "Building Personal and Organizational Resilience", S. 59-83.

Klein, S. (2007): „50 Praxistools für Trainer, Berater, Coachs", Offenbach: Gabal.

Rampe, M. (2004): „Der R-Faktor" Das Geheimnis unserer inneren Stärke", München: Knaur.

Rutter, M. (2003): „Genetic Influence on Risk and Protection: Implications for Understanding Resilience", in: Luthar, S.S. "Resilience and Vulnerability. Adaption in the Context of Childhood Adversities", S. 489-509, Cambridge: Cambridge University Press.

Seligman, M.E.P. (2002): "Authentic Happiness: Using the New Positive Psychology to Realize Your Potential for Lasting Fulfilment", Cambridge: Simon und Schuster.

Welch, J. (2005): „Winning: Das ist Management", Frankfurt: Campus.

Einsatz von Gruppenworkshops in Kombination mit Individualcoaching zur Förderung von Führungskompetenzen

Claudia Peus, Dieter Frey & Susanne Braun

1 Ausgangslage

Angetrieben durch die Globalisierung, rapide technologische Veränderungen und Unsicherheit der Finanzmärkte sind Organisationen gezwungen, sich kontinuierlich zu verändern, Innovationen hervorzubringen und ein hohes Ausmaß an Leistungsfähigkeit und Motivation der Mitarbeiter aufrecht zu erhalten. Effektive Führung wird dabei von vielen Organisationen als entscheidender Wettbewerbsvorteil angesehen, in dessen Förderung daher viel investiert wird (McCall, 1998; Vicere & Fulmer, 1998). Doch obwohl das Interesse an der Förderung von Führungskompetenzen groß ist (Day, 2000; Murphy & Riggio, 2003; Pearce, Waldman & Csikszentmihalyi, 2006) und enorme Summen in diesen Bereich investiert werden (vgl. 2008 State of the Industry Report), sind systematische Ansätze, die die Umsetzung der neu erworbenen Kompetenzen am Arbeitsplatz fördern, noch immer selten. Dieser Beitrag beschreibt daher, wie effektive Führung mithilfe einer Kombination aus Gruppenworkshops und Einzelcoachings in der wirtschaftlichen Praxis trainiert werden kann.

2 Was ist effektive Führung?

Aus den Studien zum Thema Führung ist eine Vielzahl unterschiedlicher Ansätze hervorgegangen (vgl. Brodbeck, Maier & Frey, 2002). Mit dem Prinzipienmodell der Führung (Frey, 1998; Frey, Oßwald, Peus & Fischer, 2006; Frey, Peus & Traut-Mattausch, 2005; Peus & Frey, 2009) existiert ein Rahmenmodell, in dem unterschiedliche Führungsmodelle integriert werden. Das Modell greift empirische Ergebnisse zu verschiedensten Bereichen der Mitarbeiterführung auf und definiert Prinzipien, wie beispielsweise Sinn- und Visionsvermittlung, Transparenz oder Autonomie und Partizipation, deren Umsetzung positiv auf Einstellungen (z.B. Arbeitszufriedenheit, Leistungsmotivation) und Verhalten von Mitarbeitern (z.B. Absentismus, Kreativität) wirkt (vgl. Peus, Traut-Mattausch, Kerschreiter, Frey & Brandstätter, 2004). An diesem Rahmenmodell orientiert sich auch grundlegend das nachfolgend beschriebene Trainingsprogramm zur Förderung von Führungskompetenzen. Zur spezifischen Umsetzung des Programms wurde auf einen international weit verbreiteten Führungsansatz Bezug genommen, der die Motivation, Weiterentwicklung und Innovativität der Mitarbeiter entsprechend der Vorgaben aus dem Prinzipienmodell besonders betont und fördert. Dieser von Bass (1985, 1990) entwickelte Ansatz der transformationalen versus transaktionalen Führung stellt das zurzeit aktuellste und vielversprechendste Modell im Bereich der Führungsforschung dar. Seit Anfang der 90er Jahre wurden mehr Studien zu diesem Ansatz veröffentlicht als zu allen anderen bekannten Führungstheorien zusammen genommen (Judge & Piccolo, 2004). Das große Interesse an diesem Konzept lässt sich auf zwei Tatsachen zurückführen: zum ersten enthält dieser Ansatz viele Bausteine vorheriger Führungstheorien – wie die Bedeutung von Charisma, Aspekte der Situation oder eine Fokussierung auf die konkreten Verhaltensweisen der Führungsperson. Zum zweiten zeigen Forschungsarbeiten zur transformationalen Führung, dass dieser Führungsstil enge Zusammenhänge mit den arbeitsrelevanten Einstellungen der Mitarbeiter aufweist. Dazu gehören z.B. die Zufriedenheit mit der Führungskraft sowie die generelle Arbeitszufriedenheit, die affektive Bindung an das Unternehmen, oder die Bereitschaft zu besonderen Anstrengungen. Neuere Studien weisen darüber hinaus darauf hin, dass transformationale Führung auch einen guten Prädiktor für objektiv gemessenen ökonomischen Erfolg darstellt (vgl. Peus, Kerschreiter, Frey & Traut-Mattausch, im Druck). Insgesamt zeigt die Forschung, dass transaktionale Führung zwar eine wichtige Grundlage darstellt, transformationale Führung aber im Hinblick auf die Förderung der Innovativität und Leistungsbereitschaft der Mitarbeiter zumeist noch effektiver ist. Bevor auf die Frage eingegangen wird, wie dieser Führungsstil trainiert sowie speziell durch Coaching gefördert werden kann, erfolgt eine kurze Einführung in das Konzept der transformationalen und transaktionalen Führung.

Im Zentrum *transaktionaler* Führung steht der Austausch von Belohnungen bzw. Sanktionen für erbrachte Leistungen („contingent reward"). Dabei organisiert und initiiert die Führungskraft die Arbeitsaufträge und gibt die Rahmenbedingungen (z.B. Zeitrahmen) vor. Sie stellt in Aussicht, was die Mitarbeiter erwarten können, wenn sie die vereinbarten Leistungen erreicht haben. Die individuelle Förderung der Entwicklung von Mitarbeitern oder deren Innovativität sind allerdings nicht Teil transaktionaler Führung. Forschungsarbeiten deuten darauf hin, dass transaktionale Führung unter stabilen Bedingungen und bei der Erledigung von Tätigkeiten mit hohem Routineanteil effektiv ist. Wenn es allerdings um die Erreichung von Spitzenleistungen und Innovationen geht, ist diese Art der Führung zumeist nicht ausreichend. Dies hängt u. a. damit zusammen, dass seit den 60er Jahren ein Wertewandel von Pflicht- und Akzeptanzwerten hin zu Selbstentfaltungs- und Selbstverwirklichungswerten stattgefunden hat (Frey, 1995; Opaschowski, 1987). Das bedeutet, Mitarbeiter sind in zunehmendem Maße daran interessiert, sich an ihrem Arbeitsplatz entfalten und weiterentwickeln zu können. Um die Mitarbeiter vor diesem Hintergrund zu Spitzenleistungen motivieren zu können ist es daher notwendig, dass Führungskräfte die persönlichen Interessen ihrer Mitarbeiter einbeziehen, die übergeordnete Vision der Abteilung bzw. der Organisation und den Beitrag des Einzelnen dazu klar kommunizieren und Ideen der Mitarbeiter fördern. Bass (1985, 1990) vertritt die Überzeugung, dass die Führungskraft die Bereitschaft zu Höchstleistungen bei ihren Mitarbeitern dadurch erreicht, dass sie die Mitarbeiter durch ihr charismatisches Auftreten inspiriert, auf die emotionalen Bedürfnisse jedes einzelnen eingeht und intellektuelle Anregungen gibt.

Entsprechend lassen sich die vier Grundkomponenten der *transformationalen Führung* wie folgt charakterisieren:

1. *Charisma (bzw. neuerdings Individualisierte Einflussnahme):* Die Führungsperson gibt eine Vision und das Gefühl einer gemeinsamen Mission vor, verbreitet Stolz und gewinnt den Respekt und das Vertrauen ihrer Mitarbeiter. Konkret bedeutet dies, dass der Vorgesetzte als Vorbild dient, da seine Worte und Taten übereinstimmen, er seinen Mitarbeitern gegenüber loyal ist und ihnen individuelle Freiräume zugesteht.
2. *Inspirierende Motivierung:* Die Führungsperson kommuniziert anspornende Zukunftsvisionen und hohe Erwartungen, drückt dabei wichtige Angelegenheiten einfach und verständlich aus und aktiviert ihre Untergebenen emotional. In der Praxis heißt das, die Führungskraft stellt hohe Leistungsanforderungen an ihre Mitarbeiter, stellt aber

auch die zur Erfüllung der Aufgaben notwendigen Ressourcen bereit. Sie verbreitet Optimismus im Hinblick auf die Zielerreichung und die Zukunft der Organisation bzw. der Abteilung.
3. *Intellektuelle Stimulierung:* Die Führungskraft regt ihre Mitarbeiter dazu an, eigene Ideen zu entwickeln und Optimierungsmöglichkeiten für die Zusammenarbeit aufzuzeigen. Durch dieses Verhalten fördert sie das kritische Hinterfragen bestehender Prozesse in der Abteilung sowie die Implementierung innovativer Vorschläge.
4. *Individuelle Wertschätzung:* Der Führende erkennt die individuellen Stärken seiner Mitarbeiter wertschätzend an, stellt individuelle Hilfen und Anleitungen im Arbeitsprozess bereit und agiert als ihr Coach bzw. Mentor. Er kennt die Ziele und Fähigkeiten der Mitarbeiter und bietet ihnen Möglichkeiten, sich weiter zu entwickeln.

3 Förderung effektiver Führung

Da es zahlreiche Hinweise auf die Effektivität transformationaler Führung gibt (De Groot, Kiker & Cross, 2000; Judge & Piccolo, 2004; Lowe, Kroeck & Sivasubramaniam, 1996, Peus et al., im Druck), haben einige Forscher untersucht ob bzw. wie es möglich ist, dieses Führungsverhalten zu trainieren. Ein erster Versuch wurde dabei in der israelischen Armee unternommen (Popper, Landau & Gluskinos, 1992). Die Autoren berichten positive Auswirkungen des Trainings in transformationaler Führung, allerdings wurden dabei nur kurze Fragen zu den Reaktionen der Teilnehmer (z.B. Zufriedenheit mit dem Training) zugrunde gelegt. In einer weiteren Studie im israelischen Militär (Dvir, Eden, Avolio & Shamir, 2002) wurde eine Gruppe von Kadetten in transformationaler Führung trainiert (Experimentalgruppe) und mit einer Kontrollgruppe verglichen, die ein anderes Training erhielt. Beide Gruppen nahmen an einem dreitägigen Training teil, das verschiedene Methoden wie Vorträge, Fallstudien oder Rollenspiele umfasste. Allerdings wurden in der Experimentalgruppe speziell die Bausteine transformationaler Führung und deren Umsetzung vermittelt, während in der Kontrollgruppe allgemeine Gruppenprozesse besprochen wurden. Darüber hinaus erhielten die Mitglieder der Experimentalgruppe kurz vor der Übernahme ihrer neuen Führungsposition eine dreistündige „Auffrischung" mit einem der Trainer, die Mitglieder der Kontrollgruppe jedoch nicht. Die Ergebnisse dieser Studie deuten darauf hin, dass die Mitglieder der Experimentalgruppe einen positiveren Einfluss auf die Entwicklung ihrer direkten sowie die Leistung ihrer indirekten (zwei Hierarchieebenen tieferen) Untergebenen hatten als die Mitglieder der Kontrollgruppe. Allerdings könnte im Prinzip auch die größere Intensität, mit der die Mitglieder der Experimentalgruppe trainiert wurden, zu den unterschiedlichen Ergebnissen geführt haben. Ein ähnliches Problem stellt sich auch in der Untersuchung von Barling, Weber und Kelloway (1996), die Filialleiter kanadischer Banken in transformationaler Führung ausbildeten. In dieser Untersuchung nahmen die neun Filialleiter der Experimentalgruppe zunächst an einem eintägigen Gruppentraining teil, in dem das Konzept der transformationalen Führung vorgestellt und in Rollenspielen umgesetzt wurde. Anschließend wurden die Teilnehmer über einen Zeitraum von vier Monaten hinweg durch einmal monatlich stattfindendes Individualcoaching bei der Umsetzung des transformationalen Führungsstils unterstützt. Die elf Mitglieder der Kontrollgruppe erhielten dagegen keinerlei Training. Die Ergebnisse sprechen wiederum für die Trainierbarkeit und Effektivität transformationaler Führung: Die Mitarbeiter der trainierten Filialleiter hatten nicht nur eine höhere Bindung an ihr Unternehmen als die Mitarbeiter der nicht trainierten Filialleiter; die von geschulten Filialleitern geleiteten Zweigstellen waren auch ökonomisch erfolgreicher, d.h. verkauften mehr Kredite und Kreditkartenverträge. Da die Filialleiter in der Kontrollgruppe allerdings keinerlei Training erhalten hatten, kann nicht ausgeschlossen werden, dass das unterschiedliche Ergebnis allein auf das Wissen der Experimentalgruppe, Teilnehmer einer Untersuchung zu sein (Hawthorne Effekt), zurückzuführen ist. Insgesamt lässt sich festhalten, dass Studien, die effektive, d.h. hier transformationale Führung, in der wirtschaftlichen Praxis systematisch trainiert und deren Umsetzung in die Praxis begleitet haben, sehr selten sind (vgl. Felfe, 2006). In diesem Beitrag wird daher dargestellt, wie transformationale Führung mit Hilfe einer Kombination aus Gruppenworkshops und Individualcoachings in zwei kommerziellen Organisationen systematisch gefördert wurde.

4 Forschungsprojekt: Gruppenworkshops und Individualcoachings zur Förderung effektiver Führung im mittleren Management

Um branchenspezifische Effekte auszuschließen, wurde das Programm zur Förderung effektiver Führung in zwei verschiedenen Unternehmen, einem aus dem Versorgungsbereich und einem Finanzdienstleister durchgeführt. In beiden Unternehmen nahmen Führungskräfte der mittleren Hierarchieebene (z.B. Fachbereichsleiter, Bereichsleiter) an dem Programm teil. Von den insgesamt vierzehn Teilnehmern wurden neun der Experimental- und fünf der Kontrollgruppe zugeteilt. Um sicherzustellen, dass das Trainingsprogramm auf Führungsdimensionen mit einer hohen Relevanz für den spezifischen (National-)Kontext abzielte, wurde ein evidenzbasierter Ansatz gewählt. Entsprechend wurden vor Beginn des Programms alle Mitarbeiter der teilnehmenden Führungskräfte gebeten, sowohl den Führungsstil ihres Vorgesetzten als auch ihre eigene Arbeitszufriedenheit und ihre Selbstwirksamkeitserwartungen einzuschätzen. Eine anschließende Analyse dieser Daten diente der Erkenntnis welche der Dimensionen der transformationalen und transaktionalen Führung mit diesen Einschätzungen in besonders engem Zusammenhang standen. Es zeigte sich, dass die Dimension *Leistungsbedingte Belohnung* der transaktionalen Führung (also die Klarheit über Erwartungen, Ziele und Konsequenzen) sowie die Dimensionen *Intellektuelle Stimulierung* und *Inspirierende Motivierung* der transformationalen Führung eine besonders hohe Vorhersagekraft hatten. Weiterhin wies die *Laissez-faire* Führung einen besonders negativen Zusammenhang mit den erfassten Arbeitseinstellungen auf. Abgeleitet aus den obigen Analyseergebnissen lag der Fokus des Trainingsprogramms auf diesen vier Führungsdimensionen.

4.1 Gruppenworkshops und Individualcoachings der Experimentalgruppe

Die Führungskräfte in der Experimentalgruppe durchliefen ein insgesamt zehnmonatiges Entwicklungsprogramm, das aus drei Gruppenworkshops und vier Individualcoachings bestand. Somit wurde die Forderung von Day und Harrison (2007) umgesetzt, bei der Förderung von Führungskompetenzen individuelle Interventionen mit gruppenbasierten Ansätzen zu kombinieren. Die Gruppenworkshops dauerten im Durchschnitt zweieinhalb Stunden, wogegen die Coachings eine bis anderthalb Stunden umfassten. An den Gruppenworkshops nahmen alle Mitglieder der Experimentalgruppe der jeweiligen Organisation teil. Um eine offene Diskussion zwischen den Teilnehmern zu gewährleisten, wurden die Workshops für jede Organisation getrennt abgehalten. Inhaltlich lagen die Schwerpunkte des Programms zunächst darauf, den Managern ihre Verantwortung für die aktive Führung von Mitarbeitern zu verdeutlichen, sowie die Grundeinstellung zu vermitteln, sich Zeit für die Führung ihrer Mitarbeiter zu nehmen (≠ Laissez-faire). Zweitens wurde die Bedeutung klarer Ziele und Verantwortlichkeiten innerhalb der Abteilung, sowie der Klärung der gegenseitigen Erwartungen von Mitarbeiter und Führungskraft hervorgehoben (= Leistungsbedingte Belohnung). Schließlich wurden die Führungskräfte trainiert, die Motivation ihrer Mitarbeiter durch Visionen und anspornende Ziele zu fördern (= Inspirierende Motivierung) sowie sie zu kritischem Hinterfragen und der Entwicklung eigener Ideen anzuregen (= Intellektuelle Stimulierung). Der Ablauf des Programms ist in Abbildung 1 schematisch dargestellt. Die Umsetzung der einzelnen Workshops und Coachingsitzungen wird nachfolgend näher erläutert.

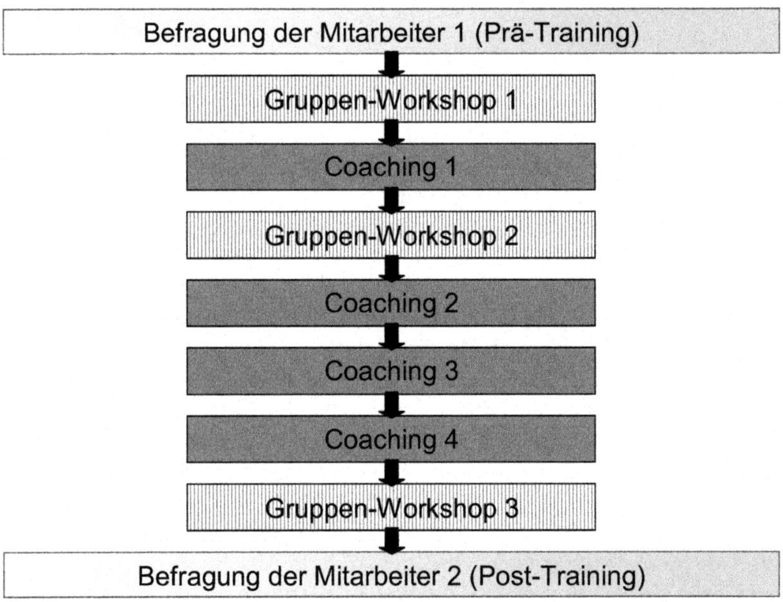

Abbildung 1: Schematischer Ablauf des Trainingsprogramms

Gruppenworkshop 1

Im Fokus des ersten Gruppenworkshops standen die Bedeutung aktiven Führungshandelns für den Erfolg der Abteilung, die Vermittlung der Konzepte der transformationalen und transaktionalen Führung sowie deren Umsetzung in die Praxis. Zu Beginn dieser ersten Sitzung erhielten die teilnehmenden Führungskräfte einen standardisierten Fragebogen zu transformationaler, transaktionaler und laissez-faire Führung. Der Fragebogen wurde eingesetzt, um sie zur Reflexion über ihr derzeitiges Führungshandeln anzuregen. In Ergänzung zu den Konzepten transformationaler und transaktionaler Führung beschäftigten sich die

Führungskräfte im Rahmen des ersten Gruppenworkshops auch mit grundlegenden Werten der Mitarbeiterführung in ihrem Unternehmen. Diese Werte waren im Unternehmen zwar bereits zu einem früheren Zeitpunkt eingeführt worden, praktisch jedoch nie konsequent gelebt worden. Zur Diskussion stand daher die Frage, welche Hindernisse dieser Implementierung der Führungswerte entgegengestanden hatten. Weiterhin setzten sich die Führungskräfte im Workshop mit ihren individuellen Vorstellungen guter sowie schlechter Mitarbeiterführung auseinander. In einem offenen Diskurs wurden alle Teilnehmer gebeten, über ihre eigenen Erfahrungen mit effektivem und ineffektivem Führungsverhalten zu berichten. Diese Schilderungen wurden mit Unterstützung des Trainers wiederum in Bezug zu den theoretischen Konzeptionen transformationaler und transaktionaler Führung gesetzt. Zur Betonung der wissenschaftlichen Fundierung sowie praktischen Bedeutsamkeit dieser Führungsstile für den Erfolg von Organisationen hielt abschließend ein wissenschaftlicher Gastreferent einen Vortrag über zentrale empirische Erkenntnisse zur transformationalen und transaktionalen Führung.

Individualcoaching – Sitzung 1

Die erste Coachingsitzung wurde mit den Teilnehmern etwa einen Monat nach dem ersten Gruppenworkshop vereinbart. Zielsetzung dieser Auftaktsitzung war es, gemeinsam mit dem Coach das individuelle Führungsfeedback des Teilnehmers zu reflektieren. Die Daten dieses Führungsfeedbacks resultierten aus einem Fragebogen zur transformationalen, transaktionalen und laissez-faire Führung. Dieser Fragebogen, der von den Führungskräften selbst bereits im Rahmen des ersten Gruppenworkshops ausgefüllt worden war, wurde auch an alle Mitarbeiter der Führungskraft weitergegeben. Auf diese Weise konnte die Selbsteinschätzung der Führungskraft jeweils mit der Fremdeinschätzung durch ihre Mitarbeiter kontrastiert werden (vgl. Barling et al., 1996; Day, 2000). In einer gemeinsamen Diskussion mit dem Coach wurden anhand des individuellen Feedbackberichts spezifische Stärken, aber auch Verbesserungspotenziale des Führungsverhaltens jedes Teilnehmers identifiziert. Basierend auf dieser Analyse wählte jede Führungskraft ein bis zwei spezifische Aspekte ihres Führungshandelns aus, die im weiteren Verlauf des Trainingsprogramms optimiert werden sollten. Um die Verbindlichkeit der Zielsetzungen zu erhöhen, wurden sie in Form eines individuellen Aktionsplans schriftlich fixiert. Abschließend diskutierten Führungskraft und Coach gemeinsam, welche möglichen Barrieren die Umsetzung des Aktionsplans gefährden könnten und wie die Implementierung durch spezifische Verhaltensweisen (wie z.B. regelmäßige Einholung von Feedback, Einführung einer Teamsitzung oder konsequentes Loben der Mitarbeiter) gezielt vorangetrieben werden sollte.

Gruppenworkshop 2

Im Abstand von etwa zwei Monaten zur ersten Veranstaltung wurden die Führungskräfte zum zweiten Gruppenworkshop eingeladen. Zu dessen Beginn fand eine strukturierte Diskussion darüber statt, wie die Führungskräfte ihre erste individuelle Coachingsitzung erlebt hatten. Als inhaltlicher Fokus des Gruppenworkshops dienten die Prinzipien effektiver Zielsetzung nach Locke und Latham (2002), um die Führungskräfte zur Umsetzung der transaktionalen Dimension Leistungsorientierte Belohnung anzuleiten. Die Führungskräfte wurden ermutigt, sich selbst wie auch ihren Mitarbeitern klare Ziele zu setzen sowie die gegenseitigen Erwartungen zu klären. Auch in diesem Workshop wurden wie bereits zum Abschluss der ersten Coachingsitzung Herausforderungen bei der praktischen Implementierung der transformationalen und transaktionalen Verhaltensdimensionen diskutiert. Beispielsweise wurden konkrete Anregungen entwickelt, wie Mitarbeiter zur Veränderung gewohnter Strukturen motiviert werden können, wie die Umsetzung trotz begrenzter zeitlicher Ressourcen seitens der Führungskraft möglich ist oder wie positives Feedback gegeben werden kann, wenn Mitarbeiter auf Lob und Anerkennung ihrer Leistung eher mit Skepsis reagieren. Weiterhin diente der zweite Gruppenworkshop auch der Netzwerkbildung zwischen den teilnehmenden Führungskräften. So wurde überlegt, wie die gegenseitige Unterstützung beim Ausbau der Führungskompetenzen auch außerhalb der Workshops weiter verstärkt werden könnte. An diesen zweiten Gruppenworkshop schlossen sich im Abstand von ca. vier bis sechs Wochen weitere drei Individualcoachings pro Führungskraft an, deren Ablauf und Inhalte im Folgenden beschrieben werden.

Individualcoaching – Sitzung 2

Zu Beginn der zweiten Coachingsitzung präsentierte der Coach der teilnehmenden Führungskraft eine Zusammenstellung wirksamer Techniken, die sich zur Förderung des avisierten transformationalen und transaktionalen Führungsverhaltens eigneten. Um diese Techniken näher zu erklären und der Führungskraft die anschließende Umsetzung im beruflichen Alltag zu erleichtern, verwendete der Coach konkrete Beispiele und stellte die erfolgreiche Umsetzung der Techniken in anderen Organisationen dar. Inhaltlich bezogen sich die vorgestellten Verhaltenskomponenten insbesondere darauf, als Führungskraft eine aktive Rolle bei der Motivierung von Mitarbeitern zu übernehmen. Weiterhin sollten die Anregungen der Führungskraft dazu dienen, ihre Mitarbeiter zum kritischen Hinterfragen bestehender Strukturen und Prozesse aufzufordern, sowie dazu, eigene Ideen und Vorstellung in die Gestaltung von Veränderungsprozessen einzubringen. Alle Techniken und Möglichkeiten, das vorgeschlagene Führungsverhalten umzusetzen, wurden von der Führungskraft und ihrem Coach intensiv diskutiert und z. T. in Rollenspielen umgesetzt.

Individualcoaching – Sitzung 3

Im dritten Individualcoaching beschäftigte sich jede Führungskraft zusammen mit ihrem Coach intensiv mit der Einleitung und konsequenten Umsetzung von Veränderungsprozessen. Die Führungskraft sollte erlernen, ihre Mitarbeiter auf Veränderungsprozesse vorzubereiten und sie aktiv in die Gestaltung neuer Strukturen einzubeziehen. Zunächst stellte der Coach eine Reihe fundierter psychologischer Theorien und entsprechender Forschungsergebnisse zum Themenbereich Veränderungsmanagement vor. Anschließend berichtete die Führungskraft, welche Veränderungsprozesse in ihrer Abteilung bereits stattgefunden hatten bzw. für die kommenden Monate und Jahre geplant waren. Hierbei sollte die Führungskraft besonders herausstellen, wie sie ihre Mitarbeiter auf die zukünftig anstehenden Veränderungen vorzubereiten plane. Zu dieser Planung gab der Coach der Führungskraft praktische Hinweise und diskutierte mit ihr die effektive Umsetzung der Veränderungsprozesse. Abschließend wurde erneut auf den Aktionsplan der Führungskraft Bezug genommen, den diese zur Optimierung ihrer Führungskompetenzen in der ersten Coachingsitzung erstellt hatte. Führungskraft und Coach besprachen gemeinsam, welche Schritte des Aktionsplans in der Zwischenzeit bereits umgesetzt worden waren und welche weitere Hilfestellung die Führungskraft benötigte, um die anvisierten Dimensionen transaktionaler und transformationaler Führung in ihr Verhaltensrepertoire zu integrieren.

Individualcoaching – Sitzung 4

Im Fokus der vierten und letzten Coachingsitzung stand die Frage in wieweit es der Führungskraft durch die Gruppenworkshops und Individualcoachings der vergangenen Monate gelungen war, ihre im Aktionsplan definierten persönlichen Ziele zu erreichen. Führungskraft und Coach diskutierten gemeinsam, welche Faktoren förderlich auf die Umsetzung gewirkt hatten. Es wurde jedoch auch besprochen, welche Hindernisse der Entwicklung transformationaler und transaktionaler Führungskompetenzen bisher im Wege standen. Aus diesen Überlegungen abgeleitet sammelten die Führungskraft und ihr Coach Ideen, wie die Implementierung dieser Verhaltensweisen weiter vorangetrieben werden könnte. Einen wichtigen Bestandteil der letzten Coachingsitzung stellten die Entwicklung einer persönlichen Vision der Führungskraft sowie die Entwicklung einer Vision für ihre Abteilung dar. Diese Visionen sollten die Führungskraft und ihre Mitarbeiter inspirieren und im Sinne der transformationalen Führung dazu anregen, über die Erwartungen an die eigene Person hinauszugehen und so über das geforderte Maß hinaus zum Erfolg der Abteilung beizutragen. Die entwickelten Visionen sollten die zukünftige Führung und Zusammenarbeit in der Abteilung wesentlich prägen und verbessern.

Gruppenworkshop 3

Nachdem alle vier Coachingsitzungen mit jeder Führungskraft abgeschlossen waren, fand der dritte und somit letzte Gruppenworkshop statt. Wesentlicher Bestandteil dieses Workshops war die Reflexion des gesamten Trainingsprogramms sowie die rückblickende Auseinandersetzung mit den zugrundeliegenden theoretischen Konzeptionen transformationaler und transaktionaler Führung. Die Führungskräfte wurden dazu angeregt, sich darüber auszutauschen, wie sie die Umsetzung des individuell anvisierten Führungsverhaltens weiter vorantreiben könnten. Besonderer Wert wurde auch auf den Gedanken der Netzwerkbildung aller teilnehmenden Führungskräfte untereinander gelegt (vgl. Day & Harrison, 2007, Mumford, Hunter, Eubanks, Bedell & Murphy, 2007). Um die wissenschaftliche Fundierung des Trainingsprogramms noch einmal zu verstärken, präsentierte ein wissenschaftlicher Gastreferent eine Zusammenstellung sozialpsychologischer Theorien, die als besonders wichtige Unterstützung zur Umsetzung des erlernten Führungsverhaltens dienen sollten. Beispielsweise wurde in diesem Zusammenhang auf die Bedeutung der Reaktanztheorie, des Elaboration Likelihood Modells und der Impftheorie eingegangen (Bierhoff & Frey, 2006). Nach Abschluss der Trainingsmaßnahme wurden die Führungskräfte und ihre Mitarbeiter gebeten, den im ersten Gruppenworkshop des Trainingsprogramms beantworteten Fragebogen zum transformationalen, transaktionalen und laissez-faire Führungsverhalten erneut auszufüllen, um die Wirkung des Trainingsprogramms überprüfen zu können.

Alle Inhalte und Methoden der drei Gruppenworkshops und vier Coachingsitzungen sind in Tabelle 1 noch einmal als Übersicht dargestellt.

	Zentrale Inhalte	Methoden
Gruppen-workshop 1	- Transformationale und transaktionale Führung - Werte der Mitarbeiterführung - Effektives und ineffektives Führungsverhalten	- Schriftliche Befragung - Individuelle Reflexion - Präsentation - Offene Diskussion
Individual-coaching 1	- Individuelle Stärken und Verbesserungspotenziale - Persönliche Zielsetzungen - Umsetzungshindernisse und förderliche Verhaltensweisen	- Reflexion des individuellen Führungsfeedbacks - Gespräch/Diskussion - Gestaltung eines Aktionsplans
Gruppen-workshop 2	- Erleben der ersten Coachingsitzung - Prinzipien der Zielsetzung - Umsetzungshindernisse und förderliche Verhaltensweisen	- Strukturierte und offene Diskussion - Präsentation - Netzwerkbildung
Individual-coaching 2	- Transformationale und transaktionale Führung - Motivation und Partizipation - Anregung zu kritischem Denken	- Präsentation - Gespräch/Diskussion - Beispiele erfolgreicher Umsetzung
Individual-coaching 3	- Einleitung und Umsetzung von Veränderungsprozessen - Theorien und Forschung zum Veränderungsmanagement - Aktuelle Veränderungen in der Abteilung	- Gespräch/Diskussion - Präsentation - Besprechung des Aktionsplans
Individual-coaching 4	- Persönliche Zielerreichung - Umsetzungshindernisse und förderliche Verhaltensweisen - Führungs-/Abteilungsvision	- Gespräch/Diskussion - Präsentation - Besprechung des Aktionsplans - Entwicklung einer Vision
Gruppen-workshop 3	- Verlauf des Programms - Transformationale und transaktionale Führung - Sozialpsychologische Theorien	- Reflexion - Offene Diskussion - Präsentation - Schriftliche Befragung

Tabelle 1: Inhalte und Methoden der Gruppenworkshops und Coachingsitzungen

4.2 Einsatz der Kontrollgruppe

Zur Überprüfung der Auswirkungen dieses speziellen Trainingsprogramms auf die Einstellungen der teilnehmenden Führungskräfte und ihrer Mitarbeiter wurden diese mit einer Kontrollgruppe verglichen. Um dabei zu verhindern, dass die in der Experimentalgruppe beobachteten Veränderungen lediglich auf einem Hawthorne Effekt oder auf einer verstärkten Selbstreflexion durch die Trainingsteilnahme beruhten (Frese, Beimel & Schoenborn, 2003) – wie in den meisten Trainingsstudien nicht auszuschließen ist – wurde hier eine

Placebo-Trainingsgruppe eingesetzt. Obwohl dies im organisationalen Kontext sehr schwierig ist, konnte eine Kontrollgruppe rekrutiert werden, die ein alternatives Trainingsprogramm durchlief. Um die Teilnehmer der Kontrollgruppe ebenfalls zur systematischen Reflexion ihres Führungsverhaltens und ihrer Vorstellungen über effektives Führungsverhalten anzuregen, füllten auch sie den Fragebogen zur Selbsteinschätzung ihrer transformationalen, transaktionalen und laissez-faire Führung aus. Das alternative Training der Kontrollgruppe bestand anschließend in einer rund zweistündigen Gruppendiskussion mit einer Führungskraft ihres Unternehmens, die eine höhere Führungsposition als die Teilnehmer selbst inne hatte. Die Diskussion bezog sich inhaltlich auf Einstellungen zur Mitarbeiterführung im Allgemeinen, grundlegende Führungswerte im Unternehmen und Möglichkeiten zur Verbesserung des eigenen Führungsverhaltens.

4.3 Effekte des Trainingsprogramms

Um zu überprüfen, wie sich das Trainingsprogramm bestehend aus Gruppenworkshops und Individualcoachings auf die Führungskräfte und ihre Mitarbeiter auswirkte, wurde eine Zusammenstellung mehrerer Methoden eingesetzt. Zum Ende des Programms wurde der Lernerfolg der Führungskräfte gemessen, indem sie befragt wurden, welche Verhaltensweisen sie in sechs verschiedenen herausfordernden Führungssituationen zeigen würden. Die Antworten auf diese Fragen, die auch die Mitglieder der Kontrollgruppe beantworteten, wurden qualitativ ausgewertet. Dabei wurde analysiert, wie viele mögliche Verhaltensweisen, die sich den trainierten Führungsdimensionen zuordnen lassen, von den Führungskräften genannt wurden. Es zeigte sich erwartungsgemäß, dass die Führungskräfte in der Experimentalgruppe mehr Verhaltensweisen nannten, die den Dimensionen Leistungsorientierte Belohnung, Inspirierende Motivierung und Intellektuelle Stimulierung zuzuordnen sind, als die Mitglieder der Kontrollgruppe. Dies kann als deutlicher Lerneffekt interpretiert werden. Darüber hinaus wurden die teilnehmenden Führungskräfte unmittelbar vor und ca. drei Wochen nach dem Trainingsprogramm gebeten, einen standardisierten Fragebogen zum transformationalen, transaktionalen und laissez-faire Führungsverhalten in der Selbsteinschätzung auszufüllen. Analog gaben ihre Mitarbeiter vor und nach dem Trainingsprogramm eine Fremdeinschätzung des Führungsstils anhand des gleichen Fragebogens ab. Ein Vergleich mit der Kontrollgruppe zeigt, dass die Führungskräfte der Experimentalgruppe nach Abschluss des Programms ihr Führungsverhalten auf den trainierten Dimensionen signifikant besser einschätzten. Auf den nicht trainierten Dimensionen zeigte sich jedoch – wie vorhergesagt – kein Unterschied. Auch in der Einschätzung der Mitarbeiter zeigte sich ein ähnliches Ergebnis: die trainierten Führungskräfte wurden nach Abschluss des Programms als signifikant weniger laissez-faire wahrgenommen als ihre nicht trainierten Kollegen. Darüber hinaus zeigten sich auf den thematisierten Dimensionen Leistungsbedingte Belohnung der transaktionalen Führung sowie den Dimensionen Intellektuelle Stimulierung und Inspirierende Motivierung der transformationalen Führung tendenziell höhere Mittelwerte in der Experimental- im Vergleich zur Kontrollgruppe. Schließlich war auch die Zufriedenheit mit dem Vorgesetzten in der Experimentalgruppe nach dem Trainingsprogramm tendenziell höher als in der Kontrollgruppe.

5 Fazit

Das vorgestellte Forschungsprojekt illustriert, wie gezieltes Individualcoaching in Kombination mit Gruppenworkshops zur Förderung von Führungskompetenzen in der wirtschaftlichen Praxis eingesetzt werden kann. Die Kombination aus spezifischer Analyse von Selbst- und Fremdbild, Vermittlung von Wissen und Handlungskompetenzen in der Gruppe und gezielter individueller Begleitung stellt dabei eine besonders effektive Vorgehensweise zur Förderung von Führungskompetenzen dar.

Literatur

Barling, J., Weber, J. & Kelloway, E. K. (1996). Effects of transformational leadership training on attitudinal and financial outcomes: A field experiment. *Journal of Applied Psychology, 81,* 827-832.

Bass, B. M. (1985). Leadership and performance beyond expectations. New York: The Free Press.

Bass, B. M. (1990). Bass and Stogdill's Handbook of Leadership: Theory, Research and Management Applications. New York: The Free Press.

Bierhoff, H.-W. & Frey, D. (2006). Handbuch der Sozialpsychologie und Kommunikationspsychologie. Göttingen: Hogrefe.

Brodbeck, F. C., Maier, G. W. & Frey, D. (2002). *Führungstheorien.* In: D. Frey & M. Irle (Hrsg.), Theorien der Sozialpsychologie: Motivations- und Informationsverarbeitungstheorien (S. 329-365). Bern: Huber.

Day, D. V. (2000). Leadership development: A review in context. *Leadership Quaterly, 11,* 581-613.

Day, D. V. & Harrison, M. M. (2007). A multilevel, identity-based approach to leadership development. *Human Resource Management Review, 17,* 360-373.

De Groot, T., Kiker, D. S. & Cross, T. C. (2000). A meta-analysis to review organizational outcomes related to charismatic leadership. *Canadian Journal of Administrative Sciences, 17,* 356-371.

Dvir, T., Eden, D., Avolio, B. & Shamir, B. (2002). Impact of transformational leadership on follower development and performance: a field experiment. *Academy of Management Journal, 45,* 735-744.

Felfe, J. (2006). Transformationale und charismatische Führung – Stand der Forschung und aktuelle Entwicklungen. *Zeitschrift für Personalpsychologie, 5,* 163-176.

Frese, M., Beimel, S. & Schoenborn, S. (2003). Action training for charismatic leadership: Two evaluations of studies of a commercial training module on inspirational communication of a vision. *Personnel Psychology, 56,* 671-697.

Frey, D. (1995). *Psychologisches Know-how für eine Gesellschaft im Umbruch – Spitzenunternehmen der Wirtschaft als Vorbild.* In: C. Honegger, J. Gabriel, R. Hirsig, J. Pfaff-Czarnecka und E. Poglia (Hrsg.), Gesellschaften im Umbau (S. 75-98). Zürich: Seismo.

Frey, D. (1998). *Center of Excellence – ein Weg zu Spitzenleistungen.* In: P. Weber (Hg), Leistungsorientiertes Management: Leistungen steigern statt Kosten senken. Frankfurt: Campus.

Frey, D., Oßwald, S., Peus, C. & Fischer, P. (2006). Positives Management, ethikorientierte Führung und Center of Excellence: Wie Unternehmenserfolg und Entfaltung der Mitarbeiter durch neue Unternehmens- und Führungskulturen gefördert werden können. In: M. Ringlstetter, S. Kaiser & Müller-Seitz, G. (Hrsg.), Positives Management. 237-265. Wiesbaden: Gabler, Edition Wissenschaft.

Frey, D., Peus, C. & Traut-Mattausch, E. (2005). Innovative Unternehmenskultur und professionelle Führung – entscheidende Bedingungen für eine erfolgreiche Zukunft? In D. Kudernatsch & P. Fleschhut (Hrsg.), *Management Excellence* (S. 351-376). Stuttgart: Schäffer-Poeschel.

Judge, T. A. & Piccolo, R. F. (2004). Transformational and transactional leadership: A meta-analytic test of their relative validity. *Journal of Applied Psychology, 89,* 755-768.

Locke, E. A. & Latham, G. P. (2002). Building a practically useful theory of goal setting and task motivation. *American Psychologist, 57,* 705-717.

Lowe, K. B., Kroeck, K. G. & Sivasubramaniam, N. (1996). Effectiveness correlates of transformational and transactional leadership: A meta-analytic review of the MLQ literature. *Leadership Quarterly, 7,* 385-425.

McCall, M. W. (1998). *High flyers: Developing the next generation of leaders.* Boston: Harvard Business School.

Mumford, M. D., Hunter, S. T., Eubanks, D. L., Bedell, K. E. & Murphy, S. T. (2007). Developing leaders for creative efforts: A domain-based approach to leadership development. *Human Resource Management Review, 17,* 402-417.

Murphy, S. E. & Riggio, R. E. (2003). *The future of leadership development.* Mahwah, NJ: Erlbaum.

Opaschowski, H. W. (1987). *Von der Geldkultur zur Zeitkultur. Neue Formen der Arbeitsmotivation für zukunftsorientiertes Management.* In: G. Schanz (Hrsg.), Handbuch Anreizsysteme in Wirtschaft und Verwaltung (S. 32-52). Stuttgart: Schäffer-Poeschel.

Pearce, C. L., Waldman, D. A. & Csikszentmihalyi, C. (2006). Virtuous leadership: A theoretical model and research agenda. *Journal of Management, Spirituality and Religion, 3,* 60-77.

Paradise, A. (2008). 2008 State of the Industry Report. ASTD's annual review of trends in workplace learning and performance. Alexandria, VA: ASTD.

Peus, C., Kerschreiter, R., Frey, D. & Traut-Mattausch, E. (im Druck). What is the value? Economic effects of ethically-oriented leadership. Zeitschrift für Psychologie/Journal of Psychology.

Peus, C. & Frey, D. (2009). *Humanism at work: Crucial organizational cultures and leadership principles.* In: H. Spitzeck, M. Pirson, W. Amann, S. Khan & E. von Kimakowitz (Hrsg.), Humanism in Business- perspectives on responsible business in society (pp. 260-277). Cambridge: Cambridge University Press.

Peus, C., Traut-Mattausch, E., Kerschreiter, R., Frey, D. & Brandstätter, V. (2004). *Ökonomische Auswirkungen professioneller Führung.* In: M. Dürndorfer & P. Friederichs (Hrsg.), Human Capital Leadership (S. 193-207). Hamburg: Murmann.

Popper, M., Landau, O. & Gluskinos, U. M. (1992).The Israeli defense forces: An example of transformational leadership. *Leadership and Organizational Development Journal, 13,* 3-8.

Vicere, A. A. & Fulmer, R. M. (1998). *Leadership by design.* Boston, MA: Harvard Business School.

Coaching für ein Management 2. Ordnung

Jean-Paul Thommen

1 Der Coaching-Dschungel

Mit dem Begriff Coaching verbinden sich vielfältige Ideen, Inhalte und Konzepte. Deshalb mag es auch nicht erstaunen, dass sich in der Praxis des Coachings die unterschiedlichsten Ansätze und Programme finden. Dabei wird oft zu wenig differenziert, von welchen Annahmen man ausgeht und welches das Ziel von Coaching sein soll.

Auf den ersten Blick scheint dabei zumindest die Frage nach dem Ziel von Coaching unproblematisch zu sein, werden doch in der Literatur drei Ansätze unterschieden (Backhausen/Thommen 2006, 206ff.):

- *Defizitansatz:* Mit Hilfe des Coachings soll eine bestimmte aktuelle Problemsituation behoben werden. Die Probleme können vielfältiger Natur sein. Durch den Einsatz von Coaching sollen die angestrebten Leistungen erreicht werden können.
- *Präventivansatz*: Mit diesem Ansatz sollen bestimmte, als störend empfundene Verhaltensweisen oder Situationen in Zukunft verhindert werden.
- *Potenzialansatz*: Bei diesem geht es nicht nur um die effektive Nutzung vorhandener, aber noch nicht ausgeschöpfter Potenziale, sondern oft erst um deren Entdeckung. Es sollen neue Wege und Möglichkeiten aufgezeigt werden, solche Potenziale zu erschließen und nutzbar zu machen. Dieser Ansatz wird häufig angewandt, wenn Mitarbeiter auf Führungsaufgaben vorbereitet werden sollen.

Diesen drei Ansätzen ist gemeinsam, dass sie alle versuchen, eine Veränderung der Person zu erreichen, die es ihr ermöglicht, mit bestimmten Situationen – einer schwierigen oder neuen Aufgabe, einem Konflikt mit einem Mitarbeiter, einer ungenügenden Leistung – besser zurechtzukommen. Damit ist auch die inhaltliche Dimension des Problems meistens gegeben.

Für Führungskräfte und insbesondere für das Topmanagement stellt sich aber oft gerade die umgekehrte Frage, nämlich die Frage, wie kann eine vorgegebene Situation verändert bzw. wie kann eine neue Situation (mit all ihren neuen Problemen) geschaffen werden. Es handelt sich damit letztlich um die Gestaltungsfrage, d.h. die Frage, welches sind die Ziele und Strategien, welches sind die Strukturen und Prozesse, welches sind die Verhaltensmuster und Spielregeln in meinem Unternehmen, Abteilung oder Gruppe. Und gerade bei dieser Frage ist entscheidend, von welchen Annahmen man ausgeht, wie Unternehmen funktionieren, wie sich Unternehmen steuern lassen (oder eben auch nicht) und welche Eigenschaften Organisationen aufweisen. Je nach Weltbild, d.h. je nachdem, von welchen Annahmen man ausgeht, wird auch das Coaching für Führungskräfte anders aussehen. Im Folgenden wollen wir deshalb darlegen,

- welches die wesentlichen Annahmen sind, von denen ein systemisches Weltbild ausgeht und die für Führungskräfte für ihre Entscheidungen und für ihr Handeln von Bedeutung sind (Abschnitt 2),

- wie die Managementaufgabe deshalb differenziert und in ein Management 1. und 2. Ordnung unterschieden werden muss (Abschnitt 3) und
- welche Aufgabe dem Coaching im Rahmen eines Managements 2. Ordnung zukommt (Abschnitt 4).

2 Der Irrgarten des Managements: Der systemisch-konstruktivistische Ansatz – eine neue Betrachtung von Management

Der systemisch-konstruktivistische Ansatz beschäftigt sich allgemein mit der Beschreibung von Organisationen und Menschen, also mit Systemen und deren Beziehungen. Er wendet sich gegen das vorherrschende Denken und Handeln in kausalen Ursache-Wirkungs-Beziehungen, das für eine Wirkung immer eine Ursache sieht und wechselseitige Abhängigkeiten und Rückwirkungen innerhalb eines Systems ausblendet. In einem linearen Verständnis sind Ursache und Wirkung miteinander verbunden und diese können vollständig erfasst werden. Der Vorteil eines linearen Denkens liegt in der Möglichkeit einer hohen Komplexitätsreduktion. Dabei wird zum einen oftmals vergessen, dass das System und seine Elemente (z.B. Mitarbeiter, Stakeholder) durch das Zusammenspiel der verschiedenen Elemente in der Regel eine nicht vorhersehbare Eigendynamik entwickelt. In der systemisch-konstruktivistischen Literatur spricht man auch vom Phänomen der *Emergenz*. Emergenz ist eine Charakteristik von Systemen, neue Eigenschaften zu entwickeln. Diese neuen Eigenschaften können nicht aus den Eigenschaften der bestehenden Komponenten des Systems abgeleitet werden, sondern beruhen auf der Kopplung diese Komponenten. Emergenz beschreibt damit das Phänomen, dass sich bestimmte Eigenschaften eines Systems nicht aus den einzelnen Teilen erklären lassen, sondern erst in dem Zusammenwirken einzelner Elemente. Besonders ist dies bei zahlreichen Merger & Akquisitions-Prozessen in den vergangenen Jahrzehnten deutlich geworden, wo die prognostizierten Synergieeffekte fast nie eingetroffen sind, sondern im Gegenteil, der Großteil dieser Prozesse sogar von einem Misserfolg begleitet war. Zum anderen wird bei einem linearen Denken oftmals ausgeblendet, dass andere Wege und Erkenntnisse, d.h. andere Konstruktionen von Wirklichkeit, für die gleiche Situation auch möglich gewesen wären, eventuell sogar noch erfolgreicher. In diesem Fall spricht man in der systemisch-konstruktivistischen Literatur vom Phänomen der *Kontingenz* „Es könnte immer auch anders sein“, d.h. es gibt immer verschiedene Möglichkeiten, aus denen eine ausgewählt werden muss, immer im Bewusstsein, dass mit dieser Auswahl eine andere Möglichkeit ausgeschlossen wird. Kontingenz birgt immer eine Enttäuschungsgefahr in sich und setzt die Bereitschaft, sich auf Risiken bzw. auf andere Möglichkeiten einzulassen, voraus.

Das lineare Denken, das uns lange Zeit bei der Problembewältigung geholfen hat, stößt heute an seine Grenzen. Systemtheoretisch wird davon ausgegangen, dass soziale Systeme (z.B. Menschen, Organisationen) sich konträr zu diesem linearen Denkverständnis verhalten. Sie zeigen je nach Kontext der Situation ein anderes Verhalten (Kontextsensibilität) und die Beziehungen untereinander und deren Rückkopplungseffekte lassen sich nicht vorhersehen und steuern. Selbst durch eine Erweiterung des linearen Verständnisses würden diese Probleme nicht gelöst werden können – es bedarf eines fundamentalen Perspektivenwechsels.

Der systemisch-konstruktivistische Ansatz legt seine Aufmerksamkeit auf das Zusammenwirken der verschiedenen Elemente, auf die Wechselbeziehungen und Kommunikationen in einem System. Dabei ist von Interesse, wie Systeme aufgebaut sind, nach welchen Regeln und Mustern sie sich verhalten und organisieren und welche Wechselwirkungsprozesse in komplexen Systemen ablaufen. Diese Denkweise wird in der systemisch-konstruktivistischen Literatur mit dem Prinzip der Zirkularität umschrieben, d.h. Ursache und Wirkung bedingen sich gegenseitig. Dieses Umdenken – von linear zu zirkulär – erzeugt oftmals Widerstände, da es sich gegen das Gewohnte und (scheinbar) bewährte Denken und Handeln wendet und Menschen stets nach einem Gefühl von Sicherheit und Planbarkeit streben. Dennoch zwingen die Entwicklungen unserer Zeit, die mit einer stark zunehmenden Komplexität umschrieben werden können, die Menschen und das Management zum Umdenken.

Aus einer systemischtheoretischen Perspektive heraus können Unternehmen als soziale Systeme beschrieben werden, welche die Fähigkeit besitzen, sich selbst zu organisieren. Sie nehmen Informationen aus der Umwelt auf und verarbeiten diese nach ihren eigenen Mustern und Regeln. Soziale Systeme werden als selbstreferentielle, operativ geschlossene Systeme betrachtet, die durch Kommunikation miteinander verbunden sind. Dieser Zustand erlaubt keine gezielte Steuerung sozialer Systeme. Unternehmen sind daher von Außen kaum oder nur sehr beschränkt zu beeinflussen. Diese Aussage irritiert die Vorstellungen der klassischen Managementlehre und die Managementpraxis, denn Menschen versuchen stets andere Menschen und/oder soziale Systeme zielgerecht zu verändern. Es muss in der Managementlehre und im Management also mit der Paradoxie umgegangen werden, dass den Führungskräften zwar die Verantwortung für das Verhalten eines hochkomplexen Systems zugeschrieben wird, dieses aber nicht nach einem kausalen Ursache-Wirkungsverständnis steuerbar ist. Anregungen für die Änderung von Systemen erfolgen nicht durch eine direktive Intervention, sondern können höchstens durch Irritationen entstehen (Perturbation). Diese ausgelösten Irritationen wiederum lösen einen Selbstorganisationsprozess in dem System aus, ohne dass von Außen der Verlauf bzw. das Ergebnis vorhersehbar wäre.

Neben der Systemtheorie liefert der Konstruktivismus die Grundlage für ein systemisch-konstruktivistisches Denken. Die zentrale Fragestellung des Konstruktivismus ist das menschliche Erkennen, Denken und Urteilen. Die zwei zentralen Grundannahmen sind, dass erstens das, was wir als unsere Wirklichkeit erleben, nicht ein Abbild der Realität ist, sondern das Ergebnis einer aktiven Erkenntnisleistung, d.h. die Wirklichkeit wird von jedem subjektiv konstruiert. Diese Aussage führt zu der zweiten Annahme, dass wir über die Übereinstimmung zwischen subjektiver Wirklichkeit und objektiver Realität keine gesicherten Aussagen treffen können. Die Konsequenzen aus diesen Annahmen ist, dass wir Abschied nehmen müssen von der Vorstellung, es gäbe eine absolute Wahrheit, und wir müssen die Tatsache berücksichtigen, dass Situationen unterschiedlich interpretiert werden können.

Diese Gedanken des Konstruktivismus irritieren nun ebenfalls sehr stark das Verständnis einer traditionellen Betriebswirtschaftslehre. Beliebte und bewährte Faktoren des Managements wie z.B. „Objektivität", „Fakten" oder „messbare Unternehmensgrößen", werden von dem Konstruktivismus ins Absurde geführt. Damit befindet sich der Manager – zumindest aus traditioneller Sicht – in einem Irrgarten, der undurchschaubar, unvorhersehbar und nicht steuerbar ist.[1] Wenn aber eine objektive Wahrheit nicht existiert, muss es andere Bewertungskriterien für die Wissenschaft und die Praxis geben. Aus einer systemisch-konstruktivistischen Perspektive sind dies die Kriterien der *Zieldienlichkeit* und *Viabilität*, d.h. jede Unterscheidung die von einem System getroffen wurde, muss gangbar bzw. viabel mit der beobachtbaren Erfahrungswelt sein.

1 Die Grundlagen zu diesem Ansatz finden sich in Backhausen/Thommen (2007).

Die Aussagen einer systemisch-konstruktivistischen Perspektive sind heute vor allem auf dem Hintergrund der zunehmenden Dynamik und Komplexität (welt-) wirtschaftlichen Handelns zu sehen. Diese Situation des „permanenten Wandels" macht die systemisch-konstruktivistische Perspektive für die Praxis (noch) relevanter als in früheren Jahren. Mit einem systemisch-konstruktivistischen Verständnis kann der Komplexität der betrieblichen Praxis besser Rechnung getragen werden als Modelle und Ansätze, die ein lineares und kausales Verständnis von Welt verfolgen. Die gegenwärtige Finanz- und Wirtschaftskrise hat dies sehr deutlich – und leider auch schmerzlich – werden lassen.

Was bedeutet dies nun für die Managementlehre bzw. das Management? Das zentrale Element in dem systemisch-konstruktivistischen Ansatz ist die Reflexion bzw. das Einnehmen einer Metaposition. Weil dieser Ansatz Fragen stellt wie z.B. „Wie entsteht Wirklichkeit in sozialen Systemen? Welche Annahmen liegen den Wirklichkeitskonstruktionen zugrunde? Wie kann man diese Annahmen hinterfragen bzw. verändern?", wird er für die Wissenschaft und die Praxis besonders wertvoll. Im Vordergrund steht insbesondere die Frage, was betrachtet der Wissenschaftler bzw. die Führungskraft als relevant bzw. nicht relevant. Es findet eine nicht zu verhindernde Komplexitätsreduktion statt. Oder mit anderen Worten: Es müssen Unterscheidungen gemacht werden, die Relevantes von Nicht-Relevantem, Beachtetes von Nicht-Beachtetem unterscheiden. Da diese Unterscheidungen aber immer nur mögliche sind – es sind immer auch andere möglich, von denen wir nicht wissen, ob sie erfolgreicher sind oder nicht (Kontingenz!) –, sowohl für die Wissenschaft als auch für die Praxis, müssen sie immer wieder hinterfragt und unter Umständen verändert, d.h. neu getroffen werden. Genau an diesem Punkt setzt nun Management 2. Ordnung an.

3 Management 1. und 2. Ordnung

Management 2. Ordnung konstruiert die Welt, in der Ziele erreicht werden sollen, in einem komplexen Rückkopplungsprozess bewusst selbst mit.[2] Es versucht deshalb – im Sinne einer Beobachtung 2. Ordnung – das eigene Handeln als Management 1. Ordnung und die selbst geschaffene Welt, d.h. das gewählte Geschäftsmodell, stets zu reflektieren und zu hinterfragen. Dies bedeutet insbesondere, sich immer wieder zu fragen, welche Unterscheidungen (Selektionen), welche Interpretationen (Verknüpfungen) und welche Bewertungen (Absicht, Sinn) gemacht wurden. In Bezug auf das unternehmerische Handeln bedeutet dies den Versuch, beispielsweise mit folgenden Fragen zu verstehen, wie die Welt wahrgenommen wird bzw. wie sie konstruiert worden ist:

- Welche Unterscheidungen macht das Unternehmen in Bezug auf Märkte, Zielgruppen, Kunden, Lieferanten, Mitarbeitende oder Geschäftsprozesse?
- Welche Unterscheidungen machen andere Mitarbeitende, Vorgesetzte, Konkurrenten oder Geschäftspartner?
- Welches sind meine, welches die Erwartungshaltungen meiner Mitarbeitenden, Vorgesetzten, Kunden oder Geschäftspartner?
- Welches sind die Kernprozesse des Unternehmens, welches die Supportprozesse, die ausgelagert werden können?

2 Zur Unterscheidung Management 1. und 2. Ordnung vgl. Backhausen & Thommen (2007). Thommen/Fandel (2009)

- Was versteht man im Unternehmen z.B. unter Kundenzufriedenheit, nachhaltigem Handeln oder wirtschaftlichem Erfolg?

Neben dieser *Reflexionsaufgabe* hat Management 2. Ordnung aber noch (mindestens) zwei weitere wichtige Aufgaben zu erfüllen:

- Erstens muss eine *Wirklichkeitskonstruktion* gemacht werden, d.h. es muss ein Geschäftsmodell gefunden werden, in und mit welchem das alltägliche Managementhandeln sich abspielt und von dem man sich einen Erfolg verspricht.
- Es müssen *Mitarbeitende gewonnen* werden, welche diese Wirklichkeitskonstruktion teilen und daran teilnehmen. Motivation bekommt in diesem Zusammenhang eine neue Bedeutung. Der Ansatz eines Managements 2. Ordnung geht nämlich von einer grundsätzlich vorhandenen Motivation der Organisationsmitglieder aus. Demnach ist es nicht die Aufgabe der Führung, die Mitarbeitenden zu motivieren, sondern Demotivation zu verhindern. Demotivation heißt, dass sie sich in der neuen Welt nicht mehr zurechtfinden bzw. an ihr nicht mehr teilnehmen wollen, weil es sich für sie nicht mehr lohnt oder keinen Sinn mehr macht.

Diese drei Aufgaben des Managements 2. Ordnung (Reflexion, Wirklichkeitskonstruktion, Mitarbeitergewinnung) können als die eigentliche Leadership-Aufgabe bezeichnet werden. Damit wird das Management 1. Ordnung weder überflüssig noch zweitrangig. Dessen Aufgabe ist das Handeln in der vom Management 2. Ordnung geschaffenen Welt, d.h. den Strukturen, Prozessen und Spielregeln, die aufgestellt worden sind. Es handelt sich sozusagen um eine quasi-harte Wirklichkeit, eine Als-ob-Wirklichkeit. In dieser wird die klassische Managementaufgabe mit ihren vielfältigen Techniken, Methoden und Modellen wahrgenommen. Da aber diese Quasi-Wirklichkeit stets auf einem Wahlakt basiert, ist das Management 1. Ordnung immer wieder gezwungen, die Angemessenheit bzw. Relevanz dieser Als-ob-Konstruktion zu hinterfragen. Damit wird aber auch deutlich, dass Management letztlich ein ständiges Pendeln zwischen Management 1. und 2. Ordnung ist (vgl. Abbildung 1).

Manager müssen sich dieser Unterscheidung bewusst sein. Geht es insbesondere um tiefer gehende Veränderungsprozesse, so werden sie nicht darum herumkommen, die Mitarbeitenden für die neuen Unterscheidungen, d.h. für eine neue Vision, für ein neues Geschäftsmodell oder – im Falle einer kulturellen Veränderung – für neue Spielregeln zu gewinnen und sich damit auf der Ebene des Managements 2. Ordnung zu bewegen. Dazu braucht es aber Instrumente, die den Reflexionsprozess unterstützen, wie z.B. das Coaching, das Unternehmenstheater oder die Open Space-Methode. Gerade diese Instrumente sind aber in der Unternehmenspraxis noch wenig verbreitet.[3] Geht es hingegen um traditionelle Kostensenkungsprogramme oder Strategien der Markterschließung, so kann auf die traditionellen Instrumente zurückgegriffen werden, wie aus. Abbildung 1 ersichtlich ist.

3 Dies wird zum Beispiel in mehreren Studien (Capgemini Consulting 2008, IBM Corporation 2008) zum Status quo des Change Management eindrücklich aufgezeigt.

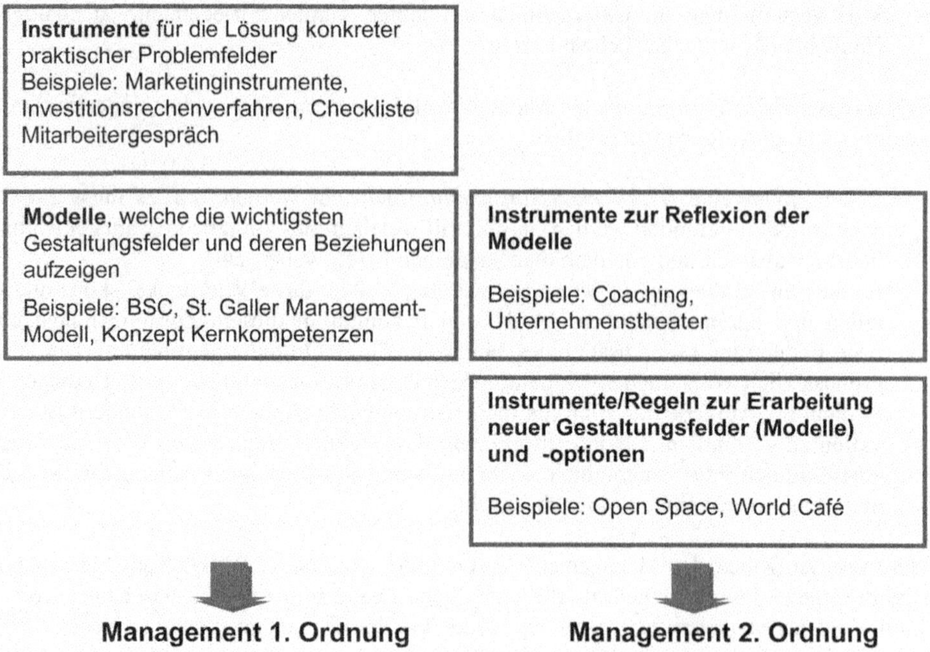

Abbildung 1: Unterschied und Komplementarität von Management 1. und 2. Ordnung

Im Folgenden soll anhand des Instrumentes Coaching gezeigt werden, inwiefern dieses für die Unterstützung eines Managements 2. Ordnung besonders gut geeignet ist.

4 Coaching als moderner Hofnarr

Wurde Coaching in seinen Anfängen noch im Sinne einer reinen Fachberatung verstanden, d.h. ein Experte kann aufgrund seiner überlegenen Erfahrung dem Coachee bei seinem Anliegen helfen, veränderte sich mit der wachsenden Komplexität in Unternehmen und auf der Grundlage der systemisch-konstruktivistischen Theorie die Sichtweise von Coaching. Auch wenn sich diese Perspektive in der Betriebs- bzw. Managementlehre als anerkannter Ansatz (noch) nicht durchgesetzt hat, so ist ihm dies im Bereich Coaching gelungen, wie dies auch durch die zahlreiche Fachliteratur belegt wird.[4]

Bei einem Coachingverständnis aus einer systemisch-konstruktivischen Perspektive versucht der Coach die Wahrnehmung des Coachees und damit auch seine Handlungsmöglichkeiten zu erweitern und zu verändern. Im Coaching sollen die persönlichen Lern- und Veränderungsfähigkeiten des Coachees verbessert werden. Erreicht wird diese Erweiterung des Handlungsspielraums des Coachees, indem der Coach versucht, die von dem Coachee beschriebenen betrieblichen oder persönlichen Situationen anders zu beschreiben bzw. zu

4 Vgl. dazu z.B. Backhausen/Thommen (2006), König/Volmer (2002), Schmid (2004), Radatz (2000).

bewerten. Mit Hilfe eines Refraimings, d.h. ein bestimmtes Ereignis oder Verhalten wird in einen neuen Rahmen (frame) gesetzt, wodurch die Bedeutung dieses Geschehens und damit dieses sich selbst ändert, kann die Vorraussetzung dafür geschaffen werden, dass der Coachee einen Perspektivenwechsel seiner eigenen Situation erleben kann und daraus für ihn neue Handlungsmuster entstehen.

Ein systemisch-konstruktivistisches Coaching zur Unterstützung von Führungskräften im Rahmen eines Managements 2. Ordnung zur Gestaltung des Unternehmens versucht vorerst einmal die blinden Flecke einer Führungskraft aufzudecken. Der Begriff blinder Fleck ist ein wichtiger Terminus Technikus im systemischen Denken. Aber auch über die Grenzen der Systemtheorie bis in die Alltagssprache hat er Einzug gehalten. Damit hat er aber ein Schicksal erlitten, das vielen bekannten Begriffen widerfährt, die eine Popularisierung erfahren oder geradezu zu einem Modebegriff geworden sind: Der Begriff verliert oft seine ursprüngliche Bedeutung bzw. seine ursprüngliche Präzision. Heute wird er deshalb als allgemeine Metapher für solche Situationen verwendet, in denen man etwas nicht gesehen hat, nicht berücksichtigt hat, übersehen hat, vergessen hat, ausgeschlossen hat usw.

Ursprünglich kommt der Begriff blinder Fleck von einem blinden Fleck der Netzhaut, die eine Stelle aufweist, an welcher der Sehnerv austritt und dazu führt, dass wir gewisse Punkte in bestimmten Konstellationen nicht sehen können. Dieses physische Phänomen ist dann auf Individuen und sozialkommunikative Systeme übertragen worden:

> „Jeder Beobachter beobachtet, was er beobachten kann, aufgrund seiner für ihn unsichtbaren Paradoxie, aufgrund einer Unterscheidung, deren Einheit sich seiner Beobachtung entzieht. Man hat die Wahl, ob man von wahr/unwahr, Krieg/Frieden, Mann/Frau, gut/böse, Heil/Verdammnis etc. ausgeht, aber wenn man für die eine oder die andere Unterscheidung optiert, hat man nicht mehr die Möglichkeit, die Unterscheidung als Einheit, als Form zu sehen – es sei denn mit Hilfe einer anderen Unterscheidung, also als ein anderer Beobachter." (Luhmann, zit. nach von Ameln 2004, 103)

Diese Übertragung eines physisch-körperlichen Phänomens auf sozialkommunikative Systeme ist zwar anschaulich und auf den ersten Blick auch einleuchtend. Sie ist aber – wie dies bei Analogien oft zu beobachten ist – einerseits nur beschränkt gültig, andererseits vereinfacht sie ein komplexes Phänomen und trägt wenig zur differenzierten Betrachtung bei bzw. insbesondere zum Erkennen der Ursachen von blinden Flecken im Management im Allgemeinen und in der Beratung im Besonderen. Die Beschränktheit liegt darin, dass es sich nicht um physische, sondern um sozialkommunikative Systeme handelt, die andere Eigenschaften und Verhaltensweisen ausweisen. Insbesondere hat man es nicht mit harten, sondern mit weichen Wirklichkeiten zu tun.

Coaching hat nun die Aufgabe im Rahmen eines Managements 2. Ordnung, auf diese blinden Flecken aufmerksam zu machen. In den nachfolgenden Ausführungen soll deshalb der Frage nachgegangen werden, welche blinden Flecke bei sozialkommunikativen Systemen beachtet werden müssen, welche Bedeutung sie haben und wie mit ihnen insbesondere in Veränderungsprozessen umgegangen werden muss.

Die physische Metapher vereinfacht die differenzierte Betrachtung von blinden Flecken sozialkommunikativer Systeme. Grundsätzlich können drei Ebenen unterschieden werden, auf denen blinde Flecke insbesondere in Veränderungsprozessen auftauchen können:

- *Beschreibung* der Welt: Was nehmen wir wahr, was nicht? Welche Unterscheidungen treffen wir, was scheiden wir aus? Aus Managementsicht handelt es sich dabei – zumindest zum Teil – auch um einen bewussten Vorgang. Doch vom Resultat her macht es keinen Unterschied, ob man bewusst oder unbewusst etwas ausgeklammert hat, denn in beiden Fällen geht das nicht Gewählte verloren.

  Coaching hat damit die Aufgabe, einer Führungskraft bewusst zu machen, welche Unterscheidungen sie in Bezug z.B. auf Kunden, Märkte oder Lieferanten gemacht hat. Diese Unterscheidungen stellen nur Möglichkeiten dar, immer kann im Rahmen einer Marktsegmentierung der Kunde auch anders gesehen werden, anhand anderer Kriterien abgegrenzt werden.
- *Erklärung* der Welt: Welche Verknüpfungen stellen wir her? Welche Kausalzusammenhänge glauben wir zu erkennen? Zum Beispiel zwischen Kosten und Gewinn, zwischen Lohn und Leistung, zwischen Werbung und Umsatz, zwischen neuen Produkten und Erfolg, zwischen Kostensenkung und Gewinn? Es handelt sich dabei um unsere Hypothesen, wie die Welt funktioniert.
- *Bewertung*: Wofür entscheiden wir uns, was ist unsere Absicht, welches sind unsere Interessen? Welche Bedeutung haben die Mitarbeitenden, von welchem Zeithorizont gehen wir aus? Wie wichtig ist nachhaltiges Wirtschaften? Letztendlich geht es bei dieser Betrachtung aber nicht nur um eine wirtschaftliche Frage, sondern auch um die Sinnfrage.

Damit wird deutlich, dass wir blinde Flecke auf allen drei Ebenen haben. Man könnte andere Unterscheidungen treffen, andere Erklärungen finden, andere Bewertungen vornehmen.

Allerdings müssen diese blinden Flecke noch etwas genauer beachtet werden bzw. auch in einen anderen Kontext gestellt werden. Bei Unternehmungen handelt es sich – wie in Abschnitt 2 ausführlich erläutert – um nicht-triviale bzw. komplexe Systeme, deren Elemente durch nicht-lineare Wechselwirkungen verknüpft sind. Und durch eine Vielzahl von Rückkopplungen entstehen emergente Prozesse, die letztlich nicht steuerbar sind. Emergente Prozesse sind aber gerade dadurch gekennzeichnet, dass man nie weiß, ob eine Unterscheidung, die man gewählt hat – also eine Entscheidung, die man getroffen hat –, auch erfolgversprechend ist. Führungskräfte wählen zwar nach dem Relevanzkriterium eine Strategie, eine Organisationsstruktur oder einen Merger & Akquisitions-Prozess aus, die Relevanz bzw. der Erfolg für das Unternehmen zeigt sich aber erst in der nachfolgenden (emergenten) Entwicklung. Zwar gibt es immer gute Gründe für oder gegen eine Entscheidung (z.B. aufgrund der Erfahrung), je dynamischer die Welt sich aber präsentiert, umso unsicherer ist deshalb der Ausgang bzw. der Erfolg. Umgekehrt sind aber Veränderungsprozesse gerade in Phasen des Umbruchs notwendig, um den Wandel bewältigen und sich neu ausrichten zu können.

Somit wird deutlich, dass es zwar blinde Flecke gibt. Anders aber als bei der physischen Betrachtung des blinden Fleckes, wo ein anderes Hinschauen die Blindheit überwinden würde und man die Möglichkeit hat, durch ein anderes Hinschauen den „entscheidenden" Punkt zu sehen, kann man bei komplexen Systemen zwar andere Unterscheidungen machen, aber deren Relevanz kann man letztlich nicht beurteilen. Letztlich spiegelt sich hier der bekannte Satz von Luhmann wieder, dass echte Entscheidungen nicht entscheidbar sind und somit das eigentliche Problem nicht die blinden Flecke, sondern der Umgang mit Unsicherheit ist.

Aus den bisherigen Ausführungen können wir folgendes festhalten. Führungskräfte sehen sich gerade in Veränderungsprozessen dem Phänomen der blinden Flecke gegenüber, die zu einer großen Unsicherheit führen, und zwar in zweifacher Hinsicht:

- Erstens wissen sie nicht, ob durch die blinden Flecke Informationen ausgeschlossen worden sind und zu Exformationen werden, die für die Entwicklung des Unternehmens möglicherweise relevant gewesen wären.
- Zweitens wissen Sie auch nicht – und dies ist noch viel schwerwiegender –, durch welche Unterscheidung sie relevantes von unrelevanten Wissen unterscheiden können.

Diese Unsicherheit ist in Veränderungsprozessen besonders hoch, weil Veränderung letztlich nichts anderes bedeutet, als neue Unterscheidungen einzuführen. Mit anderen Worten: In Veränderungsprozessen sind die blinden Flecke besonders relevant, weil sie oft zu Neuem bzw. neuen Möglichkeiten führen. Deshalb wird Coaching oft entweder zur Unterstützung von Veränderungsprozessen eingesetzt, um die Probleme, die sich aus den Veränderungen ergeben, bewältigen zu können, oder dessen Einsatz führt erst zu Veränderungsprozessen, weil neue Möglichkeiten zum Vorschein kommen. In beiden Fällen geht es um die Reflexion der bisherigen Unterscheidungen und damit die Hinterfragung des bisherigen Geschäftsmodells mit seinen Visionen, Strukturen, Prozessen, Routinen, Beziehungen und Spielregeln. Coaching stellt dieses Geschäftsmodell in Frage und wird dadurch zu einem modernen Hofnarr, aber nicht im Sinne „Kinder und Narren sprechen die Wahrheit." Denn der Hofnarr hatte die Aufgabe, dem König die Wahrheit zu sagen, die Wahrheit, die der König nicht (mehr) sehen konnte, weil er zu weit weg war von den Bedürfnissen, den Wünschen, den Problemen, den Leiden und Freuden seines Volkes. Dem Narren war es vorbehalten, ihn auf eine andere Welt aufmerksam zu machen und Informationen zukommen zu lassen, die für ihn wichtig – manchmal sogar für sein Überleben – waren. In diesem Sinne erzählte der Hofnarr aber letztlich auch nicht die absolute Wahrheit, sondern lediglich eine andere Wahrheit, eine andere Wahr-nehmung, nämlich diejenige von anderen Personen. In diesem Sinne ist auch das systemisch-konstruktivistische Coaching ein moderner Hofnarr, indem es versucht, mit verschiedenen Instrumenten[5] mit dem Coachee eine neue Weltsicht zu erforschen und zu erfinden, die vielleicht zweckdienlicher oder sinnvoller ist als die alte.

Diese Aufgabe ist kein einfacher Prozess, denn das Verlassen einer alten Weltkonstruktion bedeutet das Zurücklassen von Vertrautem, von Eingespieltem, von Sicherheit. Damit geht oft die eigentliche Identität des Unternehmens oder der eigenen Arbeit verloren, an ihre Stelle treten vorerst Unklarheit und Unsicherheit. Dies auszuhalten bedeutet für Führungskräfte, nicht auf Bewährtes zurückgreifen zu können und zu vertrauen, sondern ihren Fähigkeiten zu vertrauen, mit Veränderungen umgehen zu können und etwas Neues schaffen zu können. Aber dies ist letztlich die eigentliche Managementaufgabe: Immer wieder Neues schaffen bzw. zu erfinden, das besser, wirtschaftlicher, befriedigender, sinnvoller als das Bisherige ist. Letztlich geht es somit um Innovationen auf allen Ebenen unternehmerischen Handelns. Genau dies ist aber die Aufgabe von einem Management 2. Ordnung und Coaching ist dabei ein effizientes und effektives Instrument, diesen Prozess zu unterstützen.

---

5 Zu der Vielzahl von systemisch-konstruktivistischen Instrumenten vgl. z.B. Backhausen/Thommen (2006, 173ff.)

Literatur

Ameln, F. v. (2004): Konstruktivismus. Die Grundlagen systemischer Therapie, Beratung und Bildungsarbeit. Tübingen: Francke

Backhausen, W. & Thommen, J.-P. (2006): Coaching. Durch systemisches Denken zu innovativer Personalentwicklung (3. Aufl.). Wiesbaden: Gabler

Backhausen, W. & Thommen, J.-P. (2007): Irrgarten des Managements. Ein systemischer Reisebegleiter zu einem Management 2. Ordnung. Zürich: Versus

Backhausen, W. & Thommen, J.-P. (2008): Management 2. Ordnung – ein notwendiger Paradigmenwechsel. In: io new Management, 06.2008, 96-102, und 07/08.2008, 59-63

Capgemini Consulting (2008): Change Management Studie 2008. Business Transformation – Veränderungen erfolgreich gestalten

IBM Corporation (2008): Making Change Work

König, E./Volmer, G. (2002): Systemisches Coaching. Handbuch für Führungskräfte, Berater und Trainer. Beltz: Weinheim/Basel

Raddatz, S. (2000): Beratung ohne Ratschlag. Systemisches Coaching für Führungskräfte und BeraterInnen. Institut für systemisches Coaching und Training: Wien

Rauen, Ch.(2008): Coaching. Innovative Konzepte im Vergleich (2. Aufl.). Göttingen: Hogrefe

Schmid, B. (2004): Systemisches Coaching. Konzepte und Vorgehensweisen in der Persönlichkeitsberatung. EHP: Bergisch Gladbach

Thommen, J.-P./Fandel, T. (2009): Vom Management 1. Ordnung zu einem Management 2. Ordnung. Eine neue Betrachtung von Organisationen und Führung. In: Mussnig, W./Mödritscher, G./Heidenbauer, M. (Hrsg.): Erfolgsstrategien mittelständischer Unternehmen. Wien: Linde, 413-437

Thommen, J.-P. (2005): Coaching: Modewort oder modernes Management-Instrument? In: Zeitschrift für Organisation und Management zfo 05.2005, 64-70

Coaching als Begleitung von Transformationsprozessen. Person und System entwickeln*

Gerhard Fatzer & Sabina Schoefer

Bevor wir erste Schritte eines Coaching-Ansatzes oder Verständnisses formulieren, das den Ansprüchen einer systemischen Transformationsbegleitung gerecht wird, stellen wir das beraterische Umfeld des Coachings dar.

Coaching hat ja als eine mögliche Interventionsform von Organisationsentwicklung schon immer existiert, auch lange bevor sich die Supervision dieses neuen Betätigungsfeldes angenommen hat. Dazu stellen wir einleitend eine vergleichende Gegenüberstellung wichtiger Beratungsansätze mit ihren professionellen Wurzeln (s.a. Fatzer 2005a) dar.

Supervision – Coaching – Organisationsentwicklung.

Die drei Beratungsformen im Übergang zu einem neuen Paradigma: Beratung als Begleitung von Lern-, Veränderungs- und Entwicklungsprozessen

Wir haben in verschiedenen Publikationen zu den Ähnlichkeiten und Unterschieden von Supervision, Coaching und Organisationsentwicklung festgestellt, dass diese Unterscheidung von konkurrierenden Feldern, die auch ihre eigenen Dachorganisationen, Ausbildungsstätten und Repräsentanten haben, immer weniger Sinn macht. Wir möchten weniger auf die Unterschiede als mehr auf die Hintergründe und Gemeinsamkeiten dieser drei Beratungsformen eingehen.

* Ursprünglich erschienen in profile 11/2006, S. 50-62; mit freundlicher Genehmigung der beiden Verfasser hier neu abgedruckt.

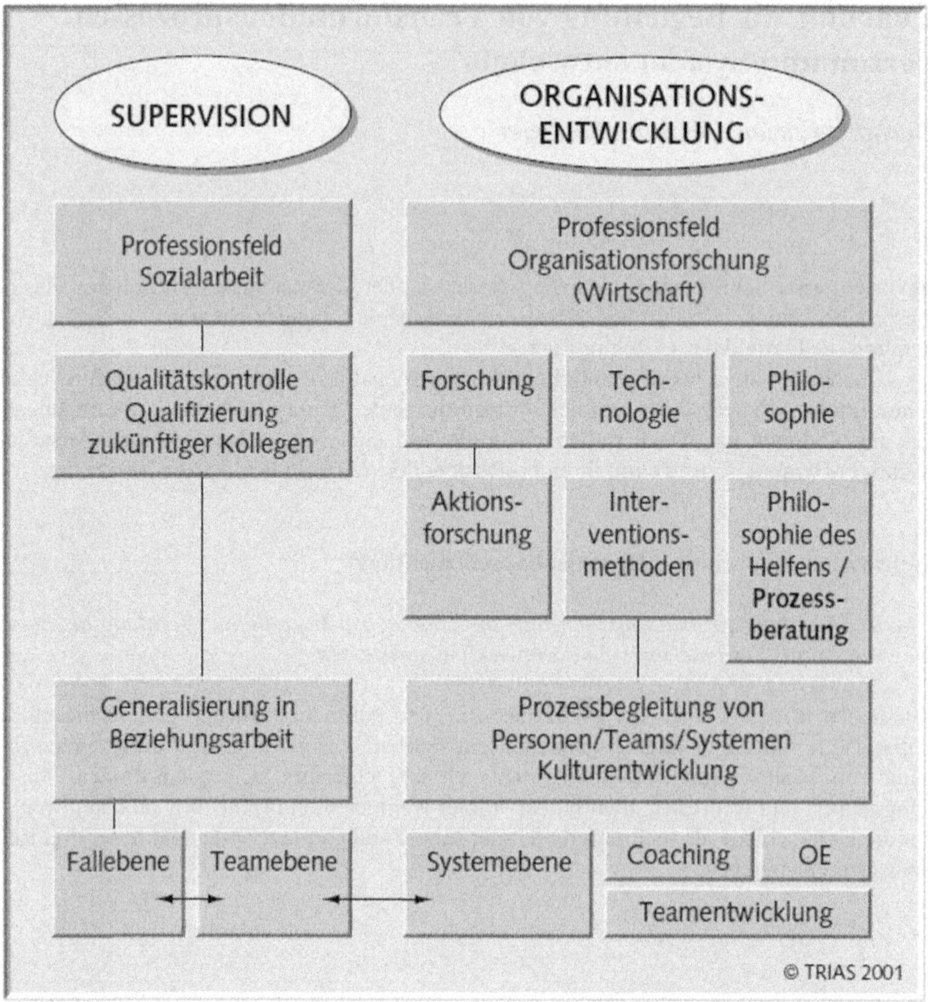

Abbildung 1: Supervision und Organisationsentwicklung. Entstehungszusammenhänge und Zielsetzung

Sehen wir uns die Ausprägungen der drei Felder an, so haben alle drei Beratungsformen mit der Begleitung von Lern-, Veränderungs- und Entwicklungsprozessen zu tun.

Die Unterschiede sind in den Settings zu sehen, nämlich das eine Mal mit Einzelpersonen in Führungspositionen (Coaching), mit Einzelpersonen in ihren Konflikten in Bezug auf ihre Arbeit und Biographie (Einzelsupervision), dann mit Gruppen oder Teams oder Projekten (Supervision oder Organisationsentwicklung) oder mit ganzen Teilen der Organisation oder ihren Subsystemen (Organisationsentwicklung). Für den Kunden bzw. Auftraggeber oder die Klientenorganisation ist es wichtig, dass professionelle Unterstützung geleistet wird. Die genaue oder sinnvolle Form wird im gemeinsamen Kontrakt entschieden. Hier ist der Kunde auf die fachgerechte Empfehlung und Indikation des Beraters angewiesen.

Worin unterscheiden sich denn jetzt die drei Beratungsformen? Die hauptsächliche Unterscheidung kann in der historischen Herkunft oder dem Professionsfeld gesehen werden, in dem sich Supervision, Coaching oder Organisationsentwicklung geformt haben (s. Abb. 1 und 2).

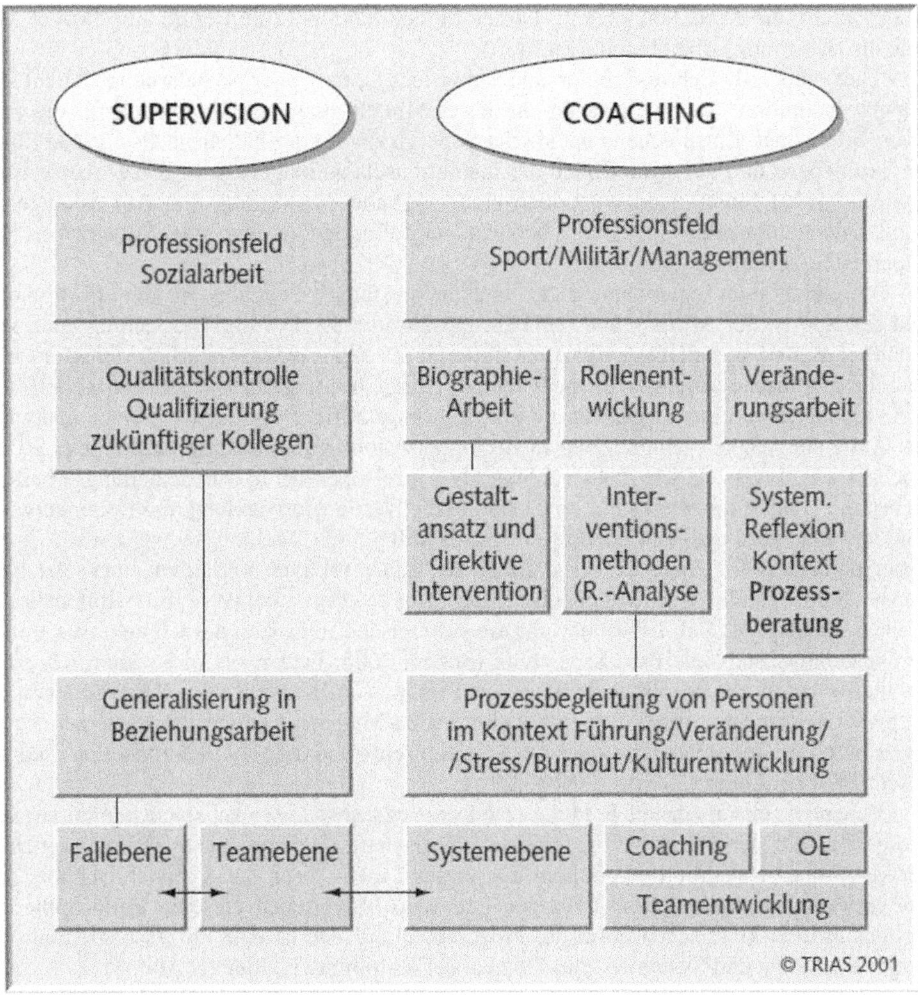

Abbildung 2: Supervision und Coaching. Entstehungszusammenhänge und Zielsetzung

Sehen wir uns die drei Beratungsfelder Supervision, Coaching und Organisationsentwicklung an, so stammt Supervision aus dem Professionsfeld der Sozialarbeit und wurde ursprünglich als Qualitätskontrolle zur Qualifizierung zukünftiger Berufskollegen eingesetzt und entwickelt.

Entsprechend kann Supervision in einer Definition *als Bearbeitung von arbeitsbezogenen Themen und Konflikten* umschrieben werden. Da sie *ursprünglich* vor allem *als Einzelsupervision* betrieben wurde, sind die *Themen bezogen auf Person, Arbeit, Biographie und Rolle/Funktion.*

Hier sieht man bereits die möglichen Überschneidungspunkte mit Coaching. Durch die Generalisierung von Supervision im Modell von Balint kann die Supervision als Verfahren für jegliche Beziehungsarbeit generalisiert werden. Balint hat dies im Dreieck zwischen Arzt, Patient und Krankheit gezeigt. Dieses Modell kann auf alle Berufe ausgeweitet werden, die Beziehungsarbeit beinhalten.

Dies sind z.B. Lehrer-Schüler und Unterricht/Lernen oder Sozialarbeiter-Klient und Thema/ Institution. Rappe-Giesecke hat dieses Modell als generelles Modell für die Fallebene bezeichnet. Entsprechend hat sie der Supervision auf der Fallebene als nächste Ebene die Teamebene und als dritte Ebene die Institutionsebene beigefügt. In dieser Ausweitung von klassischer Supervision wird auch eine mögliche Ausweitung des Professionsfeldes Supervision aufgezeigt. In einer Übersicht zeigt Rappe-Giesecke alle Spielformen von Supervision (s. Abb. 3).

Vergleicht man Supervision und Coaching, so stammt Coaching aus dem Professionsfeld des Sports, des Militärs und der Führungsausbildung. Darum ist Coaching auch sehr viel direkter und verhaltens-/aufgabenorientierter als *Supervision.* Natürlich reflektiert man auch biographische arbeitsbezogene Themen. Aber Coaching ist bezogen auf Rollen- und Funktionsträger in einer Organisation, z.B. Führungskräfte, Projektleiter, Personalentwickler. Auch sie stehen – ähnlich wie in der Supervision – in der Beziehungsarbeit. So bezeichnet z.B. Looss (2006) das Coaching als Einzelsupervision von Beziehungsarbeitern. Neben der Biographiearbeit steht im Coaching die Karriereentwicklung, die Rollenentwicklung und die Führungs-/Veränderungsarbeit im Mittelpunkt. Methodisch werden z.B. in der Biographiearbeit Elemente des Gestaltansatzes und direktiver Verfahren eingesetzt (z.B. Looss 2006; 1997). Zur Rollenentwicklung steht klassischerweise die Rollenanalyse (Schein 2000; 1994; Eck 1990), und für die systemische Reflexion des Kontexts als Veränderungsarbeiter steht die Prozessberatung (Schein 2000; Fatzer 1993). So kann *Coaching* definiert werden als Prozessbegleitung von Personen im Kontext von Führung, Veränderung, Stress, Burnout und Kulturentwicklung. Coaching wird so auf der Systemebene ergänzt durch Teamentwicklung oder Organisationsentwicklung. Die Schnittstellen sind gut beschrieben bei Looss (2006; s.a. Abb. 2).

Sehen wir uns als drittes Feld die *Organisationsentwicklung* an, so entstammt sie dem Professionsfeld der Organisationsforschung/Wirtschaft. Sie wird nachher beschrieben in der klassischen Definition von Schein und umfasst methodisch die Aktionsforschung, daraus entwickelten Interventionsmethoden und wird beschrieben als eine Philosophie des Helfens in ihrer klassischen Form der Prozessberatung. Sie ist eine Prozessbegleitung von Personen, Teams und Systemen zum Zwecke der Kulturentwicklung (s. Abb. 4).

Administrative Supervision	Ausbildungs-Supervision educational supervision	Supervision in OE-Prozessen clinical supervision	Berufsbegleitende Supervision clinical supervision		
			klientenbezogen	koop.bezogen	rollenbezogen
• Kontrolle der Arbeit • Fachliche Begleitung • Personalführung • Personale Entwicklung*	Erlernen einer bestimmten Methode oder Profession*	Begleitung von strukturellen Veränderungsprozessen*	• Fachkompetenz erhöhen • professionelle Identität entwickeln • Kontrolle der Arbeit*	• Effektivierung der Kooperation • Arbeitszufriedenheit schaffen • Aufgaben- und Klientenbezogenheit stärken • Identität entwickeln*	• Aufgaben klären • Rollengestaltung • Rolle - Person - Organisation in Einklang bringen*
*Teil der Personalführung***	*Teil eines übergreifenden Ausbildungssystems***	*In OE-Prozess eingegliederte Form von berufsbegleitender Supervision***	• *Gruppen-SV* • *Balintgruppe* • *Einzel-SV***	• *Team-SV* • *Projekt-SV***	• *Einzel-SV* • *Coaching* • *Leitungsberatung***
fachlicher Vorgesetzter (der Chef als Coach) mit Qualifikation im Mitarbeitergespräch und beruflicher Beratung***	**»Meisterin oder Meister« der Methode oder Profession*****	**SupervisorInnen mit Kenntnissen in Organisationsberatung*****	**erfahrene Angehörige einer Profession, die Supervision oder Balint-Gruppenarbeit gelernt haben*****	**in Institutionsanalyse ausgebildete SupervisorInnen *****	**in Institutions- und Rollenanalyse ausgebildete SupervisorInnen*****

* Ziele
** Settings
*** Qualifikation der SupervisorInnen

überarb. Fassung von Rappe-Giesecke 2002

Abbildung 3: Typen von Supervision

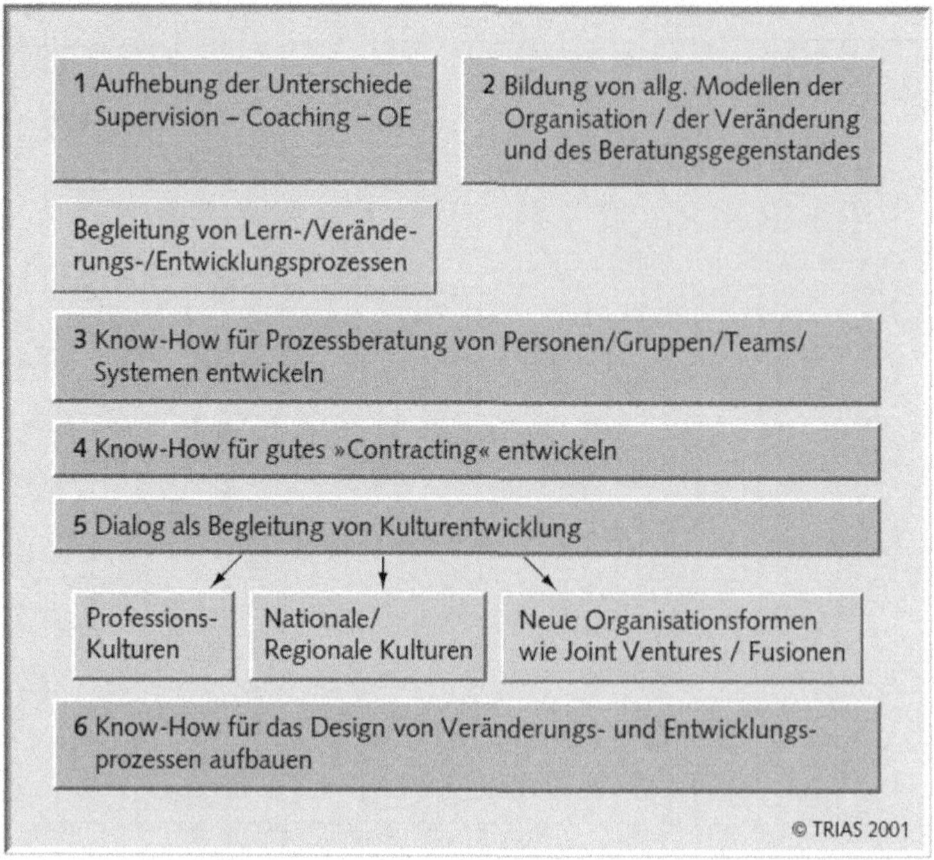

Abbildung 4: Supervision, Coaching und OE – was ist zu tun?

Supervision, Coaching und Organisationsentwicklung in der Neuorientierung

Die Auswirkungen auf die Beratung oder Supervision, die im nächsten Abschnitt detaillierter geschildert wird, kann folgendermaßen beschrieben werden (s.a. Abb. 5).

1. Das *Beratungssystem entspricht der Komplexität des Kundensystems.*
2. Es entstehen *Beraternetzwerke mit Spezialisierungen.* Damit kann das weit verbreitete Einzelkämpfertum etwas gemildert werden.
3. Es entstehen *sinnvolle Arbeitsteilungen zwischen internen und externen Beratern.*
4. *Externe Supervision* wird zur reflexiven Begleitung von Rolle, Führung und Veränderung eingesetzt.
5. Berater oder *Beratergruppen bauen Infrastrukturen und eine gute Logistik* auf. In der Auseinandersetzung mit großen Beratungsunternehmen vornehmlich aus dem amerikanischen Raum, die im Gefolge von verschiedenen Bilanzfälschungsskandalen ame-

rikanischer Konzerne negativ in die Schlagzeilen kamen und mitverantwortlich sind für einen hohen Imageverlust von Beratung, können diese kleineren Beratungsgruppierungen im Moment im Markt einen großen Vorteil genießen. Erhielten früher McKinsey, Andersen und andere Expertenberatungsfirmen alle großen Umstrukturierungsprojekte, sind die großen Firmen momentan bemüht, große Projekte zu stoppen und große Beratungsfirmen nicht mehr zu beschäftigen. Andersen Consulting ist sogar aufgelöst worden, da die Verbindung von Revisionsgesellschaften und Beratung unprofessionell ist. Hier also können Prozessberatungs-Spezialisten im Moment stark auftreten.

6. *Dialog mit den Kunden ist nötig geworden.* Die Berater müssen herausfinden und gemeinsam mit den Kunden erforschen, welche Form von Beratung und welche Lernprozesse sinnvoll und nachhaltig sind. Zu diesem Zweck sollen im Rahmen der von Kleiner/Roth (2001) entwickelten *„Lerngeschichten" (learning histories)* gezeigt werden, wie nachhaltige Lernprozesse bei Kunden aussehen.

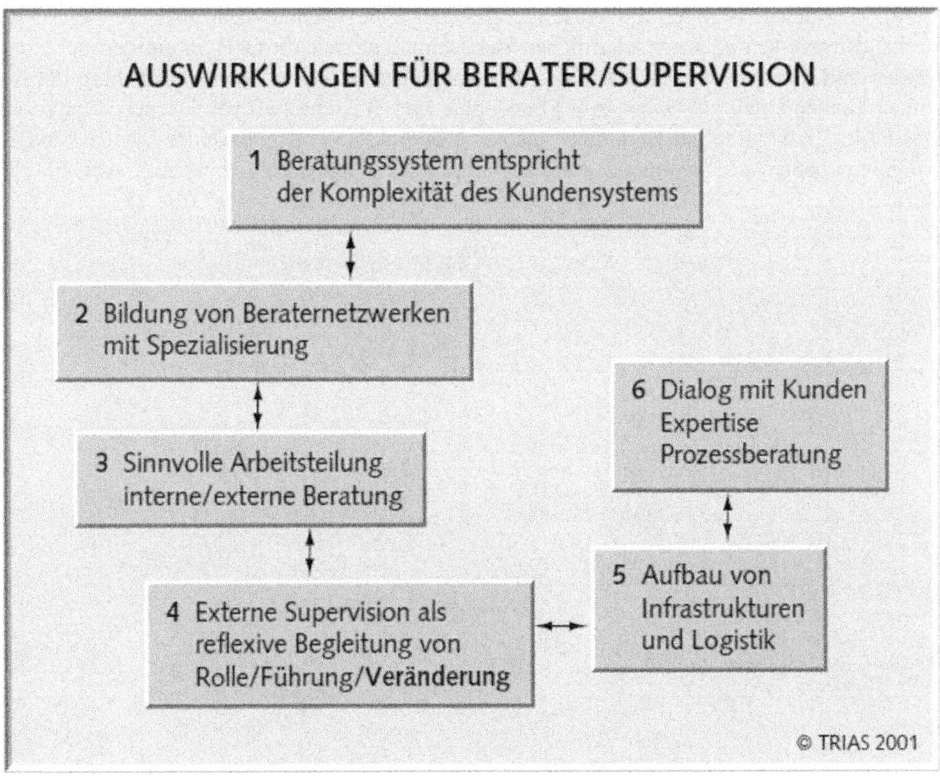

Abbildung 5: Herausforderungen für Supervision/Coaching/OE

Wir erforschen im Moment am Beispiel der zwei von Peter Senge gegründeten Organisationen OLC (Organizational Lerning Center am M.I.T.) und der Nachfolgeorganisation SoL (Society of Organizational Learning), wie Erfolgsfaktoren der Wissenserzeugung in Beratungs- und Forschungsunternehmen aussehen (vgl. dazu auch Fatzer 2005a, Fatzer/Schoefer 2004).

Qualitätsentwicklung von Beratung und von Ausbildungsinstituten wird zu einem Kernthema.

Die Unterscheidungen in Coaching, Supervision und OE werden immer weniger vorgenommen werden, stattdessen werden sie als Begleitung von Veränderungs- und Lernprozessen bei Personen, Teams und Systemen gesehen. Die Titel des „Beraters" oder der „Beraterin" sollten geschützt werden, wie dies z.B. *in der Schweiz der Berufsverband BSO im Moment initiiert.*

Das Beratungsfeld muss sich – ähnlich wie der Bereich der Unternehmensführung mit dem neuen Gebiet von Unternehmensethik oder „Corporate Governance" – mit der Frage befassen, was gute Beratung und gute Berater sind (dazu s.a. Fatzer/Rappe-Giesecke/Looss 1999). Es braucht bezogen auf Ausbildungsstätten eine Qualitätskontrolle, die frei ist von Verbandsinteressen oder wirtschaftlichen Verflechtungen, wie dies z.B. in einigen Berufsverbänden leider momentan der Fall ist. Die Grundlagen von Supervision, Coaching und OE sollten konzeptionell als Handwerk, Philosophie und Wissenschaft beschrieben sein, so wie dies in der „Landkarte der Beratung" unseres Mentors David Kantor, eines System- und Familientherapeuten aus Boston, der uns jahrelang begleitet hat, beschrieben ist (s. Abb. 6).

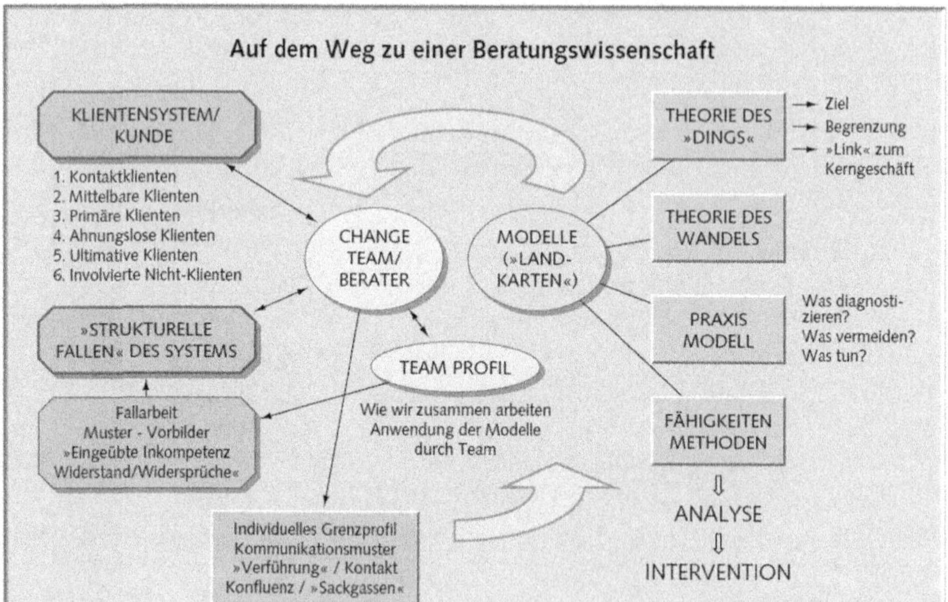

Abbildung 6: Landkarte von Veränderung

Die „Professional Community" der Berater wird organisiert sein in Lern-Netzwerken statt in ‚politischen Berufsverbänden'.

Die ist bereits im OE-Feld der Fall, z.B. in der Form des „OE-Forums" in der Schweiz. Die Supervisoren sind allerdings aus den am Anfang beschriebenen Gründen noch immer berufspolitisch organisiert, was im Moment bis zur politischen Durchsetzung des Titelschutzes Sinn macht, aber langfristig nicht die geeignete Form ist. Es ist so allzu leicht, dass sich Verbandsfunktionäre die Infrastruktur und die Marktmacht eines Berufsverbandes aneignen und damit marktverzerrend auftreten. Dies ist z.B. bei der „Agentur für Supervision" der Fall, wo eine GmbH-Gründung vorliegt, bei der sich Funktionäre mit den Geldern der Vereinsmitglieder einen Wettbewerbsvorteil organisiert haben; eine Konstruktion, die in der Schweiz nicht akzeptiert würde. Dies könnte dann nicht geschehen, wenn es zu netzwerkmäßigen Organisationen käme. Und als Letztes wird die Kundenperspektive durch die Einführung eines ständigen Dialogs mit Kunden eingebracht. Dies wird auch in diversen Konferenzen und Musterprojekten versucht. Es hat sich herausgestellt, dass die meisten Fachveranstaltungen noch immer zu sehr Zwiegespräche unter eingeweihten Fachkollegen darstellen. Kunden fühlen sich oft wenig angesprochen.

Veränderungen in den Beratungsanliegen und in den Organisationen

Eine Grundthese dieses Beitrags lautet, dass sich die Komplexität der Anliegen für Beratungen und die Komplexität des Organisationslebens generell erhöht haben. Dies werden wir im Folgenden an einigen Beispielen aufzeigen. Gleichzeitig gibt es Trends oder Tendenzen von Kunden oder Auftraggebern, die diese Komplexitätszunahme reduzieren wollen und die massive Auswirkungen auf die Arbeit von Coaches, Supervisoren und OE-Beratern haben. Als „Landkarte" oder „mentales Modell" (im Sinne von Senge, s. Fatzer 1999b) benutzen wir das klassische systemische Modell der Organisationsveränderung (nach Schein 1987/88; Beckhard 1987). Diese Landkarte wurde durch einen der Begründer von OE als Quintessenz seiner Entwicklungsarbeit kreiert und hilft, die wichtigsten Fragen bei einer Beratungsanfrage zu stellen (s. Abb. 7).

1. Was ist das so genannte „Business-Problem" oder „Präsentierproblem" (Fatzer 1990b)? Welches Problem möchte der Klient oder Kunde lösen? Worin besteht der Leidens- oder Veränderungsdruck?
2. Warum braucht man Veränderung oder Entwicklung? Braucht man überhaupt Beratung? In welcher Form (Supervision – Coaching – OE)?
3. Wer ist der Klient? (Ed Schein unterscheidet hier mindestens sechs Typen von Klienten oder Auftraggebern; Schein 2000)
4. Welches ist der Ist- oder Soll-Zustand des Systems? Das Wort „Zustand" suggeriert hier etwas Statisches, ist aber natürlich im Sinne von Lewins Feld- und Systemtheorie als „momentanes homöostatisches Fließ-Gleichgewicht des Systems" oder als Feld zu sehen.
5. Wie sieht der ‚Gap' (oder ‚Veränderungs-Graben') oder – systemisch gesprochen – die Differenz aus? Welches ist das ‚Kräftefeld'?
6. Wie kann die ‚Kultur' des Teams oder der Organisation beschrieben werden? Dieser Teil der Landkarte wurde durch Ed Schein ergänzt.

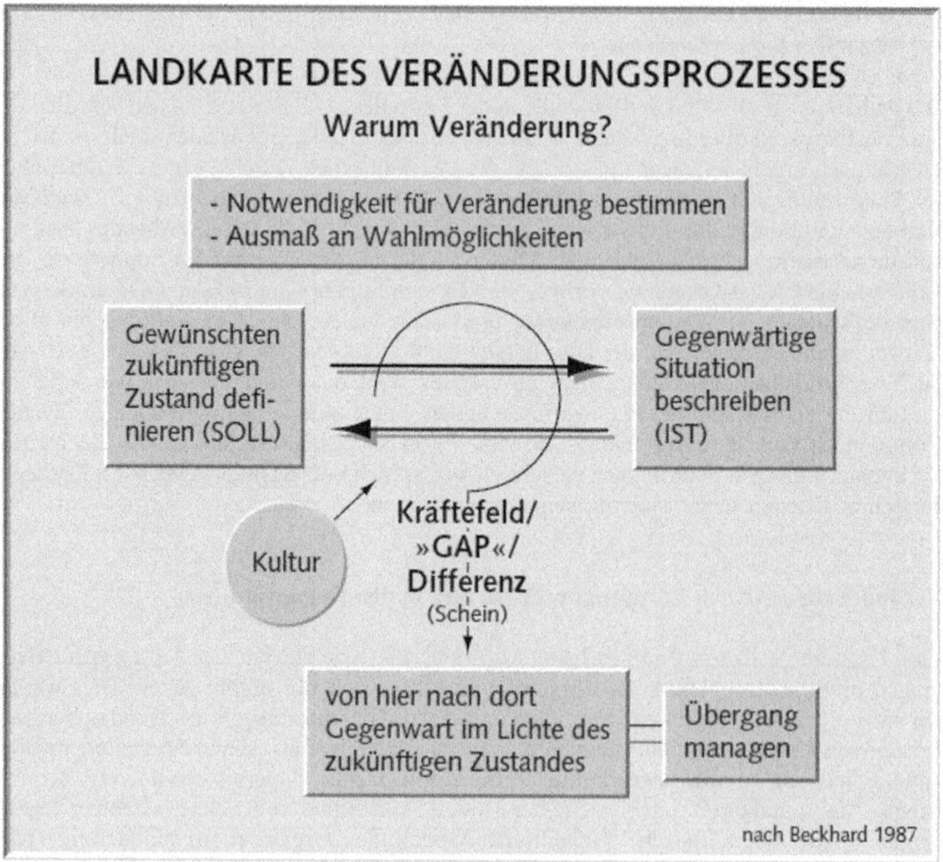

Abbildung 7: Veränderungsprozesse in Organisationen

Wie sehen die unterschiedlichen Veränderungsanlässe in diversen Typen von Organisationen aus, in denen wir arbeiten? Wir möchten dies nicht anhand von Fallbeispielen präsentieren, sondern in Form von Trends oder Perspektiven andeuten. Diese Darstellung ist subjektiv durch unser Datenmaterial gefärbt und hat in seinen Schlussfolgerungen einen normativen Charakter, die Einschätzungen und Erfahrungen der Leser mögen durchaus anders sein.

Veränderungsanlässe im System Schule: Von der Einzelsupervision zur Schulentwicklung

Bestand die Supervision in Schulen früher primär aus Einzelsupervision oder allenfalls Gruppensupervision einzelner Lehrer, die sich mit Unterrichtsproblemen, schwierigen Schülern, der Zusammenarbeit mit Eltern, der Humanisierung von Unterricht, der Einführung neuer didaktischer Methoden wie Projektunterricht u.a.m. befasste (in der Schweiz auch unter dem Namen ‚Praxisberatung', vgl. Fatzer 1987; Fatzer/Jansen 1980), so ist heute klar, dass „die einzelne Schule die Einheit der Veränderung" darstellt und dass entsprechend schulhausbezogene Teamentwicklung oder Schulentwicklung angesagt ist (vgl. Fatzer 1987; Beucke-Galm/Fatzer/Rutrecht 1999; Schratz 1999; Fullan 1999; Dubs 1999; Strittmatter 1999a/b; Fatzer/Hinnen 1996; Beucke-Galm 1996). Wie sehen nun die Veränderungsanliegen für Supervisoren und OE-Berater in Schulen aus? Aufgrund des steigenden Veränderungsdrucks auf Schulen sind diese z.B. in der Schweiz angehalten, sich in Richtung teilautonomer Schulen zu entwickeln. Dabei müssen via Entwicklung eines Leitbildes Visionen einer guten Schule erarbeitet werden. Dies geschieht in Form der Organisationsentwicklung der gesamten Schule, die durch eine Schulleitung und eine Projektsteuerungsgruppe erreicht wird. Von der Form her wird hier die „Projektarchitektur“ einer „parallelen Lernstruktur“ (Rani) installiert. Dubs (1999) gibt hierzu vier Bedingungen vor, nämlich dass

> „(1) die Schulleitung den Prozess in zielstrebiger und die Lehrkräfte nicht überfordernder Weise in Gang hält (Leadership der Schulleitung), (2) im Lehrerkollegium eine Kultur der Offenheit, des Problembewusstseins und der guten Kooperation und Kommunikation besteht, (3) die einzelnen Lehrkräfte bereit sind, sich permanent weiterzubilden sowie (4) eine dauernde Bereitschaft zur Selbstevaluation gegeben ist“ (1999, 302).

Interessant ist auch die Sichtweise von „Widerstand als Chance: Schulkultur versus Beratungskultur“ (Albertin-Bünter 1999), nämlich dass die Grundannahmen, Werte und Normen sowie die mentalen Modelle zwischen Lehrern und Beratern grundverschieden sind und so eine interessante Perspektive im Umgang mit Widerstand ermöglichen. Für die Berater von Schulen oder für Schulentwickler bedeutet dies, dass zunehmend neben der Einzel- und Gruppensupervision die Begleitung ganzer Schulen als Veränderungseinheiten angesagt ist. Neben Prozessberatungs- und OE-Grundfähigkeiten verlangt dies auch Expertenwissen in Leitbildentwicklung, Führungskonzepten von Schulleitung, Qualitätssicherungsprozessen zur guten Schule (Fullan 1999) und Moderationsfähigkeiten von Großgruppenprozessen wie Open Space, Zukunftskonferenz und Real Time Strategic Change (Bunker/Alban 1997; Owen 1997, Weisbord 1992; Dannemiller 1994).

Coaching als systemumfassende Maßnahme und Interventionsform

Coaching ist schon immer die Begleitung einer Führungsperson oder eines Funktionsträgers gewesen, die sich entlang der Rolle (als Schnittstelle zwischen Person und System) entwickelt. Es ist die Begleitung von Lern-, Veränderungs- und Transformationsprozessen, und die Rolle wird thematisiert in der Definition, der Gestaltung und der Durchsetzung der Rolle (Eck 1990, Fatzer 1990a). Damit Coaching nicht zu einer fragmentierten und beliebigen, der Führungsperson überlassenen Maßnahme wird, die systemisch unvernetzt (als „emotionales Bordell“; Looss 2003) beliebig bleibt, sollte sie als parallele Entwicklung von Person und System gesehen werden.

In unseren Coachings ist es fast ausschließlich so, dass die Führungskräfte als Change Manager Verantwortung für die Nachhaltigkeit von systemischen Transformationsprozessen haben.

Coaching kann zum Ziel haben, dass der Coachee nicht nur sein Verhalten in der Rolle und in der Führung reflektiert und entwickelt, sondern dass er auch seine Aufgaben bei der Steuerung und Unterstützung von Veränderungsprozessen begleiten lässt. Themen des

Coachings sind immer auch Aspekte des eigenen Lernverhaltens, der Karriereentwicklung oder der Führungskompetenz.

Damit ein Coaching nachhaltig wird, schauen wir immer auch die so genannte „Lerngeschichte“ an. Die Abbildung 8 zeigt alle wichtigen thematischen Aspekte des Coachings.

	COACHING	SUPERVISION	ORGANISATIONS-ENTWICKLUNG
HERKUNFT	Sport Militär Führung	Sozialarbeit Qualität	Wirtschaft Forschung
VERÄNDERUNGS-MODELL	Person als Veränderungsfokus Organisation fehlt (?)	Thema Arbeit Beruf Konflikte Pers./Team/Organis.	z.B. soziotechnische Systeme 3 Phasen (Lewin)
PRAXIS-MODELL	Therap. Methoden NLP-Methoden verhaltensorientiertes Vorgehen	therapeutisch / Balint »TA«	ganzes Repertoire Therapie bis Diagnose
ORGANISATIONS-MODELL	Rolle als Schnittstelle Person / System Org. Modell implizit	Person u. Arbeit im Kontakt Team/Organis.	Systemmodell
ARBEITSFOKUS THEMENFOKUS	ROLLEN: Definition Gestaltung Durchsetzung	ARBEIT: Konflikte Ebenen Person/Team/Organisation	STRUKTUREN: Ziele Führung Belohnungssystem
	»GRENZPROFIL« (D. Kantor)	Quantität	STRATEGIE
	KARRIERE		KULTUR Leitbild
	BIOGRAPHIE		

© TRIAS 2003 Coaching Konferenz

Abbildung 8: Coaching zwischen Person und System

Im Coaching ist die Biographie fokussiert auf die Rolle, die Funktion und die primäre Aufgabe („primary task“). Dies alles steht im Kontext der Lerngeschichte, welche diese Führungskraft mit genau dieser Organisation hat. Die Lerngeschichte hat sich im Rahmen der „inneren“ und der „äußeren Karriere“ (Ed Schein 1994) entwickelt. Um hier einen weiteren Fokus der Betrachtung einzuführen, verwenden wir das sehr eindrückliche Konzept des „Grenzprofils“ (nach David Kantor 1995). So haben wir Leitplanken, um die persönlichen Entwicklungsthemen auszubreiten (Abb. 9).

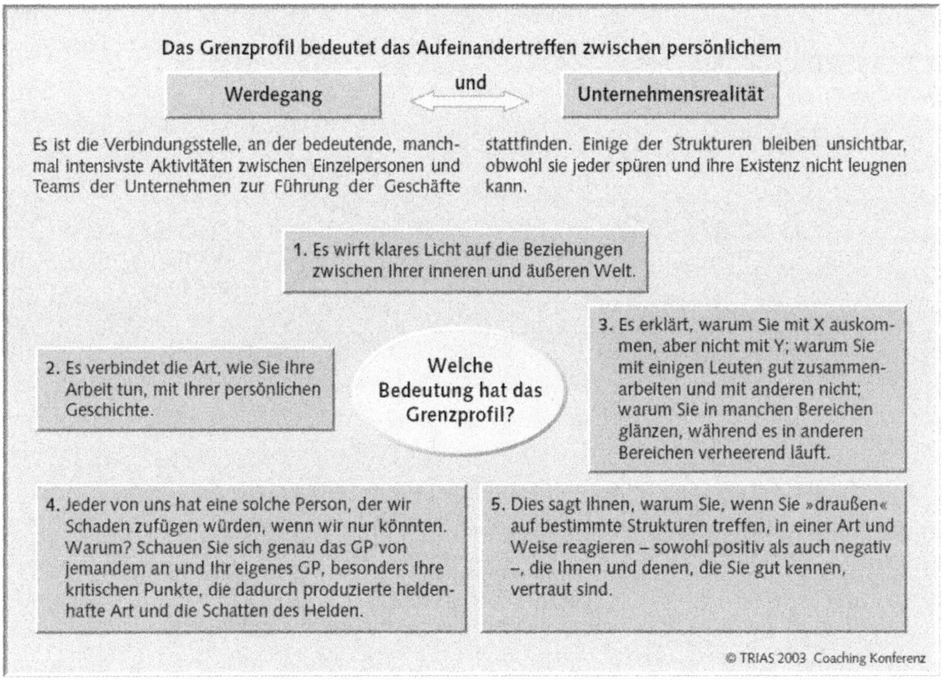

Abbildung 9: Das Grenzprofil

Ein erstes Beispiel eines Coachings, das ich über längere Zeit durchgeführt habe, ist die Begleitung eines Seminardirektors eines Lehrerseminars. Das Coaching startete mit einer persönlichen Analyse seiner Situation und mit dem Beschreiben seiner „inneren Karriere". Vom professionellen Ursprung her war der Coachee Psychologe und ausgebildeter systemischer Familientherapeut. Er hatte lange Jahre eine Beratungsstelle für Familientherapie geleitet. Die ersten Schritte des Coachings dienten dazu, seine Rolle zu definieren und zu gestalten. Durch die Analyse seiner inneren Karriere wurde klar, dass er eine neue Herausforderung suchte und dass er im System dieser Beratungsstelle an eine persönliche Grenze gekommen war. Zudem wollte er sein persönliches Gefühl der eigenen Wirkungslosigkeit als Berater in eine neue Herausforderung umwandeln. Die Karriere-Herausforderung stellte sich in Form einer Ausschreibung als Seminardirektor einer Lehrerausbildungsinstitution in einem ländlichen Kanton der Schweiz. Diese Form der Führungsfunktion einer Bildungsinstitution inmitten einer heiklen politischen Landschaft hatte er noch nie innegehabt. Das Coaching sollte ihm helfen Entscheidungsgrundlagen zu schaffen. Es wurde aufgrund von Führungsanalysen klar, dass das Führen in einer derart öffentlichen und auch nach außen gerichteten Funktion oder Rolle für ihn schwierig werden würde. Obwohl Coaching nicht fehlende Führungskompetenzen oder „-ausbildung" kompensieren kann, unternahmen wir den Versuch.

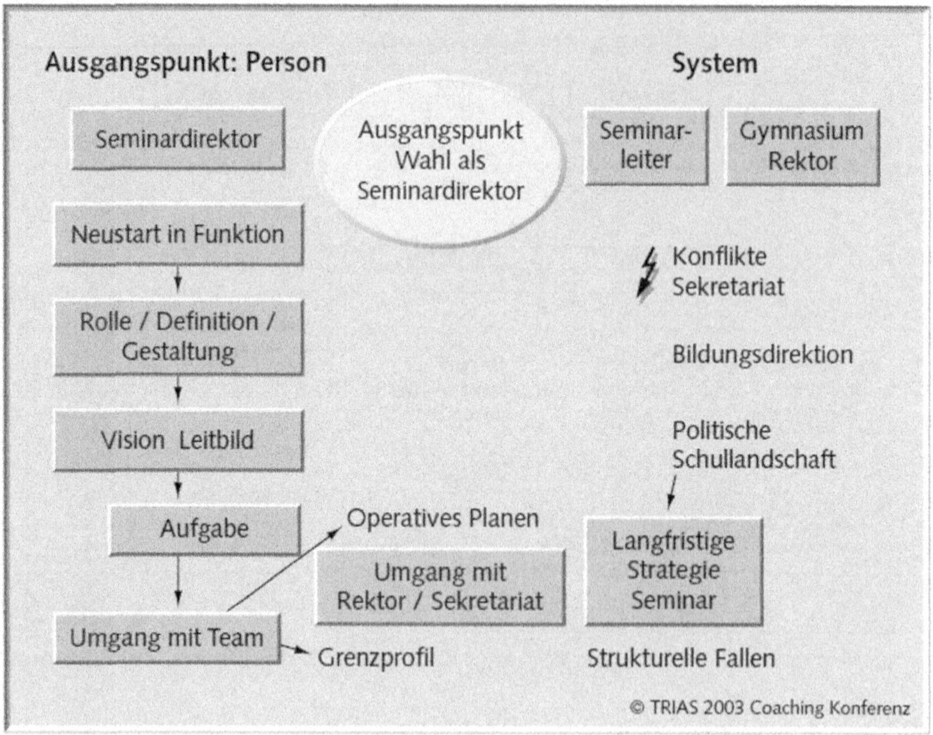

Abbildung 10: Fallbeispiel 1: Coaching – Person – System

In der Abbildung 10 werden alle wichtigen Themen aufgezeigt, die wir bearbeitet haben. Es wurde klar, dass er noch keinerlei Vorerfahrung in der Führung einer solchen Organisation hatte und auch nicht vorbereitet war auf die politische Auseinandersetzung. So trat zum Problem der Gestaltung der Rolle das der Steuerung seines Teams und der ganzen Lehrerschaft, die eine schwierige Vorgeschichte hatten. Systemisch gesehen ergab sich die Schwierigkeit, dass seine Institution gekoppelt war an eine Kantonsschule mit einem sehr erfahrenen Rektor, der schulpolitisch eine starke Machtposition innehatte. Das gemeinsam betriebene Sekretariat erwies sich als schwierige Schnittstelle, über die viele Machtkämpfe ausagiert wurden. So galt es hier, eine Strategie der fusionierten Ressourcen zu entwickeln und dem Rektor die Möglichkeit zu entziehen, dieses Sekretariat als machtpolitisches Instrument zu missbrauchen. Ständig ergaben sich neue strukturelle Fallen, und der Coachee musste lernen nicht gerade in jede hineinzulaufen. Eine Veränderungsarchitektur musste aufgebaut werden, die Leitung musste auf ein Team verteilt werden und es entstand dann nur noch die Begleitung der Steuerungsgruppe. Als Changeprojekt trieb der Seminardirektor die Entflechtung zwischen Seminar und Gymnasium voran. Sein Team wurde durch eine Teamentwicklung begleitet und arbeitete auf eine Selbstständigkeit der Institution hin. Da der Coachee sehr erfolgreich operierte, entstanden auch schulpolitisch größere Konflikte, die er mit seinem Team alle gut meisterte. Nach einer gewissen Zeit suchte er wieder eine neue Herausforderung, und es reifte im Coaching der Entschluss heran, als Leiter zurückzutreten und sich selbstständig zu machen. Durch das Absolvieren unserer Weiterbildung holte er sich das nötige Rüstzeug, um nachher selbstständig Beratung durchzuführen. Es war allerdings klar, dass in einem Kanton, in dem eine „Kultur der Kleinheit" herrschte, auch das Auftreten in einer neuen Rolle schwierig werden würde. Durch das Setting der Lehrsupervision konnte auch dieser Identitätsübergang gut gemeistert werden. Das Konzept erwies sich als sehr nachhaltig.

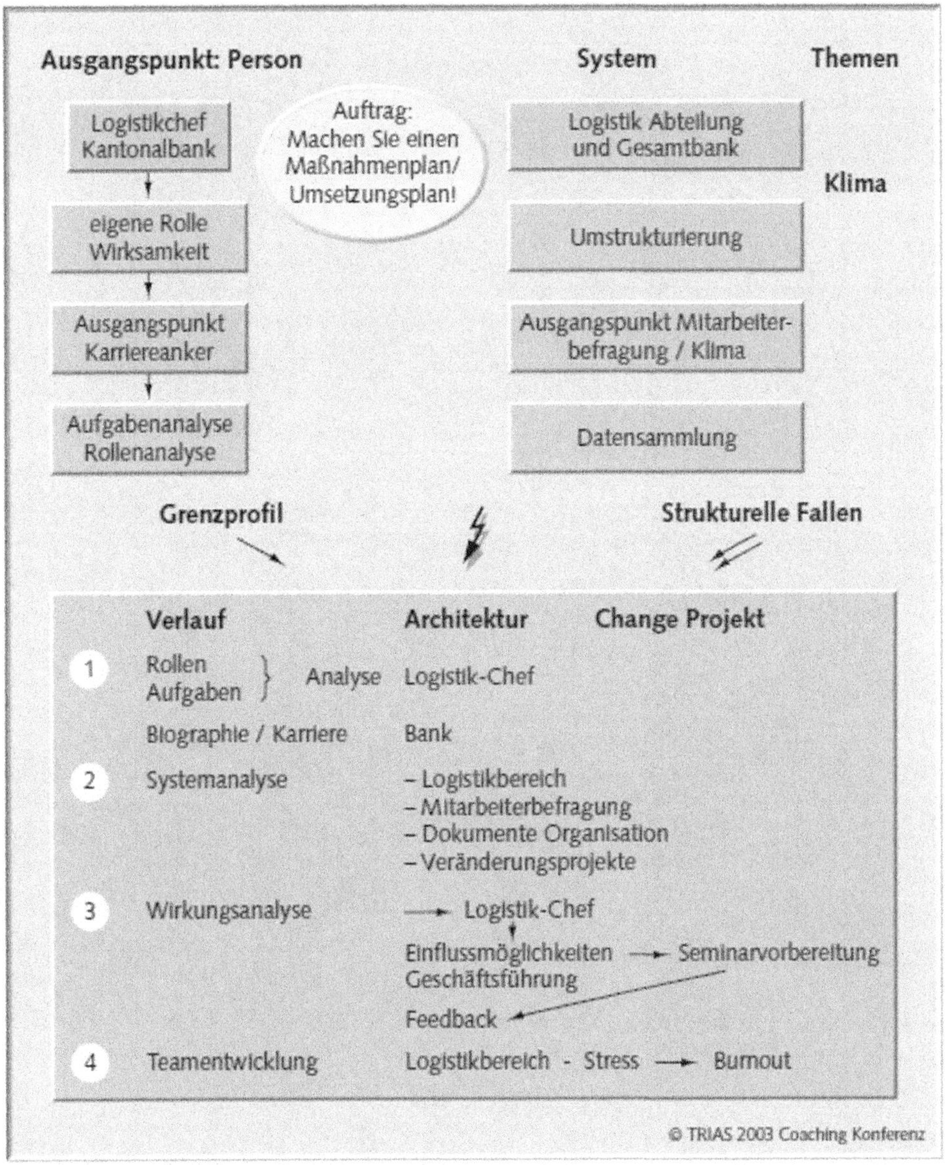

Abbildung 11: Fallbeispiel 2: Coaching – Person – System

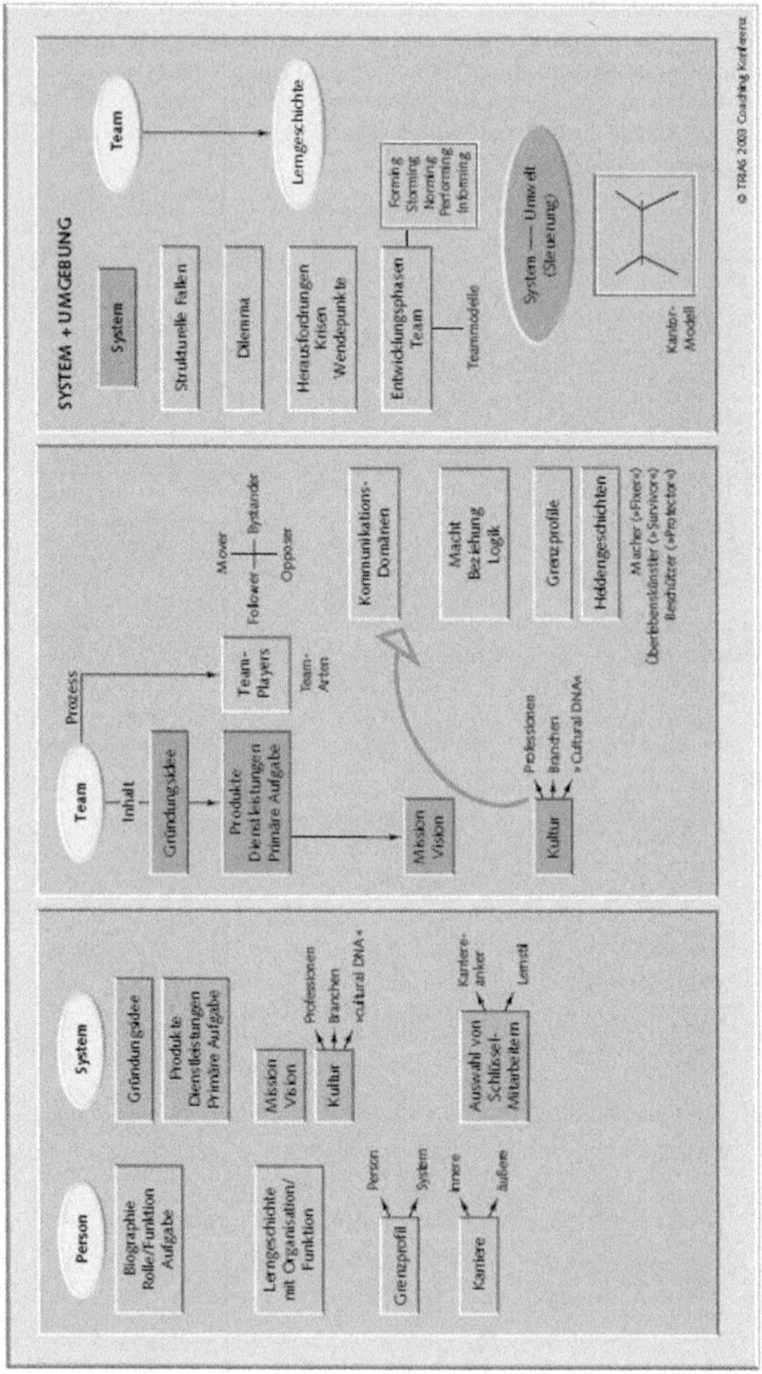

Abbildung 12: Nachhaltiges Coaching von Change-Projekten

Das zweite Beispiel wurde zusammen mit einem Coachee durchgeführt, der seit einiger Zeit die Rolle des Logistikchefs einer Kantonalbank innehatte. Er startete das Coaching mit einer klassischen strukturellen Falle, nämlich dem Auftrag, ein Changeprojekt zu starten, das bankenweit einen Umsetzungs- oder Maßnahmenplan schaffen sollte, der auf einer Mitarbeiterbefragung beruhte. Entlang seiner eigenen Rolle arbeiteten wir an deren Gestaltung und Wirksamkeit. Ausgangspunkt war auch die Feststellung seines Karriereankers im Vergleich zu seinem Umfeld. Aufgaben und Rollenanalyse ergaben, dass er eigentlich hätte Mitglied der Geschäftsleitung sein sollen. Aus wenig erfindlichen Gründen schaffte er es nicht, in diese Position zu kommen, was aber mit seiner früheren Geschichte zusammenhing, in der er als Direktionsmitglied einer kleineren Bank unvorteilhafte strategische Entscheidungen gefällt hatte. Dies schien ihm als Belastung nachzuhängen. Auf der Systemebene halfen wir ihm ein Changeprojekt auf die Beine zu stellen, bei dem er die Logistikabteilung neu positionierte und durch gezielte Feedbacks aus der Mitarbeiterbefragung wirklich relevante Daten kreierte. Das Problem bei „abgehobenen" Mitarbeiterbefragungen besteht ja darin, dass die Daten für die direkte Intervention nutzlos sind, da sich die Mitarbeiter meistens nur schlecht damit identifizieren. So konnten wir eine Anzahl sehr sinnvoller Changeprojekte aufgleisen und in einem ersten Schritt mit den neu dazu gekommenen Immobilienmitarbeitern ein Kulturentwicklungsseminar machen. Die Teamentwicklung seines Bereichs fokussierte sich bei vielen langjährigen Mitarbeitern auf die Kernbereiche ‚Stress – Burn-out' und ‚Mobbing'.

Die Abbildung 12 zeigt sehr anschaulich, fast in Richtung eines Masterplans, wie sich nachhaltiges Coaching mit nachhaltiger Organisationsentwicklung und Unternehmensentwicklung kombinieren lässt.

Literatur

Albertin-Bünter, R. (1999): Schulkultur versus Beratungskultur: Widerstand als Chance. In: Beucke-Galm, M./Fatzer, G./Rutrecht, R. (Hg.): Schulentwicklung als Organisationsentwicklung (Trias-Kompass 2). Köln: EHP, 343-366

Beckhard, R. (1987): Organizational transitions. Reading, MA: Addison-Wesley

Beucke-Galm, M. (1996): Kultureller Wandel in Schulen. In: Fatzer, G (Hg.): Organisationsentwicklung und Supervision. Erfolgsfaktoren bei Veränderungsprozessen (Trias-Kompass 1). Köln: EHP, 295-323

Beucke-Galm, M./Fatzer, G./Rutrecht, R. (Hg.) (1999): Schulentwicklung als Organisationsentwicklung (Trias-Kompass 2). Köln: EHP

Bunker, B./Alban, B. (1997): Large groups. San Francisco: Jossey Bass

Dannemiller, K. (1994): Real Time Strategic Change. Handbook for consultants. Ann Arbor

Eck, C.D. (1990): Rollencoaching als Supervision. In: Fatzer, G. (Hg.): Supervision und Beratung. Köln: EHP (11. Aufl. 2005), 209-247

Fatzer, G. (1987): Ganzheitliches Lernen. Paderborn: Junfermann (5. neubearb. Aufl. 1998)

Fatzer, G. (Hg.) (1990a): Supervision und Beratung. Köln: EHP (11. Aufl. 2005)

Fatzer, G. (1999b): Unternehmens- und Organisationskultur als grundlegendes Konzept von Supervision und Organisationsentwicklung. In: Supervision, 35, 68-82

Fatzer, G. (2005a): Gute Beratung von Organisationen. Auf dem Weg zu einer Beratungswissenschaft. Supervision und Beratung 2. Bergisch Gladbach: EHP

Fatzer, G. (2005b): Transformationsprozesse in Organisationen: Nachhaltige Organisationsentwicklung (Trias-Kompass 4). Bergisch Gladbach: EHP

Fatzer, G./Hinnen, P. (1996): Supervision, Teamentwicklung und OE als Mittel der Lehrerfortbildung. In: Fatzer, G. (Hg.): Organisationsentwicklung und Supervision. Erfolgsfaktoren bei Veränderungsprozessen (Trias-Kompass 1). Köln: EHP, 325-338

Fatzer, G./Jansen, H.H. (1980): Gruppe als Methode. Weinheim: Beltz

Fatzer, G./Rappe-Giesecke, K./Looss, W. (1999): Qualität und Leistung von Beratung. Köln: EHP (2. Aufl. 2002)

Fatzer, G./Schoefer, S. (2004): Wissensentwicklung und Wissensmanagement in Beratungsnetzwerken. In: Profile 8, 40-58

Kleiner/Roth (2001): Lerngeschichten von Organisationen. In: Profile 1.2001, 91-98

Looss, W. (1999): Coaching – Qualitätsüberlegungen beim Einsatz von Coaching. In: Fatzer, G./Rappe-Giesecke, K./Looss, W.: Qualität und Leistung von Beratung. Köln: EHP (2. Aufl. 2002), 105-132

Looss, W. (2003): Coaching von Mächtigen. Vortrag Coaching Konferenz; unveröff. MS

Looss, W. (2006): Unter vier Augen: Coaching für Manager. Bergisch Gladbach: EHP; zuerst 1991 u.d.T. Coaching für Manager

Owen, H. (1992): Open space technology. Potomac: Abbott (2. ed. 1997)

Schein, E. (1987/88): Process consultation. Vol. 1.2. Reading: Addison-Wesley

Schein, E. (2000): Prozessberatung für die Organisation der Zukunft. Köln: EHP (2. Aufl. 2003) (orig.: Process consultation revisited, Reading, MA: Addison-Wesley 1999).

Epilog

Coachingwissen = handlungswissenschaftliches Wissen?

Bernd Birgmeier

Im Blick auf die vorliegenden Beiträge wird deutlich, dass es eine äußerst breite Palette an Wissen *für* Coaching, aber auch eine Vielzahl unterschiedlichster Forschungsfragen *zum* Coaching gibt. Eine der zentralsten Fragen besteht wohl darin, ob wir es nun mit einer Forschung *zu* bzw. *über* Coaching oder einer Forschung *für* das Coaching zu tun haben (wollen). Im ersten Fall, der vorrangig die disziplinbezogenen Kontexte im Coaching anspricht und am Referenzkriterium der Wahrheit ausgerichtet ist, ist Coaching selbst ein Forschungs-Gegenstand, ein Objektbereich bzw. ein Phänomen, das viele unterschiedliche Disziplinen mit Hilfe ebenso vieler unterschiedlicher Methodologien und Erkenntnisinteressen untersuchen. Damit wird Coaching zu einem „Ausschnitt einer Wirklichkeit" *in* einem „Ausschnitt einer Wirklichkeit", den die einzelnen Disziplinen erforschen und zu dem sie ein multidisziplinäres und – je nach wissenschafts- und erkenntnistheoretischen Präferenzen – multimethodologisch herleitbares und begründbares, wissenschaftliches, eigenes Wissen schaffen, das sie in interessierte Fachgebiete „exportieren" können. Im zweiten Fall, der zentral an professionsbezogene Kontexte – und damit am Referenzkriterium der Wirksamkeit – angelehnt ist, ist Coaching vornehmlich der Interessent, Konsument und Nachfrager gegenstandsbezogenen und durch vielfältige Forschung von vielen Disziplinen erzeugten fremden Wissens, das im Kontext anderer, spezifischer disziplinärer Erkenntnisinteressen gesammelt wurde und – daraus „importiert" – für ein Coaching genützt werden kann.

Beide Formen der Coachingforschung, die sich janusköpfig gegenüber stehen und doch gleichsam aufeinander angewiesen sind – werden für die Zukunft von Coaching immer wichtiger werden, da hierdurch eigenes und fremdes Wissen multiperspektivisch integriert werden kann. Obgleich der Import aus den Schatzkammern des Wissens vieler Disziplinen derzeit noch eine übergeordnete Rolle spielt, werden wir zukünftig nicht daran vorbeikommen, zunehmend mehr eigene Forschung in eigenen Forschungsinstituten zu betreiben, um konkrete Fragen, die an das Coaching zu richten sind, beantworten zu können. Und es benötigt eine ganze Reihe an Disziplinen, die mit einer Coachingforschung „Licht ins Dunkel" dieser neuen Beratungsform, vielleicht in Zukunft auch: Beratungsdisziplin – wie es uns die australischen und amerikanischen Kollegen mit einer dezidierten *coaching psychology* vormachen – zu bringen. Denn Coaching steht – nach wie vor – erst am Beginn eines verheißungsvollen, aber mühsamen und langwierigen Professionsbildungsprozesses.

Was im Zentrum einer derart janusköpfigen Wissensproduktion stehen soll, kann zum jetzigen Zeitpunkt noch nicht eindeutig festgelegt werden. Es deutet sich jedoch – besonders im Blick auf die hier gesammelten Beiträge – ein wissenschaftlicher Untersuchungsgegenstand an, der – im Kanon aller anderen, zentralen Themen und Objektbereiche – eine vermeintlich herausgehobene Stellung innerhalb einer genuinen Coachingforschung einnehmen könnte. Es ist dies die Frage nach dem *Handeln* bzw. der *Handlung* von Personen, die in einem – mehr oder weniger – beruflichen Handlungs- und Funktionskontext stehen. Oder anders formuliert: Erkenntnisse und Überlegungen zum Handeln und zur Handlung von Personen (Coachs und/oder Klienten) scheinen in allen Ausführungen zum Coachingwissen eine zentrale, eine übergeordnete Rolle zu spielen; ob dies nun – im Blick auf die in den Beiträgen verwendeten Nomenklaturen – das

> potentialorientierte, kommunikative, verantwortungs-, theorie-, erkenntnis-, absichtsgeleitete, anregende, anleitende, kontextgestaltende, willentliche, zielorientierte, zielrealisierende, wirkungsvolle, erfolgorientierte, ressourcenaktivierende, selbstgesteuerte, ergebnisorientierte, imaginierte, selbstregulierende, (selbst-)reflexive, lösungsorientierte, führungsorientierte, pädagogische, wirtschaftliche, unternehmerische, perspektivische, evaluierbare, praktische, praxeologische, technische, poietische, prozessuale, situative, motivierte, kognitive, affektive, emotionale, persönlichkeitsorientierte, individuelle, prospektive, erwartete, wertgeleitete, komplementäre, planende, gelingende …

Handeln im Kontext anderer, mit dem Handeln verbindbarer Begriffsketten, wie z.B. das Denken und das Fühlen betrifft oder ob konkrete Überlegungen zu

> Bedingungen, Komplexitäten, Optionen und Steuerungen des Handelns oder zu Veränderungen des Bezugsrahmens des Handelns oder zu Handlungsergebnissen oder zur Entwicklung von Handlungsfähigkeiten, zur Überwindung von Handlungsstörungen und Handlungskrisen oder zu Aspekten wie Handlungsregeln, Handlungsplänen, Handlungskontrollen, Handlungsoptionen …

vorgestellt werden, die multidisziplinär einerseits aus der Sichtweise von Coachs, andererseits aus der Sichtweise von Klienten, zu hinterfragen und zu erforschen sind.

Ergo: es macht durchaus Sinn, Coaching in den Rahmen *handlungswissenschaftlicher* Erkenntnisgewinnung zu stellen und eine dezidiert *handlungswissenschaftliche* Coachingforschung voranzutreiben, die auch für die Praxis und die Ausbildung fruchtbar gemacht werden kann. Dass, wie es auch die Beiträge in vorliegendem Band zeigen, vor allem eine handlungspsychologische Forschung eine Vorreiterrolle im Konzert aller handlungswissenschaftlichen Zugänge zum Coachingwissen einnimmt, liegt einerseits am Gegenstandsbereich dieser Disziplin, der dem – auch und vor allem für das Coaching wichtige – Erleben und Verhalten von Personen gewidmet ist, andererseits an der unzweifelhaften Nähe und – nicht unbedingt unberechtigten – Hoffnung von Coaching, sich über Adaptationen aus der Psychotherapieforschung auf dem weiten Feld der Beratungsdisziplinen und -professionen gewissermaßen (quer-)professionalisieren zu können.

Hat Coaching also doch mehr mit einer „versteckten“ Psychotherapie zu tun als bisher angenommen – vor allem dann, wenn wir auf die Coachingpraxis blicken? Nun, im Dunst jeglicher beraterischer Hilfe zur Selbsthilfe liegt es (offensichtlich) nahe anzunehmen, dass sich sämtliche menschlichen Lebensprobleme um Grundthemen wie Liebe, Sinn, Arbeit und Vergänglichkeit drehen und es für Fragen in Bezug auf diese Grundthemen spezialisierte Experten gibt, die für die jeweils auftauchenden Probleme entsprechend heran zu ziehen seien: etwa den Psychotherapeuten für Konflikte und Störungen, die mit Liebe, Ehe, Sexualität, Familienbeziehungen, Freundschaft, einem mangelnden Selbstwertgefühl zu tun haben (einschließlich der ‚somatisierten‘ Ausdrucksformen solcher Konflikte); den Coach bei Problemen um die Arbeit, Leistungsfähigkeit, Beruf und Karriere; den Seelsorger als Repräsentant der jeweiligen Religion bei Sinnfragen und dem Umgang mit Zeit und Vergänglichkeit (vgl. Schmidt-Lellek 2003, 228). Solch strenge Kategorisierungsbemühungen scheitern jedoch daran, „dass diese verschiedenen Problembereiche sich gegenseitig durchdringen und keineswegs trennscharf voneinander abzugrenzen sind“ (ebd.). In der psychotherapeutischen Supervision beispielsweise werden längst auch Fragen aufgegriffen, die zur

Religion zählen und die sich nicht in persönlichkeitsspezifische Diagnostik-Materialien nach DSM-IV oder ICD-10 unmittelbar einordnen lassen (vgl. Fiedler 2000, 34 ff). Darüber hinaus ähneln sich auch die kommunikativen Prozesse und Strukturen im Coaching und der Psychotherapie, weil die Coaching-Techniken im Wesentlichen aus psychotherapeutischen Schulen importiert sind (vgl. Levold 2003, 85).

Das Verhältnis zwischen Beratung und Therapie ist bis heute noch nicht eindeutig geklärt. Selbst wenn beide im Medium des strukturierten Gesprächs, der Freiwilligkeit und im Risiko der offenen Verhandlung agieren, besteht die Möglichkeit einer Differenzierung vor allem nach dem Grad der Schwere des Problems bzw. des Coaching-Anlasses seitens des Klienten (vgl. Wahren 2000). Dementsprechend zählen zum Zuständigkeitsbereich von Beratung in der Regel solche Problemhorizonte, bei denen davon ausgegangen werden kann, dass diese primär bewältigt werden können, indem man sich auf die verfügbaren oder aktivierbaren individuellen, sozialen oder materiellen Ressourcen bezieht. Dagegen werden klassisch therapeutische Interventionen dort gefragt, wo Menschen nicht mehr im Stande sind, ihr Leben selbst zu organisieren, kurz: deren Selbstmanagement-Fähigkeiten für eine gelingende Lebensbewältigung – beruflich und privat – nicht mehr greifen. Und dennoch sind diverse Unterscheidungen zwischen Therapie und Beratung auch immer offen, sodass sich angesichts dieser Offenheit spezifische Coaching-Perspektiven entwickelt haben, die einerseits aus eher beratungskonformen, andererseits aus eher therapiekonformen Kontexten und Wissensstruktur-Elementen entstanden sind.

Wie viel Coaching nun in der Therapie und Therapie im Coaching steckt, ist einerseits theoretisch, andererseits in Bezug auf die Praxis und drittens – beides zusammen genommen – in Bezug auf die Art und Weise der Begründbarkeit und Machbarkeit eines Theorie-Praxis-Transfers zu beantworten. Theoretisch lassen sich viele Unterscheidungsmerkmale finden, die auf unterschiedlichen professionellen Denk- und Wissenslogiken basieren; praktisch dagegen sind die Überschneidungen – nicht zuletzt aufgrund der Adaptationen therapeutischer (Handlungs-)Methoden im Coaching (vgl. Rauen 2003; Klein 2007; Schmidbauer 2007) – nicht zu leugnen. Und dennoch muss, insbesondere um dem Qualitätsmerkmal der Prozessqualität entsprechen zu können (vgl. Heß/Roth 2001), von allen mit therapeutischen Methoden arbeitenden Coachs eingefordert werden, dass diese bei der praktischen Anwendung der Methoden auch um die theoretisch-wissenschaftliche Begründung des in Frage stehenden therapeutischen Ansatzes wissen, um die Dimensionen der Wirksamkeit des eingesetzten Methoden-Manuals abschätzen zu können. Besonders dann, wenn mit den Klienten konkrete Verhaltensänderungen initiiert werden sollen, ist unter dem Stichwort der „evidenzbasierten Praxis" ein Wissen über die Wirksamkeit der (aus der Therapie entlehnten) Methode vorzuweisen. Ein sinnvoller Transfer von Theorie in Praxis setzt daher einerseits die theoretischen und praktischen Kompetenzen des Coachs (und/oder des Therapeuten) voraus, ebenso wie ein beiden Bereichen entsprechendes Verständnis von „Verhaltensorientierung", das nicht nur auf Defizite, sondern auch auf Ressourcen rekurriert. Eine in vielen Therapie-Richtungen angenommene Defizitorientierung ist daher nicht automatisch eine ressourcenfeindliche Therapiehaltung – vielmehr „ergänzen sich Defizit- und Ressourcenorientierung komplementär unter der Perspektive der Verhaltensorientierung: Was ist nötig, um das Verhalten zu verändern?" (Mayer 2007, 28); oder: etwas weiter gefragt: Was ist nötig, um das Handeln zu verändern, das als Teilbereich des Verhaltens zum Gegenstand aller handlungswissenschaftlichen Disziplinen gehört?

Im Gegensatz zu vielen psychosozialen, pädagogischen Beratungskonzepten bietet die Verhaltenstherapie mit dem Schwerpunkt auf Verhaltensorientierung (und nicht nur auf Verhaltensstörung) ein umfangreiches Methodenrepertoire, das nicht nur auf wissenschaftlichen Theorien basiert, sondern deren Wirksamkeit auch empirisch belegt ist. Dieser, auf Effizienz und Effektivität von Beratungsformen basierende Umstand macht verhaltenstherapeutische Methoden im Speziellen, andere psychotherapeutische Methoden im Allgemeinen besonders in der Beratungsszene so attraktiv. Solche therapienahen Verortungen von Beratungsansätzen eröffnen generell die Frage nach dem Verhältnis zwischen Beratung(sformen) und psychotherapeutischen Ansätzen und Methoden. Legitimiert sich die Psychotherapie immer noch primär über Heilung von Störungen mit Krankheitswert oder ist sie in vielen Fällen nicht auch eine in Lebensweltkontexte einzubindende, offen eklektische Orientierungs-, Planungs- und Entscheidungs-„Hilfe“ (vgl. Nestmann et al. 2004, 37)? Im Vergleich zu früheren Divergenztheoremen, mit denen immer wieder auf eklatante und unüberbrückbare Gräben zwischen Beratung und Therapie verwiesen wurde, hat sich im Rahmen neuerer Grundlagenforschungen mittlerweile ein moderneres, mehr auf die Verbundenheit, Komplementarität und Reziprozität abzielendes Verständnis in der Unterscheidung beider Professionstypen entwickelt. Der Stand aktueller Forschung erlaubt es demgemäß zu attestieren, dass zwischen Beratung und Psychotherapie eine große Nähe herrscht, die insbesondere auf der Handlungsebene auszumachen ist, sodass beide – trotz der unterschiedlichen Denkmodelle und Logiken, in denen sie eingebunden sind – in der konkreten Erscheinungsform phasenweise deckungsgleich werden und für Außenstehende damit in einer aktuellen Beobachtersituation beispielsweise der Unterschied zwischen einer Kurzzeittherapie und einer lösungsorientierten Beratung nicht identifizierbar ist.

Trotz dieses, die Nähe zwischen Coaching und Therapie betonenden, stark psychologisch-psychotherapieorientierten Zweiges der Coachingforschung dürfen andere Befunde und Erkenntnisse aus anderen Disziplinen, die ebenso zu den *Handlungswissenschaften* zu zählen sind, nicht ignoriert werden, sondern sind in eine „Allgemeine Coachingforschung“ notwendig zu integrieren. Diese Forderung beruht nicht zuletzt auf den vielfältigen Facetten, unter denen der Begriff der *Handlung* den Wissenschaften zur Verfügung steht. Denn: Ein expliziter Handlungsbegriff gilt als Grundbegriff derjenigen Wissenschaften, „die sich um die Beschreibung und das Verstehen, die Erklärung und Vorhersage des spezifisch menschlichen Verhaltens bemühen“ (Straub & Werbik 1999, 7). Handlungswissenschaften sind demnach solche Wissenschaften, die das zentrale anthropologische Bestimmungsmerkmal des Menschen, nämlich sein Handeln zum Gegenstand haben. Daher gilt es auch für eine handlungswissenschaftlich orientierte Coachingforschung zunächst einmal ganz universell nach *dem* Menschen in sämtlichen seiner intrapersonalen (wie z.B. emotional-affektive und kognitiv-rationale) sowie interpersonalen (wie z.B. sozial-kommunikative und kulturell-ethische) Dimensionen zu fragen.

Die Dimension des Handelns nimmt innerhalb dieser bipolar strukturierten Modelle zum Menschen jedoch eine herausgehobene, eine besondere Stellung ein, da sie als Schnittstelle zwischen den intra- und inter-personalen Dimensionen des Menschseins fungiert: durch das Handeln nämlich drückt sich der Mensch nach außen aus, bringt er sein Inneres zur Sprache und umgekehrt nimmt der Mensch über die Handlung Kontakt zur Mit- und Umwelt auf; er wird über und durch seine Handlungen Mensch und Träger vielfältiger Funktionen und Rollen. Insofern entspricht die *handelnde Dimension* nicht nur dem zentralen Wesensmerkmal des Menschen überhaupt, sondern sie verleiht den Handlungswissenschaften auch solche erkenntnislogische Koordinationsraster, die sich ontisch zwischen

Körperwelten, Geisteswelten und Lebenswelten und funktional zwischen sozialen (gesellschaftlichen) und individualen Interdependenzverhältnissen verschränken.

Auf diese Prämisse gestützt ist das Handeln (die Handlung) des Menschen ein spezielles Formalobjekt (Menschen handeln ja nicht nur!) jeglicher Wissenschaften vom Handeln, d.h. der Handlungswissenschaften (vgl. Lenk 1977-1984; 1989), die gleichermaßen auch als Kulturwissenschaften immer den Menschen in seiner multidimensionalen Ganzheit erforschen. Wer sich wissenschaftlich mit den Sachverhalten Handeln und Handlung beschäftigt, der sieht sich also mit dem Problem konfrontiert, dass er sich nicht nur auf einen einzigen Zugang zu diesem Phänomen beschränken kann, sondern sämtliche, auch methodologische Aspekte von verschiedenen Disziplinen, die mit diesem Forschungsgegenstand in Verbindung stehen, berücksichtigen muss, um überhaupt nur eine vage Vorstellung über das zu bekommen, wie so ein primordialer und alltäglicher Begriff einigermaßen umfassend abzugrenzen und zu bestimmen ist. Im Sinne einer „Allgemeinen Handlungstheorie" (Lenk 1989), die verschiedenste Ansätze aus handlungswissenschaftlichen Fachdisziplinen integrieren will, sind daher – konkret aus der Perspektive einer allgemeinen handlungswissenschaftlichen Coachingforschung – sämtliche philosophischen und sozial- und verhaltenswissenschaftlichen Handlungstheorien zu berücksichtigen, um dem Gesamt der Situationen, in denen der Coaching-Klient steckt, verstehend und erklärend bzw. interpretierend in Theorie, Forschung und Wissenschaft überhaupt nur annähernd gerecht werden zu können.

Sämtliche Versuche also, Handlung als von vielen verschiedenen Disziplinen gleichermaßen verwendeten Grund- und Forschungsbegriff für Coaching bestimmen zu wollen, offenbaren Fragen danach, *welche* Disziplin *was* dazu *wie* beisteuern kann, den Kern einer interdisziplinären, handlungstheoretisch fundierten allgemeinen Coachingforschung zu formieren und laden ein zu einem regen interdisziplinären Dialog, durch den versucht wird, empirisch-beobachtungswissenschaftlich, experimentell und qualitativ-hermeneutisch so viel Wissen wie möglich über das Handeln durch die Konzentration auf Teilaspekte desselben zu gewinnen und jene Handlungsfälle zu bestimmen, die genügen, das gesamte Handlungssystem von Klienten approximativ zu rekonstruieren (vgl. Alisch 1998, 13). Dazu benötigen wir für eine allgemeine Coachingforschung eben auch all diejenigen Wissenschaften, die sich mit der Analyse von Handlungen aus unterschiedlichsten Perspektiven beschäftigen, wie z.B. normative Wissenschaften (v.a. Rechtswissenschaften, Ethik), die Sozialwissenschaften (v.a. Soziologie, Politik-, Erziehungs- und Wirtschaftswissenschaften), die Verhaltenswissenschaften (v.a. Psychologie) und die Philosophie (v.a. philosophische Anthropologie). All diesen Disziplinen gemein ist die Verständigung auf *Handlung* als Grundbegriff, da das gemeinsame Ziel dieser Wissenschaften in der Analyse von Handlungen aus unterschiedlichen Gesichtspunkten besteht, d.h. dass sich jedes einzelwissenschaftliche Interesse auf bestimmte Handlungen und auf bestimmte Handlungszusammenhänge richtet und somit jede dieser Wissenschaften jeweils spezifische Handlungen oder bestimmte Aspekte von Handlungen zu erforschen versucht.

Handlungsforschung muss mit diesen unterschiedlichen Perspektivitäten, vor allen Dingen aber mit sozialphilosophischen Deutungen verbunden sein, insofern das alltägliche und lebensweltliche Erfassen, Beschreiben, Verstehen und Beobachten von Handlungen neben gesetzes- und modelltheoretischen Handlungskonzepten eine bevorzugte und zentrale Rolle spielen soll. Die hinter dieser Situationsbestimmung stehende Problematik verweist auch auf den doppelten Aspekt des Handelns, der dem objektivierenden Zugriff einer nur an äußerlichen Verhaltenskennzeichen und -merkmalen orientierten Verhaltenswissenschaft teilweise entgeht. Denn der Mensch nimmt seine Handlungen nicht nur wie einen außerhalb von ihm ablaufenden Bewegungsprozess bzw. wie eine objektiv feststellbare und intersubjektiv nachprüfbare Ereignisfolge wahr, sondern er *erlebt* sein Handeln auch (und dies ist ein Charakteristikum des Handelns gegenüber objektiv beschreibbaren Bewegungen) als von ihm gesetzte, gewollte und zumeist bewusst initiierte zielorientierte Tätigkeit (vgl. Lenk 1989). Selbstreferentialität – als Schwerpunktthema der Konstruktivisten – ist damit als ein zusätzliches Wesensmerkmal des Menschen festzuhalten und muss für eine allgemeine Coachingforschung zusätzlich bedacht werden. Eine wissenschaftlich-methodologische Erfassung von Handlung kann daher nicht nur über allgemeine Verhaltenserklärungen des Handelns oder über erfahrungswissenschaftliche Handlungserklärungen bewerkstelligt werden, da hierdurch wichtige andere Aspekte der Deutung menschlichen Handelns, wie insbesondere die Aspekte der Selbstdeutung, der normativen Handlungsbegründung durch das handelnde Wesen selbst und die kulturell-kontextuellen Lebensweltaspekte sowie die für die normative Regelung nötigen ethischen Beurteilungen unterschlagen würden.

Aus diesem Doppelcharakter des Handlungsbegriffes ergibt sich schließlich, „dass über die wissenschaftstheoretische Problematik einer Methodologie der Handlungserklärung hinaus und außer der sprachlich-begrifflichen Klärung der Handlungstermini eine philosophisch deutende Rekonstruktion von Handlungskonzepten zu erarbeiten ist, die philosophisch-anthropologische, lebensweltlich-kontextuelle, historische, kulturelle und weitere Einflussfaktoren berücksichtigen muss" (Lenk 1989, 120). Möglicherweise könnte, wenn all diese handlungswissenschaftlichen und -theoretischen Prämissen und Aspekte zum Menschen berücksichtigt werden, das Programm für eine allgemeine Coachingforschung an Kontur gewinnen.

Literatur

Alisch, L.-M. (1998): Handlungstheorie: Positionen, Probleme und der Wert phänomenalistischer Spekulation. In: Ethik und Sozialwissenschaften 9/1998. S. 13-16

Fiedler, P. (2000): Integrative Psychotherapie bei Persönlichkeitsstörungen. Hogrefe. Göttingen

Heß, T./Roth, W.L. (2001): Professionelles Coaching. Asanger. Heidelberg

Klein, S. (2007): 50 Praxistools für Trainer, Berater, Coachs. Gabal. Offenbach

Lenk, H. (1977-1984): Handlungstheorien – interdisziplinär. Fink. München

Lenk, H. (1989): „Handlung"(stheorie)". In: Seiffert, H./Radnitzky, G. (Hg.) (1989): Handlexikon zur Wissenschaftstheorie. Ehrenwirth. München. S. 119-127

Levold, T. (2003): Die Professionalisierung der Persönlichkeit. In: Martens-Schmid, K. (Hg.): Coaching als Beratungssystem. Economica. Heidelberg. S. 55-88

Mayer, K. (2007): Wenn Auftraggeber den Nachweis der Wirksamkeit verlangen. Verhaltensorientierte Methoden in der Sozialen Arbeit. In: SozialAktuell, AvenirSozial 4/2007. S. 27-29

Nestmann, F./Engel, F./Siekendiek, U. (2004) (Hg.): „Beratung" – ein Selbstverständnis in Bewegung. In: dies.: Handbuch der Beratung I. DGTV-Verlag. Tübingen. S. 33-44

Rauen, Chr. (2003): Coaching. Praxis der Personlpsychologie, Band 2. Hogrefe. Göttingen

Schmidbauer, W. (2007): Coaching in der Psychotherapie – Psychotherapie im Coaching. In: OSC 1/2007. S. 7-16

Schmidt-Lellek, Chr. (2003): Coaching und Psychotherapie – Differenz und Konvergenz zu einer Beratung zwischen arbeits- und persönlichkeitsbezogenen Fragestellungen. In: OSC 10/2003. S. 227-234

Straub, J./Werbik, H. (Hg.) (1999): Handlungstheorie. Begriff und Erklärung des Handelns im interdisziplinären Diskurs. Campus. Frankfurt – New York

Wahren, H.-K. (2000): Präventive Interventionen vor einem Coaching. In: Rauen, Chr. (Hg.): Handbuch Coaching. Hogrefe. Göttingen. S. 69-85

Stichwort „Handlungswissenschaft“. Definition, Relevanz, Funktion und Programm eines multiperspektivischen Handlungswissens im Coaching

Bernd Birgmeier

1 Was sind Handlungswissenschaften? – Version A: die Perspektive der Angewandten Wissenschaften

Das Ziel, Coaching in den Rahmen *handlungswissenschaftlicher* Erkenntnisgewinnung zu stellen und eine dezidiert *handlungswissenschaftliche* Coachingforschung voranzutreiben, die sowohl für die Konturierung einer – möglicherweise auch in den Beratungswissenschaften zu verortenden – autonomen „Coachingwissenschaft“, aber auch für die Praxis und die Ausbildung im Coaching fruchtbar gemacht werden kann, erfordert zunächst einmal einen definitorischen Rahmen, mit dem das eigentliche Wesen und die Relevanz dieses Wissenschaftsprogramms für Coaching deutlich wird.

Was also können wir uns unter dem Begriff der Handlungswissenschaften konkret vorstellen? Die „klassischen“ Bestimmungsformeln aus einschlägigen, vorwiegend sozialwissenschaftlichen Publikationen, mit denen die Inhalte, Funktionen und Eigenschaften einer Handlungswissenschaft beschrieben werden, geben mitunter ein höchst differenziertes und vielschichtiges Bild zur Klärung des Wesens dieses Wissenschaftstyps ab. So wird den Handlungswissenschaften „auferlegt'“, dass sie ...:

- *angewandte Wissenschaften* seien, die – im Gegensatz zu den Grundlagen- bzw. Erkenntniswissenschaften – vornehmlich den Anforderungen der *Praxis* genügen müssten;
- ein *systematisches* und *relevantes* Wissen herzustellen hätten mit dem Ziel, *Handlungskompetenz* zu erzeugen und *wirksame Problemlösungsstrategien* abzuleiten;
- *praktische* Probleme zu lösen haben, indem sie aufzeigen, wie Teilbereiche oder Teilsysteme der menschlichen (auch: professionellen) Wirklichkeit *verändert* werden und wie *Ziele* auf die *wirksamste* Weise verwirklicht werden können;
- stets auf *Beeinflussung* und *Veränderung* zu zielen haben und dementsprechend auf das Schaffen von *Handlungs-* und *Interventionswissen* fokussiert sind;
- die *Praxis* erforschen müssen, die darin auftretenden *Handlungsprobleme*, das *professionelle Handeln* und seine *Bedingungen*, um in der *Lebensführung* der AdressatInnen Veränderungen auszulösen;
- mit der Aufgabe konfrontiert werden, der *Lösung*, *Milderung* oder *Prävention* von *praktischen Problemen* seitens ihrer AdressatInnen gerecht zu werden;
- ein handelndes *Subjekt* zu bestimmen haben, das mit Hilfe von speziellen *Handlungstheorien* einen definierten Sollzustand herbeiführen soll;
- *Bewertungen* im Sinne einer wertgeleiteten sowie *ethisch-normativen Kritik* des Bestehenden und Vorstellungen über eine erwünschte Realität zu machen hätten;
- im Kontext des systemtheoretischen Paradigmas ein spezifisches *Professionswissen* für *Professionelle* zu schaffen haben, also für Menschen, die *praktische Probleme* durch die *Anwendung professioneller Methoden* bearbeiten;

- sich an einem *funktional* bestimmten Gegenstand zu orientieren hätten; d.h. nicht die für ein Coaching relevanten Probleme an sich sind dessen Gegenstand, sondern deren *spezifische Bearbeitung* oder *Bewältigung* und ein darauf bezogener *Auftrag* bzw. eine gesellschaftlich, professionell und von den Adressaten akzeptierte und legitimierte *Zielsetzung*;
- *Ausschnitte der gesellschaftlichen Praxis* zu bearbeiten hätten, die sich unter den *Bedingungen der Modernisierung* in berufliche und professionalisierte Praxen transformiert haben;
- sich im Gegensatz zu *Einzelwissenschaften* auf Probleme und Ziele eines bestimmten zugehörigen *Teilfeldes gesellschaftlicher Praxis* und auf deren *Bedingungen* und *Anforderungen* zu beziehen hätten;
- davon auszugehen haben, dass die Auswahl der anzugehenden Aufgaben, des Bereiches, in dem Probleme sich stellen und nach Antworten gesucht wird, abgeleitet werden von der *Notwendigkeit des Handelns* bzw. vom *Zugzwang*, der in der sozialen Wirklichkeit gegeben ist (vgl. Birgmeier 2010).

Eine einheitliche Definition für den Begriff der „Handlungswissenschaft" aus oben aufgereihten Beschreibungen zu formulieren ist schwierig. Dennoch werden einige, offensichtlich unbestreitbare Merkmale dieses Wissenschaftsprogramms deutlich, die es erlauben, eine erste Arbeitsdefinition (= Version A) vorzuschlagen, in der die zentralen Elemente einer Handlungswissenschaft subsumierend dargestellt werden können:

> Handlungswissenschaften sind Wissenschaften, die dem Wissenschaftsprogramm der *angewandten Wissenschaften* entsprechend auf die *Anforderungen, Aufgaben und gesellschaftlichen Funktionen* eines *Berufsfeldes* ausgelegt sind und damit einen *Ausschnitt gesellschaftlicher Praxis* bzw. *gesellschaftlicher Wirklichkeit* fokussieren, der im Gegensatz zu den Wissensspektren der theoretischen, Erkenntnis-, Erklärungs-, Bezugs-, Grundlagen-, Einzel- und Basiswissenschaften nicht auf *kognitiven* Denk-, sondern auf *praktischen Handlungs-* und *normativen Bewertungslogiken* einer spezifischen, unter *Handlungsdruck* stehenden *Berufspraxis* von *Professionellen* (Beratern, Coachs, Trainern etc.) basiert, die als *planende* und *handelnde* Subjekte *gesellschaftlich bedingte* und vornehmlich *sozialwissenschaftlich* und *systemtheoretisch* begründbare *Probleme* von Klienten mit Hilfe eines auf *Wirksamkeit*, *Relevanz* und *Kompetenz* im *professionellen Handeln* zielenden, strategisch und systematisch-paradigmatisch gewonnenen *Professions-, Interventions-* und *Veränderungswissens* für ihre Adressaten mit entsprechenden *Methoden* und *Techniken* metaphylaktisch, kurativ und prophylaktisch *bearbeiten* und *lösen*.

Für diejenigen, die (berechtigterweise) ihre Schwierigkeiten mit dieser ersten Definitionsvariante haben, bieten uns die Klassiker der Handlungsforschung eine einfachere, prägnantere und kürzere, doch ebenso aussagekräftige Alternativdefinition, die da lautet: Handlungswissenschaften sind „Wissenschaften vom Handeln" (vgl. Lenk 1989).

2 Disziplin und Profession – Grundlagenwissen oder angewandtes Wissen?

Dass beide Definitionsheuristiken vollkommen unterschiedliche Sachverhalte zur Sprache bringen, hat viele Gründe. Ein Grund dafür, dass wir beim Begriff der Handlungswissenschaften von zwei Wirklichkeiten bzw. Lesarten ausgehen müssen, liegt darin, dass Handlungswissenschaften häufig mit Angewandten bzw. Praktischen Wissenschaften *identisch* gesetzt werden, Handlungswissenschaften somit *als* Angewandte Wissenschaften gelten, die sich deutlich von den Grundlagenwissenschaften, den theoretischen, Erkenntnis-, Erklärungs- und den Einzelwissenschaften abgrenzen. Eine solche Wissenschaftstypisierung in unterschiedliche Wissensformen ist aus der Sicht wissenschaftssystematischer Vorgaben durchaus korrekt, doch wollen wir Coaching und das ihm zugehörige Coachingwissen tatsächlich in einer entweder-oder-Dialektik aufbauen (d.h.: entweder als Angewandtes Wissen oder als Grundlagenwissen) und ihm dadurch eine wissenschaftliche Identitätsbildung auferlegen, die notwendigerweise immer auch eine andere, zweite wichtige Seite im wissenschaftlich-schöpferischen Forschungsprozess ausspart?

Um zumindest Konturen für eine hinreichende Antwort auf diese Frage skizzieren zu können, ist auf das höchst ambivalente Verhältnis beider Wissenschaftsprogramme zueinander hinzuweisen. Viele Experten gehen dabei davon aus, dass sich Handlungswissenschaften *als* Angewandte Wissenschaften auf die von den Grundlagen- oder Bezugswissenschaften ermittelten Antworten bezögen und hierdurch eine Abhängigkeit der Handlungswissenschaften von den Befunden der Grundlagen- und Bezugswissenschaften zu Tage tritt. In diesem Sinne würden Handlungswissenschaften *als* Angewandte Wissenschaften ein von den theoretischen, Erkenntnis- und Einzelwissenschaften erforschtes Grundlagen- und Bezugswissen voraussetzen, um auf dieser Basis und in bewertender Reaktion darauf selbst ein Handlungswissen für das Berufsfeld (= Professionswissen) zu schaffen.

Dass Angewandte Wissenschaften etwas vollkommen anderes darstellen als Grundlagenwissenschaften, ist seit den Werturteils- und Positivismusdebatten eine längst bewiesene Tatsache. Dass die Unterschiede zwischen diesen Wissenschaftsprogrammen jedoch auch für die unterschiedliche Bestimmung der Charakteristiken der Handlungswissenschaften verantwortlich sind, wird meist ebenso übersehen wie die Reihenfolge, die für die Schaffung eines Handlungswissens einzuhalten wäre: erst die Grundlagen, dann die Anwendung. Denn angewandtes Wissen zu schaffen impliziert zunächst einmal das Ziel, mit Hilfe von Erkenntnissen aus den Grundlagenwissenschaften Regeln, Modelle und Verfahren zu entwickeln, die für das Handeln in der professionellen Praxis nützlich sind. Somit herrscht ein Primat der Grundlagenwissenschaften vor den Angewandten Wissenschaften. Und da Angewandte Wissenschaften von Erkenntnissen ausgehen, die von den Grundlagenwissenschaften geschaffen wurden, sind sie allenfalls ein Anhang der Grundlagenwissenschaften, also jener Wissenschaften, die primär nach dem Beschreiben, Erklären und Verstehen von disziplinrelevanten Phänomenen zum Zwecke der „reinen“ Erkenntnis streben und somit nicht von Problemen der Praxis, sondern von Problemen in der Theorie ausgehen, um aus dieser Perspektive wissenschaftliche Erkenntnisse an sich zu schaffen (vgl. Krainz 2009).

Ungeachtet dieser Unterschiede zwischen Grundlagenwissenschaften und Angewandten Wissenschaften und der Abhängigkeit der Angewandten Wissenschaften von den Grundlagenwissenschaften verspricht man sich von einer Handlungswissenschaft *als* Angewandter Wissenschaft „wissenschaftliche“ Erkenntnisproduktionen mit der Lösung praktischer, in erster Linie: methodischer Probleme und damit Wissenschaft mit Praxis verbinden zu können. Doch diese Vorstellung einer Verknüpfung von Wahrheits- und Nützlichkeitskriterien stößt nicht bei allen auf Zustimmung, zumal „wissenschaftlich“ dann nur noch das interessiert, was Lösungen auf Praxisprobleme liefert (vgl. Bammé 2009; Heintel 2009).

Und so dürfen wir aus der Forschungsperspektive neben dem Hiatus zwischen Grundlagenwissenschaften und Angewandten Wissenschaften auch einen Hiatus zwischen Disziplin- und Professionsforschung attestieren, der für die unterschiedliche Verwendung des

Begriffs der Handlungswissenschaften mit verantwortlich ist. Denn beide Forschungsbereiche haben je eigene Forschungsaufgaben zu erfüllen:

- Die Aufgabe der Disziplinforschung ist es, nach den Kriterien der Wahrheit und Widerspruchsfreiheit ein reines wissenschaftliches Wissen zu schaffen, das in Disziplintheorien gebündelt der Grundlagenforschung und Identitätsbildung von Disziplinen dient.
- Die Aufgabe der Professionsforschung besteht darin, nach den Kriterien der Nützlichkeit und Anwendbarkeit ein in Professionstheorien gebündeltes, spezifizierbares Professionswissen zu schaffen, das in Gestalt von praktisch-technologisch inspirierten Praxeologien der Identitätsbildung von Professionen dient.

Wie aber stehen beide Forschungsbereiche tatsächlich zueinander? Besteht zwischen ihnen eine Divergenz, mit der davon auszugehen ist, dass es aus wissenschaftssoziologischen Gründen notwendig ist, zwischen Disziplin und Profession klare Trennlinien aufzuzeigen, weil beide Zuordnungsaspekte unterschiedliche Zielsetzungen verfolgen; oder verhalten sie sich kongruent zueinander, also in der Annahme, dass das Verhältnis zwischen Disziplin und Profession, zwischen Theorie und Praxis deckungsgleich ist, weil die Professionswerdung als ein jeweils aktueller Prozess stets darauf gerichtet ist, eine Kongruenz von Berufsfeld und wissenschaftlicher Disziplin herzustellen (vgl. dazu auch Heintel & Ukowitz in diesem Band)? Oder sind vielleicht auch beide Positionen denkbar?

3 Was sind Handlungswissenschaften? – Version B: die Perspektive der Grundlagenwissenschaften

Es ist sehr gut nachzuvollziehen, dass in der Diskussion um ein genuines Coachingwissen meist ein Wissenschaftsprogramm favorisiert wird, das dem der Angewandten Wissenschaften und – damit – einer Forschungsprogrammatik Rechnung trägt, mit der vor allem auf die Nützlichkeit, Anwendbarkeit und Brauchbarkeit von Wissen abgezielt wird. Doch die Annahme, ein solcher Begriff der Handlungswissenschaften wäre von dem der theoretischen, der Grundlagen-, Basis-, Bezugs-, Einzel- und Erkenntniswissenschaften klar abzugrenzen bzw. Angewandte Wissenschaften wären identisch mit Handlungswissenschaften schafft große Missverständnisse und birgt die Gefahr zu übersehen, dass vor allem die Grundlagenwissenschaften selbst eine ganze Reihe an epistemologisch verbürgbaren Handlungswissenschaften beherbergen, die als theoretische, als Erkenntnis- und Erklärungswissenschaften Objektbereiche erforschen, die sich weitaus differenzierter auf die Handlung von Menschen beziehen als „nur“ auf das Handeln und die Handlungsprobleme von Professionellen in der Praxis, wie es die erste, stark praxisbezogene und praxeologisch geprägte Version A der Definition zur Handlungswissenschaft *als* Angewandte Wissenschaft verdeutlicht. Deshalb erscheint es notwendig, der ersten Version eine zweite, an den Grundlagenwissenschaften orientierte Variante zum Begriff der Handlungswissenschaften gegenüberzustellen:

> Handlungswissenschaften sind „Wissenschaften vom Handeln“ (vgl. Lenk 1989), also Wissenschaften, die der *Erweiterung* und *Spezifikation* von *Erkenntnissen* dienen und die dem Wissenschaftsprogramm von *Grundlagenwissenschaften* folgend auf die *anthropologische Grundtatsa-*

che, dass der Mensch ein *handelndes Wesen* ist, ausgelegt sind und damit einen bestimmten *Teilbereich menschlicher Wirklichkeit* zum Gegenstand bzw. Objektbereich einer Forschung erheben, die im Gegensatz zu den Wissensspektren der Angewandten Wissenschaften nicht auf eine professions-, berufs- und praxisbezogene Handlungslogik von Professionellen fokussiert, sondern auf einer *wissenschafts-* und *erkenntnistheoretisch* gesicherten *Denk-* und *Forschungslogik* einer *Gemeinschaft* von *interdisziplinär* forschenden *Wissenschaftlern* basiert, die *einzelwissenschaftlich* relevante und *methodologisch* unterschiedlich (normativ, deskriptiv, philosophisch, empirisch) erschließbare *spezifische Aspekte des Handelns* von Menschen durch ein auf *Wahrheit* und *Richtigkeit* im *wissenschaftlichen Forschen* zielendes, wissenschaftslogisch und systematisch gewonnenes *wissenschaftliches Wissen* begründen.

Wenn wir nun diese zweite Definitionsversion mit der ersten vergleichen, ist zu ersehen, dass wir es hier mit einem Begriff zu tun haben, der offensichtlich ein janusköpfiges Wesen der Handlungswissenschaften offenbart, das in zwei Wirklichkeiten blickt:

- einerseits als Angewandte Wissenschaft in die Praxis und Professionen, mit der Funktion, ein praktisches und praxeologisches Professionswissen für das Handeln der *Akteure* in beraterischen Berufen bzw. in personenbezogenen Dienstleistungssegmenten zu schaffen;
- andererseits als Erkenntniswissenschaft in die Theorie und Disziplinen, mit der Funktion, ein rationalistisches und theoretisches Basis- und Grundlagenwissen über das Handeln von *Adressaten*, die im Fokus der Beratung bzw. der personenbezogenen Dienstleistung stehen, zu schaffen.

Damit wird auch deutlich, dass der Begriff „Handlungswissenschaft" keinesfalls allein für die praxistheoretische bzw. praxeologische Ergründung und Anwendung des Handelns von Professionellen oder gar für „Praxistheorie" steht (vgl. Birgmeier 2006; 2008; 2009a/b; 2010). Vielmehr sind Handlungswissenschaften in ihrer Bestimmung als Grundlagenwissenschaften Wissenschaften, die das zentrale anthropologische Bestimmungsmerkmal des Menschen, eben sein Handeln zum Gegenstand haben und sich um die Beschreibung und das Verstehen, die Erklärung und Vorhersage des spezifisch menschlichen Verhaltens und dementsprechend: um die „Wahrheit" als Ergebnis wissenschaftlicher Forschung bemühen (vgl. Straub & Werbik 1999).

4 Ausblick

Indem das Ziel der Wissenschaft heute nicht mehr nur in der Wahrheit, sondern vor allem in der Nützlichkeit, Anwendbarkeit und Brauchbarkeit von Erkenntnissen festgemacht wird (vgl. dazu auch Birgmeier & Schmidt 2010), schwindet leider auch die Relevanz der Grundlagenforschung gegenüber der angewandten Forschung. Denn während die Grundlagenforschung primär nach dem Beschreiben, Erklären und Verstehen von disziplinrelevanten Phänomenen strebt, zielt die angewandte Forschung unmittelbar auf die Nützlichkeit/Anwendbarkeit von Wissen für die Praxis oder auf die Befriedigung spezifischer Bedürfnisse diverser Nachfrager. Logisch, dass damit auch die Wertigkeit der Grundlagen gegenüber der der Anwendung schrumpft und – aus der Sicht der potentiellen Kundschaft beider Erkenntnisfunktionen – die Grundlagen zum Ladenhüter und die Anwendungen zum Verkaufsschlager werden.

Die Praxisnähe von Wissenschaft ruft jedoch auch Bedenken hervor, z.B. dass der Anwendungsdruck auf die Wissenschaft deren Erkenntnisorientierung in Frage stellen könnte. So befürchten die Kritiker des Anwendungsdogmas, dass die Wissenschaft durch den Zwang praktischer Nützlichkeit unglaubwürdig und methodologisch geschädigt wird. Zudem lasse eine von materiellen und kommerziellen Zielen getriebene Wissenschaft Objektivität und Universalität vermissen und gleite in Parteilichkeit und forschungsethisches Versagen ab (vgl. Carrier 2006).

Um den Verwissenschaftlichungsprozess im Coaching weiter zu entwickeln und den Dualismus zwischen den beiden aufgezeigten handlungswissenschaftlichen Versionen A und B für ein *Allgemeines Coachingwissen* aufzuheben, ist es deshalb überaus wichtig, dass die Coachingforschung in Zukunft die Bildung von Disziplintheorien vorantreibt, die einen eigenen, spezifischen Aspekt des Handelns von Menschen ins Zentrum ihres erkenntnisorientierten handlungswissenschaftlichen Interesses rücken. Dass wir in dieser Hinsicht auf einem sehr verheißungsvollen Weg sind, haben die meisten der in diesem Band vertretenen AutorInnen gezeigt, indem sie aus ihrer jeweiligen Heimatdisziplin einen solchen „spezifischen Aspekt des Handelns“ erkenntnistheoretisch begründen und in konkrete anwendungspraktische Fragestellungen „übersetzen“.

Neben all diesen Handlungsaspekten müssten zusätzlich jedoch auch noch jene Gegenstandbereiche integriert werden, die allgemeine Fragen der Lebensverläufe, der Lebensführung und der Lebensbewältigung von Coaching-Adressaten betreffen und die auf eine stetig zunehmende „Normalisierung“ von Coaching verweisen. Denn wie es die jüngsten Entwicklungstendenzen auf dem Coaching-Markt zeigen, können prinzipiell alle Menschen irgendwann zu Klienten personenbezogener Beratung werden, falls sie in Situationen, Lebensphasen und Statuspassagen geraten, in denen ihre erworbenen Handlungsrepertoires eben nicht mehr ausreichen, ein gutes, gelingendes, auch glückliches Leben im Kontext beruflicher, aber auch privater Rollenverhältnisse zu führen. Daher hat sich die künftige Coachingforschung auf ein ihr zugrunde zu legendes janusköpfiges handlungswissenschaftliches Wesen zu besinnen und ihren wissenschaftlichen Blick nicht nur auf Wirklichkeitsbereiche zu richten, in denen der Professionelle (Version A), sondern in denen ganz allgemein der Mensch als (potentieller) Adressat (Version B) im Mittelpunkt handlungswissenschaftlicher Überlegungen steht.

Und wenn schon die Grundlagenwissenschaften die Wissensbasis für die Angewandten Wissenschaften bilden sollen, so muss sich in der handlungswissenschaftlichen Grundlagenforschung und Theoriebildung zunächst einmal alles um die menschliche Handlung drehen, konkret um Bedingungen, Komplexitäten, Optionen, Steuerungen, um die Entwicklung von Handlungsfähigkeiten, um die Überwindung von Handlungsproblemen, -störungen und -krisen, um sozial- und lebensräumliche Handlungsstrukturen und um Strategien zur Sicherung und Wiedergewinnung alltäglicher Handlungskompetenz, Handlungsfähigkeit und -sicherheit von *Adressaten* im Coaching, kurz: um (inter-)disziplinäre Erkenntnisse darüber, wie wir Menschen zur selbständigen und selbst bestimmten Handlung (wieder) befähigen können (vgl. Otto & Ziegler 2010). Erst auf der Basis solcher grundwissenschaftlichen Überlegungen lassen sich auch professionsbezogene, praxeologische und techn(olog)ische Handlungsleitlinien für die Praxis ableiten, um Realitäten zu verändern und praktische Probleme durch die Anwendung professioneller Methoden bearbeiten zu können.

Handlungswissenschaften arbeiten sowohl an kognitiven als auch an praktischen Problemen im Kontext der Fragen an die Coaching-Theorie und die Coaching-Praxis und sie spiegeln unterschiedliche Denk- und Handlungslogiken wider, die in den beiden diskutierten

Versionen eines januskopfigen Coachingwissens zum Vorschein treten. Beide unterschiedlichen Gesichter der Handlungswissenschaft sind im Sinne eines *Allgemeinen Coachingwissens* zueinander zu vermitteln, um Theorie für die Praxis fruchtbar zu machen und um aus der Praxis wichtige Impulse für neue Theorien und spezifizierte Forschung zu erhalten.

Literatur

Bammé, A. (2009): Die „Praxiswende” in der zeitgenössischen Wissenschaft. In: Thaler, A./Wächter, Chr. (Hg.): Geschlechtergerechtigkeit in Technischen Hochschulen. München

Birgmeier, B. (2006): Soziale Arbeit und Coaching. Weinheim

Birgmeier , B. (2008): Coaching zwischen Praxis und Wissenschaft. In: OSC 2/2008. 119-136

Birgmeier, B. (2009a): Theorie(n) der Sozialarbeitswissenschaft – *reloaded*! In: Birgmeier, B./ Mührel, E. (Hrsg.): Die Sozialarbeitswissenschaft und ihre Theorie(n). Wiesbaden. 231-244

Birgmeier, B. (2009b): Theorie(n) der Sozialpädagogik – *reloaded*! In: Mührel, E./Birgmeier, B. (Hg.): Theorie(n) der Sozialpädagogik – ein Theorie-Dilemma? Wiesbaden. 13-32

Birgmeier, B. (2010): Was sind Handlungswissenschaften? In: Sozialmagazin 10/2010

Birgmeier, B. / Schmidt, H.-L. (2010): Führung sinn-voller machen? Reflexionen über Möglichkeiten und Grenzen von Management Coaching. In: Meier, U. / Sill, B. (Hg.): Führung. Macht. Sinn. Regensburg. 688-697

Carrier, M. (2006): Wissenschaftstheorie. Junius. Hamburg

Heintel, P. (2009): Wege aus der Randständigkeit – ein Brückenschlag. In: Hanschitz, R.-Chr. et al. (Hg.): Transdisziplinarität in Forschung und Praxis. Wiesbaden

Krainz, E. (2009): Ende des Disziplinären? In: Hanschitz, R.-Chr. et al. (Hg.): Transdisziplinarität in Forschung und Praxis. Wiesbaden

Otto, H.-U. / Ziegler, H. (2010) (Hg.): Capabilities. Wiesbaden

Coaching research ist die Gegenwart – Coaching science die Zukunft: Utopie oder Realität? – ein Ausblick

Bernd Birgmeier

1 Einleitung

Zu Beginn eine kurze Frage: Was haben Touristikexperten, Konservierer, Filmemacher, Bewegungsfreaks, Polizisten, Pflegefachkräfte und Rockmusiker, was Coachs nicht haben? Antwort: Sie alle haben ihre akademische Dignität erhalten und sich damit auch einen Platz in der Welt der Wissenschaft ergattert! Denn es gibt – neben einer Vielzahl an klassischen Wissenschaftsdisziplinen – neuerdings auch eine Touristikwissenschaft, eine Konservierungswissenschaft, eine Filmwissenschaft, eine Bewegungswissenschaft, eine Polizeiwissenschaft, eine Pflegewissenschaft, ja sogar eine Rockmusikwissenschaft. Eine Coachingwissenschaft (oder: *coaching science*), geschweige denn eine „Beratungswissenschaft" (vgl. Möller & Hausinger 2009), ist auf dieser Wissenschaftswelt bis dato jedenfalls noch nicht vertreten. Will sie nicht, soll sie nicht, oder kann sie nicht? – anders formuliert: Warum ist es weder der Beratungswissenschaft noch einer Coachingwissenschaft bisher gelungen, sich in die Wissenschaftslandschaft bzw. in die klassische Disziplinenordnung von Wissenschaft einzufügen (vgl. dazu auch Heintel & Ukowitz), wenn sich in unserer post-postmodernen Gesellschaft doch beinahe alles um Beratung bzw. Coaching dreht?

2 Die Frühphasen in der Entwicklung von Coaching: ein Blick zurück nach vorn

Wir wollen zunächst einmal zurück in die historischen Entwicklungsphasen des Coaching blicken, um von dort aus zu überprüfen, ob die Zeit für Beratung und Coaching denn schon reif ist, den Wartesaal von Academica zu verlassen und die bisweilen strengen Hüter der Welt der Wissenschaft davon zu überzeugen, dass eine autonome Beratungs- bzw. Coachingwissenschaft so dringend benötigt wird. Die ersten sechs Phasen können mit Böning wie folgt zusammengefasst werden (vgl. Böning 2000, 21):

1. Phase	2. Phase	3. Phase	4. Phase	5. Phase	6. Phase
Der Ursprung (USA)	Erweiterung (USA)	„Der Kick"	Systematische PE	Differenzierung	Populismus
1970er bis Mitte der 1980er Jahre	*Mitte der 1980er Jahre*	*Mitte der 1980er Jahre in Deutschland*	*Ende der 1980er Jahre in Deutschland*	*Anfang der 1990er Jahre*	*Mitte/Ende der 1990er Jahre*

Tabelle 1: Historische Entwicklungsphasen im Coaching

Falls es – Utopie oder Realität? – doch in naher oder ferner Zukunft zu einer akademischen Weihe einer Beratungs- bzw. Coachingwissenschaft kommen sollte, ist im Blick auf diese

Entwicklungsstadien von den Lehrenden und Studierenden dieser Wissenschaft(en) auch vorauszusetzen, nicht nur über diese sechs Phasen einer historiographisch verbürgten „Geschichte des Coaching“ Bescheid zu wissen, sondern auch über die bereits weit früher zu verankernden ersten Hinweise, die zum Entstehen dieser spezifischen Beratungs-, Begleitungs- und Betreuungsform „Coaching“ führten (vgl. dazu Birgmeier 2009a).

Neben dieser frühgeschichtlichen Phase können wir aus heutiger Sicht noch einige weitere Phasen in der jüngeren Entwicklung von Coaching entdecken. Mit Böning & Fritschle wurde – spätestens zu Beginn des neuen Jahrtausends – z.B. eine siebte Phase einer sog. *„vertieften Professionalisierung“* eingeläutet, die mit dem Ziel einer eindeutigen Profilierung und Identitätsfindung von Coaching einherging. Zentrale Merkmale dieser „vertieften“ Professionalisierung nach Böning & Fritschle (2005, 23) sind u.a. zielgruppenspezifische und methodisch differenzierte Anwendungen, Erhöhungen der Qualitätsanforderungen in der Praxis, eine beginnende Markttransparenz bei zunehmender Unübersichtlichkeit des Marktes, erste Standardisierungen in Praxis und Ausbildung, Intensivierungen der Forschung, eine Zunahme von Kongressen, Fachtagungen und internationalen Kontakten sowie das Nachrücken junger Coachs.

3 Auf dem Weg in Phase 9: coaching research

Sämtliche dieser eben genannten Entwicklungsmerkmale in dieser 7. Phase scheinen zwar eine spezifische Exklusivität von Coaching im Vergleich zu anderen Beratungsformen wie bspw. der Supervision deutlich zu machen. Doch gleichzeitig führen solche Spezifikationen und Hoffnungen auf das Er- und Begründen von Alleinstellungsmerkmalen im Dienstleistungssektor zwangsweise auch zur Kritik seitens der (bereits bestehenden) Nachbar-Professionen, die ihren eigenen Claim längst gesichert und abgegrenzt haben und sich vor „fremden Übergriffen“ oder vor „Kolonialisierungsstrategien“ bzw. „Okkupationen“ der Neuankömmlinge schützen wollen. Und so wird die Frage der „Professionsbildung“ (vgl. Schmidt-Lellek 2007) oder der Professionalisierung von Coaching zu einer Frage der Professions-Politik und damit – einerseits – zu einer Verhandlungssache, ob Nachbar-Professionen nun in Opposition oder in eine Koalition mit Coaching gehen wollen, andererseits zu einer Definitionsfrage, wenn jeder einzelne Anbieter mit seiner Coaching-Idee auf den Markt drängt und seine jeweils eigene „Philosophie“ des Begriffs verkauft (vgl. Rauen 2005, 1). Wenn viele Anbieter deshalb lediglich an ihren Eigennutz denken und sich somit durch Passivität und falsch verstandenes Lobbying zu „professionalisieren“ beabsichtigen, behindert sich – wie Rauen dies zu Recht beklagt – die Coaching-Branche selbst.

Vieles, was in dieser 7. Phase als „vertieft“ professionell deklariert wird, entpuppte sich jedoch meist als Strategie „zur Herstellung eines individuell besseren Marktzugangs“ (Kühl 2005, 24; 70. These). Gleichermaßen wurden in dieser Phase äußerst fragwürdige Verständnisse von Professionalität bzw. Professionalisierung geäußert, die mitunter weniger eine „vertiefte Professionalisierung“ zum Ausdruck brachten, sondern allenfalls so manche Effekte einer „mangelnden Professionalisierung“ (ebd. 2005, 22 ff.). Somit darf – im Anschluss an die 7. Phase – eine neue Phase 8 in der Entwicklungsgeschichte von Coaching attestiert werden, die mit dem Titel *„(Professionalisierungs-)Kritik“* – im Blick u.a. auf die Kühl'schen Thesen – bezeichnet werden kann.

Professionalisierung ist stets gebunden an spezifische Rahmenbedingungen, Prozesse und Aspekte, mit denen unterschiedlichste Qualitätsansprüche im Wissen und im Können des einzelnen Coachs eingefordert werden müssen. Es geht darin nicht nur um professionspolitische Strategien, vielmehr muss es einer neuen Profession darum gehen, über eine wissenschaftliche Fundierung professionellen Wissens und Könnens und einer daraus deutlich abgrenzbaren, gemeinschaftlichen Branchen-Qualität ihre Ansprüche auf Autonomie zu begründen. Mit diesen Vorannahmen ist zugleich auch der Übergang von Phase 8 in eine neue, gegenwärtige Phase 9 auszumachen, in der es gerade um die wissenschaftliche Fundierung professionellen Wissens und Könnens, kurz: um die Konturierung einer genuinen Coachingforschung (oder: *coaching research*) geht.

Mit anderen Worten: die von Böning & Fritschle (2005) bereits im Rahmen der „vertieften Professionalisierung" (Phase 7) angeführte „Intensivierung der Forschung" hat tatsächlich erst vor kurzem, vor allem im Anschluss und in der Folge der Professionalisierungskritik (Phase 8) begonnen und sie sucht und findet – besonders im Blick auf die offenen Fragen aus allen vorhergehenden Phasen – eine ganze Reihe an forschungs- und klärungsrelevanten Themen, die – Utopie oder Realität? – auf dem Weg zu einer eigenständigen Beratungs- bzw. Coachingwissenschaft geklärt werden müssen. Diese aktuelle Phase 9 in der Entwicklungsgeschichte von Coaching könnte man mit „*coaching research*" umschreiben.

4 Coaching – Forschung – Wissenschaft: ein Überblick

Dabei sind es – wie es Künzli & Stulz (in diesem Band) zu Recht betonen – nicht nur die Wissenschaftler, die ein Eigeninteresse an mehr Forschung haben, sondern auch Organisationen, Verbände und vor allem die Praktiker in der Beratungsszene. Gerade die zuletzt genannte Zielgruppe ist zweifelsohne daran interessiert, ihre Arbeit so gut als möglich zu machen und deshalb von der Wissenschaft – exakter: von den verschiedenen Disziplinen – zu lernen, die sich mit den jeweils relevanten Themenbereichen beschäftigen (vgl. Heintel & Ukowitz). Das mag nun die Psychologie, die Gruppendynamik, die Organisationsforschung, die Soziologie oder die Philosophie sein (vgl. ebd.), oder aber auch – wenn wir die zentralen Beratungsdisziplinen fokussieren wollen: die Psychotherapie, die Allgemeine Pädagogik bzw. die Erziehungswissenschaft, die Soziale Arbeit bzw. die Sozialpädagogik, die Medizin bzw. die Gesundheits- und Neurowissenschaften, die Ökonomie bzw. die Wirtschafts- und Managementwissenschaften (vgl. Nestmann, Engel & Sickendiek 2004).

Und wenn wir die Forschungsthemen, -gegenstände oder -gebiete betrachten, aus denen die Praktiker in der Beratung oder im Coaching lernen können, so ist auch hier eine breite Vielfalt zu erkennen; ob dies nun – um nur einige Ansätze der AutorInnen aus diesem Band zu nennen – die Interventionsforschung (vgl. Heintel & Ukowitz), die Forschung zu Selbstreflexionsprozessen (vgl. Martens-Schmid) oder die Forschung zur Selbstreflexion im Allgemeinen (vgl. Greif) betrifft oder Forschungen zum Hilfeverhalten, die Attributionsforschung, eine Forschung zur Personenwahrnehmung (vgl. Steins), eine Forschung zur Gruppendynamik (vgl. Lippmann & Ullmann-Jungfer; Steins), die Evaluationsforschung (vgl. Geißler); eine individuumszentrierte Coachingforschung (vgl. Künzli & Stulz), eine Wirkungsforschung bzw. Wirksamkeitsforschung (vgl. Künzli & Stulz; Greif; Rauen, Strehlau & Ubben), die Lern- bzw. Bildungsforschung (vgl. Arnold), Resilienzforschung (vgl. Klein), Handlungsforschung (vgl. Birgmeier; Kuhl & Strehlau), Führungsforschung (vgl. Peus, Frey & Braun) oder eine Persönlichkeits-, Motivations- und Volitionsforschung (vgl. Kuhl & Strehlau; Sulz; Hauke; Storch; Faude-Koivisto & Gollwitzer).

Für all diese Forschungsthemen, aber auch für die Wissenschaftsdisziplinen gilt gleichermaßen folgende Programmformel: „*Ohne Forschung keine Wissenschaft – keine Wissenschaft ohne Forschung!*“ – und umgekehrt formuliert: Forschung schafft Wissen, konkret: Beratungs- oder Coachingforschung schafft – eben – Beratungs- oder Coachingwissen. Doch spiegelt diese Programmformel gleichermaßen auch die Etappen des Weges, den Beratung oder Coaching gehen müssen, um zu einer eigenständigen Wissenschaft zu werden: also erst die Praxis – dann die Forschung – dann die Wissenschaft? Und um welche Wissenschaft – Utopie oder Realität? – wollen wir uns bemühen: um eine Beratungs- oder um eine Coachingwissenschaft? Und überhaupt: welche Funktionen werden der Wissenschaft zugeschrieben?

5 Coaching im Spagat zwischen Disziplin-, Professions- und Praxisforschung

5.1 Welches Wissen schaffen: Grundlagenwissen und/oder Angewandtes Wissen?

Wissenschaft zielt seit jeher auf die Gewinnung *lege artis* geprüfter Informationen, die unser Wissen über bestimmte Aspekte der Realität erweitern und vergrößern wollen (vgl. Fischer 2007). Mit diesem Interesse wird Wissenschaft zu einem Erkenntnisunternehmen mit dem Anspruch einer regulativen Leitidee, die zumindest von der Möglichkeit ausgeht, wahre *Erkenntnisse* zu erlangen. Zu diesem *Erkenntnis*unternehmen gehört ein *Erkenntnis*objekt, welches ein *Erkenntnis*subjekt mit Hilfe des Einsatzes bestimmter *Erkenntnis*mittel erforscht, um so zu einem bestimmten *Erkenntnis*ergebnis zu gelangen (vgl. Laucken 2007). Das gleiche gilt ebenso auch für eine Beratungs- oder Coachingwissenschaft: es geht dabei immer um Erkenntnisse (vgl. dazu Carrier 2006; Chalmers 2007; Detel 2009).

Die Schaffung von Erkenntnissen für Beratung oder Coaching setzt jedoch noch eine Reihe unterschiedlicher Vorentscheidungen voraus, über die sich die scientific communities zu beraten haben. Und so muss sich eine Beratungs- bzw. eine Coachingwissenschaft entscheiden, ob sie a) von ihrer *Zieldefinition* her eine theoretische und/oder eine angewandte Wissenschaft, b) von ihrer *Gegenstandsdefinition* her eine Ideal- und/oder eine Realwissenschaft, c) von ihren *Erkenntnisgrundlagen* her eine apriorische und/oder eine theoretische und/oder eine empirische Wissenschaft und d) von ihren *Erkenntnisweisen* (Forschungsmethoden) her eine hermeneutisch-verstehende und/oder kausal erklärende bzw. eine idiografische (beschreibende) und/oder nomothetische (gesetzgebende) Wissenschaft sein möchte und wie sie das jeweilige *und* bzw. das *oder* zu begründen weiß.

Insbesondere die zuletzt genannte Entscheidungsebene spielt eine zentrale Rolle, denn sie betrifft konkret auch die Frage nach der Relevanz (für wen?) dieser Wissenschaft(en). Selbst wenn beide Erkenntnisweisen gleichermaßen bedeutsam sind, besteht – wie es Künzli & Stulz bemerken – eine erhebliche Kluft in den jeweiligen Ansprüchen, die die Praktiker, die Klienten und die Forscher an eine „gute“ Forschung anmelden. Konkret bedeutet dies: Während Praktiker und Klienten eher idiographisch und nutzenorientiert („Was helfen mir die Resultate der Forschung für den heute anwesenden Klienten?“) argumentieren, sind Forscher eher einem nomothetischen Ansatz verpflichtet, der sich heute wesentlich an den Richtlinien der Evidence-Based-Forschung orientiert.

Mit dieser Problematik einher geht auch die Frage danach, ob das Beratungs- oder Coachingwissen ein theoretisches (Grundlagenwissen) oder ein praktisches (bzw. angewandtes) Wissen zu sein hat und welche Rolle geisteswissenschaftlich-hermeneutische Forschungsmethoden im Vergleich zu *qualitativ* empirischen (z.B. mit Hilfe von Tiefeninterviews, Lebensweltanalysen und teilnehmenden Beobachtungen, um die Verhaltens- und Erlebenswelten des Probanden/Klienten heraus finden zu können) und *quantitativ* empirischen Forschungsmethoden (z.B. durch Interviews, Fragebögen, Experimente, teilnehmende und nichtteilnehmende Beobachtungen, um das Verhalten und Erleben des Probanden/Klienten beschreiben, erklären und ggfls. vorhersagen zu können) spielen sollen.

Im Blick auf die Unterscheidungs- und Wesensmerkmale zwischen Grundlagenwissenschaften und Angewandten Wissenschaften und deren Forschungsprogramme wird deutlich (siehe dazu Birgmeier: „Stichwort: Handlungswissenschaft"; in diesem Band), dass man sich insbesondere vom Programm einer *Angewandten Wissenschaft* verspricht, die wissenschaftliche Erkenntnisproduktion vorwiegend auf die Lösung praktischer Probleme anzusetzen und damit Wissenschaft mit Praxis bzw. Wahrheit mit Nützlichkeit/ Brauchbarkeit zu verbinden (vgl. Bammé 2009; Heintel 2009; Lackner 2009; Krainz 2009). Ein solches „Diktat" der Praxis gegenüber der Wissenschaft ruft bei den Puristen unter den Wissenschaftlern jedoch große – und berechtigte – Skepsis hervor, denn es führt dazu, dass die Relevanz echter Grundlagenforschung und „reiner" Erkenntnis in den Angewandten Wissenschaften immer mehr verschwindet (vgl. Fischer 2007). Ergo kann eine solche, rein auf „Praktikabilität" fokussierte Strategie für die tatsächliche Verwissenschaftlichung und Professionalisierung von Coaching/Beratung nicht wirklich zielführend sein.

5.2 Wissensformenbezogene Forschungszweige im Coaching

Aus dem Umstand heraus, dass insbesondere die Beratungs- bzw. die Coachingwissenschaft eine ganz Bandbreite unterschiedlicher Wissensthemen und -gebiete bereitstellen müsste, ergibt sich zugleich auch ihr größtes Problem, nämlich dass sämtliche Wissenstypen eine Rolle spielen müssen und dass ihr „Aufeinander-Verwiesen-Sein" bewältigt werden muss. Doch wie können die unterschiedlichen Wissensformen – einerseits – systematisiert und – andererseits – zu- und untereinander relationiert werden?

Um zu einer Bestimmung der Relationen einzelner Wissensformen zu gelangen, ist es ratsam, die Forschungszweige in Beratung und Coaching einzuteilen in eine Disziplin-, eine Professions- und eine Praxisforschung.

a) Disziplinforschung:

Eine *Disziplin* beschreibt das gesamte Feld der wissenschaftlichen Theoriebildung und Forschung sowie das Handlungssystem, in dem sich Forschungs- und Theoriebildungsprozesse realisieren (vgl. Becker-Lenz & Müller 2009). Disziplinen definieren sich über die Bereit- und Herstellung von Wissen mit dem Ziel, zu wahren und richtigen Erkenntnissen zu gelangen und stehen somit in Distanz zu den unmittelbaren Erfordernissen der Praxis. Disziplinforschungen führen – über theoretische oder empirische Studien – zu Disziplintheorien, d.h. zu theoretischen Betrachtungen und Ansätzen, die auf die Erhellung eines Ist-Zustandes ausgerichtet sind und deren Ziel in der Beschreibung, Rekonstruktion oder Erklärung gegebener Sachverhalte in der Beratung bzw. im Coaching liegt.

Die Aufgabe der Disziplinforschung, nach den Kriterien der Wahrheit und Widerspruchsfreiheit ein reines wissenschaftliches Wissen (Erklärungswissen) für die Bildung von Theorien zu schaffen, führt dazu, dass Disziplinforschung stets darauf ausgerichtet ist, Grundlagenforschung zu betreiben. Das Wissen aus dieser Forschung ist demnach ein

Grundlagenwissen – einzelne Wissenschaften, die Grundlagen erforschen, sind Grundlagenwissenschaften, die ein Basiswissen zur Identifikation und Identitätsbildung von einzelnen Disziplinen schaffen.

	Disziplin-Forschung		**Professions-forschung**		**Praxis-forschung**
		Wissen		**Können**	
Auftrag	Theoriegenerierung		Reflexion der Praxis		Optimierung der Praxis
Forschungs-typ	*Wissenschaftliche, grundlagenbezogene Forschung*		*Reflexive und praxeologische Forschung*		*Handlungs- und praxisorientierte Forschung*
Wissens-dimension	Wissenschaftliches Wissen (Erklärungs-wissen)		Generalisierbares Professionswissen, Angewandtes Wissen		Handlungs-wissen, prakti-sches Entschei-dungswissen
Zielkriteri-um	Wahrheit, Wirksamkeit		Wirksamkeit, Angemessenheit		Angemessenheit, Nützlichkeit, Anwendbarkeit
		Verbesse-rung der **Begrün-dungs-kompe-tenz**		Verbesse-rung der **Hand-lungs-kompe-tenz**	
Theorie-bezug	Eher hoch		Teilweise		Eher niedrig
Praxisbezug	Eher niedrig		Tendenziell hoch		Hoch

Tabelle 2: Disziplin-, Professions- und Praxisforschung

b) Professionsforschung:

Eine *Profession* beschreibt das gesamte fachlich ausbuchstabierte Handlungssystem, also die berufliche Wirklichkeit eines Faches. Eine Profession ist eine komplexe bis hoch komplexe, erwerbsbezogene Tätigkeit, die im Falle von Beratung und Coaching die Aufgabe hat, dem Auftrag zur Lösung, Milderung oder Prävention von praktischen (berufsbezogenen oder allgemein lebensweltlichen, alltäglichen) Problemen seitens ihrer AdressatInnen/Klienten gerecht zu werden. Dementsprechend ist die Beratung bzw. das Coaching als Profession gebunden an Aufgaben der Praxis, d.h. an die (Wissens- und Handlungs-) Kompetenz der Berater/Coachs zum Zwecke der – vornehmlich an der Selbstreflexion orientierten; vgl. Greif 2010) – Problembewältigung der Adressaten/Klienten. Professionsforschungen führen zu Professionsbildungs- und zu Professionalisierungstheorien, d.h. zu konzeptionell-gestaltenden Entwürfen, die auf die Veränderung des Ist- und die Realisierung eines Soll-Zustandes im Leben der Adressaten/Klienten ausgerichtet sind und deren Ziel im Entwickeln und Umsetzen wirksamer Strategien zur Problemlösung liegt.

Die Aufgabe der Professionsforschung besteht darin, nach den Kriterien der Wirksamkeit und Angemessenheit und im Blick auf die Anleitung der Praxis ein spezifizierbares und umfängliches Professionswissen zu schaffen. Dies führt dazu, dass Professionsforschung stets darauf ausgerichtet ist, anwendungsbezogene und praxeologische Forschung *für* die Praxis zu betreiben. Das Wissen aus dieser Forschung ist demnach ein reflexives, praktisch-technologisches Wissen – Wissenschaften, die Anwendungen für die professionelle Praxis erforschen und reflektieren, sind Angewandte oder Praktische Wissenschaften, die ein Basiswissen zur Identifikation und Identitätsbildung von einzelnen Professionen schaffen.

c) Praxisforschung:
Eine Praxis beschreibt das gesamte Feld der zeitlich-räumlichen Situationen, in denen sich Adressaten und Professionelle jeweils befinden und in der ein Professioneller spezielle Methoden, Techniken und Verfahren anwendet, um dem Adressaten zu helfen. Eine Praxis definiert sich so über ein technologisch-inspiriertes, verantwortungsvolles Handeln von Professionellen, die über ein Regelwissen verfügen, mit dem Veränderungen und Interventionen, die die Praxis unmittelbar erfordert, umgesetzt werden können. Praxisforschungen führen zu Praxistheorien, d.h. zu regelgeleiteten Konzeptionen, die darauf abzielen zu klären, wie die Praxis des Beraters oder Coachs aussehen soll bzw. *wie* es ein in personenbezogenen Dienstleistungsberufen Tätiger machen muss, um ein bestimmtes Ereignis optimal zu erzielen, und *was* er dafür braucht.

Die Aufgabe der Praxisforschung, nach den Kriterien der Angemessenheit und Umsetzbarkeit ein technologisch-praktisches Wissen (Praxiswissen) für die konkrete Arbeit in der Praxis zu schaffen, führt dazu, dass Praxisforschung als spezifischer Zweig der Angewandten Forschung ein Praxiswissen schafft – Wissenschaften, die Praxiswissen erforschen, sind Praxiswissenschaften, die aus dem Basiswissen der Angewandten Wissenschaften ein spezifisches Anwendungswissen zum konkreten „Handwerk" der Praktiker in der situativen Praxis schaffen (vgl. Birgmeier 2010).

5.3 Zu den Verhältnissen der Forschungszweige zueinander

Wenn wir schon von einer jeweils eigenen Disziplin-, Professions- und Praxisforschung ausgehen, die die Beratungs- oder Coachingwissenschaft zu erbringen hat, so ist konkret nach den Verhältnissen dieser Forschungszugänge zueinander zu fragen. Hierzu werden in der Fachdiskussion unterschiedliche Positionierungen („Theoreme") eingenommen, die sich im Kern auf folgende Aussagen beziehen:

a) Disziplin und Profession sind klar zu unterscheiden (Divergenz):
Das *Divergenztheorem* geht davon aus, dass es aus wissenschaftssoziologischen Gründen (vgl. Stichweh 1994) notwendig ist, zwischen Disziplin und Profession klare Trennlinien aufzuzeigen, weil beide Zuordnungsaspekte unterschiedliche Zielsetzungen verfolgen. Diese unterschiedlichen Zielsetzungen resultieren aus den „Eigenheiten" der Grundlagenwissenschaften (Disziplin) und Angewandten Wissenschaften (Profession). Im Vordergrund stehen disziplinäre Identitätsbildungsprozesse und das Primat des Disziplinwissens, denn: wenn Professionen als Handlungssysteme gelten, deren Verhältnis zum Wissen sich

als eine Anwendung von Wissen unter Handlungszwang definiert, basieren sie auf disziplinärem Wissen (vgl. ebd.).

b) Disziplin und Profession sind deckungsgleich (Kongruenz):
Das *Kongruenztheorem* nimmt an, dass das Verhältnis zwischen wissenschaftlicher Disziplin und Profession deckungsgleich ist, weil die „Professionswerdung" als ein jeweils „aktueller Prozess" darauf gerichtet ist, eine Kongruenz von Berufsfeld und wissenschaftlicher Disziplin herzustellen. Mit dieser Annahme wird deutlich, dass der Grad der Verwissenschaftlichung (und damit auch: der Disziplinbildung) von Coaching/Beratung stets abhängig ist von ihrer Professionsbildung. Im Vordergrund stehen Professionsbildungsprozesse, die nach dem Wissenschaftsprogramm der Angewandten Wissenschaften mit grundlagenwissenschaftlichen Disziplinbildungsprozessen identisch gesetzt werden.

c) Disziplin und Profession stehen im Auftrag der Praxis (Subordination):
Das *Subordinationstheorem* – als Sonderform des Kongruenztheorems – betrifft die Frage nach dem Verhältnis zwischen Profession und Praxis. So mancher Fachvertreter vertritt hier die Auffassung, die Praxis, der sich sowohl die Disziplin und die Profession unterzuordnen habe, sei technologisch-technisch auszurichten. Die „Techniken" für die Praxis habe die Profession bereitzustellen, die – weil sie sich ja kongruent zur wissenschaftlichen Disziplin verhält – dann wiederum ebenso in das Aufgabenspektrum der Disziplin fallen. Indem sowohl die Disziplin als auch die Profession einzig auf die Schaffung von Handlungstechniken ausgerichtet sind, stehen hier Praxistheorien, die eine Handlungs- bzw. Handwerkslehre verkörpern, die weder ein eindeutig theoretisches noch ein eindeutig praktisches, sondern vielmehr ein „poietisches" Programm für die Berufsfelder Beratung und Coaching entwickeln wollen (vgl. dazu kritisch: Birgmeier 2008).

Unterschiedliche Annahmen zur Verhältnisbestimmung zwischen Disziplin und Profession sowie auch zwischen Profession und Praxis führen unmittelbar auch zu heterogenen Auffassungen über das Verhältnis zwischen Theorie und Praxis, über die Rolle der Disziplinen *für* die Professionen und darüber, welche wissenschaftlichen Disziplinen nun im Zentrum der Beratung bzw. des Coaching zu stehen haben.

6 Coaching science(s) … and ethics: Vision oder Realität? – Fazit und Ausblick

Die Beratungs- bzw. Coachingwissenschaft hat sich also – gleichermaßen, wie sie das Verhältnis zwischen Theorie und Praxis zu bestimmen beabsichtigt – zu entscheiden, ob sie entweder (a) eine Unabhängigkeit der Disziplinbildungsprozesse von Professionsbildungsprozessen oder (b) eine Abhängigkeit zwischen Disziplin- und Professionsbildung bevorzugt, ob sie (c) Disziplin und Profession ausschließlich für die Praxis – die dann eigentlich Poiesis heißen müsste – zweckentfremden möchte oder ob sie (d) vielleicht auch alle Möglichkeiten (a-c) nutzen möchte, um ein multiperspektivisches Beratungs-/Coachingwissen zu schaffen, das gleichermaßen auf disziplin- *und* professions- *und* praxisorientierter Forschung sowie Theoriebildung fußt.

Selbst wenn zumindest darüber kein Zweifel besteht, dass ein umfassendes, allgemeines Coachingwissen alle drei Wissenssphären – ein Disziplin-, ein Professions- und ein

Praxiswissen – umfasst, wäre es ebenso wichtig, noch einmal grundlegend über das Verhältnis zwischen Coaching und Beratung nachzudenken. Denn nicht alle Experten sind – verständlicherweise – davon überzeugt, Coaching als ein spezifisches Teilgebiet personenbezogener Dienstleistungen der Beratung unterzuordnen, zumal im Coaching weit mehr und anderes statt findet als in der Beratung. Vielleicht dann doch lieber ein Modell für die Zukunft, mit dem Coaching *neben* Beratung – auf gleicher Ebene – gestellt werden kann?

Gleichgültig, welche Form des Verhältnisses zwischen Beratung und Coaching letztlich favorisiert werden soll – feststeht jedenfalls jetzt schon, dass es nicht *die* Beratungswissenschaft oder *die* Coachingwissenschaft gibt, sondern allenfalls viele Wissenschaften, die sich mit Fragen zur Beratung oder zum Coaching auseinandersetzen. Aus dieser Tatsache heraus empfiehlt es sich zunächst einmal – ähnlich wie es derzeit bei den Bemühungen um eine Etablierung der Gesundheitswissenschaften geschieht (vgl. dazu Hurrelmann, Laaser & Razum 2006) – von den Beratungs- bzw. Coachingwissenschaft*en* (also: in der Mehrzahl) zu sprechen, um sämtliche Grundlagendisziplinen in die Diskussion um eine wissenschaftlich fundierte Beratung bzw. ein wissenschaftlich fundiertes Coaching der Zukunft mit einzubinden. Eine diesbezügliche – wie es auch Hausinger (2009, 177 ff.) skizziert – trans-, multi- und interdisziplinäre Erfassung, Vermittlung und Sammlung der Bestände an Beratungs- bzw. Coachingwissen wird dann auch dazu führen, dass wir in Zukunft eine wissenschaftsdisziplinäre Systematik für ein Beratungs- bzw. ein Coachingwissen anbieten können, die – ähnlich wie in den Gesundheitswissenschaften – auf psychologischen, pädagogischen, philosophischen, soziologischen etc. Grundlagen fußt und auch unterschiedliche Arbeitsfelder und Fragestellungen der Beratungs- bzw. Coachingforschung abzudecken in der Lage ist.

Ein Blick auf die jüngsten Entwicklungstendenzen im Coachingdiskurs zeigt eindrucksvoll, dass wir mit dem verstärkten Bemühen um eine dezidierte Coachingforschung (Phase 9) immer weiter in die Richtung der Bestimmung und Vernetzung von *coaching sciences* gehen, die – Vision oder Realität? – alsbald eine neue „Phase 10“ in der Entwicklungsgeschichte des Coaching markieren mögen. Der Eintritt in diese Phase kennzeichnet jedoch nicht eine eigene, eine neue Etappe, die das Coaching in seiner historiographischen Entwicklung zu bestehen und – irgendwann einmal – zu überwinden hat; vielmehr ist das Vorhaben der Bündelung einer scientific community, die unterschiedliche Fragen zum Coaching erforscht, ein permanentes Projekt, das als Folge auf die Professionalisierungsfrage (die sich angesichts der teilweise höchst bedauerlichen Auswüchse in der populistischen Phase aufgedrängt hat) unlängst angestoßen wurde und so lange andauert, so lange es Coaching gibt. Das bedeutet: der Populismus im Coaching wird die seriöse Coaching-Szene auch in Zukunft dazu zwingen, Fragen der wissenschafts- und forschungsbasierten Professionalisierung und Professionsbildung in den Vordergrund zu stellen, um hierüber die Spreu vom Weizen im Feld dessen zu trennen, was sich heute „Coaching“ nennt und zukünftig nennen darf. Und da Professionalisierung nicht zu denken ist ohne Verwissenschaftlichung, ohne Forschung und ohne Kritik (als wissenschaftliche Grundhaltung), befinden wir uns gegenwärtig nicht in *einer* neuen Entwicklungsphase, sondern inmitten eines Prozesses zum Zwecke der bedingungslosen Versachlichung im Coaching und damit aber auch im Auftrag, diverse markt- und statuspolitische Mechanismen, die sich im Zuge des Populismus auf dem Coachingfeld so ungehindert entwickeln konnten, mit Hilfe einschlägiger, seriöser Forschung und neutraler Wissenschaft in ihre Schranken zu verweisen (vgl. dazu Birgmeier 2009b; Birgmeier & Schmidt 2010).

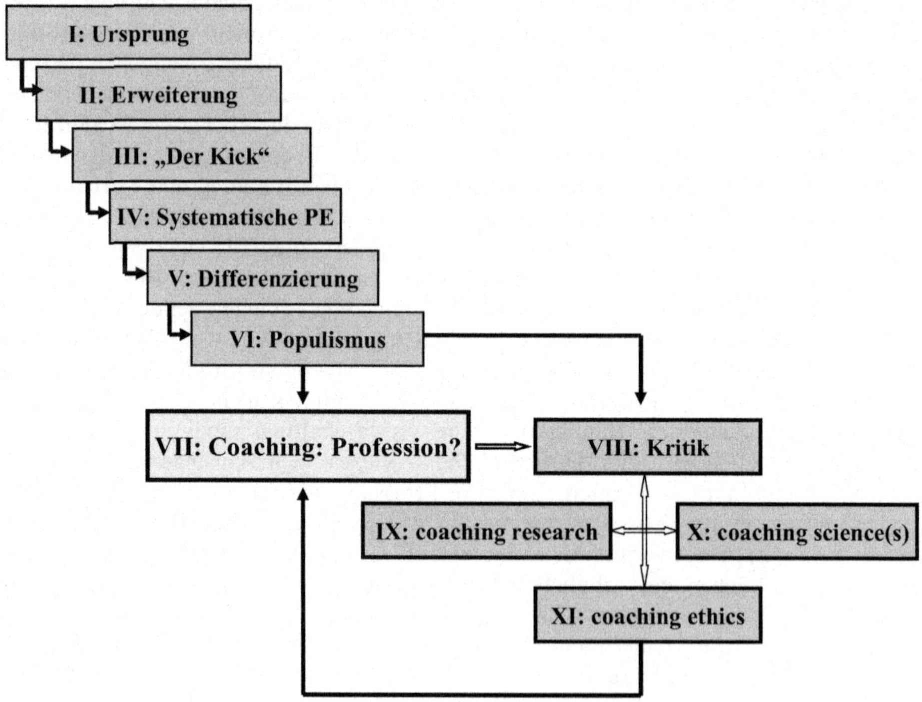

Abbildung 1: Die Zukunft der Entwicklung im Coaching

Aus diesem Grunde sollten wir – wie bereits in Kapitel 3 angedeutet – vorerst davon Abstand nehmen, den Stand der Dinge im Coaching vorschnell als „vertieft“ professionalisiert (als ursprünglich so bezeichnete Phase 7 in der Entwicklung von Coaching) zu betrachten. Der nach wie vor „frag“-würdige (weil in Frage gestellte) Titel „*Coaching – eine Profession?*“ würde diese Phase im Rück- und Vorausblick wohl treffender beschreiben, denn die Professionalisierung eines Berufs oder einer spezifischen personenbezogenen Dienstleistung bzw. Beratung ist so einfach und v.a. nicht ein für alle mal fest- bzw. herzustellen, zumal hierfür ja auch die Wissenschaft und die Forschung auf den Plan zu treten hat und Wissenschaft und Forschung als solche – wie wir wissen – niemals zu einem Ende kommen kann, sondern stetig neue Antworten auf neue (und alte) Fragen suchen muss. Diesbezüglich sind wir auf einem guten Weg, besser gesagt: an einem guten Beginn eines langen Weges. Denn: dass eine an Wissenschaft und Forschung orientierte Professionsentwicklung im Coaching gelingen kann, haben viele der in diesem Band vertretenen Positionen, Überlegungen und Ansätze eindrucksvoll gezeigt.

Es bleibt zu hoffen, dass sich im Blick auf die Frage nach der Zukunft von Coaching noch viele *coaching sciences* mit ihren spezifischen Forschungsfragen zum Coaching einklinken mögen und ein Coachingwissen schaffen, das ein professioneller Coach zur – wissentlichen – Grundlegung seines Handelns verwenden kann, zumal ein seriöser Coach wissen sollte, was er tut, warum, wie und wofür.

Das Wissen oder das Können alleine reicht jedoch noch nicht für das Vorhaben aus, Coaching zu professionalisieren und ein Bild vom „idealen Coach", den wir doch alle suchen, zu zeichnen (vgl. Stockmann 2009). Eine verantwortungsgeleitete Haltung ist ebenso zentral für einen weiteren Entwicklungsschub im Coaching wie die Konturierung ethisch-moralischer Standards für die Profession (Stichwort: *coaching ethics*) – dies nur als Anmerkung, welche zukünftigen großen Aufgaben uns noch erwarten werden, um Coaching (oder Beratung) auf stabile Füße zu stellen. Denn erst im Gleichklang zwischen Wissen – Können – Verantwortung dürfen wir hoffen, das Projekt „Coaching als Profession (?)" in Zukunft nicht mehr in Frage stellen zu müssen.

Literatur

Bammé, A. v. (2009): Die „Praxiswende" in der zeitgenössischen Wissenschaft. In: Thaler, A./Wächter, Chr. (Hg.): Geschlechtergerechtigkeit in Technischen Hochschulen. München

Becker-Lenz, R./Müller, S. (2009): Die Notwendigkeit von wissenschaftlichem Wissen und die Bedeutung eines professionellen Habitus für die Berufspraxis der Sozialen Arbeit. In: Becker-Lenz, R. et al. (Hg.): Professionalität in der Sozialen Arbeit. Wiesbaden. 195-221

Birgmeier, B. (2008): Coaching zwischen Praxis und Wissenschaft. In: OSC 2/2008. 119-136

Birgmeier, B. (2009a): „Coaching". In: Buchkremer, H. (Hg.): Handbuch Sozialpädagogik. Darmstadt. 396-399

Birgmeier, B. (2009b): Zur Programmatik ökonomisierter „Standards" – eine Kritik mediatorischer Vernunft. In: Erwägen Wissen Ethik (EWE) 20 (2009) 1. 516-518

Birgmeier, B. (2010): Sozialarbeitswissenschaft als Praxiswissenschaft? In: Birgmeier, B./Mührel, E./ Schmidt, H.-L. (Hg.): Sozialpädagogik und Integration. Essen. 63-76

Birgmeier, B./Schmidt, H.-L. (2010): Führung sinn-voller machen? Reflexionen über Möglichkeiten und Grenzen von Management Coaching. In: Meier, U./Sill, B. (Hg.): Führung Macht Sinn. Regensburg. 688-697

Böning, U. (2000): Coaching: Der Siegeszug eines Personalentwicklungs-Instruments. Eine 10-Jahres-Bilanz. In: Rauen, Chr. (Hg.): Handbuch Coaching. Göttingen

Böning, U./Fritschle, B. (2005): Coaching fürs Business. Bonn

Carrier, M. (2006): Wissenschaftstheorie. Junius. Hamburg

Chalmers, A. (2007): Wege der Wissenschaft. Springer. Berlin

Detel, W. (2009): Erkenntnis- und Wissenschaftstheorie. Stuttgart. Reclam

Fischer, K. (2007): Fehlfunktionen der Wissenschaft. In: Erwägen Wissen Ethik (EWE) 18 (2007) 1. 3-16

Hausinger, B. (2009): Umrisse einer Beratungswissenschaft. In: Möller, H./Hausinger, B. (Hg.): Quo vadis Beratungswissenschaft? VS-Verlag. Wiesbaden. 177-184

Hurrelmann, K./Laaser, U./Razum, O. (2006) (Hg.): Handbuch Gesundheitswissenschaften. 4. Auflage. Weinheim

Krainz, E. (2009): Ende des Disziplinären? In: Hanschitz, R.-Chr. et al. (Hg.): Transdisziplinarität in Forschung und Praxis. Wiesbaden

Kühl, St. (2005): Das Scharlatanerieproblem – Coaching zwischen Qualitätsproblemen und Professionalisierungsbemühungen. Köln

Lackner, K. (2009): Beratung – (k)eine Wissenschaft? In: Möller, H./Hausinger, B. (Hg.): Quo vadis Beratungswissenschaft? Wiesbaden. 43-61

Laucken, U. (2007): Mittel und Maßstäbe der Diagnose von Fehlfunktionen der Wissenschaft. In: EWE 18(2007)1. 37-39

Möller, H./Hausinger, B. (2009) (Hg.): Quo vadis Beratungswissenschaft? VS Verlag. Wiesbaden

Nestmann, F./Engel, F./Sickendiek, U. (2004) (Hg.): Das Handbuch der Beratung. Tübingen

Rauen, Chr. (2005): Sieben Thesen zur Entwicklung des Coachings. In: Coaching-newsletter vom Nov./Dez. 2005 (http://www.rauen.de)
Schmidt-Lellek, Chr. (2007): Coaching als Profession und die Professionalität des Coach. In: Schreyögg, A./Schmidt-Lellek, Chr. (Hg.): Konzepte des Coaching. Wiesbaden. 221-232
Stichweh, R. (1994): Wissenschaft, Universität, Professionen. Frankfurt/M.
Stockmann, C. (2009): Eine Topographie über das Idealbild eines Coachs. Unveröff. Diplomarbeit. Eichstätt

Alle anderen zitierten Quellen beziehen sich auf die Beiträge der Autorinnen und Autoren in diesem Band.

Die Autorinnen und Autoren

Prof. Dr. **Rolf Arnold** ist seit 1990 Inhaber des Lehrstuhls für Pädagogik, insbesondere Berufs- und Erwachsenenpädagogik, an der TU Kaiserslautern. Seine Buch- und Zeitschriftenveröffentlichungen umfassen die Bereiche Erwachsenenbildung, Berufsbildung, Konstruktivismus sowie internationale Personalentwicklung. Seine Forschungsschwerpunkte liegen in den Gebieten der Erwachsenenbildung, schulischen Berufsbildung, betrieblichen Aus- und Weiterbildung, Lehr-Lernsystementwicklung (z.B. Fernstudien), der Interkulturellen Berufspädagogik sowie dem Emotionalen Lernen.

Anschrift/Kontakt: Prof. Dr. Rolf Arnold, Technische Universität Kaiserslautern, Fachbereich Sozialwissenschaften, Fachgebiet Pädagogik, D-67663 Kaiserslautern
E-Mail: arnold@sowi.uni-kl.de

PD Dr. phil. **Bernd Birgmeier**, Jg. 1968, Privatdozent und akademischer Rat am Lehrstuhl für Sozialpädagogik und Gesundheitspädagogik der Katholischen Universität Eichstätt-Ingolstadt. Ausbildung zum professionellen Coach (2001) und seit 2006 Ausbilder an der CIP-Coaching Academy München. Langjährige Coachingpraxis in sozialen Organisationen und im Business-Bereich. Lehraufträge an der Fachhochschule Emden sowie an der Georg-Simon-Ohm Fachhochschule Nürnberg. Forschungsschwerpunkte: Coaching, Handlungstheorie, Wissenschaftstheorie, Beratungswissenschaften.

Anschrift/Kontakt: PD Dr. Bernd Birgmeier, Katholische Universität Eichstätt-Ingolstadt, Lehrstuhl für Sozialpädagogik und Gesundheitspädagogik, Ostenstraße 26-28, D-85071 Eichstätt
E-Mail: bernd.birgmeier@ku-eichstaett.de oder Bernd.Birgmeier@gmx.de

Dipl.-Psych. **Susanne Braun** ist wissenschaftliche Mitarbeiterin und Trainerin am LMU Center for Leadership and People Management. Im Rahmen ihrer Promotion beschäftigt sie sich mit der Förderung von Führung und Zusammenarbeit im universitären Kontext, insbesondere mit der Anwendung transformationaler und transaktionaler Führung sowie mit der Wahrnehmung von weiblichen Führungskräften in der Wissenschaft.

Anschrift/Kontakt: Dipl.-Psych. Susanne Braun, Ludwig-Maximilians Universität München, LMU Center for Leadership and People Management, Geschwister-Scholl-Platz 1, D-80539 München
E-Mail: SBraun@psy.lmu.de

Dipl.-Psych. **Ulrich Dehner**, Jg. 1949, hat in Mannheim und Heidelberg Psychologie studiert und im Anschluss an sein Diplom zunächst als Psychotherapeut gearbeitet. Er ist seit 1981 im Firmenbereich als Managementtrainer und Coach tätig. Seit 1995 leitet er Coaching-Ausbildungen. Er ist Gründungs- und Präsidiumsmitglied beim Deutschen Bundesverband für Coaching DBVC.

Anschrift/Kontakt: Ulrich Dehner, Konstanzer Seminare, Theodor-Heuß-Str. 36, D-78467 Konstanz
E-Mail: ulrich.dehner@konstanzer-seminare.de

Dr. **Gerhard Fatzer** dissertierte in Pädagogik, Sozialpsychologie und Philosophie an der Uni Zürich und leitet das 1990/1991 gegründete Trias Institut für Coaching, Supervision und Organisationsentwicklung in Grüningen. Seit 1983 berät er Unternehmen und Institutionen und widmet sich der Ausbildung von Beratern und Coachs. 1983 baute er das zweite Supervisionsprogramm der Schweiz am IAP auf. Fatzer ist Gastprofessor an der Uni Innsbruck und unterrichtete an der ETH Zürich, zudem in Freiburg, Ljubljana, Zürich und Bern, UMass Amherst und M.I.T. Darüber hinaus ist er – im Kreise namhafter Experten, wie bspw. Peter Senge, Edgar Schein, Otto Scharmer und George Roth – Gastforscher am M.I.T. und Herausgeber der Buchreihe EHP Organisation und der Fachzeitschrift "Profile".

Anschrift/Kontakt: Dr. Gerhard Fatzer, Institut Trias GmbH, Mühlegasse 12a, CH-6340 Baar
Internet: www.trias.ch
E-Mail: info@trias.ch

Dr. **Tanya S. Faude-Koivisto**, Jg. 1967, studierte Betriebswirtschaftslehre und Psychologie an der Ludwig-Maximilians-Universität München und der Harvard University (Cambridge), Promotion an der Universität Konstanz und der New York University (New York). Wissenschaftliche Mitarbeiterin im Motivationslabor der New York University, freiberuflich tätig als Executive und Life Coach (zertifiziert durch die International Coaching Federation), Systemische Paar- und Familientherapeutin. Arbeits- und Forschungsschwerpunkte: Selbstregulation durch Ziele und Pläne; unbewusste und automatische Prozesse bezüglich Emotionen, Denken und Handeln; Übertragung von wissenschaftlichen Erkenntnissen aus der Motivations- und Sozialpsychologie auf die Coaching-Praxis.

Anschrift/Kontakt: Dr. Tanya S. Faude-Koivisto, 1915 Taylor Avenue N, #6, Seattle, WA 98109, USA
E-Mail: t.faude_koivisto@mac.com

Prof. Dr. **Dieter Frey** ist Professor für Sozial- und Wirtschaftspsychologie an der Ludwig-Maximilians-Universität in München sowie akademischer Leiter der Bayerischen Elite Akademie und Leiter des LMU Center for Leadership and People Management. Er verbindet Grundlagenforschung, angewandte Forschung und Anwendung von Forschung. Schwerpunkte sind dabei ethikorientierte Führung, Innovation sowie Förderung von Spitzenleistungen in sozialen und kommerziellen Organisationen.

Anschrift/Kontakt: Prof. Dr. Dieter Frey, Ludwig-Maximilians-Universität München, Department Psychologie, Lehrstuhl für Sozialpsychologie, Leopoldstr. 13, D-80802 München
E-Mail: Dieter.Frey@psy.lmu.de

Prof. Dr. **Harald Geißler**, Jg. 1950, studierte Erziehungswissenschaft und Psychologie. Die Promotion (1976) und Habilitation (1985) befassten sich mit Fragen der Unterrichtsmethode und ihrer empirischen Untersuchung. 1985 wurde er an die Helmut-Schmidt-Universität Hamburg für das Fach Erziehungswissenschaft insbesondere Berufs- und Betriebspädagogik berufen. Er leitet dort am Management Development Center das Competence Center Coaching mit den beiden Schwerpunkten Coaching-Gutachten und Virtuelles Coaching. Im Zusammenhang mit seinen Forschungsschwerpunkten Organisationslernen und Coaching betreute er eine Vielzahl an Projekten der Führungskräfte- und Organisationsentwicklung. Er ist Autor des Lehrbuchs „Organisationspädagogik" (München, Vahlen Verlag 2000) und Herausgeber des Sammelbandes „E-Coaching" (Baltmannsweiler, Schneider 2008).

Anschrift/Kontakt: Prof. Dr. Harald Geißler, Helmut Schmidt Universität, Universität der Bundeswehr Hamburg, Holstenhofweg 85, D-22043 Hamburg
E-Mail: harald.geissler@hsu-hh.de

Prof. Dr. **Peter M. Gollwitzer**, Jg. 1950, studierte Psychologie an der Universität Regensburg und der Ruhr-Universität Bochum, Promotion an der University of Texas, Austin, und Habilitation an der Ludwig-Maximilians-Universität München. Beruflicher Werdegang: Junior Professor, Fachgebiet Psychologie, Motivationspsychologie, Ruhr-Universität Bochum, Bochum, 1982-1983. Junior Researcher, Max-Planck-Institut für psychologische Forschung, München, 1984-1988. Fachgebiet: Motivation und Handeln. Senior Researcher, Max-Planck-Institut für psychologische Forschung (Projektleiter der Gruppe Intention & Handeln), München, 1989-1992. Professor, Fachgebiet Psychologie, Lehrstuhl Sozialpsychologie und Motivation, Universität Konstanz, 1993-heute; Professor of Psychology, New York University, 1999-heute. Forschungsschwerpunkte: Selbstregulation des Denkens, Fühlens und Handelns durch Ziele und Pläne.

Anschrift/Kontakt: Prof. Dr. Peter M. Gollwitzer, Universität Konstanz, FG Psychologie, Fach D 39, Universitätsstrasse 10, D-78457 Konstanz
E-Mail: peter.gollwitzer@uni-konstanz.de

Prof. Dr. phil. habil., Dipl.-Psych. **Siegfried Greif**, Jg. 1943, 1963-1967: Studium der Psychologie Justus-Liebig-Univ. Gießen, 1968-1973: Wissenschaftlicher Assistent am Psychologischen Institut der FU Berlin, 1968-1973: (Promotion 1972), 1973-1977: Assistenzprofessor am Institut für Psychologie des FB Erziehungswissenschaften der FU Berlin (Habilitation 1976, Lehrbefugnis für Psychologie); 1977-1982: C3-Professor und Leiter der Abteilung Sozial- und Organisationspsychologie an der FU Berlin; 1982 bis zur Pensionierung 2008: o. Professor für Psychologie Universität Osnabrück und Leiter des Fachgebiets Arbeits- und Organisationspsychologie, seit 2004: Geschäftsführer Change Management und Coaching des Instituts für wirtschaftspsychologische Forschung und Beratung (IwFB) GmbH in Osnabrück. Arbeits-/Forschungsschwerpunkte: Change Management und Coaching.

Anschrift/Kontakt: Prof. Dr. Siegfried Greif, Institut für wirtschaftspsychologische Forschung und Beratung, Am Pappelgraben 78b, D-49080 Osnabrück
E-Mail: sgreif@uos.de

Dr. phil. **Gernot Hauke**, Jg. 1953, Dipl.-Psychologe, Leiter der CoachingAcademy CIP, Managementcoach. Langjährige wissenschaftliche Tätigkeit am Lehrstuhl für Arbeits- und Organisationspsychologie der TU München, approbierter Psychologischer Psychotherapeut (Verhaltenstherapie), Dozent, Lehrtherapeut, Supervisor für Verhaltenstherapie. Arbeitsgebiete: Strategisches Coaching für Einzelpersonen und Hochleistungsteams, persönliche Werte als Ressourcen, Burnout- und Stressprävention, neuere Entwicklungen der verhaltenstherapeutischen Methodik.

Anschrift/Kontakt: Dr. Gernot Hauke, Coaching Academy CIP gGmbH, Landshuter Allee 45, D-80637 München
E-Mail: hauke@coachingacademy-cip.de

Univ.-Prof. Dr. **Peter Heintel**: Studium der Mathematik, Physik, Philosophie, Germanistik. Professor für Philosophie und Gruppendynamik an der Alpen Adria Universität Klagenfurt. Mitglied des Instituts für Interventionsforschung und Kulturelle Nachhaltigkeit (Fakultät für Interdisziplinäre Forschung und Fortbildung). Langjährige Tätigkeit als Coach, Supervisor, Mediator, Organisationsberater in zahlreichen in- und ausländischen Institutionen, Organisationen, Unternehmungen. Arbeitsschwerpunkte (u.a.): Wirtschaftsphilosophie, Sozialphilosophie, Politische Philosophie, Prozessethik, Gruppendynamik, Organisationstheorie und -praxis, Wissenschaftstheorie

Anschrift/Kontakt: Univ.-Prof. Dr. Peter Heintel, Alpen Adria Universität Klagenfurt, IFF-Institut für Interventionsforschung und Kulturelle Nachhaltigkeit, Fakultät für Interdisziplinäre Forschung und Fortbildung, Sterneckstraße 15, A-9020 Klagenfurt
E-Mail: peter.heintel@uni-klu.ac.at

Dr. phil. **Susanne Klein**: Studium der Psychologie und Psycholinguistik in München, Promotion, Führungscoaching seit 1991. Fortbildungen im Bereich VT (im Studium und im Bereich Provokativer Kommunikationsstil), systemische Therapie, NLP, psychometrische Verfahren, Neurologie und Psychiatrie (HP-Schein). Angeschlossen an den TGCP (internationaler Coachingverbund für Executive Business Coaching), Mitglied im EMCC (European Mentoring and Coaching Council), Assessorin im EMCC (Zertifizierung und Evaluation von europäischen Coachingausbildungen), Anbieterin des 9-monatigen Coachingausbildungsprogramms „Business Perfomance Coach", evaluiert und zertifiziert vom EMCC auf Post-Graduate-Level (Bologna-Prozess), Autorin zahlreicher Bücher und Beiträge.

Anschrift/Kontakt: Dr. Susanne Klein, Beratung Training Coaching, Martinstraße 86, D-64285 Darmstadt
Internet: www.susanne-klein.net

Lic. phil. **Hansjörg Künzli**: nach einer kaufmännischen Ausbildung Studium der Psychologie und Betriebswirtschaft. Langjährig in der betriebswirtschaftlichen Erwachsenenbildung tätig. Ausbildung in systemischer Organisationsentwicklung. Projekt an der Schnittstelle Qualitätssicherung und Forschung in den Bereichen Berufslaufbahnberatung, Coaching, Gesundheitsmanagement und Organisationsentwicklung. An der Zürcher Hochschule für Angewandte Wissenschaften (ZHAW) im Departement Psychologie als Dozent und Leiter des Forschungsschwerpunktes „Beratung und Training" tätig.

Anschrift/Kontakt: Hansjörg Künzli, Zürcher Hochschule für Angewandte Psychologie, Minervastrasse 30, CH-8032 Zürich
E-Mail: kasg@zhaw.ch

Prof. Dr. **Julius Kuhl**, Jg. 1947, vertritt seit 1986 das Fach Differentielle Psychologie und Persönlichkeitsforschung an der Universität Osnabrück. Nach einer mehrjährigen Tätigkeit in einem entwicklungspsychologischen Projekt am Max-Planck-Institut für psychologische Forschung in München und Forschungsaufenthalten in den USA (Michigan, Stanford) und Mexiko lagen seine Forschungsschwerpunkte im Bereich der Selbststeuerung und Affektregulation. Diese Forschung bildete die Grundlage für eine neue Persönlichkeitstheorie, die Fortschritte der Motivations-, Entwicklungs-, Kognitions- und Neuropsychologie integriert. Aufbauend auf dieser Arbeit wurde in den letzten Jahren eine neue Methodik zur Diagnostik persönlicher Kompetenzen entwickelt, die bei Kindern und Erwachsenen eine umfassende Analyse vorhandener und entwicklungsfähiger Potenziale ermittelt (EOS: Entwicklungsorientierte Systemdiagnostik).

E-Mail: JKuhl@Luce.Psycho.Uni-Osnabrueck.De

Prof. Dr. phil. **Eric Lippmann**: Studium der Psychologie und Soziologie an der Universität Zürich. Ausbildung in Paar- und Familientherapie, Supervision, Coaching und Organisationsentwicklung (BSO-Mitglied). Mehrjährige Tätigkeit in Jugend- und Familienberatung und Suchtprävention. Seit 1991 Trainer, Supervisor und Coach am IAP Institut für Angewandte Psychologie, inner- und überbetriebliche Lehr- und Beratungstätigkeit, Leiter des Zentrums „Leadership, Coaching und Change Management" am IAP, Dozent am Departement Angewandte Psychologie der ZHAW.

Anschrift/Kontakt: Prof. Dr. Eric Lippmann, Zürcher Hochschule für Angewandte Wissenschaften, Institut für Angewandte Psychologie, Merkurstr. 43, Postfach, CH-8032 Zürich
E-Mail: eric.lippmann@zhaw.ch

Dr. **Karin Martens-Schmid**: Linguistin, Lehrtherapeutin, Lehrende Supervisorin und lehrender Coach der Systemischen Gesellschaft, Senior Coach DBVC. Nach Forschung und Lehre an der Universität und langjähriger Erfahrung als Therapeutin und Beraterin seit über 15 Jahren in den Bereichen Beratung, Supervision, Coaching und Teamentwicklung freiberuflich tätig. Arbeitsschwerpunkte: Coaching in persönlichen Belastungssituationen, in Veränderungs- und Entscheidungsprozessen, Organisationsberatung und Teamcoaching, Paare und Berufstätigkeit.

Anschrift/Kontakt: Dr. Karin Martens-Schmid, Praxis für systemische Beratung – Coachingwerkstatt Köln, Von der Leyen-Str. 52 , D-51069 Köln
Internet: www.martens-schmid.de
E-Mail: martens-schmid@t-online.de;

Prof. Dr. phil. **Eric Mührel**, ist Professor für Sozialpädagogik und Sozialarbeitswissenschaften an der FH Oldenburg/Ostfriesland/Wilhelmshaven sowie Privatdozent an der Katholischen Universität Eichstätt-Ingolstadt. Seit dem 1. März 2008 Dekan des Fachbereichs Soziale Arbeit und Gesundheit.

Anschrift/Kontakt: Prof. Dr. Eric Mührel, Fachhochschule Oldenburg/Ostfriesland/Wilhelmshaven, Standort Emden, Constantiaplatz 4, D-26723 Emden
E-Mail: eric.muehrel@fh-oow.de

Dr. **Claudia Peus**, ist Projektleiterin des LMU Center for Leadership and People Management. Zuvor führte sie ein zweijähriger Forschungsaufenthalt in die USA (Massachusetts Institute of Technology und Harvard University). Im Rahmen ihrer Habilitation arbeitet sie vor allem an den Forschungsgebieten Führung, Innovation, Frauen in Führungspositionen und Zusammenhang zwischen Investitionen in Humankapital und ökonomischem Erfolg.

Anschrift/Kontakt: Dr. Claudia Peus, Ludwig-Maximilians-Universität München, LMU Center for Leadership and People Management, Geschwister-Scholl-Platz 1, D-80539 München
E-Mail: Peus@psy.lmu.de

Dr. **Christopher Rauen**, Jg. 1969, Dipl.-Psych., Senior Coach DBVC und Leiter der RAUEN Coaching-Ausbildung. Christopher Rauen arbeitet seit 1996 als Coach und ist Lehrbeauftragter der Universitäten Freiburg, Hannover, Flensburg und Osnabrück sowie Fachbuchautor und Herausgeber des Coaching-Magazins, des Handbuch Coaching und der Coaching-Tools-Serie. Er ist Geschäftsführer der Christopher Rauen GmbH und 1. Vorsitzender des Deutschen Bundesverbandes Coaching e.V. (DBVC). Arbeitsschwerpunkte: Coaching von Geschäftsführern, Vorständen und Unternehmern, Coaching-Ausbildung.

Internet: www.rauen.de

Dr. **Bernd Schmid**: Gründer und Leiter des ISB-Wiesloch www.isb-w.de. Studium Wirtschaftswissenschaften, Pädagogik, Psychologie. Ehrenmitglied der Systemischen Gesellschaft. Hochschulrat der Pädagogischen Hochschule Heidelberg. Präsidiumsvorsitzender des DBVC. Eric Berne Memorial Award 2007 der Internationalen TA-Gesellschaft ITAA. Wissenschaftspreis 1988 der Europäischen TA-Gesellschaft EATA. Zahlreiche Veröffentlichungen in Schrift und Ton.

Internet: www.blog.bernd-schmid.com

Dr. phil. **Christoph Schmidt-Lellek**, Jg. 1947, Studium der ev. Theologie und Philosophie an den Universitäten Münster, München und Heidelberg sowie der Erziehungswissenschaften an der Universität Frankfurt, 2006 Promotion an der TU Chemnitz; seit 1982 freiberufliche Praxis für Psychotherapie (HPG), Supervision (DGSv) und Coaching (DBVC) in Frankfurt a.M., Mitherausgeber und Redakteur der Zeitschrift „Organisationsberatung, Supervision, Coaching“ (OSC), Veröffentlichungen u.a. zur theoretischen Grundlegung einer dialogischen Haltung in helfenden Berufen und zur Konzeptentwicklung des Coaching.

Anschrift/Kontakt: Dr. Christoph J. Schmidt-Lellek, Taunusstr. 126, D-61440 Oberursel
E-Mail: Kontakt@Schmidt-Lellek.de; Internet: www.Schmidt-Lellek.de.

Dr. **Sabina Schoefer** ist Senior Consultant bei der FischerGroupInternational in Hamburg. Sie kennt Wesen und Wirkungen von Changeprozessen aus langer Praxis und ist außerordentlich erfahren in der Einführung von Gruppenarbeit, der Implementierung von Feedback-Systemen in Großorganisationen und in der Entwicklung anspruchsvoller Personalentwicklungsprogramme. Sie arbeitet seit zwanzig Jahren mit Gruppen und Menschen unterschiedlicher Bereiche und ist außerdem Mitherausgeberin von „Profile – Internationale Zeitschrift für Change, Lernen und Dialog“ sowie der Buchreihe „Organisation“ im EHP Verlag. Sabina Schoefer hat Soziologie und Slawistik studiert und in Soziologie promoviert. Sie ist ausgebildete Trainerin, Beraterin in systemischer Organisationsentwicklung und Coach. Seit mehreren Jahren arbeitet sie mit Instrumenten wie „Preferred Futuring“ und „Presencing“ daran, Schlüsselteams oder -personen auf Entwicklungen in der Zukunft auszurichten.

Dr. **Astrid Schreyögg**, Dipl.-Psych.; nach Tätigkeit in der Marktforschung mehr als 10 Jahre in leitenden Positionen im Sozialen Dienstleistungsbereich. Psychotherapeutische Ausbildungen in Gesprächs-, Gestalt-, Körpertherapie; Approbation als Psychologische Psychotherapeutin; seit 1985 freiberuflich tätig primär als Coach und Supervisorin; Wiss. Leitung an der Deutschen Psychologen Akademie des BDP für Supervision und Coaching; Lehr- und Beratungsaufträge im In- und Ausland an Hochschulen und freien Instituten; Mitglied in verschiedenen Verbänden (BDP, Verband zur Förderung der Wirtschaftspsychologie (Wips), DGSv, DBVC, Academy of Management); Autorin zahlreicher Publikationen zu Coaching und Supervision; Herausgeberin der Zeitschrift OSC (Organisationsberatung, Supervision, Coaching; VS-Verlag).

Anschrift/Kontakt: Dr. Astrid Schreyögg, Breisgauer Str. 29, D-14129 Berlin
E-Mail: info@schreyoegg.de; Internet: www.schreyoegg.de

Prof. Dr. phil. habil. **Gisela Steins**, Jg. 1963, Professorin für Allgemeine Psychologie und Sozialpsychologie im Fachbereich Bildungswissenschaften, Institut für Psychologie, an der Universität Duisburg-Essen; Ausbildung in rational-emotiver Verhaltenstherapie, Arbeitsschwerpunkte: Zwischenmenschliche Beziehungen, Maßnahmen zur Integration psychisch und physisch benachteiligter Kinder und Jugendlicher.

Anschrift/Kontakt: Prof. Dr. Gisela Steins, Universität Duisburg-Essen, Fachbereich Bildungswissenschaften, Institut für Psychologie, D-45141 Essen.
E-Mail: gisela.steins@uni-due.de

Dr. **Maja Storch**, Jg. 1958; Diplompsychologin, studierte Psychologie und Philosophie an der Universität Konstanz, Promotion an der Universität Zürich. Psychodramatherapeutin und Psychoanalytikerin (C.G. Jung), approbierte psychologische Psychotherapeutin, Mitentwicklerin des Zürcher Ressourcen Modells ZRM (www.zrm.ch), Projektleiterin an der Universität Zürich, Inhaberin des Instituts für Selbstmanagement und Motivation Zürich, eines spin-off der Universität Zürich (www.ismz.ch). Arbeits- und Forschungsschwerpunkte: Selbstmanagement, Ressourcenaktivierung, Training und Coaching, aktuelle wissenschaftliche Theorien zur Arbeit mit dem Unbewussten.

Anschrift/Kontakt: Dr. Maja Storch, Universität Zürich, ZRM-research, Scheuchzerstrasse 21, CH-8006 Zürich
E-Mail: storch@wb.uzh.ch

Dipl.-Psych. **Alexandra Strehlau**, Jg. 1982, ist Doktorandin bei Prof. Dr. Julius Kuhl an der Universität Osnabrück und als Beraterin und Coach tätig. Darüber hinaus arbeitet sie für die Christopher Rauen GmbH und am Institut für Motivations- und Persönlichkeitsentwicklung. Arbeitsschwerpunkte: Life Balance und Persönlichkeitsentwicklung, Organisation der RAUEN Coaching-Ausbildung.

Internet: www.alexandra-strehlau.de

Dr. phil. **Frank Strikker**: Studium Germanistik, Pädagogik, Sportwissenschaft, Promotion über Arbeitsmarktpolitik, über zwanzig Jahre tätig als Berater, Trainer, Coach, Studienleiter General Management der FHDW Paderborn sowie Studienleiter Business Coaching und Change Management der Euro-FH Hamburg, zudem geschäftsführender Gesellschafter von SHS CONSULT GmbH Bielefeld. Arbeitsschwerpunkte Coaching, Change Management, Führung, Hrsg. von 'Coaching im 21. Jahrhundert'

E-Mail: Frank.Strikker@fhdw.de oder fs@shs-consult.de

Heidrun Strikker: Studium Germanistik, Geschichte, Pädagogik, Betriebspädagogik der betrieblichen Weiterbildung, Referentin zentrale Weiterbildung Bertelsmann AG, Leiterin Personalentwicklung der Bertelsmann Buchclubs Deutschland, geschäftsführende Gesellschafterin SHS CONSULT GmbH Bielefeld, Projektleiterin der Präsenzphase Coaching des Fernstudiums ‚Coaching und Moderation' am ZWW der Universität Bielefeld, Fachbuchautorin, Arbeitsschwerpunkte: Komplementär-Coaching, Begleitung von Change Prozessen, Performanz

E-Mail: hs@shs-consult.de

Dr. phil. **Niklaus Stulz**, Jg. 1976, Studium der Psychologie, Psychopathologie und Informatik an der Universität Zürich (Schweiz), anschließend Promotion in Klinischer Psychologie an der Universität Bern (Schweiz), derzeit Post-doc/Visiting Scholar an der University of Pennsylvania, Philadelphia, PA (USA).

E-Mail: niklaus.stulz@psy.unibe.ch

Prof. Dr. Dr. **Serge Sulz**: Studium der Philosophie, Psychologie, Soziologie und Medizin; Tätigkeit an der Technischen Universität München 1980-1987, Gründung des CIP (Supervisorenausbildung), Gründung der CIP-Coaching Academy. Direktor des Centrums für Integrative Psychotherapie (CIP). Forschungsschwerpunkte: Persönlichkeit, Motivation, Emotion, Entwicklung. Publikationen über Coaching, Verhaltens- und Persönlichkeitsdiagnostik, Paar- und Familientherapie, Qualitätsmanagement.

Anschrift/Kontakt: Prof. Dr. Dr. Serge Sulz, Direktor des Centrums für Integrative Psychotherapie CIP, Nymphenburger Str. 185, D-80634 München
E-Mail: sergesulz@aol.com

Dr. **Peter Szabó**, Jg. 1957, war nach seinem Doktorat der Jurisprudenz über 10 Jahre als Manager in der Versicherungswirtschaft tätig. Als selbstständiger Unternehmer ist er seit 1997 auf das Kurzzeitcoaching von Führungskräften spezialisiert. Am Weiterbildungsforum Basel hat er über 1500 lösungsorientierte Coaches ausgebildet und er ist Gastdozent für Coaching an verschiedenen Universitäten in Europa und Nordamerika. Seine Bücher über Kurzzeitcoaching wurden bisher in acht Sprachen übersetzt.

Anschrift/Kontakt: Dr. Peter Szabó, Unterer Batterieweg 73, CH-4059 Basel
E-Mail: peter.szabo@solutionsurfers.com

Prof. Dr. **Jean-Paul Thommen**, Jg. 1953, Studium der Betriebswirtschaftslehre an der Universität Zürich, Assistent und Oberassistent an der Universität Zürich, Professor und Direktor des Executive MBA der Universität St. Gallen, Professor an der European Business School in Oestrich-Winkel (Lehrstuhl Organizational Behavior), Visiting Professor der Universität Zagreb. Lehr- und Forschungsschwerpunkte: Organizational Behavior, Systemisches Management, Organisationales Lernen, Unternehmensethik und Coaching. Er ist zudem Autor verschiedener Standardwerke zur Allgemeinen Betriebswirtschaftslehre.

Anschrift/Kontakt: Prof. Dr. Jean-Paul Thommen, European Business School, Schloss Reichartshausen, D-65375 Oestrich-Winkel
E-Mail: jean-paul.thommen@ebs.edu

Marc Ubben, Jg. 1977, Geschäftsbereichsleiter bei der Christopher Rauen GmbH, Leiter der Niederlassung Osnabrück. Seine Verantwortungsbereiche umfassen die RAUEN Coach-Datenbanken, das Coaching-Magazin und die Entwicklung neuer Geschäftsfelder. Darüber hinaus ist er als Coach und Berater tätig. Arbeitsschwerpunkte: Führungskräfte- und Karriereentwicklung.

E-Mail: marc.ubben@rauen.de

Ass.-Prof. Mag. Dr. **Martina Ukowitz**: Lehramtsstudium der Romanistik/Italienisch und Germanistik, Doktoratsstudium in Philosophie und Gruppendynamik. Assistenzprofessorin am Institut für Interventionsforschung und Kulturelle Nachhaltigkeit an der Alpen Adria Universität Klagenfurt (Fakultät für Interdisziplinäre Forschung und Fortbildung). Beratungstätigkeit: Coaching, Supervison, Organisationsberatung. Arbeitsschwerpunkte: Interventionsforschung (Schwerpunkt Wirtschaft, Regionalentwicklung), Wissenschaftstheorie der Interventionsforschung, Beratungsforschung, Prozessethik

Anschrift/Kontakt: Ass.-Prof. Dr. Martina Ukowitz, Alpen Adria Universität Klagenfurt, IFF-Institut für Interventionsforschung und Kulturelle Nachhaltigkeit, Fakultät für Interdisziplinäre Forschung und Fortbildung, Sterneckstraße 15, A-9020 Klagenfurt
E-Mail: martina.ukowitz@uni-klu.ac.at

Dipl.-Supervisorin **Gisela Ullmann-Jungfer**: Studium der Sozialarbeit und Supervision in Berlin und an der Gesamthochschule Kassel. Ausbildung in systemischer Beratung von Organisationen. Trainerin für Gruppendynamik (DAGG). Organisationsberaterin und Trainerin im Profit- und Non-Profit-Bereich. Lehrtätigkeit in verschiedenen Hochschulen und Weiterbildungsorganisationen, Teamentwicklung, Coaching und Konfliktberatung. Am IAP als Dozentin und Beraterin in verschiedenen Fachbereichen tätig.

Anschrift/Kontakt: Gisela Ullmann-Jungfer, Zürcher Hochschule für Angewandte Wissenschaften, IAP Institut für Angewandte Psychologie, Merkurstrasse 43, Postfach, CH-8032 Zürich
E-Mail: gisela.ullmann-jungfer@zhaw.ch

Printed by Printforce, the Netherlands